Die Probenahme von Wasser

Vulkan Verlag

gwf edition

Klaus-Dieter Selent (Hrsg.)

Die Probenahme von Wasser

Ein Handbuch für die Praxis

3. Auflage 2025

Vulkan Verlag

Bibliografische Information der Deutschen Nationalbibliothek
Die Deutsche Nationalbibliothek verzeichnet diese Publikation in der Deutschen Nationalbibliografie; detaillierte bibliografische Daten sind im Internet über **www.dnb.de** abrufbar.

Die Probenahme von Wasser
Ein Handbuch für die Praxis
Klaus-Dieter Selent (Hrsg.)
3. Auflage 2025

ISBN: 978-3-8356-7489-9 (Print)
ISBN: 978-3-8356-7490-5 (eBook)

Friedrich-Ebert-Straße 55, 45127 Essen, Deutschland
Telefon: +49 201 820 02-0, Internet: www.vulkan-verlag.de
E-Mail: bestellung@vulkan-verlag.de

Projektmanagement und Lektorat: Annamaria Weinert, M.A.,
Vulkan-Verlag GmbH, Essen
Herstellung und Umschlaggestaltung: Melanie Zöller, Vulkan-Verlag GmbH, Essen
Titelbild: © Peter, stock.adobe.com | #754250117
Satz: Schmidt Media Design, München
Druck: mediaprint solutions GmbH, Paderborn

Vorwort zur 3. Auflage

Das im Jahr 1998 von Mitgliedern des DIN-Ausschusses „Wasseruntersuchung“, Unterausschuss „Probenahme“ erstmalig veröffentlichte Handbuch „Die Probenahme von Wasser“ hat sich in der Praxis etabliert und erfreulicherweise eine große Verbreitung erfahren.

Die nach Veröffentlichung der 2. Auflage in 2018 erschienene Rezension[1] des Herrn Dr. von Tümpling macht mich sehr stolz und war für mich Motivation für die erneute Aktualisierung. In der Buchbesprechung schreibt er als Fazit: *„Das Buch ist im deutschsprachigen Raum ein „Muss“ für alle Techniker, Lehrlinge und Studierende sowie Verantwortliche in Behörden, Betrieben, Werken und Forschungseinrichtungen, die selbst Wasserproben nehmen oder in Auftrag geben, um diese möglichst fehlerfrei und mit der notwendigen Sorgfalt realisieren zu können. Auch für Fachleute, die die Aus- und Bewertung der Analysenergebnisse durchführen, sind die Ausführungen in diesem Buch hilfreich, um gegebenenfalls bei auftretenden Besonderheiten oder Anomalien in Datensätzen qualifizierte und kritische Nachfragen bezüglich der Probenahme stellen zu können*“.

Ich freue mich sehr darüber, dass einige Autorinnen und Autoren der 2. Auflage wieder bereit waren, ihre Beiträge zu aktualisieren. Seit der ersten Auflage sind etliche der hervorragenden Fachkolleginnen und -kollegen leider verstorben. Bei allen Personen, die bisher an diesem Fachbuch mitgewirkt haben, handelt es sich um national und international anerkannte und renommierte Experten, denen ich ausdrücklich hiermit danken möchte (siehe auch die Danksagung an die Autorinnen und Autoren der Vorauflagen). Darüber hinaus freue ich mich, dass ich junge Wissenschaftlerinnen und Wissenschaftler gewinnen konnte, die das Konzept, ein Fachbuch für die Praxis zu schreiben, mit neuen Ideen und Sachverstand weiterführen.

Ich hoffe und wünsche, dass die erfahrenen Praktiker für ihre Arbeit Anregungen, Anleitungen und Anweisungen diesem Buch entnehmen können. Für Anfänger, die sich neu in die Thematik einarbeiten müssen, kann dieses Buch ein Lehrbuch sein. Kollegiale Hinweise und Verbesserungsvorschläge nehme ich gerne entgegen.

Der Herausgeber
Klaus Selent

Hagen, im Herbst 2025

---

1 Vom Wasser 117 (2019) 1, S. 1-32

Autorenverzeichnis

Dr. Ulrich Borchers
IWW Analytik und Service GmbH
Moritzstraße 26
45476 Mülheim an der Ruhr
Kapitel 5, 9, 10

Dr. Gregor Braun
Landesamt für Natur, Umwelt und Klima Nordrhein-Westfalen (LANUK)
Leibnizstraße 10
45659 Recklinghausen
Kapitel 13, 14

Dr. Jürgen Diemer
Bayerisches Landesamt für Umwelt
Bürgermeister-Ulrich-Straße 160
86179 Augsburg
Kapitel 12

Dipl.-Ing. (FH) Markus Donder
Landesamt für Natur, Umwelt und Klima Nordrhein-Westfalen (LANUK)
Leibnizstraße 10
45659 Recklinghausen
Kapitel 4, 17

Christian Roger Fechner
Deutsche Akkreditierungsstelle GmbH (DAkkS)
Spittelmarkt 10
10117 Berlin
Kapitel 13

Michelle Franklin, B.Sc.
Landesamt für Natur, Umwelt und Klima Nordrhein-Westfalen (LANUK)
Leibnizstraße 10
45659 Recklinghausen
Kapitel 4

Dr. Klaus Furtmann
Landesamt für Natur, Umwelt und Klima Nordrhein-Westfalen (LANUK)
Leibnizstraße 10
45659 Recklinghausen
Kapitel 17

Dipl.-Geol. Dieter Horchler
Ehemals Niedersächsisches Landesamt für Bau und Liegenschaften (NLBL)
Kapitel 4

Dr. Jutta Köhler
Bayerisches Landesamt für Umwelt
Demollstraße 31
82407 Wielenbach
Kapitel 12

Philipp Lau, M.Sc.
Technische Universität Berlin
Institut für Bauingenieurwesen
Fachgebiet Siedlungswasserwirtschaft
Gustav-Meyer-Allee 25
13355 Berlin
Kapitel 15

Hanna Pritsch, M.Sc.
Landesamt für Natur, Umwelt und Klima Nordrhein-Westfalen (LANUK)
Leibnizstraße 10
45659 Recklinghausen
Kapitel 8

Dipl.-Geol. Sebastian Rau
SGS INSTITUT FRESENIUS GmbH
Im Maisel 14
65232 Taunusstein
Kapitel 6

Prof. Dr. Detlef Schulz-Bull
Leibniz-Institut für Ostseeforschung Warnemünde (IOW)
Seestraße 15
18119 Rostock
Kapitel 11

Dipl.-Ing. Klaus-Dieter Selent
Ehemals Landesamt für Natur, Umwelt und Verbraucherschutz (LANUV) NRW
Herausgeber und
Kapitel 1-4, 7, 13, 14, 16

Danksagung

Herausgeber und Verlag danken den Autorinnen und Autoren der beiden Vorauflagen:

Dr. Ulrich Borchers
Prof. Dr. Lutz Brügmann
Dr. Jürgen Clasen
Dr. Jürgen Diemer
Dipl.-Ing. (FH) Markus Donder
Dipl.-Ing. Cornelia Dümling
Dr. Dieter Eichelsdörfer
Dr. Klaus Furtmann
Dipl.-Ing. Günter Grubert
Dr. Albrecht Grupe
Dr. Hugo Gudernatsch
Roland Hanke
Dipl.-Geol. Dieter Horchler
Dr. Jutta Köhler
Dipl.-Ing. Armin Kreimer
Prof. Dr. Horst Kußmaul
Dipl.-Ing. Werner Nissing
Dr. Bibiana Preuß
Anita Nienhüser
Dr. Eugen Riegler
Dr. Volker Schenk
Dr. Hannes Schimmer
Prof. Dr. Detlef Schulz-Bull
Prof. Dr. Friedrich Tiefenbrunner
Dipl.-Ing. Gerfried Wutte
Dipl.-Ing. Herbert Zerbe

Besonderer Dank gilt dem bisherigen Co-Herausgeber und Autor Herrn Dr. Albrecht Grupe, der am 1. Oktober 2024 verstorben ist, während die Vorbereitungen zur dritten Auflage begannen.

05 | 2023
gwf Wasser + Abwasser
06 | 2022
gwf Wasser + Abwasser
02 | 2024
gwf Wasser + Abwasser
INTERVIEW
FOKUS

Inhaltsverzeichnis

1 Einführung und allgemeine Aufgabenstellung

Dipl.-Ing. Klaus-Dieter Selent*

1.1 Einführung und allgemeine Aufgabenstellung

In einem Übersichtsartikel über Trends in der analytischen Chemie im Jahr 1994 [1] grenzt Ballschmitter die analytische Chemie von den klassischen Fächern der Chemie (anorganische, organische und physikalische Chemie) dadurch ab, dass zwar die Grundkenntnisse der Chemie identisch sind, aber in Fragestellung und Bewertung der Antworten grundlegende Unterschiede bestehen. Die analytische Chemie wird dabei stark abstrahierend als „Sammeln – Lösen – Anreichern – Trennen – Detektieren – Identifizieren – Quantifizieren – Validieren" beschrieben. Ab dem zweiten Begriff finden alle Arbeiten im Labor statt. Der unter dem Dachbegriff „Sammeln" beschriebene erste Arbeitsschritt kann besser aufgeteilt als Probenahme, Probenteilung, Probentransport und Probenstabilisierung bzw. -konservierung definiert werden. Er muss meistens außerhalb des Labors ausgeführt werden, so auch bei der Wasserprobenahme, ganz gleich welche Wasserart beprobt werden soll.

Beim Quantifizieren fallen als Analysen- oder Prüfergebnis Werte an, die beim Validieren kritisch bewertet werden. Da Analytik im Regelfall nicht um ihrer selbst willen betrieben wird, kann es auch nicht Ziel oder Zweck von Analysen sein, eine Vielzahl von Werten und damit von Zahlenfriedhöfen zu produzieren. Aus diesem Grund hat es immer warnende Stimmen gegeben, die die kritische Bewertung der Analysenergebnisse gefordert haben [2]. Seit den 1990er Jahren hat sich für diese Bewertung der Begriff Validierung durchgesetzt und die Publikationen, die sich mit dieser Problematik auseinandersetzen, nehmen ständig zu [3, 4, 5]. Inzwischen existieren außerdem zahlreiche Leitlinien und Vorgaben [6, 7, 8, 9]. Leider wird in diesen Publikationen gar nicht oder nur unzureichend auf die Probleme bei der Probenahme hingewiesen, obwohl jedem Analytiker klar ist, dass Fehler bei der Probenahme, der Probenvorbereitung, dem Probentransport oder der Lagerung später weder durch exakte analytische Tätigkeit noch durch Schätzung oder Berechnung beseitigt oder korrigiert werden können. Jede Probenahme ist stets mit Unsicherheiten behaftet, die zu berücksichtigen sind [10]. Die Validierung eines Verfahrens, das die Probenahme einschließt, ist wesentlich komplexer als die eines Analysenverfahrens. Für die Validierung von neuen Feldprobenahme- und Screening-Verfahren existieren erste Ansätze [11, 12, 13]. Die analytische Zuverlässigkeit hängt weitestgehend von einer richtigen und reproduzierbaren Probenahme ab, deshalb muss der Analytiker höchste Sorgfalt bei der Probenahme fordern [14]. Die meisten Fehler, die in diesem Problemfeld gemacht werden, sind systematische Fehler und beeinflussen damit die Richtigkeit (*engl.* trueness, accuracy of the mean) der Analysenwerte [15]. Da die üblichen Prüfmethoden in Bezug auf die Richtigkeit und damit auf systematische Fehler – Vergleich mit einem Standard, Vergleich mit einer anderen

* unter Verwendung des Kapitels von H. Gudernatsch aus der 1. Auflage 1998 sowie von A. Grupe und K. Selent aus der 2. Auflage 2018

validierten Methode oder einem Aufstockverfahren – bei Wasserproben wegen ihrer unbekannten Zusammensetzungen nicht durchführbar sind, muss sichergestellt sein, dass bei der Probenahme eine repräsentative Probe des zu beprobenden Wassers gewonnen wird. Nur so werden systematische Fehler vermieden.

Bereits Ende der 1970er Jahre, als die Normung der Analytik und der Probenahme noch in den Kinderschuhen steckte und die Begriffe Qualitätssicherung und Validierung kaum verwendet wurden, wurde versucht, durch praxisbezogene Untersuchungen die Fehlerquellen bei der Probenahme, sowohl wasserartenspezifisch als auch generell, zu ermitteln [16]. Die Ergebnisse dieser Untersuchungen sind später in die Normen eingeflossen.

Bisher ist man davon ausgegangen, dass die Probenahmenormen nicht in Ringversuchen, wie es bei allen Analysenverfahren, die als DIN-Normen erscheinen, zwingend vorgeschrieben ist [17], getestet werden können. Es ist jedoch davon auszugehen, dass sich alle genormten Vorschriften allgemeingültig in der Praxis bewährt haben. Mit diesen gleichen Methoden wird sowohl bei den Staatlichen und Landes-Umweltämtern, den Wasserwirtschaftsämtern, den Wasserverbänden, den Kommunen und den Umweltschutzabteilungen der Industrie gearbeitet. Damit wird sichergestellt, dass auch ohne die statistische Absicherung eines Ringversuchs die richtig durchgeführte Probenahme und Probenvorbereitung zu repräsentativen Proben führt und die Analysenergebnisse unterschiedlicher Laboratorien innerhalb tolerierbarer Schwankungsbreiten übereinstimmen.

Trotzdem war von den Notifizierungsstellen in Deutschland und der Deutschen Akkreditierungsstelle (DAkkS) auch die Durchführung von Ringversuchen im Bereich der Probenahme erwünscht. Im Juni 2013 wurde von AQS Baden-Württemberg am Lehr- und Forschungsklärwerk des Instituts für Siedlungswasserbau, Wassergüte- und Abfallwirtschaft der Universität Stuttgart (AQS BW) ein erster Pilotringversuch zur Probenahme von Abwasser durchgeführt und auf Basis einer mobilen Anlage konzipiert. Seitdem bietet die AQS BW regelmäßig Ringversuche zur Abwasserprobenahme sowie zur Betriebsanalytik an [18, 19]. Das Dresdner Grundwasserforschungszentrum (DGFZ) bietet seit 2018 Vergleiche für die Probenahme von Grundwasser (Ringversuche) unter realen Bedingungen an. Die Teilnahme an der Vergleichsprobenahme Grundwasser dient als Nachweis der Eignung gegenüber Auftraggebern und Akkreditierungsstelle. Die Vorgaben zur Qualitätssicherung der DIN EN ISO/IEC 17025 [9] fordern eine angemessene Eignungsprüfungsstrategie von Prüflaboratorien und Ingenieurbüros. Auch die Vorgaben der AQS-Merkblätter, die im gesetzlich geregelten Umweltbereich verbindlich sind, fordern regelmäßige Eignungsprüfungen [20]. Die mit der Probenahme von Schwebstoffen mittels mobilen Durchlaufzentrifugen befassten Umweltbehörden verschiedener Bundesländer haben sich auch schon an Vergleichsuntersuchungen erfolgreich beteiligt (siehe Kapitel 16 „Die Probenahme von Schwebstoffen"). Darüber hinaus befassen sich auch Hochschulen zunehmend mit der Thematik: Am Lehrstuhl für Siedlungswasserwirtschaft und Wassergütewirtschaft und Institut für Siedlungswasserwirtschaft (ISA) der RWTH Aachen werden seit 2019 Studien im Studiengang Umweltwissenschaften zur Entwicklung eines Konzepts zur praktischen Durchführung von Abwasserprobenahme- und Vor-Ort-Parameter-Ringversuchen im ISA Technikum Soers erarbeitet [21].

1.2 Historische Entwicklung der Normungsarbeit

Der Beginn der Normung in der Wasseranalytik ist das Jahr 1971, in dem die ISO einen Hauptausschuss (TC 147) mit dem Titel Wasserbeschaffenheit (*engl.* water quality) gründete, der bei seiner ersten Sitzung in Budapest sieben Unterausschüsse mit vielen Arbeitsgruppen einrichtete. Der Unterausschuss 6 Probenahme (SC 6 Sampling) hatte damals drei Arbeitsgruppen, die Normen für die Aufstellung von Probenahmeprogrammen, zur Probenahmetechnik bzw. Konservierung und Probenvorbehandlung verfassen sollten. Da im Jahr 1979 die Arbeiten für diese drei grundlegenden Normen der Probenahme kurz vor ihrer Vollendung standen, beschloss der SC 6 wasserartenspezifische Normen in sieben weiteren Arbeitsgruppen zu erarbeiten. Inzwischen sind 25 ISO-Probenahmenormen in der Reihe ISO 5667 rechtsgültig verabschiedet (**Tabelle 1.1**). Im

Tabelle 1.1: ISO-Probenahmenormen des TC 147 – SC 6, water quality – sampling (Stand: August 2025)

Nr.	Titel	Ausgabe-datum	identisch mit ... vom ...
ISO 5667-1	Guidance on the design of sampling programmes and sampling techniques	03.2023	DIN EN ISO 5667-1: 2025-08
ISO 5667-3	Preservation and handling of water samples	03.2024	DIN EN ISO 5667-3: 2024-09
ISO 5667-4	Guidance on sampling from lakes, natural and man-made	06.2016	
ISO 5667-5	Guidance on sampling of drinking water from treatment works and piped distribution systems	04.2006	DIN ISO 5667-5: 2011-02
ISO 5667-6	Guidance on sampling of rivers and streams	07.2014	DIN EN ISO 5667-6: 2016-12
ISO 5667-7	Guidance on sampling of water and steam in boiler plants	11.1993	
ISO 5667-8	Guidance on sampling of wet deposition	03.1993	
ISO 5667-9	Guidance on sampling from marine waters	10.1992	
ISO 5667-10	Guidance on sampling of waste waters	11.2020	
ISO 5667-11	Guidance on sampling of groundwaters	04.2009	
ISO 5667-12	Guidance on sampling of bottom sediments from rivers, lakes and estuarine areas	07.2017	
ISO 5667-13	Guidance on sampling of sludges from sewage and water-treatment works	05.2011	DIN EN ISO 5667-13: 2011-08
ISO 5667-14	Guidance on quality assurance and quality control of environmental water sampling and handling	12.2014	DIN EN ISO 5667-14: 2016-12

Tabelle 1.1: Fortsetzung

Nr.	Titel	Ausgabe-datum	identisch mit ... vom ...
ISO 5667-15	Guidance on preservation and handling of sludge and sediment sample	08.2009	DIN EN ISO 5667-15: 2010-01
ISO 5667-16	Guidance on biotesting of samples	04.2017	DIN EN ISO 5667-16: 2019-03
ISO 5667-17	Guidance on sampling of bulk suspended solids	10.2008	
ISO 5667-19	Guidance on sampling of marine sediments	06.2004	DIN EN ISO 5667-19: 2004-09
ISO 5667-20	Guidance on the use of sampling data for decision making – Compliance with thresholds and classification systems	03.2008	
ISO 5667-21	Guidance on sampling of drinking water distributed by tankers or means other than distribution pipes	10.2010	
ISO 5667-22	Guidance on the design and installation of groundwater monitoring points	08.2010	
ISO 5667-23	Guidance on passive sampling in surface waters	03.2011	DIN EN ISO 5667-23: 2011-06
ISO 5667-24	Guidance on the auditing of water quality sampling	04.2016	
ISO/TS 5667-25	Guideline on the validation of the storage time of water samples	02.2022	
ISO 5667-26	Guidance on sampling for the parameters of the oceanic carbon dioxide system	11.2022	
ISO 5667-27	Guidance on sampling for microplastics in water	03.2025	

Gegensatz zu den anderen von den fünf weiteren Unterausschüssen des TC 147 erarbeiteten Analytiknormen, die auf viele nationale Vorschriftensammlungen zurückgreifen konnten und nur vereinheitlicht werden mussten, gab es weder in Deutschland noch in einem anderen Land für den Sektor der Wasserprobenahme irgendwelche aussagekräftigen Vorschriften. In den Deutschen Einheitsverfahren zur Wasser-, Abwasser- und Schlammuntersuchung (DEV) gab es zwar unter der Verfahrensvorschrift A1 für die verschiedenen Wasserarten die Anweisung, geeignete Geräte einzusetzen, die Auswahl war aber dem Sachverständigen zu überlassen. Festgelegt oder gar normiert war dabei nichts. Erst bei den grundlegenden ISO-Probenahmenormen, besonders aber dann bei den wasserartenspezifischen Probenahmenormen sind Richtlinien zur Probenahme sowie zur Probenkonservierung und Probenvorbehandlung festgelegt worden. Jedes Normpapier ist von einem federführenden nationalen Norminstitut als Arbeitsentwurf mit der Bezeichnung Working Draft (WD) allen Mitgliedern des Unterausschusses vor der nächsten ISO/TC 147-Sitzung zugesandt und dann dort in der Arbeitsgruppe (WG – Working Group) diskutiert, und als Committee Draft (CD) akzeptiert, verändert oder abgelehnt worden. Erst wenn bei einer TC 147-Sitzung Konsens hergestellt war, wurde das Papier dem SC 6 übergeben, damit eine vorläufige Norm als Draft International Standard (DIS) erstellt werden konnte. Da die Sitzungen jeweils im Abstand von eineinhalb Jahren stattfinden, ergeben sich zwangsläufig lange Vorlaufzeiten bis zur endgültigen Verabschiedung des Final Draft International Standard (FDIS) zu einem International Standard (ISO).

Wenn auch die Probenahmenormen der ISO oft den Zusatz Richtlinie (*engl.* guidance) tragen, so waren sich bei den Sitzungen des Unterausschusses Probenahme einschließlich aller Arbeitsgruppen im TC 147 alle Delegierten einig, dass diese Richtlinien normativen Charakter haben.

Nachdem auch in Deutschland durch Zusammenarbeit von DIN und der Fachgruppe Wasserchemie in der GDCh, die für die Herausgabe der DEV verantwortlich war und ist, ein einheitliches Normenwerk zur Wasseranalytik erstellt werden sollte, war es selbstverständlich, dass der bestehende Unterausschuss Probenahme auch deutsche Normen zur Probenahme der verschiedenen Wasserarten erarbeiten musste, um auch deutsche Wünsche und Vorstellungen in die internationale Normarbeit einbringen zu können. Als die drei grundlegenden Normen von der ISO erarbeitet wurden, hatte es diesen deutschen Ausschuss noch nicht gegeben. Deshalb waren die ISO-Normen der Reihe 5667 ganz anders als DIN-Normen aufgebaut. Im Gegensatz zu den inhaltlich gestrafften DIN-Normen haben die ISO-Normen einen fast lehrbuchhaften Umfang. Einige der ISO-Normen sind aber inzwischen von CEN ins europäische Normenwerk aufgenommen worden und damit auch in Deutschland verbindlich (siehe Tabelle 1.1).

Ganz anders verlief die Entwicklung bei den wasserartenspezifischen Normen. Hier lagen durch zügige Bearbeitung teilweise bereits einige Jahre vor den ISO-Normen vergleichbare DIN-Normen (**Tabelle 1.2**) vor und so sind viele Anregungen aus Deutschland in die ISO-Normenarbeit eingeflossen. Wenn auch die Texte der DIN- und ISO-Normen nicht wortwörtlich identisch sind, so sind in diesen Normen die meisten Sachaussagen identisch. Vor allem wurde bei den ISO-Arbeitsgruppensitzungen des SC 6 im TC 147 bald Konsens erzielt, dass die Normen zwar genaue Anweisungen für die Geräteauswahl und die Durchführung der Probenahme enthalten müssen, auf Geräteabbildungen, die ja meistens firmenspezifische Angaben beinhalten, soll aber verzichtet werden.

Zuständig für die Normung auf dem Gebiet der Wasseruntersuchungen ist der DIN-Normenausschuss NA 119-01-03 AA Wasseruntersuchung (ehemals NAW I 3) mit neun Unterausschüssen und über 80 Arbeitskreisen. Der Normenausschuss Wasseruntersuchung fungiert auch als Spiegelgremium zum internationalen Technischen Committee ISO/TC 147 ‚water quality' und zum europäischen Ausschuss CEN/TC 230 ‚water analysis'. Für den Bereich der Probenahmenormung ist der zuständige Unterausschuss NA 119-01-03-09 UA Probenahme (ehemals NAW 1 W1/UA2 bzw. NA 119-01-03-01-01 AA Probenahme), der gleichzeitig als Spiegelgremium zum ISO/TC 147/SC 6 und seinen Working groups fungiert.

Tabelle 1.2: DIN-Probenahmenormen für Wasser-, Schlamm- und Sedimentuntersuchungen (Stand: August 2025)

Nr.	Titel	Ausgabe-datum	vergleichbar mit ISO	Nr. in DEV
DIN EN ISO 5667-1	Anleitung zur Erstellung von Probenahmeplänen und Probenahmetechniken	08.2025	5667-1	A 4
DIN EN ISO 5667-3	Konservierung und Handhabung von Wasserproben	09.2024	5667-3	A 21
DIN EN ISO 5667-6	Anleitung zur Probenahme aus Fließgewässern	12.2016	5667-6	A 15
DIN EN ISO 5667-13	Anleitung zur Probenahme von Schlämmen	08.2011	5667-13	S 1
DIN EN ISO 5667-14	Anleitung zur Qualitätssicherung und Qualitätskontrolle bei der Entnahme und Handhabung von Wasserproben	12.2016	5667-14	A 25
DIN EN ISO 5667-15	Anleitung zur Konservierung und Handhabung von Schlamm- und Sedimentproben	01.2010	5667-15	S 16
DIN EN ISO 5667-16	Anleitung zur Probenahme und Durchführung biologischer Testverfahren	03.2019	5667-16	L 1
DIN EN ISO 5667-19	Anleitung zur Probenahme mariner Sedimente	09.2004	5667-19	A 23
DIN EN ISO 5667-23	Anleitung zur Anwendung von Passivsammlern in Oberflächengewässern	06.2011	5667-23	A 28
DIN ISO 5667-5	Anleitung zur Probenahme von Trinkwasser aus Aufbereitungsanlagen und Rohrnetzsystemen	02.2011	5667-5	A 14
DIN 38402-11	Probenahme von Abwasser	02.2009	5667-10	A 11
DIN 38402-12	Probenahme aus stehenden Gewässern	06.1985	5667-4	A 12
DIN 38402-13	Planung und Durchführung der Probenahme von Grundwasser	12.2021	5667-11	A 13
DIN 38402-16	Probenahme aus dem Meer	08.1987	5667-9	A 16
DIN 38402-18	Probenahme von Wasser aus Mineral- und Heilquellen	05.1991		A 18
DIN 38402-20	Probenahme aus Tidegewässern	08.1987	5667-9	A 20
DIN 38402-24	Anleitung zur Probenahme von Schwebstoffen	05.2007	5667-17	A 24
DIN 38414-11	Probenahme von Sedimenten	08.1987	5667-12	S 11

1.3 Anstoß zur Erstellung des Handbuchs

Laut Protokoll der 1. Sitzung des DIN-GDCh-Ausschusses Probenahme am 07.02.1979 in Hürth-Knapsack wurde von Prof. Paul Koppe angeregt, ein Handbuch über die Wasserprobenahme zu verfassen, um Erfahrungen, die über die Aussagen der deutschen und internationalen Normen hinausgehen, weiterzugeben. Da aber erst die Arbeit an den ISO-Normen und ihre Übertragung ins deutsche Normsystem als dringender angesehen wurden, wurde beschlossen, die Handbucharbeit auf einen späteren Zeitpunkt zu verschieben. Im Jahr 1994 wurden dann die Herausgeber des vorliegenden Buchs mit der redaktionellen und fachlichen Koordination beauftragt und alle Ausschussmitglieder erklärten sich bereit, entsprechend ihrer Erfahrungen Beiträge beizusteuern. Nach fast fünfjähriger Bearbeitungszeit konnte das Buch mit der 1. Auflage 1998 veröffentlicht werden. Die 2. Auflage erschien 2018 nach dreijähriger Bearbeitungszeit und die 3. Auflage nun im Jahr 2025 nach nur einjähriger Bearbeitungszeit.

Dass in diesem Buch nur die Wasserprobenahme und nicht die Schlammprobenahme behandelt wird, liegt vorwiegend an der Organisation der DIN-GDCh-Ausschüsse und ist eine Fernwirkung der alten Einteilung der DEV, die auch von DIN bei der Normung übernommen wurde. Bei den DEV-Vorschriften war die Analytik des Wassers und der Schlämme genauso wie die Probenahme in getrennten Kapiteln beschrieben worden. Die ISO macht diese Unterscheidung nicht, deshalb behandeln die ISO-Normen der Reihe 5667 sowohl Schlamm- als auch Wasserprobenahmen.

In den nachfolgenden Kapiteln wird die Vorgehensweise bei der Probenahme der verschiedenen Wasserarten behandelt. In allen Abschnitten wird sowohl auf die DIN- als auch auf die ISO-Normen eingegangen, daneben werden viele zusätzliche Anregungen mitgeteilt. Sofern sich auch andere Organisationen als die Norminstitute mit der Problematik der Wasserprobenahme befassen, sind deren Erfahrungen mit in diese Berichte eingeflossen.

1.4 Gestaltung und Titel des Handbuchs

Das Buch ist in Kapiteln zu einzelnen Wasserarten gemäß der Normung aufgeteilt. Das impliziert vordergründig eine isolierte Betrachtung der Wasserarten. Das mag für die Praxis der Probenahme und Vorbereitung zur Analytik ausreichen, ist aber im Grunde zu wenig.

Wasseruntersuchungen werden aufgrund von strategischen Schutzzielen durchgeführt, z. B. zur Sicherstellung von einwandfreiem Trinkwasser, zum Schutz der aquatischen Biosphäre in Fließgewässern, Seen und im Meer, unter anderem auch zur Nutzung als Badewasser.

Um Maßnahmen bei nicht ausreichender Qualität des Wassers ableiten zu können, ist die Beobachtung des gesamten Wassersystems (Kreislauf) erforderlich.

Dazu müssen die entsprechenden Wassereinträge in die einzelnen Kompartimente zusätzlich betrachtet werden, d. h. Niederschlag, Aufbringung von Dünger, Klärschlamm und Pflanzenschutzmitteln auf landwirtschaftliche Flächen, die Einleitung von Abspülungen von versiegelten Flächen und Abwasser in Fließgewässer sowie die Elution von Altlasten ins Grundwasser.

Die Maßnahmen müssen in Programmen zu Wasserbeprobungen und Untersuchungen zusammengefasst werden, deren Ergebnisse zu einem komplexen Gesamtbild von Ursachen und Wirkungen zusammengeführt werden müssen.

Diese Gesamtaufnahme und ihre Darstellung in Bezug auf den Nutzen sind für die Akzeptanz der oft immensen Kosten für die Untersuchungen unbedingt erforderlich.

Beispiel: Ziele des Integrierten Überwachungskonzepts NRW

Im Sinne eines vorsorgenden Gewässer- und Verbraucherschutzes wurde im Jahr 2008 im Land Nordrhein-Westfalen das Programm „Reine Ruhr" [22] beschlossen. Das Programm hat eine umfassende und nachhaltige Strategie zur Verbesserung der Gewässer- und Trinkwasserqualität insbesondere an der Ruhr zum Ziel. Das Programm besteht aus sieben Elementen, die teilweise parallel und teilweise aufeinander aufbauend bearbeitet und sukzessive abgearbeitet werden, u. a. sollte ein neues „Integriertes Überwachungskonzept" erarbeitet werden.

Wesentliches Ziel des Integrierten Überwachungskonzepts ist es, alle relevanten Daten und Informationen zur Gewässerbelastung und Eintragssituation im gesamten Flusseinzugsgebiet zu verknüpfen und die Früherkennung möglicher Belastungen für die Gewinnung von Trinkwasser aus Oberflächengewässern oder für die Gewässerökologie zu sichern und ständig weiter zu optimieren.

Die Überwachungsprogramme der verschiedenen Akteure (Behörden, Wasserversorger, Wasserverbände) für Gewässer, Abwasser, Rohwasser und Trinkwasser sollen, soweit möglich und sinnvoll, noch stärker aufeinander abgestimmt und miteinander verzahnt werden.

Das integrierte Überwachungskonzept stützt sich auf drei Säulen: Zum einen die behördliche Überwachung, zum zweiten auf eigenverantwortliches Handeln und zum dritten auf eine Sensibilisierung aller Beteiligten (Wasserwirtschaft, Industrie, Gewerbe, Landwirtschaft, Verbraucher) für die Empfindlichkeit und Schutzbedürftigkeit der Wasserressourcen und durch einen intensiven Dialog auf Augenhöhe zu der jeweiligen, sich oft sehr schnell ändernden Belastungssituation [22].

Für die behördliche Überwachung von Abwassereinleitungen und Abwasseranlagen wurde 2010 ein landesweites „Konzept zur Überwachung von Abwassereinleitungen und Abwasseranlagen, insbesondere unter Berücksichtigung des Schutzes der öffentlichen Trinkwasserversorgung" [23] per Erlass des Ministeriums für Umwelt und Verbraucherschutz, Landwirtschaft und Verbraucherschutz (MKULNV) NRW eingeführt, das als Richtschnur für die Planung und die Durchführung der Überwachung von kommunalen Abwasseranlagen, Industrie- und Gewerbebetrieben einschließlich derer

Abwasseranlagen sowie zur Überwachung von Abwassereinleitungen in Gewässer und/ oder öffentlichen Abwasseranlagen anzuwenden ist.

Das Handbuch geht über die Praxis zur Probenahme hinaus, im Prinzip betrachtet es die Untersuchung von Wasser. Trotzdem wurde der ursprüngliche Titel „Die Probenahme von Wasser" beibehalten, weil explizite Kapitel zur Analytik fehlen.

Literatur

[1] Ballschmitter, K. & Hoyer, G.-A.: Trends Analytische Chemie, Nachr. Chem. Tech. Lab. (1995) 43, S. 239-245

[2] Funk, W., Dammann, V. und Donnevert, G.: Qualitätssicherung in der Analytischen Chemie; Wiley-VCH, Weinheim 2005

[3] Günzler, H.: Akkreditierung und Qualitätssicherung in der Analytischen Chemie, Springer-Verlag, Heidelberg 1994

[4] Masing, W. (Hrsg.): Handbuch Qualitäts-Management, C. Hauser, München 1994

[5] Neitzel, V. & Middeke, K.: Praktische Qualitätssicherung in der Analytik, VCH, Weinheim 1994

[6] Steck, W.: Harmonisierter Leitfaden für die Validierung von Analysenmethoden durch Einzellaboratorien. Angewandte Chemie (2006), 118 (12): S. 2.019-2.034

[7] Taverniers, I., De Loose, M. & Van Bockstaele, E.: Trends in quality in the analytical laboratory. II. Analytical method validation and quality assurance. TrAC Trends in Analytical Chemistry (2004), 23 (8): S. 535-552

[8] Wellmitz, J. & Gluschke, M.: Leitlinie zur Methodenvalidierung. UBA-Text: Dessau-Roßlau 2005, S. 51

[9] DIN EN ISO/IEC 17025:2018-03, Allgemeine Anforderungen an die Kompetenz von Prüf- und Kalibrierlaboratorien (ISO/IEC 17025:2017); Deutsche und Englische Fassung EN ISO/IEC 17025:2017

[10] Ramsey, M. H.; Ellison, S. L. R.; Roston, P. (Hrsg.) Eurachem/EUROLAB/CITAC/Nordtest/AMC Guide: Measurement uncertainty arising from sampling: a guide to methods and approaches. 2. Auflage auf Englisch (2019) auf Deutsch (2023): Messunsicherheit durch Probenahme: Ein Leitfaden zu Methoden und Ansätzen. ISBN 978-0-94826-35-8. Verfügbar unter: http://www.eurachem.org

[11] Gonzalez, C. et al.: Validation procedure for existing and emerging screening methods. TrAC Trends in Analytical Chemistry (2007), 26 (4): S. 315-322

[12] Kraus, U. R.; Theobald, N.; Gunold, R.; Paschke, A.: Prüfung und Validierung der Einsatzmöglichkeiten neuartiger Passivsammler für die Überwachung prioritärer Schadstoffe unter der WRRL, der MSRL und im Rahmen von HELCOM und OSPAR. Texte 25/2015, Umweltbundesamt (Hrsg.), ISSN 1862-4804, Dessau-Roßlau 2015

[13] Dorgerloh, U.; Theißen, H.; Becker, R.; Win, T.: Forschungsbericht 290: Ableitung validierter Probenahme- und Analysenmethoden für Zwischen- und Endprodukte der anaeroben Stoffverwertungsprozesse von Leichtflüchtigen Chlorierten Kohlenwasserstoffen (LCKW) im Grundwasser im Rahmen von Altlastenuntersuchungen; BAM Bundesanstalt für Materialforschung und -prüfung, Berlin 2010

[14] Gy, P. M.: Sampling or gambling. Process Control. Qual. (1994) 6, S. 97-102

[15] Kromidas, S.; Klinkner, R.; Mertens, R.: Methodenvalidierung im analytischen Labor, Nachr. Chem. Tech. Lab. (1995) 43, S. 669-676

[16] Gudernatsch, H.: Probleme der Probenahme und der Probenahmehäufigkeit in der Wasseranalytik, Forum Städte-Hygiene (1982) 33, S. 129-135

[17] Caspers, N.; Hartmann, P.; Schmidt, S.: Genauigkeit in der genormten Wasseranalytik, Nachr. Chem. Tech. Lab. (1994) 42, S. 601-604

[18] AQS Baden-Württemberg am Institut für Siedlungswasserbau, Wassergüte- und Abfallwirtschaft der Universität Stuttgart: https://www.iswa.uni-stuttgart.de/de/institut/ZentraleEinrichtungen/Iflaqs/aqs/rv/

[19] Just, A.: Ringversuch zur Probenahme von Abwasser mit Hilfe einer mobilen Anlage. AV Akademikerverlag, Saarbrücken 2013

[20] Dresdner Grundwasserforschungszentrum (DGFZ): https://www.dgfz.de/vergleichsprobenahme-grundwasser

[21] Lehrstuhl für Siedlungswasserwirtschaft und Wassergütewirtschaft und Institut für Siedlungswasserwirtschaft der RWTH Aachen: https://www.isa.rwth-aachen.de/cms/ISA/Studium/Studien-und-Abschlussarbeiten/Bachelorarbeiten/~noevw/abgeschlossene-Bachelorarbeiten/

[22] Ministerium für Klimaschutz, Umwelt, Landwirtschaft, Natur- und Verbraucherschutz des Landes Nordrhein-Westfalen (MKULNV): Programm Reine Ruhr zur Strategie einer nachhaltigen Verbesserung der Gewässer- und Trinkwasserqualität in Nordrhein-Westfalen. Düsseldorf 2014. Verfügbar unter: https://mikroschadstoffe.nrw.de/fileadmin/lanuv/fis/mikroschadstoffe/NRW_ReineRuhr_2014.pdf

[23] LANUV NRW: Abwasserüberwachungskonzept: Konzept zur Überwachung von Abwassereinleitungen und Abwasseranlagen, insbesondere unter Berücksichtigung des Schutzes der öffentlichen Trinkwasserversorgung; eingeführt per MKULNV-Erlass IV-7-316 000 2001 vom 17.06.2010. Recklinghausen 2010. Verfügbar unter: https://igsvtu.lanuv.nrw.de/vtu/doc.app?DATEI=7/dokus/74122.doc&USER_ID=357.

2 Allgemeine Anmerkungen zu Wasseruntersuchungen

Dipl.-Ing. Klaus-Dieter Selent*

2.1 Management von Wasseruntersuchungen

Von der Planung, Probenahme, Analytik und Bewertung bis zur Qualitätssicherung

Die Untersuchungen von Wasser können unterschiedlichen Zwecken dienen, z. B. der Prüfung der Gewässerqualität, der Einhaltung gesetzlicher Vorgaben, der Beschaffenheit von Trinkwasser oder Brauchwasser. In allen diesen Fällen existiert ein Auftraggeber, der die Ziele und den Rahmen für ein Programm festlegt sowie einen Auftrag an die entsprechenden operativen Stellen erteilt. Das Zusammenspiel aller Tätigkeiten, von der Zielsetzung bis zur Bewertung der Ergebnisse und der Eignung des Untersuchungsprogramms ist im Folgenden als Management von Wasseruntersuchungen beschrieben.

Die ganze Prozedur kann in einem Ablaufschema als Management von Wasseruntersuchungen beschrieben werden analog eines Demming-Circles (Plan – Do – Check – Act) und dient wie dieser der stetigen Verbesserung der Qualität der Untersuchungen (siehe **Bild 2.1**).

* unter Verwendung der Kapitel 2 und 15 von G. Grubert und A. Grupe aus der 1. Auflage 1998 sowie von A. Grupe und K. Selent aus der 2. Auflage 2018

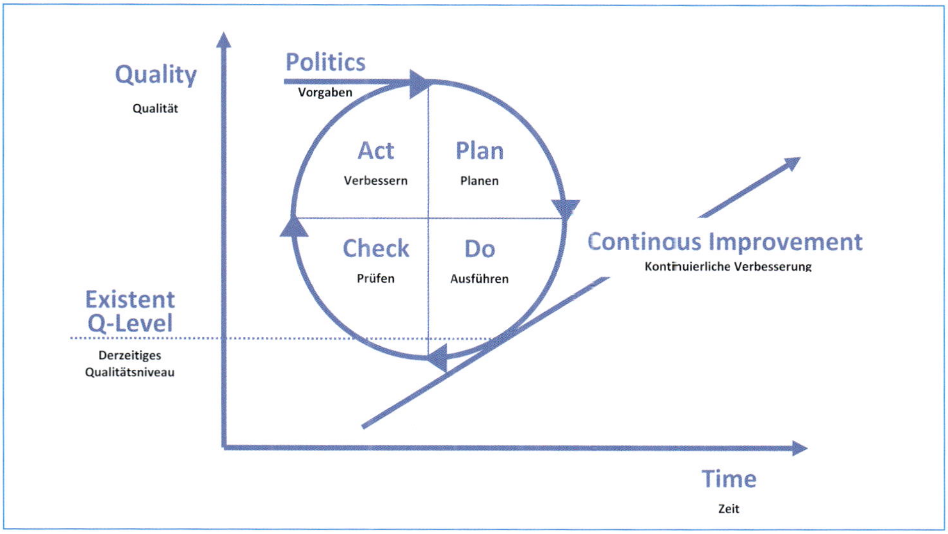

Bild 2.1: Demming-Circle – Plan/Do/Check/Act (PDCA)
(Vorstellungshilfe: Ein durch den PDCA-Motor getriebenes Rad führt eine Steigung herauf (kontinuierliche Verbesserung) und führt so mit der Zeit zu einer höheren Qualität.)

Dabei werden im Schema die Abläufe den drei Ebenen

- strategische Ebene (Politik): Ziele, Vorgaben,
- taktische Ebene (Planungs- und Bewertungsebene): Plan, Check, Act und
- Durchführungsebene: Do

zugeordnet (siehe **Bild 2.2**). Wichtig ist, dass alle an dem Prozess beteiligten Personen miteinander kommunizieren und alles aufeinander abstimmen. Je nach Komplexität des geplanten Untersuchungsvorhabens muss dieser Kreis entsprechend durch weitere Fachleute (z. B. mit Kenntnissen der zu beprobenden technischen Anlage und/oder der örtlichen Gegebenheiten) ergänzt werden.

Bild 2.2: Schema des Managements von Wasseruntersuchungen, Pfeile zeigen die Abläufe im Sinne eines Demming-Circles (siehe Bild 2.1)

In **Bild 2.3** ist die Durchführung für den Fall A von kurzen Entfernungen zwischen Probenahmeort und Labor dargestellt, wie er üblicherweise in Chemieparks oder größeren kommunalen Kläranlagen anzutreffen ist. Wenn Probenahmeort und Labor weit entfernt voneinander liegen, d. h. mit langen Transportwegen für die Proben, wie sie in der Regel bei behördlichen Probenahmen von Wasser zu erwarten sind, muss, in Abhängigkeit von den zu bestimmenden Parametern eine andere Reihenfolge B für die Durchführung gewählt werden. Die Proben werden teilweise schon am Probenahmeort homogenisiert und geteilt/abgefüllt und ggf. konserviert. Die Qualifikation der mit der Probenahme betrauten Mitarbeiter ist damit auch höher, die regelmäßigen Schulungen und Unterweisungen aufwendiger. Auch die Transportfahrzeuge sind i. d. R. geschlossen mit Kühlung sowie mit entsprechender Ausrüstung bestückt.

Bild 2.3: Schema zur Durchführung der einzelnen Arbeiten von Probenahme, Probenvorbehandlung und Analyse in Abhängigkeit von der Entfernung zwischen Probenahmeort und Labor

2.1.1 Strategische Ebene

Zielsetzung

Ziele werden aus gesetzlichen bzw. genehmigungsrechtlichen Vorgaben, ggf. ergänzt durch Normen bzw. BVT (beste verfügbare Technik), die den Stand der Technik beschreiben, oder aus politischen Vorgaben abgeleitet. Nach Festlegung des Untersuchungsprogramms und der Kontrollmaßnahmen erfolgt ein konkreter Untersuchungsauftrag.

2.1.2 Planung und Bewertung

2.1.2.1 Planung

Bei der Planung wird ein Untersuchungsprogramm festgelegt, das die Probenahmeorte, die zu untersuchenden Parameter und damit die Art der Probenahme sowie Häufigkeit, Dauer und den genauen Zeitplan festgelegt. Wesentlich ist die Bereitstellung von ausreichendem qualifiziertem Personal.

Probenahmezeitpunkt

Die Wahl des Probenahmezeitpunkts spielt je nach Aufgabenstellung eine mehr oder minder große Rolle und sollte, wenn nötig, exakt festgelegt werden. Dieses ist besonders wichtig bei der Beprobung von Medien, die bezüglich der zu untersuchenden Inhaltsstoffe starken Konzentrationsschwankungen unterworfen sind. Sind keine derartigen Schwankungen zu erwarten, kann unter Umständen auf eine vorherige Festlegung verzichtet werden und der Probenahmezeitpunkt zufällig ausgewählt werden.

Häufigkeit und Dauer der Probenahme

Je nach dem Untersuchungsziel der Probenahme, z. B.

- zur Überwachung der Einhaltung von Grenzwerten,
- zur Ermittlung des Wirkungsgrads einer Abwasserbehandlungsanlage oder
- bei besonderen Fragestellungen

können Häufigkeit, Dauer und Zeitpunkt der Probenahme unterschiedlich sein.

Die Zusammensetzung der Abwässer unterliegt Schwankungen. Ob zufällige oder systematische Schwankungen vorliegen, kann an Einzelproben mithilfe der Statistik erkannt werden (siehe DIN EN ISO 5667 Teil 1 [1]).

Die Dauer der Probenahme muss einerseits den Gegebenheiten der zu beprobenden Medien und andererseits den zu untersuchenden Inhaltsstoffen angepasst werden. Will man z. B. größere Konzentrationsschwankungen summarisch erfassen, so sollte über einen längeren Zeitraum beprobt werden. Hierbei ist jedoch sicherzustellen, dass die gesammelte Probe durch die lange Standzeit keine messbaren Veränderungen (z. B. durch Ausgasung leichtflüchtiger Stoffe, Kontamination aus dem Gefäßmaterial, biochemischen Abbau) seiner Zusammensetzung erfährt [2]. Sind durch Anwendung geeigneter Maßnahmen derartige Veränderungen nicht auszuschließen, so muss auf jeden Fall eine kürzere Entnahmedauer gewählt werden. In besonderen Fällen kann es nötig sein, mehrere Kurzzeitproben in definierten Zeitintervallen zu entnehmen. Die Untersuchung leichtflüchtiger Stoffe hat grundsätzlich aus Einzelproben zu erfolgen.

Örtliche Repräsentanz

Unter örtlicher Repräsentanz wird die genaue Festlegung der Probenahmestelle verstanden. Allgemeingültige Regeln sind an dieser Stelle nicht aufzuführen, da diese sich nach dem zu beprobenden Medium und nach dem vorgegebenen Untersuchungsziel richtet. Beispielsweise wird man in der Überwachung von Abwassereinleitungen möglichst eine Stelle wählen, an der das Abwasser weitestgehend durchmischt ist, während man bei der Probenahme aus stehenden Gewässern u. U. Proben aus verschiedenen Schichten entnehmen wird. Unabdingbar ist jedoch in jedem Fall die eindeutige Festlegung und Beschreibung der Probenahmestelle. Weitere Hinweise hierzu sind den nachfolgenden Kapiteln zu entnehmen.

Zur Erzielung von repräsentativen Proben und reproduzierbaren Ergebnissen ist die schriftliche Fixierung der Vorgehensweise bei der Probenahme, Probenvorbehandlung und Analytik mit Angaben zu den zu verwendenden Materialien und Methoden unbedingt erforderlich. Zu diesem Zweck sind schriftliche Anweisungen zu erstellen, die dem Personal leicht verfügbar sein und auf dem neuesten Stand gehalten werden müssen.

Arbeitssicherheit

Vor der Probenahme ist pro Probenahmestelle eine Gefährdungsbeurteilung durchzuführen, wobei Maßnahmen zur Arbeitssicherheit (z. B. Absicherung gegen Absturz, Kontamination durch Proben oder Chemikalien, persönliche Schutzausrüstung) festzulegen sind. Diese sind in Betriebsanweisungen zu regeln.

Vorbereitungen zur Probenahme

Die Durchführung einer normgerechten Probenahme ist nur möglich, wenn entsprechende personelle und technische Voraussetzungen erfüllt sind. Das mit der Probenahme befasste Personal sollte eine für die jeweilige Aufgabe geeignete, abgeschlossene Ausbildung haben (z. B. als Umwelttechniker, Chemielaborant, Fachkraft für Abwassertechnik/Wasserwirtschaft oder eine sonstige einschlägige Fachausbildung oder einschlägige wissenschaftliche Ausbildung). Vor allem aber muss sich das mit der Durchführung der Probenahme betraute Personal der Wichtigkeit und der hohen Anforderung an die gestellte Aufgabe bewusst sein. Unabdingbare Voraussetzungen sind eine entsprechende Einarbeitung und regelmäßige Schulungen des eingesetzten Probenahmepersonals [3]. Hierüber empfiehlt es sich, entsprechende Aufzeichnungen zu führen, wie es auch zur Qualitätssicherung nach DIN EN ISO/IEC 17025 [4] verlangt wird. Aus Gründen der Arbeitssicherheit und zur besseren Dokumentation kann es sinnvoll sein, die Probenahmen von einem Team durchführen zu lassen.

Geräte

Weitere unabdingbare Voraussetzung ist das Vorhalten geeigneter Geräte in ausreichender Zahl, die regelmäßig gewartet werden. Wartungsintervalle sind in entsprechenden Arbeitsanweisungen festzuschreiben und die Arbeit verantwortlich definierten Mitarbeitern zu übertragen. Über sämtliche diesbezüglichen Arbeiten sind Aufzeichnungen zu führen. Sinnvoll ist die Erstellung eines Wartungshandbuchs.

Nur durch diese Maßnahmen kann sichergestellt werden, dass jederzeit qualifiziertes Gerät für eine Probenahme vorhanden ist. Zur Wartung gehört auch das regelmäßige Kalibrieren der Messgeräte für Vor-Ort-Messungen, das Laden von Akkus und das Vorhalten von tiefgekühlten Kühlelementen.

Je nach Art der gewünschten Probe (z. B. Einzelprobe, manuell oder automatisch gewonnene Mischprobe) erhält man diese durch den Einsatz unterschiedlichster Probenschöpfer oder Pumpen. Vor- und Nachteile der verschiedenen Geräte sind in den nachfolgenden Kapiteln beschrieben. Grundsätzlich sollte man Probenahmetechniken wählen, die eine Veränderung der Probe bezüglich ihrer zu untersuchenden Inhaltsstoffe weitestgehend ausschließen, d. h., man sollte eine Technik wählen, bei der der Kontakt von Probe zu Gerätschaft möglichst gering gehalten wird [5, 6]. Ebenfalls sollte man jedes unnötige Handling, wie häufiges Umfüllen der gewonnenen Probe, unterlassen. Bei Einsatz von Geräten ist zu beachten, dass alle probeführenden Teile – auch Schläuche – aus Materialien bestehen, durch deren Kontakt die Probe keine Veränderungen erfährt. Gleiches gilt auch für die eingesetzten Probenbehältnisse. Bei Gebrauch von Pumpen sollte man sich, wenn möglich, für druckseitig wirkende (z. B. Tauchmotorpumpen) entscheiden, um Ausgasungen leichtflüchtiger Inhaltsstoffe zu minimieren.

Nachdem die Anforderungen an die zeitliche und örtliche Repräsentanz sowie die anzuwendende Probenahmetechnik festgelegt wurden, sind weitere organisatorische Maßnahmen durchzuführen. Hier ist vor allem sicherzustellen, dass sämtliche für die Probenahme benötigten Geräte, Materialien und Hilfsmittel gereinigt und bereitgestellt werden. Es empfiehlt sich das Aufstellen einer entsprechenden Checkliste. Diese könnte auszugsweise wie folgt aussehen:

Beispiel Checkliste:

- ❑ Reinigung und Bereitstellung der Probenahmegeräte
  - ❑ Probenschöpfer
  - ❑ Automatische Systeme (ggf. Testlauf)
- ❑ Reinigung und Bereitstellung der Geräte zur Homogenisierung und Probenteilung
- ❑ Reinigung und Bereitstellung geeigneter Probenbehältnisse
- ❑ Reinigung und Bereitstellung von Filtrationsgeräten
- ❑ Bereitstellung von Material zur Kennzeichnung der Probenbehältnisse
- ❑ Bereitstellung von Chemikalien zur Konservierung
- ❑ Bereitstellung von Kühltaschen und Kühlelementen
- ❑ Testen und Bereitstellen der Geräte zur Vor-Ort-Analytik

- ❑ Bereitstellung von Chemikaliensätzen zur Vor-Ort-Analytik
- ❑ Bereitstellung von Schutzkleidung und Gerätschaften zur Arbeitssicherheit
- ❑ Vorbereitung von Probenahmeprotokollen
- ❑ Vorbereitung des Probenahmefahrzeugs
- ❑ Zusammenstellen von Karten und Plänen

Zu letzterem Punkt empfiehlt es sich, eine entsprechende Akte für Stellen, die häufiger beprobt werden, anzulegen. Hierin sollten zumindest enthalten sein:

- ❑ Anfahrtsskizzen
- ❑ Lagepläne, ggf. Fotos der Probenahmestelle
- ❑ Hinweis auf mögliche Ansprechpartner vor Ort
- ❑ Hinweise auf Besonderheiten der Probenahmestelle

Darüber hinaus sollte bereits vor der Probenahme sichergestellt sein, dass die erzielten Proben schnell und qualifiziert dem untersuchenden Labor übergeben werden können.

2.1.2.2 Bewertung

Nach der Durchführung werden die Messergebnisse zu der Stelle, die die Planung gemacht hat, weitergegeben. Hier werden die Ergebnisse hinsichtlich ihrer Relevanz bewertet, d. h. ob sie genügend Aussagekraft zur Zielerreichung, z. B. Grenzwerteinhaltung, haben.

2.1.2.3 Anpassung des Programms

Es muss anhand der Ergebnisse geprüft werden, ob die Probenahmeplanung ein geeignetes Programm zur Zielerreichung festgelegt hat oder ob dieses ggf. angepasst werden muss, um aussagekräftige Messwerte zu erhalten.

2.1.3 Durchführung

2.1.3.1 Probenahme

Der Probenahme, als erstem Teilschritt einer jeden chemischen, physikalisch-chemischen oder (mikro-)biologischen Untersuchung, kommt eine ganz besondere Bedeutung zu, da sich Fehler, die dort entstehen, in der Regel – selbst durch aufwendigste Maßnahmen – nicht kompensieren lassen. Im Folgenden werden allgemein gültige Regeln und Maßnahmen beschrieben, deren Einhaltung unabhängig von der Art der Probenahme und vom zu beprobenden Medium dazu beiträgt, eine möglichst unverfälschte Probe zu erzielen. Spezielle Maßnahmen sind darüber hinaus den nachfolgenden Kapiteln zu entnehmen.

Bei Ankunft an der Probenahmestelle ist diese mit den Angaben aus der Probenahmeakte zu vergleichen, um ein Vertauschen der Entnahmestelle auszuschließen. Veränderungen der Situation an der Probenahmestelle gegenüber den Angaben in der Probenahmeakte sind zu dokumentieren und ggf. durch Fotos zu belegen.

Sämtliche Arbeiten vor Ort sind „analytisch sauber" durchzuführen, wobei die Innenseiten der Geräte und Behältnisse nicht mit „bloßen Fingern" zu berühren sind. Man sollte möglichst im Labor gereinigte Schöpfbecher und Behältnisse einsetzen. Es ist weitestgehend zu verhindern, dass Partikel aus der Umgebung die Probe kontaminieren. Auf die Benutzung lösungsmittelhaltiger Filzschreiber sollte aus Gründen möglicher Kontamination verzichtet werden. Darüber hinaus sind sämtliche Tätigkeiten (wie Rauchen und Essen) zu unterlassen, die die Probe beeinflussen können.

Bei der Entnahme von Schöpfproben ist insbesondere darauf zu achten, dass z. B. durch versehentliches Kratzen an Schachtwänden oder an Gerinneböden keine Partikel gelöst werden, die in die Probe gelangen können. Ebenfalls sollte man unterlassen, das Schöpfgerät vor oder zwischen den Schöpfvorgängen auf den Boden zu stellen. Hier empfiehlt sich die Verwendung eines geeigneten Stativs.

Bei Einsatz automatischer Probenahmesysteme ist das gesamte System nach Möglichkeit vor der Probenahme ausreichend mit dem Probengut und nach der Entnahme mit sauberem Wasser zu spülen. Je nach Einsatz sind unterschiedliche Anforderungen an das Wasser zu stellen. Beispielsweise bei einer Beprobung von Abwasser reicht in der Regel Leitungswasser aus. Bei Probenahmen über einen längeren Zeitraum wird durch Kühlung der Sammelgefäße ein biochemischer Abbau der Probe minimiert. Bei Einsatz von Pumpen ist der Ablauf derart zu verlegen, dass ein möglicher Kreislauf verhindert wird. Schlauchpumpen sollten nur eingesetzt werden, wenn sichergestellt ist, dass die Pumpen mit einer ausreichenden Drehzahl laufen, um mögliche Sedimentationen im Schlauchsystem auszuschließen. Darüber hinaus kann es hierbei, wie beim Einsatz anderer Vakuumsysteme, zu Minderbefunden durch Ausgasung kommen.

Bei bestimmten Anwendungen, gerade im Bereich der Abwasserprobenahme, kann es vorkommen, dass Probenahmesysteme derart kontaminiert werden, dass selbst nach intensivem Spülen über einen längeren Zeitraum Verschleppungen nicht auszuschließen sind. Zur Erkennung derartiger Kontaminationen sollten die normal gereinigten Probenahmesysteme im Labor regelmäßig einer spezifischen Kontrolle unterzogen werden. Hierzu sollte das komplette Probenahmesystem nach einem vorher festgelegten, gleichbleibenden Modus mit Reinstwasser über einen definierten Zeitraum im Kreislauf gespült werden. Das Spülwasser wird anschließend auf entsprechende Leitparameter untersucht.

Überschreiten diese festgelegte Grenzen, so ist das System wie folgt zu behandeln:

- Stufe 1: Gezielte Reinigung des Systems
- Stufe 2: Gezielter Austausch von kontaminierten Einzelteilen
- Stufe 3: Zukünftig nur Einsatz bei höher belasteten Wässern
- Stufe 4: Aussondern des kompletten Systems

Selbst eine Komplettaussonderung ist in der Regel kostengünstiger als weitere Probenahmen und entsprechende Analytik, die zu ungesicherten oder falschen Ergebnissen führt. Voraussetzung für das Erkennen einer Kontamination nach der beschriebenen

Vorgehensweise ist die unverwechselbare Kennzeichnung sämtlicher Probenahmesysteme.

Prinzipiell ist eine Schöpfprobe einer mittels Pumpe erzielten Probe vorzuziehen, da Veränderungen durch Kontamination und Adsorption verringert werden. Der Idealfall ist das Schöpfen einer Probe direkt mit einem im Labor vorgereinigten Probenbehältnis, das unmittelbar verschlossen dem Labor zur Untersuchung zugestellt wird.

2.1.3.2 Probenvorbehandlung

Bei der Probenvorbehandlung ist unbedingt darauf zu achten, dass die Probe möglichst schonend behandelt wird, d. h. dass einerseits Luftsauerstoffeintrag und andererseits Ausgasung leichtflüchtiger Inhaltsstoffe weitestgehend vermieden wird. Homogenisierungsgefäß und Rührer sollten aus einem Material bestehen, durch das die Probe nicht verändert wird.

Wie bereits in Kapitel 2.1.2.1, Unterpunkt „Geräte“, beschrieben, ist unbedingt darauf zu achten, dass die Probenbehältnisse aus einem Material bestehen, das die Probe bzw. Teilprobe bezüglich der zu untersuchenden Inhaltsstoffe nicht verändert. Grundsätzlich sind verschlossene Probenbehälter vorzuhalten, die vorher im Labor gereinigt worden sind.

Probengefäße sind eindeutig und dauerhaft zu beschriften, um Verwechslungen auszuschließen. Zur verstärkten Information des Laborpersonals empfiehlt es sich, wichtige Hinweise zu Besonderheiten (z. B. Vorbehandlungsmaßnahmen, Giftigkeit) außer im Protokoll auch unmittelbar auf der Probenflasche zu vermerken.

Die Proben sollten nach der Entnahme unmittelbar dem Labor zugeführt werden, um Veränderungen der Inhaltsstoffe möglichst auszuschließen. Da dieses jedoch nicht immer möglich ist, müssen häufig unmittelbar nach der Entnahme parameterspezifische Behandlungs- und Konservierungsmaßnahmen durchgeführt werden.

2.1.3.3 Dokumentation und Probeneingang

Der nächste Schritt ist die Probenbereitstellung im Labor, d. h. Registrierung, Probenteilung ggf. nach Homogenisierung und Konservierung (diese Arbeiten werden ggf. schon am Ort der Probenahme vorgenommen) sowie eine adäquate Lagerung.

Die Dokumentation ist wichtiger Bestandteil der Probenahme. Entsprechende Beispiele sind in den einschlägigen Normen zu finden. Hier finden sich in der Regel Blankovorlagen, die keinem Kopierverbot unterliegen. Es empfiehlt sich jedoch, die Protokolle für die eigenen Bedürfnisse anzupassen.

Bei der Dokumentation ist es wichtig, dass jedes Protokoll unverwechselbar den entsprechenden Proben bzw. Teilproben zugeordnet werden kann. Sämtliche Eintragungen ins Protokoll sind unmittelbar durchzuführen. Ein zwischenzeitliches Notieren auf sogenannten Schmierzetteln ist, um Übertragungsfehler auszuschließen, zu unterlassen. Häufig ist es für die weitere Bearbeitung der Untersuchung hilfreich, das Protokoll durch Skizzen und/oder Fotos zu ergänzen. Zur eindeutigen Zuordnung sollten die verwandten Probenahmesysteme gekennzeichnet und im Protokoll benannt werden.

Nach dem Abfüllen und Dokumentieren sind die Proben unverzüglich der Untersuchung zuzuführen. Hierzu sollten Maßnahmen getroffen werden, dass die Probe einer verantwortlichen Person des Labors übergeben werden kann. Sind Anlieferungen von Proben außerhalb der regulären Arbeitszeit vorgesehen, so sollte auch in diesem Falle ein qualifizierter und gesicherter Probeneingang (Dokumentation und Lagerung) geregelt werden.

2.1.3.4 Analytik

Danach folgt die eigentliche Analytik, d. h. die Vorbereitung zur chemischen, physikalisch-chemischen oder (mikro-)biologischen Messung der zu bestimmenden Parameter, mit Fehlerbetrachtung und Dokumentation der Messergebnisse. Im Gegensatz zu Fehlern bei der Probenahme, als Erfassung eines singulären Zustands, können bei der Analytik fehlerhafte Messungen in den überwiegenden Fällen durch Kontrollmessungen der vorhandenen Probe erkannt und korrigiert werden.

Die Ergebnisse werden zur Bewertung und Ableitung von Maßnahmen an die Planungsebene weitergegeben (siehe Kapitel 2.1.2.2 und 2.1.2.3).

2.2 Qualitätssicherung und Qualitätskontrolle von Wasseruntersuchungen

Für jede Probenserie sollte ein Programm zur Feststellung der Qualität der Probenahme erstellt werden, um sicherzustellen, dass die aus den Probenahmeprogrammen ermittelten Daten sowohl vertrauenswürdig als auch wissenschaftlich zuverlässig sind. Fehlentscheidungen bei jedem Arbeitsschritt des Probenahmeverfahrens können zu wesentlichen Fehlern innerhalb der ermittelten Daten führen.

Untersuchungslaboratorien haben üblicherweise entsprechend den Anforderungen nationaler Festlegungen und in Übereinstimmung mit ISO/IEC 17025 [4] strenge Programme der Qualitätssicherung und Qualitätskontrolle (QS/QK). Jedoch können derartige Laborprogramme der QS/QK die strengen Qualitätsprogramme der Probenahme nicht ersetzen, die für die Entnahme und Handhabung von Proben vor der Lieferung an Untersuchungslaboratorien erforderlich sind.

Die Qualitätsprogramme für die Probenahme umfassen sämtliche Arbeitsschritte zum Erhalt gültiger Ergebnisse. Die Qualitätsprogramme für die Probenahme enthalten den dokumentierten Nachweis zur Ausbildung und Kompetenz des Probenahmepersonals, dass geeignete Verfahren zur Probenahme und Probenhandhabung eingesetzt wurden, dass die Ausrüstung gewartet und kalibriert wurden, dass korrekte Verfahrensweisen eingehalten wurden und dass die Aufzeichnungen sowohl vollständig als auch verlässlich sind. Es ist wichtig, ein Qualitätssicherungsprogramm und die Qualitätskontrolle zu etablieren, die für die Charakterisierung und Reduzierung von Fehlern wirksam sind. Abhängig von der Zielsetzung (z. B. zur Überprüfung in Bezug auf eine Kontamination der Probe an verschiedenen Punkten des Probenahmeverfahrens und der Identifizierung potentieller Probleme) wird die Qualitätskontrolle unterschiedlich sein [6].

2.2.1 Zweck

Ziel jeder Probenahme von Wasser ist, ein repräsentatives Teilvolumen aus einer Grundgesamtheit (Gewässer, Abwasserstrom) zu entnehmen und zu analysieren. Das Ergebnis soll repräsentativ für die Grundgesamtheit sein, um z. B. Aussagen zur Gewässerqualität oder zur Einhaltung der Überwachungswerte der wasserrechtlichen Einleitungserlaubnis machen zu können.

Die Probenahme ist ein wesentlicher Teilschritt bei der Untersuchung von Wasser. Besonders bei inhomogenen Wässern (z. B. Abwässern) ist eine Qualitätssicherung notwendig, um verlässliche, repräsentative Ergebnisse zu erhalten.

Die Qualitätssicherung und -kontrolle dienen der Vermeidung von Fehlern (Beherrschen aller Unsicherheitsquellen) sowie der Überwachung und Quantifizierung der Qualität (Genauigkeit, Verlässlichkeit) der Ergebnisse. In diesem Kapitel sind die Kontrollmaßnahmen beschrieben, es soll nur einen kurzen Überblick über gebräuchliche Qualitätskontrollmaßnahmen geben; statistische Zusammenhänge und Detailinformationen sind der einschlägigen Literatur zu entnehmen [3, 7-9]. Speziell für die Qualitätssicherung der Probenahme ist die DIN EN ISO 5667-14 zu beachten [6].

Bild 2.4 zeigt schematisch die in Kapitel 2.1 beschriebenen präventiven Qualitätssicherungsmaßnahmen und ausgewählte, nachfolgend beschriebene Qualitätskontrollmaßnahmen.

2.2.2 Definitionen

2.2.2.1 Fehler

Alle Analysenergebnisse entstehen aus fehlerbehafteten Tätigkeiten, von der Probenahme bis zur Messung. Dabei werden drei Arten von Fehlern unterschieden, der grobe Fehler, der zufällige Fehler und der systematische Fehler.

Grobe Fehler

Grobe Fehler sind Fehler, die nicht statistisch erfassbar sind (Ausreißer). Sie werden z. B. durch Missachtung der Analysenvorschriften, durch Ablesefehler etc. hervorgerufen, d. h. sie sind durch korrektes Arbeiten vermeidbar.

Grobe Fehler lassen sich nur durch Plausibilitätsbetrachtungen aufdecken.

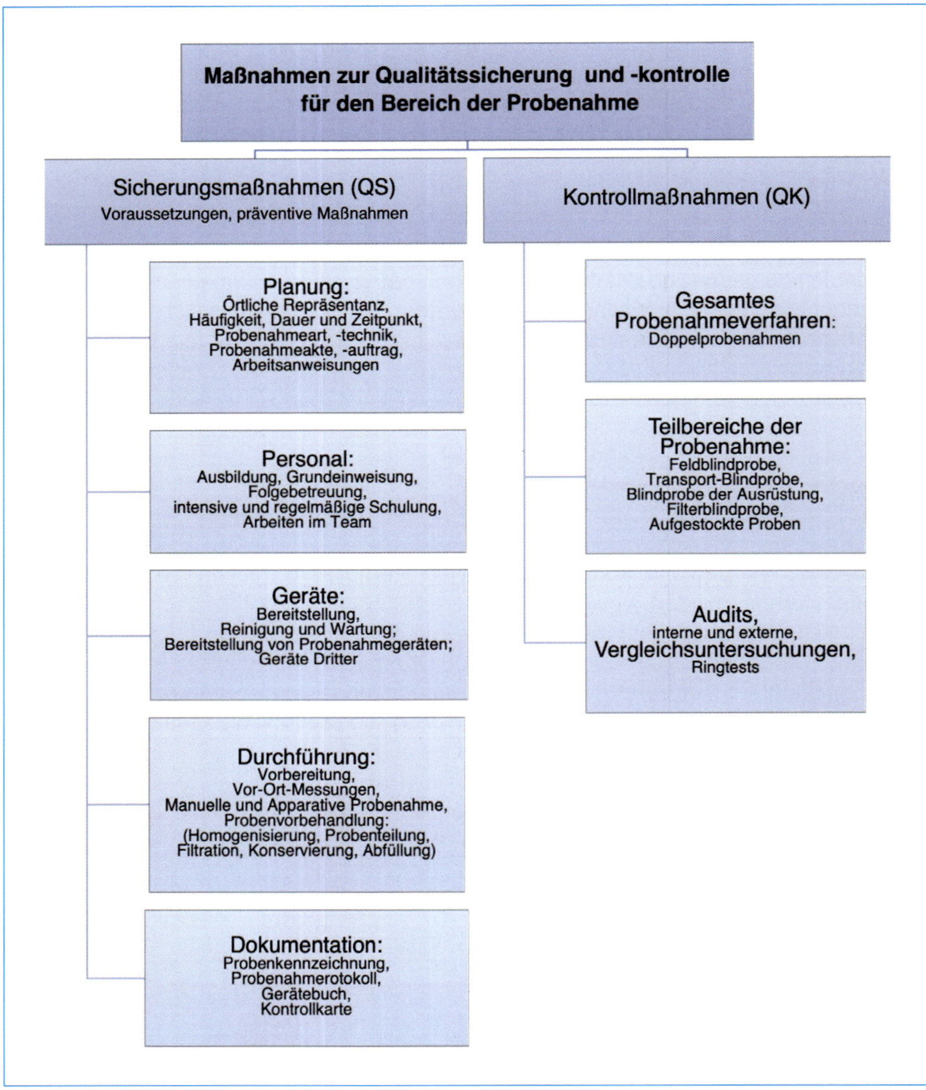

Bild 2.4: Maßnahmen zur Qualitätssicherung und Qualitätskontrolle für den Bereich der Probenahme

Zufällige Fehler

Zufällige Fehler werden durch Toleranzen der Geräte (Probenahmegeräte, Messinstrumente) verursacht. Sie sind bei allen Bestimmungen unvermeidlich, sie machen ein Analysenergebnis unsicher. Zufallsfehler beeinflussen die Präzision eines Ergebnisses (Streuung um einen Mittelwert).

Systematische Fehler

Systematische Fehler (z. B. aufgrund einer fehlerhaften Kalibrierung) beeinflussen alle Messwerte stets im gleichen Sinn und machen ein Ergebnis falsch. Systematische Fehler beeinflussen die Richtigkeit (Abweichung vom Erwartungswert).

2.2.2.2 Genauigkeit

Die Genauigkeit ist die qualitative Bezeichnung für das Ausmaß der Annäherung von Analysenergebnissen an den Bezugswert (wahren Wert, Erwartungswert). Die Genauigkeit setzt sich zusammen aus der Richtigkeit und der Präzision (siehe **Bild 2.5** und **Bild 2.6**).

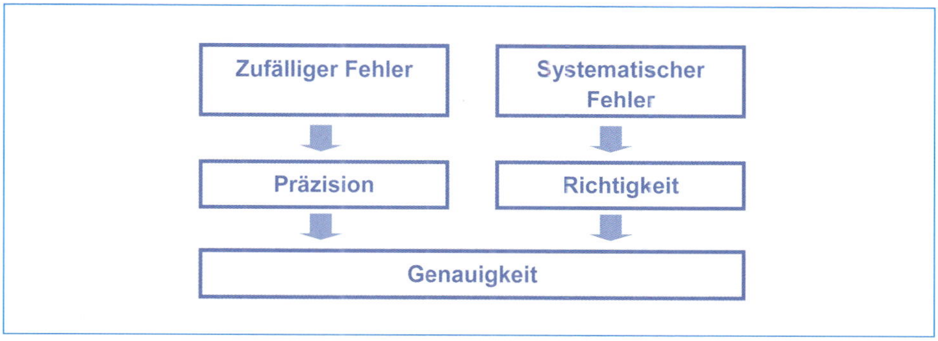

Bild 2.5: Einfluss von Fehlern auf die Genauigkeit von Analysenergebnissen

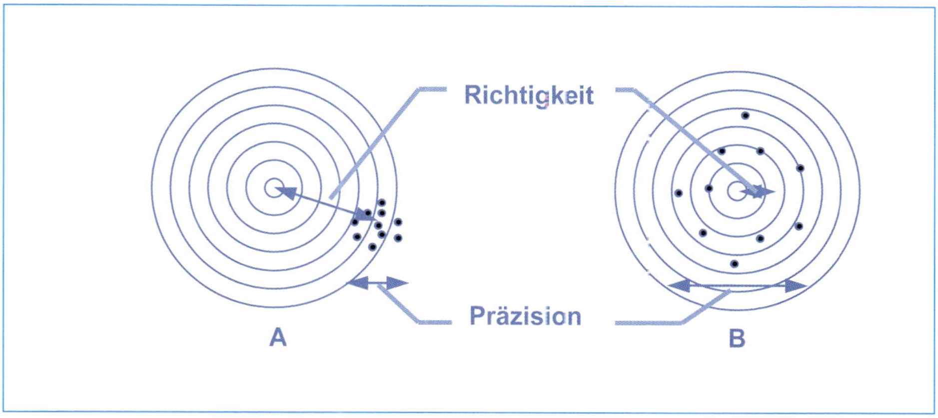

Bild 2.6: Darstellung der systematischen und zufälligen Fehler am Beispiel einer Schussserie auf eine Schießscheibe
(Vorstellungshilfe: Die Richtigkeit wird z. B. durch ein fehlerhaft eingestelltes Visier (systematisch) beeinflusst, die Streuung um den Mittelwert wird durch Zielfehler (z. B. unruhige Hand) des Schützen hervorgerufen.)

Richtigkeit

Maß für die Abweichung des Mittelwerts einer Messreihe vom Erwartungswert (Sollwert, wahrer Wert). Die Richtigkeit eines Analysenergebnisses kann nur durch eine unabhängige Kontrollmessung nach einem anderen Verfahren oder durch Aufstockung bei bekannter Substanz bestimmt werden.

Präzision

Präzision ist die qualitative Bezeichnung für das Ausmaß der gegenseitigen Annäherung von Analysenergebnissen bei mehrfacher Anwendung eines festgelegten Analysenverfahrens unter vorgegebenen Bedingungen. Präzision ist ein Maß für die Streuung der Messwerte um den Mittelwert. Bei der Präzision wird zwischen Wiederholbarkeit und Vergleichbarkeit unterschieden.

Wiederholbarkeit

Ausmaß der Annäherung der Analysenergebnisse unter Wiederholbedingungen: wiederholte Anwendung des festgelegten Analysenverfahrens an einer Probe durch denselben Bearbeiter in kurzen Zeitabständen mit denselben Geräten.

Vergleichbarkeit

Ausmaß der Annäherung der Analysenergebnisse unter Vergleichsbedingungen: Anwendung des festgelegten Analysenverfahrens an einer Probe durch verschiedene Untersucher mit verschiedenen Geräten in verschiedenen Labors.

2.2.3 Qualitätsziele bei den Teilschritten einer Wasseruntersuchung

Probenahme: die Entnahme eines Teilvolumens aus einem Wasserkörper zur Untersuchung auf diverse Parameter.

- Qualitätsziel: Die Probe soll repräsentativ bezüglich des zu untersuchenden Wasserkörpers sein.

Probenvorbehandlung: alle Teilschritte nach der Probenahme, wie Probentransport, Homogenisierung, Teilung, Konservierung und Lagerung.

- Qualitätsziel: Die Probe soll gegenüber der Originalprobe nicht verändert sein (bezüglich der Konzentration der zu bestimmenden Parameter).

Probenbehandlung: Die Probenbehandlung beinhaltet chemische und physikalische Prozeduren zur Anreicherung, Derivatisierung, Farbreaktion an einer Probe zur anschließenden Messung.

- Qualitätsziel: Die Probenbehandlung soll mit hoher Ausbeute (Umsetzung, Wiederfindung) durchgeführt werden können.

Messung: Erfassung einer physikalischen Messgröße, die in einem mathematischen Zusammenhang (proportional) zu der Konzentration des zu bestimmenden Parameters steht.

- Qualitätsziel: ausreichende Selektivität, Empfindlichkeit und Präzision, Linearität (bzw. anderer klarer funktionaler Zusammenhang) der Kalibrierung.

Auswertung: Herstellung des mathematischen Zusammenhangs zwischen der physikalischen Messgröße und der Konzentration des zu bestimmenden Parameters.
- Qualitätsziel: richtige Berechnung, Angabe der Präzision des Ergebnisses, Plausibilität des Ergebnisses.

2.2.4 Fehleranalyse

2.2.4.1 Fehlermöglichkeiten

Die aufgeführten Fehlermöglichkeiten sind Beispiele, es können im Einzelfall auch andere Einflüsse auftreten, die im Rahmen einer Fehleranalyse gefunden werden können.

Fehlermöglichkeiten bei der Probenahme

Mehrbefunde:

- Verunreinigung durch schmutziges Probenahmegerät
- Feststoffanteil zu hoch, da das Probenahmegefäß Wand- oder Sedimentkontakt hatte

Minderbefunde:

- Verluste leichtflüchtiger oder gasförmiger Inhaltstoffe durch Ansaugen bei der Probenahme
- Verluste durch Adsorption am Probenahmegerät (Schläuche)

Nicht repräsentative Probe:

- Zeitproportionale Probenahme bei stark schwankenden Teilströmen (zeitliche Inhomogenität)
- Keine homogene Durchmischung im Gewässer (räumliche Inhomogenität)
- Grobe Fehler:
  - Falscher Ort
  - Falscher Zeitpunkt
  - Falsche Kennzeichnung
- Umfeldeinflüsse nicht berücksichtigt:
  - Hochwasser
  - Niedrigwasser
  - Abschwemmungen bei Unwettern

Fehlermöglichkeiten bei der Probenvorbehandlung

Mehrbefunde:

- Herauslösen von Stoffen aus Gefäßen (Weichmacher, Metalle)
- Eintrag von Stoffen aus verschmutzten Behältern und Geräten (Filter, Messkolben)
- Ungenügende Homogenisierung
- Fehlende oder falsche Konservierung
- Verdünnungsfehler

Minderbefunde, z. B. durch:

- Verdunstung
- Zersetzung durch biologische Aktivität
- Zersetzung durch Licht
- Adsorption an Gefäßwänden
- Adsorption an Filtern
- Ungenügende Homogenisierung
- Verdünnungsfehler

Fehlermöglichkeiten bei der Probenbehandlung

Mehrbefunde:

- Mangelnde Reinheit der Reagenzien
- Miterfassung/Umsetzung ähnlicher Substanzen (mangelnde Selektivität)

Minderbefunde:

- Unvollständige Derivatisierung/Umsetzung
- Unvollständige Anreicherung
- Unvollständiger Aufschluss

Fehlermöglichkeiten bei der Messung

Einfluss auf die Richtigkeit:

- Falsche Kalibrierung
- Sättigung des Messsignals
- Ungenügende Selektivität der Messung
- Blindwert nicht berücksichtigt

Einfluss auf die Präzision:

- Zu große Toleranzen des Messgeräts:
  - Mangelnde Wartung
  - Schwankende äußere Einflüsse (Temperatur)
- Nicht ausreichende Empfindlichkeit der Messung (Steilheit der Kalibrierfunktion)

Fehlermöglichkeiten bei der Auswertung

Einfluss auf die Richtigkeit:

- Falsche Integration
- Falsche Berechnung

Einfluss auf die Präzision:

- Rundungsfehler

2.2.4.2 Fehlermöglichkeiten und Einflussanalyse

Bei den einzelnen Schritten können Fehler auftreten, die sich – von der Planung bis zum Ergebnis – fortpflanzen. Fehlermöglichkeits- und Einflussanalysen (FMEA) sind analytische Methoden der Zuverlässigkeitstechnik, um potenzielle Schwachstellen zu finden. Im Rahmen des Qualitätsmanagements bzw. Sicherheitsmanagements wird die FMEA zur Fehlervermeidung und Erhöhung der technischen Zuverlässigkeit vorbeugend eingesetzt.

Ursache-Wirkungs-Analyse

Das Ursache-Wirkungs-Diagramm wird vielfach auch als Fischgrätendiagramm, Ishikawa-Diagramm oder Fehlerbaum-Diagramm bezeichnet.

Eine Fehleranalyse zur Untersuchung möglicher Ursachen der Fehler kann mit der Ishikawa-Methode durchgeführt werden. Dabei berücksichtigt man die sogenannten 4M (Mensch, Maschine, Material, Methode) bzw. besser 6M (Mensch, Maschine, Material, Methode, Milieu, Messung) als Kategorien der Ursachen (siehe **Bild 2.7**).

Die Fehlerbetrachtungen sind jeweils auf die einzelnen Teilschritte der Wasseruntersuchung anzuwenden, d. h. von der Planung bis zur Bewertung. Dazu sind zu den sechs allgemein benannten Kategorien spezifische Einflüsse zu ergänzen.

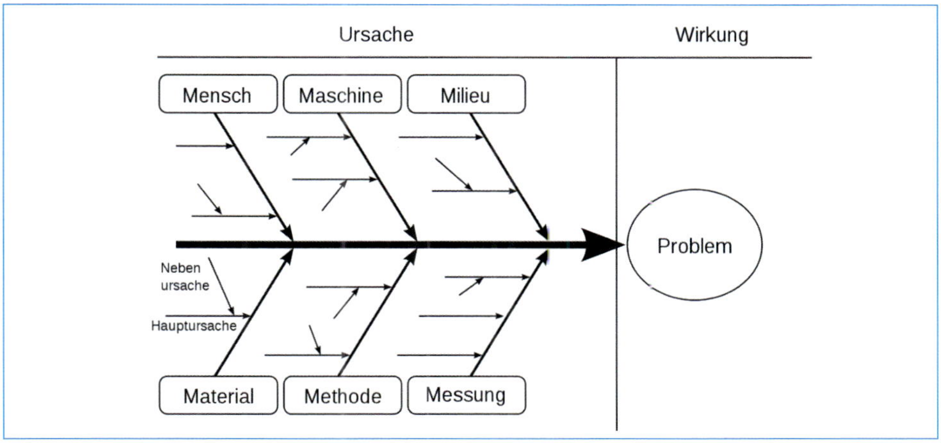

Bild 2.7: Ursache-Wirkungsdiagramm mit sechs Kategorien, die einen negativen Einfluss auf die Qualität des Produkts bzw. des Ergebnisses haben können und so zu einem Problem führen. Die darunterliegenden Pfeile sind Haupt- bzw. Nebenursachen (Quelle: Wikipedia)

Die Bedeutung der Kategorien in Bezug auf Wasseruntersuchungen sind Folgende:

Mensch

Die beteiligten Menschen sind wesentliche Akteure und sind hauptverantwortlich für das Gelingen von aussagekräftigen Wasseruntersuchungen. Schlecht ausgebildete Mitarbeiter können nicht durch noch so gutes Gerät kompensiert werden, deshalb stehen Ausbildung, Schulung und Unterweisung an erster Stelle.

Maschine

Die benutzten Geräte und Maschinen müssen für die Aufgabe geeignet sein. Durch regelmäßige Inspektion und Wartung, inklusive Reinigung, Austausch von Verschleiß- und Ersatzteilen, sind sie hinsichtlich ihrer Funktionsfähigkeit zu überprüfen.

Milieu

Das Umfeld um die Probenahmestelle, wie Wetter mit z. B. Starkregen, der zu einem erhöhten Abfluss, Stoffeintrag durch Abschwemmungen oder Verdünnung führen kann, wird oft vernachlässigt. Ein anderer wesentlicher Punkt für die Beurteilung von Wasser ist die Kenntnis von Variationen von Wassermenge und Zusammensetzung in Bezug auf das Einleitungsverhalten. Diese Kenntnisse sind elementar für eine möglichst exakte Beurteilung der Wasserqualität.

Methode

Die Methoden beschreiben, wie die einzelnen Schritte der Wasseruntersuchung durchgeführt werden müssen. Sie orientieren sich an den wissenschaftlichen und praktischen Erfahrungen. Methoden müssen unbedingt schriftlich festgelegt werden und mit den Mitarbeitern ausgiebig geschult und erprobt werden.

Material

Material, das für die Untersuchung von Wasserproben eingesetzt werden soll, ist in Bezug auf die Eignung zu prüfen: Es darf nicht zu Veränderungen der Proben führen, sei es durch Stoffeintrag oder durch Adsorption bzw. chemische Veränderung von Inhaltsstoffen.

Messung

Die Probenbehandlung wie Anreicherung durch Adsorption (z. B. an Harzen oder Ionenaustauschern), Aufschluss (z. B. Metalle), Adsorption (z. B. AOX) oder Derivatisierung (z. B. Veresterung) vor der eigentlichen Messung sind elementare Schritte für die Richtigkeit der Messung, bei der i. d. R. physikalische Signale wie Spannung oder Strom in Bezug auf die Konzentration eines Stoffs proportional sind. Eine Kalibrierung ist Grundvoraussetzung für korrekte Werte. Die Nachweismethode ist so zu wählen, dass sie selektiv (d. h. keine anderen Stoffe der zu bestimmenden Stoffklasse werden mit erfasst) und empfindlich genug ist. Die Empfindlichkeit und Linearität sind entscheidend für die Bestimmungsgrenze. Die Nachweisgrenze liegt außerhalb der Linearität der Detektion, d. h. unterhalb der Bestimmungsgrenze erkennt man zwar die Anwesenheit, kann aber nicht mehr sicher quantifizieren.

Wesentlich für die Qualität der Ergebnisse ist eine Qualitätskontrolle über die einzelnen Schritte des Verfahrens sowie über das gesamte Verfahren, von der Probenahme bis zur Analyse.

In **Bild 2.8** sind die Einflussmöglichkeiten für Fehler bei der Wasseruntersuchung dargestellt.

In **Bild 2.9** ist eine mögliche konkrete Fehleranalyse beschrieben.

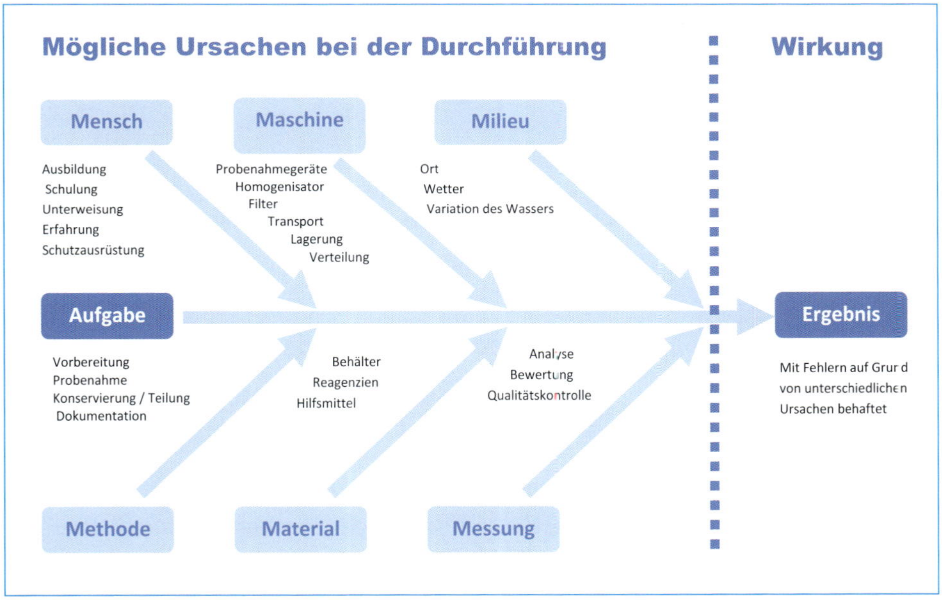

Bild 2.8: Die Fehleranalyse wird notwendigerweise durch Qualitätskontrollmessungen unterstützt, aus denen spezifische Aussagen zur Richtigkeit von Teilschritten der Wasseruntersuchung gefunden werden können

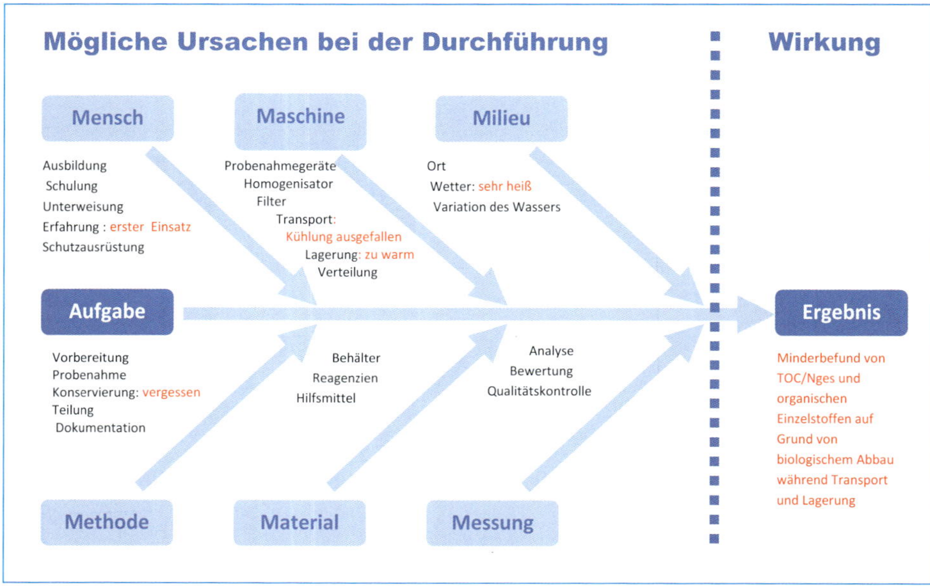

Bild 2.9: Beispiel einer Analyse zur Fehlersuche
(Die rot markierten Befunde führten zum fehlerhaften Ergebnis und müssen bei zukünftigen Probenahmen gezielt überprüft werden, bzw. die SOPs und Schulungen der Mitarbeiter müssen entsprechend angepasst werden.)

2.2.4.3 Fehleranalysen durch Qualitätskontrollmessungen

Qualitätskontrollmessungen dienen der Kontrolle des Gesamtverfahrens oder von Teilschritten der Analyse. Gebräuchliche Qualitätskontrollen sind in **Bild 2.10** aufgeführt.

Die Genauigkeit der Probenahme als Summe von Präzision und Richtigkeit kann nicht direkt bestimmt werden, da die Ungenauigkeit der nachfolgenden Schritte (Probenvorbehandlung bis Messung) bei der Bestimmung mit eingehen.

Die Richtigkeit der Ergebnisse der Untersuchung von Wasser aus größeren Mengen im Sinne eines repräsentativen Ergebnisses ist meistens nicht überprüfbar, da die einzige Methode zur Überprüfung des Verfahrens, die Aufstockung, in der Regel nicht durchführbar ist.

Die Präzision der Probenahme lässt sich nur indirekt ermitteln, wenn die Präzision der anderen Teilschritte der Analyse bekannt ist:

$$\text{Präzision}_{\text{Probenahme}} = \text{Präzision}_{\text{Gesamtverfahren}} - \text{Präzision}_{\text{Probenvorbehandlung bis Messung}}$$

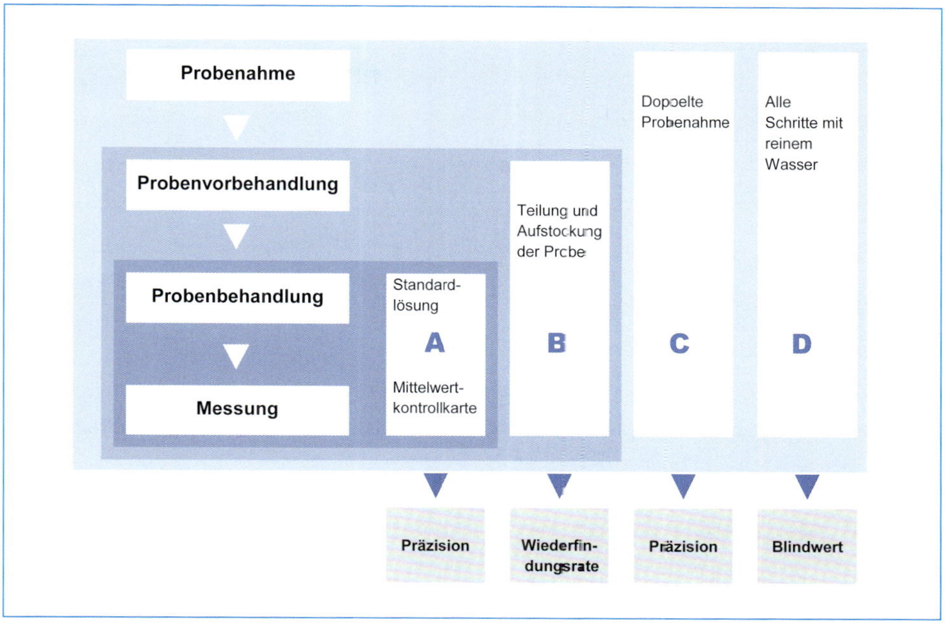

Bild 2.10: Schematische Darstellung der gebräuchlichen Qualitätskontrollen zur Analytik von Wasser

A: Bestimmung der Präzision und Richtigkeit der Probenbehandlung und Messung

B: Bestimmung der Wiederfindung von Probenvorbehandlung, Probenbehandlung und Messung

C: Bestimmung der Präzision des Gesamtverfahrens
(Probenahme, Probenvorbehandlung, Probenbehandlung und Messung)

D: Bestimmung des Blindwertes des Gesamtverfahrens

2.2.4.4 Kontrollproben zur Überprüfung der Präzision des Gesamtverfahrens

Kontrollproben zur Überprüfung der Präzision der Probenahme sollten bei allen neuen Probenahmestellen, neuen Probenahmegerätschaften bzw. neu zu bestimmenden Parametern durchgeführt werden, wenn Probleme aufgrund von Inhomogenitäten, Verlusten, Verunreinigungen vermutet werden.

Um die Präzision der Probenahme zu bestimmen, muss zunächst die Präzision des Gesamtverfahrens bestimmt werden. Dafür werden gleichzeitige bzw. zeitnahe doppelte Probenahmen durchgeführt. Beide Proben werden parallel behandelt und analysiert. Die Differenz der beiden Ergebnisse wird auf eine Range-Karte aufgetragen, wobei immer das zweite Ergebnis vom ersten Ergebnis subtrahiert wird. Sinnvoll ist, die Analysenparameter auszuwählen, bei denen am ehesten Veränderungen durch Fehler bei Probenahme und Probenvorbehandlung zu erwarten sind (z. B. Nitrit, TOC mit Feststoffanteil, Hg).

Nach einer Vorperiode von 10 bis 20 Parallelprobenahmen und Bestimmungen werden die Ergebnisse statistisch ausgewertet und die Warngrenzen als 2 s und Kontrollgrenzen 3 s in eine Range-Karte eingetragen (siehe **Bild 2.11**).

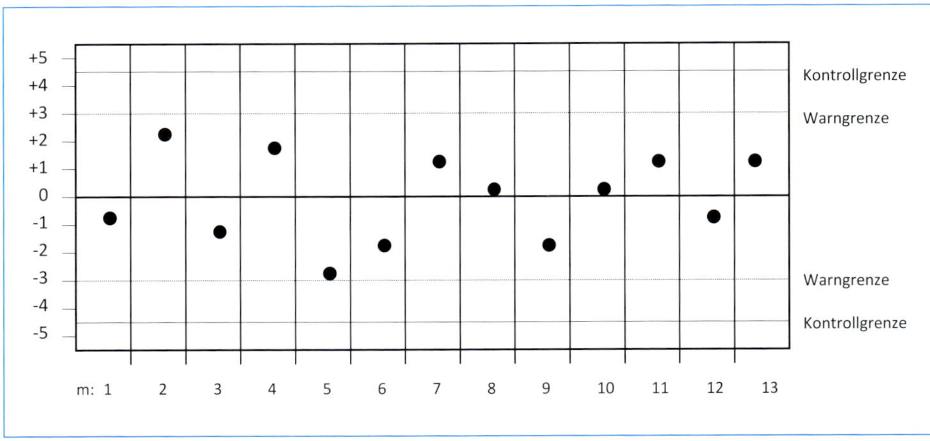

Bild 2.11: Range-Karte zur Kontrolle der Präzision der Probenahme

2.2.4.5 Kontrollproben zur Bestimmung der Genauigkeit von Probenvorbehandlung, Probenbehandlung und Messung

Eine reale Probe wird so geteilt, dass zwei identische Teilproben erhalten werden (evtl. nach Homogenisierung).

Eine der beiden Proben wird mit einer bekannten Menge des zu untersuchenden Stoffs aufgestockt. Die beiden Proben A (unverändert) und B (aufgestockt) und durch Mehrfachbestimmungen (inklusive aller Schritte der Probenvorbehandlung und Probenbehandlung) und Mittelung der Ergebnisse an jeder der beiden Proben zur Minimierung der Analysenfehler untersucht. Danach erfolgt die Berechnung der Differenz zwischen aufgestockter und Ursprungsprobe. Daraus wird die Wiederfindungsrate in Prozent bezogen auf die aufgestockte Menge berechnet. Die Ergebnisse werden auf einer Wiederfindungskontrollkarte dokumentiert und können nach einer Vorperiode statistisch ausgewertet werden (siehe **Bild 2.12**).

2.2.4.6 Kontrollproben zur Ermittlung der Präzision der Probenbehandlung und Messung

Zur Bestimmung der Präzision der Probenbehandlung und Messung wird eine geeignete Standardsubstanz in bekannter Konzentration regelmäßig zwischen den realen Proben vermessen (z. B. einmal täglich). Die Ergebnisse werden in eine Mittelwertkontrollkarte eingetragen und nach einer Vorserie statistisch ausgewertet (siehe **Bild 2.13**).

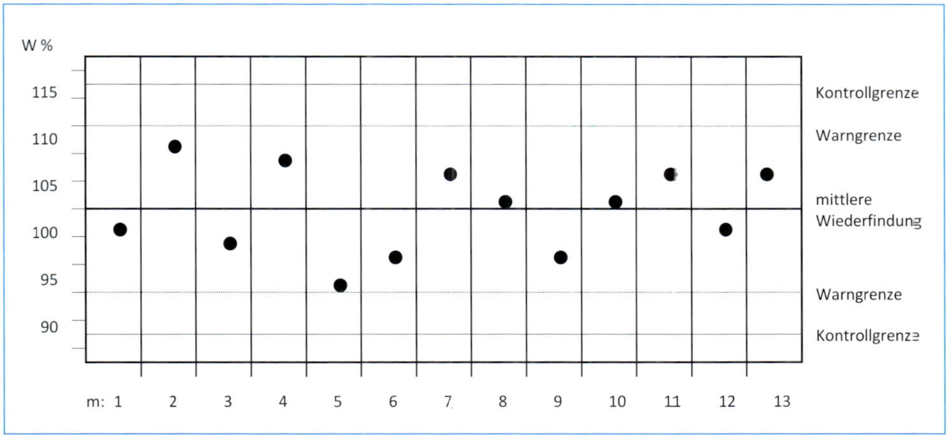

Bild 2.12: Wiederfindungskontrollkarte

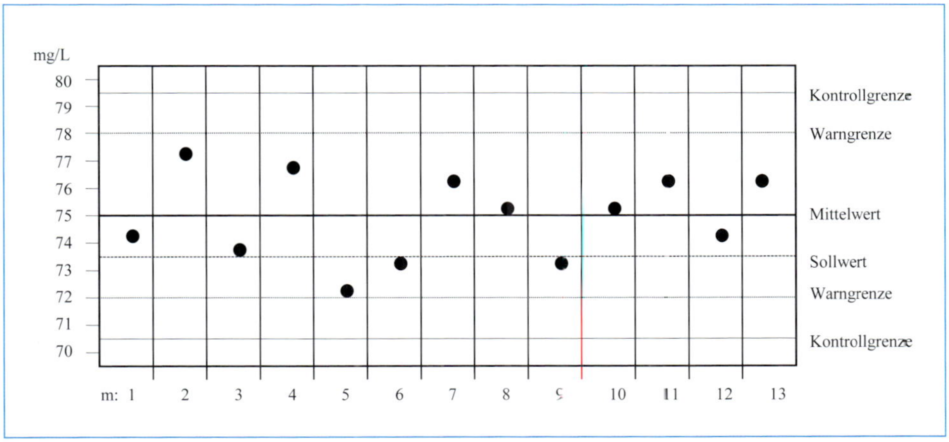

Bild 2.13: Mittelwertkontrollkarte. In dem Beispiel ist ein systematischer Mehrbefund von 1,5 mg/l gegenüber dem Sollwert (Standard) feststellbar (Abweichung der Richtigkeit)

2.2.4.7 Kontrollproben zur Ermittlung von Blindwerten des Gesamtverfahrens

Kontaminationen während der Probenahme und der nachfolgenden Schritte bis zur Messung können durch Führen einer Blindwertkontrollkarte erkannt werden. Hierzu muss vorher im Labor kontrolliertes destilliertes Wasser mit vor Ort genommen werden und dort, soweit wie möglich, sämtliche Behandlungsschritte (z. B. Pumpen/Schöpfen, Homogenisieren, Filtrieren, Konservieren und Abfüllen) wie die Probe durchlaufen. Die Ergebnisse werden in einer Blindwertkontrollkarte geführt (siehe **Bild 2.14**).

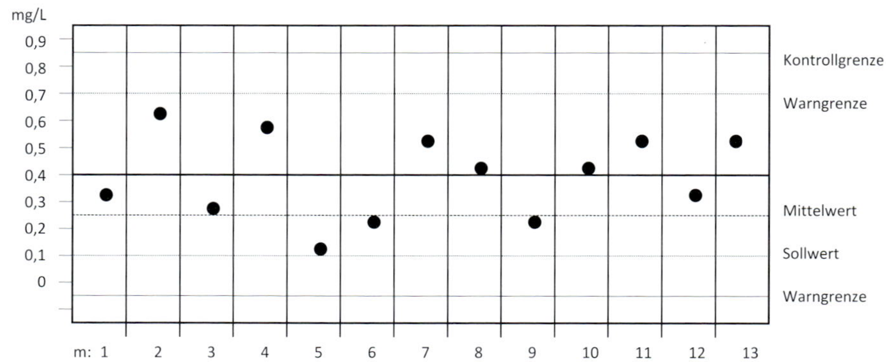

Bild 2.14: Blindwertkontrollkarte. Die Blindwertkontrolle wird mit einer Mittelwertkontrollkarte ausgeführt

2.2.4.8 Maßnahmen bei Abweichungen

Das Verfahren ist zu kontrollieren, wenn

- Werte außerhalb der Kontrollgrenzen gefunden werden,
- sieben aufeinanderfolgende Werte oberhalb oder unterhalb des Mittelwerts liegen,
- sieben aufeinanderfolgende Werte steigende oder fallende Tendenz aufweisen.

Werden Mehrbefunde festgestellt, sollte durch Blindproben eine eventuelle Kontamination festgestellt werden. Dazu wird der komplette Vorgang von der Probenahme bis zur Messung mit destilliertem Wasser durchgeführt. Zur Einengung der Fehlerquelle sollten auch Blindproben für die Verfahrensschritte Probenvorbereitung bis Messung und Probenbehandlung bis Messung durchgeführt werden.

2.2.4.9 Summarische Betrachtung der Fehler

Der größte Fehler kann üblicherweise bei der Probenahme auftreten, die Probenvorbehandlung macht nur ca. 10 % dieses Fehlers aus, die Analyse mit Probenbehandlung demgegenüber nur ca. 1 % (siehe **Bild 2.15**). Dies sind nur annähernde Annahmen aus der Erfahrung, der Einzelfall kann davon abweichen. Deshalb ist eine spezielle Fehleranalyse durch qualitative Berechnung oder Schätzung notwendig, besonders wenn erhebliche Konsequenzen (Gefährdungen, Maßnahmen/Kosten) aus den Ergebnissen abgeleitet werden (siehe Bild 2.15).

Die Fehler unterscheiden sich in der Regel um Größenordnungen (logarithmisch), d. h.:

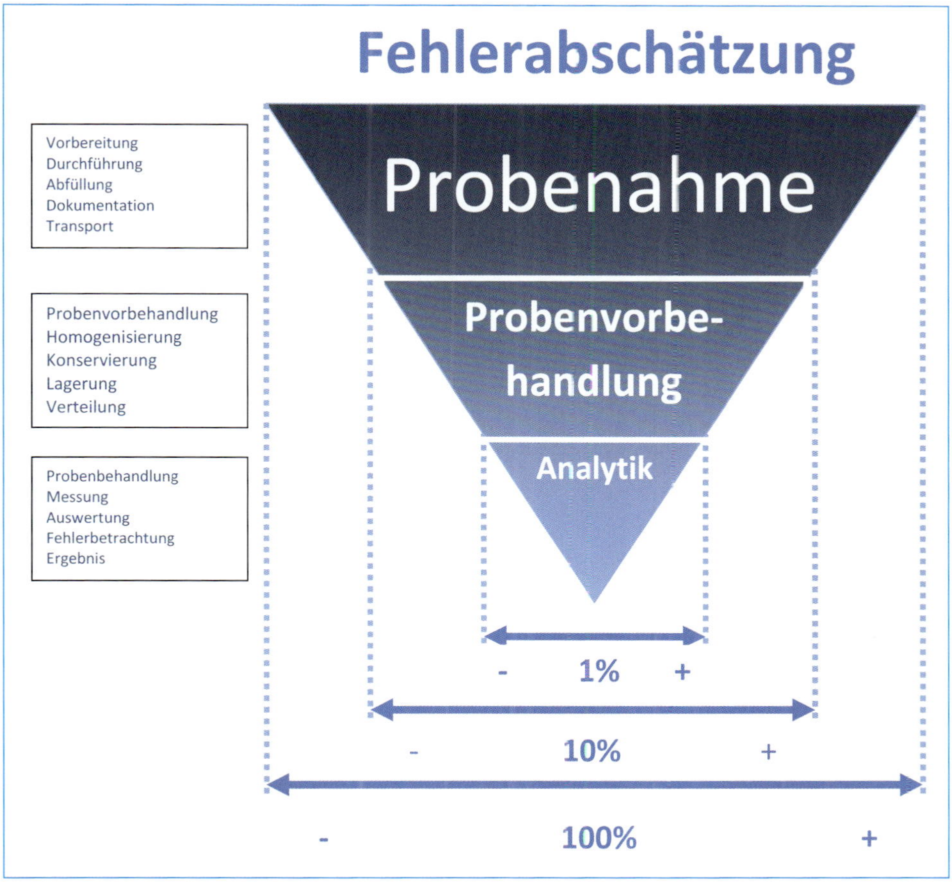

Bild 2.15: Fehlerabschätzung über die einzelnen Schritte von Wasseruntersuchungen

Fehler bei der Probenahme können durch noch so große Sorgfalt bei den nachfolgenden Schritten nicht kompensiert werden!

2.2.5 Messunsicherheit durch Probenahme

Die Unsicherheit einer Messung ist ein Bestandteil des Ergebnisses der beschriebenen Fehlerbetrachtung.

DIN EN ISO/IEC 17025 [4] fordert als Anforderung an die Kompetenz von Prüf- und Kalibrierlaboratorien die Ermittlung der Messunsicherheit:

7.6.1 *Laboratorien müssen die Beiträge zur Messunsicherheit ermitteln. Bei der Ermittlung der Messunsicherheit müssen alle Beiträge, die von Bedeutung sind, in Betracht gezogen*

werden, einschließlich der Beiträge, die sich aus der Probenahme ergeben. Angemessene Auswertungsverfahren sind zu verwenden.

Die Messunsicherheit ist dann in Prüfberichten anzugeben, wenn sie für die Gültigkeit oder Anwendung des Prüfergebnisses relevant ist, wenn der Nutzer sie verlangt oder wenn die Unsicherheit die Einhaltung vorgegebener Grenzwerte in Frage stellt.

2.2.5.1 Definition und Schätzung der Messunsicherheit

Die Unsicherheit einer Messung oder Messunsicherheit ist in der metrologischen Terminologe definiert als „Nichtnegativer Parameter, der die Streuung der Werte kennzeichnet, die der Messgröße auf der Grundlage der benutzten Information beigeordnet ist (Internationales Wörterbuch der Metrologie, VIM, 3. Auflage)" [10].

Die grundlegenden Prinzipien der Abschätzung der Messunsicherheit sind in ISO/IEC-Guide 98-3, Guide to the expression of uncertainty in measurement (GUM) [11], beschrieben. Die von Laboratorien üblicherweise verwendete Norm zur Abschätzung der Messunsicherheit ihrer Messwerte DIN ISO 11352 [12] beschreibt Verfahren auf Basis von Qualitätskontroll- und Validierungsdaten. In Kapitel 15 sind experimentelle Untersuchungen zur Bestimmung der Messunsicherheit bei der Probenahme partikulärer Stoffe detailliert beschrieben.

Eine weitergehende Darstellung der Gesamtmessunsicherheit durch Summierung der einzelnen Unsicherheitsbeiträge von Probenahme, Probenvorbereitung und Analyse enthält der Eurachem-Leitfaden zur „Messunsicherheit durch Probenahme: Ein Leitfaden zu Methoden und Ansätzen", 2. Auflage (2019) auf Deutsch (2023) [13, 14]. Darin sind zwei grundlegende Ansätze zur Schätzung der Unsicherheit aus der Probenahme beschrieben. Der empirische Ansatz verwendet wiederholte Probenahmen und Analysen unter verschiedenen Bedingungen, um die Auswirkungen zu quantifizieren, die durch Faktoren wie die Heterogenität des Analyten im Probenahmezielobjekt und durch Schwankungen bei der Anwendung einer oder mehrerer Probenahmevorschriften verursacht werden, um die Unsicherheit zu quantifizieren. Das entspricht den Techniken der Qualitätskontrollproben der DIN EN ISO 5667-14 [6] (siehe auch Kapitel 2.2.4.3 bis 2.2.4.7) sowie Ring- und Vergleichsuntersuchungen. Der Modellansatz verwendet ein vordefiniertes Modell, das jede Komponente der Unsicherheit identifiziert, Schätzungen für jede Komponente vornimmt und diese summiert, um eine Gesamtschätzung vorzunehmen. In diesem Ansatz können manchmal Modelle aus der Probenahmetheorie verwendet werden, um einige der Komponenten aus der Kenntnis der Eigenschaften der einzelnen Teilchen abzuschätzen.

Für jeden dieser Ansätze werden Beispiele aus den Anwendungsbereichen Umwelt (Boden und Wasser), Lebensmitteln (Anbau und Verarbeitung) und Futtermitteln angeführt. Für den Bereich der aquatischen Untersuchung ist ein gut nachvollziehbares Beispiel zur Bestimmung der Gesamtunsicherheit bei der Messung von im Grundwasser gelöstem Eisen in einer Probenahmevalidierungsstudie und anschließende Kontrolle der Probenahmeunsicherheit bei der Überwachung dargestellt.

Eine hilfreiche Zusammenstellung zum Thema Messunsicherheit findet sich auf der Website der Analytischen Qualitätssicherung Baden-Württemberg (AQS BW) [10]. Dort stehen auch verschiedene Auswertetools zum Download bereit, unter anderem auch ein Excel-Auswerteblatt zur Quantifizierung der Unsicherheit der Probenahme auf der Grundlage des Eurachem-Leitfadens durch Doppelprobenahmen zur Abschätzung der Präzision der Probenahme.

2.2.5.2 Messunsicherheit und Einhaltung von Grenzwerten

Nachfolgend wird nur auf die Einhaltung von Grenzwerten in rechtlichen Regelungen zum Abwasser, Oberflächengewässer, Trinkwasser und Grundwasser eingegangen. Ansonsten wird zur Beurteilung, ob ein Grenzwert sicher eingehalten wurde oder nicht, auf die einschlägige Literatur verwiesen.

Abwasser

Die Abwasserverordnung (AbwV) [15] legt in § 6 die Einhaltung der Anforderungen fest:
(1) Ist ein nach dieser Verordnung einzuhaltender oder in der wasserrechtlichen Zulassung festgesetzter Wert nach dem Ergebnis einer Überprüfung im Rahmen der staatlichen Überwachung nicht eingehalten, gilt er dennoch als eingehalten, wenn die Ergebnisse dieser und der vier vorausgegangenen staatlichen Überprüfungen in vier Fällen den jeweils maßgebenden Wert nicht überschreiten und kein Ergebnis den Wert um mehr als 100 Prozent übersteigt. Überprüfungen, die länger als drei Jahre zurückliegen, bleiben unberücksichtigt.

(2) Für die Einhaltung eines nach dieser Verordnung einzuhaltenden oder in der wasserrechtlichen Zulassung festgesetzten Wertes ist die Zahl der in der Verfahrensvorschrift genannten signifikanten Stellen des zugehörigen Analyse- und Messverfahrens zur Bestimmung des jeweiligen Parameters gemäß der Anlage 1, mindestens jedoch zwei signifikante Stellen, mit Ausnahme der Werte für die Verdünnungsstufen, maßgebend. Die in den Anhängen festgelegten Werte berücksichtigen die Messunsicherheiten der Analyse- und Probenahmeverfahren.

Das heißt, dass dass bei der Abwasserüberwachung im gesetzlich geregeltem Bereich die Messunsicherheit zur Beurteilung der Einhaltung der Grenzwerte nicht berücksichtigt werden muss. Allerdings gibt es entsprechende Vorgaben an die Analytik aufgrund der in der Anlage 1 der AbwV aufgeführten Analyse- und Messverfahren.

Oberflächengewässer

Die Oberflächengewässerverordnung (OgewV) [16] legt in Anlage 9 die Anforderungen an Analysenmethoden für die Überwachung von Umweltqualitätsnormen fest:

3.2 Einhaltung der Umweltqualitätsnormen (UQN)

3.2.1 Umweltqualitätsnormen für die Stoffe der Anlagen 6 und 8, jeweils ausgedrückt als zulässige Höchstkonzentrationen (ZHK-UQN), gelten als eingehalten, wenn die Konzen-

tration bei jeder Einzelmessung an jeder repräsentativen Überwachungsstelle in dem Oberflächenwasserkörper kleiner oder gleich der ZHK-UQN ist. ....

3.2.2 Umweltqualitätsnormen für die Stoffe der Anlagen 6 und 8, jeweils ausgedrückt als Jahresdurchschnittswerte (JD-UQN), gelten als eingehalten, wenn das arithmetische Mittel der zu unterschiedlichen Zeiten im Zeitraum von einem Jahr an jeder repräsentativen Überwachungsstelle in dem Oberflächenwasserkörper gemessenen Konzentrationen kleiner oder gleich der Umweltqualitätsnorm ist. ....

Für die Überwachung der Einhaltung von Umweltqualitätsnormen für Stoffe in Gewässern sind nur solche Analysenmethoden anzuwenden, die folgende Anforderungen erfüllen: 1.2 Die erweiterte Messunsicherheit (mit k = 2) der Analysenmethoden beträgt höchstens 50 Prozent, ermittelt bei einer Konzentration im Bereich der jeweiligen Umweltqualitätsnorm.

Das heißt, dass gemäß Oberflächengewässerverordnung die Messverfahren zwar eine Anforderung an die Messunsicherheit erfüllen müssen, diese muss aber bei der Beurteilung einer etwaigen Überschreitung der Umweltqualitätsnormen nicht berücksichtigt werden.

Trinkwasser

Die Trinkwasserverordnung (TrwV) [17] legt in den §§ 5-9 Anforderungen an die Beschaffenheit des Trinkwassers fest. Unter Verweis auf die entsprechenden Anlagen 1 bis 4 dürfen die dort festgelegten Grenzwerte für Krankheitserreger, mikrobiologische Parameter, chemische Stoffe, Indikatorparameter und Radionuklide nicht überschritten werden. In den Anlagen sind die Grenzwerte jedoch mit einer Fußnote versehen, dass die festgelegten Werte die Messunsicherheit der Analyse- und Probenahmeverfahren berücksichtigen.

Allerdings gibt es auch hier Vorgaben an die Qualität der Analytik. Bei Untersuchungen des Trinkwassers nach dieser Verordnung auf die in den Anlagen genannten chemischen und chemisch-physikalischen Parameter sind Untersuchungsverfahren mindestens nach den allgemein anerkannten Regeln der Technik anzuwenden, die hinreichend zuverlässige Messwerte liefern und dabei die genannten spezifizierten Verfahrenskennwerte einhalten. Die spezifizierten Verfahrenskennwerte sollen für die dort aufgeführten Parameter gewährleisten, dass das verwendete Untersuchungsverfahren mindestens geeignet ist, dem Grenzwert des Parameters entsprechende Konzentrationen mit der dort spezifizierten Messunsicherheit zu messen.

Das heißt, dass gemäß Trinkwasserverordnung die Messverfahren zwar eine Anforderung an die Messunsicherheit erfüllen müssen, diese muss aber bei der Beurteilung einer etwaigen Überschreitung nicht berücksichtigt werden.

Grundwasser

Definition Grenzwert: Schwellenwert ist die Konzentration eines Schadstoffs, einer Schadstoffgruppe oder der Wert eines Verschmutzungsindikators im Grundwasser, die zum Schutz der menschlichen Gesundheit und der Umwelt festgelegt werden.

Die Grundwasserverordnung (GrwV) [18] legt in Anlage 5 Folgendes fest:

1. Anforderungen an Analysemethoden, Laboratorien und die Beurteilung der Überwachungsergebnisse:

Analysemethoden für die chemische Überwachung der in dieser Verordnung genannten Parameter und Schwellenwerte müssen die folgenden Kriterien erfüllen:

1.2 Die erweiterte Messunsicherheit, unter Verwendung des Erweiterungsfaktors k = 2, der Analysemethoden darf höchstens 50 Prozent betragen; sie wird bei einer Konzentration im Bereich des zu kontrollierenden Schwellenwertes ermittelt ...

3. Anforderungen an die Beurteilung der Überwachungsergebnisse:

3.2 Einhaltung von Schwellenwerten

Ein Schwellenwert gilt an einer Messstelle als eingehalten, wenn das arithmetische Mittel der im Zeitraum von einem Jahr gemessenen Konzentrationen an dieser Messstelle kleiner oder gleich dem Schwellenwert ist.

Zur Beurteilung einer etwaigen Überschreitung sind u.a. folgende Paragrafen relevant:

§ 6 Ermittlung des chemischen Grundwasserzustands

(1) Die zuständige Behörde ermittelt und beurteilt den chemischen Grundwasserzustand auf der Grundlage von Grundwasseruntersuchungen und eines geeigneten konzeptionellen Modells für den Grundwasserkörper. Bei Überschreitung von Schwellenwerten im Grundwasserkörper wird Folgendes, soweit für die Beurteilung relevant, ermittelt und beurteilt:

1. *die Mengen und Konzentrationen von Schadstoffen oder Schadstoffgruppen, die vom Grundwasserkörper in die damit verbundenen Oberflächengewässer oder in unmittelbar abhängige Landökosysteme eingetragen werden,*
2. *die von den Einträgen nach Nummer 1 zu erwartenden Auswirkungen,*
3. *die horizontale und vertikale Ausdehnung eines etwaigen Salzeintrags oder von Schadstoffeinträgen in den Grundwasserkörper und*
4. *die von Schadstoffen oder Schadstoffgruppen im Grundwasser ausgehende Gefahr für die Qualität des Wassers, das aus dem Grundwasserkörper entnommen wird und für den menschlichen Gebrauch bestimmt ist.*

(2) Die zuständige Behörde ermittelt bei Überschreitungen von Schwellenwerten in Grundwasserkörpern die flächenhafte Ausdehnung der Belastung für jeden relevanten

Stoff oder jede relevante Stoffgruppe. Die Flächenanteile im Grundwasserkörper werden mit Hilfe geostatistischer oder vergleichbarer Verfahren ermittelt.

§ 7 Einstufung des chemischen Grundwasserzustands

(3) Wird ein Schwellenwert an Messstellen nach § 9 Absatz 1 überschritten, kann der chemische Grundwasserzustand auch dann noch als gut eingestuft werden, wenn .... (Anm.: Hier folgen mehrere Ausnahmetatbestände).

Das heißt, dass gemäß Grundwasserverordnung die Messverfahren zwar eine Anforderung an die Messunsicherheit erfüllen müssen, diese muss aber bei der Beurteilung einer etwaigen Überschreitung der Schwellenwerte nicht berücksichtigt werden. Eine Grenzwertüberschreitung liegt zwar formal vor, wenn das Analysenergebnis größer ist als der Schwellenwert, die Entscheidung liegt jedoch im Ermessen der zuständigen Behörde unter Berücksichtigung der Beurteilung des Grundwasserkörpers.

Literatur

[1] DIN EN ISO 5667-1:2025-08, Wasserbeschaffenheit – Probenahme – Teil 1: Anleitung zur Erstellung von Probenahmeplänen und Probenahmetechniken (ISO 5667-1:2023); Deutsche Fassung EN ISO 5667-1:2023

[2] Görtz, W. & Grubert, G.: Probleme bei der Entnahme von Mischproben für die Untersuchung von Wasser und Abwasser, GWA-Band 86 (1986), S. 21-37

[3] Länderarbeitsgemeinschaft Wasser (LAWA) (Hrsg.): LAWA-AQS-Merkblätter für die Wasser-, Abwasser- und Schlammuntersuchung:
AQS-Merkblatt P-8/1: Probenahme von Abwasser (September 2009)
AQS-Merkblatt P-8/2: Probenahme von Grundwasser (September 2023)
AQS-Merkblatt P-8/3: Probenahme aus Fließgewässern (Februar 2012)
AQS-Merkblatt P-8/4: Probenahme von Schwebstoffen und Sedimenten (Mai 2002)
AQS-Merkblatt P-8/5: Probenahme aus Seen (Mai 2015)

[4] DIN EN ISO/IEC 17025:2018-03, Allgemeine Anforderungen an die Kompetenz von Prüf- und Kalibrierlaboratorien (ISO/IEC DIS 17025:2017); Deutsche und Englische Fassung prEN ISO/IEC 17025:2017)

[5] Hannes, A.; Görtz, W.; Grubert, G.: Untersuchungen über die Repräsentanz von Wasserproben. In: Vom Wasser (1986) (66), S. 159-166

[6] DIN EN ISO 5667-14:2016-12, Wasserbeschaffenheit – Probenahme – Teil 14: Anleitung zur Qualitätssicherung und Qualitätskontrolle bei der Entnahme und Handhabung von Wasserproben (ISO 5667-14:2014); Deutsche Fassung EN ISO 5667-14:2016

[7] Funk, W.; Dammann, V.; Donnevert, G.: Qualitätssicherung in der Analytischen Chemie, Verlag Chemie, Weinheim 1992

[8] DEV: Strategien für die Wasseranalytik: Anleitung zur Durchführung von Ringversuchen zur Validierung von Analysenverfahren, 57. Lieferung, Wiley-VCH, Weinheim 2003

[9] DIN 38402-1:2011-09, Deutsche Einheitsverfahren zur Wasser-, Abwasser- und Schlammuntersuchung – Allgemeine Angaben (Gruppe A) – Teil 1: Angabe von Analysenergebnissen (A 1)

[10] Universität Stuttgart, Institut für Siedlungswasserbau, Wassergüte und Abfallwirtschaft: Messunsicherheit: https://www.iswa.uni-stuttgart.de/de/institut/ZentraleEinrichtungen/Iflaqs/aqs/

[11] ISO/IEC Guide 98-3:2008(en) Uncertainty of measurement – Part 3: Guide to the expression of uncertainty in measurement (GUM:1995)

[12] DIN ISO 11352:2013-03 Wasserbeschaffenheit – Abschätzung der Messunsicherheit beruhend auf Validierungs- und Kontrolldaten (ISO 11352:2012)

[13] Ramsey, M. H.; Ellison, S. L. R. und Rostron, P. (Hrsg.) Eurachem/EUROLAB/ CITAC/Nordtest/ AMC Guide: Measurement uncertainty arising from sampling: a guide to methods and approaches. 2. Auflage, Eurachem (2019). ISBN 978-0-948926-35-8. Verfügbar unter: http://www.eurachem.org

[14] Eurachem/EUROLAB/ CITAC/Nordtest/AMC-Leitfaden: Messunsicherheit durch Probenahme: Ein Leitfaden zu Methoden und Ansätzen, 2. Auflage (2019) auf Deutsch (2023). Verfügbar unter: https://eurachem.org/images/stories/Guides/pdf/UfS_2019_P2_DE.pdf

[15] AbwV (2004): Verordnung über Anforderungen an das Einleiten von Abwasser in Gewässer (Abwasserverordnung – AbwV) in der Fassung der Bekanntmachung vom 17. Juni 2004 (BGBl. I S. 1108, 2625), zuletzt geändert durch Artikel 1 der Verordnung vom 17. April 2024 (BGBl. 2024 I Nr. 132).

[16] OGewV (2016): Verordnung zum Schutz der Oberflächengewässer (Oberflächengewässerverordnung – OGewV) vom 20.06.2016. In: BGBl. I: S. 1373, zuletzt geändert durch Artikel 2 Absatz 4 des Gesetzes vom 9. Dezember 2020 (BGBl. I S. 2873)

[17] Verordnung über die Qualität von Wasser für den menschlichen Gebrauch (Trinkwasserverordnung – TrinkwV) vom 20. Juni 2023, (BGBl. I Nr. 159 vom 23.06.2023, S. 1-65)

[18] GrwV (2010): Verordnung zum Schutz des Grundwassers (Grundwasserverordnung – GrwV) vom 9. November 2010 (BGBl. I S. 1513), zuletzt geändert durch Artikel 1 der Verordnung vom 12. Oktober 2022 (BGBl. I S. 1802)

3 Probenvorbehandlung, Konservierung, Transport und Lagerung

Dipl.-Ing. Klaus-Dieter Selent[1]

3.1 Einleitung

3.1.1 Homogenisierung, Probenteilung, Filtration, Probenkonservierung, Transport und Lagerung

Allgemeine Anforderungen an die Probenahme, Konservierung, Handhabung, den Transport und die Lagerung aller Wasserproben für physikalisch-chemische, chemische, hydrobiologische und mikrobiologische Untersuchungen sowie radiochemische Analyten und Aktivitäten sind in DIN EN ISO 5667-3 „Konservierung und Handhabung von Wasserproben" festgelegt [1].

Diese Norm gilt besonders für jene Proben, die nicht vor Ort untersucht werden können und zur Analyse in das Labor gebracht werden müssen. Sie ist nicht anwendbar auf Wasserproben für ökotoxikologische Untersuchungen, für biologische Untersuchungen (diese sind in ISO 5667-16 festgelegt), zur passiven Probenahme nach den Festlegungen im Anwendungsbereich von ISO 5667-23 (in ISO 5667-23 festgelegt) sowie auf Mikroplastikpartikel und -fasern (in ISO 5667-27 festgelegt).

Eine Anleitung zur Validierung der Aufbewahrungszeiten von Wasserproben ist in ISO/TS 5667-25 [2] enthalten.

Für die Konservierung, Handhabung und Lagerung von Klärschlämmen, Schlämmen aus Wasserwerken, Schwebstoffen, Salzwassersedimenten und Süßwassersedimenten für chemische, physikalische, radiochemische und/oder biologische Untersuchungen gilt DIN EN ISO 5667-15 „Anleitung zur Konservierung und Handhabung von Schlamm- und Sedimentproben" [3].

Unter Probenvorbehandlung versteht man alle Maßnahmen unmittelbar nach der Probenahme vor Ort, beginnend mit der Homogenisierung und Probenteilung, der Filtration sowie der Probenkonservierung inklusive dem Probentransport und die Lagerung bis zur Analyse im Laboratorium.

In diesem Kapitel werden nur wässrige Proben behandelt.

Wässer, besonders Oberflächenwasser, Abwasser und Grundwasser, können sich infolge von physikalischen, chemischen oder hydrobiologischen Vorgängen zwischen Probenahme und Analytik verändern. Das Ausmaß dieser Veränderungen hängt von der chemischen und biologischen Beschaffenheit der Probe ab, der Temperatur, der Licht-

[1] unter Verwendung des Kapitels von K.-D. Selent, A. Grupe und E. Riegler aus der 1. Auflage 1998 sowie von K. Selent und A. Grupe aus der 2. Auflage 2018

einwirkung, der die Probe ausgesetzt ist, die Art des Probenbehälters, der Zeit zwischen Probenahme und Analytik und den Bedingungen, denen die Probe ausgesetzt ist, z. B. Schütteln während des Transports [1].

Hinweise zu Veränderungen in Bezug auf bestimmte Inhaltsstoffe und mögliche Fehlerquellen bei der Probenahme finden sich insbesondere in DIN EN ISO 5667-14 „Anleitung zur Qualitätssicherung und Qualitätskontrolle bei der Entnahme und Handhabung von Wasserproben“ [4] sowie in den LAWA-AQS-Merkblättern P-8/2 „Probenahme von Grundwasser“ [5], P-8/3 „Probenahme aus Fließgewässern“ [6], P-8/4 „Probenahme von Schwebstoffen und Sedimenten“ [7] und P-8/5 „Probenahme aus Seen“ [8]. Nachfolgend sind einige spezifische Gründe für Veränderungen der Probenzusammensetzung auf deren Grundlage, der angegebenen Literatur [9 bis 19] sowie auf Basis eigener Erfahrungen aufgeführt:

3.1.2 Kontamination durch Eintrag von Stoffen in die Probe

- Verschleppung von Schadstoffen aus nicht entsprechend gereinigten Probenahmegeräten und Gefäßen, Beispiele:
  - Cadmium-Kontamination von Probenahmegeräten durch ein Abwasser aus der Hüttenindustrie [10]
  - Chrom-, Nickel-, Blei- und Cadmium-Kontaminationen eines Probenahmegeräts [11]
  - Querkontaminationen von Cadmium beim Spülen von Probenflaschen in einer Spülmaschine: Verschleppung von Cd aus Probenflaschen, in die u. a. $CdSO_4$ als Konservierungsmittel für die Bestimmung von Cyaniden zugegeben worden war, in Probenflaschen hinein, die für die Bestimmung von Metallen benutzt worden sind.

- Mobilisierung von Kontaminanten aus nicht ausreichend inertem Probengefäßmaterial, Beispiele:
  - Zinkeimer [11]
  - Phthalate aus PVC-Flaschen [12, 13]

- Kontamination der Probe durch Einsatz nicht geeigneter Probenahmegeräte, Beispiele:
  - Abrieb von Material
  - Schmiermittel in Pumpen
  - Kontamination von Grundwasserproben, die mit Steigrohren gefördert wurden, mit Blei

- Aufnahme von Kontaminanten aus der Umgebungsluft, Beispiele:
  - Aufnahme von Abgasen bei Verwendung von motorbetriebenen Probenahmegeräten oder Stromerzeugern,
  - Bei Lagern in Räumen mit schadstoffverseuchter Luft bzw. gemeinsam mit stark belasteten Proben
  - Verwendung von Chloroform als Biozidzusatz zur Probenkonservierung im Laborwagen

- Kontamination von Grundwasser- und Oberflächenwasserproben mit N,N-Diethyl-m-toluamid (DEET), nachdem das Probenahmepersonal an heißen Sommertagen vor Ort Insektenschutzmittel gegen Zecken und Mücken auf unbedeckte Hautstellen aufgesprüht hat

- Zugabe von nicht ausreichend reinem Konservierungsmittel oder Einsatz von nicht ausreichend gereinigten Hilfsmitteln vor Ort wie Pipetten, Filtrationseinrichtungen, Elektroden usw., Beispiele:
  - Verunreinigung von Salpetersäure p. a. mit Chrom
  - Verunreinigung zertifizierter Proben-Einweggefäße, in denen Salpetersäure als Konservierungsmittel vorgelegt war, mit Chrom, Nickel und Eisen
  - Verschleppung von Zink aus einer Dispensette mit Salpetersäure
  - Verunreinigung der Filtrationseinrichtungen und Filtermaterialien [14]

- Aufnahme von Kontaminanten wegen fehlerhafter Probenhandhabung, Beispiele:
  - Verunreinigung mit Silber aus pH-Elektrode, die unzulässigerweise in das Homogenisiergefäß während der Homogenisierung einer Mischprobe eingehängt wurde
  - Verunreinigung mit Silber aus pH-Elektrode, die unzulässigerweise zur Überprüfung des pH-Werts in die mit Salpetersäure konservierte Probe geführt wurde

- Aufnahme natürlicherweise in der Luft vorkommender Stoffe wie Kohlenstoffdioxid und Sauerstoff mit der Folge von pH-Wert-, Redoxpotential- und Leitfähigkeitsänderungen und unerwünschter, die Probenzusammensetzung verändernder chemischer Reaktionen, Beispiele:
  - Organische Stoffe, Eisen(II)-Verbindungen und Sulfide

3.1.3 Verluste durch Austrag von Stoffen aus der Probe

- Entweichen flüchtiger Stoffe bei der Entnahme oder beim Umfüllen oder Homogenisieren

- Ausgasen flüchtiger Bestandteile bei Aufbewahrung in nicht gasdichten oder nicht vollständig gefüllten Behältern, Beispiele:
  - Leichtflüchtige Halogenkohlenwasserstoffe, organische Hg-Verbindungen, freies Chlor, gelöster Sauerstoff, leicht freisetzbare Cyanide
  - Chlorierte Benzole: in Rheinwasserproben sanken die Anfangskonzentrationen von mäßig flüchtigen Organo-Chlorverbindungen nach vier Stunden auf ca. 50 % und nach 24 Stunden auf 10 % ab [15]

- Diffusion von Probeninhaltsstoffen in das Gefäßmaterial, Beispiele:
  - Pestizide, organische Lösemittel, polycyclische aromatische Kohlenwasserstoffe (PAK) nicht in Kunststoffbehältern aufbewahren [13]
  - Standardlösungen, die in Kunststoffflaschen aufbewahrt werden, verändern ihre Konzentration um etwa 1 % pro Jahr, da das Lösungsmittel Wasser durch die Gefäßwände herausdiffundiert [16]

- Sorption von Probeninhaltsstoffen an Schlauch- oder Gefäßwandungen
  - Metallverbindungen, gelöst oder kolloidal, sowie bestimmte organische Verbindungen können adsorbiert werden oder sich irreversibel an der Oberfläche des Behältermaterials ablagern [1]
  - Phthalate bei besonders vorbehandelten Probenflaschen [12]

3.1.4 Veränderungen durch chemische und biochemische Reaktionen

- Oxidierende Inhaltsstoffe wie Chlor oder reduzierende wie Nitrit verändern die Konzentration bestimmter Parameter, Beispiele:
  - LHKW, PAK, Phenole während der Lagerung der Probe

- Bildung von Niederschlägen (Ausfällungen), Beispiele:
  - Al $(OH)_3$, $CaCO_3$, $Mg_3(PO_4)_2$, Schwermetalle.

- Veränderungen aufgrund von bakterieller Tätigkeit:
  - Inhaltsstoffe können verbraucht bzw. zu anderen Verbindungen umgewandelt werden. So beeinflusst biologische Aktivität z. B. den Gehalt an gelöstem Sauerstoff, Kohlenstoffdioxid, sowie an Stickstoff-, Phosphor- und Siliziumverbindungen [1]
  - Bei hochbelasteten, sulfatreichen Wässern kann es u. U. zur bakteriellen Sulfatreduktion kommen
  - Mikrobieller Abbau von leichtflüchtigen Aromaten (BTEX) in Abwässern und Grundwässern [17]

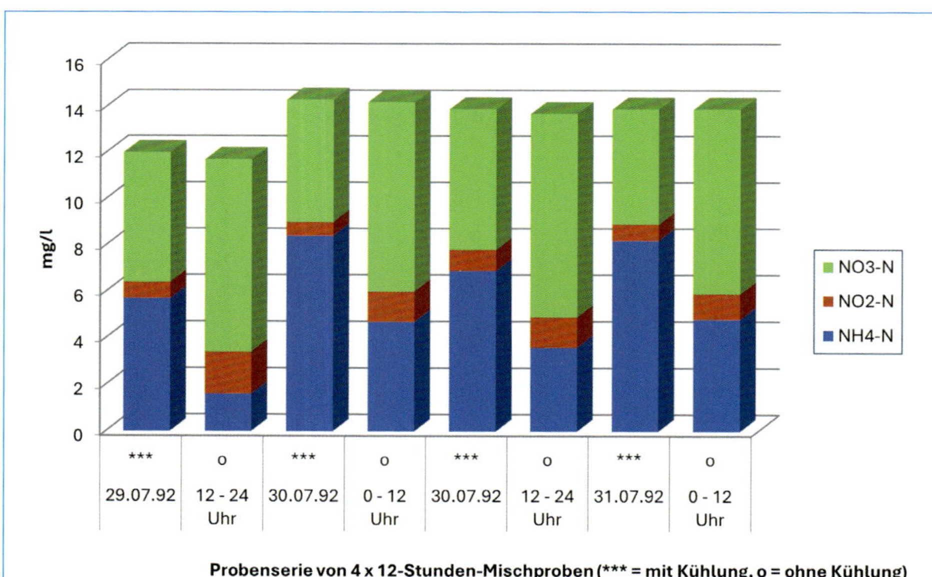

Bild 3.1: Veränderung von Stickstoff-Verbindungen in 12-Stunden-Mischproben während der Probenahme (Matrix Oberflächenwasser)

Ein Beispiel zur Veränderung von Stickstoff-Verbindungen in 12-Stunden-Mischproben während des laufenden Betriebs von Dauerprobenahmegeräten ist in **Bild 3.1** dargestellt. Hier wurden mit zwei baugleichen Dauerprobenahmegeräten parallel Proben aus einem Oberflächengewässer entnommen. In einem der Geräte wurden die Mischproben bei ca. 4 °C gekühlt, in dem anderen Gerät wurden sie bei Raumtemperatur aufbewahrt. Nach Ablauf der Probenahmeprogramme wurden die 12-Stunden-Mischproben unter anderem auf Ammonium-, Nitrit- und Nitrat-Stickstoff untersucht. Das Ergebnis zeigt jeweils gleichhohe Gehalte an anorganischem Stickstoff, jedoch sind in den gekühlten Proben die Gehalte an Ammonium-N wesentlich höher als in den ungekühlten. In den Proben ohne Kühlung ist während des laufenden Probenahmeprogramms bereits eine Oxidation des Ammoniums über Nitrit zum Nitrat eingetreten. Im vorliegenden Fall handelte es sich um Untersuchungen im Rahmen eines Bewirtschaftungsplans für ein Fließgewässer [18], für das damals als Ziel eine Sanierungsanforderung für Ammonium-Stickstoff von 2 mg/l und als Güteanforderung von 1 mg/l Ammonium-Stickstoff festgelegt worden war. Bild 3.1 zeigt, dass die Gehalte an Ammonium-Stickstoff im Gewässer zwischen 6 und 8 mg/l lagen, aber bei entsprechend langer Lagerung ohne Kühlung durchaus auch in Bereiche der Grenzwerte absinken. So ist allerdings kein Gewässer zu sanieren.

Ein Beispiel zur Veränderung von Proben mit leichtflüchtigen Inhaltsstoffen während der Lagerung in Braunglas- bzw. Kunststoffflaschen zeigen **Bild 3.2** und **Bild 3.3**. Dafür wurden Grundwasserproben im Rahmen einer Untersuchung eines Schadensfalls mit Chlorkohlenwasserstoffen (CKW) entnommen, in mehrere Flaschensätze luftblasenfrei eingefüllt und bis zur Untersuchung im Kühlschrank bei (3 ± 2) °C gelagert. Die damals geltende Norm DIN EN ISO 10301 (F4) zur Bestimmung leichtflüchtiger halogenierter Kohlenwasserstoffe forderte, falls eine Lagerung unvermeidlich ist, die Proben in Braunglasflaschen abzufüllen, auf 4 °C zu kühlen und eine Extraktion innerhalb von 48 Stunden durchzuführen.

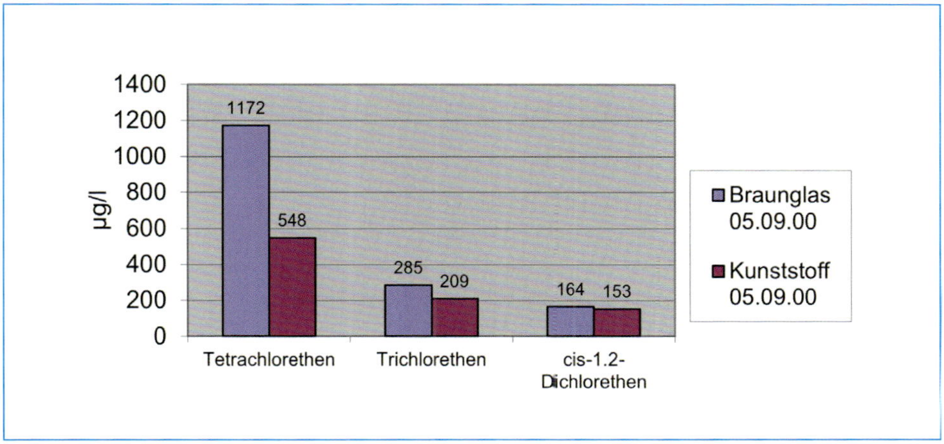

Bild 3.2: Veränderung von CKW-Proben bei Lagerung in Braunglas- und Kunststoffflaschen innerhalb von 24 Stunden nach der Probenahme

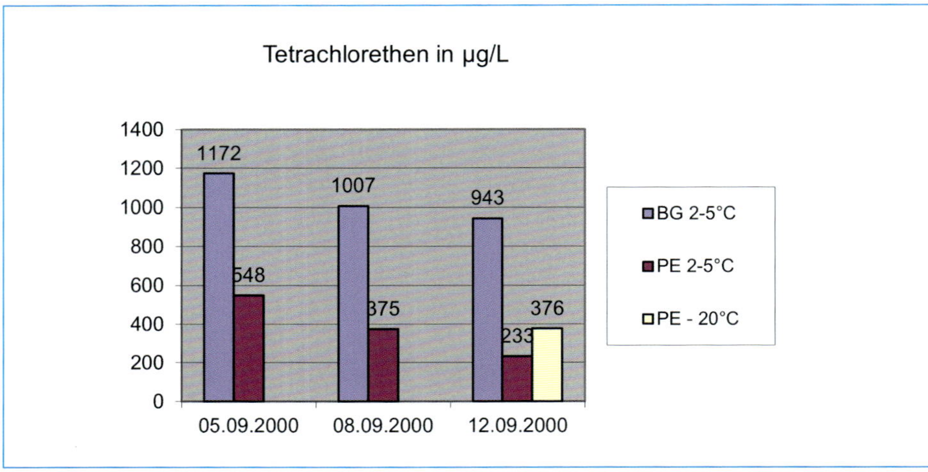

Bild 3.3: Veränderung von CKW-Proben bei Lagerung in Braunglas- und Kunststoffflaschen innerhalb von einem Tag bis sieben Tage nach der Probenahme

Bild 3.2 zeigt die Ergebnisse der Untersuchungsreihe am Tag nach der Probenahme [19]. Es ist deutlich zu erkennen, dass die in Kunststoffflaschen gelagerten Proben massive Minderbefunde aufweisen. Vermutlich ist das darauf zurückzuführen, dass diese Kunststoffflaschen nicht luftblasenfrei verschlossen werden können und beim Öffnen die CKW ausgasen. Zusätzlich können die CKW auch durch den Kunststoff diffundieren bzw. adsorbieren. Die Braunglasflaschen mit Vollglasschliffstopfen konnten vollständig befüllt werden.

Anschließend wurden weitere Probengefäße im Kühlschrank gelagert und vier Tage bzw. sieben Tage nach der Probenahme untersucht. Bild 3.3 zeigt die weiteren Verluste bei der Lagerung. Selbst die Proben in den Braunglasflaschen wiesen Verluste auf, und zwar waren nach vier Tagen 14 % und nach sieben Tagen 20 % geringere Konzentrationen an Tetrachlorethen gegenüber den Ergebnissen vom Tag nach der Probenahme nachweisbar. In den Proben aus den Kunststoffflaschen waren gegenüber dem Ergebnis der aus der Braunglasflasche am Tag nach der Probenahme ermittelten Konzentrationen nur noch etwa 50 % (nach dem ersten Tag), 32 % (nach vier Tagen) und 20 % (nach sieben Tagen) nachweisbar. Selbst die für eine Woche bei -20 °C tiefgefrorene Probenserie zeigt mit ca. 32 % der Konzentration an Tetrachlorethen entsprechende Minderbefunde.

3.2 Homogenisierung und Probenteilung

Im Bereich der Abwasserüberwachung ist gemäß Abwasserverordnung [23] die Deutsche Norm DIN 38402-30 [17] für das einheitliche Vorgehen im Bereich der Probenahme zur Vorbehandlung, der Homogenisierung und Teilung heterogener Wasserproben anzuwenden.

Relevante Hinweise zur Homogenisierung und Probenteilung sind in DIN EN ISO 5667-14, „Anleitung zur Qualitätssicherung und Qualitätskontrolle bei der Entnahme und Handhabung von Wasserproben" [4] enthalten.

Wenn das erforderliche Probenvolumen so groß ist, dass mehrere Entnahmen notwendig sind und/oder mehrere Probenbehälter mit einer Probe gefüllt werden müssen, sollte die Homogenität der Probe sichergestellt werden. Das ist besonders bei partikelhaltigen Proben und der Bestimmung von an Feststoffpartikeln angereicherten Analyten zu beachten. Je nach örtlichen Gegebenheiten und Untersuchungsprogramm kann es erforderlich sein, dass die Wasserprobe direkt am Probenahmeort und/oder im Laboratorium unter definierten Bedingungen vorbehandelt wird.

In Hinblick auf die nachfolgende Analytik ist sicherzustellen, dass keine Kontamination durch die Homogenisierungsgeräte bzw. Verluste durch das Homogenisierungsverfahren eintreten.

3.2.1 Störungen

Das Verfahren gilt nicht für Wasserproben, in denen mehrere Flüssigphasen enthalten sind. In Anwesenheit von Flüssigkeiten, die mit Wasser nicht ausreichend mischbare Mehrphasensysteme bilden, ist eine repräsentative Probenahme, Probenteilung und -homogenisierung nicht möglich.

Ist die nichtwässrige Phase ohne Beeinträchtigung der wässrigen Phase (Mitreißeffekte z. B. von ungelösten Stoffen) nicht abzutrennen, so ist eine weitere Behandlung nach diesem Verfahren nicht möglich. Bei trennbaren Mehrphasensystemen kann die wässrige Phase abgetrennt und gesondert untersucht werden. Das hierbei erhaltene Analysenergebnis ist jedoch nicht repräsentativ für die gesamte Wasserprobe.

In Anwesenheit von Schwimmstoffen ist eine repräsentative Probenteilung und Homogenisierung nicht immer sichergestellt.

Ungelöste Stoffe mit deutlich höherer Dichte als Wasser (z. B. Sand und Kies) setzen sich sehr schnell ab und werden üblicherweise nicht miterfasst. Andere Feststoffe (z. B. Zellstofffasern) werden mittels Magnetrührer unter den Verfahrensbedingungen nicht ausreichend homogenisiert und können die Pipettenöffnung oder Entnahmeventile ganz oder teilweise verstopfen; hierdurch kann ein unerwünschter Filtrationseffekt eintreten. Magnetisierbare Teile haften am Magnetrührer. In diesen Fällen ist ein anderes Verfahren zu wählen.

Leichtflüchtige Stoffe können bei der Homogenisierung im offenen Gefäß teilweise ausgasen. Dies kann zu Minderbefunden führen, z. B. bei der AOX- oder TOC-Bestimmung. Sollen leichtflüchtige Komponenten in einer Probe bestimmt werden, so sind alle Arbeitsschritte, bei denen Verluste auftreten können, zu unterlassen bzw. die leichtflüchtigen Bestandteile sind aus einer separat genommenen Probe zu bestimmen. Um bei basischen Proben Verluste von Ammonium zu verhindern, muss die Probe ggf. vor der Homogenisierung angesäuert werden.

Die Homogenisiergefäße dürfen keine Reste von Trinkwasser (Leitungswasser, Stadtwasser) enthalten und müssen vor jedem Gebrauch mit entionisiertem Wasser gereinigt werden. Im Rahmen von Qualitätskontrollen mittels Feldblindproben bei der Probenahme wurde im LANUV NRW festgestellt, dass der Verbleib einiger Milliliter Trinkwasser im Homogenisiergefäß zu auffälligen Kupfergehalten von einigen µg/l in den Feldblindwerten führen kann.

3.2.2 Durchführung des Verfahrens

Die Vorbehandlung, Homogenisierung und Teilung jeder Wasserprobe erfolgt i. d. R. unmittelbar nach der Probenahme. Alle benötigten Geräte sind sauber, fett- und staubfrei zu verwenden.

Die Auswahl der Homogenisierungsmethoden richtet sich nach dem Ausgangsvolumen der Probe, der Größe, Art und Menge der Partikel und den zu bestimmenden Parametern.

Von den in der DIN 38402-30 aufgeführten Techniken wird vor Ort üblicherweise die Homogenisierung mittels Magnetrührer eingesetzt. Dies gilt insbesondere für Abwasserproben.

Das Probenvolumen ist abhängig vom Untersuchungsprogramm und dem Umfang der Untersuchungen. Um die Streuung der Analysenwerte so klein wie möglich zu halten, ist das zur Analyse verwendete Teilprobenvolumen so groß wie möglich zu wählen. Dafür haben sich Homogenisiereinheiten bestehend aus Magnetrührer bzw. Flügelrührer und einem Glasgefäß mit z. B. fünf, 15 oder 30 Litern bewährt.

3.2.2.1 Vorbehandlung der Probe

Die Wasserprobe ist zunächst auf nicht homogenisierbare Inhaltsstoffe zu prüfen (siehe Kapitel 3.2.1). Für die Wasserprobe nicht repräsentative Stoffe (z. B. Blätter) sind zu entfernen, erforderlichenfalls ist die Probe zu verwerfen und erneut zu entnehmen.

3.2.2.2 Homogenisierung durch Schütteln

Probenvolumina < 5 l dürfen von Hand aufgeschüttelt werden (z. B. in einer Standflasche), vorausgesetzt, dass eine ausreichende Durchmischung sichergestellt ist.

3.2.2.3 Homogenisierung mittels Magnetrührer

Grundsätzlich ist die Homogenisiereinheit während der Probenahme direkt zu befüllen, um Minderbefunde durch Umfüllen zu vermeiden. Beim Befüllen der Homogenisiereinheit sowie bei der Durchführung der Homogenisierung ist darauf zu achten, dass die Probe möglichst schonend behandelt wird. Während des Homogenisierungsvorgangs ist das Gefäß abzudecken, um Kontaminationen durch herunterfallende Teilchen (z. B.

Bild 3.4: Homogenisierung einer stark getrübten Abwasserprobe und Abfüllen der Teilproben bei laufendem Magnetrührer (© K. Selent, StUA Hagen)

Staub, Ruß) zu verhindern. Auf eine ausreichende Größe des Flügelrührers bzw. des Magnetrührstabs (etwa 1/3 des Gefäßdurchmessers) sollte geachtet werden. Die Rührfrequenz ist so einzustellen, dass sich ein Trichter bildet, der etwa 10 % der Flüssigkeitshöhe beträgt (siehe **Bild 3.4**).

Die Homogenisierung mittels Rührer ist in der Regel ausreichend. Falls die Probe auch nach längerem Rühren sichtbar inhomogen bleibt, muss die Probe mit anderen Homogenisierungstechniken (Ultraschallbad, Ultraschallsonde, Aufschlaggerät) behandelt werden. Das erfolgt i. d. R. im Labor.

3.2.2.4 Homogenisierung mittels Rührstab

In bestimmten Fällen ist eine Homogenisierung mittels Magnetrührer nicht anwendbar (z. B. magnetisierbare Teile in der Abwasserprobe, Ausfall des Magnetrührers). Außerdem ist bei Oberflächengewässern oft eine direkte Befüllung der Homogenisiereinheit am Gewässer nicht möglich.

Trotzdem muss auch dann auf die Homogenität der Probe geachtet werden, wenn das erforderliche Probenvolumen dermaßen groß ist, dass mehrere Schöpfvorgänge benötigt werden und/oder verschiedene Probenbehälter zu füllen sind.

Die Probe wird mittels eines geeigneten Gefäßes (z. B. PE- oder Edelstahleimer) entnommen und unmittelbar auf die verschiedenen Probenbehälter verteilt, wobei die Teilproben für die Parameter, bei denen eine Abhängigkeit von den suspendierten Stoffen vorhanden ist (wie z. B. Schwermetalle, Gesamtphosphor) vorrangig abgefüllt werden. Falls erforderlich sollte die geschöpfte Probe zwischen den einzelnen Abfüllvorgängen mittels eines geeigneten Rührstabs vorsichtig homogenisiert werden.

3.2.2.5 Probenteilung

Die Teilproben werden während oder unmittelbar nach der Homogenisierung entnommen.

Während des gesamten Abfüllvorgangs soll das Homogenisiergefäß abgedeckt sein, um den Eintrag von Partikeln aus der Luft zu vermeiden. Darüber hinaus ist das Gefäß vor Erwärmung durch Sonneneinstrahlung oder andere Wärmequellen zu schützen.

Bei Verwendung der Homogenisiereinheit (siehe Kapitel 3.2.2.3) ist vor dem Abfüllen der Teilproben in die Probenflaschen das unmittelbar vor dem Ablaufventil der Homogenisiereinheit befindliche Wasser (mindestens 50 ml) zu verwerfen, da das im Ablaufhahn befindliche Wasser nicht mit homogenisiert wurde.

Die Probenflaschen selbst sind in keinem Fall vorher mit dem abzufüllenden Probenwasser auszuspülen, da hierdurch Feststoffe in der Flasche angereichert werden, die zu höheren Befunden führen können. Deshalb sollten nur im Labor gereinigte, trockene Flaschen, die teilweise sogar in einer besonderen Weise vorbehandelt worden sind, verwendet werden.

Das Füllen der Probengefäße ist abhängig von der anzuwendenden Konservierungsform:

- Zur Vermeidung von Querkontaminationen sind beim Befüllen der Teilproben zunächst die Probenbehälter ohne Zusatz von Konservierungschemikalien zu befüllen und zu verschließen und erst anschließend die Probenbehälter mit den Konservierungschemikalien.
- Wenn die Proben nur gekühlt werden, empfiehlt es sich, das Probengefäß randvoll zu füllen und luftblasenfrei mittels eines Glasschliffstopfens zu verschließen. Hierdurch werden Wechselwirkungen mit der Gasphase und Schütteleffekte beim Transport weitgehend unterbunden.
- Wenn die Proben tiefgefroren werden sollen, dürfen die Probengefäße nicht vollständig gefüllt sein.
- Bei Konservierung mit Säuren, Laugen oder parameterspezifischen Reagenzien können die Chemikalien entweder nach erfolgter Abfüllung der Probe zugesetzt oder im noch leeren Probengefäß vorgelegt werden.
- Teilproben, die ggf. dem Einleiter zur Verfügung gestellt werden, müssen ebenfalls aus der homogenisierten Gesamtprobe entnommen werden, um eine Vergleichbarkeit der Analysenwerte zu gewährleisten.

behr
Labor-Technik

behrotest®

Probennahme, Probentransport und -lagerung
Notwendige Voraussetzung für korrekte Analysenergebnisse:

Probennahmeschöpfer behrotest®

Für die Entnahme von Schöpfproben an der Wasseroberfläche. Spannvorrichtung und Endstab der Probennahmeschöpfer sind aus Edelstahl.
Die Schöpfer mit Gefäßen aus Borosilikatglas entsprechen damit den hohen Anforderungen der DIN EN 1485/AOX-Norm.

Allen Geräten gemeinsam sind die folgenden Merkmale:

- Stabiler, dreiteiliger Haltestab mit Teleskopeinschüben
- Länge stufenlos verstellbar zwischen 1 m und 3,75 m
- Ideal für die Probenahme auch an schwer zugänglichen Gewässern
- Stufenlos verstellbare Spannvorrichtung
- Becherhalterung aus Edelstahl

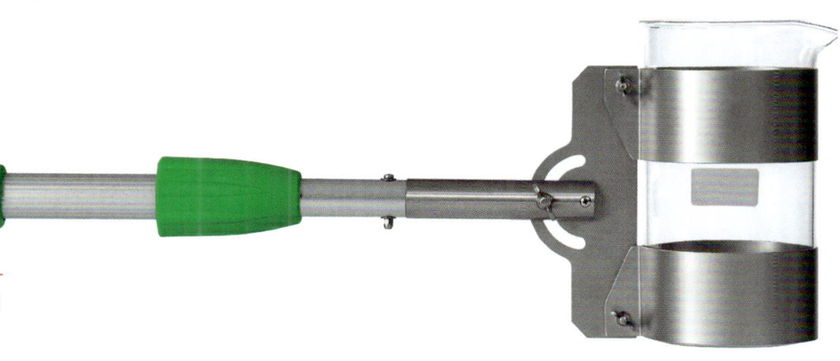

PB 1000

QMR

behrotest® Homogenisiergeräte

nach DIN/DEV 38 402 - A 30

Mit transportablem Probengefäß

Homogenisiergeräte für Vorbehandlung, Teilung und Homogenisierung heterogener Wasserproben gemäß den Standards für Qualitätssicherung und -kontrolle bei Abwasseruntersuchungen.

Fassungsvermögen von 2 bis 25 l gestatten die Entnahme und Sammlung mehrerer Proben. Eine Graduierung dient dem genauen Abmessen der Probenmengen.

Im Labor oder im Probennahmefahrzeug wird das Transportgestell später einfach auf den Magnetrührer aufgesetzt und das Homogenisiergerät ist sofort einsatzbereit. Die Drehzahl des Magnetrührers ist über einen Regler einstellbar.

Dosierte Entnahme der homogenisierten Probe über PTFE-Spindelhahn.

QMR 5

QMR 15

QMR 25

Kontaminationsfreie Probennahme und Probenlagerung

Veränderungen und Verunreinigungen als Folge fehlerhafter Probennahme und Probenlagerung haben zwangsläufig Einfluss auf die anschließende Analytik und führen zu fehlerhaften Ergebnissen. Derartige Fehler lassen sich nachträglich nicht mehr korrigieren.

behrotest® Probennahmeflaschen mit PTFE-beschichteter Einlage im Deckel bringen analytische Sicherheit.

Sie entsprechen den Anforderungen der EN/ISO 5667-1 für die Aufbewahrung organischer Spurenstoffe und lichtempfindlicher Materialien.

Es gibt sie in 2 Ausführungen:

- Klarglas und
- Braunglas für lichtempfindliche Proben.

Besonders praxistauglich sind sie durch ihre weite Halsöffnung.

RK 1000 GT

RB 1000 GT

HPS

PRB 1000

Inhalt	Ø Gewinde
250 ml	55 mm
500 ml	55 mm
1000 ml	68 mm

Verschluss mit PTFE-Einlage

Durch die PTFE-Einlage im Verschluss sind die Flaschen weitgehend inert und besonders Flüssigkeitsdicht.

www.probenahmeflaschen.de

3.2.2.6 Reinigung der Homogenisiereinheit

Bei jeder Probenahme ist eine gereinigte Einheit von Glasgefäß, Entnahmehahn und Magnetrührstab einzusetzen. Das Glasgefäß ist vor dem Einfüllen der Probe mit entionisiertem Wasser durchzuspülen.

Unmittelbar nach der Probenahme ist die Homogenisiereinheit mit Trinkwasser und anschließendem Nachspülen mit entionisiertem Wasser zu reinigen, wobei zur Entfernung der am Glas haftenden Teilchen eine Bürste oder ein Gummiwischer einzusetzen ist. Der Entnahmehahn ist zur Reinigung komplett zu zerlegen. Der Magnetrührstab muss mithilfe eines Tuchs von mechanisch anhaftenden und ggf. von magnetischen Teilchen gereinigt werden.

3.2.2.7 Entsorgung

Überschüssiges Probengut aus dem Homogenisiergefäß kann i. d. R. vor Ort wieder dorthin entsorgt werden, wo es zuvor entnommen wurde (Abwasser, Oberflächengewässer), wobei eine Beeinträchtigung der Probenahmestelle für etwaige weitere Probenahmen zu vermeiden ist. Keinesfalls darf die Entsorgung auf öffentlichen Straßen und Wegen vorgenommen werden, insbesondere wenn es zu Pfützenbildung und bei niedrigen Umgebungstemperaturen zur Eisbildung kommen kann.

3.2.2.8 Qualitätssicherungs- und -kontrollmaßnahmen

Um mögliche Kontaminationen während der Homogenisierung der Proben festzustellen, ist regelmäßig und in begründeten Verdachtsfällen eine Feldblindprobe zu nehmen, zu untersuchen und zu dokumentieren.

Dazu wird entionisiertes Wasser, dessen Blindwert geprüft und dokumentiert wurde, vor Ort wie eine reale Probe behandelt und allen Verfahrensschritten (z. B. Schöpfen, Homogenisieren, Filtrieren, Konservieren, Transport und Lagerung) unterworfen.

Werden Auffälligkeiten festgestellt, so ist eine Ursachenermittlung durchzuführen. Diese sind in Koordination mit dem Probenahmepersonal zu bewerten und die Fehlerquellen sind zu beseitigen.

Es empfiehlt sich, bei Einführung einer neuen Technik und in besonderen Fällen die Effektivität der Homogenisierung zu überprüfen. Zum Nachweis der Homogenität der Probe im Behälter werden die physikalisch-chemischen Parameter (z. B. suspendierte Stoffe, Metalle, organische Bestandteile) mit Proben überwacht, die aus unterschiedlichen Höhen im Behälter entnommen werden:

- Zur Bestimmung der Dauer der Homogenisierung, um eine homogene Zusammensetzung des Abflusses beim Abfüllen in den Behälter zu erreichen,

und

- um die Repräsentativität der Probe sicherzustellen.

Die höchste Abweichung zwischen zwei Messungen für den zur Erfüllung des Kriteriums der Homogenität ausgewählten Parameter sollte möglichst < 20 % sein. Eine Anleitung mit Beispiel dazu findet sich im informativen Anhang C der DIN EN ISO 5667-14 [4].

3.3 Filtration von Wasserproben vor Ort

In einigen Fällen ist das Ziel der Probenahme die Bestimmung gelöster Wasserinhaltsstoffe. Dafür müssen die Feststoffe, wie Sink- und Schwebstoffe oder Mikroorganismen, aus der Probe entfernt werden.

Beinahe alle Oberflächenwässer und Abwässer haben die Eigenschaft, beim Stehen Flocken zu bilden, wobei gelöste oder auch kolloide Substanz in die feste Phase übergehen kann [22].

Grundwasserproben können Feststoffe (Tonminerale, sedimentärer organischer Kohlenstoff, bakterielle Schleime, Fe/Mn-Hydroxide) enthalten, die bei der Probenahme aus der Grundwassermessstelle oder dem Grundwasserleiter mitgerissen worden sind. Die direkte Konservierung mit Säuren zur Schwermetallbestimmung oder die Extraktion solcher Proben mit organischen Lösemitteln zur Analyse organischer Schadstoffe kann zu Überbefunden führen, da diese gering löslichen Stoffe in der Regel in der ungelösten Fraktion stark angereichert sind. Beispielsweise kommt es in reduzierten Grundwässern mit erhöhten Fe^{2+}-Konzentrationen durch den Zutritt von Luftsauerstoff in der Messstelle zur Neubildung gelbbrauner Eisen-Hydroxide. Dabei werden auch gelöste Schwermetallionen mitgefällt, einige Elemente (z. B. Cu) zu über 90 % [23].

Aus dem Vorgenannten folgt bei bestimmten Fragestellungen, dass eine Filtration unmittelbar nach der Probenahme vorzunehmen ist. Die Notwendigkeit einer Membranfiltration von Wasserproben resultiert auch aus Anforderungen einiger Analysennormen bzw. aus gesetzlichen Vorgaben, zum Beispiel:

- Gelöste Metalle mittels ICP-MS [24, 25, 28, 29]
- Ammonium-N mittels FIAS [26]
- Gelöste Anionen mittels IC [27]
- CSB / BSB_5 (bei Teichanlagen) [20]
- Photometrische Bestimmungen vor Ort, z. B. o-PO_4 im Grundwasser
- Pflanzenschutzmittel, Biozide [29]

Für die Filtration vor Ort haben sich verschiedene Geräte bewährt:

- Vakuumfiltration mittels Witt'schem Topf
- Druckfiltration mittels (Einweg-)Spritze und Membranvorsatzfiltern
- Druckfiltration mittels Edelstahl-Filtrationseinrichtung

Die Auswahl der Filtrationsverfahren ist abhängig vom Untersuchungsziel und der nachfolgenden Analytik. Die Verfahren sind grundsätzlich für alle Wässer anwendbar und können eingesetzt werden, wenn sichergestellt ist, dass diese auch unter Vor-Ort-Bedingungen keine Veränderung der zu untersuchenden Parameter bewirken.

Bei der Filtration ist die Beschaffenheit des Filtermediums, die Sauberkeit, die Absorptionseigenschaften, vor allem die Porenweite von Bedeutung. Üblicherweise werden Wasserproben, z. B. zur Unterscheidung der gelösten und ungelösten Metalle, unmittelbar nach der Probenahme vor Ort über ein 0,45 µm Membranfilter filtriert.

Bezüglich der Beschaffenheit des Filtermediums wurde in einem Forschungsvorhaben im LANUV NRW [14] festgestellt, dass aus den Filtermaterialien Schwermetalle herausgelöst werden können. Die Überprüfung der verwendeten Membranfilter unter routinemäßigen Probenahmebedingungen zeigte, dass in verschiedenen Chargen unsystematische Kontaminationen der Filter mit einzelnen Elementen vorlagen. Neben hoch kontaminierten Filtern kamen in derselben Charge auch deutlich niedriger belastete Filter vor. Die höchsten Blindwerte wurden für Zink festgestellt, deutliche Kontaminationen traten aber auch bei Nickel und Kupfer auf. Für Cadmium, Blei und Quecksilber lagen die Blindwerte in der Regel unterhalb der unteren Anwendungsgrenze.

Im weiteren Vorgehen wurde überprüft, ob sich die Filtrationsblindwerte durch mehrere Vorspülungen von Filter und Filtrationsapparatur absenken ließen. Die Spülversuche zeigten, dass durch zweimaliges Spülen von Apparatur und Filter tolerierbare Blindwerte erzielt werden können. Als Konsequenz aus der Blindwertproblematik wurden nach zweimaligem Spülen Filtrationsblindwerte von maximal 20 % des halben Qualitätsziels toleriert. Diese Konvention des Vorhabens ist mittlerweile in die Arbeitsanweisung „Vor-Ort-Filtration“ beim LANUV NRW zum EU-Monitoring eingegangen. Danach werden vor der Filtration der zu untersuchenden Probe zunächst alle Materialien (auch die Membranfilter) vor Ort mit säurekonditioniertem Reinstwasser vorgespült und anschließend mit Reinstwasser nachgespült.

Bei der Filtration von Wasserproben für die Elementanalyse mittels ICP-MS sind besonders hohe Anforderungen zu stellen. Beispielsweise sind im LANUV NRW bei Messungen der gelösten Metalle mittels ICP-MS öfter höhere Gehalte in der filtrierten Probe als in der unfiltrierten Originalprobe ermittelt worden. Dieses war vermutlich auf kontaminierte Arbeitsmaterialien und/oder nicht sorgfältige Probenbehandlung zurückzuführen. Zur Ursachenermittlung bzw. zum Nachweis einer einwandfreien Probenvorbereitung werden zu jeder Filtrationsserie Feldblindproben (Reinstwasser) vor Ort filtriert und anschließend im Labor untersucht. Als Qualitätsziel für Blindwerte der Metalle mittels ICP-MS gelten die halben Werte der unteren Anwendungsgrenzen.

Die Druckfiltration ist einer Vakuumfiltration vorzuziehen, wenn leichtflüchtige Inhaltstoffe bestimmt werden sollen. Dies ist z. B. auch bei hoch alkalischen Abwässern zu beachten, weil das Ammonium im alkalischen Milieu als Ammoniak ausgasen könnte und somit die Gefahr von Minderbefunden besteht.

Die Filtration scheidet aus, wenn der Filter Inhaltsstoffe zurückhält, die es zu bestimmen gilt (Minderbefunde von organischen Stoffen bei Membranfiltration durch Adsorption an das Filtermaterial), bzw. Stoffe abgibt, die zu einer Kontamination der Probe führen [14]. Kann eine Kontamination durch Filtermaterial nicht ausgeschlossen werden, so sollte die Probe besser zentrifugiert und der klare Überstand zur Untersuchung verwendet werden.

3.3.1 Durchführung des Verfahrens

Aus Gründen der Arbeitssicherheit und zur Vermeidung von Kontaminationen sind während der Filtration stets Schutzbrille und Einmalhandschuhe zu tragen.

Öl, Fett, eiweiß- und schwebstoffhaltige Wässer können zur Verschmutzung der Filtrationseinheit und zur Verstopfung des Filters führen.

Es ist darauf zu achten, dass die Filtrationseinheiten, Spritzen, (Vorsatz-)Filter im Fahrzeug staubfrei und nicht in der Nähe von Reinigungs- und Konservierungschemikalien sowie anderen Proben gelagert werden, um Kontaminationen zu vermeiden. Alle Glasmaterialien sind sauber und trocken in geeigneten Beuteln oder Behältnissen bis zur Probenahme aufzubewahren. Die Filtration muss bei ausgeschaltetem Automotor erfolgen.

Grundsätzlich wird für jede Probe ein neues Membranfilter bzw. ein neuer Filtervorsatz eingesetzt. Bei stark schwebstoffhaltigen Proben müssen unter Umständen mehrere Filter verwendet werden. Sollte die Filtration länger als zehn Minuten dauern, empfiehlt sich aufgrund der Praxiserfahrungen, ein neues Filter einzulegen und die Filtration fortzusetzen. Überschreitet der zweite Versuch ebenfalls die zehn Minuten, so kann die Filtration abgebrochen und das vorhandene Filtrat als Probe angesehen werden. Ein Filterwechsel ist unter Bemerkungen im Probenahmeprotokoll zu vermerken. Alternativ ist eine Filtration im Labor durchzuführen. Laborversuche mit stark feststoffhaltigen Abwässern unter Verwendung einer 3-Lagen-Technik (Schwarzband-, Weißband- und Membranfilter) führten zu erheblichen Zeitersparnissen auf wenige Minuten gegenüber der Filtration ausschließlich mit Membranfiltern, die über eine Stunde dauerten.

Bei der Filtration muss man besonders darauf achten, dass

- Handschuhe getragen werden,
- das Filter sich nicht knickt,
- das Filter nur mit Pinzette angefasst wird,
- die Filtrationsapparatur trocken und dicht hält,
- die Probenbehältnisse nicht kontaminiert werden und
- nach dem Filtrationsvorgang im Filtrat keine Partikel sichtbar sind.

Falls doch Partikelreste vorhanden sind, ist der Filtrationsvorgang zu wiederholen.

3.4 Probenkonservierung

Proben, die nicht umgehend nach der Probenahme verarbeitet werden können, müssen längerfristig vor Kontaminationen, Verlusten oder anderen Veränderungen geschützt werden. In diesen Fällen sind die Proben zu konservieren. Die Wahl der Konservierungsmethode richtet sich nach der nachfolgenden Analytik.

Konkrete Hinweise zu parameterspezifischen Konservierungsmethoden finden sich in DIN EN ISO 5667-3 [1].

3

Die früheren Ausgaben dieser Norm wurden unter dem Titel „Anleitung zur Konservierung und Handhabung von Wasserproben" veröffentlicht und enthielten in den Tabellen Empfehlungen zu generell geeigneten Techniken zur Probenkonservierung für physikalisch-chemische und chemische Analysen. Ziel der Angaben in den Tabellen 1 bis 4 war es, die am häufigsten verwendete und praxiserprobte Konservierungstechnik anzugeben. Die dort angegebenen Techniken stimmten jedoch oft nicht mit den Angaben in den jeweiligen, insbesondere nationalen Normen der Analysenverfahren überein. Dieses führte immer wieder zu Nachfragen von Anwendern, welches Verfahren denn nun anzuwenden sei.

Mit der Fassung der ISO 5667-1:2012-11 „Preservation and handling of water samples" wurde erstmalig der Begriff „guidance" aus dem Titel gestrichen, weil andere Staaten, insbesondere die Niederlande, diese Norm und deren Inhalte zum allgemein gültigen Standard für die Akkreditierung verwenden wollten. Eine „Anleitung" war dafür nicht geeignet. Aufgrund der Kommentare aus Deutschland wurden dann in den Tabellen der Konservierungstechniken zusätzlich für jeden zu untersuchenden Analyten eine Spalte mit Verweisungen auf internationale Normen für Analysenverfahren aufgenommen. In der Einleitung wurde ausdrücklich darauf hingewiesen, dass „dieser Teil von ISO 5667 und die in Anhang A aufgelisteten internationalen Normen für Analysenverfahren sich ergänzen. Sind keine internationalen Normen für Analysenverfahren anwendbar, erhalten die in Tabellen A.1 bis A.3 beschriebenen Techniken normativen Charakter". Damit war sichergestellt, dass auch andere Normen für Analysenverfahren, die z. B. auch in der Abwasserverordnung aufgeführt waren, weiterhin gültig sind. Deshalb wurde der Übernahme zugestimmt und DIN EN ISO 5667-3:2013-03 „Konservierung und Handhabung von Wasserproben" (ISO 5667-3:2012); Deutsche Fassung EN ISO 5667-3:2012 veröffentlicht. Ziel war es jedoch auch, dass wenn bei der Erarbeitung neuer Analysenormen oder der Überarbeitung bestehender Analysenormen Aufbewahrungszeiten und Konservierungstechniken abweichend von Angaben der Tabellen in ISO 5667-3 festgelegt werden, sollten diese validiert und ISO/TC 147/SC 6/WG 3 zur Aufnahme in die nächste Überarbeitung von diesem Teil von ISO 5667 zur Verfügung gestellt werden. In den nachfolgenden Überarbeitungen der ISO 5667-3 wurden sukzessive weitere Normen für Analysenverfahren aufgenommen.

Die aktuelle Fassung DIN EN ISO 5667-3:2024-09 umfasst mittlerweile 97 Seiten. Dieses Dokument wurde, soweit möglich, an die aktuellen Normen angepasst. Wo neue Forschungs- oder Validierungsergebnisse zu neuen Erkenntnissen geführt haben, wurde der neueste Wissensstand verwendet. Tabelle A.1 bis Tabelle A.5 „Techniken zur Probenkonservierung" enthalten die validierten Konservierungszeiten oder Lagerungsbedingungen, die zu verwendende Behälterart, die maximale Aufbewahrungszeit sowie die Beschreibungen bewährter Verfahren und verweisen auch für jeden Analyten auf Referenzverfahren, die zum Zeitpunkt der Veröffentlichung dieses Dokuments (d. h. ISO 5667-3:2024) verfügbar sind:

- Tabelle A.1 „Physikalisch-chemische und chemische Analyse von anorganischen Analyten“ umfasst 40 Seiten
- Tabelle A.2 „Physikalisch-chemische und chemische Analyse von organischen Analyten“ umfasst elf Seiten
- Tabelle A.3 „Hydrobiologische Analyse“ umfasst sechs Seiten
- Tabelle A.4 „Mikrobiologische Untersuchung“ umfasst fünf Seiten
- Tabelle A.5 „Radiochemische Analyten und Aktivitäten“ umfasst sechs Seiten

Für diese Listen besteht jedoch kein Anspruch auf Vollständigkeit. Andere Konservierungsverfahren dürfen angewendet werden, wenn sie validiert sind. Liegen Verfahrensvalidierungen nicht vor, wird jedoch nachdrücklich empfohlen, die in Tabelle A.1 bis Tabelle A.5 für ISO-Prüfverfahren aufgeführten Konservierungszeiten für die jeweiligen Analyten einzuhalten. Wenn in Tabelle A.1 bis Tabelle A.5 mehr als eine Aufbewahrungszeit angegeben ist, ist die Reihenfolge der bevorzugten Verwendung:

- Validiertes Verfahren
- Vom Referenzverfahren vorgegeben
- Bewährtes Verfahren

Die Konservierungs- und Lagerungsbedingungen sowie maximalen Aufbewahrungszeiten für den jeweiligen Analyten, wie in Tabelle A.1 bis Tabelle A.5 angegeben, sollten als anzuwendende Standardbedingungen betrachtet werden, wenn keine weiteren Informationen vorliegen.

Falls die Validierung von Konservierungstechniken und Aufbewahrungszeiten abhängig von speziellen Bedingungen und Matrices durch ein Labor vorgenommen wurde, dann werden diese validierten Konservierungs- und Lagerungsbedingen sowie maximalen Aufbewahrungszeiten, sofern sie von den Bedingungen in Tabelle A.1 bis Tabelle A.5 abweichen, für die validierenden Labore als akzeptabel angenommen, sofern der Nachweis der Validierung erbracht ist. Nationale Normen können ebenfalls Angaben zur Konservierung enthalten.

In einem Flussdiagramm können für die jeweils zu untersuchenden Analyten, anzuwendenden Analysenverfahren und der jeweiligen Wasserart (alle Wasserarten, Kesselwasser/Kühlwasser, Trinkwasser, Eluat, Grundwasser/Rohwasser), Meerwasser/Seewasser, Regenwasser, Oberflächenwasser/natürlich vorkommendes Wasser, Abwasser) die Verfahren zur Konservierung und Lagerung von Wasserproben ausgewählt werden.

An die Konservierung sind folgende grundsätzliche Forderungen [9] zu stellen:

- Konservierungsmaßnahmen, die über das übliche Kühlen hinausgehen, sollten nur angewandt werden, wenn dies zur Sicherstellung der Analysenergebnisse unbedingt erforderlich ist.
- Die Konservierung darf das anzuwendende Analysenverfahren nicht stören.
- Es muss sichergestellt sein, dass die Konservierungsmaßnahme, die gezielt für einen Parameter eingesetzt wird, die Bestimmung anderer Parameter nicht stört.

- Als Konservierungsmittel sollten möglichst Substanzen eingesetzt werden, die nicht zusätzliche Umweltkontaminationen hervorrufen und die eine Beseitigung der Probenreste erschweren (z. B. ist $HgCl_2$ zu vermeiden).
- Gesundheitliche Risiken für Probenehmer und Analytiker dürfen durch die Konservierungsmaßnahme nicht erhöht werden.

Als Konservierungsmaßnahmen bieten sich grundsätzlich die folgenden Methoden an [13], die auch kombiniert angewendet werden können. Bei Einsatz von Konservierungsmethoden sollten, wenn immer möglich, physikalische Methoden (Kühlen, Tiefgefrieren) Vorrang erhalten. Werden chemische Konservierungsmaßnahmen angewandt, so gelten besondere Vorsichtsmaßnahmen, da häufig Kontaminationen durch leichtfertigen Umgang mit den entsprechenden Chemikalien vor Ort auftreten.

3.4.1 Konservierung durch Kühlen oder Tiefgefrieren

Die Probenkonservierung durch Kühlen oder Tiefgefrieren führt zu einer Verringerung der Aktivitäten von Bakterien. Einfaches Kühlen im Kühlschrank und Aufbewahrung der Proben im Dunkeln reicht in den meisten Fällen aus, um die Probe während des Transports ins Labor und für relativ kurze Zeit vor Durchführung der Analyse zu konservieren. Kühlen kann nicht als Langzeitkonservierung angesehen werden, besonders nicht, wenn es sich um Abwasserproben handelt. Tiefgefrieren erlaubt in der Regel längere Aufbewahrungszeiten.

Die Kühl- und Tiefgefrierverfahren müssen mit den Anweisungen des analytischen Labors übereinstimmen. Besonders Tiefgefrieren erfordert eine genaue Kontrolle über den Einfrier- und Auftauprozess, um die Probe nach dem Auftauen wieder in ihren ursprünglichen Gleichgewichtszustand zurückzubringen [1].

Die Gefriertemperatur sollte nach spätestens sechs Stunden erreicht sein [13]. Deshalb sollten möglichst kleine Probengefäße zum Tiefgefrieren benutzt werden; zu empfehlen sind Behälter mit Volumina ≤ 1 Liter, die wegen der Volumenausdehnung des Wassers nicht vollständig gefüllt sein dürfen.

3.4.2 Chemische Konservierungsmethoden

Bestimmte Inhaltsstoffe von Wasserproben können nur durch Zusatz von Konservierungsmitteln konserviert werden. Der Zusatz von Säuren (HCl, HNO_3, H_2SO_4, H_3PO_4) führt zu einer Minimierung der Adsorption, einer Verhinderung von Stoffwechselprozessen von Mikroorganismen, sowie zur Vermeidung von Hydrolyse und Niederschlagsbildung. Durch Zusatz von Bioziden wird die biologische Aktivität gehemmt und ein Abbau von organischen Probeninhaltstoffen verhindert. Vielfach sind in den Normen für Analysenverfahren (auch in ISO 5667-3) konzentrierte Säuren aufgeführt, weil diese Verfahren unter Laborbedingungen erarbeitet und validiert wurden. Aus Gründen der Arbeitssicherheit sollte vor Ort jedoch mit verdünnten Säuren gearbeitet werden.

Mit der Zugabe von Komplexbildnern können Verluste durch Adsorption von Metallionen verringert werden.

Andere Konservierungsmittel bewirken eine Inaktivierung von oxidierenden oder reduzierenden Verbindungen, die die Konzentration des zu bestimmenden Parameters durch chemische Reaktion verändern könnten.

Grundsätzlich sollten nur die Konservierungsmittel in der Menge mitgeführt werden, die unmittelbar zur Durchführung der Probenkonservierung benötigt werden. Hierbei ist auf die Haltbarkeit der Konservierungsmittel zu achten.

3.5 Probenbehälter und Probenbeschriftung

Die Probengefäße inklusive Verschlüsse werden bezüglich Art, Material und deren Vorbehandlung so gewählt, dass durch ihren Einsatz keine Veränderung der Konzentration des zu bestimmenden Untersuchungsparameters eintreten kann. Selbstverständlich müssen die Proben in den Gefäßen so verschlossen und geschützt werden, dass keine Verunreinigung und kein auch nur teilweiser Verlust auf dem Transport eintritt. Als Probenbehälter werden in der Regel Flaschen aus Braunglas mit Vollglasschliffstopfen oder Kunststoffbehälter (FEP, PE, PE-HD, PET, PFA, PP, PTFE, PVC) unterschiedlicher Größen benutzt. Einzelheiten zu den für die Probenahme und Aufbewahrung von Proben verwendeten Arten von Behältern und Deckel sind in den Tabellen A.1 bis Tabelle A.5 der ISO 5667-3 angegeben.

Für mikrobiologische Analysen müssen saubere sterile Flaschen verwendet werden, denen für bestimmte Untersuchungen ein Reduktionsmittel wie z. B. Natriumthiosulfat oder ein Komplexbildner wie Ethylendiamintetraessigsäure (EDTA) oder Nitrilotriessigsäure (NTA) zu zugeben ist. Näheres siehe DIN EN ISO 19458 „Probenahme für mikrobiologische Untersuchungen“ [30].

Die Handhabung von Proben für eine hydrobiologische Untersuchung unterscheidet sich von der Handhabung von Proben für chemische Analysen. Das Hinzufügen von Chemikalien zur Probe für die hydrobiologische Untersuchung kann für eine Fixierung oder eine Konservierung der Probe eingesetzt werden. Der Begriff „Fixierung“ wird verwendet, um den Erhalt morphologischer Strukturen zu beschreiben, der Begriff „Konservierung“, um den Schutz organischer Substanz vor biochemischem oder chemischem Abbau zu beschreiben. Definitionsgemäß sind Konservierungsmittel toxisch; ihr Zusatz kann den Tod lebender Organismen bewirken. Die Fixierung und/oder Konservierung von Proben für die hydrobiologische Untersuchung erfolgt z. B. mit Ethanol oder saurer oder alkalischer Lugol‘scher Lösung.

Für bestimmte Anwendungen müssen die Behälter vorbehandelt, z. B. autoklaviert, sterilisiert, oder mit Säuren oder Lösemitteln gespült, werden (siehe auch Kapitel 3.8).

Die Probengefäße sind in lesbarer und dauerhafter Weise zu kennzeichnen, um eine eindeutige Identifizierung zu gewährleisten. Die Behälterbeschriftung sollte Nässe,

Trocknen und Einfrieren widerstehen, ohne sich abzulösen oder unleserlich zu werden. In jedem Fall muss am Probenbehälter ein dauerhaftes Etikett angebracht werden.

Es muss eine eindeutige Kennung vorhanden sein, rückverfolgbar auf:

- Datum, Zeit und Ort der Probenahme
- Eindeutige Probenkennzeichnung
- Beschreibung der Probe
- Name des Probenahmepersonals
- Einzelheiten über die angewendete Konservierung oder Fixierung der Probe
- Einzelheiten über die angewendete Probenlagerung
- Alle Informationen hinsichtlich der Integrität und Manipulation der Probe
- Bei Bedarf weitere Informationen

Das Etikett auf dem Probenbehälter muss eine eindeutige Kennung, rückführbar auf Datum und Ort der Probenahme und Probenummer, enthalten. Alle anderen Angaben sind ergänzend und sollten im Probenahmeprotokoll genau beschrieben werden.

3.6 Probentransport

Prinzipiell sind alle Proben möglichst dunkel und kühl zu transportieren und zu lagern. Der Transport erfolgt entweder im Kühlschrank oder zumindest in Kühltaschen oder -boxen zum Labor. Dabei ist eine bis zur Ankunft im Labor ausreichende Kühlleistung sicherzustellen, d. h. dass vorher genügend Kühlelemente vorbereitet werden müssen.

Während des Transports müssen Proben in einer Kühleinrichtung aufbewahrt werden, die geeignet ist zur Aufrechterhaltung einer Temperatur zwischen (5 ± 3) °C. Zur sachgerechten Beurteilung der Bedingungen während des Transports kann ein Gerät zur Aufzeichnung der (maximalen) Temperatur der die Probe umgebenden Luft verwendet werden. Der Temperatursensor sollte dann in einem kleinen Behälter (z. B. 50 bis 100 ml) angeordnet werden, der mit einer Flüssigkeit gefüllt ist, um kurzzeitige Temperaturschwankungen zu vermeiden [1].

Die Probentransporte zwischen den Probenahmestützpunkten und den Untersuchungslaboren des LANUV NRW erfolgen i. d. R. durch einen externen Kurierdienstleister über Nacht, sodass die Proben spätestens am nächsten Tag im Labor bearbeitet werden können. Während der Transporte werden regelmäßig Temperaturaufzeichnungen mittels Datenlogger durchgeführt, die anschließend ausgewertet werden. **Bild 3.5** zeigt beispielhaft eine Temperaturaufzeichnung eines Probentransports über Nacht.

Der Datenlogger befand sich am 02.03.2016 an einem Probenahmestützpunkt in Ostwestfalen zunächst außerhalb des Kühlraums und wurde gegen 16:40 Uhr mit den Proben in eine Kühlbox mit Kühlelementen zum Transport gepackt und in den Vergabekühlschrank verbracht. Der Probentransport erfolgte durch einen externen Kurier mit Abholung gegen 20:00 Uhr am Probenahmestützpunkt und Übergabe an einen zweiten Kurier am Umschlagspunkt gegen 22:45 Uhr. Der Eingang im Untersuchungs-

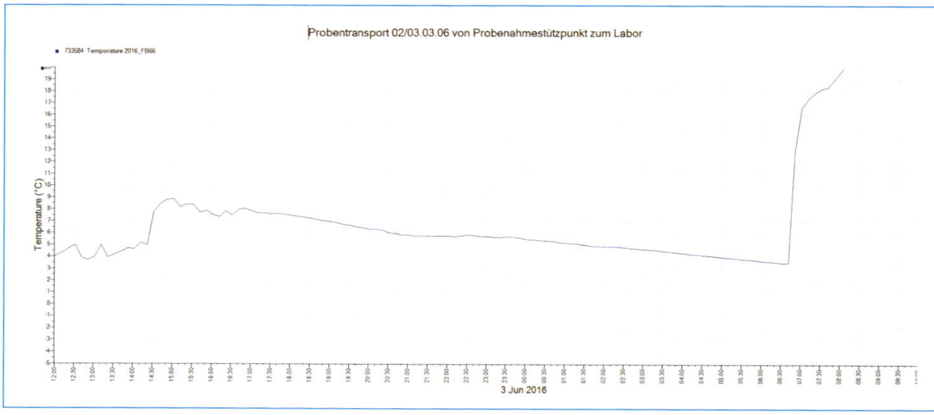

Bild 3.5: Temperaturaufzeichnung während eines Probentransports am 02./03.03.2016 von einem Probenahmestützpunkt zum Labor (© LANUV NRW)

labor im Rheinland war gegen 23:45 Uhr. Am frühen Morgen des darauffolgenden Tags wurde die Kühlbox gegen 06:40 Uhr geöffnet und die Proben zur weiteren Untersuchung entnommen.

3.6.1 Sicherheit und Rückverfolgbarkeit von Proben während der Anlieferung

Das Probenahmepersonal ist innerhalb seines Zuständigkeitsbereichs verantwortlich für die Sicherheit und Rückverfolgbarkeit aller Proben, Teilproben sowie der Probenahmeprotokolle/-dokumente.

Das Probenahmepersonal sollte überprüfen, ob Proben, Teilproben, Beschriftungen, Probenahmeprotokolle usw. unbeschädigt sind und am vorgegebenen Ort hinterlegt werden. Falls Behälter beim Transport verloren gehen, beschädigt oder zerbrochen werden, sollte das vom Probenahmepersonal im Probenahmeprotokoll vermerkt werden. Ist ein Kurier beteiligt, dann sollte sie/er, während sich die Proben in ihrer/seiner Obhut befinden, ähnliche Aufzeichnungen vornehmen. Der Kurier sollte die Proben nach den Anweisungen des Laboratoriums abliefern, insbesondere auch dann, wenn das Laboratorium zum Zeitpunkt der Probenanlieferung nicht besetzt ist [31].

3.7 Probenannahme und Lagerung der Proben

Der Probeneingang im Labor ist das wichtige Bindeglied zwischen der Probenahme und der Analytik. Die Proben und die dazugehörigen Dokumente (Protokoll, Skizzen, Fotos) müssen vom Probenahmepersonal an eine verantwortliche Person des Labors zur Registrierung, Lagerung bzw. Weiterverteilung übergeben werden. Das Laborpersonal muss die relevanten Informationen über die Konservierungs- und Transportbedingungen der Probe erhalten und prüfen.

In allen Fällen, insbesondere wenn eine Beweiskette einzuhalten ist, muss die Anzahl der im Labor eingegangenen Probenbehälter mit der Anzahl der abgegebenen Probenbehälter verglichen werden.

Sofern eine sofortige Untersuchung nach Probeneingang nicht möglich ist, werden die Proben in Kühl- und Gefrierschränken zwischengelagert. Die Aufbewahrungszeit der Wasserproben ist spezifisch für den/die zu untersuchenden Analyten. Die Proben dürfen nicht länger als nach den angegebenen maximalen Aufbewahrungszeiten aufbewahrt werden. Die maximale Aufbewahrungszeit umfasst die Zeit zwischen der Probenahme (Ende der Befüllung des Probenbehälters) und dem Beginn des Transports, die Dauer des Transports und geht bis zum Zeitpunkt des Beginns der Analyse im Labor. Proben für etwaige rechtliche Zwecke müssen ggf. noch länger als üblich aufbewahrt werden und dürfen erst nach Rücksprache mit dem Auftraggeber (z. B. der Strafverfolgungsbehörde) entsorgt werden.

Die Kühlbedingungen im Labor müssen für die meisten zu kühlenden Parameter (3 ± 2) °C betragen. Proben für mikrobiologische Analysen müssen bei (5 ± 3) °C gelagert werden. Proben für die Elementanalyse, die mit Säure konserviert werden, und Proben für radiochemische Analysen können bei Raumtemperatur aufbewahrt werden. Die Temperatur von zur Konservierung tiefgefrorenen Proben muss unter −18 °C gehalten werden, sofern nicht anders festgelegt.

Zum Auftauen von tiefgefrorenen Proben ist es empfehlenswert, jeden Behälter in einen separaten zweiten Behälter zu überführen, um das Risiko von Flüssigkeitsverlust aufgrund eines Risses, der während des Auftauvorgangs oder während des Gefriervorgangs und der Lagerung entstanden ist, zu minimieren.

DIN EN ISO 5667-3 empfiehlt, das Auftauen bei Umgebungstemperatur durchzuführen, sofern nicht in den verwendeten Normen für Analysenverfahren anders festgelegt. Um lokale Überhitzung zu vermeiden, sollten die Proben in fließendem Leitungswasser oder warmem Wasser von nicht mehr als 25 °C und unter leichtem Schütteln aufgetaut werden. Vollständiges Auftauen ist notwendig, da beim Einfrieren Konzentrationseffekte im Innern der Probe, das zuletzt durchfriert, auftreten können. Bei Mikrowellenbehandlung besteht die Gefahr der Überhitzung [32].

3.8 Reinigung der Probenbehälter

Wenn als Probenbehälter keine Einwegprodukte mit Reinheitszertifikat benutzt werden, so ist es notwendig, die Probenbehälter vor Verwendung zu reinigen oder zu spülen. Dieses gilt auch für neue Behälter, um Staub und Verpackungsmaterial zu entfernen.

Hinweise zur Behältervorbereitung finden sich im informativen Anhang B der DIN EN ISO 5667-3 [1].

Für die Spurenanalyse chemischer Inhaltsstoffe im µg/l-Bereich haben sich für Glasflaschen inklusive derer Verschlüsse folgende Reinigungsmethoden bewährt:

- Ggf. Vorreinigung mit Säuren oder Laugen
- Reinigung mit einer phosphatfreien Tensidlösung
- Spülen mit heißem Leitungswasser
- Spülen mit analytfreiem Wasser
- Visuelles Prüfen auf Sauberkeit

Für Analysen von Spurenmetallen sollten die Probenbehälter und die Verschlüsse zusätzlich mit 10 %iger Salpetersäure oder 25 %iger Salzsäure befüllt, einen Tag stehen gelassen und anschließend mit metallfreiem Wasser gespült werden.

Für die Bestimmung von organischen Spurenstoffen ist eine weitergehende Reinigung der Probenbehälter erforderlich, indem diese zusätzlich noch mit einem Lösemittel (z. B. Aceton, Dichlormethan, Methanol) gespült und anschließend bei 105 °C getrocknet werden.

Literatur

[1] DIN EN ISO 5667-3:2024-09, Wasserbeschaffenheit – Probenahme – Teil 3: Konservierung und Handhabung von Wasserproben (ISO 5667-3:2024); Deutsche Fassung EN ISO 5667-3:2024

[2] ISO/TS 5667-25:2022-02, Water quality – Sampling – Part 25: Guideline on the validation of the storage time of water samples

[3] DIN EN ISO 5667-15:2010-01, Wasserbeschaffenheit – Probenahme – Teil 15: Anleitung zur Konservierung und Handhabung von Schlamm- und Sedimentproben (ISO 5667-15:2009); Deutsche Fassung EN ISO 5667-15:2009

[4] DIN EN ISO 5667-14:2016-12, Wasserbeschaffenheit – Probenahme – Teil 14: Anleitung zur Qualitätssicherung und Qualitätskontrolle bei der Entnahme und Handhabung von Wasserproben (ISO 5667-14:2014); Deutsche Fassung EN ISO 5667-14:2016

[5] LAWA AQS-Merkblatt P-8/2; Probenahme von Grundwasser, September 2023

[6] LAWA AQS-Merkblatt P-8/3; Probenahme aus Fließgewässern, Februar 2012

[7] LAWA AQS-Merkblatt P-8/4; Probenahme von Schwebstoffen und Sedimenten, Mai 2002

[8] LAWA AQS-Merkblatt P-8/5; Probenahme aus Seen, Mai 2015

[9] Bachhausen, P.; Baiersdorf, U.: Aufbewahrung, Transport und Konservierung von Proben. In: LWA-Materialien 1/1991 – Probenahme bei Altlasten

[10] Hein, D.: Untersuchungen zur Problematik der 2-Stunden-Mischprobe bei der Abwasserüberwachung. In: Vom Wasser (1988) 70, S. 51-57

[11] Grubert, G.: Spannungsfeld zwischen Probenahme und chemischer Analytik. Vortrag bei HdT-Seminar „Umwelt-Analytik", München, 22./23.03.1993

[12] Furtmann, K.: Phthalate – Analytik, Vorkommen, Stabilität. Vortrag bei ZAWA-Seminar „Zur Untersuchung von Grundwasser bei Altablagerungen und Altstandorten", Essen, 21.09.1992

[13] Bericht der Arbeitsgruppe „Probenstabilisierung" der Fachgruppe Wasserchemie. In: GDCh, Obmann Dr. F. J. Sprenger. Zeitschrift für Wasser- und Abwasserforschung (1978), Heft 11, S. 128-132

[14] Umweltforschungsplan des Bundesministeriums für Umwelt, Naturschutz und Reaktorsicherheit (UFOPLAN 204 22 213): Einfluss von Probenahme und Probenvorbereitung auf die Ergebnisse bei der Bestimmung ausgewählter prioritärer Stoffe auf die Wasserrahmenrichtlinie. Berlin,

September 2006, ISSN 1862-4804. Ausschließlich als Download verfügbar unter http://www.umweltbundesamt.de

[15] Petersen, R.: Chlorierte Benzole im Mittelrhein – Zum Problem einer Bilanzierung. In: DGM (1987) 31, Heft 2/3

[16] Hoffmann, P.: Probenahme. In: Nachr. Chem. Tech. Lab (1992) 40, Nr. 12

[17] Jordan, R.: Abbau von leichtflüchtigen Aromaten (BTEX) in Wasser. In: GIT-Labor-Fachzeitschrift (2002), Heft 6

[18] Eigene Untersuchungen des StAWA Hagen im Rahmen des Bewirtschaftungsplanes Obere Sieg, 1992

[19] Eigene Untersuchungen des StUA Hagen im Rahmen der Beobachtung eines Grundwasserschadenereignisses im Raum Hemer im Märkischen Kreis, 2000

[20] Verordnung über Anforderungen an das Einleiten von Abwasser in Gewässer (Abwasserverordnung – AbwV 2004) in der Fassung der Bekanntmachung vom 17. Juni 2004 (BGBl. I S. 1108, 2625), die zuletzt durch Artikel 1 der Verordnung vom 17. April 2024 (BGBl. 2024 I Nr. 132) geändert worden ist

[21] DIN 38402-30:1998-07, Deutsche Einheitsverfahren zur Wasser-, Abwasser- und Schlammuntersuchung – Allgemeine Angaben (Gruppe A) – Teil 30: Vorbehandlung, Homogenisierung und Teilung heterogener Wasserproben (A 30)

[22] Bortlisz, J.: Probenahme und Probenvorbereitung zur Schwermetallbestimmung in Abwässern und Schlämmen. In: GWA-Band 57 (1982), Aachen

[23] Leitfaden zur Grundwasseruntersuchung bei Altablagerungen und Altstandorten. LWA-Materialien 7/1989

[24] DIN EN ISO 17294-2:2024-03, Wasserbeschaffenheit – Anwendung der induktiv gekoppelten Plasma-Massenspektrometrie (ICP-MS) – Teil 2: Bestimmung von ausgewählten Elementen einschließlich Uran-Isotope (ISO 17294-2:2023); Deutsche Fassung EN ISO 17294-2:2023

[25] LAWA AQS-Merkblatt P-3/6, Elementbestimmung mittels ICP-MS (Massenspektrometrie mit induktiv gekoppeltem Plasma), April 2023

[26] DIN EN ISO 11732:2005-05, Bestimmung von Ammoniumstickstoff – Verfahren mittels Fließanalytik (CFA und FIA) und spektrometrischer Detektion (ISO 11732:2005); Deutsche Fassung EN ISO 11732:2005

[27] DIN EN ISO 10304-1:2009-07, Wasserbeschaffenheit – Bestimmung von gelösten Anionen mittels Flüssigkeits-Ionenchromatographie – Teil 1: Bestimmung von Bromid, Chlorid, Fluorid, Nitrat, Nitrit, Phosphat und Sulfat (ISO 10304-1:2007); Deutsche Fassung EN ISO 10304-1:2009

[28] Verordnung zum Schutz der Oberflächengewässer (Oberflächengewässerverordnung – OGewV) vom 20.06.2016 (BGBl. I S. 1373), die zuletzt durch Artikel 2 Absatz 4 des Gesetzes vom 9. Dezember 2020 (BGBl. I S. 2873) geändert worden ist

[29] Verordnung zum Schutz des Grundwassers (Grundwasserverordnung – GrwV) vom 9. November 2010 (BGBl. I S. 1513), die zuletzt durch Artikel 1 der Verordnung vom 12. Oktober 2022 (BGBl. I S. 1802) geändert worden ist

[30] DIN EN ISO 19458:2006-12, Wasserbeschaffenheit – Probenahme für mikrobiologische Untersuchungen

[31] DIN EN ISO 5667-6:2016-12, Wasserbeschaffenheit – Probenahme – Teil 6: Anleitung zur Probenahme aus Fließgewässern (ISO 5667-6:2014); Deutsche Fassung EN ISO 56676:2016

[32] DIN EN ISO 5667-16:2019-03, Wasserbeschaffenheit – Probenahme – Teil 16: Anleitung zur Probenahme und Durchführung biologischer Testverfahren (ISO 5667-16:2017); Deutsche Fassung ISO 5667-16:2017

4 Probenahme von Grundwasser

Dipl.-Geol. Dieter Horchler, Dipl.-Ing. Klaus-Dieter Selent,
Dipl.-Ing. (FH) Markus Donder und Michelle Franklin, B.Sc.[1]

4.1 Einleitung

Grundwasser ist für den Naturhaushalt von besonderer Bedeutung. So sind grundwassergespeiste Flüsse, Seen und Feuchtgebiete für eine ausgewogene Flora und Fauna überlebenswichtig. Als natürliches Reservoir wird Grundwasser insbesondere zur Trinkwasserversorgung genutzt.

Grundwasser ist gemäß Definition in DIN 4049-3 [1] „Unterirdisches Wasser, das die Hohlräume der Lithosphäre zusammenhängend ausfüllt, und dessen Bewegungsmöglichkeit ausschließlich durch die Schwerkraft bestimmt wird". Die 1985 veröffentlichte Norm DIN 38402-13 „Probenahme aus Grundwasserleitern" [2] beschränkte sich auf die Beprobung des Grundwassers und somit auf einen Teil des unterirdischen Wassers, zu dem neben dem Grundwasser auch noch Sickerwasser, Haftwasser und Kapillarwasser gerechnet werden. Maßgebend hierfür ist der Umstand, dass das Wasser gerade in der ungesättigten Zone vielen, nur mit erheblichem Aufwand quantitativ erfassbaren Faktoren unterliegt. Diese prägen seine Beschaffenheit, doch ist in der Regel nur die resultierende Grundwasserbeschaffenheit von allgemeiner Bedeutung.

Die Probenahme von Grundwasser unterscheidet sich ganz wesentlich von der anderer Wasserarten, weil es in der Regel nur an wenigen, fast immer künstlich geschaffenen Stellen zugänglich ist und diese nur in seltenen Fällen geeignet sind, eine wirklich repräsentative Teilmenge des erschlossenen Grundwassers zu gewinnen.

Im April 2009 wurde ISO 5667-11 „Guidance on sampling of groundwaters" [3] als Überarbeitung der beiden Normen ISO 5667-11:1993 „Guidance on sampling of groundwaters" und ISO 5667-18:2001 „Guidance on sampling of groundwater at contaminated sites" veröffentlicht. Seitdem fehlt auch in der Reihe von ISO 5667-Normen der Teil 18. In ISO 5667-11:2009 werden sowohl die Probenahme von Grundwasser aus der gesättigten Zone (unter der Grundwasseroberfläche) als auch aus der ungesättigten Zone (oberhalb der Grundwasseroberfläche) beschrieben. Im September 2016 wurde eine deutsche Übersetzung der ISO 5667-11:2009 als Normentwurf E DIN ISO 5667-11 veröffentlicht, der allerdings wegen der vielen massiven Einsprüche dazu zurückgezogen wurde, um einen komplett neuen Normentwurf zu erstellen.

Dieser wurde im Dezember 2021 unter dem neuen Titel DIN 38402-13 „Planung und Durchführung der Probenahme von Grundwasser" [4] veröffentlicht. Der Inhalt der Norm wurde gegenüber der Fassung aus 1985 erheblich erweitert. Die Norm enthält nun

---

1 unter Verwendung des Kapitels von V. Schenk aus der 1. Auflage 1998 sowie von D. Horchler, K. Selent, M. Donder aus der 2. Auflage 2018

Anleitungen zur Probenahmestrategie, Probenahmeplanung und Kriterien zur Durchführung der Grundwasserprobenahme (Abpumpen des Standwassers hinsichtlich des Abpumpvolumens, der Pumpenförderleistung und der maximalen Grundwasserabsenkung, der Einbautiefe der Pumpe, der Vor-Ort-Messungen und der Probenvorbehandlung) sowie Hinweise zu Qualitätssicherungs- und -kontrollmaßnahmen. Die Inhalte wurden mit den in der Norm aufgeführten normativen Verweisungen, insbesondere ISO 5667-11:2009 [3] und dem Merkblatt DWA-A 909:2011-12 [5] sowie den unter den Literaturhinweisen aufgeführten Dokumenten harmonisiert.

4.2 Zweck der Grundwasseruntersuchungen

Grundwasseruntersuchungen dienen der Beschaffung von Informationen und Entscheidungsgrundlagen wie z. B.:

- Identifizierung und hydraulische wie auch stoffliche Charakterisierung einzelner Grundwasservorkommen und zusammenhängender Grundwasserkörper
- Abgrenzung verschiedener Grundwasserleiter und Erkennen hydraulischer Verbindungen
- Ermitteln der Beschaffenheit des Grundwassers in seiner räumlichen Verbreitung und seiner zeitlichen Veränderung
- Rekonstruieren der Entstehung einer bestimmten Grundwasserbeschaffenheit einschließlich anthropogen verursachter Stoffeinträge
- Untersuchung der Eignung von Grundwasser für bestimmte Nutzungen (z. B. Trinkwasserversorgung, Bewässerung)
- Identifizieren, Lokalisieren und ggf. Quantifizieren von Stoffeinträgen durch Sickerwassereinflüsse und/oder nichtwässrige Flüssigkeiten
- Ermitteln und Quantifizieren von Stoffmigrationen mit dem Grundwasserstrom
- Erkennen, Beobachten und Prognostizieren von physikalischen, chemischen und/oder biologischen Prozessen im Grundwasser
- Überwachen und ggf. Beeinflussen und Steuern von Prozessen im Grundwasser zur Beweissicherung und/oder Verbesserung der Grundwasserbeschaffenheit
- Nachweisen der Einhaltung von Genehmigungsauflagen und Überwachen von Anlagen, von denen Auswirkungen auf das Grundwasser ausgehen können
- Erkennen und Ermitteln der Auswirkungen von Havarien
- Effizienzkontrolle von Grundwasserschutzmaßnahmen
- Allgemeine Sammlung wasserwirtschaftlicher Datengrundlagen
- Erkennen, Beurteilen und Sanieren erheblicher Grundwasserverunreinigungen

Je nach Fragestellung, konkreter Situation, bereits vorliegendem Kenntnisstand, Informationsbedarf und Präzision sowie Zuverlässigkeit der benötigten Informationen muss dann das Grundwasser an bestimmten Stellen zugänglich gemacht und beprobt werden, damit aus den Ergebnissen der untersuchten Stichproben verlässliche Rückschlüsse auf das gesamte Grundwasser gezogen bzw. die jeweiligen Fragen beantwortet werden können. Hierzu sind eine sorgfältige Planung und Vorbereitung unverzichtbar.

4.3 Probenahmestrategie und Probenahmeplanung

4.3.1 Allgemeines

Grundwasser ist naturgemäß einer direkten Beobachtung nicht zugänglich. Daher müssen bestimmte Stellen ausgewählt werden, an denen ein Zugang (Grundwasseraufschluss) – in der Regel künstlich – geschaffen wird, um Beobachtungen, Direktmessungen und Beprobungen des Grundwassers vorzunehmen. Zu unterscheiden sind Schöpfproben, Pumpproben und Direct-Push-Proben, bei denen es sich gewissermaßen um Schöpfproben direkt aus dem Grundwasserleiter handelt.

Aus den punktuell bzw. sehr kleinräumig gewonnenen Beobachtungs- und Messdaten werden dann durch Extrapolation, Interpolation, Analogieschlüsse, Modellvorstellungen und ggf. Modellberechnungen die benötigten Informationen ermittelt. Dies setzt voraus, dass zusätzlich zu den im Labor an der Wasserprobe bestimmten Messdaten bereits im Zusammenhang mit der Errichtung des Grundwasseraufschlusses und während der Probenahme weitere Daten und Aufzeichnungen gewonnen wurden, die eine Einschätzung zur Reichweite der Gültigkeit der Probendaten erlauben. Allein die im Labor an einer Probe bestimmten Messdaten sind in der Regel zur Beantwortung der gegebenen Fragestellung nicht ausreichend. Dies ist bereits bei der Planung der Probenahme zu berücksichtigen.

Eine Grundwasserprobe umfasst in der Regel maximal einige wenige Liter und wird oft parameterspezifisch aufgeteilt, um die ggf. erforderlichen Konservierungsmaßnahmen zu ermöglichen. Aus den Ergebnissen der Untersuchung der Probe wird auf die Eigenschaften einer tausend- bis millionenfach größeren Grundwassermenge geschlossen. Es ist daher von großer Bedeutung, eine Vorstellung davon (ein konzeptionelles Modell) zu entwickeln, woher die Probe stammt und welche Position die Probe innerhalb des zu untersuchenden Grundwassers einnimmt bzw. einnahm. Nach [5] ist die „Repräsentativität" einer gewonnenen Grundwasserprobe ein Gütekriterium für die Widerspiegelungsgenauigkeit der natürlichen Bedingungen des Grundwasserleiters an einem definierten Ort und zu einer definierten Zeit. In repräsentativen Proben sollen sich die in-situ-Verhältnisse eines räumlichen Ausschnittes des Grundwasserleiters zum Zeitpunkt der Probenahme im Hinblick auf Konzentration, Stoffmuster der Inhaltsstoffe, Gehalt an Partikeln und Mikroorganismen sowie der physikalischen und biologischen Eigenschaften widerspiegeln [5]. Entscheidend für die meisten Fragestellungen ist, wie weit über die entnommene und untersuchte Probe hinaus die an der Probe festgestellten Eigenschaften ebenfalls vorhanden sind und ab wann sie davon abweichen.

Die Probenahmestrategie wird bestimmt durch die Anforderungen der jeweiligen Aufgabenstellung und die gegebene bzw. angenommene Situation am Ort der Untersuchung. Sie beinhaltet vor allem Entscheidungen über:

- Probenahmepunkte
- Zu untersuchende Parameter
- Art, Umfang und Anzahl der Proben
- Einzusetzende Geräte und Probenahmetechniken
- Zeitpunkte und Häufigkeit der Probenahme

Auch ökonomische Aspekte sowie die Verfügbarkeit von Ressourcen können die Probenahmestrategie beeinflussen.

Der Probenahmeplan ist die schriftliche Umsetzung der Probenahmestrategie in eine zur Abstimmung mit allen Beteiligten und dann zur Anwendung geeignete schriftliche Dokumentation mit Begründung der gewählten Vorgehensweise und mit festgelegten Regeln für ein ggf. erforderliches Abweichen vom Plan beim Antreffen unvorhergesehener Bedingungen während der Durchführung der Probenahme.

4.3.2 Aufgabenstellung und konzeptionelles Modell

Folgende Aufgabenstellungen sind grundsätzlich zu unterscheiden:

a) Ersterfassung und orientierende Untersuchung der Beschaffenheit eines Grundwasservorkommens

Dies umfasst vor allem eine erste hydrochemische Charakterisierung z. B. mithilfe einer Ionenbilanz und Untersuchungen zur An- bzw. Abwesenheit bestimmter Wasserinhaltsstoffe. Einige wenige Aufschluss- bzw. Probenahmepunkte können dazu bereits ausreichen. Neben der Wasseruntersuchung sind hier die Beschaffung und Auswertung sonstiger Informationen über das Grundwasservorkommen und die hydrogeologischen und hydraulischen Gegebenheiten z. B. aus Geländebeobachtungen, Schichtenverzeichnissen, Wasserstandsbeobachtungen und Aktenunterlagen von Bedeutung.

b) Abgrenzung und detaillierte Untersuchung der Beschaffenheit eines Grundwasservorkommens

Hier sind vor allem die Ausdehnung und das Einzugsgebiet eines Grundwasservorkommens, die Strömungsverhältnisse und Wasserbilanzen zu ermitteln.

Je sicherer die bereits aus vorangegangenen Untersuchungen vorliegenden Informationen zur hydraulisch-hydrochemischen Situation sind, desto weniger Probenahmepunkte sind in der Regel ausreichend. Dies gilt insbesondere für Überwachungsprogramme mit regelmäßig wiederholten Probenahmen. Ggf. ist es von Vorteil, die Untersuchung in aufeinander aufbauenden Schritten zu planen.

c) Räumliche und zeitliche Veränderungen der Grundwasserbeschaffenheit

Die Erfassung räumlicher Veränderungen verlangt in der Regel eine größere Anzahl von Probenahmepunkten. Zeitliche Veränderungen können an ortsfesten Einrichtungen (Brunnen, Messstellen, Quellen) durch wiederholte Beprobungen beobachtet werden. Dabei sind besonders die Randbedingungen wie z. B. Wasserstände und die Durchführung der Probenahme zu beachten. Bei der Überwachung von Prozessen im Grundwasser sind insbesondere die vom jeweiligen Prozess betroffenen Parameter zu berücksichtigen. Zusätzlich zur Probenahme ist dabei die Beobachtung der hydraulischen Bedingungen meist hilfreich.

d) Lokalisierung und Quantifizierung von Stoffeinträgen in das Grundwasser

Hinweise, Annahmen oder Ergebnisse vorangegangener Untersuchungen werden hier überprüft und präzisiert. Detaillierte Informationen zur Grundwasserströmung sind hierbei erforderlich und ggf. parallel zu beschaffen. Eine Kombination der Probenuntersuchungen mit hydraulischen Tests, Pumpversuchen und/oder Modellberechnungen ist oft hilfreich.

Die Ergebnisse der Untersuchung einer Grundwasserprobe können in der Regel nicht beurteilt werden, ohne die Herkunft der Probe zu berücksichtigen. Daher empfiehlt es sich, bereits vor der Festlegung einer Probenahmestrategie ein konzeptionelles Modell zu entwickeln, das die vorhandenen Informationen und darauf gestützten Annahmen über die hydrogeologische Situation, das zu untersuchende Grundwasser, seine Dynamik und voraussichtliche Beschaffenheit zu einem plausiblen, aber noch vorläufigen Bild zusammenfügt. Die Unsicherheiten und Schwachstellen dieses Modells können dann im Sinne der Fragestellung aufgegriffen und zur Ableitung einer effizienten Untersuchungs- und Probenahmestrategie berücksichtigt werden.

Im Laufe zunehmender Erkenntnisse durch die Untersuchungen wird das konzeptionelle Modell überprüft und verfeinert, bei Bedarf modifiziert und angepasst. Es mündet auf diese Weise schließlich in das Interpretationsmodell, mit dem die Ergebnisse der Untersuchungen an Grundwasserproben auf das gesamte zu betrachtende Grundwasser übertragen werden.

4.3.3 Auswahl der Untersuchungsparameter

Die zu untersuchenden Parameter sind abhängig von der jeweiligen Aufgabenstellung. Sie müssen bei der Planung und Durchführung der Probenahme und des Probentransports berücksichtigt werden, da für eine Reihe von Parametern besondere Vorkehrungen zu treffen sind, um ungewollte Veränderungen zu minimieren bzw. zu verhindern.

Neben den für die jeweilige Fragestellung spezifischen Parametern empfiehlt es sich, insbesondere bei neu errichteten Grundwasseraufschlüssen oder solchen, die länger nicht beprobt wurden, die Haupt-Anionen und -Kationen zu bestimmen, um damit eine Ionenbilanzierung und eine hydrochemische Charakterisierung vornehmen bzw. überprüfen zu können. Dadurch lassen sich ggf. Differenzierungen im Grundwasserleiter oder veränderte Einflüsse auf das Grundwasser erkennen.

Bei Summenparametern ist zu unterscheiden zwischen Index-Parametern, die ohne Berücksichtigung einzelner chemischer Verbindungen bestimmt werden (z. B. Kohlenwasserstoffindex – MKW, Phenolindex), oder Summen, die nach der Analytik einzelner Verbindungen erst rein rechnerisch gebildet werden (z. B. BTEX, LHKW, PAK, PCB). Letztere dienen lediglich einem schnellen Überblick, vereinfachen dabei aber zwangsläufig und verlieren an Detailinformationen, ohne dabei Kosten zu sparen, da die Einzelverbindungen ohnehin als Grundlage der Summenbildung bestimmt werden müssen. Zusätzlich besteht die Gefahr, dass nicht vergleichbare Werte produziert werden, wenn unterschiedliche Einzelverbindungen unter identischer Parameterbezeichnung aufsummiert werden. Es ist grundsätzlich zu empfehlen, bei fachlichen Auswertungen auf die Verwendung aufsummierter Parameter zu verzichten und alle im Labor tatsächlich bestimmten Parameter zu betrachten.

Gesetzliche Vorgaben zur Parameterauswahl sind bei bestimmten Fragestellungen (z. B. Trinkwasserüberwachung [6], Ermittlung des chemischen Grundwasserzustands gemäß Grundwasserverordnung [7]) zu beachten.

Die mit wenig Aufwand vor Ort zuverlässig bestimmbaren Parameter wie beispielsweise Temperatur, elektrische Leitfähigkeit, pH-Wert, Sauerstoffgehalt, Redoxspannung und Trübung sind auch gut geeignet zum Überwachen des Abpumpvorgangs vor einer Probenahme. Das vom Grundwasseraufschluss beeinflusste Wasser und auch Inhomogenitäten im Grundwasserleiter lassen sich damit oft gut erkennen. Dies sollte grundsätzlich bei jeder Pumpprobenahme zur Gewinnung zusätzlicher Informationen zur Unterstützung der Interpretation der Untersuchungsergebnisse genutzt werden. Als „hydrochemisches Beschaffenheitskriterium" wird die Konstanz dieser Parameter nach einer definierten Zeit bezeichnet, die allerdings nicht in allen Fällen erreicht werden kann [4].

4.3.4 Art, Umfang und Anzahl der Proben

Grundwasserproben werden üblicherweise als Einzelproben entnommen (während eines kontinuierlichen Probenahmevorgangs ohne Unterbrechung).

Das Wasser im unmittelbaren Bereich eines Grundwasseraufschlusses unterliegt gegenüber dem weiter entfernten Grundwasser zusätzlichen Einflüssen durch u. a.:

- Zutritt von atmosphärischem Sauerstoff
- Ausbaumaterialien
- Veränderte Strömungsverhältnisse
- Chemische und biologische Prozesse

In der Regel ist es erforderlich, die Probenahme so durchzuführen, dass diese Einflüsse so gering wie möglich gehalten oder möglichst ganz ausgeschlossen werden. Bei Brunnen und Grundwassermessstellen ist zu unterscheiden zwischen dem Wasser aus dem Bereich der Filterstrecke, das durch den permanenten Grundwasserstrom zumindest langsam ausgetauscht wird, und dem Standrohrwasser aus unverfilterten Abschnitten, das u. U. sehr lange unbewegt bleibt.

Beim Abpumpen einer Grundwassermessstelle oder eines Brunnens strömt das Grundwasser im Idealfall radial von allen Seiten dem verfilterten Abschnitt zu. Die zu einem bestimmten Zeitpunkt entnommene Pumpprobe entstammt somit einer Kugelschale bzw. der Schale eines Ellipsoids. Je größer die vor der Probenahme abgepumpte Wassermenge ist, desto größer wird der Durchmesser dieser Form und desto dünner wird die erfasste Schale bei gleichem Probenvolumen.

Je nach Fragestellung ist die gewünschte Reichweite der Probenahme zu planen. Dabei ist zu beachten, dass die Durchlässigkeiten im Grundwasserleiter praktisch immer mehr oder weniger inhomogen verteilt sind, dass das ideale Ellipsoid also meist in eine sehr unregelmäßige Form übergeht. Diese Form kann nicht genau bestimmt werden. Ihr Volumen sollte aber in jedem Fall abgeschätzt werden, um eine Vorstellung über die vom Bohrloch entfernte, laterale Reichweite innerhalb des Gebirges zu bekommen.

Beispiel: Eine Grundwasserprobe, die nach Abpumpen von 300 Litern entnommen wird, entspricht der Schale eines Körpers von 1.500 Litern Volumen, wenn eine durchflusswirksame Porosität des Grundwasserleiters von 20 % angenommen werden kann. Bei einer Filterstrecke von 2 m und nicht allzu großen Unterschieden der Durchlässigkeiten im Grundwasserleiter stammt dann der größte Teil des Wassers der Probe aus einer Entfernung von einigen Dezimetern um die Messstelle.

Für bestimmte Fragestellungen ist es hilfreich, nicht nur eine Probe zu entnehmen, sondern nach Abpumpen eines bestimmten Wasservolumens eine weitere Probe zu entnehmen und dies ggf. mehrfach zu wiederholen. Damit können Hinweise auf die räumliche Verteilung der Grundwasserbeschaffenheit aus einem einzigen Grundwasseraufschluss gewonnen werden.

4.3.5 Zeitpunkt und Häufigkeit der Probenahme

Bei der Erkundung zum Charakterisieren oder Abgrenzen eines Grundwasservorkommens ist der Zeitpunkt einer ersten Probenahme zunächst beliebig. Dies gilt im Prinzip auch für das Erkunden räumlicher Beschaffenheitsverteilungen. Ergeben sich aber Hinweise auf zeitliche Veränderungen, werden mehrmalige Wiederholungen der Probenahme erforderlich.

Allgemein gilt: Je häufiger die Veränderungen, desto öfter ist eine Beobachtung erforderlich. Dabei muss eine Beobachtung nicht jedes Mal den vollen Parameterumfang umfassen.

Zu unterscheiden sind mehr oder weniger regelmäßige Schwankungen (z. B. bedingt durch Jahreszeiten, Gezeiten, Niederschläge) von Entwicklungstrends (z. B. Anstieg oder Abklingen von Verunreinigungen, Auswirkungen von Sanierungsmaßnahmen). Sind Schwankungen und ihre Ursachen und Auswirkungen einmal vom Prinzip her bekannt, werden sie kalkulierbar. Das vereinfacht eine Beobachtung ohne wesentliche Informationsverluste auch bei reduzierter Intensität (Häufigkeit und/oder Parameterumfang).

Um Entwicklungstrends von Schwankungen unterscheidbar zu machen, sollten sie bei jeweils vergleichbarem Schwankungszustand beobachtet werden, also z. B. stets bei hohen/niedrigen Grundwasserständen. Grundsätzlich ist das hydraulische Geschehen in Grundwasserleitern von jahreszeitlich schwankenden Grundwasserneubildungsraten beeinflusst. Bei geringen Flurabständen und ausgeprägten Wetterereignissen (Niederschlags- wie Trockenperioden) sind jedoch Unregelmäßigkeiten zu berücksichtigen.

Die Beobachtungshäufigkeit hängt auch von der Strömungsgeschwindigkeit des Grundwassers und der jeweiligen Aufgabenstellung ab. Beispielsweise kann für eine Vorfeldmessstelle zur Überwachung eines Förderbrunnens eine festgelegte „Vorwarnzeit“ erforderlich sein. Bei Strömungsgeschwindigkeiten von nur einigen Metern pro Jahr sind z. B. vierteljährliche Probenahmen in der Regel nicht erforderlich.

Die Strömungsgeschwindigkeit spielt auch eine entscheidende Rolle, wenn nähere Zusammenhänge z. B. bei Verunreinigungen aus Punktquellen erkundet werden. Soll etwa überprüft werden, ob bei hohen Grundwasserständen ein erhöhter Stoffaustrag erfolgt, ist es nicht ausreichend, einfach bei hohem Wasserstand eine Messstelle im Abstrom der Quelle zu beproben. Das Grundwasser ist je nach Einzelfall Wochen oder Monate unterwegs bis zu dieser Messstelle und hat vielleicht die Punktquelle bei niedrigem Wasserstand passiert. Bei dieser und ähnlichen Aufgabenstellungen ist auch der Wert von Stichtagsmessungen, d. h. die kurzfristig nacheinander durchgeführte Probenahme aus vielen Messstellen im Abstrom (aber in unterschiedlichen Abständen von der Quelle) kritisch zu hinterfragen. Auch hier sind die Strömungsgeschwindigkeiten des Grundwassers zu berücksichtigen.

4.3.6 Probenahmestellen

Von entscheidender Bedeutung für die Auswahl der Lage der Probenahmestelle ist die Grundwasserströmung, die dem hydraulischen Druckgefälle folgt. Die generelle Richtung des hydraulischen Druckgefälles (des hydraulischen Gradienten) lässt sich zwar leicht über drei benachbarte Standrohrspiegelhöhen (hydraulisches Dreieck) ermitteln. Der tatsächliche Verlauf der Grundwasserströmung hängt aber im Detail von den im Untergrund vorhandenen Wasserwegsamkeiten ab. Wechsel von gut und weniger gut durchlässigen Schichten, tiefreichende Fundamente, mit Sand verfüllte Leitungsgräben, Regenwasserversickerungen, versiegelte Flächen u. ä. können beträchtliche lokale Störungen im generellen Fließgeschehen verursachen. Vertikale Strömungen sind ebenfalls relevant, nur wesentlich aufwendiger zu beobachten.

Jeder künstliche Grundwasseraufschluss stellt einen Eingriff in das vorhandene Strömungsfeld dar. Im offenen Hohlraum einer Bohrung, eines Brunnens oder einer Grundwassermessstelle verlangsamt sich zunächst die Strömung um etwa das Fünf- bis Zehnfache, steigt aber beim Einsatz einer Pumpe um ein Vielfaches an. Partikel, die mit dem Grundwasserstrom transportiert werden, können dadurch angereichert werden. Als Folge des Zutritts von Sauerstoff finden in künstlichen Grundwasseraufschlüssen chemische Reaktionen statt (z. B. Verockerung) und biologische Aktivitäten sind intensiviert. Die Beschaffenheit des Grundwassers wird hierdurch mehr oder weniger stark verändert. Trübungen oder Verfärbungen können Hinweise darauf sein.

Je mächtiger der Abschnitt eines Grundwasseraufschlusses ist, in dem das Grundwasser über die Filterstrecke einströmen kann, desto größer ist die Wahrscheinlichkeit, dass Abschnitte des Grundwasserleiters mit unterschiedlichem hydraulischem Potential gleichzeitig erfasst werden, was zu einem hydraulischen Kurzschluss und einer permanenten Druckausgleichsströmung im Grundwasseraufschluss führt. Diese Strömung kann sich bis weit in den Grundwasserleiter hinein fortsetzen, bedeutsame

Stofffrachten bewegen und eine interpretierbare Grundwasserprobenahme stark behindern oder sogar unmöglich machen.

Eine möglichst genaue Kenntnis der hydraulischen Situation eines Grundwasseraufschlusses ist daher für die Probenahmeplanung, die Durchführung der Probenahme und die Interpretation der Ergebnisse der Untersuchungen der Probe unverzichtbar.

Sollen bereits vorhandene Grundwasseraufschlüsse zur Probenahme genutzt werden, ist im Rahmen der Probenahmeplanung ihre Eignung und Funktionsfähigkeit vor allem hinsichtlich der hydraulischen Anbindung an das Grundwasser in geeigneter Weise zu überprüfen. Auch neu zum Zweck der Probenahme errichtete Aufschlüsse sind zu überprüfen. Vor der erstmaligen Probenahme ist eine umfassende Charakterisierung des jeweiligen Bauwerks vorzunehmen. Die DVGW-Arbeitsblätter W 115 [8] und W 129 (A) [9] sowie DVGW-Information W 111 [10] sind zu beachten.

Die Lage der Probenahmestelle ist so zu wählen, dass die gewonnenen Proben möglichst gut geeignet sind für die jeweilige Fragestellung. In jedem Fall sollte möglichst genau bekannt sein, aus welcher Richtung das Grundwasser dem Probenahmepunkt zuströmt.

4.3.6.1 Brunnen

Brunnen bieten die besten Voraussetzungen für die Probenahme, speziell wenn sie mit einer möglichst kontinuierlich arbeitenden Pumpe ausgestattet sind. In diesem Falle ist sichergestellt, dass das gewonnene Wasser dem des umgebenden Grundwasserleiters entspricht, und auch die möglichen Beeinflussungen durch Ausbau und Pumpe sind angesichts der Größenordnung von Volumenstrom und Kontaktzeit in der Regel zu vernachlässigen. Bei neuen Anlagen oder nach Wartungsarbeiten ist jedoch entsprechende Vorsicht geboten. Ebenfalls von Bedeutung sind Stillstandzeiten der Pumpe, weshalb sichergestellt sein muss, dass diese lange genug vor der Probenahme in Betrieb genommen wird.

Die Unterteilung nach der Art des Brunnens dient nicht nur zur Beurteilung der Unverfälschtheit einer Probe, sie soll helfen abzuschätzen, für welchen Teil eines Grundwasserleiters sie repräsentativ ist. So haben Bohrbrunnen einen meist kleinen Durchmesser. In sie dringt das Wasser seitlich durch Filter ein, die im Wechsel mit Blindrohren übereinander angeordnet sind, und die so den Grundwasserleiter mehr oder weniger vollständig erfassen.

Vielfältige Materialien werden für ihren Ausbau verwendet. Darunter sind die Probe kaum beeinträchtigendes Steinzeug, Kunststoffe und entsprechend beschichtete Stahlrohre, aber auch Materialien mit erheblichem Einfluss auf die Wasserqualität wie verzinkter Stahl und Kupfer. Entsprechende Angaben sind unerlässlich. Die mit meist großem Durchmesser gebauten Schachtbrunnen werden üblicherweise mit Ziegeln oder Betonfertigteilen gemauert. Hier tritt das Wasser überwiegend durch die offene Sohle ein, deren Lage für die Repräsentativität der Probe bedeutsam ist. Die in der Regel sehr ergiebigen Horizontalfilterbrunnen haben von einem Schacht ausgehende, meist waagerecht liegende Stränge aus Brunnenrohren, deren Materialien dem der

Bohrbrunnen entsprechen. Hier entnommene Grundwasserproben geben das Integral eines größeren Einzugsgebiets wieder, weshalb ihre Beschaffenheit nur schwer zu interpretieren ist. Kleine, meist nur temporär betriebene Brunnen geringer Leistung werden je nach Standort als Haus-, Garten- oder Weidebrunnen bezeichnet. Sie sind analog den Grundwassermessstellen zu beurteilen.

Brunnen mit festinstallierten Pumpen bieten neben den positiven Aspekten auch Nachteile für die Probenahme von Grundwasser, wenn sie über nur ungenügende Vorrichtungen zur vollständigen Erfassung des Gehalts an Gasen und leichtflüchtigen Substanzen verfügen. Daher sollte das Steigrohr unmittelbar am Brunnenabgang über einen Zapfhahn verfügen, der auch den Anforderungen einer Trinkwasserprobengewinnung genügt. Auf keinen Fall darf die Probenahme auf derartige Stoffe erst hinter einem Windkessel oder einer Aufbereitungsanlage erfolgen. Gegebenenfalls ist parallel zur Betriebspumpe eine zusätzliche Probenahmepumpe einzusetzen.

4.3.6.2 Grundwassermessstellen

Diese Anlagen sind in der Regel primär für die Messung von Wasserständen konzipiert und berücksichtigen oft nur ungenügend die Besonderheiten einer Grundwasserprobenahme. Da sie aber an vielen Stellen den einzigen Zugang zum Grundwasser bieten, kann auf ihre Nutzung als Probenahmestelle nicht verzichtet werden. Es ist zu beachten, dass bei Grundwassermessstellen nur selten oder nie zuvor Wasser entnommen wurde. Demgemäß können sich unter Umständen noch die baubedingten Veränderungen des Grundwassers durch Spülungshilfsstoffe, Fremdwasser, Grundwasser aus unter- oder überlagernden Stockwerken und ähnlichem [11] bemerkbar machen. Aber auch wenn dies ausgeschlossen werden kann, zeigt das Grundwasser im Rohr und in der näheren Umgebung der Messstelle typische Veränderungen, die auf den Gasaustausch mit der Atmosphäre und biologische Aktivitäten zurückzuführen sind. Daneben treten Veränderungen der Grundwasserbeschaffenheit durch fehlerhaften Ausbau auf, z. B. wenn Niederschlags- oder Oberflächenwasser durch das Rohr der Messstelle bzw. ihren nicht ordnungsgemäß abgedichteten Ringraum versickert. Speziell bei Messstellen, die tiefer liegende Grundwasserleiter erfassen, kommen Verfälschungen durch über fehlende oder fehlerhafte Dichtungen im Bereich der natürlichen Stockwerktrennung oder über undichte Rohrmuffen versickernde bzw. aufsteigende Wässer hinzu [11]. Von noch größerer Bedeutung als bei den Brunnen ist das Ausbaumaterial. Es kann eine potenzielle Ursache von Analysenverfälschungen sein, da einerseits beim Bau vieler Grundwassermessstellen die Voraussetzungen für eine spätere Probenahme nicht berücksichtigt wurden, und andererseits die langen Kontaktzeiten selbst bei geringem chemischem Potential zu gravierenden Veränderungen des sogenannten Standwassers führen können. Zu beachten ist auch die auf chemischen Reaktionen bzw. Adsorption und Desorption beruhende mögliche Verfälschung durch das am Rohrboden oder im Sumpfrohr abgelagerte Sediment. Welchen Anforderungen Probenahmestellen zu genügen haben, wurde unter anderem in den DVWK-Mitteilungen Heft 20 [12] sowie in ISO 5667-22 [13] eingehend beschrieben.

In Talauen mit sehr durchlässigen Kiesen und entsprechenden Potentialunterschieden liegt die Abstandsgeschwindigkeit im oberen Teil des Grundwasserleiters bei einem bis mehrere Meter am Tag, während sie an seiner Basis speziell bei großer Mächtigkeit und stark reliefierter Sohle wesentlich zurückgeht. Bei geringen Potentialunterschieden und feinkörnigen Sedimenten liegt die Abstandsgeschwindigkeit auch im oberen Stockwerk nur noch in der Größenordnung von etwa ein bis zehn Meter pro Jahr. In tiefer gelegenen Stockwerken mit geologisch bedingt stark verringertem Wasseraustausch muss unter Umständen sogar von einem nahezu stagnierenden Grundwasser ausgegangen werden, d. h. die Fließgeschwindigkeit beträgt nur noch 0,1 m in ein bis hundert Jahren.

Angesichts der Inhomogenität und Anisotropie der meisten Grundwasserleiter wird der Filter nur selten parallel zur Grundwasseroberfläche angeströmt, was aber eine wesentliche Voraussetzung für horizontspezifische Aussagen ist. Hinzu kommt noch die Möglichkeit des „hydraulischen Kurzschlusses“ über den verkiesten Ringraum der Bohrung mit besser durchlässigen Teilen des Grundwasserleiters. Diese Mischung von Wasser aus verschiedenen Horizonten des Grundwasserkörpers ist vielfach die Ursache, wenn sich auch nach längeren Abpumpzeiten keine stabilen Leitwerte einstellen. Abhilfe schafft oft eine Änderung der Pumpenleistung.

Mehrere in einer Bohrung oder an einem Bohrpunkt zusammengefasste Grundwassermessstellen bezeichnet man als Messstellengruppe. Meist erschließen die Messstellen verschiedene übereinander liegende Grundwasserleiter, doch werden immer öfter derartige Messstellengruppen – mit hydraulischer Trennung des Ringraumes – gebaut, um die Schichtung der Beschaffenheit innerhalb eines Grundwasserkörpers zu erkunden, da sich die differenzierte Beprobung langer Filterstrecken mit Packern zumindest als sehr aufwendig erwiesen hat.

4.3.6.3 Stollen

Bei Stollen handelt es sich um horizontale oder mit Gefälle zum Mundloch hergestellte Grubenbaue („unterirdische Gänge“) mit natürlichem Wasserauslauf. Es muss zwischen offenen mit freiem Wasseraustritt und zur Wasserfassung genutzten sogenannten Sickerstollen unterschieden werden. Der Wasserzutritt erfolgt in einem Stollen in der Regel an zahlreichen Stellen mit jeweils nur geringer Schüttung. Da benachbarte Wasseraustritte geologisch bedingt oft erhebliche Unterschiede in der chemischen Zusammensetzung aufweisen können, kommt der Beschreibung von Probenahmeort und Probenahmestelle besondere Bedeutung zu.

4.3.6.4 Schächte

Schächte sind meist lotrechte Grubenbaue von großem Durchmesser. Sofern sie eine wasserführende Lagerstätte erschließen, werden sie zur Sümpfung mit einer leistungsfähigen Pumpe ausgerüstet, an der die Probenahme analog der für Brunnen erfolgen kann. Es ist zu beachten, dass erhebliche Verfälschungen zwischen Probe und Grundwasser auftreten können, falls die Pumpe nicht kontinuierlich arbeitet, sondern in Zeitabständen das angesammelte Wasser sümpft. Wenn der Schacht in nur wenig Wasser führendem Gestein steht, kann auch eine Grundwasserprobenahme analog der in Stollen möglich sein.

4.3.6.5 Bohrungen

Als Bohrung bezeichnet man den noch nicht ausgebauten, durch entsprechende Verfahren hergestellten meist lotrechten Aufschluss des Untergrunds. Während des Bohrvorgangs haben Probenahmen in der Regel für die Beurteilung der Grundwasserbeschaffenheit nur orientierende Bedeutung. Eine Ausnahme bilden die ohne Ausbau offen stehenden Bohrungen im Festgestein. Sie sind den Brunnen gleichzusetzen.

4.3.6.6 Quellen und Grundwasserblänken

Aus Sicht der Probenahme ist bei den Quellen zwischen z. B. für die Wasserversorgung gefassten und natürlich belassenen zu unterscheiden. Während bei den gefassten Quellen in der Regel die eindeutige Beschreibung von Ort und Stelle sowie eine Schüttungsmessung problemlos möglich sind, bereitet dies bei den Quellen speziell im Lockergestein oft erhebliche Umstände. Dafür ist es in den Quellfassungen meist nicht möglich, bis zum eigentlichen Wasseraustritt zu gelangen, es müssen gewisse Veränderungen gegenüber der eigentlichen Grundwasserbeschaffenheit berücksichtigt werden.

Grundwasserblänken stellen eine besondere Art von Quellen dar, bei denen das austretende Grundwasser direkt wieder im Untergrund versickert. Bei der Probenahme ist grundsätzlich von einer gegenüber dem Grundwasser veränderten Beschaffenheit auszugehen, doch sind Untersuchungen sinnvoll, da immer noch wesentliche Beschaffenheitsparameter bestimmt werden können. Die Proben sollten möglichst da genommen werden, wo das Wasser in die Blänke eintritt. Anstelle von Schüttungsmessungen ist der auf NN bezogene Wasserstand zu dokumentieren.

4.3.7 Auswahl der Probenahmegeräte

Die Wahl der Probenahmeausrüstung richtet sich nach Art und Beschaffenheit des zu untersuchenden Grundwassers, nach der Probenahmestelle sowie nach dem Untersuchungsprogramm.

- Pumpproben aus Grundwassermessstellen oder Brunnen sind in der Regel am besten für die Gewinnung von Grundwasserproben geeignet.
- Schöpfproben sind für die meisten Fragestellungen ungeeignet, da sie im Wesentlichen nur das direkt im Grundwasseraufschluss befindliche Wasser erfassen können.
- Direct-Push-Proben liefern Daten mit hoher räumlicher Auflösung. Ihre hydraulische Position ist allerdings in der Regel unbekannt. Sie können aus einem gut durchströmten Abschnitt des Grundwasserleiters stammen, aber auch aus Abschnitten ohne nennenswerte Grundwasserbewegung.

Für die Grundwasserprobenahme sind zahlreiche Probenahmegeräte verfügbar, darunter tragbare Geräte, die schnell installiert, eingesetzt und wieder entfernt werden können, sowie stationäre Installationen für speziell zugeschnittene Probenahmen. Die am häufigsten verwendeten Systeme sind in ISO 5667-11 [3] sowie in der Literatur [12,

14–17] beschrieben. ISO 5667-11 sowie [12] und [15] enthalten jeweils Übersichten bezüglich der Eignung von Rohr- und Schlauchmaterialien zur Grundwasserprobenahme für die Bestimmung unterschiedlicher chemischer Parameter. Die dort als brauchbar beschriebenen Verfahren sind eventuell nicht für alle chemischen Parameter und in allen Umgebungen geeignet. Der Anwender sollte deshalb sorgfältig die Aufgabenstellung bedenken. In einigen Fällen kann es notwendig sein, mehr als einen Typ von Probenahmegeräten zu benutzen.

Alle Probenahmegeräte (Schöpfer, Pumpen, Schläuche bzw. Steigrohre, Verbindungsteile etc.) sollen aus Materialien bestehen, die die Probe während der auftretenden Kontaktzeit nicht verändern. Das bedeutet, dass für Probenbehälter andere Anforderungen gelten als z. B. für Pumpen. Vorzugsweise werden Edelstahl und Teflon eingesetzt. Gummi- und Silikonschläuche sind wegen der Sorptionsgefahr nicht geeignet. Polypropylen und PVC kann zu Sorptionen von LHKW wie Trichlorethen und Tetrachlorethen führen und damit Minderbefunde verursachen [18]. Umgekehrt können aus dem Leitungsmaterial auch Stoffe gelöst werden, die die Probe kontaminieren, z. B. Blei aus Steigrohren. Grundsätzlich sollten alle verwendeten Schläuche und Steigrohre möglichst kurz sein, um Beeinflussungen durch Sorption, Resorption, Gasdiffusion und Temperaturänderungen möglichst gering zu halten.

Zu Anforderungen an Probenbehälter siehe Kapitel 4.9.

Alle Probenahmegeräte lassen sich folgenden Gruppen zuordnen:

- Schöpfbecher

Dies sind einseitig offene Gefäße aus verschiedenen Materialien. Sie können zur Arbeitserleichterung mit Griffen oder Halterungen für Seile versehen sein.

- Schöpfapparate

Es gibt Schöpfapparate in verschiedenen, teilweise patentierten Konstruktionen, die geeignet sind, durch Klappen oder Ventile Proben aus bestimmbaren Tiefen zu entnehmen. Sie bestehen meist aus einer Kombination verschiedener Materialien.

- Probenahmepumpen

Dieser Sammelbegriff umfasst eine Reihe von meist kleinen Pumpen, die aufgrund ihrer Bauart besonders zur Probenahme geeignet sind. Hierzu gehören sowohl von Hand betätigte Kolbenprober als auch elektrisch oder auf andere Weise angetriebene Pumpen im eigentlichen Sinne. Wesentliche bauartbedingte Unterschiede sind Förderstrom und Förderhöhe, also der maximale Flurabstand des Grundwassers, bis zu dem noch eine Probe entnommen werden kann, sowie der Außendurchmesser, der für die Einsetzbarkeit bei engen Probenahmestellen wie Grundwassermessstellen mit einem Ausbau von zwei Zoll (DN 50) maßgebend ist. Da alle diese Geräte ihre spezifischen Quellen für Analysenveränderungen haben, ist eine sorgfältige Auswahl zu treffen. Besonders vielseitig einsetzbar erscheint eine über Frequenzumrichter betriebene kleine Unterwassermotorpumpe mit einem Außendurchmesser von nur 45 mm. Hinweise für die Auswahl von Pumpen enthalten unter anderem die DVWK-Mitteilungen Heft 20 [12] und das Heft 84 der DVWK-Schriften [17].

Probenahmepumpen mit regelbarem Volumenstrom sind auch für die horizontspezifische Beprobung an Grundwasser-Messstellengruppen besonders geeignet. Mit ihrem gleichzeitigen, an die Ergiebigkeit des jeweiligen Horizonts angepassten Einsatz („Schutzbeprobung") lassen sich ausreichend parallele Strömungen erzielen.

4.3.8 Eignung von Messstellen für die Probenahme

Grundwassermessstellen oder Brunnen, deren Ausbaudaten nicht bekannt sind, sind in Abhängigkeit von der Fragestellung möglicherweise nicht für eine aussagefähige Probenahme geeignet. Dann ist im Einzelfall zu prüfen, ob die Kenntnisdefizite durch eine geophysikalische Vermessung und/oder Kamerabefahrung verringert werden können, oder eine neue Probenahmestelle einzurichten ist [4].

Gemäß LAWA AQS-Merkblatt P-8/2 „Probenahme von Grundwasser“ [19] ist bei Dauermessprogrammen die regelmäßige Kontrolle der Grundwassermessstelle erforderlich, um die kontinuierliche Gewinnung qualitätsgerechter Proben zu sichern:

- Durchführung einfacher Funktionsprüfungen bei jeder Anfahrt (z. B. visuelle Begutachtung der Probenahmestelle und des Umfelds, Grundwasserstandsmessungen, Lotung, Prüfung der Durchgängigkeit)
- Durchführung komplexer Funktionsprüfungen anlassbezogen (z. B. im Ergebnis der einfachen Funktionsprüfung) oder turnusbezogen (z. B. Kamerabefahrung, Pumpversuch, Geophysik). Dies ist nicht Aufgabe des Probenahmepersonals.

Die Ergebnisse können zu Maßnahmen zur Wiederherstellung der Funktionsfähigkeit/Regenerierung (z. B. Spülungen) bis hin zum Rückbau bzw. Neubau der Grundwassermessstelle führen.

Einschlägige Vorschriften zu Funktionsprüfungen sind zu beachten, u. a. DVGW-W 129 (A) [9], DVGW-Info W 111 [10] sowie die Leitfäden der Länder [20, 21, 22].

4.3.8.1 Eignungsprüfung

Bei der Eignungsprüfung wird ermittelt, ob mit der Grundwassermessstelle für den geplanten Verwendungszweck aussagekräftige Ergebnisse erzielt werden können. Dabei spielt der Ausbau und der Anschluss der Messstelle an den Grundwasserleiter eine entscheidende Rolle, aber auch die Zugänglichkeit der Messstelle kann ein ausschlaggebender Faktor der Eignung sein.

Zunächst werden die Bestandsunterlagen (Stammdaten wie Ausbauplan, Schichtenverzeichnis) auf Aktualität und Vollständigkeit geprüft sowie die Lage der Messstelle ermittelt. Bei der visuellen Prüfung vor Ort wird u. a. die bauliche Ausführung der Messstelle betrachtet (Details siehe auch Tabelle 1 in [9]).

Die Anbindung an den Grundwasserleiter kann mit folgenden Tests ermittelt werden:

- Pumpversuch:
  Entnahme des Wassers mit Messung der Absenkung und des Wiederanstiegs des Wasserspiegels

- Slug- and Bail-Tests:
  Schnelles Einbringen/Entnehmen eines Verdrängungskörpers in die Messstelle/aus der Messstelle und Messung der dabei auftretenden Lageänderung des Wasserspiegels

- Auffülltest:
  Einfüllen von Wasser in die Messstelle und Messung der dabei auftretenden Lageänderung des Wasserspiegels

Unklarheiten können mit einer Kamerabefahrung erkannt werden, optional bieten geophysikalische Ausbaukontrolle und hydrochemische Tiefenprofile weiteren Aufschluss über den Zustand der Messstelle.

Es ist zu empfehlen, Eignungstests regelmäßig, beispielsweise alle fünf Jahre bei bedeutenden Grundwassermessstellen vor einer Routinebeprobung, durchzuführen.

4.3.8.2 Erstcharakterisierung

Bei der Erstcharakterisierung gemäß Arbeitsblatt DWA-A 909 [5] werden neben den Merkmalen der Eignungsprüfung (siehe Kapitel 4.3.8.1) insbesondere die hydraulischen Eigenschaften betrachtet. Bei Probenahme mittels Pumpe (Pumpversuch) werden dabei die zulässige Absenkung, die damit verbundene maximal zulässige Förderleistung der Pumpe sowie deren Einhängetiefe festgelegt. Zur Planung des Pumpversuches können Erfahrungswerte sowie empirische Ergebnisse zugrunde gelegt werden (siehe Kapitel 4.4.4.2 ff.).

Ziel ist es, die Parameter Förderstrom, -menge und -zeit für den Abpump- und Probenahmevorgang in Abhängigkeit von den hydrogeologischen Gegebenheiten und dem Messstellenausbau für jede zu beprobende Messstelle zu kennen und dem Probenehmer vorzugeben. Die Vorgehensweise ist insbesondere bei einer Untersuchung kontaminierter Standorte erforderlich. Die benötigten Angaben lassen sich mithilfe eines Gütepumpversuchs ermitteln. Hierzu werden in Abhängigkeit vom abgepumpten Standwasservolumen zu verschiedenen Zeitpunkten Grundwasserproben entnommen und die elektrische Leitfähigkeit sowie einige chemische Leitparameter wie Nitrat, Chlorid und die Summe der Erdalkalien (Gesamthärte) verfolgt und dokumentiert. Anhand des Verlaufs der Konzentrationskurven lässt sich dann der „optimale" Probenahmezeitpunkt bestimmen, der jedoch im Falle von Spurenstoffen nicht unbedingt richtig sein muss [15].

Nachfolgend ist ein Praxisbeispiel in tabellarischer und grafischer Form dargestellt. Während eines Gütepumpversuchs über eine Gesamtpumpdauer von 90 min wurden die Vor-Ort-Parameter kontinuierlich gemessen und aufgezeichnet (siehe **Bild 4.1**).

Während des Abpumpvorgangs wurden vier Stichproben (SP) zur annähernden Bestimmung des geeigneten Probenahmezeitpunkts genommen und anschließend im Labor analysiert:

- SP1: einfaches Standwasservolumen
- SP2: dreifacher Austausch des Rohrinhaltvolumens
- SP3: nach Erreichen der Konstanz der Vor-Ort-Parameter
- SP4: 1,5-facher Austausch des Bohrlochvolumens

Die in **Tabelle 4.1** aufgelisteten Untersuchungsergebnisse weisen dunkelblau dargestellt eine relative Konstanz bei SP3 (Konstanz der Vor-Ort-Werte) auf. Zu diesem Zeitpunkt wurde der Bohrlochinhalt 1,1-fach ausgetauscht.

Somit kann nun als neues Probenahmekriterium die Konstanz der Vor-Ort-Parameter und 1,1-facher Austausch des Bohrlochinhalts festgelegt werden. Bei der Messstelle zeigte sich schon vor dem 3-fachen Austausch des Rohrinhalts eine erste Konstanz der Vor-Ort-Werte (siehe Bild 4.1). Daher wurde hier der Bohrlochinhalt als zweites Kriterium mit festgelegt.

Tabelle 4.1: Vergleich der Analysenergebnisse eines Gütepumpversuchs

Prüfmerkmal	Einheit	SP1: Stand	SP2: 3x Rohr	SP3: Konstanz	SP4: 1,5 x Bohrloch
pH-Wert (vor Ort)	-	5,9	4,2	4,4	4,5
Leitfähigkeit (vor Ort)	mS/m	161	54	52	52
Sauerstoff	mg/l	8,9	0,9	1	1
Redoxspannung	mV		410	417	415
Chlorid	mg/l	7,4	77	76	76
Ammonium-Stickstoff	mg/l	< 0,05	< 0,05	< 0,05	< 0,05
Sulfat	mg/l	21	76	74	75
Nitrit-Stickstoff	mg/l	< 0,02	< 0,02	< 0,02	< 0,02
Nitrat-Stickstoff	mg/l	1,6	7,9	7,2	7,1
Organischer Kohlenstoff, gesamt (TOC)	mg/l		1,8	1,6	1,5
Organischer Kohlenstoff, gelöst (DOC)	mg/l		1,4	1,4	1,4
Gesamtphosphat-Phosphor	mg/l		0,012	< 0,01	< 0,01
Säurekapazität bis pH 4,3	mmol/l		0,01	0,05	0,07
Basekapazität bis pH 8,2	mmol/l		2,3	2,2	2,3
Hydrogencarbonat	mg/l		< 1	3	4

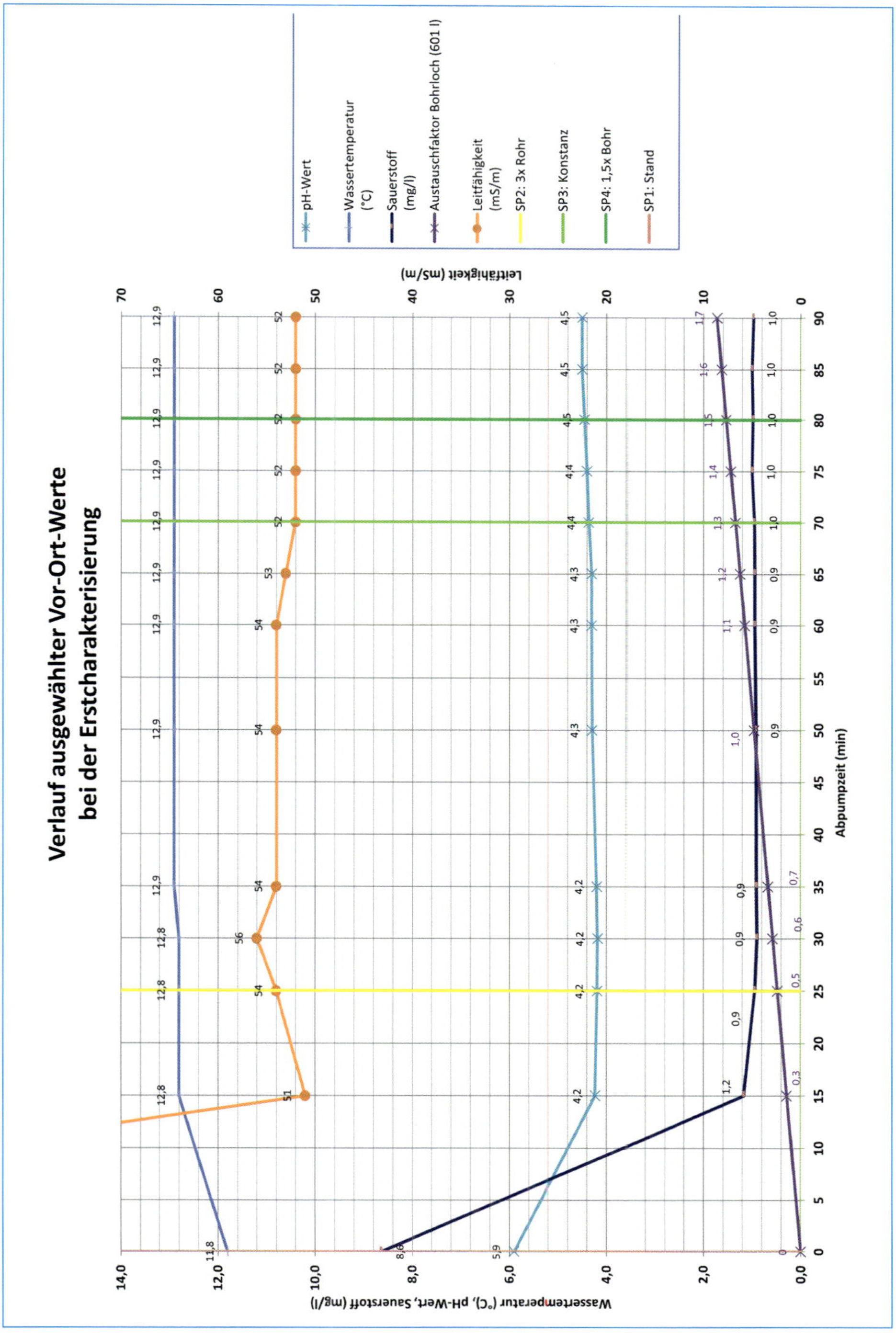

Bild 4.1: Verlauf der Vor-Ort-Parameter während des Abpumpvorgangs

4.4 Durchführung der Probenahme aus Grundwassermessstellen

Die eigentliche Grundwasserprobenahme ist – wie zuvor in den Kapiteln 4.2 und 4.3 beschrieben – stark abhängig von der jeweiligen Aufgabenstellung sowie der dafür geeigneten Probenahmestrategie und konkreten Probenahmeplanung. Unterschiedliche Strategien und Probenahmestellen erfordern z. B. unterschiedliche Probenahmetechniken und Probenahmegeräte.

In diesem Unterkapitel wird beispielsweise die Probenahme aus Grundwassermessstellen im Rahmen des Routinemonitorings erläutert.

Nachdem eine Messstelle als potenziell geeignet eingestuft wurde, kann mit der Beprobung begonnen werden. Hierbei werden generell die im Ablaufplan in **Bild 4.2** dargestellten und nachfolgend beschriebenen Arbeitsschritte durchgeführt.

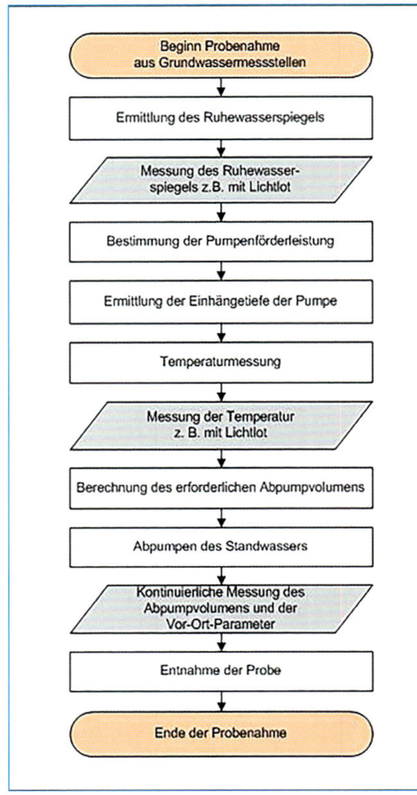

Bild 4.2: Durchführung einer Probenahme aus Grundwassermessstellen

4.4.1 Arbeitsschutz und Arbeitssicherheit

Im Unterschied zu den meisten anderen Arten der Probenahme findet die Beprobung des Grundwassers sehr oft an Stellen statt, die „im freien Feld" liegen, also an Stellen, wo im Falle eines Arbeitsunfalls nicht mit fremder Hilfe gerechnet werden kann. In Deutschland muss der Arbeitgeber die notwendigen Schutzmaßnahmen auf Grundlage einer Gefährdungsbeurteilung festlegen (Arbeitsschutzgesetz). Das Probenahmepersonal ist verpflichtet, die entsprechenden Sicherheits- und Unfallverhütungsvorschriften zu beachten. Da die konkreten Gefährdungssituationen für die diversen Probenahmen völlig unterschiedlich sein können, kann hier keine allgemein verbindliche Empfehlung zu Präventionsmaßnahmen und individuellen Schutzmaßnahmen gegeben werden.

Ein Mittel zur Vermeidung von Unfällen oder zumindest zur Minimierung eventueller Unfallfolgen ist der Einsatz eines aus zwei Personen bestehenden Probenahmeteams. Da dies aus Kostengründen oft nicht möglich erscheint, sollten folgende Hinweise von der Einsatzleitung beachtet werden:

- Ständige Kontrolle der Arbeitsschutzmittel auf Zustand und Vollständigkeit durch Aufsichtspersonal

- Regelmäßige Wiederholung der Hinweise auf besondere Gefahren und Schutzmaßnahmen, z. B. beim Umgang mit Chemikalien
- Prüfung der Geräte auf Sicherheit durch entsprechende Fachkräfte (Elektriker, Schlosser u. ä.)
- Gebrauch von Prüfgeräten zum Gasgehalt der Luft in Schächten, Stollen u. ä.
- Unerfahrene Mitarbeiter sollten nie alleine eingesetzt werden.
- Einzeln arbeitende Probenehmer sollten mit Funk/Mobiltelefon ausgerüstet sein.

Nachfolgend sind beispielhaft einige Schutzmaßnahmen für die Probenahme aufgeführt:

- Das Probenahmefahrzeug ist – falls vorhanden – mit gelber Rundumleuchte zu sichern.
- Die Probenahmestelle, Schläuche und Kabel sind – vor allem, wenn sie im öffentlichen Verkehrsraum liegen – mit Absperrungen, Schlauchbrücken und Warndreieck sichtbar zu machen, wozu ggf. Genehmigungen eingeholt werden müssen.
- Stromerzeuger sowie die elektrischen Anlagen im Probenahmefahrzeug sind zu erden und über einen F(I)-Schutzschalter oder über einen eingebauten Trenntrafo zu sichern.
- Wenn es betrieblich vorgeschrieben ist, sind Schutzhelm, Sicherheitsschuhe und Schutzkleidung zu tragen.
- Während der Durchführung der Probenahme sind Essen, Trinken und Rauchen nicht erlaubt.
- Beim Arbeiten mit belasteten Grundwässern (Deponien, Altlasten, Verdachtsflächen) sind immer wasserundurchlässige Handschuhe (Einmalhandschuhe) zu tragen.
- Beim Konservieren von Grundwasserproben mit Chemikalien ist das Tragen einer Schutzbrille während dieser Tätigkeit unbedingt erforderlich.

4.4.2 Vorbereitung der Probenahme / des Fahrzeugs

Das Probenahmepersonal sollte vor Ort über eine aktuelle Probenahmeanleitung und über entsprechende Informationen zur Messstelle (Probenahme-/Messstellenakte) verfügen. Anhand der Messstellennummer, Messstellenkoordinaten und Messstellenbeschreibung sowie Fotodokumentation kann die Messstelle eindeutig identifiziert werden. Daten zum Messstellenausbau (u. a. Messpunkthöhe, Ausbautiefe, Filterstrecken) werden für die sach- und fachgerechte Probenahme benötigt.

Da die Reinigung von Probenahmegerätschaften unter Umständen sehr aufwendig sein kann, ist bei der Planung von Probenahmeprogrammen auf mögliche Verschleppungen von Spurenstoffen zu achten. Bekanntermaßen stark belastete Messstellen müssen zur Vermeidung von Kontaminationen während eines Probenahmeeinsatzes zuletzt beprobt werden, ggf. sind mehrere Pumpen, Schlauchsätze bzw. Steigrohre mitzuführen [12].

Sofern ein kraftstoffbetriebenes Stromaggregat verwendet wird, ist beim Transport sicherzustellen, dass jegliche Kontamination anderer mitgeführten Geräte und Materialien ausgeschlossen wird. Vor Ort ist der Stromerzeuger unter Beachtung der Windrichtung so weit von der Messstelle aufzustellen, dass es weder zu einem Eintrag der Verbrennungsgase in die Messstelle noch zu einer Kontamination der Grundwasserprobe kommen kann. Auch ist sicherzustellen, dass es weder durch das Betanken des Aggregats noch durch Auslaufen von Betriebsstoffen (Öl, Benzin) zu einer Verunreinigung der Umgebung bzw. einer Kontamination von Proben kommen könnte. Es wird empfohlen, gas- bzw. batteriebetriebene Stromaggregate einzusetzen [19].

An Geräten und Arbeitsmaterialien wird üblicherweise Folgendes benötigt:

- Probenahmefahrzeug, ggf. Anhänger
- GPS/Navigationssystem
- Probenahmeakte mit Daten zum Messstellenausbau
- Probenahmeauftrag/-protokoll mit Angaben zu Art und Volumen der abzufüllenden Probenbehältern sowie Konservierungsmaßnahmen
- Schlüssel für die Verschlusskappen der Grundwassermessstelle, verschiedene Modelle der Hersteller, Deckelheber
- Stromerzeuger oder Batterien, ggf. Wechselrichter
- Durchflussmesszelle zur Aufnahme der Sonden für die kontinuierliche Messung der Vor-Ort-Parameter
- Vor-Ort-Messgeräte zur Messung von pH-Wert, Leitfähigkeit, Sauerstoff, Redoxspannung, Trübung
- Kabellot mit Licht- und/oder Akustiksignal zur Wasserstands- und Temperaturmessung
- Ggf. Druck-/Temperatursonde
- Durchflussmesseinrichtung, z. B. Wasseruhr oder MID (alternativ Eimer oder Messbecher und Stoppuhr)
- Förderpumpe, z. B. Unterwassertauchmotorpumpe
- Förderschläuche, Steigrohre, Ablaufschlauch
- Bypass für die Probenahme
- Werkzeug zur Tiefenfixierung der Pumpe, z. B. Rohrklemmzange, ggf. Dreibein-Stativ
- Kabelbinder
- Probenbehälter (Volumen, Material)
- Probenschöpfer, Schöpfbecher, Eimer unterschiedlicher Volumina und Materialien
- Ggf. Phasenschöpfer
- Filtrationsmaterialien
- Konservierungschemikalien
- Kühleinrichtungen, z. B. Kühlboxen mit Kühlakkus
- Ggf. Gerätschaften für Multi-Level-Messstellen
- Ggf. Laptop und Messumformer zur computergestützten Probenahme
- Digitalkamera
- Pylone, Absperrgitter
- Ggf. Entsorgungsmöglichkeit des abgepumpten Wassers

4.4.3 Visuelle/technische Prüfung

Nach Ankunft an der Grundwassermessstelle ist zunächst durch Vergleich der im Probenahmeauftrag angegebenen Messstellennummer mit der Messstellenkennzeichnung der Grundwassermesstelle vor Ort zu prüfen, ob es sich um die richtige Probenahmestelle handelt. Danach sollte eine äußere Zustandsprüfung auf etwaige Auffälligkeiten

(z. B. unzureichende Zugänglichkeit, Ablagerungen im Bereich der Grundwassermessstelle), Schäden an der Messstelle (z. B. fehlende oder undichte Verschlusskappe, Schäden am Schutz- oder Vollrohr) und Veränderungen der Messstelle (z. B. durch Setzungen) erfolgen. Abweichungen gegenüber der Dokumentation sind zu protokollieren und dem Auftraggeber mitzuteilen.

Anschließend erfolgt zur inneren Prüfung der Grundwassermessstelle die Messung der Wasserspiegellage und die Lotung der Tiefe, die mit den Ausbaudaten der Grundwassermessstelle zu vergleichen sind. Die beiden Werte und etwaige Abweichungen in der Teufe von > 10 cm sind im Probenahmeprotokoll zu erfassen.

Eine Eignungsprüfung (siehe Kapitel 4.3.8.1) mittels Kamerabefahrung oder eine Tiefenlotung mit einer Profilaufnahme der Temperatur bzw. der elektrischen Leitfähigkeit kann zur Klärung des inneren Zustands der Grundwassermessstelle beitragen.

Falls nichtwässrige Flüssigkeiten in freier Phase in der Grundwassermessstelle anwesend sind, sollte die Stärke dieser Schichten vor der Probenahme gemessen werden.

4.4.4 Probenahmetechnik

Die anzuwendende Probenahmetechnik hängt unmittelbar von der Probenahmestelle ab. Als solche werden meist Brunnen oder Grundwassermessstellen benutzt. Daneben spielen zahlenmäßig die Probenahmen aus Stollen, Schächten und Bohrungen eine eher untergeordnete Rolle. Außer diesen Bauwerken gibt es noch Quellen und Grundwasserblänken als natürliche Zugänge zum Grundwasser. Da alle diese Probenahmestellen einen spezifischen Einfluss auf die Güte der Probe haben, genügt nicht nur die allgemein gültige Forderung nach Repräsentativität. Vor der Probenahme muss geprüft werden, ob sie an der jeweiligen Stelle generell oder nur für einen begrenzten Untersuchungsumfang möglich ist, und ob alle gewünschten Daten ohne Einschränkung gewonnen werden können. Daneben ist zu prüfen und zu dokumentieren, für welchen Grundwasserleiter bzw. Teil desselben die Probe als repräsentativ angesehen werden kann. Falls bei Sonderuntersuchungen wie z. B. der Untersuchung des im Rohr stehenden Wassers von der Forderung nach Repräsentativität für das Grundwasservorkommen abgewichen wird, ist hierauf im Probenahmeprotokoll besonders hinzuweisen.

4.4.4.1 Schöpfproben

Bei den wenigen Sonderfällen der manuellen Probenahme wird die Probe entweder direkt in den Probenbehälter eingefüllt oder es werden Schöpfbecher bzw. Schöpfapparate verwendet. Schöpfgeräte zur tiefenorientierten Probenahme sind so konstruiert, dass Grundwasser aus einer definierten Tiefe eines Bohrlochs bzw. in einer Messstelle beprobt werden kann. Sie sind in verschiedenen Ausführungen als Schöpfgeräte bzw. Probenehmer mit Rückschlagventil oder mit Verschlusskappen erhältlich.

Die manuelle Probenahme mit Schöpfapparaten kann sich an das Abpumpen von Grundwassermessstellen und Brunnen anschließen, falls die hierbei verwendeten Pumpen nicht den Anforderungen einer Probenahmepumpe genügen.

Die so gewonnenen Proben geben meist nur orientierende Hinweise.

Eine zuverlässige Grundwasserprobenahme ist mit direkter Befüllung eines Probenbehälters lediglich aus dem obersten Teil der gesättigten Zone möglich. Es sollte nur im Ausnahmefall zur Grundwasserprobenahme angewandt werden. Um eine Kontamination der Probe zu vermeiden, sollte auch darauf geachtet werden, dass kein Material von der Wand des Bohrlochs abgekratzt wird.

Der Einsatz eines Schöpfgeräts zur tiefenorientierten Probenahme ermöglicht eine bessere vertikale Auflösung. Bei tieferen Bohrlöchern können motorgetriebene Winden zum Ablassen des Geräts eingesetzt werden. Die Größe des Probenehmers sollte so gewählt werden, dass Proben mit ausreichendem Probenvolumen bei minimaler Verwirbelung des Bohrlochwassers entnommen werden können. Diese Probenahmegeräte eignen sich auch für die Probenahme von nichtwässrigen Flüssigkeiten.

Tiefenorientierte Proben sollten nie innerhalb der geschlossenen Verrohrung des Bohrlochs entnommen werden, weil das Wasser nicht aus der Tiefe stammen kann, bei der das Probenahmegerät entnimmt und sich im Ruhezustand durch chemische oder mikrobiologische Aktivität in seiner Beschaffenheit verändert hat. In Bohrlöchern, die lange, unverfilterte oder vertikal verfilterte Abschnitte aufweisen, kann eine tiefenorientierte Probenahme lediglich von geringem Wert sein, da die Herkunft der Proben aufgrund natürlicher oder induzierter Vertikalströmungen innerhalb des Bohrlochs unklar sein kann. Die tiefenorientierte Probenahme ist nur dann zweckmäßig, wenn der Ursprung der Proben (hinsichtlich der Tiefenhorizonte, in denen das Wasser in das Bohrloch eintritt) bekannt ist. Dies kann erreicht werden, indem die Tiefen, in denen das Wasser in das Bohrloch eintritt, und die Strömungen innerhalb des Bohrlochs anhand einer Interpretation von tiefenabhängigen Aufzeichnungen von Temperatur, Leitfähigkeit und Durchfluss beim Pumpen und unter statischen Bedingungen bestimmt werden.

Bei Quellen und wasserführenden Stollen sind die Proben so nah wie möglich an der Austrittstelle zu entnehmen (Quellaustritt, Zulaufrohr, Quellsammelbecken etc.). Bei gefassten Quellen erfolgt die Beprobung nach Möglichkeit in einem Zulaufrohr im Quellschacht, z. B. mittels eines Befüllschlauchs aus Teflon, der in das Zulaufrohr geschoben wird. Es ist darauf zu achten, dass keine Partikel von der Rohrinnenwand abgelöst werden und in das Probengefäß gelangen. Nach vollständiger Befüllung des Schlauchs (blasenfrei) und ausreichendem Spülen werden die Probengefäße daraus direkt befüllt. Muss das Probenahmegefäß z. B. in eine Quelle eingetaucht werden, so darf die Hand nur unterstrom mit dem Wasser in Berührung kommen. In manchen Fällen ist die Probenahme mittels kleiner mobiler Pumpen direkt am Wasseraustritt vorzuziehen. Detaillierte Hinweise zur Probenahme aus Quellen und Schläuchen siehe BW-Leitfaden „Grundwasserprobenahme" [18] sowie „Richtlinie für die Errichtung und Beobachtung von Quellmessstellen in Österreich" [23].

4.4.4.2 Abpumpen des Standwassers

Wasser in einer Grundwassermessstelle, aus der nicht vor wenigen Stunden noch gefördert wurde, kann aus vielerlei Gründen nicht repräsentativ für das Grundwasser in den umgebenden Schichten sein [18]. Das in der Grundwassermessstelle oder im Brunnen einschließlich Ringraum vorhandene Standwasser kann durch atmosphärischen Einfluss, durch veränderte Strömungsverhältnisse oder durch den Kontakt mit den Ausbaumaterialien erheblich verändert sein. Durch Gasaustausch mit der Luft können chemische und biologische Prozesse eintreten, z. B. Oxidations- und Fällungsreaktionen oder Entweichen flüchtiger organischer Verbindungen. Außerdem können sich Ablagerungen in der Messstelle ansammeln.

4

Deshalb muss das Standwasser vor der Probenahme entfernt werden, und zwar muss so viel Wasser abgepumpt werden, dass ein von der Messstelle ausgehender Einfluss auf die Beschaffenheit der Wasserprobe weitgehend auszuschließen ist.

Darüber hinaus sollten die Auswirkungen des Abpumpens im Rahmen der gesamten Untersuchung sorgfältig bedacht werden, und zwar neben den mit einer besseren Probenintegrität verbundenen Vorteilen. Bei der Erkundung einer Altlastenverdachtsfläche, bei der sich die Verunreinigungen an getrennten Orten befinden oder in einer separaten Phase (LNAPLs und DNAPLs) vorliegen, kann das Abpumpen zur Umverteilung oder Ausbreitung der Verunreinigungen führen. Das kann zu unrichtigen Ergebnissen und/oder zur Verschärfung der Probleme führen. In diesen Fällen sollte z. B. Mikroabpumpen in Erwägung gezogen werden.

Die Angaben in der Literatur über das abzupumpende Standwasservolumen einer Messstelle sind sehr unterschiedlich und reichen von „gar nicht" über ein mehrfaches Messstellenvolumen bis zu 24 Stunden. Grundsätzlich muss beim Abpumpen beachtet werden, dass jede Messstelle aufgrund ihres Ausbaus sowie der hydraulischen und geologischen Gegebenheiten ihre eigene Charakteristik hinsichtlich der auszutauschenden Wassermenge hat [24].

ISO 5667-11 [3] enthält beispielsweise sieben alternative Abpumpstrategien in Abhängigkeit der hydraulischen Gegebenheiten, um entweder Durchschnitts-/Mischproben oder Punkt-/Einzelproben zu erhalten.

Brunnen für Wasserversorgungszwecke haben eine fest installierte Pumpe, mit deren Hilfe die Probe an vorhandenen Zapfhähnen genommen wird. Die Pumpe sollte sich in Betrieb befinden; ansonsten ist sie einige Zeit vor der Probenahme einzuschalten. Um zu vermeiden, dass durch das Auf- und Zudrehen des Zapfhahnes Partikel in die Wasserprobe gelangen, muss man ein hinreichendes Volumen ablaufen lassen. Bei der radiochemischen Prüfung von Rohwasser aus Zapfhähnen hat sich folgendes Vorgehen bewährt: Die Ablaufzeit reicht aus, wenn die Wassertemperatur sich auf konstante Werte eingepegelt hat (in 20 s nicht mehr als 0,1 °C Änderung). Sollte dies nicht erreichbar sein, sind mindestens 10 min ablaufen zu lassen. Die Probe muss aus dem freien Strahl entnommen werden [4].

Falls vor der Probenahme größere Wassermengen abgepumpt werden müssen, sind entsprechend leistungsfähige Pumpen üblicher Bauart einzusetzen, für die notfalls über Vorversuche zu prüfen ist, welche Parameter hierbei beeinflusst werden. Gegebenenfalls sind für das Abpumpen bis zum Erhalt einer repräsentativen Probe und für die unmittelbar anschließende Probenahme verschiedene Geräte einzusetzen.

4.4.4.3 Berechnung des Abpumpvolumens

Das Abpumpvolumen bzw. das hydraulische Kriterium sollte in vorherigen Pumpversuchen (Erstcharakterisierung, siehe Kapitel 4.3.8.2) festgelegt werden.

Bei bekannter Länge der Filterkiesschüttung und des Bohrlochdurchmessers (aus den Ausbauplänen) wird als Grundlage für die Berechnung des hydraulischen Kriteriums üblicherweise das 1,5-fache Volumen des Kreiszylinders verwendet, der sich aus dem Bohrlochdurchmesser und der Länge der wassererfüllten Filterkiesschüttung ergibt [5]. Zu berücksichtigen ist, ob sich der Ruhewasserspiegel (Rw) innerhalb oder oberhalb der Filterstrecke befindet.

Das Mindestabpumpvolumen wird nach folgender Formel ermittelt:

$$V_F = \frac{\pi}{4} \cdot d_{BL}^{\ 2} \cdot L_F \cdot n \cdot \frac{1}{1000} \tag{4.1}$$

mit
V_F = Mindestabpumpvolumen in Liter
n = Faktor (Empfehlung: $n \geq 1{,}5$; aus praktischer Erfahrung)
d_{BL} = Durchmesser des Bohrlochs in mm
L_F = wassererfüllte Filterkieslänge in m

Anmerkung: In der Norm [4] werden der Durchmesser des Bohrlochs und die Filterkieslänge in dm angegeben. Die Angaben in dm sind jedoch eigentlich nicht mehr üblich.

Die Gültigkeit der Gleichung 4.1 beschränkt sich auf Lockergesteinsbereiche. Für Probenahmen im Festgestein können aufgrund der inhomogenen Verhältnisse keine allgemein gültigen Vorgaben gemacht werden [5].

Ist der Bohrlochdurchmesser unbekannt, kann erfahrungsgemäß davon ausgegangen werden, dass er bei Rohrdurchmessern von etwa 150 mm etwa das Zwei- bis Zweieinhalbfache des Rohrdurchmessers beträgt. Bei größeren Ausbaudurchmessern (Brunnen) ist eher das Anderthalb- bis Zweifache anzusetzen und bei geringeren Rohrdurchmessern meist etwa das Drei- bis Vierfache, da anderenfalls die Filterkiesschüttung nicht ordnungsgemäß eingebaut werden kann. Dieser Wert kann dann hilfsweise bei der Berechnung angesetzt werden. Ist die Filterlänge nicht bekannt, sollte zur Sicherheit davon ausgegangen werden, dass die gesamte wassererfüllte Mächtigkeit des Rohres verfiltert ist [4].

Da bei der Berechnung der gesamte Durchmesser des Bohrlochs berücksichtigt wird und nicht nur der Anteil der wasserdurchlässigen Poren im verfilterten Ringraum, resultiert ein größeres abzupumpendes Volumen als das tatsächlich im Filterrohr und dem verfilterten Ringraum vorhandene. Damit wird sichergestellt, dass das hydraulische Kriterium sicher erfüllt wird. Bei stark unterschiedlichen Zustromverhältnissen in einzelnen Filterabschnitten (z. B. grobkörnige Schichtabschnitte oder Klüfte), besteht die Gefahr, dass das Wasser im verfilterten Ringraum nicht vollständig ausgetauscht wird. Ergeben sich Hinweise hierauf, ist das abzupumpende Volumen zu erhöhen. Die Berücksichtigung des hydrochemischen Beschaffenheitskriteriums (Konstanz der „Vor-Ort-Parameter") kann hier wesentlich zur Entscheidungsfindung beitragen. Bei geklüfteten Festgesteins- bzw. Karstgrundwasserleitern ist das hydraulische Kriterium bzw. die Dauer einer bestimmten Förderleistung bis zur Probenahme auf Grundlage der bohrlochgeophysikalischen Messergebnisse und Pumpversuche für die Grundwassermessstelle individuell festzulegen [4].

Die Ermittlung der abgepumpten Menge erfolgt entweder kontinuierlich, z. B. mittels magnetisch-induktiver Durchflussmessung oder Wasseruhr, alternativ diskontinuierlich durch mehrfaches Auslitern (Eimermessung) während des Abpumpens.

Im Fall einer Störung des Systems verbunden mit Rücklaufen des Wassers aus der Steigleitung oder dem Förderschlauch bei einem Pumpausfall während des Abpumpvorgangs muss nach Wiederinbetriebnahme der Pumpe erneut das gesamte berechnete Mindestabpumpvolumen ausgetauscht werden.

4.4.4.4 Pumpenförderleistung und maximale Absenkung

Die Pumpenförderleistung muss an die Ergiebigkeit des Grundwasserleiters angepasst sein, d. h. es soll nur eine möglichst geringe Absenkung des Grundwasserspiegels erzielt werden.

Eine starke Grundwasserabsenkung verursacht ein deutlich geändertes Strömungsverhalten rund um die Probenahmestelle, was dazu führen kann, dass aufgrund des Trübstoffgehalts keine klare Grundwasserprobe gewonnen werden kann. Außerdem kann es zur Mobilisierung von Stoffen, zur Veränderung der Probeninhaltstoffe und zu möglichen Veränderungen in der Messstelle selbst kommen, die bis zum Verschluss der Filterrohrschlitze führen können.

Während des Abpumpens ist die Lage des Grundwasserspiegels kontinuierlich, z. B. mit einer Druck-/Temperatursonde, bzw. mindestens mehrfach mit einem Licht-Akustik-Lot zu messen. Die Absenkung des Grundwasserspiegels im Beobachtungsrohr sollte nicht mehr als ein Drittel der Wassersäule betragen, in der Regel nicht mehr als zwei Meter [19]. Erforderlichenfalls ist die Pumpenförderleistung an die geohydraulischen Gegebenheiten des Grundwasserstroms anzupassen. Dabei sollte bei Verwendung bestimmter Pumpentypen die Förderleistung 2 l/min nicht unterschreiten, um eine Erwärmung des geförderten Grundwassers zu vermeiden.

Die Abschätzung der Pumpenförderleistung zur Erzielung einer „sanften“ Entnahme einer Grundwasserprobe kann auf der Grundlage der halbempirischen Gleichung 4.2 erfolgen [25]:

$$Q_P = s \cdot k_f \cdot L_{FR} \cdot 20 \cdot F_F \qquad (4.2)$$

mit
Q_P = Volumenstrom der Pumpe in l/min
s = Wasserspiegelabsenkung in der Grundwassermessstelle in cm
k_f = k_f-Wert des Grundwasserleiters in m/s (siehe **Tabelle 4.2**)
L_{FR} = Länge des Filterrohres in cm
F_F = Filterflächenfaktor (siehe **Tabelle 4.3**)

Die Reichweiten- und Geometrieabhängigkeit ist in dem Faktor (20) enthalten.

Tabelle 4.2 enthält relativ grobe Angaben zur kf-Wertabschätzung. Wesentlich detailliertere k_f-Werte für Lockergesteine finden sich im Anhang 4 des Fachbeitrags vom LUGV Brandenburg [26].

Tabelle 4.2: k_f-Wertabschätzung nach DIN 4220 Teil 2 [2, 27]

Bodenart	k_f-Wert in m/s
Schluffiger Sand	10^{-6} - 10^{-5}
Feinsand	10^{-5} - 10^{-4}
Mittelsand	10^{-4} - 10^{-3}
Grobsand	10^{-3}
Feinkies	10^{-3} - 10^{-2}

Tabelle 4.3: Filterflächenfaktor in Abhängigkeit der Filterart [25]

Material	Lochungsart	Filterflächenfaktor
PVC/PEHD	Schlitzung 0,2 bis 3,0 mm	0,08 bis 0,13
Spezialfilter	Maschenweite 0,1 bis 0,6 mm	0,07 bis 0,23
Stahl	Wickeldrahtschlitzung 0,1 bis 3,0 mm	0,35 bis 0,40
	Schlitzbrücke 1 bis 4 mm	bis 0,15
	Schlitzlochung 1 bis 4 mm	bis 0,12
Filterrohr mit Kiesbelag	Schlitzung entsprechend Filterrohr	0,07 bis 0,23

4.4.4.5 Einbautiefe der Pumpe

Die Einbautiefe der Pumpe sollte in der Probenahmeakte aus vorherigen Gütepumpversuchen (Erstcharakterisierung) festgelegt sein. Diese ist abhängig von dem Grundwasserspiegel, der Filterstrecke, der Ausbautiefe und evtl. vorhandenem Sumpfrohr.

Um ein Trockenlaufen der Pumpe zu vermeiden, sollte die Ansaugöffnung der Pumpe generell mindestens 1 bis 2 m unterhalb der zu erwartenden maximalen Absenkung des Wasserspiegels eingebaut werden.

Sie sollte sich zudem 1 bis 2 m oberhalb der Filterkies-Oberkante im Vollrohr befinden, damit hydraulische Auswirkungen wie die Belüftung der Filterschlitze vermieden werden. Ist dies nicht möglich, da die Lage des Wasserspiegels unterhalb der Filterkies-Oberkante liegt, muss mindestens das Trockenlaufen verhindert werden (s.o.).

Wenn das Einhängen der Pumpe bei beispielsweise sehr tiefen Messstellen in der empfohlenen Tiefe nicht praktikabel ist, kann die Pumpe auch weiter oberhalb im Vollrohr eingebaut werden. In diesem Fall ist das hydraulische Kriterium um das im Vollrohr unterhalb der Pumpe befindliche Volumen zu erhöhen [19].

Die Pumpe darf keinesfalls unterhalb der Filterunterkante bzw. im Bereich eines eventuell vorhandenen Sumpfrohres eingebaut werden. Wenn deren Lage nicht bekannt ist, muss der Abstand der Unterkante der mobilen Pumpe zur Basis der Messstelle mindestens 1 m betragen, damit kein Schlamm aus dem Sumpf aufgewirbelt wird.

4.4.4.6 Ableitung des geförderten Wassers

Das geförderte Wasser kann i. d. R. in ein oberirdisches Gewässer eingeleitet werden oder man lässt es einige Meter entfernt von der Probenahmestelle versickern, wobei eine Beeinflussung der Probenahmestelle zu vermeiden ist. Eine Einleitung von abgepumptem Grundwasser in einen Brunnen, also direkt in den Grundwasserleiter, sollte man grundsätzlich unterlassen. Im Übrigen ist es genehmigungsbedürftig.

Ist das geförderte Wasser möglicherweise kontaminiert, ist es ggf. erforderlich, ausreichende Vorkehrungen für die Entsorgung des abgepumpten Wassers oder Maßnahmen vor Ort zu treffen, wie z. B. der Einsatz einer Aktivkohlefilteranlage oder Sammlung und anschließende Entsorgung.

4.5 Probenahme in Sonderfällen

Hinsichtlich der Vorgehensweise zur Probenahmen bei speziellen Fragestellungen wie z. B. gering ergiebige Grundwasserleiter, große Teufe – geringe Teufe, spezielle Techniken der tiefenspezifischen Probenahme, Probenahmen von Grundwassermessstellen mit Phasen nichtwässriger Flüssigkeiten etc. sei u. a. auf DWA-A 909 [5] verwiesen.

4.5.1 Gering ergiebige Grundwasserleiter [25]

Sollte eine Pumpenförderleistung von ≤ 2 l/min erforderlich sein, d. h. ist eine Standardprobenahme aufgrund geringer hydraulischer Ergiebigkeit des Grundwasserleiters trotz niedrigster Förderleistung der Pumpe nicht möglich, so ist die Grundwasserprobenahmepumpe entsprechend dem Ergebnis der Erstcharakterisierung einzubauen. Als oberer und unterer Grenzwert gelten: im Bereich der Filteroberkante bzw. 0,5 m über Filterunterkante. Dabei ist zu beachten, dass durch die Lage der Pumpe das Abpumpen von jeweils ein Drittel des Filtervolumens erreicht werden sollte. Die Messstelle ist an drei aufeinander folgenden Tagen leer zu pumpen und am vierten darauffolgenden Tag ist die Grundwasserprobe mit einer Förderleistung von ca. 1 l/min zu entnehmen.

Nach jedem Abpumpen wird der Wiederanstieg des Wasserspiegels beobachtet. Zwingende Voraussetzung für die Realisierbarkeit der Grundwasserprobenahme ist der Wiederanstieg über die Filterunterkante. Befindet sich der Wasserspiegel in der Messstelle 24 Stunden nach deren Leerung im Bereich der Filterunterkante, so gilt die Messstelle als trocken und wird nicht beprobt. Bei ausreichendem Zulauf des Frischwassers über die Filterunterkante innerhalb von 24 Stunden erfolgt die Gewinnung der Wasserprobe wie oben dargestellt. Bei niedrigem Wasserstand bzw. geringem Wasservolumen in der Messstelle kann nach dreimaligem Abpumpen alternativ die Probenahme auch mit einem Schöpfer im Bereich der Filterstrecke erfolgen, wenn durch die Bauart des Schöpfers (vor und nach der Probenahme verschließbare Systeme, z. B. Ruttner-Schöpfer oder Schöpfer mit Fußventil) eine Beprobung möglich ist. Auf dem Probenahmeprotokoll ist der verwendete Schöpfertyp anzugeben. Unzulässig ist die Beprobung des im Sumpfrohr befindlichen Wassers.

4.5.2 Schadstoffe in freier Phase (DNAPL/LNAPL)

DNAPLs (engl.: *dense non-aqueous phase liquids*) sind schwere, nicht-wässrige Flüssigkeitsphasen, d. h. organische Verbindungen mit einer geringen Wasserlöslichkeit und einer höheren Dichte als Wasser, z. B. PAK, chlorierte Kohlenwasserstoffe wie Trichlorethan. DNAPLs können die ungesättigte und die gesättigte Zone passieren und sich am Boden des Grundwasserleiters absetzen. Bei der Abwärtsbewegung können sie von Schichten mit geringerer Durchlässigkeit als die umgebende Formation abgefangen werden, z. B. von einer Tonlinse oder Tonschicht in einem Sand-Kies-Grundwasserleiter. Dieses Abfangen kann eine vorübergehende oder dauerhafte Anwesenheit bzw. einen „Anstau“ der Verunreinigung in freier Phase zur Folge haben.

LNAPLs (engl.: *light non-aqueous phase liquids*) sind nicht-wässrige Leichtflüssigkeiten, d. h. organische Verbindungen mit geringer Wasserlöslichkeit und einer geringeren Dichte als Wasser, z. B. BTEX, Mineralölkohlenwasserstoffe. LNAPLs können daher an der Oberfläche des Grundwassers aufschwimmen und sich auf dem Grundwasserspiegel ansammeln. Sie kommen auch in der ungesättigten Zone vor und bilden in der gesättigten Zone gelöste Fahnen.

Die Probenahme aus Grundwassermessstellen, die zusätzlich eine nichtwässrige flüssige Phase enthalten, ist technisch recht aufwendig und kann hinsichtlich Reproduzierbarkeit und Bewertung der gewonnenen Untersuchungsergebnisse recht zweifelhaft sein. Daher sind solche Probenahmen durch Experten zu planen, zu begleiten und zu bewerten.

Die Zusammenhänge zwischen Untergrundaufbau, Stoffverhalten, Messstellenausbau und Analysenergebnissen sind in einer Arbeitshilfe mit dem Titel „Grundwasseruntersuchungen an Altlasten im Lockergestein“ [27] anschaulich dargestellt. Damit sollen die bei einer Probenahme gewonnenen Analysenergebnisse aus unterschiedlichen Grundwassermessstellenarten sachgerechter und zielführender beurteilt sowie neue Messstellen in Lage und Ausbau besser geplant werden können.

Hinweise zur Probenahme aus Grundwassermessstellen mit Phasenanteilen sind in [5, 25] enthalten. Danach kann eine Probenahme aus dem Grundwasserleiter unterhalb der aufschwimmenden Phase durch Einbringen der Probenahmegeräte über eine Schutzverrohrung bzw. durch vollständige Abschöpfung der Phase vor der Probenahme erreicht werden. Bei DNAPL sollte ein Mindestabstand der Probenahmepumpe zur Oberfläche der DNAPL in der Messstelle von mindestens 1 m eingehalten werden. Dieser Abstand sowie die Pumpenförderleistung sind im Rahmen der Erstcharakterisierung zu prüfen und ggf. zu ändern. Messstellen mit Sumpfrohr sind grundsätzlich für die Beprobung von DNAPL geeignet.

4.6 Messungen und Feststellungen vor Ort

Während des Abpumpens einer Grundwassermessstelle werden die Vor-Ort-Parameter (quasi-) kontinuierlich gemessen. Der Zeitpunkt für die Probenahme ist erreicht, wenn das Wasser in Rohr- und Ringraum sowie das im umgebenden Gestein anstehende Grundwasser entfernt wurde. Um sicherzustellen, dass das Abpumpen effektiv war, ist es erforderlich, physikalisch-chemische Parameter während des Abpumpens zu messen und zu dokumentieren. Mögliche Messparameter können sein:

- Pumpenförderleistung
- Abpumpvolumen
- Wasserspiegelabsenkung
- elektrische Leitfähigkeit
- pH-Wert
- Temperatur
- Sauerstoffkonzentration
- Redoxspannung
- Trübung

Die Auswahl von Parametern sollte sich nach den standortspezifischen Gegebenheiten und den Erkenntnissen der Erstcharakterisierung richten.

Die Messung der Vor-Ort-Parameter erfolgt zweckmäßigerweise kontinuierlich in einer laminar durchströmten geschlossenen Messstrecke oder Messzelle, in der die Elektroden fixiert sind, um den Kontakt mit der Atmosphäre zu vermeiden. Falls keine kontinuierliche Messung möglich ist, sollten die Vor-Ort-Parameter so oft wie möglich gemessen und aufgezeichnet werden. Bei Pumpdauern bis ca. 90 Minuten sind Messungen mindestens alle fünf Minuten, bei längeren Pumpdauern mindestens alle zehn Minuten zu empfehlen. **Bild 4.3** enthält ein Muster eines Formulars zur Aufzeichnung der Vor-Ort-Messwerte während des Abpumpens.

Grundwasserprobenahme:
Dokumentation der Vor-Ort-Parameter während des Abpumpens

Probe-Nummer: .... Datum: ....

Messstellenname: ....

Messstellennummer: ....:........................

Bemerkungen:..

....

Uhr-zeit	**Abstich** [m]	**pH-Wert** ± 0,1	**L_f** [mS/m] ± 1%	**T** [Grad C] ± 0,1 °C	**O_2** [mg/l]	**Redox-spannung** [mV]	**Trübung** [FNU]	**Bemerkung**

Unterschrift Probenehmer/in

....

Bild 4.3: Dokumentation der Vor-Ort-Parameter während des Abpumpens

Das Abpumpen sollte so lange fortgeführt werden, bis die Schwankung dieser Parameter sich stabilisiert hat. Stabilität ist definiert als konstanter Wert eines Parameters innerhalb einer festgelegten Abweichung über einen vorgegebenen Zeitraum oder in Abhängigkeit des zwischenzeitlich geförderten Wasservolumens. Gemäß LAWA AQS-Merkblatt P-8/2 [19] ist die Stabilität erreicht, wenn innerhalb eines abgepumpten Wasservolumens von 50 Litern oder innerhalb von fünf Minuten alle folgenden Messwertunterschiede unterschritten werden:

- Elektrische Leitfähigkeit ± 1,0 %
- Temperatur ± 0,1 K
- pH-Wert ± 0,1
- Sauerstoffkonzentration ± 0,1 mg/l

Temperaturmessungen bei Pumpproben können insbesondere bei geringem Förderstrom, bei Drosselung der Tauchmotorpumpe, durch Erwärmung des Wassers und durch lange Schlauchleitungen beeinflusst werden. Daher empfiehlt sich die Temperaturmessung in situ mit einer Temperatursonde oder einem Multifunktions-Lichtlot.

Zusätzlich sind bei der Probenahme vor Ort alle Kerngrößen zu messen bzw. festzustellen, die zu einem späteren Zeitpunkt, also auch bei der Untersuchung im Labor nicht mehr fehlerfrei bestimmt werden können.

Zunächst sind das Datum und die minutengenaue Uhrzeit der Probenahme zu dokumentieren. Neben dem selbstverständlichen Datum ist die Zeit zwar in den meisten Fällen für Grundwasserproben unerheblich, doch gibt es z. B. in Verbindung mit Schadensfällen Fragestellungen, die diese Angaben erforderlich machen. Wegen des unerheblichen Aufwands sollte die Zeitangabe daher immer erfolgen.

Eine bei der Probenahme unerlässliche Messung ist die des Wasserspiegels im Brunnen bzw. Messrohr. Steht dieser unter dem Messpunkt, werden heute als Messgeräte meistens Licht-Akustik-Lote eingesetzt. Etwas aufwendiger sind die Messungen bei artesisch gespanntem Wasserspiegel, da Druckanzeiger bei den vielfach anzutreffenden geringen Höhen den Messpunkt recht ungenau anzeigen. Bewährt haben sich in diesem Falle Aufsatzrohre oder Schläuche aus durchsichtigem Material, an denen die Messungen z. B. mit einem Zollstock durchgeführt werden. Zu messen ist unmittelbar vor, bei und nach der Probenahme, da eventuelle Differenzen auch für die Interpretation der Analyse wertvolle Hinweise geben. Neben dem Wasserspiegel ist auch die sich üblicherweise auf die Ansaugstelle einer Probenahmepumpe beziehende Entnahmetiefe unter Wasserspiegel anzugeben, weil mit mehreren Filterstrecken ausgebaute Brunnen und Messstellen in verschiedenen Entnahmetiefen unterschiedliche Wasserqualitäten erfassen können. Dies beruht auf der üblichen Inhomogenität des Untergrunds.

Wenn auch generell klare Grundwasserproben gefordert werden, so ist dies doch nicht immer möglich. Außerdem gibt es spezielle Fragen, bei denen die Analyse von Trübung und ähnlichem gewünscht wird. Es müssen daher unter „Wahrnehmungen am geförderten Grundwasser“ Beobachtungen wiedergegeben werden, die Rückschlüsse auf das Grundwasser, färbende oder flüchtige bzw. sich verändernde Inhaltsstoffe zulassen. Die Beschreibung der Färbung nach DIN 38404 Teil 1 [28] sollte durch weitere Angaben ergänzt werden, wenn dafür Ursachen wie z. B. Färbversuche bekannt sind. Angaben zur Trübung sollen deren Intensität sowie Beschaffenheit enthalten, und die Angaben zum Bodensatz sollen den Schluss zulassen, ob es sich um ausgefällte Inhaltsstoffe, mitgefördertes Sediment oder um beides handelt. Beim Geruch sollen allgemeine Angaben wie „modrig" als auch auf bestimmte Stoffe (z. B. H_2S) oder Stoffgruppen (z. B. „Mineralöl") hinweisende Bemerkungen gemacht werden. An diese Feststellungen schließen sich die eigentlichen Messungen von Luft- und Wassertemperatur, pH-Wert, Sauerstoffgehalt und elektrischer Leitfähigkeit an. Die Redoxspannung sollte ebenfalls bei jeder Probenahme gemessen werden, doch gibt es gerade bei Grundwasser eine Reihe von möglichen Störfaktoren. Hinweise bietet unter anderem die DVWK-Schrift „Grundwasser – Redoxpotentialmessungen und Probenahmegeräte" [17].

4.7 Abfüllen der Proben

Die Probenahme erfolgt nach Erreichen des festgelegten Kriteriums unter Beibehaltung der eingestellten Pumpenförderleistung. Das Befüllen der Probengefäße soll nicht aus dem Förderschlauch, sondern aus einem Schlauch mit geringem Querschnitt mit einer Förderleistung von etwa 1 l/min erfolgen. Zum Abfüllen der Proben ist ein Bypass zu verwenden, der über entsprechende Verbindungsstücke mit dem Förderschlauch oder Steigrohr vor der Durchflussmessung und der Durchflusszelle verbunden ist und ständig mit dem Grundwasser gespült wird. Dazu wird der Schlauch ggf. mit aufgestecktem Glasrohr oder PTFE-Schlauch bis auf den Boden des Probengefäßes eingetaucht. Nach dem Volllaufen sollen die Gefäße kurze Zeit überlaufen und – nach langsamem Herausziehen des Schlauchs – sofort verschlossen werden. Falls im zu beprobenden Grundwasser ungelöste Stoffe enthalten sind und/oder im Probengefäß Chemikalien vorgelegt sind, ist ein Spülen der Behälter mit dem Grundwasser in jedem Fall zu unterlassen [19].

Zur Vermeidung von Querkontaminationen beim Befüllen der Probenbehälter sollten zunächst die Probenbehälter ohne Zusatz von Konservierungschemikalien befüllt und verschlossen werden. Anschließend sind die Probenbehälter zu befüllen, die Chemikalien als Konservierungsmittel enthalten.

4.8 Exkurs: Messung des Exzess-N_2 im Grundwasser mit der N_2/Ar-Methode

Grundwasser ist eine wichtige Ressource zur Trinkwassergewinnung. Je höher der Nitratwert im Grundwasser ist, desto schwieriger ist die Einhaltung des gesundheitlich wichtigen Grenzwerts für Nitrat in Höhe von 50 mg Nitrat je Liter. Gelangt zu viel Nitrat in das Grundwasser, werden grundwasserabhängige Ökosysteme geschädigt und es kann zu einer Versauerung des Grundwassers kommen.

Die wichtigsten Ursachen für erhöhte Nitratkonzentrationen im Grundwasser sind diffuse Stickstoffeinträge aus der landwirtschaftlichen Flächennutzung. Die Düngeverordnung des Bundes (DüV) [29] ist ein wesentlicher Bestandteil des deutschen Aktionsprogramms zur Umsetzung der europäischen Nitratrichtlinie. In § 13a gibt die Düngeverordnung den Landesregierungen vor, zum Schutz der Gewässer vor Verunreinigung durch Nitrat oder Phosphat durch Rechtsverordnung mit Nitrat belastete und eutrophierte Gebiete auszuweisen.

Ein Anteil des gelösten Nitrats kann bei reduzierten Verhältnissen (in den Böden und/oder Grundwasserleitern) durch Denitrifikationsprozesse abgebaut werden. Insbesondere bei Böden, die aufgrund niedriger Flurabstände reduzierende Bedingungen im Unterboden aufweisen, kann ein Großteil des aufgebrachten Nitrats in der Bodenzone abgebaut werden. Im Gegensatz zum Nitratabbau im Boden wird das Nitratabbauvermögen im Grundwasser jedoch aufgebraucht, d. h. es kommt zu einem Erliegen der Denitrifikation, sobald die am Nitratabbau beteiligten Substanzen im Grundwasserleiter durch einen lang anhaltenden oder besonders stark ausgeprägten Nitrateintrag in das Grundwasser mit der Zeit erschöpft sind. Die Folge erschöpfter Abbaukapazität im Grundwasser ist häufig ein plötzlicher Anstieg der Nitratwerte, bis schließlich ein Belastungsniveau erreicht wird, das bei entsprechend hohem Nitrateintrag einem Grundwasserleiter entspricht, der von Natur aus keine oder kaum denitrifizierende Verhältnisse aufweist.

Um diesen plötzlichen Nitratanstieg zu verhindern, müssen Grundwasserleiter mit bislang gutem Nitratabbauvermögen (denitrifizierenden Verhältnissen) sorgsam bewirtschaftet werden. Dazu wurde das neue Untersuchungsverfahren mit der N_2/Ar-Methode eingeführt. Die Berücksichtigung der Denitrifikation ist durch die Neufassung der „Allgemeine Verwaltungsvorschrift zur Ausweisung von mit Nitrat belasteten und eutrophierten Gebieten (AVV GeA)“ [30] und die Novellierung der Grundwasserverordnung (GrwV) [7] rechtlich verbindlich vorgegeben. [31]

4.8.1 Methodengrundlage

Grundwasser enthält eine Vielzahl gelöster Gase, darunter Stickstoff (N_2), Argon (Ar), Sauerstoff (O_2) und Kohlendioxid (CO_2). Im Gegensatz zum Edelgas Ar können sich die Konzentrationen von O_2, CO_2 und N_2 durch biochemische Prozesse entlang des Fließwegs des Grundwassers ändern. [33]

Die N_2/Ar-Methode ist ein Verfahren zur Bestimmung des denitrifikationsbedingten Nitratabbaus im Grundwasser. Die Denitrifikation bezeichnet die Umsetzung von Nitrat (NO_3^-) unter anaeroben Bedingungen und Zwischenstufen wie Nitrit (NO_2^-), Stickstoffmonoxid (NO) und Lachgas (N_2O) zu molekularem Stickstoff (N_2). Der hierbei entstehende Stickstoff wird als Exzess-Stickstoff (Exzess-N_2) bezeichnet und führt zu einer Änderung des N_2/Ar-Verhältnisses im Grundwasserleiter [32, 33]. Diese Veränderung ist schematisch in **Bild 4.4** dargestellt.

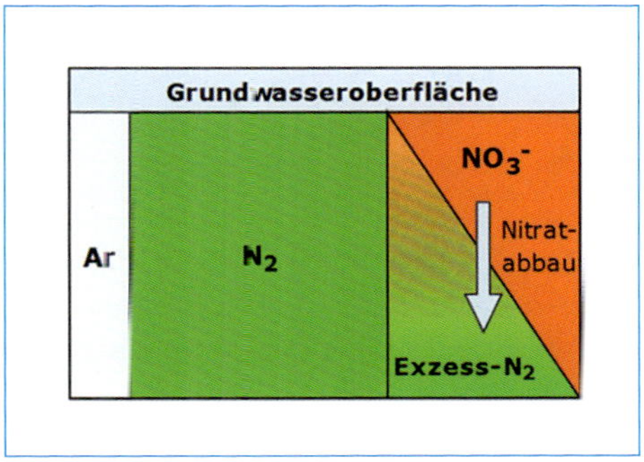

Bild 4.4: Änderung des N_2/Ar-Verhältnisses durch den Nitratabbau [34]

Während sich die Gesamtstickstoffkonzentration durch die Denitrifikation ändern kann, bleibt die Argonkonzentration unverändert. Aufgrund seiner chemischen Inertheit nimmt Argon an keiner Reaktion teil und dient daher als Tracer. Die gleichzeitige Messung beider Gaskonzentrationen ermöglicht die Bestimmung des N_2/Ar-Verhältnisses und die anschließende Berechnung des Exzess-N_2. [32, 33]

4.8.2 Probenahme für die N_2/Ar-Analytik

Für eine repräsentative Probenahme gelöster Gase ist es – neben der fachlich korrekten Durchführung der gesamten Grundwasserprobenahme vom Aufbau bis zur Abfüllung – entscheidend, bereits im Vorfeld eine geeignete Pumpe [4] sowie gasdichte Probenahmematerialien auszuwählen. Als bewährte Materialien werden Rollrandflaschen mit passenden, gasdichten Butyl/PTFE-Bördelkappen verwendet.

Die im Folgenden beschriebene Abfüllung folgt auf die im Kapitel 4.4 sowie in der DIN 38402-13 [4] dargestellten Schritte der Grundwasserprobenahme und schließt nach der Einstellung eines gleichmäßigen, verwirbelungsfreien Durchflusses sowie der vollständigen Spülung des am Bypass angeschlossenen PTFE-Schlauchs an.

Die Befüllung der Probenflaschen erfolgt vom Flaschenboden zum Flaschenhals mittels eines PTFE-Schlauchs, wobei das Überlaufen des Inhalts über mehrere Füllzyklen gewährleistet wird. Anschließend wird der PTFE-Schlauch bei gleichbleibendem Durchfluss langsam aus der Probenflasche gezogen. Idealerweise bildet sich ein konvexer Meniskus (siehe **Bild 4.5**), auf den umgehend die Bördelkappe gesetzt und mit einer Bördelzange verschlossen wird (siehe **Bild 4.6**).

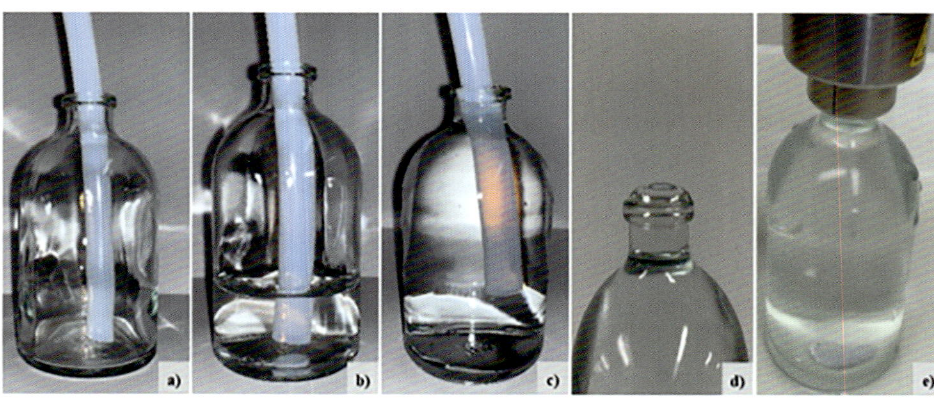

a) PTFE-Schlauch wird bis zum Boden der Probenflasche geführt
b) Flasche wird von unten nach oben gefüllt
c) Nach mehrfachem Austausch des Flaschenvolumens wird der PFTE-Schlauch langsam aus der Flasche gezogen
d) Ausbildung eines Meniskus
e) Flasche wird mit einer Bördelkappe verschlossen

Bild 4.5: Im Labor nachgestellte Schritte einer Probenabfüllung [35]

Bild 4.6: Verschluss einer N_2/Ar-Probe direkt nach der Abfüllung [36]

Die Bördelkappe muss fest und gleichmäßig um den Flaschenhals geschlossen sein, ohne das Septum zu deformieren. Eine unsachgemäße Bördelung – etwa schief oder ungleichmäßig – kann Undichtigkeiten verursachen und dadurch einen Gasaustausch mit der Umgebung begünstigen. Eine anschließende visuelle Kontrolle auf Lufteinschlüsse erfolgt durch Drehen der Flasche. Ist die Probe nicht luftblasenfrei abgefüllt, muss eine erneute Abfüllung erfolgen. Können aufgrund von vor Ort gegebenen Umständen keine luftblasenfreien Proben entnommen werden, ist dies entsprechend im Probenahmeprotokoll zu vermerken.

4.9 Probenbehälter/-beschriftung

Generelle Informationen und Anleitung über die Auswahl von Materialien für die Probenahmeausrüstung enthalten DIN EN ISO 5667 Teil 1 [37] und konkretisiert für die Probenbehälter DIN EN ISO 5667 Teil 3 [38]. Es soll verhindert werden, dass die Integrität der Probe zum Zeitpunkt der Probenahme und danach durch die zur Probenahme und ihrer anschließenden Lagerung verwendeten Materialien beeinträchtigt wird.

Als Probenbehälter werden in Abhängigkeit von den zu bestimmenden Stoffen Flaschen oder Gefäße aus Glas, Borosilikat, geeigneten Kunststoffen wie Polyolefinen oder aus Metallen verwendet. Sind Veränderungen durch Diffusion zu befürchten, dürfen nur Glas- oder Borosilikatflaschen bzw. Metallbehälter eingesetzt werden. Im Falle von Untersuchungen auf Lösemittel sind Glasflaschen mit Schliffstopfen einzusetzen, und wenn die Proben eingefroren werden müssen, kann man nur Behälter aus Metall, Polyolefinen oder vergleichbaren Kunststoffen verwenden. Auf jeden Fall ist die Auswahl der Behälter in Abstimmung mit dem untersuchenden Labor vorzunehmen, das gegebenenfalls Teilproben in verschiedenen Gefäßen erwartet.

Zweckmäßigerweise sollten alle Flaschen vor Beginn der Probenahme gekennzeichnet werden, z. B. mit einem aus dem Labordatensystem erzeugten, selbstklebenden Etikett.

Steht ein solches Etikett nicht zur Verfügung, so wird ein Etikett von Hand mit folgenden Angaben beschriftet:

- Probennummer
- Probenahmeort (Name der Messstelle, Messstellennummer)
- Datum der Probenahme
- Zu untersuchende(r) Parameter/Parametergruppe
- Ggf. Hinweis auf vor Ort durchgeführte Filtration
- Ggf. Hinweis auf zugesetzte Konservierungschemikalien

4.10 Probenvorbehandlung vor Ort

Ist eine Analyse unmittelbar nach der Probenahme nicht möglich und sollen die Ergebnisse der Probenahme für die Bedingungen zum Zeitpunkt der Probenahme repräsentativ sein, ist die Art der Handhabung und Konservierung, von Transport und Lagerung der Proben vor der Analyse von außerordentlicher Bedeutung. Eine allgemeine Anleitung zu diesen Themen ist in DIN EN ISO 5667-1 [37], DIN EN ISO 5667-3 [38] und DIN EN ISO 5667-14 [39] enthalten.

Die größte Schwierigkeit bei der Grundwasserprobenahme besteht darin, genaue Angaben über die Wasserbeschaffenheit im Untergrund zu erhalten. Probleme können aufgrund von physikalischen und chemischen Veränderungen bei der Probenahme auftreten. Das Grundwasser könnte mit gelösten Gasen übersättigt sein, und bei den meisten Verfahren der Grundwasserprobenahme wird die Probe Temperatur- und Druckschwankungen ausgesetzt, die Änderungen von Variablen wie pH-Wert, elektrischer Leitfähigkeit, elektrochemischem Potential, Sulfidgehalt und Gehalt an gelöstem Gas (insbesondere Sauerstoff und Kohlendioxid) auslösen können. Diese Änderungen können wiederum die Speziation einiger Inhaltsstoffe beeinflussen. Der Kontakt mit der Atmosphäre kann ähnliche Veränderungen bewirken und außerdem zu Oxidation, erhöhter mikrobiologischer Aktivität, Ausfällung, Verflüchtigung und verändertem Erscheinungsbild (z. B. Farbe und Trübung) führen. Es ist deshalb wichtig, dass die probefördernden Leitungen während der Probenahme keine Luft-(oder Gas-)blasen enthalten.

Unter Probenvorbehandlung versteht man alle Maßnahmen nach dem Wasseraustritt, beginnend mit Vorbehandlung und Stabilisierung bzw. Konservierung der Proben über ihren Transport und die Lagerung bis zur Analyse im Labor. Grundsätzlich gilt, dass die Probe in fest verschlossenen Behältern kühl und dunkel so schnell wie möglich dem untersuchenden Labor zuzustellen ist, wo sie sofort bearbeitet werden sollte. Ist eine solche Analyse kurze Zeit nach der Probenahme nicht möglich, müssen entsprechend anfällige Parameter durch geeignete Maßnahmen vor wesentlichen Veränderungen bewahrt werden. Details siehe Kapitel 3 „Probenvorbehandlung“.

behr
Labor-Technik

AQUABOX

Wasser-Durchflussmesszelle

für die simultane Vor-Ort-Analytik von bis zu sechs Parametern in Boden- und Abwässern

Die Wasser-Durchflussmesszelle behrotest® AQUABOX ist ideal für die sach- und fachgerechte Bestimmung der Feldparameter bei der Entnahme von Grund- und Abwasserproben.

Die behrotest® AQUABOX ist aus einer transparenten, schlagfesten Polyethylen-Verbindung (PETG) gefertigt. Die transparente Bauweise ermöglicht jederzeit eine optische Kontrolle eventueller Störungen, z.B. Sand- oder Schlammverunreinigungen.

Die behrotest® AQUABOX lässt sich zum Reinigen einfach und schnell durch eine Zentralverschraubung ohne Werkzeug von Hand zerlegen.

Alle wasserführenden Teile sind klebstofffrei aus PETG (Gefäße und Deckel) oder PP (Rohrzulauf und -ablauf) gefertigt. Die Prüfliquide werden daher durch Material und Bauweise nicht beeinflusst (keine Absorptions- und Desorptions-Erscheinungen).

Der Verschlussdeckel ist spritzwasserdicht und über Schnellverschlüsse leicht zu öffnen und schließen. Er verfügt über 6 variabel große, spritzwasserdichte Elektrodenhalter für Messelektroden bis Ø 25 mm (größere Durchmesser auf Anfrage).

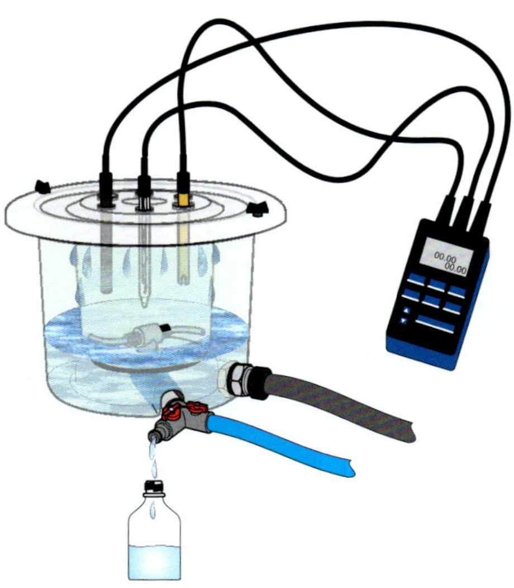

Für die Praxis im Feld

In der Messzelle strömt das Wasser der Probe spiralförmig von unten nach oben um die kreisförmig eingesetzten Messelektroden und wird über ein spritzwasserdichtes Umgefäß abgeleitet.

Sechs im Deckel angeordnete Elektrodenhalter, mit variablen Durchmessern, geben den Messelektroden im optimalen Strömungsbereich sicheren Halt.

Messung und Probennahme

Die Probenentnahme erfolgt im Wasserzulauf über ein im Bypass integriertes Ventil.

Das bietet die behrotest® AQUABOX

- Zeitgleiche, parallele Messungen verschiedener Parameter und somit die Möglichkeit der Auswahl des optimalen Probennahmezeitpunktes.
- Probenentnahme im Zufluss.
- Optimale Strömungsbedingungen.
- Norm-Anschlüsse für Schläuche.
- Universelle Elektrodenaufnahme.
- Transparente Bauweise aus Materialien, die die Prüfliquide nicht beeinflussen.
- Universell einsetzbar im Feld und im Labor.
- Online- und Stationärbetrieb sind ebenfalls möglich.
- Einfache Handhabung.
- Einfach zu säubern.
- Wartungsfrei.

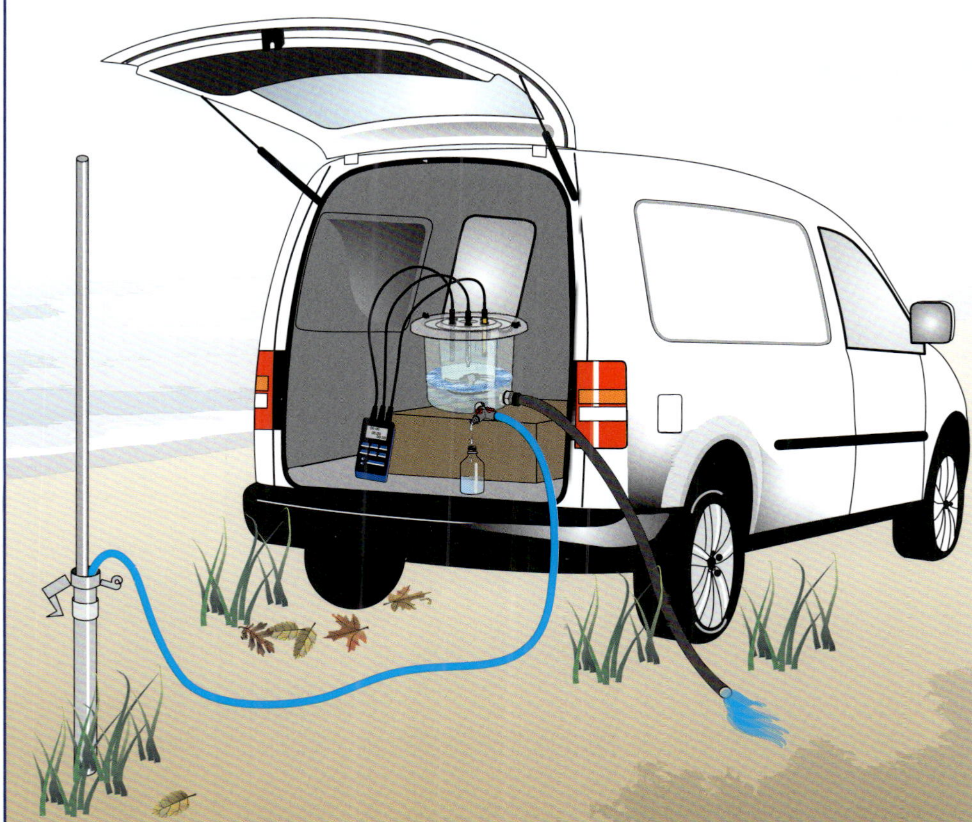

AQUABOX

Wasser-Durchflussmesszelle

Technische Daten

Max. Durchflussmenge:	18 l/min
Wasseraufnahme Strömungsgefäß:	4,5 l
Wasseraufnahme Umgefäß:	11,0 l
Maße (Höhe x Deckeldurchmesser):	26,0 x 38,5 cm
Material:	Gefäße und Deckel PETG Zu- und Ablaufrohre PP
6 variabel große, spritzwasserdichte Elektrodenhalter für Messelektroden	geeignet für 4 Messelektroden: mit Schaft Ø 9 bis 14 mm geeignet für 2 Messelektroden: mit Schaft Ø 12 bis 18 mm

Bestelldaten

behrotest® Wasser-Durchflussmesszelle AQUABOX	B00217040

https://behr-labor.com/de/produkte/umwelt_analytik_probenahme.29.html

behr Labor-Technik GmbH • Spangerstraße 8 • 40599 Düsseldorf
Tel.: (+49) (0) 211 – 748 47 19 • eMail: info@behr-labor.com
Internet: www.behr-labor.com

4.10.1 Filtration

Die Probenvorbehandlung beginnt meist mit der Frage, ob ein Filtrieren zulässig bzw. erforderlich ist oder nicht. Eigentlich sollte die Probe so klar sein, dass sich dies erübrigt, doch sind gerade bei Proben aus Grundwassermessstellen Ausnahmen sehr häufig. Zur Stabilisierung der Proben empfiehlt sich die Vor-Ort-Filtration, besonders wenn es darum geht, die Speziation von z. B. Metallen zu untersuchen. Tonmineralien können auch wegen ihrem hohen Adsorptions- und Ionenaustauschvermögen schon in normalen Proben verfälschend wirken. Falls Zweifel an den Auswirkungen einer Filtration bestehen, sind Parallelproben zu untersuchen. Falls eine Filtration erforderlich ist, so erfolgt diese grundsätzlich vor der Konservierung. Bei der Filtration von anaerobem Grundwasser ist sicherzustellen, dass diese auch unter anaeroben Bedingungen durchgeführt wird.

Es steht eine breite Palette an Filtermaterialien zur Verfügung, darunter Membranfilter auf Zellulose-Basis, Glasfaser- und Polykarbonatfilter. Kein Material kann allgemein empfohlen werden, obgleich Glasfaserfilter einige Vorteile gegenüber Materialien mit ähnlicher Porengröße (z. B. Zellulosefiltern) bieten, da sie weniger häufig verstopfen, aber dennoch eine ähnliche Filterungseffizienz aufweisen, was die Größe der zurückgehaltenen Partikel anbelangt. Filter sollten zuvor im Labor auf ihre Eignung und Reinheit geprüft werden. Untersuchungen haben gezeigt, dass unter routinemäßigen Probenahmebedingungen z. B. Nickel zu erhöhten Filtrationsblindwerten in unterschiedlichen Konzentrationen aus Membranfiltern derselben Charge führen. Durch vorheriges Spülen der Membranfilter mit Reinstwasser vor der Filtration sind diese Blindwerte jedoch zu minimieren. Weitere Hinweise zur Minimierung von Filtrationsblindwerten, zum Vergleich verschiedener Filtrationstechniken sowie zu Konzentrationsänderung durch zeitlich verzögerten Filtrationsbeginn siehe [40].

Gemäß Grundwasserverordnung ist eine Membranfiltration mit einer Porengröße von 0,45 µm für bestimmte Stoffe und Stoffgruppen, wie Arsen, Cadmium, Blei, Quecksilber, Pflanzenschutzmittel und deren Metaboliten, Biozid-Wirkstoffe einschließlich relevanter Stoffwechsel- oder Abbau- bzw. Reaktionsprodukte sowie bedenkliche Stoffe in Biozid-Produkten erforderlich [7].

Details zur Filtration von Wasserproben siehe Kapitel 3 „Probenvorbehandlung“.

4.10.2 Probenkonservierung

Als Konservierungsmaßnahmen kommen z. B. Kühlung auf (3 ± 2) °C, Einfrieren auf etwa -18 °C oder bestimmte Chemikalienzugaben in Frage. Die geringsten durch die Konservierung bedingten Veränderungen treten bei der Kühlung auf. Sie bewirkt insbesondere eine Hemmung der Aktivitäten von Organismen, deren Vorkommen auch in unbelastetem Grundwasser nicht auszuschließen ist. Dieser Effekt wird durch Lichtausschluss z. B. beim Transport in einer verschlossenen Kühlbox unterstützt. Das Einfrieren ist dagegen eher eine Labormethode, um die längere Zeit bis zur Analyse zu überbrücken. Chemikalien sollten nur dann zur Konservierung zugegeben werden, wenn kein anderes Konservierungsverfahren angewendet werden kann und die zugegebenen

Chemikalien bei der späteren Analyse nicht stören. In jedem Falle sind diese Konservierungen vorher mit dem untersuchenden Labor abzustimmen. Details zur Probenkonservierung siehe Kapitel 3 „Probenvorbehandlung“. Für mikrobiologische Untersuchungen wird auf DIN EN ISO 19458 [41] verwiesen.

Alle während und nach der Probenahme durchgeführten Vorbehandlungs- oder Konservierungsmaßnahmen sind im Probenahmeprotokoll zu vermerken.

4.11 Dokumentation und Messwerterfassung

Die Probenahme ist in einem entsprechenden Protokoll zu dokumentieren. Dieses soll dem Probenehmer als Merkliste dienen und dem untersuchenden Labor Informationen über die Tätigkeiten und Messungen bei der Probenahme vermitteln sowie Beobachtungen festhalten, die für den oft ortsunkundigen späteren Bewerter der Untersuchungsergebnisse von Bedeutung sind (siehe auch Kapitel 4.6 „Messungen und Feststellungen vor Ort“).

Ein Probenahmeprotokoll muss keiner Form unterliegen; wichtig ist nur, dass es alle für das Untersuchungsziel sowie für eine Wiederholung der Probenahme unter identischen Bedingungen relevanten Informationen enthält. Geeignete Muster von Protokollen zur Grundwasserprobenahme sind z. B. in DIN 38402 Teil 13 [4], ISO 5667-11 [3], DWA-A 909 [5] oder LUBW-Leitfaden [18] enthalten. In **Bild 4.7** ist ein Muster-Probenahmeprotokoll dargestellt auf der Basis von [5] und [42].

4.12 Transport und Lagerung

Die gefüllten Probenflaschen sind bruch- und frostsicher sowie wärme- und lichtgeschützt zum Labor zu transportieren. Während des Transports müssen Proben in einer Kühleinrichtung aufbewahrt werden, die geeignet ist zur Aufrechterhaltung einer Temperatur zwischen (5 ± 3) °C. Zur sachgerechten Beurteilung der Bedingungen während des Transports kann ein Gerät zur Aufzeichnung der (maximalen) Temperatur der die Probe umgebenden Luft verwendet werden. Der Temperatursensor sollte dann in einem kleinen Behälter (z. B. 50 bis 100 ml) angeordnet werden, der mit einer Flüssigkeit gefüllt ist, um kurzzeitige Temperaturschwankungen zu vermeiden [38].

Die Probenübergabe sollte im Probenahmeprotokoll durch Unterschrift des Probenehmers / der Probenehmerin bestätigt oder in einem Probenbegleitschein dokumentiert werden.

4

Muster-Probenahmeprotokoll für Grundwasser

Datum der Probenahme:	**Probennummer:**
Messstellenname:	**Messstellen-Nr:**
Ort / Gemeinde:	**Koordinaten: Nord:** **Ost:**

Art der Probenahmestelle (a. Grundwassermessstelle b. Quelle c. Brunnen d. Stollen e. andere: bitte beschreiben):

Innendurchmesser: (mm) **Teufe der Messstelle, gemessen:** (m u. MP)

Zustand der Probenahmestelle:

Probenahme (Abgleich mit Daten aus ggf. vorliegendem Messstellenpass vornehmen)

Art der Probengewinnung: (a. Pumpprobe, b. Schöpfprobe, c. aus Zapfhahn, d. andere: bitte beschreiben)	Probenahmegerät: a. MP1 mit Steigrohr b. MP1 mit Schlauch c. Saugpumpe d. Kreiselpumpe e andere bitte beschreiben
Zu entnehmendes Wasservolumen gemäß Erstcharakterisierung: (l)	Einhängetiefe der Pumpe: (m unter MP)
Ruhewasserspiegel (m unter MP):	Erwartete Absenkung: (m)
Uhrzeit Pumpbeginn: Uhrzeit Pumpende:	Förderdauer (Klarpumpen bis zur Probenahme) [hh:mm]:
Förderrate (bei Probenahme): (l/s)	Gesamtfördervolumen (bis Probenahme): (l)
Uhrzeit Probenahme:	Max. Absenkung (m unter Ruhewasserspiegel): (unter Messpunkt, bei/nach der Probenahme)
Aufschwimmende Phase (ja/nein):	
Schichtdicke der Phase: (cm)	

Vor-Ort-Parameter

Lufttemperatur: (°C)	Wassertemperatur: (°C)
Witterung am Probenahmetag:	Witterung an den letzten 3 Tagen:

Geruchsstärke (ohne – schwach – mittel - stark):

Geruch (geruchlos, erdig, modrig, faulig, jauchig, fischig, aromatisch, Chlor, Teer, Mineralöl, Schwefelwasserstoff, anderer):

Färbung (farblos – schwach, stark – weiß, grau, gelb, grün, braun, rot, schwarz, andere):

Trübung (keine, gering, mittel, stark):

Bodensatz (ohne, Spuren, geringfügig, wesentlich):

Basekapazität bis pH 8,2 ($K_{B\ 8,2}$): (mmol/l)

Seite 1 von 2

Bild 4.7: Probenahmeprotokoll für Grundwasser (verändert nach [5] und [42])

Muster-Probenahmeprotokoll für Grundwasser

Verlauf der Vor-Ort-Parameter während des Pumpens bis zur Probenahme:

Uhrzeit	abgesenkter GW-Stand [m u. MP]	Pumpvolumen	Förderrate [l/s]	Temp. [°C]	L_f [µS/cm] bei __°C	pH	O_2 [mg/l] oder [%]	ggf. Redoxspannung [mV]	Bemerkungen (z. B. Beharrung erreicht)

Probenvorbehandlung/Probenbehälter

Parameter (Gruppe)	**Filtration**	Konservierungsmittel		Material/Volumen [ml]		Füllgrad bei leichtflüchtigen Parametern	Probenbezeichnung
	ja/nein	Art	Menge	Probenbehälter	Deckel/Septum		

Bemerkungen, z. B.:

Kurier, Transportbedingungen:

Nummer der Probenahme innerhalb der Reihenfolge einer Probenahmekampagne:

Weiteres (z. B. Blindprobe nach Reinigungsvorgang):

Die Probenahme und die Probenvorbereitung (Filtration, Konservierung etc.) sowie die Messungen der Vor-Ort-Parameter erfolgten gemäß Arbeitsanweisung.

Übergabe der Probe(n) an Untersuchungsstelle:

Die Proben wurden gemäß Arbeitsanweisung am: um: Uhr an die Untersuchungsstelle übergeben.

Verantwortlicher Probenehmer:

Unterschrift:

Seite 2 von 2

Bild 4.7: (Fortsetzung)

4.13 Reinigung der Probenahmegeräte

Die Probenahmegeräte (Pumpen und Steigrohre bzw. Schläuche) sind so zu reinigen, dass die folgende Analyse nicht beeinträchtigt wird.

Die Reinigung von Steigrohren oder Schläuchen sollte mit Leitungswasser ohne Zusatz von z. B. Säuren oder phosphathaltigen Spülmitteln erfolgen. In der Praxis als geeignet erwiesen hat sich die Verwendung von Reinigungskugeln oder Schwämmen, die mit Druckluft oder Wasser durch die Rohre/Schläuche durchgedrückt werden.

Es sollten keine Geräte wie Hochdruckreiniger verwendet werden, die die Wandungen beschädigen können. Anschließend sollen die Steigrohre/Schläuche getrocknet werden, um Schimmelbefall vorzubeugen.

In regelmäßigen Abständen sind die Probenahmegeräte auf Kontaminationen oder Beschädigungen zu prüfen und erforderlichenfalls auszutauschen.

Die Wirksamkeit der Reinigungsmaßnahmen ist, wie in Kapitel 4.14 beschrieben, durch Blindwertuntersuchungen (Überprüfung des Spülwassers nach erfolgter Reinigung) zu überprüfen und zu dokumentieren.

4.14 Spezifische Qualitätssicherungs- und -kontrollmaßnahmen

Neben der schon in anderen Kapiteln beschriebenen Sicherung der Analysenqualität und der notwendigen Überwachung von Probenahme und Probenbehandlung ist die Überprüfung der Probenahmestellen auf Funktion und Repräsentativität der Wasserprobe von besonderer Bedeutung.

DIN EN ISO 5667-14 [39] beschreibt sowohl präventive Qualitätssicherungsmaßnahmen als auch verschiedene Verfahren zur Kontrolle der Qualität aller Arten von Wasserprobenahme.

Von den dort aufgeführten Qualitätskontrollmaßnahmen sind insbesondere die zur Prüfung auf Kontaminationen des Probenahmesystems relevant. Um mögliche Kontaminationen während der Probenahme und des Transports festzustellen, ist regelmäßig und in begründeten Verdachtsfällen eine Blindprobe zu nehmen, zu untersuchen und zu dokumentieren. Dazu wird Reinstwasser, dessen Blindwert geprüft und dokumentiert wurde, vor Ort wie eine reale Probe behandelt und allen Verfahrensschritten (z. B. Pumpen oder Schöpfen, Filtrieren, Konservieren, Transport und Lagerung) unterworfen.

Häufigkeit und Zeitabstände sowie die Art und Durchführung der Kontrollmaßnahmen sind von den Zielen des Programms sowie von der Anzahl der Probenahmen abhängig und bei der Planung des Überwachungsprogramms festzulegen und zu dokumentieren. Es wird empfohlen, dass mindestens 2 % der Analysenkapazität für die Qualitätskontrolle der Probenahme aufgewendet werden sollte [39]. Die Kontrollmaßnahmen müssen das gesamte Probenahmepersonal berücksichtigen. Werden Auffälligkeiten festgestellt, so ist eine Ursachenermittlung durchzuführen. Diese sind in Zusammenarbeit mit dem Probenahmepersonal zu bewerten und die Fehlerquellen zu beseitigen.

Für die Durchführung wiederkehrender Grundwasserprobenahmen ist es wichtig, dass regelmäßige Überprüfungen der Grundwassermessstellen hinsichtlich der hydraulischen Funktionstüchtigkeit und ihres baulichen Zustands durchgeführt werden (siehe Kapitel 4.3.8). Die Probenahmeakten müssen stets aktualisiert werden, insbesondere zur Lage des Ruhewasserspiegels, der Einhängetiefe der Pumpe, der Pumpenförderleistung und des Abpumpvolumens.

Literatur

[1] DIN 4049-3:1994-10, Hydrologie – Teil 3: Begriffe zur quantitativen Hydrologie

[2] DIN 38402-13:1985-12, Deutsche Einheitsverfahren zur Wasser-, Abwasser- und Schlammuntersuchung; Allgemeine Angaben (Gruppe A); Probenahme aus Grundwasserleitern (A 13) – zurückgezogen. Dokument wurde ersetzt durch DIN 38402-13:2021-12

[3] ISO 5667-11:2009-04, Guidance on sampling of groundwaters

[4] DIN 38402-13:2021-12, Deutsche Einheitsverfahren zur Wasser-, Abwasser- und Schlammuntersuchung – Allgemeine Angaben (Gruppe A) – Teil 13: Planung und Durchführung der Probenahme von Grundwasser (A 13)

[5] DWA-A 909:2011-12, Grundsätze der Grundwasserprobennahme aus Grundwassermessstellen

[6] Verordnung über die Qualität von Wasser für den menschlichen Gebrauch, (Trinkwasserverordnung – TrinkwV 2023): Trinkwasserverordnung vom 20. Juni 2023 (BGBl. 2023 I Nr. 159, S. 2)

[7] Verordnung zum Schutz des Grundwassers (Grundwasserverordnung – GrwV): Grundwasserverordnung vom 9. November 2010 (BGBl. I S. 1513), die zuletzt durch Artikel 1 der Verordnung vom 12. Oktober 2022 (BGBl. I S. 1802) geändert worden ist

[8] DVGW W 115:2008-07, Bohrungen zur Erkundung, Beobachtung und Gewinnung von Grundwasser

[9] DVGW W 129 (A):2012-05, Eignungsprüfung von Grundwassermessstellen

[10] DVGW-Information W 111:2022-06, Hinweise für die Funktions- und Eignungsprüfung von Grundwassermessstellen

[11] Schenk, V.: Erfahrungen beim Bau tiefer Grundwassermeßstellen und bei der Bestimmungen des Probenahmezeitpunktes. In: bbr 2/1983: S. 51-56

[12] DVWK: Einflüsse von Meßstellenausbau und Pumpenmaterialien auf die Beschaffenheit einer Wasserprobe; Deutscher Verband für Wasserwirtschaft und Kulturbau (DVWK), Mitteilungen Heft 20, 141 S., Bonn 1990

[13] ISO 5667-22:2010-08, Guidance on the design and installation of groundwater monitoring points

[14] Köster, B., Barczewski, B. & Klaas, N.: Stand des Wissens bezüglich der Beprobung von Grundwasser bei Altlasten. Literaturstudie, Stuttgart 1997

[15] Grundwasserüberwachungsprogramm – Beprobung von Grundwasser. Literaturstudie, LfU Baden-Württemberg, ISSN 1437-0131, Bd. 9, 1999

[16] DVWK: Entnahme und Untersuchungsumfang von Grundwasserproben; Deutscher Verband für Wasserwirtschaft und Kulturbau (DVWK), Regeln zur Wasserwirtschaft Heft 128, 36. S., Parey Verlag, Hamburg 1992

[17] DVWK: Grundwasser – Redoxpotentialmessungen und Probenahmegeräte; Deutscher Verband für Wasserwirtschaft und Kulturbau (DVWK), Schriften Heft 84, 172 S.; Parey Verlag, Hamburg 1989

[18] LUBW (2013): Leitfaden Grundwasserprobennahme. Verfügbar unter: https://pudi.lubw.de

[19] LAWA AQS-Merkblatt P-8/2; Probenahme von Grundwasser (September 2023)

[20] LANUV NRW (2018): Leitfaden zur Anwendung von Qualitätsanforderungen an Grundwasser-Messstellen nach EG-Wasserrahmenrichtlinie in NRW

[21] Landesamt für Umwelt, Landwirtschaft und Geologie Sachsen (2018): Merkblatt Funktionsprüfung an Grundwassermessstellen, Hrsg.: Arbeitskreis Grundwasserbeobachtung

[22] NLWKN (2014): Grundwasser Band 18, Gewässerüberwachungssystem Niedersachsen (GÜN)– Güte- und Standsmessnetz Grundwasser

[23] Bundesministerium für Land- und Forstwirtschaft, Umwelt und Wasserwirtschaft: Richtlinie für die Errichtung und Beobachtung von Quellmessstellen in Österreich (2009); Wien 2009

[24] Köstler, B., Barczewski, B. & Klaas, N.: Stand des Wissens bezüglich der Beprobung von Grundwasser bei Altlasten. Literaturstudie, LfU Baden-Württemberg Stuttgart 1997

[25] BWK-Merkblatt 5: Erarbeitung von Leistungsbeschreibungen und Leistungsverzeichnissen zur Grundwasserprobenahme bei Altlasten im Lockergestein; Bund der Ingenieure für Wasserwirtschaft, Abfallwirtschaft und Kulturbau (BWK) e. V., Sindelfingen 2014

[26] Fachbeitrag des LUGV: Hydrogeologische Gutachten zur Neufestsetzung von Wasserschutzgebieten im Land Brandenburg; Landesamt für Umwelt, Gesundheit und Verbraucherschutz (LGUV), Heft Nr. 117. Brandenburg, Potsdam 2011

[27] Landesumweltamt Nordrhein-Westfalen: Grundwasseruntersuchungen an Altlasten im Lockergestein. Materialien zur Altlastensanierung und zum Bodenschutz MALBO 25, Essen 2006

[28] DIN EN ISO 7887:2012-04, Wasserbeschaffenheit – Untersuchung und Bestimmung der Färbung (ISO 7887:2011); Deutsche Fassung EN ISO 7887:2011

[29] Düngeverordnung vom 26. Mai 2017 (BGBl. I S. 1305), die zuletzt durch Artikel 32 der Verordnung vom 11. Dezember 2024 (BGBl. 2024 I Nr. 411) geändert worden ist

[30] Bundesministerium für Ernährung und Landwirtschaft: Allgemeine Verwaltungsvorschrift zur Ausweisung von mit Nitrat belasteten und eutrophierten Gebieten (AVV Gebietsausweisung – AVV GeA) vom 10. August 2022

[31] LANUK NRW: FAQs zur Ausweisung von mit Nitrat belasteten und eutrophierten Gebieten Stand: 20.11.2024. Verfügbar unter: https://www.lanuk.nrw.de/fileadmin/lanuv/wasser/pdf/FAQs_Gebietsausweisung_fuer_Infostelle_01_2025.pdf

[32] Weymann, D.; Well, R.; Flessa, H.; von der Heide, C.; Deurer, M.; Meyer, K.; Konrad, C.; Walther, W.: Groundwater N_2O emission factors of nitrate-contaminated aquifers as derived from denitrification progress and N_2O accumulation. Biogeosciences (2008), S.1.215-1.226

[33] Niedersächsischer Landesbetrieb für Wasserwirtschaft, Küsten- und Naturschutz (NLWKN): Messung des Exzess-N_2 im Grundwasser mit der N_2/Ar-Methode als neue Möglichkeit zur Prioritätensetzung und Erfolgskontrolle im Grundwasserschutz. Grundwasser (2012), Band 15

[34] Eschenbach, W.: Bestimmung der Denitrifikation mit der N_2/Ar Methode und der 15N-push-pull Technik. 2012. Verfügbar unter: https://www.lbeg.niedersachsen.de/download/67126/Bestimmung_der_Denitrifikation_mit_der_N2-Ar_Methode_und_der_15N-push-pull_Technik_W_Eschenbach.pdf (abgerufen am 17.04.2025)

[35] Franklin, M.: Gewinnung repräsentativer Proben zur Bestimmung der gelösten Gase Stickstoff und Argon im Grundwasser (unveröffentlichte Projektarbeit Technische Hochschule Ostwestfalen-Lippe), 2021

4

[36] Franklin, M.: Vortrag „N_2/Ar Methode Bestimmung des Exzess- N_2 im Grundwasser". In BEW-Veranstaltung „Probenahme von Grundwasser", 2022

[37] DIN EN ISO 5667-1:2025-08, Wasserbeschaffenheit – Probenahme – Teil 1: Anleitung zur Erstellung von Probenahmeplänen und Probenahmetechniken (ISO 5667-1:2023); Deutsche Fassung EN ISO 5667-1:2023

[38] DIN EN ISO 5667-3:2024-09, Wasserbeschaffenheit – Probenahme – Teil 3: Konservierung und Handhabung von Wasserproben (ISO 5667-3:2024); Deutsche Fassung EN ISO 5667-3:2024

[39] DIN EN ISO 5667-14:2016-12, Wasserbeschaffenheit – Probenahme – Teil 14: Anleitung zur Qualitätssicherung und Qualitätskontrolle bei der Entnahme und Handhabung von Wasserproben (ISO 5667-14:2014); Deutsche Fassung EN ISO 5667-14:2016

[40] Umweltforschungsplan des Bundesministeriums für Umwelt, Naturschutz und Reaktorsicherheit (UFOPLAN 204 22 213): Einfluss von Probenahme und Probenvorbereitung auf die Ergebnisse bei der Bestimmung ausgewählter prioritärer Stoffe auf die Wasserrahmenrichtlinie. September 2006, ISSN 1862-4804. Publikation ist ausschließlich als Download verfügbar unter: http://www.umweltbundesamt.de

[41] DIN EN ISO 19458:2006-12, Wasserbeschaffenheit – Probenahme für mikrobiologische Untersuchungen (ISO 19458:2006)

[42] Merkblatt Nr. 3.8/6: Entnahme und Untersuchung von Wasserproben bei Altlasten und schädlichen Bodenveränderungen; Bayrisches Landesamt für Umwelt, Augsburg 2023. Verfügbar unter: https://www.stmuv.bayern.de/themen/boden/vollzug/doc/merkblatt_3_8_6_stmuv.pdf

5 Probenahme von Roh- und Trinkwasser

Dr. Ulrich Borchers*

5.1 Einleitung

Trinkwasser ist für den Menschen ein unersetzliches Gut und wird gerne als das wichtigste Lebensmittel bezeichnet. Aufgrund der Tatsache, dass Trinkwasser im Vergleich zu allen anderen Lebensmitteln lebenslang ohne Alternative aufgenommen werden muss, wurden hierfür besonders hohe Qualitätsstandards formuliert. Die strengen Grenzwerte der Trinkwasserverordnung (TrinkwV) [1] stellen sicher, dass auch bei lebenslangem Verzehr von Trinkwasser keine Gefährdung der Gesundheit des Verbrauchers zu besorgen ist. Die Grenzwerte der nationalen Deutschen TrinkwV sind dabei im Einklang mit der aktuellen EU-Trinkwasserrichtlinie aus dem Jahr 2020 [2]. Die besonderen Anforderungen an Trinkwasser sind im technischen Deutschen Regelwerk des DVGW [3] und zum Beispiel auch in der DIN 2000 [4] niedergeschrieben worden. Das Regelwerk wird in der TrinkwV an vielen Stellen als „allgemein anerkannte Regeln der Technik" (a.a.R.d.T.) zitiert und die Einhaltung des Regelwerks wird durch die Nennung in der Verordnung an mehreren Stellen gesetzlich verbindlich.

Wasser kommt in der Natur häufig in einer nicht voll den Anforderungen der TrinkwV [1] entsprechenden Qualität vor, sodass es zur Sicherstellung einer nachhaltig einwandfreien Beschaffenheit und zum Schutz vor nachteiligen Beeinflussungen aufbereitet werden muss, bevor es als Trinkwasser in die öffentliche Wasserversorgung eingespeist werden darf. Die Hauptquellen des Trinkwassers sind in Deutschland Grundwasser zu etwa 60 % der Gesamtmenge und verschiedene Arten von fließenden oder gestauten Oberflächenwassern bzw. von Oberflächenwasser beeinflusstes Wasser wie etwa Uferfiltrat (in Summe etwa 40 %).

Die Aufbereitung des Wassers zu Trinkwasser erfolgt mit zum Teil einfacheren mechanischen oder physikalischen Verfahren bis hin zu technisch aufwendigen Verfahren, die Oxidations- und Adsorptionsprozesse (z. B. Aktivkohle) sowie Nanofiltration und Umkehrosmose einschließen.

In jedem Fall muss das Rohwasser, aus dem Trinkwasser hergestellt wird, und auch das fertige Produkt Trinkwasser regelmäßig und umfassend untersucht werden, damit die verordnungskonforme und damit unbedenkliche Beschaffenheit bestätigt wird. Die Untersuchungspflicht für das Trinkwasser wird im Abschnitt 9 der TrinkwV (§§ 41 bis 44) geregelt. Dort werden jedoch nicht nur die Anforderungen an die Untersuchung festgelegt, sondern der Gesetzgeber schaltet die Probenahme des Trinkwassers wegen der entscheidenden Bedeutung im Gesamtgefüge gleich. Die Probenahmeverfahren sind in der neuen Verordnung aus dem Jahr 2023 in einem eigenen Paragrafen Nr. 42 geregelt.

* unter Verwendung des Kapitels von W. Nissing aus der 1. Auflage 1998 sowie von U. Borchers aus der 2. Auflage 2018

Tabelle 5.1: Auswahl der relevantesten Normen für die Probenahme von Trinkwasser

Norm	Titel
DIN EN ISO 5667-1	Wasserbeschaffenheit – Probenahme – Teil 1: Anleitung zur Erstellung von Probenahmeplänen und Probenahmetechniken
DIN EN ISO 5667-3	Konservierung und Handhabung von Wasserproben
DIN ISO 5667-5	Anleitung zur Probenahme von Trinkwasser aus Aufbereitungsanlagen und Rohrnetzsystemen
DIN EN ISO 5667-14	Anleitung zur Qualitätssicherung und Qualitätskontrolle bei der Entnahme und Handhabung von Wasserproben
ISO 5667-21	Anleitung zur Probenahme von Trinkwasser aus Transport- und Vorratsbehältern
DIN EN ISO 19458	Probenahme für mikrobiologische Untersuchungen

Die Probenahme hat in der Regel sicherzustellen, dass die entnommenen und zur Untersuchung gebrachten Proben einen repräsentativen Charakter für das Wasservorkommen bzw. die Wasserversorgung oder -aufbereitung haben. Insofern ist die Probenahme ein statistischer Vorgang, bei dem aus einem großen Wasservolumen ein relativ kleines Probevolumen entnommen wird. Aus dem Untersuchungsergebnis dieser Stichprobe wird auf die Beschaffenheit des gesamten Wassers geschlossen. Damit hat die Gewinnung einer repräsentativen Wasserprobe den gleichen Stellenwert wie die Wasseranalyse selbst.

Die Probenahme aller relevanten Wasserarten ist heute im Normenwerk umfassend beschrieben. Auf nationaler Ebene sind in der DIN 38402 in einigen Teilen Probenahmeverfahren für Wasser beschrieben. Im internationalen Umfeld der ISO-Normen sind in der Normenreihe ISO 5667 heute viele Aspekte der Probenahme, der Konservierung von Proben oder dem QM bei der Probenahme in diversen Matrices beschrieben. Eine Auswahl der relevantesten Normen für den Trinkwasserbereich bietet **Tabelle 5.1**.

5.2 Wasserarten

5.2.1 Rohwasser

Rohwasser ist nach DIN 4046 ein Wasser, das vor seiner Verwendung als Trinkwasser aufbereitet werden muss. Die hierzu erforderlichen Aufbereitungsverfahren unterscheiden sich nach Art und Beschaffenheit des Wassers. Die Konzentrationen der in natürlichen Grundwässern enthaltenen Stoffe (Eisen, Mangan, gelöstes Kohlendioxid) unterliegen meist nur geringen zeitlichen Schwankungen und lassen sich mit oft einfachen Aufbereitungsverfahren vermindern.

Problematischer kann die Aufbereitung von durch landwirtschaftliche Tätigkeit belasteten Grundwässern (Ammonium, Nitrat, Pflanzenbehandlungsmittel) sein, wobei hierbei mitunter zeitlich schwankende Konzentrationen auftreten, die erschwerend bei der Wasseraufbereitung sein können.

Erfrischend kühles Quellwasser hat in der Vergangenheit die qualitativen Anforderungen an das Trinkwasser bestimmt. Für die öffentliche Wasserversorgung wird das Quellwasser aus gefassten Quellen gewonnen. Ihre Schüttung unterliegt jahreszeitlichen und meteorologischen Einflüssen. Bei starker Schüttung und als Folge von Niederschlägen werden häufig Veränderungen im Trübstoffgehalt und in der mikrobiologischen Beschaffenheit beobachtet. Daneben können Quellwässer erheblich schwankende Konzentrationen an gelösten Gasen (z. B. Kohlendioxid) aufweisen.

Oberflächengewässer sind oft durch häusliche und industrielle Abwässer belastet. Sie enthalten eine Vielzahl unterschiedlicher anthropogener Stoffe, die abfluss- und einleitungsbedingt in stark schwankenden Konzentrationen auftreten können. Fließende Oberflächengewässer als Rohwässer stellen höchste Anforderungen an die Verfahrenstechnik und Überwachung der Aufbereitungsanlagen.

Durch Aufstau von vor direkter Einleitung von Abwässern geschützten Flusssystemen in Talsperren ist häufig eine gute Rohwasserqualität sicherzustellen. Allerdings kann die Wasserqualität durch biologische Vorgänge in den Speichern saisonal verändert werden. Dadurch kann die Wirksamkeit von Aufbereitungsverfahren stark beeinflusst werden.

5.2.2 Trinkwasser

Trinkwasser muss bei seiner Abgabe an den Verbraucher den gesetzlichen Vorschriften [1, 2] entsprechen. Als Trinkwasser wird das Wasser definiert, das im ursprünglichen Zustand oder nach Aufbereitung dem Verbraucher zum menschlichen Genuss zur Verfügung gestellt wird.

Es umfasst alles Wasser, das zum Trinken, zum Kochen, zur Zubereitung von Speisen und Getränken oder insbesondere zu den folgenden anderen häuslichen Zwecken bestimmt ist:

- Zur Körperpflege und -reinigung
- Zur Reinigung von Gegenständen, die bestimmungsgemäß mit Lebensmitteln in Berührung kommen
- Zur Reinigung von Gegenständen, die bestimmungsgemäß nicht nur vorübergehend mit dem menschlichen Körper in Kontakt kommen (Wäsche, Kleidung)
- Zu sonstigen in Bezug auf die menschliche Gesundheit relevanten häuslichen Zwecken
- In Lebensmittelunternehmen verwendetes Wasser zur Herstellung, Behandlung, Konservierung oder zum Inverkehrbringen von Erzeugnissen oder Substanzen, die für den menschlichen Gebrauch bestimmt sind

Somit ist die Stelle der Einhaltung bei der häuslichen Wasserversorgung diejenige Zapfstelle im Haushalt, an der das Wasser für die oben genannten Zwecke entnommen wird. Bei der öffentlichen Wasserversorgung hat das Wasser nach erfolgter Aufbereitung oder – falls keine Aufbereitung erforderlich wird – beim Verlassen des Wasserwerks die erforderliche Trinkwasserqualität. Einrichtungen der öffentlichen Wasserversorgung, wie Druckerhöhungsanlagen, Wasserspeicher oder insbesondere die Versorgungsleitungen im Netz, enthalten demnach Trinkwasser.

Abhängig von der Größe des Versorgungsgebiets und den Entnahmegewohnheiten der Abnehmer hat das Trinkwasser eine unterschiedliche Aufenthaltszeit im Versorgungssystem. Trinkwasser hat aber, wie alle Lebensmittel, nur eine begrenzte Haltbarkeit, unterliegt also zeitlichen Qualitätsveränderungen. Durch Überwachung der Beschaffenheit des Trinkwassers von der Gewinnung über die Aufbereitung und die Verteilung bis zum Zapfhahn des Verbrauchers wird sichergestellt, dass die strengen gesetzlichen Anforderungen eingehalten werden. Damit ist eine gesundheitliche Beeinträchtigung oder seuchenhygienische Gefährdung der Bevölkerung über das Trinkwasser praktisch ausgeschlossen.

5.2.3 Wasser aus Wasserwerken

In den Wasserwerken fallen in Zwischenstufen auch Wässer an, die keine Trinkwasserqualität haben. Dies sind neben den Rohwässern vorwiegend Wässer aus Wasseraufbereitungsanlagen, wie Filterrückspülwasser, Abläufe von Flockungs- und Sedimentationsanlagen sowie Regenerate und Abwässer aus Enthärtungs- und Entcarbonisierungsanlagen. Aus diesen Wässern oder den Wasserwerksschlämmen werden mitunter Wertstoffe zurückgewonnen. So werden beispielsweise Kalkschlämme aus der Enthärtung zu Düngezwecken in der Landwirtschaft oder Eisenschlämme in der Zement- oder Ziegelherstellung verwendet. Im ersten Fall sind dabei Vorgaben der Düngemittelverordnung (DüMV) [5] einzuhalten. Ein Teil der Wässer wird in das Rohwasser zurückgeführt, der größere Anteil wird jedoch nach eventueller Vorreinigung in Abwassersysteme oder in Gewässer eingeleitet. Hierfür gelten die gesetzlichen Einleitungsvorschriften (Anhang 31 der AbwV) [15], deren Einhaltung durch entsprechende Probenahme und Wasseruntersuchung nachgewiesen werden muss.

5.3 Planung der Probenahme

Ziel der Probenahme ist eine Untersuchung der Wässer, die zur Herstellung von Trinkwasser oder die als Trinkwasser direkt verwendet werden. Dabei ist die Überwachung des Transportwegs vom Wasserwerk bis zum Zapfhahn des Verbrauchers (Verteilungsnetz, Trinkwasserinstallation) eingeschlossen.

Die gesetzlich festgelegten Richt- und Grenzwerte [1] sowohl für das Rohwasser als auch für das Trinkwasser erfordern parameterbezogene Probenahmen, in der Regel als Stichprobe oder Zufallsstichprobe. Hierzu dienen vorwiegend Einzelproben, nur in Ausnahmefällen werden Durchschnittsproben verwendet. Die Probenahmehäufigkeit ist in den entsprechenden Vorschriften festgelegt. Für das Trinkwasser richtet sich die

Probenahmehäufigkeit nach der abgegebenen Trinkwassermenge nach den Vorgaben der Anlage 6, II TrinkwV [1].

Zur Steuerung und Überwachung von Aufbereitungsanlagen muss die Probenahmehäufigkeit den Qualitätsschwankungen des Rohwassers angepasst werden. Berücksichtigt man, dass viele Aufbereitungsverfahren ein beträchtliches Dämpfungsverhalten und Zeitverzögerungen in Bezug auf die Schwankungen der Wasserbeschaffenheit bewirken, so ist eine parameterbezogene Stichprobe häufig ausreichend. Unterliegt die Rohwasserqualität, beispielsweise bei Flusswasserentnahmen, plötzlichen und starken Schwankungen, so kann eine kontinuierliche Probenahme bzw. kontinuierliche Messung relevanter Parameter erforderlich sein [6].

Bei Schadensfällen in Oberflächengewässern, die durch unerlaubte Einleitungen, Unfälle, Katastrophen etc. hervorgerufen wurden, ist in der Regel zur Beweissicherung eine Entnahme von Stichproben notwendig. Diese können besonders bei länger anhaltender Kontamination zur Verminderung des Untersuchungsaufwands zu zeitabhängigen Durchschnittsproben vereinigt werden. Da die Aufbereitung des Wassers vielfach in mehreren Stufen erfolgt, kann es erforderlich sein, die Wirkung jedes Verfahrensschritts durch Probenahme und Untersuchung des Zu- und Ablaufs der einzelnen Stufen zu ermitteln. Dabei haben sich zeitabhängige Durchschnittsproben als sinnvoll erwiesen. Bei optimierter Verfahrenstechnik der Anlagen kann die Probenahme nach den Einzelstufen in größeren Zeitabständen erfolgen. Der Gesamtwirkungsgrad des Aufbereitungsverfahrens sollte jedoch möglichst häufig durch den Vergleich der Zu- und Ablaufqualität überwacht werden.

Für Messgrößen, die zur automatischen Steuerung und Regelung von Aufbereitungsprozessen verwendet werden, sind kontinuierliche Probenahmen mit entsprechenden Messwertgebern erforderlich. Parameter für solche Online-Überwachungen sind beispielsweise: Temperatur, elektrische Leitfähigkeit, pH-Wert, Trübung, spektraler Absorptionskoeffizient, Konzentration an freiem Chlor und Chlordioxid [6].

Die Probenahme in Trinkwasserspeichern und im Transportsystem beschränkt sich im Allgemeinen auf Stichproben für mikrobiologische Untersuchungen und auf die chemischen Parameter, die laut TrinkwV Änderungen im Verteilungsnetz oder der Trinkwasserinstallation unterliegen (Anlage 2, II TrinkwV). Bei ungünstigen Betriebsbedingungen mit langen Aufenthaltszeiten im Rohrnetz können Messungen der Trübung sowie des Gehalts an Eisen und Mangan die Planung von Netzspülungen unterstützen.

Durch Korrosionsvorgänge kann es zu Werkstoffzerstörungen und Veränderungen der Wasserbeschaffenheit im Verteilungssystem und in der Trinkwasserinstallation kommen. Die Probenahme hat sich dann am Problem- bzw. Schadensfall zu orientieren, wobei in der Regel Stichproben ausreichend sind [7].

5.4 Generelle Anforderungen an die Probenahme

Die zu entnehmende Probe muss für das zu untersuchende und zu beurteilende System – vom Rohwasser, über Wasseraufbereitung und Verteilung bis zum Trinkwasser beim Verbraucher – repräsentativ sein. Dem muss bei der Festlegung der Probenahmeorte und -stellen Rechnung getragen werden. Die anzuwendende Technik der Probenahme hängt davon ab, ob sich das Wasser drucklos in zur Atmosphäre offenen Anlageteilen oder unter Druck in geschlossenen Behältern oder Rohrleitungen befindet.

An eine Trinkwasserprobenahme sind daher hohe fachliche Anforderungen zu stellen, da nur eine fehlerfreie und problemorientierte Probenahme eine entsprechende Ergebnisqualität bei der nachfolgenden Analytik ermöglicht. Die Probenahme ist als integraler Bestandteil des Analysenverfahrens anzusehen, wie auch **Bild 5.1** verdeutlicht. In diesem Zusammenhang ist besonders darauf hinzuweisen, dass das Verfahren der Probenahme auf das Untersuchungsziel abzustimmen ist.

Fehler, die bei der Probenahme gemacht werden, können durch die Analytik nicht mehr korrigiert werden.

Die für die Untersuchung relevanten Parameter sowie die geeigneten Probenahmetechniken und Analysenmethoden müssen anhand des Untersuchungsziels festgelegt werden.

Gemäß TrinkwV [1] dürfen amtliche Untersuchungen einschließlich der Probenahmen nur von Untersuchungsstellen durchgeführt werden, die

- die Vorgaben der Anlage 5 (Spezifikationen für die Analyse der Parameter) einhalten,

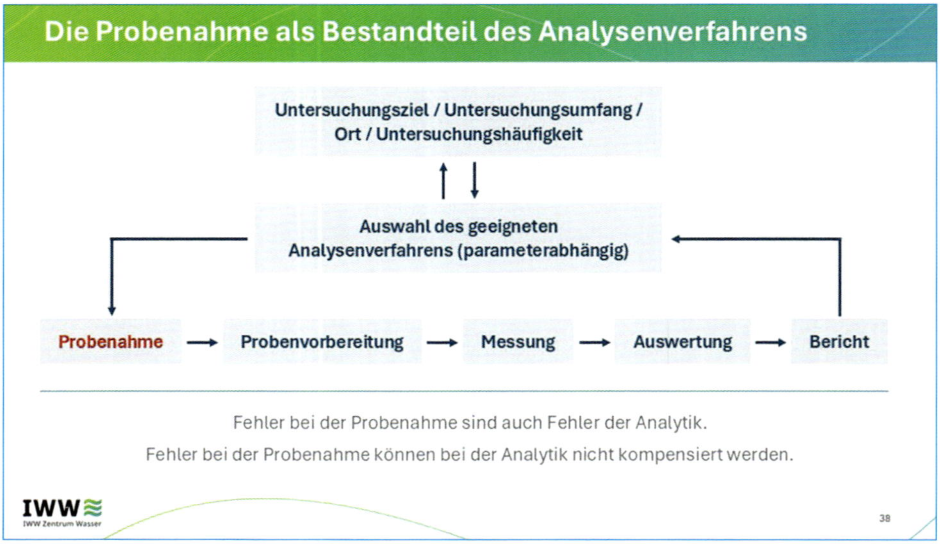

Bild 5.1: Darstellung des schematischen Ablaufs von Trinkwasseranalysen

- nach den allgemein anerkannten Regeln der Technik arbeiten,
- über ein System der internen Qualitätssicherung verfügen,
- sich mindestens einmal jährlich an externen Qualitätssicherungsprogrammen erfolgreich beteiligen,
- über Personal verfügen, das für die entsprechenden Tätigkeiten hinreichend qualifiziert ist,
- durch eine nationale Akkreditierungsstelle akkreditiert sind.

Aktuell verweist die jetzige TrinkwV noch immer bezüglich der Laboranforderungen auf die Vorgängerversion, wo der Tatbestand im § 15 Absatz 4 geregelt war. Nach Bekanntmachung der angekündigten Trinkwasseruntersuchungsstellenverordnung (TUV) ist mit einer Änderung zu rechnen.

5.4.1 Anforderungen an eine parameterabhängige Probenahme

Allgemein sind im Kontext der TrinkwV an eine sinnvolle parameterabhängige Probenahme folgende grundlegende Forderungen zu stellen:

- Die entnommene Probe muss repräsentativ für das Trinkwasser sein.
- Durch die Probenahme darf es zu keiner Kontamination oder einem Verlust an den zu analysierenden Inhaltsstoffen kommen.
- Die Proben sind in geeignete Gefäße abzufüllen. Je nach Untersuchungsumfang sind verschiedene Glas- oder Kunststoffgefäße optimal.
- Die Probe muss je nach Untersuchungsumfang bis zur Analyse durch geeignete Maßnahmen stabilisiert werden. Ziel der Stabilisierung ist es, biologische, chemische und photochemische Reaktionen zu unterdrücken sowie die Verflüchtigung und die Sorption von Stoffen zu minimieren.
- Für die Analyse ist eine ausreichende Probemenge zu entnehmen.
- Die Probenahme ist detailliert zu protokollieren und die entnommenen Proben sind eindeutig zu kennzeichnen.
- Die allgemein anerkannten Regeln der Technik sind zu berücksichtigen.
- Probenahmen zur amtlichen Trinkwasserüberwachung sind unter Berücksichtigung des Normenwerks durchzuführen. Es gelten die allgemeinen Vorschriften der Gruppe A der „Deutschen Einheitsverfahren", die gesamte Normenreihe DIN EN ISO 5667, DIN EN ISO 19458 sowie die speziellen Hinweise in den einzelnen fachspezifischen Analysennormen.

Für eine qualifizierte Probenahme ist es wichtig, dass die Probenehmer entsprechend unterwiesen bzw. geschult sind und über Kenntnisse des theoretischen Hintergrunds der Probenahmen bzw. Vor-Ort-Messungen verfügen.

5.4.2 Probenahmeort

Die Gewinnung von Grundwasser erfolgt aus Brunnen mit Pumpen, die das Wasser durch Druckrohrleitungen ins Wasserwerk fördern. Anlagen, in denen angereichertes Grundwasser oder Uferfiltrat gewonnen wird, werden mit Heberleitungssystemen betrieben. Aus den mit Pumpen unter Druck betriebenen Rohwasserleitungen können praktisch an jeder Stelle aus entsprechend angebrachten Zapfhähnen Proben entnommen werden. Damit sind Stichproben der einzelnen Brunnen und Mischrohwasserproben am Eintritt in das Wasserwerk möglich. Bei Hebersystemen können wegen des in ihnen herrschenden Unterdrucks nur von dem in Sammelbrunnen zusammenfließenden, gemischten Wasser Proben gewonnen werden.

Wässer aus gefassten Quellen werden durch geschlossene Rohrleitungen in Speicherbehälter geleitet. Als Probenahmestellen kommen die Quellfassung und der Wasserspeicher selbst in Betracht. Wenn eine Veränderung der Wasserqualität im Behälter beispielsweise durch Sedimentation von Trübstoffen oder Ausgasen von Kohlenstoffdioxid zu erwarten ist, sollten am Behälterauslauf Proben entnommen werden. Bei Speicherbehältern sind je nach Fragestellung Schöpfproben von der Wasseroberfläche (z. B. bei Kahmhaut-Bildung) oder Proben an normalen Zapfstellen am Ein- oder Auslauf sinnvoll. Im ersten Fall sind zum Begehen des Behälters besondere hygienische Anforderungen an Schuhwerk und Kleidung des Probenehmers zu stellen.

Rohwässer aus stehenden und gestauten Gewässern (Seen, Talsperren) oder aus Flüssen, Kanälen und Bächen werden in entsprechend gestalteten Entnahmebauwerken gefasst. Zum Transport des Wassers in die Anlagen des Wasserwerks dienen Druckrohrleitungen, Freispiegelleitungen, offene Gerinne oder Kanäle. Probenahmen sind am Entnahmebauwerk oder unmittelbar vor Eintritt des Wassers in die Wasserwerksanlagen sinnvoll. Wässer aus anderen Vorkommen werden fast ausschließlich durch Druckrohrleitungen in das Wasserwerk gepumpt.

Die der Wassergewinnung sehr häufig nachgeschaltete Wasseraufbereitung hat das Ziel, die zur Verwendung als Trinkwasser ungeeigneten oder störenden Stoffe aus dem Wasser zu entfernen und das Trinkwasser so zu stabilisieren, dass seine Qualität beim Transport zum Verbraucher erhalten bleibt. Die Verfahrenstechnik der Wasseraufbereitung besteht aus den folgenden Grundverfahren:

- Belüftung, Oxidation
- Flockung
- Sedimentation, Flotation
- Filtration
- Enthärtung, Entkarbonisierung
- Adsorption (z.B. an Aktivkohle)
- Entsäuerung, Stabilisierung
- Desinfektion

In der Praxis werden diese Verfahren einzeln, oft jedoch in Kombination mehrerer Verfahrensstufen angewendet. Die nachfolgend beschriebenen Verfahrenskombinationen sind daher nur beispielhaft für die unterschiedlichen Aufbereitungsprozesse.

Grundwasser und künstlich angereichertes Grundwasser wird häufig aufbereitet, während Rohwässer aus stehenden und fließenden Oberflächengewässern und Uferfiltrate, die an stehenden und fließenden Oberflächengewässern gefördert werden, immer aufbereitet werden müssen. Quellwässer dienen fast ausschließlich der Versorgung kleiner Gebiete. Ihre Beschaffenheit ist oft so gut, dass eine Aufbereitung nicht erforderlich ist. In Ausnahmefällen sind Anlagen zur Filtration, Entsäuerung und/oder Desinfektion vorhanden.

Bei der Aufbereitung von Grundwässern müssen fast immer Eisen, Mangan und unerwünscht hohe Konzentrationen an gelöstem Kohlenstoffdioxid (Kohlensäure) entfernt werden. Viele Grundwässer enthalten Ammonium und in landwirtschaftlich genutzten

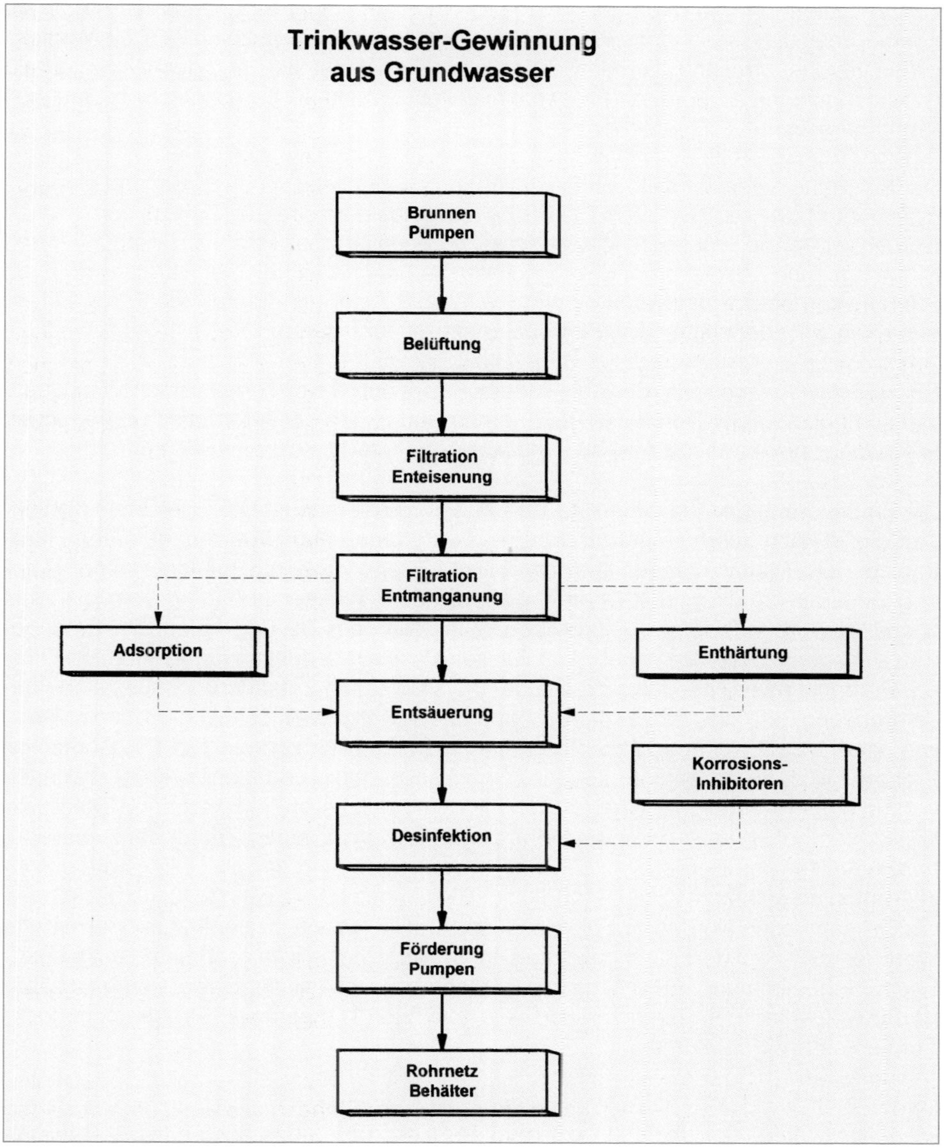

Bild 5.2: Trinkwassergewinnung aus Grundwasser

Fassungsgebieten höhere Gehalte an Nitrat oder Pflanzenbehandlungsmitteln. Die Aufbereitung des Grundwassers wird sowohl in geschlossenen als auch zur Atmosphäre offenen Anlagen durchgeführt. **Bild 5.2** zeigt ein Verfahrensschema der Gewinnung von Trinkwasser aus Grundwasser.

Die erste Verfahrensstufe nach der Wassergewinnung ist in der Regel die Belüftung, durch die dem Wasser der zur Oxidation von Eisen und Mangan erforderliche Sauerstoff zugegeben wird. Der Wirkungsgrad der Belüftung wird durch Messung der Sauerstoffkonzentration vor und nach der Anlage ermittelt. Bei der Probenahme ist darauf zu achten, dass die Gas- und die Wasserphase vollständig getrennt sind, d. h. die Wasserprobe luftblasenfrei entnommen werden kann. Die Zapfstellen sind deshalb unterhalb von Hochpunkten anzuordnen, Probenahmeleitungen sind mit Entgasungsvorrichtungen (Entlüftungsventile) zu versehen.

Der Belüftung nachgeschaltet ist eine Filtration zur Entfernung von Eisen- und Manganhydroxiden bzw. -oxidhydraten. Die Probe muss aus dem direkten Zufluss entnommen werden, wobei die Probenahmestelle so anzuordnen ist, dass keine Verfälschung durch Flockungs- und Absetzvorgänge möglich ist. Die Beschaffenheit des Filtrats wird durch Stichproben überprüft, wobei es sinnvoll ist, bei Anlagen, die aus mehreren Filtern bestehen, an jedem Filter eine Probenahmestelle vorzusehen.

Bei größeren Anlagen wird der Ablauf jedes Filters durch eine kontinuierliche Trübungsmessung überwacht. Durch die Trübungsmessung kann bei automatisch arbeitenden Steuerungssystemen die Filterspülung ausgelöst bzw. gesteuert werden.

Die Entsäuerung des Wassers zur Entfernung von überschüssigem, gelöstem Kohlenstoffdioxid kann durch physikalische Entgasung (Verdüsung, Belüftung), durch Filtration über alkalisch wirkende Filtermaterialien (Calciumcarbonat, halbgebrannter Dolomit) oder durch alkalische Chemikalien, die dem Wasser abhängig vom pH-Wert zudosiert werden, erfolgen. Die Probenahmestellen am Zu- und Ablauf der Entsäuerungsanlagen müssen so angeordnet werden, dass ein Verlust an Kohlenstoffdioxid bei der Probenahme vermieden wird. Bei der physikalischen Entsäuerung muss eine Phasentrennung Luft/Wasser vor der Probenahme sichergestellt sein. Die Proben müssen wie bei der Belüftung gasblasenfrei entnommen werden können. Die Entnahme von Proben, die der Erfolgskontrolle einer Chemikaliendosierung dienen, kann erst nach vollständiger Reaktion der Chemikalien mit dem Kohlenstoffdioxid erfolgen. Die Reaktionszeiten betragen je nach Wasserart drei bis zehn Minuten. Besonders relevante Parameter für den Betrieb von Entsäuerungsanlagen sind der pH-Wert und die Konzentration an gelöstem Kohlenstoffdioxid (Basekapazität bis pH 8,2; $K_{B8,2}$). Sie können vor Ort gemessen werden. Für die Basekapazität ist jedoch oft der im Labor ermittelte Wert genauer, weil dort die Möglichkeit der Titration auf einem Automaten mit exakter Endpunktbestimmung (pH 8,2) genutzt werden kann. Im Fall der Bestimmung im Labor ist der verlustfreien Probenahme und dem gekühlten Transport der Proben besondere Aufmerksamkeit zu widmen.

Die zur Einhaltung der Anforderungen der Trinkwasserverordnung [1] an die Calcitlösekapazität (Anlage 3, I, lfd. Nr. 3) notwendige Überprüfung des Zustands der Calciumcarbonatsättigung wird heute durch das Berechnungsverfahren 3 nach DIN 38404-10

[8] auf Basis zahlreicher Messparameter nachgewiesen. Die Calcitlösekapazität dient als zusätzlicher Parameter zur Steuerung der Entsäuerungsanlage sowie indirekt auch zur Ermittlung der Korrosivität eines Trinkwassers.

Im Rohwasser enthaltenes Ammonium wird im Allgemeinen durch mikrobiologische Oxidation in den Enteisenungs- und Entmanganungsfiltern entfernt. Die Wasserproben sollten – falls sie getrübt sind – vor Ort filtriert und angesäuert werden und möglichst schnell untersucht werden. Dabei schwanken die zulässigen Zeiten bis zur Analyse gemäß DIN EN ISO 5667-3 [9] von einem bis zu 14 (21) Tagen, je nach Analysenverfahren.

Zur Elimination von Nitrat und Pflanzenbehandlungsmitteln werden spezielle Aufbereitungsverfahren eingesetzt. Die Probenahmestellen sind auf die spezifischen Gegebenheiten der Anlage abzustimmen. Daher sollte das Verfahren vor Festlegung der Probenahmestellen in allen Details bekannt sein. Besonders zu beachten ist, dass das Wasser an der Probenahmestelle vollständig durchmischt ist, die Reaktionen zeitlich abgeschlossen sind und vorhandene Phasen (Feststoff/Wasser, Gas/Wasser) vollständig getrennt sind.

Die Gewinnung von Trinkwasser aus stehenden oder fließenden Oberflächengewässern ist schematisch in **Bild 5.3** dargestellt. Diese Rohwässer enthalten gelöste und ungelöste, in kolloidaler oder suspendierter Form vorliegende Stoffe, die bei der Bereitung zu Trinkwasser ganz oder teilweise entfernt werden müssen. Die erste Verfahrensstufe einer Oberflächenwasseraufbereitung ist meistens die Entfernung der ungelösten Stoffe durch Flockung. Flockungsanlagen werden als offene Anlagen betrieben, in denen die Feststoffe durch Zugabe von Flockungsmitteln in eine sedimentierbare oder flotierbare Form übergeführt und abgeschieden werden. Die Probenahmestellen sind so anzuordnen, dass sie für den Flockungsvorgang repräsentativ sind. Die Proben enthalten immer ungelöste Stoffe. Sie dürfen nicht durch Sedimentationsvorgänge, z. B. in Probenahmeleitungen, verfälscht werden. Die Feststoffe in Proben, die der Beurteilung des Flockungs- und Sedimentationsverhaltens dienen oder in denen eine Partikelgrößen-Analyse durchgeführt wird, dürfen keinen großen Scherkräften in Pumpen, Armaturen etc. ausgesetzt werden, die die Flocken ganz oder teilweise zerstören können. Die Untersuchung dieser Proben kann praktisch nur vor Ort erfolgen.

Während bei der Sedimentation Schwerkräfte die Abscheidung der Flocken und Feststoffe bewirken, wird bei der Flotation die Adhäsion der Flocken an feinsten Luftbläschen zur Feststoffabtrennung benutzt. Diese feinen Gasbläschen lassen sich vor der Probenahme im Allgemeinen nicht abtrennen. Dies führt zu unerwünschten Gasausscheidungen in Probenahmeleitungen und Probengefäßen. Trübungsmessungen vor Ort erfassen die Gasbläschen mit und täuschen erhöhte Trübstoffgehalte vor. Kontinuierliche pH-Messungen werden häufig durch an den Elektroden abgeschiedenen Gasbläschen gestört. Die Bestimmung gelöster Gase, wie Sauerstoff oder Kohlenstoffdioxid, ist mit erheblichen Fehlern behaftet. Die Ergebnisse der Analysen bedürfen einer besonderen Interpretation.

Die Filtration hat ebenfalls das Ziel, ungelöste Stoffe abzuscheiden. Bei stark belasteten Oberflächengewässern wird der Filtration häufig eine Flockung mit anschließender

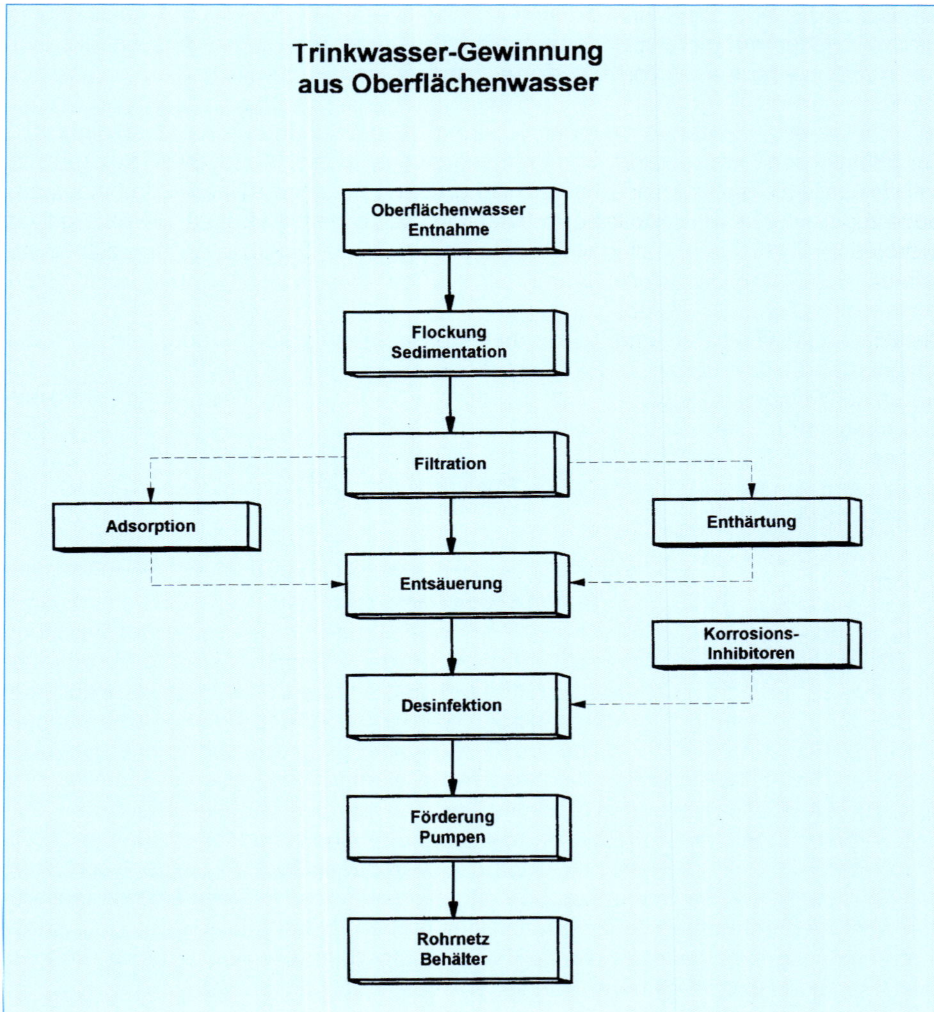

Bild 5.3: Trinkwassergewinnung aus Oberflächenwasser

Sedimentation oder Flotation vorgeschaltet. Für die Probenahme gelten die bei den Enteisenungs- und Entmangungsfiltern gegebenen Hinweise. Zur Messung von Konzentrationsprofilen im Filter werden Wasserproben aus unterschiedlichen Schichthöhen des Filters entnommen. Hierzu werden am Filterbehälter Entnahmestutzen angebracht. Damit eine gegenseitige Beeinflussung der Probenahmestellen ausgeschlossen ist, werden die Stutzen über die Filterhöhe versetzt angeordnet (siehe **Bild 5.4**). Die Entnahmeleitungen werden innerhalb des Filters über den gesamten Durchmesser verlegt. Sie weisen im je nach Filterdurchmesser im Abstand von 5 bis 25 cm Bohrungen in 6-Uhr-Lage auf. Um ein Eindringen von Filtermaterial oder ein Verstopfen der Bohrungen zu vermeiden, wird in die Anbohrung ein Stützgewebe eingelegt. Wichtig ist, dass das Stützgewebe selbst keine filtrierende Wirkung hat. Als Werkstoffe haben sich bei mechanisch wirkenden Filteranlagen Gewebe aus Kunststoff oder nichtrostendem Stahl bewährt. Zur Vermeidung von Ablagerungen sollten die Probenahmeleitungen ständig durchströmt werden.

Zur Enthärtung und Entkarbonisierung werden dem feststofffreien Rohwasser vor Eintritt in Reaktionsbecken oder konisch ausgebildete Reaktoren Kalkmilch oder Natronlauge zugesetzt. Hierdurch fallen die Härtebildner als Calciumcarbonat und Magnesiumhydroxid aus, wobei die Fällungsgeschwindigkeit durch Zugabe von Kristallisationskeimen (Feinsand) beschleunigt werden kann. Steuerparameter der Anlage sind neben der Konzentration an Härtebildnern im Rohwasser (Calcium, Magnesium) die Säurekapazität bis pH 8,2 ($K_{S8,2}$) und die Säurekapazität bis pH 4,3 ($K_{S4,3}$), die im Reaktor bzw.

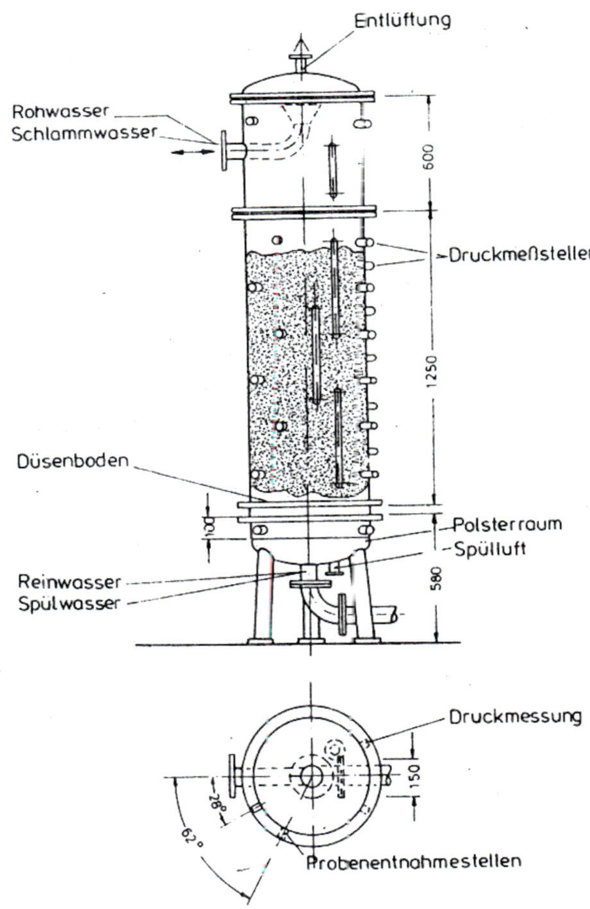

Bild 5.4: Probenahmestellen zur Messung von Konzentrationsprofilen im Filter

am Ablauf des Reaktors gemessen werden. Bei der Probenahme ist zu beachten, dass das Wasser am Reaktorablauf einen pH-Wert von etwa 10 hat und mit Calciumcarbonat übersättigt ist. Die Probenahmestelle am Reaktorauslauf sollte an einem gut durchströmten Bereich angeordnet sein. Durch Ausscheidung von Calciumcarbonat kann es in den Probenahmeleitungen zu Verstopfungen und an den Armaturen zu Störungen durch Ausscheidung von Calciumcarbonat kommen. Dies kann weitestgehend vermieden werden, wenn man die Probenahmeleitung ständig durchströmen lässt. Die Probengefäße sollten nicht mit Schliffstopfen verschlossen werden, da diese bedingt durch die Alkalität des Reaktorablaufs häufig nicht mehr zu öffnen sind („Festfressen“). Geeignet sind dagegen Gefäße mit Kunststoffschraubverschlüssen. Die Wirkung der Anlage wird durch Probenahmen vor und nach der Anlage und Bestimmung von Calcium und Magnesium ermittelt. Die Untersuchungen, insbesondere die Bestimmung der Steuerparameter, sollte vor Ort erfolgen.

Durch anthropogene Verschmutzung gelangen organische Schadstoffe in die Oberflächengewässer. Ihre vollständige Entfernung ist praktisch nur durch Adsorption an aktiven Oberflächen, beispielsweise Aktivkohle, möglich. Die Adsorbentien werden pulverförmig dosiert oder in gekörnter Form in Filtern angewendet. Die Schadstoffe sind nur in Spurenkonzentrationen im Wasser enthalten und stellen daher besondere Reinheitsanforderungen an die Probenahmegeräte und die Probengefäße. Da die Spurenstoffe leicht an Oberflächen adsorbieren, sollte die Probenahme nur aus ständig durchflossenen Probenahmeleitungen erfolgen. Bei anderen Arten der Probenahme, wie Schöpfproben, muss das Volumen/Oberflächen-Verhältnis so groß gewählt werden, dass Fehler durch Adsorption zu vernachlässigen sind. Als Probengefäße sollten bevorzugt Glasflaschen verwendet werden. Die Probengefäße sind vollständig und luftblasenfrei zu füllen. Die Wirksamkeit des Verfahrens wird durch Analysen von Proben des Zu- und Ablaufs der Anlagen ermittelt. Da es sich meist um eine aufwendige instrumentelle Analytik handelt, werden die Untersuchungen in der Regel im Labor durchgeführt. Bei kühler Lagerung und gekühlten Transportbehältern ist eine Konservierung der Proben nicht erforderlich. Das Wasser des Ablaufs der Anlage kann geringe Anteile des Adsorptionsmittels in kolloidaler oder feinverteilter Form enthalten, was bei der Probenvorbereitung zur Analyse zu berücksichtigen ist. Normalerweise lassen sich diese feinsten Partikel durch Filtration entfernen. Die Messung von Konzentrationsprofilen in Adsorptionsfiltern dient zur Ermittlung der genutzten und vorhandenen Adsorptionskapazität. Dies ist beispielsweise für die Logistik von Anlagen mit reaktivierbarer Aktivkohle von Bedeutung. Verwendet werden zur Probenahme bauartgleiche Vorrichtungen, die bei den Filteranlagen bereits beschrieben wurden. Als Werkstoff für das Filtergewebe ist nur nichtrostender Stahl geeignet, da die Spurenstoffe besonders an Kunststoffoberflächen adsorbiert werden. Die Probenahmeleitungen sollten ständig durchströmt werden.

Zur Stabilisierung des Wassers werden Aufbereitungsverfahren verwendet, durch die eine Veränderung der Wasserbeschaffenheit beim Transport des Wassers bis zum Verbraucher weitestgehend vermieden wird. Die Entsäuerungsverfahren wurden bereits bei der Aufbereitung von Grundwässern beschrieben.

Im Allgemeinen wird die Probe direkt aus Entnahmeleitungen (Bypass-Leitungen oder Probezapfhähne) entnommen. Entnahmearmaturen, wie Zapfhähne, sollten ausschließlich für die Probenahme benutzt werden und aus Werkstoffen sein, die ein Abflammen für mikrobiologische Probenahmen ermöglichen. Es sollten nur Zapfhähne mit Dichtungen verwendet werden, die eine mikrobiologische Kontamination der Proben ausschließen (metallische Dichtungen). Die Probenahmestellen sollten gut zugänglich sein. Die Ableitung von überschüssigem Wasser in der Nähe der Probenahmestelle, z. B. durch Waschbecken, ist vorzusehen.

Aus drucklosen Anlageteilen mit freiem Wasserspiegel erfolgt die Probenahme mit Schöpfgefäßen. Schöpfapparate mit einer entsprechenden Verschließvorrichtung gestatten Probenahmen in unterschiedlichen Wassertiefen. Für die Entnahme von Stichproben oder die kontinuierliche Probenahme aus drucklosen Anlageteilen werden häufig Probenahmepumpen verwendet. Sie gestatten ebenfalls eine Entnahme aus unterschiedlichen Wassertiefen. Es muss darauf geachtet werden, dass durch die Bauart der Pumpe Wasserinhaltsstoffe in ihrer Art und Konzentration nicht verändert werden. Beispielsweise können im Wasser suspendierte Feststoffe durch Scherkräfte zerkleinert werden und Messwerte für die Trübung verfälschen. Eine weitere Fehlerquelle kann das Einsaugen von Luft bzw. die Ausscheidung von gelösten Gasen in Bereichen partiellen Unterdrucks sein. Pumpen und Rohrleitungen sollten nicht gedrosselt werden, da sich hierdurch die Temperatur des Wassers beträchtlich erhöhen kann. Für Leitungen, die zum Zweck der Probenahme gesondert verlegt werden, sollte nichtrostender Stahl verwendet werden. Als Verbindungen sind Pressfittings besonders geeignet, auf Postverbindungen sollte wegen der Korrosionsgefährdung und der Abgabe von Schwermetallen an das Wasser verzichtet werden. Die Leitungslänge sollte so kurz wie möglich ausgeführt sein. Die Rohrleitungen sind mit entsprechenden Anschlüssen zu versehen, die eine Desinfektion und Spülung ermöglichen. Der Förderstrom sollte etwa 0,1 l/min betragen, die Fließgeschwindigkeit ca. 0,1 m/s nicht unterschreiten. Ideal sind fest installierte Probenahmeleitungen, die ständig durchflossen werden („Dauerläufer"). Diese sind jedoch wegen der nicht unerheblichen Wasserverluste eher selten anzutreffen.

5

Probenahmeleitungen, die als Messwasserleitungen für kontinuierliche Wassergütemessgeräte dienen, stellen zusätzliche Anforderungen. Besonders wichtig ist für die Wahl des Probenahmeorts, dass hier häufig elektrische Energie, Frischwasser und entsprechende Entsorgungseinrichtungen vorhanden sein müssen. Außerdem sind die entsprechenden Vorschriften des Grundwasserschutzes zu beachten.

Die Probenahme aus erdverlegten, unter Druck stehenden Versorgungsleitungen erfolgt an Hydranten. Es ist darauf zu achten, dass die Anschlussleitungen und das Standrohr vor der Probenahme ausreichend gespült werden. Zweckmäßig ist es, besonders für mikrobiologische Probenahmen eine separate Entnahmeapparatur (abflammbarer Zapfhahn) am Standrohr einzurichten.

Als Probenahmeorte im Versorgungsgebiet sind besonders wasserwerkseigene Gebäude, Wasserspeicherbehälter, Druckerhöhungsanlagen und größere Wasserzähleranlagen geeignet. Bei Probenahmen in z. B. Verwaltungs- und öffentlichen Gebäuden ist darauf zu achten, dass die Versorgung über Hauptstränge erfolgt und die Anschlussleitungen kurz und gut durchflossen sind.

Der Probenahmeort ist eindeutig zu kennzeichnen. Für wiederkehrende Probenahmen haben sich eine feste Kennzeichnung vor Ort (Beschriftung, Schilder) und eine genaue Dokumentation in Plänen als günstig erwiesen.

5.5 Durchführung der chemischen Probenahme

Vor der Probenahme muss das im Probenahmesystem einschließlich der Messwasserleitungen enthaltene, abgestandene Wasser bis zur Temperaturkonstanz ablaufen gelassen werden. In Sonderfällen, beispielsweise bei der Untersuchung von Stagnationseinflüssen und zur Aufklärung von Korrosionsschäden, kann hiervon abgewichen werden. Die Art der Probenahme ist dann besonders zu kennzeichnen.

Das Probevolumen ist abhängig vom Untersuchungsprogramm und dem Umfang der Untersuchungen. Es kann zwischen circa 100 Millilitern und mehreren Litern umfassen. Bei unterschiedlichen Untersuchungswegen und Homogenisierungs- und Konservierungsmaßnahmen müssen vor Ort verschiedene Probebehälter je nach den Anforderungen der Untersuchungsverfahren gefüllt werden.

Zur quantitativen Erfassung des Gehalts an gelösten Gasen und leichtflüchtigen Wasserinhaltsstoffen sowie zur Vermeidung der Veränderung der Wasserbeschaffenheit, beispielsweise durch Lufteinwirkung, sind entsprechende Maßnahmen vorzusehen: Abfüllen bis zum Überlaufen durch einen bis zum Probengefäßboden geführten Schlauch; Füllen nach der Methode des überstauten Trichters. Derartige Maßnahmen sind aber nur sinnvoll, wenn auch die vorangehende Handhabung der Probe (Beschaffenheit der Probenahmeleitungen etc.) den Anforderungen entspricht.

Problematisch ist die Probenahme von Wässern, die Feststoffe enthalten. Diese Wässer liegen als Rohwässer oder in verschiedenen Verfahrensstufen bei der Wasseraufbereitung vor. Bei der Probenahme muss vermieden werden, dass einerseits durch Scherkräfte die Partikel zerstört werden, andererseits eine Agglomeration zu größeren Teilchen stattfindet. Außerdem muss eine Sedimentation verhindert werden. Dies ist besonders bei der Probenahme aus Rohrleitungen, Gerinnen und Kanälen zu berücksichtigen. Eine gewisse Veränderung der Probe muss vielfach toleriert werden. Der Einfluss auf das Analysenergebnis ist zu untersuchen und bei der Interpretation zu berücksichtigen.

Alle Probenahmegeräte sollen aus Werkstoffen bestehen, die die Probe durch Abgabe von metallischen und organischen Substanzen nicht unzulässig kontaminieren. Das bedeutet, dass je nach Kontaktzeit mit dem Wasser für Pumpen, Armaturen, Rohrleitungen und Probenbehälter verschiedene Werkstoffe eingesetzt werden können. Vorzugsweise werden nichtrostender Stahl, Aluminium, Glas oder Kunststoffe, wie Polyolefine verwendet. Schläuche sollen zur Vermeidung von Sorptionseffekten kurz sein und nicht aus Gummi bestehen. Als Probenbehälter werden abhängig vom Untersuchungszweck Flaschen oder Behälter aus Glas, Borosilikat sowie Kunststoffen (z. B. Polyolefine, Teflon) verwendet. Sind Veränderungen durch Diffusion zu befürchten, dürfen nur Glas- oder Borosilikatflaschen eingesetzt werden. Die Proben für die Untersuchung auf organische Spurenstoffe werden in Glasflaschen bevorzugt mit Schliffstopfen entnommen.

Da die Kontaminierung der Proben nicht grundsätzlich auszuschließen ist, kann es erforderlich sein, für bestimmte Parameter oder Gruppen von Parametern vor Ort Teilproben in Probengefäßen aus verschiedenen Werkstoffen zu entnehmen.

Die Probenahmegeräte und Probengefäße sind sorgfältig zu reinigen. Es ist darauf zu achten, dass Spülmittelreste vollständig entfernt werden. Auf die Verwendung phosphathaltiger Spülmittel sollte wegen der Gefahr einer Kontamination der Proben verzichtet werden. Für Spurenanalysen hat es sich als nützlich erwiesen, die Qualität der Reinigung von Analytikern durch Stichproben (Blindproben) zu überwachen. Dies dient zu einer weiteren Absicherung der Ergebnisse von Spurenanalysen.

Allgemeine Grundsätze bei der Durchführung der Probenahme sind zusätzlich:

- Nicht rauchen, essen, trinken
- Probenahmebehälter nur zum Abfüllen öffnen, sonst immer verschlossen und „geschützt“ lagern und transportieren
- Bei der Probenahme auf Umgebungsbedingungen achten (z. B. offene Behälter nicht im Bereich von Maschinenabluft, Klimaanlagen oder bei Staubbelastung handhaben)
- Behälterinnenwand und Innenseite der Verschlüsse nicht mit Fingern oder Gegenständen berühren
- Für Vor-Ort-Messungen separate Probe abfüllen und nach der Messung verwerfen
- Identität der Probenahmestelle prüfen (Probenahmeort sollte eindeutig gekennzeichnet sein)
- Zweckmäßige Vorrichtungen zur Trinkwasserentnahme (z. B. Schlauch) – falls erforderlich – an Entnahmearmatur anbringen
- Dauer und Volumen des Ablaufs hängen von der Länge und dem Durchmesser des Leitungssystems ab, „Dauerläufer“ (kontinuierlich fließender Teilstrom des Wassers) können direkt beprobt werden
- Trinkwasser in geeignete Probengefäße füllen und fest verschließen
- Probengefäße mit der entnommenen Wasserprobe müssen verwechslungsfrei und dauerhaft gekennzeichnet sein (z. B. Etikett)

5.5.1 Vorbehandlung, Transport und Konservierung

Die Vorbehandlung der Proben wird im Wesentlichen durch die analytischen Fragestellungen vorgegeben. Beispielsweise bei der Bestimmung von Spurenstoffen in Suspensionen, d. h. im System wässrige Phase/Feststoffpartikel, ist die Probenaufbereitung wesentlicher Bestandteil der Probenahme und unumgängliche Voraussetzung für exakte analytische Aussagen.

Analysen unterscheiden vielfach zwischen den an suspendierten Feststoffteilchen adsorbierten als auch gelösten Wasserinhaltsstoffen. Diese Differenzierung wird besonders bei der Untersuchung auf Metalle, Metalloide und organische Stoffe, die in Spurenkonzentrationen im Wasser enthalten sind, vorgenommen. Zur Fraktionierung in „gelöst“

und „ungelöst" wird eine Filtration des Wassers vorgenommen. Die Fraktion, die ein 0,45 µm-Membranfilter passiert, wird als gelöste oder lösliche Fraktion bezeichnet, während das suspendierte Material auf dem Filter zurückbleibt. Die Festlegung auf diese Porengröße – sie wurde aus der Bakteriologie übernommen – erfolgte nicht ganz ohne Willkür. In unfiltrierten Proben führt der Kontakt der gelösten Fraktion mit den Feststoffteilchen oft zu Änderungen in der Verteilung der zu untersuchenden Komponente in den zwei Phasen. In Rohwasser häufig enthaltene hohe Algen- und Bakterienkonzentrationen oder mineralische Bestandteile (Tone) inkorporieren die löslichen Species sehr schnell und reduzieren damit den „gelösten" Anteil.

Für die Filtration von Wasserproben gibt es Membranfilter aus den unterschiedlichsten Materialien. Das Filtrationsgerät ist entsprechend der analytischen Aufgabenstellung aus nichtrostendem Stahl, Pyrex, PVC oder Plexiglas gefertigt. Die Filtration kann als Druck- oder als Vakuumfiltration durchgeführt werden. Dabei ist es wichtig, dass mit niedrigen Drücken gearbeitet wird. Überdruck von mehr als 0,2 bar führt in Rohwässern, die Phytoplanktonzellen enthalten können, zu deren Zerstörung und damit zur Erhöhung der Metallkonzentration und des Gehalts an gelösten organischen Substanzen im Filtrat.

Wenn eine Analyse unmittelbar nach der Probenahme nicht möglich ist, müssen die Proben entsprechend vorbehandelt und konserviert werden, um eine Veränderung zu vermeiden. Alle Maßnahmen der Vorbehandlung und Konservierung sind im Probenahmeprotokoll zu vermerken.

Proben lassen sich durch Kühlung auf etwa (3 ± 2) °C, Einfrieren auf unter -18 °C oder durch Zugabe von Chemikalien konservieren. Die geringsten Veränderungen an Proben für chemische Untersuchungen treten durch Kühlung auf. Bei der Konservierung durch Gefrieren muss berücksichtigt werden, dass eine Veränderung der Probe durch Entmischung (Gefrieranreicherung) und Ausfällung bei Überschreiten von Lösungsgleichgewichten stattfinden kann. Chemikalien dürfen nur dann zugegeben werden, wenn kein anderes Konservierungsverfahren angewandt werden kann und die zugegebenen Chemikalien die nachfolgenden Untersuchungen nicht stören.

Die Stabilisierung von Wasserproben ist ausführlich in der DIN EN ISO 5667-3 [9] beschrieben.

5.5.2 Stagnationsprobenahme

Nach der TrinkwV [1] sind die Schwermetalle Blei, Kupfer und Nickel auf der „Grundlage einer für die durchschnittliche wöchentliche Wasseraufnahme durch Verbraucher repräsentativen Probe" zu untersuchen. In Deutschland richtet sich diese spezielle Form der Probenahme derzeit nach einer Empfehlung des Umweltbundesamts [10]. Dort sind zwei Probenahmeverfahren beschrieben: die gestaffelte Stagnationsbeprobung und die Zufallsstichprobe [11].

5.5.2.1 Gestaffelte Stagnationsbeprobung

An der Zapfstelle, an der normalerweise das Wasser zum Verzehr entnommen wird, ist so lange zu spülen, bis Wasser in der vom Wasserversorger gelieferten Qualität aus der Zapfstelle tritt (z. B. bei Temperaturkonstanz). Die Probe von 1 l Volumen, aus dem fließenden Wasser entnommen (Probe S0), repräsentiert die vom Wasserversorger angelieferte Trinkwasserqualität.

Nach dieser Spülung wird der Zapfhahn für einen Zeitraum t (Stagnationszeit in Stunden) von vier Stunden, mindestens aber zwei Stunden, geschlossen. Dabei ist sicherzustellen, dass in der Zeit an dieser Zapfstelle kein Wasser entnommen wird. Der Verbrauch im übrigen Gebäude wird nicht beeinflusst. Nach dieser Stagnationszeit werden ohne weiteren Ablauf zwei weitere direkt aufeinander folgende Proben von je 1 l Volumen entnommen (Proben S1 und S2). 5

Die Konzentration in der Probe S1 spiegelt dabei neben der Hausinstallation auch den Einfluss der Entnahmeapparatur wider (wichtig z. B. bei Nickel und Blei), während S2 nur den Einfluss der übrigen Hausinstallation umfasst. In allen drei Proben werden die Konzentrationen an Blei, Kupfer und Nickel bestimmt.

Beträgt die Stagnationszeit weniger als vier Stunden, mindestens jedoch zwei Stunden, so wird die gemessene Konzentration durch Multiplikation mit einem Faktor 4/t auf die Konzentration nach vier Stunden hochgerechnet. Die normierte Konzentration wird mit dem Grenzwert verglichen und dient der Prüfung, ob der jeweilige Parameterwert überschritten wird. Wenn die normierte Konzentration den Parameterwert überschreitet, ist als Bewertungsmaßstab für die Anordnungen des Gesundheitsamts nach § 65 Abs. 2 TrinkwV [1] eine Probe nach genau vier Stunden Stagnationsdauer zu entnehmen.

5.5.2.2 Zufallsstichprobe

In einem nach Zufallskriterien ausgewählten Gebäude in einem Versorgungsgebiet ist zu einer zufälligen Tageszeit eine Probe von 1 l Volumen vom Zapfhahn eines Verbrauchers ohne vorherige Spülung zu entnehmen. Dies kann auch ein Gebäude sein, aus dessen Hausinstallation Wasser für die Öffentlichkeit bereitgestellt wird.

5.5.3 Probenahme zur Untersuchung auf radioaktive Stoffe

Seit der Änderung der Trinkwasserverordnung (TrinkwV) im Jahr 2015 besteht bereits die Verpflichtung, Trinkwasser auf radioaktive Stoffe zu untersuchen. In der Anlage 4, Teil I der TrinkwV sind für Radon-222, die Richtdosis und Tritium Parameterwerte festgelegt.

Im Regelfall ist eine Erstuntersuchung auf Radon-222 und die Richtdosis erforderlich. Die Untersuchung auf Tritium und künstliche Radionuklide ist im Regelfall nicht erforderlich. Für die Untersuchung in Hinblick auf die Richtdosis können verschiedene Verfahren angewendet werden: Gesamt-Alpha-Aktivität (Screeningverfahren) bzw. Einzelnuklidbestimmung.

Die Erstuntersuchung umfasst vier Trinkwasseruntersuchungen in vier unterschiedlichen Quartalen. Die Erstuntersuchung muss auch heute noch für neue Wasserversorgungsanlagen erfolgen und dient der Ermittlung und Bewertung der im Jahresdurchschnitt vorliegenden Aktivitätskonzentrationen der Parameter. Für viele Wasserversorgungsanlagen ist diese Pflicht bereits erfüllt und wegen der generellen Unauffälligkeit der Befunde besteht auch keine weitere Untersuchungspflicht, auch nicht durch den Wechsel zur neuen TrinkwV [1].

Die Parameterwerte sind zwar grundsätzlich am Zapfhahn des Gebrauchs einzuhalten. Die Untersuchung kann in der Praxis aber am Wasserwerksausgang erfolgen. Denn auf dem Weg zum Verbraucher ist mit keinem Anstieg der Konzentration an radioaktiven Stoffen zu rechnen.

Bei der Probenahme von Radon-222 sind Ausgasungen zwingend zu vermeiden. Dazu sind gasdichte Behälter (z. B. PET) luftblasenfrei zu füllen und die Analytik ist innerhalb von maximal drei Tagen durchführen. Zur Berechnung der Radon-Aktivität muss das Datum mit Uhrzeit vermerkt sein.

Die Probenahme für Radon erfolgt wie bei der Probenahmetechnik für flüchtige Stoffe mittels inertem Schlauch.

Vorgehensweise:

- Behälter luftblasenfrei befüllen (keine Ausgasungen):
  - Sauberen, inerten Schlauch gasdicht an Entnahmearmatur anschließen
  - Schlauch bis zum Boden des Behälters führen
  - Behälter mit der Wasserprobe langsam bis zum Überlaufen befüllen
  - Mindestens zwei Volumina überlaufen lassen

- Behälter luftblasenfrei verschließen:

a) Glasflaschen mit Glasvollschliffstopfen
b) PET-Behälter mit Schraubverschluss
  - Behälter mit der Probe in den gefüllten Eimer eintauchen und Schlauch bei weiterhin geöffneter Entnahmearmatur langsam herausziehen
  - Behälter unter der Wasseroberfläche mit der Schraubkappe luftblasenfrei verschließen
  - Durch Umdrehen des Behälters sicherstellen, dass keine Luftblasen enthalten sind; sonst Befüllung wiederholen

5.6 Durchführung der Probenahme für mikrobiologische Untersuchungen

5.6.1 Mikrobiologische Trinkwasserüberwachung im Wandel

Auch heute noch stellt die Übertragung von Krankheitserregern mit dem Trinkwasser die größte Gefahr innerhalb der Wasserversorgung dar. Dabei liegt allerdings zumindest in den europäischen Industrieländern der Schwerpunkt der hygienischen Risiken nicht mehr überwiegend in einer fäkalen Verunreinigung des Trinkwassers im Bereich der Gewinnung und der Verteilung im Rohrnetz, sondern zunehmend in der Selektion pathogener oder fakultativ pathogener Bakterien innerhalb der Trinkwasserinstallation in Gebäuden oder anderen technischen Systemen.

Die klassischen Trinkwasserepidemien, wie Typhus, Cholera, Ruhr etc., werden durchweg von Krankheitserregern hervorgerufen, die einen fäkal-oralen Infektionsweg besitzen. Das heißt, sie werden mit dem Stuhl von Mensch oder Tier ausgeschieden und gelangen dann direkt oder indirekt über Lebensmittel und Trinkwasser wieder in den Menschen.

Zur seuchenhygienischen Überwachung der Trinkwasserqualität bedient man sich daher, neben der Bestimmung der Koloniezahlen als Kenngröße für die allgemeine mikrobiologische Belastung des Wassers, des Nachweises von Indikatorbakterien, die zwar selbst keine Krankheitserreger sein müssen, die aber einen Hinweis auf eine mögliche Kontamination des Trinkwassers mit Fäkalien und damit auf den möglichen Eintrag von Krankheitserregern mit einem fäkal-oralen Infektionsweg liefern.

Das klassische Indikatorbakterium für eine fäkale Verunreinigung ist das Bakterium *Escherichia coli* (*E. coli*). Es ist natürlicherweise ein Darmbewohner von Menschen und warmblütigen Tieren und wird in hohen Zahlen mit dem Stuhl ausgeschieden. Bei Trinkwasser, in dem *E. coli* nachgewiesen werden kann, kann man dementsprechend davon ausgehen, dass Fäkalien in das Wasser gelangt sind, sodass dort im ungünstigen Fall auch Krankheitserreger, die einen fäkal-oralen Infektionsweg besitzen, vorkommen können.

In der Gruppe der coliformen Bakterien, die keine taxonomische Einheit darstellt, sind die Bakterien aus der Familie der Enterobacteriaceae zusammengefasst, die durch die in der Trinkwasserverordnung zugelassenen Verfahren definiert werden. Seit Inkrafttreten der TrinkwV 2001 [12] gehört auch das Bakterium *Escherichia coli* rein legal zu den coliformen Bakterien.

Zu den coliformen Bakterien gehören neben den Fäkalindikatoren auch solche, die nicht mit fäkalen Verunreinigungen assoziiert werden können, da sie natürlicherweise im Boden oder auch in Oberflächenwasser vorkommen. Der Nachweis von coliformen Bakterien im Trinkwasser ist dementsprechend zunächst ein Hinweis auf eine allgemeine unerwünschte Wasserbelastung, die im ungünstigen Fall auch fäkalen Ursprungs sein kann.

In der Trinkwasserverordnung sind als weitere Indikatorbakterien die intestinalen Enterokokken (umfassende Untersuchungen) und das Bakterium *Clostridium perfringens* aufgeführt.

Intestinale Enterokokken sind in der Regel – genau wie *E. coli* – Darmbewohner von Menschen und von warmblütigen Tieren. Sie vermehren sich nicht im Wasser, sind allerdings normalerweise widerstandsfähiger gegenüber Umwelteinflüssen als *E. coli*. Aus diesem Grund kann der Nachweis von intestinalen Enterokokken in einer Wasserprobe ein Indiz für eine länger zurückliegende fäkale Verunreinigung sein.

Auch das Bakterium *Clostridium perfringens* kann, da es in der Lage ist, Sporen zu bilden, sehr lange in der Umwelt überdauern. Seine Sporen verhalten sich während der Wasseraufbereitung ähnlich wie die Oozyten von Cryptosporidien oder Giardien. Sie sind ebenso wie diese sehr resistent gegen Chlor. Aus diesem Grund kann das Bakterium *Clostridium perfringens* als Indikatorbakterium für diese Parasiten herangezogen werden. Entsprechend dieser Funktion muss auf *Clostridium perfringens* aber nur dann untersucht werden, wenn Oberflächenwasser oder Wasser, das durch Oberflächenwasser beeinflusst wird, für die Trinkwasseraufbereitung verwendet wird.

Die Entwicklung der letzten Jahrzehnte hat gezeigt, dass in Deutschland die Erkrankungsfälle durch die „klassischen" Krankheitserreger, die einen fäkal-oralen Infektionsweg besitzen und im Bereich der Gewinnung und der Verteilung des Trinkwassers eingetragen werden, deutlich zurückgegangen sind. Demgegenüber gewinnen solche pathogenen oder fakultativ pathogenen Bakterien, wie *Pseudomonas aeruginosa* oder *Legionella spp.*, die sich innerhalb der Trinkwasserinstallation in Gebäuden oder anderer technischer Systeme zu hygienisch relevanten Konzentrationen vermehren können, zunehmend an Bedeutung. Es handelt sich hierbei um Bakterien, die natürlicherweise in aquatischen Biotopen vorkommen und die mithilfe der oben aufgeführten Indikatorbakterien nicht indiziert werden. Das Trinkwasser muss deshalb gezielt auf diese Bakterien (*P. aeruginosa*, Legionellen) hin untersucht werden.

Das Wissen um die mögliche Vermehrung hygienisch relevanter Bakterien in der Trinkwasserinstallation in Gebäuden, insbesondere bei Nichteinhaltung der allgemein anerkannten Regeln der Technik, ist vom Gesetzgeber dahingehend berücksichtigt worden, dass mit der Trinkwasserverordnung 2001 Trinkwasserinstallationssysteme in den Regelungsbereich der Trinkwasserverordnung einbezogen sind [12]. So müssen nach § 6 der TrinkwV [1] die mikrobiologischen Anforderungen am Austritt aus denjenigen Zapfstellen, die sich in einer Trinkwasserinstallation befinden und der Entnahme von Trinkwasser dienen, eingehalten werden.

Der Wasserversorger hat allerdings lediglich sicherzustellen, dass das Trinkwasser an der Stelle, an der das Wasser in die Trinkwasserinstallation übergeben wird, den Anforderungen der Trinkwasserverordnung entspricht. Die Verantwortung für die Wasserqualität in der Trinkwasserinstallation nach § 2 Nr. 4 ist dagegen dem Betreiber der Hausinstallation unterstellt. Die Überwachung der Trinkwasserqualität erfolgt durch die zuständigen Gesundheitsbehörden. Der Betreiber (früher: Unternehmer und sonstiger Inhaber) einer gewerblich oder öffentlich genutzten Trinkwasserinstallation mit einer Großanlage zur Trinkwassererwärmung ist verpflichtet, das Warmwassersystem an mehreren repräsentativen Entnahmestellen auf Legionellen untersuchen zu lassen (Anlage 3 Teil II, Technischer Maßnahmenwert: 100 Legionellen pro 100 ml). Diese Untersuchung darf nur von einer Untersuchungsstelle durchgeführt werden, die in einer aktuell bekanntgemachten Landesliste (nach § 40, Absatz 2) gelistet ist. Gemäß § 31, Absatz 2, Nr. 2b) der TrinkwV ist die Untersuchung des Warmwassersystems auf Legionellen in öffentlichen Gebäuden i. d. R. einmal jährlich vorzunehmen. Warmwassersysteme in gewerblich genutzten Gebäuden werden alle drei Jahre (gemäß § 31, Absatz 2, Nr. 2a) auf Legionellen untersucht, sofern der technische Maßnahmenwert für Legionellen nicht überschritten wird. Die Probenahmetechnik und das Nachweisverfahren für Legionellen sind in der Trinkwasserverordnung aufgeführt.

Die verschiedenen Fragestellungen hinsichtlich der geeigneten Probenahmetechniken, die sich aus den Regelungen der TrinkwV ergeben, werden umfassend durch die DIN EN ISO 19458 [13] abgedeckt.

5.6.2 Probenahme nach DIN EN ISO 19458

Bei der DIN EN ISO 19458 handelt es sich um eine sehr umfassende internationale Norm, die neben der Vorbereitung und der Durchführung von Probenahmen zur mikrobiologischen Untersuchung verschiedener Trinkwasserproben auch andere Fragestellungen behandelt. So werden in dieser Norm z. B. auch die Probenahmen von Brunnen-, Schwimmbecken-, Oberflächen- oder Abwasserproben und die Probenahme von oberflächenassoziierten Bakterien geregelt.

Dabei gibt diese Norm eine Anleitung zur Planung eines Probenahmeprogramms, zur Vorbereitung der Probenbehälter, zur Vorgehensweise bei Probenahmen für mikrobiologische Analysen und für den Transport, die Handhabung und die Lagerung von Proben bis zum Beginn der Untersuchung.

5.6.2.1 Probenbehälter

Gemäß DIN EN ISO 19458 sind für die Probenahme zur Untersuchung von Wasser auf mikrobiologische Parameter saubere, sterile Flaschen aus Glas (bei Wiederverwendung der Flaschen) oder Kunststoff (bei Einwegflaschen, z. B. Polypropylen, Polystyrol, Polyethen, Polycarbonat) erforderlich. Hinsichtlich der Verschlüsse können Schliffglas- oder Kunststoffstopfen für Glasflaschen, Kunststoffschnappdeckel oder Kunststoff- oder Metallschraubkappen für Glas und Kunststoffflaschen verwendet werden.

Das Probenvolumen und damit auch die Flaschengröße richten sich nach der Anzahl der zu untersuchenden mikrobiologischen Parameter. Dabei ist auch zu beachten, dass bei der Analyse von in Flaschen abgefülltem Wasser in der Regel 250 ml je Parameter statt der ansonsten im Trinkwasser üblichen 100 ml untersucht werden.

Für Eintauchproben in keimarmen Wässern sind Flaschen zu verwenden, die innen und außen steril sind und durch eine Aluminiumdose, durch Aluminiumfolie oder durch eine Kunststoffhülle gegen eine Kontamination geschützt sind.

5.6.2.2 Spülen der Glasgeräte

Glasflaschen und ihre Deckel müssen bei Wiederverwendung mit einem ungiftigen, phosphatfreien Reinigungsmittel gespült werden. Am Ende des Reinigungsvorgangs sind sie gründlich mit deionisiertem oder destilliertem Wasser nachzuspülen.

5.6.2.3 Sterilisation und Vorbereitung der Probenahmeflaschen

Zur Sterilisation der Flaschen stehen im Labor in der Regel folgende Techniken zur Verfügung:

1. Autoklavieren der Flaschen bei (121 ± 3) °C für mindestens 15 min
   Dabei darf der Deckel nur lose auf der Flasche sitzen, damit die Luft in der Flasche vollständig durch Dampf ersetzt wird. Um zu vermeiden, dass beim Abkühlen ein Unterdruck in der Flasche entsteht, der zur Folge hätte, dass sich die Flasche nicht mehr öffnen lässt, ist bei Glasstopfen ein Aluminium- oder Papierstreifen zwischen Flaschenhals und Stopfen einzulegen, der nach der Sterilisation wieder entfernt wird. In der Praxis haben sich für diesen Zweck auch Drahthäkchen sehr gut bewährt. Schraubdeckel werden aus diesem Grund erst nach dem Abkühlen festgezogen.
2. Hitzesterilisieren der Flaschen im Trockenschrank für mindestens eine Stunde bei (170 ± 10) °C
   Auch hierbei sollten Glasschliffstopfen durch Aluminiumstreifen oder Drahthäkchen vom Flaschenhals getrennt werden, um ein Festsitzen während des Abkühlens zu vermeiden. Die Aufheizzeit des gefüllten Trockenschranks muss unbedingt berücksichtigt werden.

Bei der Verwendung von Stopfen statt Schraubdeckeln sollten der Stopfen und die Flaschenöffnung, z. B. durch Aluminiumfolie, vor einer nachträglichen Verschmutzung und Kontamination geschützt werden. Die Wirksamkeit des Sterilisationsprozesses muss regelmäßig durch chemische oder biologische Indikatoren kontrolliert werden. Außerdem sollte das Sterilisierungsdatum rückverfolgbar sein.

Kunststoffflaschen sind im Normalfall weder hitzesterilisierbar noch autoklavierbar. Einwegflaschen für die mikrobiologische Probenahme bestehen meist aus Polyethen und können steril vom Hersteller bezogen werden. Die Sterilisation erfolgte in diesen Fällen mithilfe von Ethylenoxidgas und/oder Gammastrahlung.

Um zu verhindern, dass eventuell noch im Wasser vorhandenes Desinfektionsmittel Bakterien in der Probe abtötet, werden Probenahmeflaschen, die für die Probenahme von gechlorten Wässern verwendet werden, zum Abbinden des Desinfektionsmittels mit Natriumthiosulfat ($Na_2S_2O_3$) versetzt. Für die Mehrzahl der Proben ist es ausreichend je 100 ml Probenvolumen 0,1 ml einer Natriumthiosulfat-penthahydrat-Lösung zuzugeben, die 18 mg ($Na_2S_2O_3 \times 5\ H_2O$) pro ml enthält. Diese Menge neutralisiert einen Chlorgehalt zwischen 2 und 5 mg/l.

Es empfiehlt sich, das Natriumthiosulfat schon vor der Hitzesterilisation in die Probenahmeflasche zu pipettieren. Es schlägt sich dann in kristalliner Form an der Flaschenwand nieder und geht beim Befüllen der Flasche sofort in die Lösung.

Da Natriumthiosulfat in der vorgegebenen Konzentration keine Auswirkung auf das Bakterienwachstum hat, können diese Flaschen auch für nicht gechlorte Wässer verwendet werden.

Für andere Desinfektionsmittel müssen entsprechende, wirksame Inaktivierungsmaßnahmen ergriffen werden. Sofern eine Inaktivierung des Desinfektionsmittels nicht möglich ist, ist dies unbedingt zu dokumentieren und im Befund zu erwähnen.

5.6.2.4 Probenahme aus Entnahmearmaturen

Je nach Fragestellung kann die Vorgehensweise bei der Probenahme sehr unterschiedlich sein. Insofern sollte sich der Probenehmer im Vorfeld der Probenahme über den Zweck der Wasseruntersuchung im Klaren sein. Grundsätzlich wird in der DIN EN ISO 19458 [13] bei Probenahmen aus Entnahmearmaturen zwischen folgenden Fragestellungen unterschieden:

- Feststellung der Wasserbeschaffenheit im Verteilungsnetz, das in der Verantwortlichkeit des Wasserversorgers liegt [13, Zweck a]
- Feststellung der Wasserbeschaffenheit an der Entnahmearmatur des Verbrauchers, die durch die Trinkwasserinstallation in Gebäuden verändert werden kann; die Verantwortung liegt hierbei beim Betreiber des Gebäudes [13, Zweck b]
- Feststellung der Wasserbeschaffenheit während der Entnahme, die ggf. durch eine verschmutzte Entnahmearmatur beeinflusst werden kann [13, Zweck c]

5.6.2.5 Wasseraufbereitungsanlagen und Trinkwasserspeicher

In Wasseraufbereitungsanlagen und Trinkwasserspeichern sollten an jeder Hauptleitung und an jeder anderen Probenahmestelle abflammbare Entnahmearmaturen für die mikrobiologische Probenahme vorhanden sein. Diese müssen in einem sauberen Zustand gehalten und zweifelsfrei beschriftet sein und sollten ausschließlich zur Probenahme verwendet werden.

In Trinkwasserbehältern werden üblicherweise die Proben am Ausgang genommen. Sofern Schöpfproben aus einem Trinkwasserbehälter genommen werden sollen, sind Probenahmeflaschen zu verwenden, die von innen und außen steril sind.

5.6.2.6 Feststellung der Wasserbeschaffenheit im Verteilungsnetz

Idealerweise sollten Wasserproben zur Überprüfung der Wasserqualität im öffentlichen Versorgungsnetz [13, Zweck a] an Entnahmearmaturen entnommen werden, die sich nahe an der Hauptleitung befinden, sauber sind und sich durch Abflammen oder geeignete Maßnahmen desinfizieren lassen. Falls die Probenahme in einer Trinkwasserinstallation in Gebäuden durchgeführt wird, können übliche Entnahmearmaturen benutzt werden, sofern sie durch Abflammen desinfizierbar sind. Da die Wasserqualität durch die Trinkwasserinstallation in Gebäuden verändert werden kann, ist es sinnvoll, eine Entnahmestelle auszuwählen, die sich möglichst nahe an der Übergabestelle (Wasserzähler) des Gebäudes befindet.

Falls notwendig, ist die Entnahmearmatur zunächst zu säubern, sodass keine Verschmutzungen oder Ablagerungen von der Entnahmearmatur in die Probe gelangen können. Entnahmearmaturen mit undichten Spindeln dürfen nicht beprobt werden. Perlatoren (Strahlregler), Dichtungen und andere Einbauten sind vor der Probenahme zu entfernen. Die Entnahmearmatur wird mehrmals voll geöffnet und wieder geschlossen, um gegebenenfalls vorhandene Ablagerungen auszuspülen. Anschließend wird sie vorzugsweise durch Abflammen desinfiziert. Beim darauffolgenden Öffnen der Entnahmearmatur sollte ein zischendes Geräusch hörbar sein. Das Wasser muss nun bei halb geöffneter Entnahmearmatur mindestens so lange abfließen, bis die Temperatur konstant bleibt. Dies zeigt an, dass das Wasser zwischen dem Eingang in die Trinkwasserinstallation und der Entnahmearmatur vollständig ausgetauscht wurde. Die geöffnete Probenahmeflasche wird unter aseptischen Bedingungen bis zu etwa 5/6 des Flaschenvolumens gefüllt. Die in der Flasche verbleibende Luft erleichtert das vor der mikrobiologischen Untersuchung notwendige Durchmischen der Probe.

Der Flaschenhals, der Glasstopfen oder die Innenseite des Verschlusses dürfen während des gesamten Entnahmevorgangs weder mit der Hand noch mit anderen unsterilen Gegenständen in Berührung kommen.

Nur wenn die Entnahmearmatur nicht abgeflammt werden kann, darf sie ersatzweise mit anderen geeigneten Verfahren desinfiziert werden. Dies kann zum Beispiel dadurch geschehen, dass die Entnahmearmatur für ca. drei Minuten in einen Becher mit 0,1 %iger Hypochlorit-Lösung, 70 %igem Ethanol oder 70 %igem Isopropanol eingetaucht wird. Alternativ kann die Desinfektion mit diesen Desinfektionsmitteln auch mit einem Reinigungstuch oder einer Wasch- oder Sprühflasche durchgeführt werden. Hierbei muss die Armatur von außen und, soweit möglich, auch von innen desinfiziert werde. Die Einwirkzeit von zwei bis drei Minuten muss auch bei dieser Art der Desinfektion eingehalten werden.

5.6.2.7 Feststellung der Wasserbeschaffenheit an der Entnahmearmatur des Verbrauchers

Mit diesem Probenahmeverfahren soll die Trinkwasserqualität an der Entnahmestelle des Verbrauchers festgestellt werden [13, Zweck b]. Diese kann ggf. durch den Einfluss der Trinkwasserinstallation im Gebäude nachteilig verändert werden. Insofern darf sich die Entnahmearmatur für die Probenahme nicht unmittelbar hinter der Übergabestelle in die Hausinstallation (Wasserzähler) befinden. Es sind Entnahmearmaturen in peripheren Bereichen der Trinkwasserinstallation des Gebäudes auszuwählen, an denen der Verbraucher üblicherweise das Wasser entnimmt (z. B. Küche, Badezimmer). Weiterhin ist es sinnvoll, auch Entnahmestellen in Gebäudeteilen mit unzureichender Durchströmung zu berücksichtigen. In Hausinstallationen trifft man häufig auf Entnahmearmaturen, die nicht durch Abflammen desinfizierbar sind. In diesen Fällen muss der Einsatz der oben beschriebenen chemischen Desinfektion mit Hypochlorit-Lösung oder Alkohol in Erwägung gezogen werden.

Auch bei der Probenahme zur Überprüfung der Wasserqualität in Gebäuden muss sichergestellt sein, dass keine Verschmutzungen (Kalkablagerungen, Schleim, Schmiermittel etc.) von der Außenseite der Entnahmearmatur in die Probe gelangen können. Insofern ist die Entnahmearmatur gegebenenfalls zunächst zu säubern. Entnahmearmaturen mit undichten Spindeln dürfen nicht beprobt werden, da sie nicht effektiv desinfizierbar sind. Perlatoren, Dichtungen und andere Einbauten sind vor der Probenahme zu entfernen. Die Entnahmearmatur wird nun vorzugsweise durch Abflammen oder, falls dies nicht möglich ist, chemisch desinfiziert. Anschließend lässt man das Wasser gerade so lange ablaufen, dass die Entnahmearmatur abgekühlt bzw. das Desinfektionsmittel ausgespült ist und füllt dann die Flasche.

5.6.2.8 Feststellung der Wasserbeschaffenheit während der Entnahme

In besonderen Fällen kann es erforderlich sein, den Einfluss der Entnahmearmatur auf die Wasserqualität zu berücksichtigen. Dies gilt vor allem für Bereiche, in denen sich besonders gefährdete Personengruppen aufhalten (z. B. Risikobereiche in Krankenhäusern). Kontaminationen des Wassers durch Ablagerungen und Biofilme an der Entnahmearmatur oder anderen Vorrichtungen sollen hierbei berücksichtigt werden Die Vorgehensweise bei der Probenahme richtet sich dann nach [13, Zweck c], d. h. die Probenahmeflasche wird ohne weitere Maßnahmen gefüllt.

5.6.2.9 Schöpfproben

Speziell für Schöpfproben in sauberen, keimarmen Wässern sind Flaschen zu verwenden, die innen und außen steril sind. Diese können z. B. in einer Metallhülse oder in Aluminiumfolie verpackt sterilisiert und transportiert werden. Auch Kunststoffflaschen, die sich in einer Kunststoffhülle befinden und mit Hilfe von Ethylenoxid und/oder Gammastrahlung sterilisiert wurden, sind für diesen Zweck geeignet

Die Flasche wird mit einer sterilisierbaren Greifeinrichtung (z. B. Tiegelzange) gehalten, ohne dass die Flaschenaußenfläche mit der Hand berührt wird. Nachdem der Verschluss entfernt wurde, wird die Flasche mit der desinfizierten Greifeinrichtung horizontal eingetaucht und durch senkrechtes Drehen unterhalb der Wasseroberfläche gefüllt. Dabei ist darauf zu achten, dass in der Flasche vorhandenes Natriumthiosulfat nicht ausgespült wird. Anschließend darf die Flasche, z. B. zum Verschließen, auch an der Außenseite angefasst werden.

Diese Vorgehensweise wird auch für die Entnahme von Beckenwasserproben in Schwimmbädern empfohlen.

5.6.2.10 Transport und Lagerung der Proben

Um die Vermehrung bzw. das Absterben von Mikroorganismen während des Probentransports ins Labor zu verhindern, sollte die Zeit zwischen der Probenahme und der mikrobiologischen Untersuchung möglichst kurz gehalten werden. Sofern spezielle Untersuchungen es nicht anders erfordern, sind die Proben gekühlt – idealerweise bei (5 ± 3) °C – zu transportieren. Dabei ist allerdings darauf zu achten, dass sie nicht gefroren werden. Hierzu müssen die Anzahl, das Volumen und die Position der Eispackungen auf die Probenanzahl, die Probenmenge und ihre Temperatur abgestimmt sein. Die Proben dürfen keinem direkten Sonnenlicht ausgesetzt sein.

Dauert der Transport länger als acht Stunden, so muss die Temperatur überwacht und aufgezeichnet werden.

Entsprechend der DIN EN ISO 19458 [13] differieren die möglichen Lagerungszeiten der mikrobiologischen Proben in Abhängigkeit von den zu bestimmenden Parametern. Die dort angegebenen Lagerungszeiten sind lediglich informativ und fassen die der Literatur entnommenen, empfohlenen maximalen Verzögerungen zusammen. Sie sind abhängig vom Wassertyp, der Verwendung von Bioziden, vom physiologischen Zustand der Mikroorganismen oder auch vom Analyseverfahren. Sind in den verfahrensspezifischen Normen Lagerungs- und Transportzeiten sowie Lagerungstemperaturen angegeben, so sind diese einzuhalten.

5.6.3 Abweichungen von der Probenahme nach DIN EN ISO 19458

Besondere Fragestellungen und Probleme können es notwendig machen, dass Wasserproben an anderen als den festgelegten Zapfhähnen für die amtlichen Untersuchungen entnommen werden. Hierbei wird es immer wieder vorkommen, dass diese Probenahmestellen die geforderten Kriterien nicht in jeder Beziehung erfüllen. In diesen Fällen kann es gegebenenfalls sinnvoll sein, von der Vorgehensweise nach DIN EN ISO 19458 [13] abzuweichen.

So kann z. B. durch Waschbecken oder andere Einbauten, die sich sehr nah unter dem Wasserhahn befinden, die Gefahr bestehen, dass der Zapfhahn nach der Desinfektion durch Spritzwasser sekundär kontaminiert wird. Dies kann in vielen Fällen durch das Unterstellen eines sauberen Gefäßes (Becherglas, Eimer) unter den Wasserstrahl verhindert werden. Falls dies nicht möglich ist, sollte das Spülen des Zapfhahns bis zur Temperaturkonstanz vor der Desinfektion der Entnahmearmatur erfolgen. Nach der Desinfektion wird die Entnahmearmatur nur kurz geöffnet, um sie abzukühlen. Anschließend wird die Probe entnommen. Diese Vorgehensweise wird zur Vermeidung von Sekundärkontaminationen generell empfohlen.

Eine Besonderheit unter den Probenahmestellen stellen die sogenannten „Dauerläufer“ dar, die in vielen Wasserwerken anzutreffen sind. Es handelt sich hierbei um kontinuierlich geöffnete Entnahmearmaturen, die nur für die Probenahme bestimmt sind. Die Entnahme der Wasserprobe kann hierbei ohne weitere Maßnahmen erfolgen, d. h. die Flasche wird gefüllt, ohne dass der Volumenstrom verändert und die Entnahmearmatur desinfiziert wird. „Dauerläufer“, bei denen zur Vermeidung von Spritzwasser ein elastischer Schlauch (z. B. Silikon) aufgesteckt wurde, sind allerdings für diese Art der Probenahme nicht geeignet. Wegen der starken Biofilmbildung auf diesen elastischen Materialien kann es leicht zu einer Kontamination der Wasserprobe kommen. Der aufsitzende Schlauch ist daher vor der Probenahme zu entfernen und der Wasserhahn muss wie oben beschrieben desinfiziert werden.

5.7 Messungen bei der Probenahme (Vor-Ort-Parameter)

Vor-Ort-Messungen stellen aus verschiedenen Gründen einen wichtigen Teil der Analytik dar. Sie ergänzen die Laboranalytik und ermöglichen erst eine umfassende Bewertung der Daten. Einige Parameter wie beispielsweise die Wassertemperatur müssen vor Ort ermittelt bzw. gemessen werden, da eine nachträgliche Bestimmung im Labor nicht mehr möglich ist. Bei anderen Parametern wäre die Konservierung und der Transport der Proben ins Labor, ohne dass eine Veränderung auftritt, mit einem sehr hohen Aufwand verbunden, sodass die Bestimmung der Parameter vor Ort aus fachlichen Gründen sinnvoller ist. Letztlich ist bei einigen Parametern die Vor-Ort-Bestimmung aus logistischen Gründen sinnvoller und vom Arbeitsaufwand her rationeller.

Wichtige Vor-Ort-Parameter sind:

- Temperatur
- Elektrische Leitfähigkeit
- pH-Wert
- Trübung
- Gehalt an Oxidations- bzw. Desinfektionsmitteln
- Sauerstoffgehalt

Die Ergebnisse der Untersuchungen vor Ort sind im Probenahmeprotokoll so zu dokumentieren, dass sie später überprüft werden können. Alle Messwerte, wie Verbräuche bei Titrationen, Ablesungen an Messgeräten etc., sind einzutragen. Hierdurch können Mess-, Kalibrier- und Rechenfehler erkannt, korrigiert und eliminiert werden.

5.8 Kontinuierliche Messungen

Kontinuierliche Messungen von Wassergüteparametern setzen ständig durchflossene Probenahmeleitungen voraus. Wird die Strömung unterbrochen, z. B. bei Stillstand der Förderanlagen, so sollte auch die Registrierung der Messwerte unterbrochen werden. Da Messwertgeber nur mit geringem Druck betrieben werden, müssen vor den Geräten Überlaufvorrichtungen vorhanden sein. Die Vorschriften der Hersteller für den Einbau, die Kalibrierung und die Wartung der Messwertgeber sind zu beachten. Hinweise zum Einsatz, Betrieb und zur Kontrolle kontinuierlicher Messeinrichtungen zur Kontrolle der Wassergüte enthalten das DVGW-Arbeitsblatt W 645-1 [6] sowie die Norm DIN EN ISO 15839 [14].

5.9 Probenahmeprotokoll

Die Probenahme ist in einem entsprechenden Protokoll zu dokumentieren. Das Probenahmeprotokoll ist für den Probenehmer eine eindeutige Beschreibung der Probenahmestelle und eine Merkliste aller auszuführenden Tätigkeiten. Alle bei der Probenahme beobachteten Besonderheiten müssen in dem Protokoll vermerkt werden. Ebenso sind alle Messwerte und Ergebnisse von Analysen, die vor Ort durchgeführt wurden, einzutragen. Falls kontinuierliche Messwertgeber zusätzlich an der Probenahmestelle installiert sind, kann eine Erfassung dieser Werte einen Hinweis über den Zustand der Wassergütemesswertgeber liefern. Die im Probenahmeprotokoll enthaltenen Informationen dienen der untersuchenden Stelle als Dokument für spätere Auswertungen. Zusammen mit dem Untersuchungsbericht belegt das Probenahmeprotokoll dem Auftraggeber die Qualität des Produkts Trinkwasser und den Zustand der Gewinnungs-, Aufbereitungs- und Verteilungsanlagen.

Vor der Probenahme sollte mit dem Auftraggeber, der Untersuchungsstelle und dem Probenehmer festgelegt werden, welche Eintragungen in das Probenahmeprotokoll vorzunehmen sind. Das Probenahmeprotokoll wird hierdurch zum Arbeitsauftrag für den Probenehmer.

Literatur

[1] Verordnung über die Qualität von Wasser für den menschlichen Gebrauch (Trinkwasserverordnung – TrinkwV) vom 20. Juni 2023, (BGBl. I Nr. 159 vom 23.06.2023, S. 1-65)

[2] Richtlinie (EU) 2020/2184 des Europäischen Parlaments und des Rates vom 16. Dezember 2020 über die Qualität von Wasser für den menschlichen Gebrauch (Neufassung). Amtsblatt der Europäischen Union ABl. L 435 vom 23.12.2020, S. 1

[3] DVGW Deutscher Verein des Gas- und Wasserfaches e.V.: DVGW-Regelwerk. Verfügbar unter: www.dvgw-regelwerk.de

[4] DIN 2000:2017-02, Zentrale Trinkwasserversorgung – Leitsätze für Anforderungen an Trinkwasser, Planung, Bau, Betrieb und Instandhaltung der Versorgungsanlagen; Berlin (DIN Media GmbH)

[5] DüMV (2012): Verordnung über das Inverkehrbringen von Düngemitteln, Bodenhilfsstoffen, Kultursubstraten und Pflanzenhilfsmitteln (Düngemittelverordnung – DüMV). – in: Bundesgesetzblatt, Teil I, 5. Dezember 2012: S. 2482., zuletzt durch Artikel 1 der Verordnung vom 2. Oktober 2019 (BGBl. I S. 1414) geändert

[6] DVGW-Arbeitsblatt W 645-1:2007-12, Überwachungs-, Mess-, Steuer und Regeleinrichtungen in Wasserversorgungsanlagen – Teil 1: Messeinrichtungen

[7] DVGW-Arbeitsblatt W 551-8:2024-04, Hygiene in der Trinkwasserinstallation – Teil 8: Anforderungen an die Trinkwasseranalyse für eine Beurteilung der Trinkwasserbeschaffenheit für den Einsatz metallener Werkstoffe, DVGW Bonn

[8] DIN 38404-10:2012-12, Deutsche Einheitsverfahren zur Wasser-, Abwasser- und Schlammuntersuchung – Physikalische und physikalisch-chemische Stoffkenngrößen (Gruppe C) – Teil 10: Berechnung der Calcitsättigung eines Wassers (C 10.)

[9] DIN EN ISO 5667-3:2024-09, Wasserbeschaffenheit – Probenahme – Teil 3: Konservierung und Handhabung von Wasserproben (ISO 5667-3:2024); Deutsche Fassung EN ISO 56673:2024

[10] Bundesumweltamt (2018): Beurteilung der Trinkwasserqualität hinsichtlich der Parameter Blei, Kupfer und Nickel. Empfehlung des Umweltbundesamtes nach Anhörung der Trinkwasserkommission

des Bundesministeriums für Gesundheit und Soziale Sicherung. Berlin, 2018. Verfügbar unter: https://www.umweltbundesamt.de/sites/default/files/medien/5620/dokumente/probennahmeempfehlung_rev01.pdf

[11] Rübel, A., Schwesig, D. & Borchers, U.: Überwachung der Trinkwasserqualität in Hausinstallationen – die gestaffelte Stagnationsbeprobung. In: Vom Wasser (2004) 102, S. 7-11

[12] TrinkwV (2001): Verordnung über die Qualität von Wasser für den menschlichen Gebrauch (Trinkwasserverordnung – TrinkwV 2001) vom 21. Mai 2001. In: Bundesgesetzblatt, Teil I, 2001 (24), S. 959-980

[13] DIN EN ISO 19458:2006-12, Wasserbeschaffenheit – Probenahme für mikrobiologische Untersuchungen (ISO 19458:2006); Deutsche Fassung EN ISO 19458:2006

[14] DIN EN ISO 15839:2007-02, Wasserbeschaffenheit – Online-Sensoren/Analysengeräte für Wasser (2004) Spezifikationen und Leistungsprüfungen (ISO 15839:2003); Deutsche Fassung EN ISO 15839:2006

[15] AbwV (2004): Verordnung über Anforderungen an das Einleiten von Abwasser in Gewässer (Abwasserverordnung – AbwV (2004) Anhang 31: Wasseraufbereitung, Kühlsysteme, Dampferzeugung. In: BGBl. I: S. 1.147-1.150

6 Probenahme von natürlichem Mineral- und Heilwasser

Sebastian Rau*

6.1 Einleitung

Mineral- und Heilwässer stammen entsprechend den rechtlichen Vorgaben aus natürlich geschützten unterirdischen Wasservorkommen. Die Zusammensetzung der Inhaltsstoffe weist eine sehr große Bandbreite auf. So kann die Mineralisation im niedrigen zweistelligen mg/l-Bereich liegen, aber auch hohe Konzentrationen, z. B. bei Solen, mit einigen 100 g/l erreichen. Die unterschiedlichen Zusammensetzungen stellen hohe Anforderungen an die fachgerechte Probenahme und setzen die entsprechende Sachkenntnis der Probenehmer voraus.

6

Die Gewinnung von natürlichem Mineral- und Heilwasser erfolgt aus Grundwässern, die keine direkte Verbindung zu Oberflächenwässern oder zu jungen Grundwässern haben. Es handelt sich um Grundwasservorkommen, die in der Regel vor mehreren Jahrzehnten bis mehreren Jahrtausenden gebildet wurden und sich in größeren Tiefen von mehreren 10 m bis zu mehr als 1.000 m unter der Geländeoberfläche gebildet haben.

Für die Probenahme von natürlichen Mineral- und Heilwässern gelten die allgemeinen Anforderungen weitgehend wie in anderen Kapiteln in entsprechender Weise ausgeführt. Um Wiederholungen zu vermeiden, werden die dort beschriebenen Grundlagen erforderlichenfalls nur kurz zusammengefasst. Der Schwerpunkt in diesem Kapitel liegt auf den besonderen Anforderungen für die Produkte „Natürliches Mineralwasser" und „Natürliches Heilwasser".

6.1.1 Definition der zu untersuchenden Wasserarten

Es wird zwischen natürlichem Mineralwasser und natürlichem Heilwasser unterschieden. Bei Mineralwasser handelt es sich um ein Lebensmittel, während Heilwasser als Arzneimittel bzw. Medizinprodukt zugelassen wird.

Im rechtlichen Sinne gilt für Mineralwasser die Verordnung über natürliches Mineralwasser, Quellwasser und Tafelwasser (MTVO) [1]. Diese ist die nationale Umsetzung der Mineralwasser-Richtlinie der Mitgliedsstaaten der Europäischen Union [2]. Sie löste 1984 die bis dahin geltende deutsche Tafelwasser-Verordnung aus dem Jahre 1934 ab. Die aktuelle Version enthält Änderungen aus dem Jahr 2023. Eine Überarbeitung der Verordnung ist für 2025 oder 2026 geplant.

* unter Verwendung des Kapitels von H. Kußmaul aus der 1. Auflage 1998 sowie von H. Zerbe aus der 2. Auflage 2018

Natürliche Heilwässer sind Arzneimittel im Sinne von § 2 des Arzneimittelgesetzes (AMG). Sie sind dazu bestimmt, Krankheiten, Leiden, Körperschäden oder krankhafte Beschwerden zu heilen, zu lindern, zu verhüten sowie Wirkstoffe oder Körperflüssigkeiten zu ersetzen oder zu ergänzen [3]. Die Anforderungen an natürliche Heilwässer sind vor allem in den Begriffsbestimmungen und Qualitätsstandards für die Prädikatisierung von Kurorten, Erholungsorten und Heilbrunnen des Deutschen Bäder- und Tourismusverbandes festgelegt [4].

6.1.2 Begriffsbestimmungen

Die MTVO gilt für das Herstellen, Behandeln und Inverkehrbringen von natürlichem Mineralwasser sowie von Quellwasser, Tafelwasser und sonstigem Trinkwasser, die in zur Abgabe an den Verbraucher bestimmten Fertigpackungen abgefüllt sind. Sie gilt nicht für Heilwässer.

Die Verwendung der Produktbezeichnung „Natürliches Mineralwasser“ setzt voraus, dass in einem behördlichen Anerkennungsverfahren die Einhaltung der Definitionsmerkmale überprüft wird. Die folgende Begriffsbestimmung ist für natürliches Mineralwasser in der MTVO angegeben.

Natürliches Mineralwasser ist Wasser, das folgende besondere Anforderungen erfüllt:

- Es hat seinen Ursprung in unterirdischen, vor Verunreinigungen geschützten Wasservorkommen und wird aus einer oder mehreren natürlich oder künstlich erschlossenen Quellen gewonnen.
- Es ist von ursprünglicher Reinheit und gekennzeichnet durch seinen Gehalt an Mineralien, Spurenelementen oder sonstigen Bestandteilen und gegebenenfalls durch bestimmte, insbesondere ernährungsphysiologische Wirkungen.
- Seine Zusammensetzung, seine Temperatur und seine übrigen wesentlichen Merkmale bleiben im Rahmen natürlicher Schwankungen konstant; durch Schwankungen in der Schüttung werden sie nicht verändert.
- Sein Gehalt an den in Anlage 4 der MTVO aufgeführten Stoffen überschreitet, gegebenenfalls nach einem erlaubten Behandlungsverfahren, nicht die festgelegten Höchstwerte.

Natürliche Heilwässer stammen aus Quellen, die natürlich zu Tage treten oder künstlich erschlossen sind. Sie werden von Heilbädern zu therapeutischen Zwecken angewendet oder von Heilbrunnenbetrieben in Behältnissen abgefüllt und als Versandheilwässer (Fertigarzneimittel) in Verkehr gebracht. Abgepackte, in Verkehr gebrachte Heilwässer, z. B. Versandheilwässer zum Trinken, unterliegen dem Begriff des Fertigarzneimittels. Nur diese sind zulassungspflichtig. Nicht zulassungspflichtig sind unmittelbar angewendete Arzneimittel, also Heilwässer aus Heilquellen, die am Quellort zum Baden oder zum Trinken Verwendung finden. Die chemische Zusammensetzung und die physikalischen Eigenschaften sowie die einwandfreie hygienische und mikrobiologische Beschaffenheit sind durch Heilwasseranalysen (Quellanalyse oder Füllungsanalyse) nachzuweisen und durch Kontrollanalysen regelmäßig zu überprüfen. Heilwässer dürfen keine Inhaltsstoffe oder Eigenschaften besitzen, die gegen die Verwendung als Heilwasser sprechen.

Gegenstand der Probenahme von Heilwässern sind somit nur die als örtliche Heilmittel zum Trinken, Baden oder Inhalieren verwendeten Heilwässer. Das Zulassungsverfahren von Versandheilwässern erfolgt über die Flaschenabfüllung und ist nicht Gegenstand dieser Ausführungen.

6.1.3 Behandlung

Für natürliches Mineralwasser verlangt die MTVO am Quellort eine einwandfreie mikrobiologische Beschaffenheit. Verboten ist der Zusatz von Stoffen, die den natürlichen Keimgehalt des natürlichen Mineralwassers verändern.

Mineralwässer können unbeständige Inhaltsstoffe enthalten. Damit die Veränderungen nicht zu negativen sensorischen oder optischen Beeinträchtigungen bzw. zu Grenzwertüberschreitungen führen, sind Behandlungsverfahren wie Enteisenung, Entmanganung, Entschwefelung, Entarsenierung, Fluoridreduzierung sowie der Entzug bzw. Versatz mit Kohlensäure erlaubt. Eine Veränderung der wesentlichen, die Eigenschaften des Mineralwassers bestimmenden Bestandteile darf nicht erfolgen.

Gemäß den Begriffsbestimmungen für Heilwässer müssen am Ort der kurmedizinischen Anwendung die charakterisierenden und wertbestimmenden Einzelbestandteile ebenso enthalten sein wie am Quellort. Der Einsatz von Behandlungsverfahren ist daher nicht oder nur sehr eingeschränkt möglich.

Für die Anwendung in anderer Form oder zur Herstellung als abgepacktes Fertigarzneimittel ist der Einsatz von Behandlungsverfahren möglich.

6.1.4 Anforderungen an die Beschaffenheit des Wassers

Gesetzliche Vorgaben / Grenz- und Richtwerte

Zur Produktsicherheit hat der Verordnungsgeber Orientierungs-, Richt- und Grenzwerte, sowie allgemeine Richtlinien etc. eingeführt. Es muss eine Unterscheidung zwischen den Analysen am Quellort und den Befunden im Fertigprodukt beim natürlichen Mineralwasser und der Anwendung vor Ort beim Natürlichen Heilwasser erfolgen.

Natürliches Mineralwasser darf gewerbsmäßig nur in den Verkehr gebracht werden, wenn es amtlich anerkannt ist. Die amtliche Anerkennung betrifft ein bestimmtes Grundwasservorkommen, das unter definierten Entnahmebedingungen genutzt wird. Sie setzt voraus, dass die oben genannten Anforderungen erfüllt sind und dies unter

1. geologischen und hydrogeologischen,
2. physikalischen, physikalisch-chemischen und chemischen,
3. mikrobiologischen und hygienischen,
4. bei Wässern mit weniger als 1.000 mg gelösten Mineralstoffen oder weniger als 250 mg freiem Kohlendioxid in einem Liter – der früheren deutschen Definition der Mineralwässer – zusätzlich unter ernährungsphysiologischen

Gesichtspunkten mit wissenschaftlich anerkannten Verfahren überprüft worden ist. Die Erfüllung der Anforderung entsprechend Punkt 4 wird heute jedoch nicht mehr von den Behörden gefordert, auch wenn sie weiterhin in der aktuellen Version der MTVO benannt ist.

Vor der Vermarktung eines natürlichen Mineralwassers in Fertigpackungen für den Endverbraucher muss nach der amtlichen Anerkennung der „Mineralquelle" zusätzlich noch eine behördliche Nutzungsgenehmigung erteilt werden. Diese bestätigt, dass die zur Nutzung bestimmten Einrichtungen so beschaffen sind, dass Verunreinigungen im chemischen und mikrobiologischen Sinne vermieden werden und dass die Eigenschaften erhalten bleiben, die das Wasser am Quellaustritt besitzt und die seinen Charakter als natürliches Mineralwasser begründen. Die Möglichkeit des Einsatzes von Behandlungsverfahren ist bereits in Kapitel 6.1.3 beschrieben.

Um die Einhaltung dieser Nutzungsbedingungen nachzuweisen, ist der Inhalt von Flaschenabfüllungen vor der ersten Vermarktung und später in regelmäßigen Abständen zu untersuchen und die Übereinstimmung mit den Eigenschaften des Mineralwassers am Gewinnungsort, z. B. am Brunnenkopf, zu gewährleisten. Die Untersuchungen erfolgen aus fertig abgefüllten und original verschlossenen Produkten. Sie sind daher nicht Gegenstand dieser Ausführungen zur Probenahme von natürlichem Mineralwasser.

Für den Nachweis zur Erfüllung der Anforderungen gemäß § 2 MTVO „Begriffsbestimmungen" hat der Gesetzgeber eine Allgemeine Verwaltungsvorschrift (AVV) [5] herausgegeben. Anlage 1 der AVV enthält eine umfangreiche Auflistung der Anforderungen inklusive der Analysenparameter. Von Bedeutung ist auch die Anlage 1a der AVV, die eine Liste von Orientierungswerten für Höchstkonzentrationen von Einzelparametern und Summenbestimmungen enthält.

Bei den Produkten Quellwasser, Tafelwasser und Trinkwasser werden rechtliche Anforderungen fast ausschließlich an das Fertigprodukt gestellt. Sie sind somit ebenfalls nicht Gegenstand der Ausführungen zur Probenahme.

Für natürliche ortsgebundene Heilwässer erfolgt eine Definition in den Begriffsbestimmungen [4] unter Kapitel 4 „Natürliche Heilmittel des Bodens", wobei zunächst unter drei natürlichen Heilmitteln des Bodens unterschieden wird. Diese sind:

- Natürliche ortsgebundene Heilwässer
- Natürliche ortsgebundene Heilgase
- Natürliche Peloide

Lediglich das natürliche ortsgebundene Heilwasser wird hier thematisiert. Der Unterpunkt „1. Heilwasseruntersuchungen" in Kapitel 4 A.I der Begriffsbestimmungen liefert weitere Informationen.

Außerdem sind für die regelmäßigen Überwachungen die jeweiligen länderspezifischen Überwachungsrichtlinien für Heilquellen und Heilbrunnenbetriebe [6] zu beachten. Auf die grundsätzliche Unterscheidung zwischen „Herstellung/Abfüllung von Heilwasser" und „Herstellung (Gewinnung) von ortsgebundenem Heilwasser" sei ebenfalls hingewiesen. Die Überwachungsrichtlinien enthalten auch Hinweise auf die allgemeinen, spezifischen und vielfältigen Anforderungen wie:

- Herstellungserlaubnis
- Personal
- Betriebsräume und Einrichtungen
- Hygiene
- Herstellung
- Prüfung
- Information für Verbraucher

Untersuchungsparameter

Mineralwasseruntersuchungen werden unter anderem durchgeführt als:

- Umfassende Analyse zur amtlichen Anerkennung als natürliches Mineralwasser gemäß der Mineral- und Tafelwasserverordnung [1] und der allgemeinen Verwaltungsvorschrift hierzu [5]. Hierbei ist auf die vorgegebenen Einzel- und Summenparameter der anorganischen Haupt-, Neben- und Spurenbestandteile, der organischen Spurenstoffe sowie umfassend die mikrobiologische Beschaffenheit zu untersuchen.
- Kontrollanalysen, gemäß den behördlichen Vorgaben und der unternehmerischen Sorgfaltspflicht im Hinblick auf die Definitionsmerkmale für natürliche Mineralwässer im Hinblick auf die unveränderte Zusammensetzung und die ursprüngliche Reinheit im mikrobiologischen und chemischen Sinne.
- Orientierende Analysen der Mineralquelle im Hinblick auf die Eignung zur Nutzung als natürliches Mineralwasser. Hierbei werden die wichtigsten Haupt- oder Nebenbestandteile ggfs. auch Spurenbestandteile bestimmt.

6

Untersuchungen des natürlichen Heilwassers werden unter anderem durchgeführt als:

- Heilwasseranalyse in Form der Zulassungsanalyse
- Umfassende Wiederholungsanalysen alle zehn Jahre
- Jährliche Kontrollanalysen
- Periodische Überprüfungen der Mikrobiologie (vierteljährlich)
- Allgemeine Hygieneuntersuchungen (monatlich)

6.2 Planung der Probenahme

Für den Erhalt von verlässlichen Analysendaten ist eine detaillierte Planung der Probenahme erforderlich.

6.2.1 Zweck der Probenahme

Zweck der Probenahme von Wasser aus Mineral- und Heilquellen ist die Nutzung dieser Wasservorkommen zur Abfüllung von natürlichen Mineral- und Heilwässern oder zur Gewinnung von örtlichen Heilmitteln. Ziel der Probenahme ist eine Untersuchung des

Wasservorkommens auf seine physikalischen Eigenschaften, seine chemischen Inhaltsstoffe sowie seine mikrobiologische und hygienische Beschaffenheit zur Beurteilung der Übereinstimmung mit den jeweiligen rechtlichen Vorgaben.

6.2.2 Probenahmeprogramm

Mineral- und Heilquellen sind durch bauliche Maßnahmen gefasste Quellen, Stollen, Bohrungen oder Schächte, deren Wässer den rechtlichen Anforderungen an Mineral- und Heilwässer genügen. Eine Definition der einzelnen Probenahmestellen findet sich in DIN 38402 Teil 18 [7].

Im landläufigen Sinne versteht man unter Mineral- und Heilquellen alle Arten der Fassung von Mineral- und Heilwasservorkommen ohne Rücksicht auf den Ausbau.

Die Technik der Entnahme einer Wasserprobe wird wesentlich durch die Art der Entnahmestelle mitbestimmt. Eine in jeder Hinsicht befriedigende Grundwasserprobenahme ist nur bei einer ordnungsgemäßen Grundwasserfassung zu erhalten. Ohne einen Probenahmehahn an einer geeigneten Stelle der Fassung kann kein repräsentatives Ergebnis für das an der Erdoberfläche austretende oder geförderte Grundwasser erzielt werden. Wichtige Voraussetzung ist, dass das Wasservorkommen bis zum Gleichgewichtszustand frei und laminar ausströmen kann oder gefördert wird.

Mineralwässer werden fast ausschließlich aus Brunnen – künstlich hergestellte, meist lotrechte Aufschlüsse im Untergrund zur Gewinnung von Grundwasser – entnommen. Diese müssen aufgrund der rechtlichen Anforderungen gegen Oberflächenwassereinfluss und Fremdwasser geschützt sein sowie einen technisch einwandfrei konstruierten Brunnenkopf besitzen. Möglichst nahe an der vertikalen Steigleitung und vor Abzweigungen oder tot endenden Leitungssträngen sollte ein abflammbarer Probenahmehahn angebracht sein. Soweit diese Voraussetzungen gegeben sind, ist in aller Regel eine einwandfreie Probenahme möglich.

Ähnliches gilt bei den modernen Fassungen von Heilwasservorkommen. Daneben gibt es jedoch auch Heilwässer, die aus Quellen, Stollen, Bohrungen oder Schächten gewonnen werden. Auch in diesen Fällen sollte möglichst nahe am Fassungsbauwerk ein Probenahmehahn angebracht sein. Besondere Vorkehrungen bezüglich des Betriebszustands und der Repräsentativität sind für einige Probenparameter zu beachten.

6.2.3 Häufigkeit, Dauer, Zeitpunkt und Ort der Probenahme

Die entsprechenden Vorgaben sind vom Auftraggeber spezifisch festzulegen oder werden von den Überwachungsbehörden mitgeteilt.

Das Probenahmeprogramm ist im Vorfeld der Probenahme abzustimmen, um entsprechende Vorbereitungen zu treffen. Das schließt ggf. auch Aspekte der Arbeitssicherheit ein, z. B. bei kohlensäurehaltigen Quellen (siehe unten).

6.2.4 Probenahmestellen

Häufig existieren mehrere geeignete Orte für eine Probenahme. Im Vorfeld ist deshalb zu definieren, ob die Probenahme an der Quellfassung, dem Brunnenkopf, am Eingang in die Einrichtung bzw. in den Betrieb oder an einer anderen Stelle erfolgen soll. Eine dauerhafte Markierung oder Kennzeichnung bietet sich an, damit auch eine wiederholte Entnahme an der gleichen Stelle erfolgt und Vorwerte berücksichtigt werden können. Die Probenahmestelle und Ausstattung müssen gewährleisten, dass eine gesicherte und unbeeinflusste Entnahme möglich ist. Von grundlegender Bedeutung sind

- die Konstanz der Entnahmebedingungen im gesamten Zeitverlauf der Probenahme (z. B. durch ausreichenden Vorlauf),
- die Einstellung einer laminaren Strömung in der Entnahmeleitung (Turbulenzen verursachen das Entweichen flüchtiger Bestandteile),
- die Position vor oder nach einem Druckminderer bzw. Mengenbegrenzer (Auswirkungen auf den gemessenen Gehalt an gelösten oder freien Gasen).

Für die mikrobiologische Probenahme sollten keine „Stagnationszonen“ bis zur Probenahmestelle vorliegen. Auch muss der Entnahmehahn gut sterilisierbar sein (nach Möglichkeit kein Kunststoffhahn, weil dieser nur chemisch zu desinfizieren ist).

6.3 Durchführung der Probenahme

Für die Probenahme muss unter Berücksichtigung der Analysemethoden festgelegt sein, welche Probenmengen in welchen Gefäßen abzufüllen sind. Die Probenmenge sollte auch für eventuelle Analysenwiederholungen und für Rückstellmuster ausreichen. Außerdem muss vor der Probenahme die Information vorliegen, welche örtlichen Messungen (Sensorik, Temperatur, pH-Wert, Leitfähigkeit, Redoxpotential, Sauerstoffgehalt, Trübung) durchzuführen sind und welche Konservierungen und Transportbedingungen für das Laborprobenmaterial erforderlich sind. Hinweise hierzu erfolgen in den anschließenden Kapiteln und sind den entsprechenden Normen zu entnehmen.

6.3.1 Vorbereitung der Probenahme

Verlässliche Analysenergebnisse setzen genaue Vorgaben zum Umfang der Analytik und damit auch zur Organisation der Probenahme voraus. Eine sorgfältige Abstimmung über den richtigen Zeitpunkt der Entnahme ist erforderlich,

- um die Erreichbarkeit der Probenahmestelle zu gewährleisten und
- damit ungewollte Einflüsse aus dem Umfeld vermieden werden.

Aus der Vorbereitung resultiert die Zusammenstellung der Probenahmematerialien, Messgeräte, Flaschensätze, Schutzausrüstung etc.

6.3.2 Arbeitsschutz und Arbeitssicherheit

Es ist besonders zu betonen, dass in den Fassungsbauwerken bzw. den Brunnenkammern von manchen Mineral- und Heilwässern gefährliche Konzentrationen an toxischen und explosiven Gasen vorhanden sein können, wie z. B.:

- Kohlenstoffdioxid (CO_2) – geruchslos, Atemgift
- Schwefelwasserstoff (H_2S) – Geruch nach faulen Eiern, nach kurzer Zeit aber auch in hohen Konzentrationen nicht mehr wahrnehmbar
- Explosive Methan-Luftgemische

Bei unbekannten Fassungsbauwerken ist eine Absicherung der Probenahme mit Gasprüfgeräten im Vorfeld unerlässlich. Die allgemeinen Sicherheitsanforderungen der Berufsgenossenschaft, z. B. über das Besteigen von Brunnenschächten, sind einzuhalten.

6.3.3 Messungen vor Ort

Neben der Lufttemperatur ist an Ort und Stelle auf alle Fälle die Wassertemperatur zu ermitteln. Hierzu sollte mit einem zweiten Messinstrument vergleichend kontrolliert werden.

Bei Quellaustritten ist dafür zu sorgen, dass die Wassertemperatur möglichst nahe an der Austrittsstelle und unbeeinflusst von der Umgebungstemperatur oder von möglicher Sonneneinstrahlung gemessen wird. Man erhält hierbei allerdings nur die reale Temperatur am Quellaustritt und nicht die des Grundwassers im Aquifer. Auch beim Abpumpen von Brunnen ist eine exakte Messung der Temperatur oft schwer möglich. Durch die Reibung in der Unterwasserpumpe kann eine Erwärmung des Wassers stattfinden. Auf dem Weg durch den Förderstrang nach oben tritt zusätzlich eine Abkühlung oder Erwärmung je nach Umgebungstemperatur ein. Einer Abkühlung unterliegen unter anderem Grundwässer aus großen Tiefen. Hier ist, soweit erforderlich, eine exakte Temperaturmessung an der Oberfläche nicht möglich. Sie muss bei Bedarf mit Temperatursonden in der entsprechenden Tiefe vorgenommen werden.

Auch die Messung des pH-Werts hat an Ort und Stelle zu erfolgen, da beim Transport der Wasserprobe CO_2-Ausgasungen oder -Aufnahmen auftreten können und es damit zu Verschiebungen der Wasserstoff-Ionenkonzentrationen kommt. Der pH-Wert an der Austrittsstelle des Wassers an der Erdoberfläche kann bereits verändert sein, da durch die Druckentlastung auf dem Weg zur Oberfläche eine Entgasung von Kohlenstoffdioxid stattfinden kann. Diese Verfälschung kann bei der Beurteilung von Wässern aus Tiefbohrungen von besonderer Bedeutung sein.

Tiefengrundwässer sind häufig sauerstofffrei oder sauerstoffarm. Bei Kontakt mit der atmosphärischen Luft nehmen sie jedoch sehr schnell Sauerstoff auf. Daher verlangt die genaue, meist elektrometrische Sauerstoffbestimmung an Ort und Stelle besondere Sorgfalt. Während eine eventuelle Sauerstoffaufnahme auf dem Weg des Wassers bis an die Oberfläche durch undichte Leitungen oder Fehlluft beim Abpumpen nicht verhindert werden kann, sollten an der Probenahmestelle Vorkehrungen so getroffen werden, dass ein Eintrag von Luftsauerstoff sicher nicht stattfinden kann.

In engem Zusammenhang mit dem Sauerstoffgehalt des Wassers steht auch die Redoxspannung. Sie ist ein Maß für das oxidierende bzw. reduzierende Potential des Wassers und ist an Ort und Stelle unter Luftausschluss elektrometrisch zu messen. Zu beachten ist, dass sich ein stabiles Endpotential an der Elektrode oft sehr langsam einstellt. Hier ist Geduld gefragt.

Aufgrund der möglichen Ab- oder Zunahme im Wasser nach Druckentlastung und bei Kontakt mit der Luft kann das Kohlenstoffdioxid (gelöste Kohlensäure) an Ort und Stelle durch Titration gegen einen Farbindikator oder die pH-Elektrode bestimmt werden. Je nach dem zu erwarteten Kohlensäuregehalt sind die Vorgaben der amtlichen Sammlung gemäß § 64 LFGB [8] zu berücksichtigen [9, 10].

Da Kohlenstoffdioxid bei Druckentlastung verloren geht, kann an der Erdoberfläche nur der reale Gehalt am Ort der Probenahme bestimmt werden. Der echte Kohlenstoffdioxidgehalt z. B. von tiefen Grundwässern kann nur durch Entnahme der Wasserprobe in entsprechenden Tiefen in speziellen Druckgefäßen ermittelt werden.

Soweit die Gefahr der Carbonatausfällung während des Transports ins Labor besteht, ist an Ort und Stelle auch der Gehalt an Hydrogencarbonat/Carbonat titrimetrisch gegen Farbindikator oder gegen die pH-Elektrode zu bestimmen.

Die elektrische Leitfähigkeit ist ein leicht und kontinuierlich erfassbarer Messwert für den Mineralgehalt des Wassers. Es ist zweckmäßig, diesen Parameter an Ort und Stelle und während der gesamten Probenahme mit speziellen Sonden zu erfassen, um eventuelle Veränderungen in der Wasserzusammensetzung sofort zu erkennen. Soweit keine Ausfällungen in der Wasserprobe stattfinden, kann die elektrische Leitfähigkeit auch im Labor gemessen werden.

Da die elektrische Leitfähigkeit eines Wassers stark temperaturabhängig ist, wird der Messwert in Bezug auf eine Normtemperatur von 20 oder 25 °C angegeben. Die Umrechnung erfolgt in den modernen Messgeräten entweder automatisch oder muss rechnerisch, bzw. aus Tabellen, ermittelt werden.

Aufgrund von sehr unterschiedlichen Mineralstoffgehalten kann es erforderlich sein, Sonden mit geeigneten Messbereichen für Wässer mit extrem niedriger Mineralisation oder mit sehr hohen Salzgehalten (Solen) einzusetzen.

Neben den oben angegebenen Messungen von Einzelparametern sind an Ort und Stelle auch die sensorischen Überprüfungen des Wassers durchzuführen. Hierzu gehört die Erfassung von Farbe, Trübung, Geruch und gegebenenfalls Geschmack (soweit aus seuchenhygienischen Gründen möglich).

6.3.4 Arten der Probenahme

Die zeitliche Frequenz der Probenahme aus Mineral- und Heilquellen ist extern entweder vom Gesetz- bzw. Verordnungsgeber vorgegeben, wird von den Aufsichtsbehörden bestimmt oder ist als freiwillige Vereinbarung in Verbandssatzungen festgelegt. Unternehmensintern orientieren sich Umfang und Häufigkeit an Qualitätszielen und Risikoeinschätzungen. Der Auftragnehmer bzw. Probenehmer hat im Vorfeld den Zweck und Umfang der Untersuchungen mit dem Auftraggeber zu klären. Der Zweck wird im Probenahmeprotokoll und auf Prüfberichten mitangegeben.

Die jeweilige Probenahme kann als einmalige Stichprobe erfolgen, da die Konstanz der Eigenschaften als Voraussetzung für die Nutzung als Mineral- bzw. Heilquelle gewährleistet sein sollte. Bei kontinuierlich betriebenen Brunnen kann die Probenahme jederzeit erfolgen, soweit der Betriebszustand für die übliche Nutzung eingestellt ist. Bei diskontinuierlicher Nutzung von Brunnen ist so lange mit der Probenahme zu warten, bis der übliche Nutzungszustand erreicht ist. Dies kann durch einige einfach und kontinuierlich zu bestimmende Parameter wie elektrische Leitfähigkeit oder Temperatur an Ort und Stelle überprüft werden. Bei neu erschlossenen Mineral- oder Heilquellen ist so lange abzupumpen oder der freie Auslauf abzuwarten, bis bei definierten Entnahmebedingungen eine konstante Zusammensetzung, wiederum am einfachsten zu überprüfen durch Messung der elektrischen Leitfähigkeit und Temperatur, erreicht ist. Während dieser Vorlaufzeit werden sinnvollerweise weitere orientierende Untersuchungen im Hinblick auf die Konstanz der Mineralisation durchgeführt (Stufenpumpversuch).

6.3.5 Probenahmegeräte und -behälter

Probenahmegeräte und -behälter sind so zu reinigen, dass die nachfolgenden Analysen nicht beeinträchtigt werden. Die Wahl der Probenahmeausrüstung richtet sich nach der Art und Beschaffenheit des zu untersuchenden Mineral- und Heilwassers sowie nach dem Untersuchungsprogramm.

Produktberührende Teile der Probenahmegeräte sollen aus Werkstoffen bestehen, die die Probe während der auftretenden Kontaktzeit nicht verändern. Vorzugsweise werden nichtrostender Stahl, Glas und weitgehend inerte Kunststoffe eingesetzt. Schläuche sollten wegen der Sorptionsgefahr möglichst kurz sein und dürfen nicht aus Gummi bestehen.

Als Probenahmebehälter werden Flaschen oder Behälter aus Glas, Borosilicatglas, geeigneten Kunststoffen (z. B. PE/PP) oder Sondermaterialien verwendet.

In der Regel findet die Probenahme von Mineral- und Heilquellen an einem definierten und geeigneten Probenahmehahn statt. Nur im Falle von Schöpfproben, z. B. bei einer frei austretenden Quelle in einer Quellkammer, müssen die verwendeten Gerätschaften so beschaffen sein, dass sie weder negative Einflüsse auf die Probe noch auf das Wasservorkommen selbst ausüben. Dies gilt auch für Gerätschaften zur Tiefenprofilmessung jeglicher Art in Brunnen.

6.3.6 Probenahme für mikrobiologische Untersuchungen

Proben zur mikrobiologischen Wasseruntersuchung müssen unter möglichst keimarmen Bedingungen und in sterilen Gefäßen gesammelt werden. Wasserproben werden idealerweise an Probenahmestellen mit einem abflammbaren Hahn genommen. Der Hahn sollte in einem Leitungsstrang liegen, der kontinuierlich über einen längeren Zeitraum durchflossen wird. Vor der Probenahme soll das Wasser am Hahn fünf bis zehn Minuten frei ausfließen. Anschließend wird die Probenahmestelle mittels eines Brenners gründlich abgeflammt bzw. bei einem Kunststoffhahn anderweitig ausreichend desinfiziert.

Zur Probenahme wird der Stopfen von der Glasflasche bzw. der Verschluss von der sterilen Kunststoffflasche abgenommen. Der Behälter ist so zu öffnen, dass weder der Flaschenmund noch die Innenseite des Verschlusses oder der untere Teil des Stopfens berührt, angehaucht oder angehustet werden. Gesprochen wird während der Probenahme nicht. Der Flaschenmund ist nur bei der Glasflasche kurz abzuflammen. Die Flasche wird so gefüllt, dass das zu untersuchende Wasser im freien Fall, möglichst als bleistiftdicker laminarer Strahl in die Flasche eintreten kann. Der Behälter wird bis zur Flaschenschulter gefüllt. Es ist darauf zu achten, dass sekundäre Verunreinigungen, z. B. durch Spritzwasser oder Rückflusswasser, weder in die Flasche noch an den Stopfen bzw. Verschluss gelangen können. Anschließend wird die Flasche vorsichtig und sorgfältig verschlossen. Mikrobiologische Wasserproben sollten umgehend und nach Möglichkeit unter kontinuierlicher Kühlung dem Untersuchungslabor übergeben werden.

6.3.7 Probenahme für chemische und chemisch-physikalische Untersuchungen

Für die Probenahme zur Bestimmung der einzelnen Parameter wird auf DIN EN ISO 5667-3 [11] verwiesen. Die Anzahl und die inhaltliche Menge der zu befüllenden Probenbehälter hängt von dem Analysenumfang und der jeweiligen Analysenmethode ab.

6.3.8 Probenahme für radiologische Untersuchungen

Der novellierten Trinkwasserverordnung von 2023 [12] folgend ist die Probenahme zur Untersuchung radioaktiver Stoffe nach anerkannten Regeln der Technik durchzuführen. Überträgt man diese Anforderungen auf Mineral- und Heilwasser, sind die Vorgaben der DIN ISO 5667-5 [13] anzuwenden. In Ergänzung zu dieser Norm kann die Messanleitung des Bunds „H-Vorbemerk-TWASS-02“ [14] herangezogen werden, die die Probenahme für Radioaktivitätsparameter deutlich ausführlicher darstellt. Auch finden sich in den einschlägigen Normen zur Bestimmung der Radioaktivitätsparameter Angaben zur Probenahme (z. B. DIN EN ISO 10704 „Bestimmung der Gesamt-Alpha- und der Gesamt-Beta-Aktivität in nicht salzhaltigem Wasser – Dünnschichtverfahren“ [15] und DIN EN ISO 11704 „Bestimmung der Gesamt-Alpha und Gesamt-Beta-Aktivität in nicht salzhaltigem Wasser – Verfahren mit dem Flüssigkeitszintillationszähler“ [16] oder ISO 13164-1 „Radon-222 – Part 1: General principles“ [17] und ISO 13164-2 „Radon-222 – Part 2: Test method using gamma Spectrometry“ [18].

Eine Besonderheit stellt die Beprobung für die Analyse von Radon-222 dar. Eine Probenahme sollte unter laminarem Wasserfluss blasenfrei erfolgen, indem man mithilfe eines Schlauchs, der bis zum Boden einer radondichten Flasche reicht, die Probe abfüllt (siehe **Bild 6.1**). Die bis zum Rand blasenfrei gefüllte Flasche ist luftdicht zu verschließen. Dies kann unter Umständen bei stark gasführenden Mineral- und Heilquellen eine Herausforderung an die Geschicklichkeit darstellen. Nach Möglichkeit werden besonders geeignete Behältnisse aus Kunststoff mit gasdichten Verschlüssen eingesetzt.

Anleitung: Abfüllung von Wasserproben zur Bestimmung der Radon-Konzentration

1. Anschluss des Schlauchs an die Probenahmestelle
2. Einführen des Schlauchs bis zum Boden der Probenflasche, evtl. in einem mit Probe gefüllten Eimer
3. Öffnung des Probenahmehahns – laminaren Wasserfluss einstellen
4. Befüllen der Flasche bis zum Überlaufen oder mehrmaligen Wasseraustausch unter Wasser
5. Luftdichtes Verschließen der randvollen Probenflasche (siehe auch DIN ISO 5667-5, Abschnitte 9 und 10 [13]), wird z. B. erleichtert durch kontinuierlich gesteigerten Druck auf eine Kunststoffflasche
6. Vermerken des Probenahmedatums und der genauen Uhrzeit wegen der Berechnung des Radongehalts

Bild 6.1: Probenahme mit Schlauch und radondichter Flasche (© SGS Institut Fresenius)

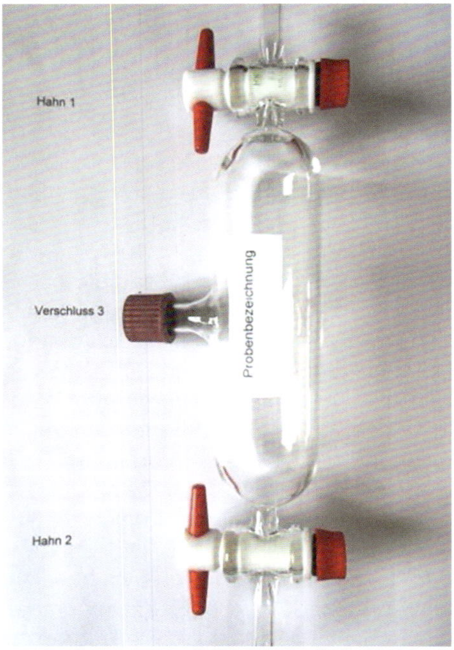

Bild 6.2: Gasmaus für freie gelöste Gase (© H. Zerbe, SGS Institut Fresenius)

Der genaue Entnahmezeitpunkt ist von großer Bedeutung, da Radon-222 nur eine Halbwertszeit von 3,82 Tagen besitzt. Es ist dafür Sorge zu tragen, dass die Analytik schnellstmöglich im Labor erfolgen kann. In der Regel wird der Radongehalt für den Prüfbericht auf den Zeitpunkt der Probenahme zurückgerechnet. Das Ergebnis wird umso ungenauer, je länger die Probenahme zurückliegt.

6.3.9 Probenahme für Untersuchungen der freien oder gelösten Gase

Die Wasserproben zur Bestimmung der freien oder gelösten Gase werden mittels Schlauch in ein Gassammelgefäß (Gasmaus) unter Wasser übergeführt. Das Gassammelgefäß wird von unten nach oben ausreichend lange durchspült bis keine Fremdgase mehr vorhanden sind und anschließend verschlossen (siehe **Bild 6.2**). Die Mineral- und Heilwässer können freie, aber auch gelöste Gase enthalten. Hier besteht eine Abhängigkeit von den jeweiligen Druckbedingungen an der Entnahmestelle.

Anleitung: Durchführung der Probenahme zur Sammlung gelöster/freier Gase in Mineral-/Heilwasser mittels Gasmaus

1. Anschluss von dem Probenschlauch an den Entnahmehahn
2. Vollständige Befüllung eines Probenbehältnisses mit dem zu untersuchenden Wasser
3. Alle Verschlüsse/Hähne an der Gasmaus sind zunächst geschlossen
4. Anschluss von dem Probenschlauch an den Verschluss/Hahn Nr. 2 der Gasmaus
5. Einbringen der Gasmaus senkrecht in das Probenbehältnis, sodass sich diese komplett unter dem Wasserniveau befindet
6. Öffnung des Entnahmehahns
7. Öffnung der Hähne 1 und 2 der Gasmaus und anschließend die Befüllung mit dem Probenwasser
8. Durchströmen der Gasmaus mit dem Wasser von unten nach oben für mindestens fünf Minuten
9. Schließen von Hahn Nr. 1 und gleichzeitige Öffnung von Verschluss Nr. 3. Dabei muss die Gasmaus sich weiterhin komplett unter dem Wasserspiegel befinden
10. Wasser tritt dann aus dem Verschluss Nr. 3 aus
11. Wenn freie gelöste Gase vorhanden sind, sammeln sie sich am höchsten Punkt der Gasmaus
12. Schließen, zuerst Verschluss Nr. 3 und anschließend Hahn Nr. 2

Eine Alternative kann die Befüllung in gleicher Weise mit druckfesten Einrichtungen (z. B. Edelstahlzylindern) darstellen.

Allgemeine Informationen zur Probenahme

Zu beachten ist ferner, dass während der Probenahme nicht geraucht, gegessen und getrunken wird. Es besteht zum einen die Gefahr der persönlichen Schädigung, zum anderen die Möglichkeit einer sekundären Kontamination der Proben. Auch die Einflüsse von belasteter Luft aus dem Umfeld, z. B. Verkehr, Immissionen und Emissionen von Industrieanlagen, können zu sekundären Eintragungen führen, da in speziellen Fällen Verunreinigungsindikatoren im ng/l-Bereich untersucht werden.

6.3.10 Probenvorbehandlung vor Ort

Eine spezielle Vorbehandlung von Mineral- und Heilwasserproben ist i. d. R. nicht notwendig, da diese im Rahmen der erlaubten natürlichen Schwankungsbreite eine konstante Zusammensetzung aufweisen.

6.3.10.1 Homogenisierung und Probenteilung

Entfällt für Heil- und Mineralwasser.

6.3.10.2 Filtration

Soweit die Probe bei der Entnahme getrübt ist – außer durch feine Gasblasen – ist sie direkt bei der Probenahme zu filtrieren (z. B. Membranfilter mit 0,45 µm Porenweite). Einige Bestimmungen müssen allerdings in der unfiltrierten Probe durchgeführt werden (TOC, H_2S/HS-, Fe^{2+}).

6.3.10.3 Probenkonservierung

Ein Teil der Wasserproben ist sofort zu stabilisieren, damit veränderliche Parameter im Labor repräsentativ bestimmt werden können. Ein anderer Teil der Wasserproben ist bei der Probenahme so zu behandeln, dass keine Veränderungen auftreten.

Die Probenahmegefäße, Probenmengen und ggf. notwendigen Stabilisierungen sind von den jeweiligen Parametern und Analysenmethoden abhängig. Für die Konservierung und das Handling von Wasserproben wird ebenfalls auf die DIN EN ISO 5667-3 [11] verwiesen. Viele Stabilisierungen können bereits bei der Vorbereitung des Flaschensatzes im Labor vorgenommen werden.

6.3.11 Probenbehälter/Probenbeschriftung

Alle Probenbehältnisse bzw. -einrichtungen müssen den Vorgaben entsprechen und keine negativen Einflüsse auf die Probe ausüben, um gesicherte analytische Ergebnisse in der Folge zu erhalten.

Sie sind eindeutig zu beschriften oder zu etikettieren, damit eine korrekte Zuordnung der Probe zur Probenahme jederzeit gewährleistet ist. Die Beschriftung muss permanent vorhanden sein und darf nicht durch Feuchtigkeit, Kühlung, Transport etc. unleserlich werden.

Neben der allgemeinen Beschriftung sind die Probengefäße für bestimmte ausgewählte, spätere Einzel- oder Gruppenanalysen zu kennzeichnen, z. B. für chemische Haupt-, Neben- oder Spurenbestandteile, organische Spurenstoffe, Radioaktivität, etc. Heutzutage werden die Behälter häufig mit maschinell erstellten Codes beklebt, die bereits alle Informationen zur Probe und zur anzuwendenden Analytik im Labor beinhalten.

6.3.12 Reinigung der Probenahmegeräte

Durch höher mineralisierte Heil- und Mineralwässer können sich an Gerätschaften u. U. sehr starke Ablagerungen in Form von Antrocknungen bilden (insbesondere bei Solen). Eisen- und Manganbeläge sind nachträglich nur sehr schwer, häufig nur unter Einsatz von säurehaltigen Lösungsmitteln, zu entfernen.

Insbesondere Messelektroden und -sonden sind sofort zu reinigen und in entsprechenden Elektrolytlösungen zu lagern.

6.4 Probenahmeprotokoll

Bei jeder Entnahme von Mineral- und Heilwasserproben ist ein Probenahmeprotokoll anzulegen. Dieses dient dem Probenehmer als Merkliste und gibt dem untersuchenden Prüflabor Informationen über die Tätigkeiten und Messungen bei der Probenahme. Es werden im Protokoll alle Beobachtungen festgehalten, die für den oft ortsunkundigen Begutachter der Analysenergebnisse von Bedeutung sind.

6.4.1 Allgemeine Angaben

Das Probenahmeprotokoll enthält folgende Angaben, soweit bekannt:

Auftraggeber, Probenkennzeichnung, Entnahmestelle, Eigentümer, Datum, Uhrzeit, Art der Entnahmestelle mit näheren Angaben (z. B. Brunnenausbau, Filterstrecke), Höhe des Wasserspiegels bei der Probenahme, Entnahmetiefe, Art der Probenahme mit Angaben zur Quellschüttung bzw. zum Förderstrom. Darüber hinaus erfolgen Angaben über Wahrnehmungen am geförderten Mineral- oder Heilwasser, Ergebnisse der Messungen vor Ort, Angaben zu Konservierungsmaßnahmen und zu den Personen bzw. Institutionen, die die Probenahme ausführen.

Das zu entnehmende Probenvolumen wird vom untersuchenden Prüflabor entsprechend dem geforderten Untersuchungsumfang festgesetzt. In der Regel erfordern Konservierungen das Abfüllen mehrerer Behälter. Ihre korrekte Kennzeichnung mit der Probennummer ist als wesentliche Information der Zuordnung im Probenahmeprotokoll an erster Stelle genannt.

Ein Beispiel eines Formulars für ein Probenahmeprotokoll, das diesen Anforderungen genügt, ist in **Bild 6.3** dargestellt.

Probenahmeprotokoll für Mineral- und Heilwasser							
Probenkennzeichnung:							
Tag:		Monat:		Jahr:		Uhrzeit:	
Gemeinde:							
Ortsteil:							
Flur:							
Flurstück:							
Kreis:							
Bezeichnung des Messpunkts:							
Entnahmestelle:							
Topografische Karte TK 25:							
Rechtswert:				Hochwert:			
Eigentümer:				EDV/Objekt-Nr.:			
Art der Entnahmestelle:							
Brunnendurchmesser:			m	Brunnentiefe:			m
Filterstrecke von:			m	bis		m unter Messpunkt	
Wasserspiegel unter/über Messpunkt:							m
bei der Probenahme:							m
Entnahmetiefe:						m unter Messpunkt	
Schüttung (Quelle) bzw. Förderstrom (Brunnen):					m^3/h		L/s
Art der Probenahme:							
Wahrnehmungen am geförderten Mineral- oder Heilwasser sofort nach Entnahme:							
Geruch:							
Färbung:							
Trübung:							
Sonstiges:							
Wahrnehmungen am geförderten Mineral- oder Heilwasser nach							Stunden
Geruch:							
Färbung:							
Trübung:							
Bodensatz:							
Sonstiges:							

Bild 6.3a: Beispiel für ein Formular eines Probenahmeprotokolls für Mineral- und Heilwasser

6.4.2 Informationen über Entnahmestellen

Die Art der Entnahmestelle ist kurz zu beschreiben. Bei Brunnen ist neben der Angabe des Brunnentyps von Bedeutung, ob er kontinuierlich oder nur zu bestimmten Zeiten betrieben wird oder ob er artesisch überläuft. In besonderen Fällen ist das Probenahmeprotokoll auch durch eine Lageskizze oder Fotos zu ergänzen.

Die Höhe des Grundwasserspiegels soll nach Möglichkeit bei der Probenahme dokumentiert werden. Als Entnahmetiefe ist die Einbautiefe der Förderpumpe unter dem Messpunkt anzugeben. Die Filterstrecke bezieht sich dagegen auf den Ausbau des Brunnens. Bei artesischem Auslauf ist auf geeignete Weise die Wasserspiegellage über dem Messpunkt zu bestimmen.

Die Angabe über die Art der Probenahme soll aussagen, ob es sich um eine am Entnahmehahn entnommene Probe oder um eine Schöpfprobe handelt. Für die Auswertung

Messungen vor Ort:						
Zu Beginn der Probenahme:						
Wassertemperatur:	°C	pH-Wert:		Redox-Spannung:		mV
Elektrische Leitfähigkeit (bei 25 °C):						µS/cm
Während der Probenahme:						
Wassertemperatur:	°C	pH-Wert:		Redox-Spannung:		mV
Elektrische Leitfähigkeit (bei 25 °C):						µS/cm
Am Ende der Probenahme:						
Wassertemperatur:	°C	pH-Wert:		Redox-Spannung:		mV
Elektrische Leitfähigkeit (bei 25 °C):						µS/cm
Sauerstoffkonzentration:						mg/L
Kohlenstoffdioxidkonzentration:						mg/L
Säurekapazität bis zum pH-Wert 4,3, $K_{S,4,3}$:						mmol/L
Basekapazität bis zum pH-Wert 8,2, $K_{B,8,2}$:						mmol/L
Lufttemperatur:		°C	Luftdruck:			hPa
Witterung:						
Konservierungsmaßnahmen:						
für Parameter:			Kennzeichnung der Probe:			
Konservierungsmittel und -menge:						
für Parameter:			Kennzeichnung der Probe:			
Konservierungsmittel und -menge:						
für Parameter:			Kennzeichnung der Probe:			
Konservierungsmittel und -menge:						
Die Probenahme und obige Arbeiten haben ausgeführt:						
Name:						
Institution:						
Bemerkungen:						
Die Proben wurden übergeben:						
am:		um:		Uhr	an:	
Analysenregister-Nr:						
Unterschrift:						

Bild 6.3b: Beispiel für ein Formular zu Messungen vor Ort

ist es bedeutsam zu wissen, wie stark eine Quelle zur Zeit der Probenahme schüttete oder welchen Volumenstrom die installierte Pumpe förderte.

Die sensorischen Wahrnehmungen am geförderten Mineral- oder Heilwasser sind zu beschreiben. Das schließt immer Aussehen und Geruch ein, bei sicheren Verhältnissen auch den Geschmack.

Unter Wahrnehmungen am geförderten Mineral- oder Heilwasser werden die Beobachtungen bei der Probenahme wiedergegeben, die Rückschlüsse auf färbende oder flüchtige bzw. sich verändernde Inhaltsstoffe zulassen (z. B. Huminstoffe oder Schwefelgeruch). Angaben zur Trübung und zum Bodensatz sollen deren Intensität sowie eine Beschreibung der Beschaffenheit enthalten.

6.4.3 Hinweise zum Ausfüllen des Formulars für ein Probenahmeprotokoll

Für jede Wasserprobe wird ein gesondertes Formular ausgefüllt.

Die Proben werden auf dem Formular und dem Probenbehälter in gleicher Weise bezeichnet.

Datum und Uhrzeit werden erst bei der Probenahme eingetragen. Obwohl bei Mineral- und Heilwässern keine kurzfristigen Beschaffenheitsänderungen vorkommen, kann die Information in Einzelfällen bedeutsam sein (Zeitabstand zum Ein- und Ausschalten von Pumpen, späteres Bekanntwerden von besonderen Ereignissen).

Beim Geruch sollen sowohl allgemeine Angaben (z. B. „erdig") als auch auf bestimmte Stoffe hinweisende Bemerkungen gemacht werden (z. B. „H_2S").

Unter „Konservierungsmaßnahmen" ist nach Vorgaben der entsprechenden Normen und ggf. des untersuchenden Prüflabors anzugeben, wofür eine gesonderte Probe in einen speziellen Behälter abgefüllt wurde. Die Zugabe von Konservierungsmitteln erfolgt in der Regel schon bei der Vorbereitung der Behälter im Prüflabor.

Unter „Bemerkungen" werden Angaben zu Besonderheiten bei der Probenahme, Lagerbedingungen der Probe bis zur Übergabe an das Prüflabor, die Entnahme von Gegenproben oder Beobachtungen nachträglicher Veränderungen notiert.

Es ist anzugeben, wer die Probenahme veranlasst und wer die Probe genommen hat. Erst das Ausfüllen des letzten Abschnitts des Formulars beschließt formell die Probenahme.

6.5 Qualitätssicherung

Spezielle Qualitätssicherungsmaßnahmen werden in der Regel nicht durchgeführt. Generell zeigt die Erfahrung, dass die fachgerechte Probenahme eine entscheidende Rolle für die Qualität und Verlässlichkeit der Analysenergebnisse spielt und gleichzeitig bei unsachgemäßer Durchführung ein hohes Fehlerpotenzial mit sich bringt. Größte Sorgfalt sollte daher darauf gelegt werden, eine repräsentative Probe zu nehmen. Die Repräsentanz einer Probe kann durch eine Doppel-, Mehrfach- oder kontinuierliche Probenahme sowie anschließende Überprüfung von Vor-Ort-Parametern bis zur Konstanz festgestellt werden.

Einen wichtigen Bestandteil der Qualitätssicherung stellt eine turnusmäßige Überprüfung und Überwachung der Probenahme in Form von internen und externen Audits dar. Dabei wird die Einhaltung relevanter Verfahren, Vorschriften und dokumentierter Regelungen überprüft.

Dokumentierte Regelungen (Standardarbeitsanweisungen) müssen vorhanden und den Probenehmern bekannt sein. Die Kenntnis verschiedener Probenahmeverfahren, die

Bedienung, Wartung und Kalibrierung der eingesetzten Geräte, sowie die korrekte Lagerung und der Transport der Proben bis zum Labor werden überprüft. In der Standardarbeitsanweisung zur Probenahme werden alle Arbeitsschritte des Verfahrens beschrieben, um eine einheitliche Anwendung und darauf basierend eine Vergleichbarkeit der Untersuchungsergebnisse sicherzustellen.

Die turnusmäßige Wartung und Kalibrierung der Probenahmegeräte und Analysegeräte zur Bestimmung der Vor-Ort-Parameter werden ebenfalls auf Basis von Standardarbeitsanweisungen in einem sogenannten Gerätebuch dokumentiert. Damit kann der Einsatz von funktionsfähigen und kalibrierten Geräten nachvollzogen werden. Die Gerätebücher sowie die relevanten Verfahren, Vorschriften und individuellen Regelungen müssen während der Probenahme vom Probenehmer mitgeführt werden.

Neben der Umsetzung der oben genannten Arbeitsanweisungen werden die ordnungsgemäße und damit nachvollziehbare Dokumentation der Probenahme, die genaue und eindeutige Beschriftung der Proben, das Vorhandensein und Tragen der erforderlichen Schutzausrüstung wie z. B. Sicherheitsschuhe, Overalls, Schutzbrillen und Schutzhelme und das Vorhandensein der erforderlichen apparativen Ausrüstung bei der Überwachung der Probenahme überprüft. Checklisten für den Einsatz von Probenahmegeräten und Flaschensätzen in Abhängigkeit von der Art der Probenahme und des Untersuchungsumfangs erleichtern die Planung der Probenahme wesentlich.

Alle qualitätsorientierten Prüflabore besitzen eine Akkreditierung. Diese beinhaltet neben den reinen Analysenmethoden auch Vorgaben für die Probenahme, Dokumentation und Qualitätssicherung. Erfahrungen mit stark schwankenden Analyseergebnissen aus nicht akkreditierten Prüflaboren bestätigen die Bedeutung einer externen Kontrolle und Überprüfung für die Verlässlichkeit von Untersuchungen.

6

Literatur

[1] Min/TafelWV (1984): Verordnung über natürliches Mineralwasser, Quellwasser und Tafelwasser (Mineral- und Tafelwasserverordnung Min/TafelWV 1984) vom 1. August 1984 (BGBl. I,S. 1036), die zuletzt durch Artikel 2 der Verordnung vom 20. Juni 2023 (Nr. 159) geändert worden ist

[2] Richtlinie 2009/54/EG des Europäischen Parlaments und des Rates vom 18. Juni 2009 über die Gewinnung von und den Handel mit natürlichen Mineralwässern. In: Amtsblatt der EU L 164/45 - 58 vom 28. Juni 2009

[3] AMG (1976): Gesetz über den Verkehr mit Arzneimitteln (Arzneimittelgesetz AMG 1976) vom 24. August 1976, neugefasst durch Bek. vom 12. Dezember 2005 I 3394 zuletzt geändert durch Art. 2 G vom 23. Oktober 2024 I Nr. 324

[4] Deutscher Heilbäderverband e. V. und Deutscher Tourismusverband e. V. (Hrsg.): Begriffsbestimmungen / Qualitätsstandards für Heilbäder und Kurorte, Luftkurorte, Erholungsorte – einschließlich der Prädikatisierungsvoraussetzungen – sowie für Heilbrunnen und Heilquellen. 14. Auflage vom 04.11.2023, Berlin

[5] Allgemeine Verwaltungsvorschrift über die Anerkennung und Nutzungsgenehmigung von natürlichem Mineralwasser vom 9. März 2001. In: Bundesanzeiger Nr. 56, 4605 (21.03.01)

[6] Richtlinie für die Überwachung von Heilwasserbetrieben und Heilquellen nach § 64 des Arzneimittelgesetzes (AMG) der Arbeitsgemeinschaft der Ltd. Ministerialbeamten der Länder (2011): – z. B. in: Staatsanzeiger für das Land Hessen Nr. 46/2021 vom 15.11.2021, S. 1450

[7] DIN 38402-18 (1991-05): Deutsche Einheitsverfahren zur Wasser-, Abwasser- und Schlammuntersuchung; allgemeine Angaben (Gruppe A); Probenahme von Wasser aus Mineral- und Heilquellen (A 18)

[8] LFGB (2005): Lebensmittel-, Bedarfsgegenstände- und Futtermittelgesetzbuch (Lebensmittel- und Futtermittelgesetzbuch – LFGB) vom 01.09.2005, neugefasst durch Bek. vom 3.6.2013, zuletzt geändert durch Art. 11 G vom 06. Mai 2024 / Nr. 149

[9] Amtliche Sammlung von Untersuchungsverfahren nach § 64 LFGB. Untersuchung von Lebensmitteln, Bestimmung von Kohlensäure in natürlichem Mineralwasser, L 59.11-26

[10] Amtliche Sammlung von Untersuchungsverfahren nach § 64 LFGB. Untersuchung von Lebensmitteln, Allgemeine Hinweise zur Probenahme und zur chemischen sowie chemisch-physikalischer Untersuchungen von natürlichem Mineralwasser, L 59.11-1

[11] DIN EN ISO 5667-3 (2024-09): Wasserbeschaffenheit- Probenahme – Teil 3: Konservierung und Handhabung von Wasserproben

[12] TrinkwV (2023): Verordnung über die Qualität von Wasser für den menschlichen Gebrauch, (Trinkwasserverordnung – TrinkwV) – Trinkwasserverordnung in der Fassung der Bekanntmachung vom 20. Juni 2023 (BGBl. I Nr. 159)

[13] DIN ISO 5667-5 (2011): Wasserbeschaffenheit – Probenahme – Teil 5: Anleitung zur Probenahme von Trinkwasser aus Aufbereitungsanlagen und Rohrnetzsystemen (ISO 5667-5:2006)

[14] BMU (2016): H-VORBEMERK-TWASS-02: Messanleitungen für die Überwachung radioaktiver Stoffe in der Umwelt und externer Strahlung – Vorbemerkung hinsichtlich der Anforderungen bei der Probenahme aus Trink- und Grundwasser

[15] DIN EN ISO 10704 (2020-12): Wasserbeschaffenheit – Bestimmung der Gesamt-Alpha und der Gesamt-Beta-Aktivität in nicht salzhaltigem Wasser – Dünnschichtverfahren

[16] DIN EN ISO 11704 (2024-07): Wasserbeschaffenheit – Bestimmung der Gesamt-Alpha- und Gesamt-Beta-Aktivität in nicht salzhaltigem Wasser – Verfahren mit dem Flüssigszintallationszähler

[17] ISO 13164-1 (2020-12): Water quality – Radon-222 – Part 1: General principles

[18] ISO 13164-2 (2020-12): Water quality – Radon-222 – Part 2: Test method using gamma spectrometry

7 Probenahme aus fließenden Gewässern

Dipl.-Ing. Klaus-Dieter Selent*

7.1 Einleitung

In diesem Kapitel wird die Probenahme aus fließenden Gewässern für nachfolgende chemische und physikalische Untersuchungen auf der Grundlage der DIN EN ISO 5667-6 [1] behandelt. In der Norm sind die Grundsätze für die Erstellung von Probenahmeprogrammen, Probenahmetechniken und die Handhabung von Wasserproben aus Fließgewässern zur physikalischen und chemischen Bewertung festgelegt. Nicht behandelt werden die Probenahmen für die biologischen Qualitätskomponenten sowie in Gewässermessstationen.

Die Norm DIN EN ISO 5667-6 gilt nicht für die Probenahme aus Ästuaren und Küstengewässern sowie für aufgestaute Strecken von Fließgewässern. Sie gilt weder für die Untersuchung von Sediment (siehe DIN ISO 5667-12 [2]), suspendierten Feststoffen (siehe DIN 38402-24 [3]) oder Biota noch für die mikrobiologische Probenahme. Die Vorgehensweisen für mikrobiologische Probenahmen sind in DIN EN ISO 19458 [4] festgelegt. Sie gilt ebenfalls nicht für die Anwendung von Passivsammlern in Oberflächengewässern (siehe ISO 5667-23 [5]).

Fragestellungen, die zu Fließgewässer-Probenahmeprogrammen führen, sind zum Beispiel die Dokumentation des Gewässerzustands im Rahmen von (Routine-)Untersuchungsprogrammen und die Datenerhebung vor dem Hintergrund spezieller Fragestellungen.

Im zuerst genannten Fall werden Untersuchungsprogramme vorgegeben, in denen verschiedene Gewässer hinsichtlich langfristiger Trends mit vergleichbarem Parameterumfang untersucht werden. Das gilt insbesondere für Untersuchungsprogramme zur Umsetzung der Europäischen Wasserrahmenrichtlinie (EG-WRRL) [6]. Die EG-WRRL wurde am 22.12.2000 verabschiedet, um einen einheitlichen Ordnungsrahmen für Maßnahmen für die gemeinsame Europäische Gewässerschutzpolitik zu schaffen. Ergänzt wurde die EG-WRRL in den Jahren 2008 bis 2014 durch weitere Tochterrichtlinien, u. a. die Richtlinie über Umweltqualitätsnormen für Oberflächenwasser [7] sowie eine Richtlinie hinsichtlich technischer Anforderungen an Untersuchungsverfahren [8].

Die EG-WRRL ist für alle Mitgliedsstaaten bindend und wurde Ende 2002 in das Wasserhaushaltsgesetz (WHG) der Bundesrepublik Deutschland übernommen. Die Bundesländer setzten in Folge die WRRL in Landesrecht um. In NRW erfolgte dies 2001 durch die Gewässerqualitätsverordnung (GewQV) [9] und 2006 durch die Gewässerbestandsaufnahme-, Einstufungs- und Überwachungsverordnung (GewBEÜV) [10]. Abgelöst wurde diese Landesverordnung in 2011 durch die Bundesverordnung zum Schutz der

* unter Verwendung des Kapitels von H. Schimmer aus der 1. Auflage 1998 sowie von K. Selent aus der 2. Auflage 2018

Oberflächengewässer (OGewV) [11], die die vorgenannten Tochterrichtlinien umsetzte. Im Jahr 2016 trat die Novelle der OGewV [12] in Kraft. Hier wurden neue Stoffe aufgenommen und z. T. bestehende Umweltqualitätsnormen verändert oder gar gestrichen.

Lokale Besonderheiten der Belastung oder Nutzung von Gewässern werden in differenzierten Messprogrammen berücksichtigt. Parameterumfang und Untersuchungsintensität werden hier auf den jeweiligen Untersuchungszweck abgestimmt. Derartige Untersuchungsprogramme sollten über einen langen Zeitraum hinweg durchgeführt werden, um homogenes Datenmaterial zur Verfügung zu haben.

Die Ergebnisse dienen der Überwachung vorhandener Gewässernutzungen oder der Überprüfung festgesetzter Anforderungen an die Wasserbeschaffenheit. Aus dem Datenkollektiv können aber auch Empfehlungen zur Vermeidung von Gewässerbeeinträchtigungen oder für künftige Nutzungen abgeleitet werden.

Außerhalb dieser Routineerfassungen werden Probenahmen vielfach zur Aufdeckung von Gewässerverunreinigungen oder zur Beweissicherung nach Schadensfällen durchgeführt (siehe Kapitel 7.7). Grundsätzliche Aufgabe der Gewässerüberwachung ist die Erkennung und Quantifizierung der mit den vielfältigen Nutzungen der Gewässer einhergehenden Gewässerbelastungen sowie die Identifizierung von Belastungsquellen.

7.1.1 Definition und Begriffserklärungen

Gemäß DIN EN ISO 5667-6 [1] werden üblicherweise Einzelproben aus einem Fließgewässer entnommen. Die Einzelprobenahme (oder auch gesonderte Probenahme) ist unter Bezug auf ISO 6107-2 definiert als „Verfahren, bei dem Einzelproben einem Wasserkörper entnommen werden". Der im Deutschen verwendete Begriff der „Stichprobenahme" wird in der Norm eher als Zufallsprobenahme definiert (siehe **Tabelle 7.1**).

Die im Englischen für die Zufallsprobenahme (random sampling) üblichen Begriffe „snap sample", „spot sample" oder „grab sample" sind nicht in DIN EN ISO 5667-6 [1] enthalten und werden gemäß ISO 6107-2 definiert als „Einzelprobe, zufällig (in Bezug auf Zeit und/oder Probenahmestelle) genommen".

Die unterschiedlichen Definitionen führen in der Praxis leider etwas zur Verwirrung, zumal im LAWA AQS-Merkblatt P-8/3 „Probenahme aus Fließgewässern" nur die Begriffe „Stichprobe" sowie „Mischprobe" und keine Einzelprobe definiert sind. DIN 38402-11 „Probenahme von Abwasser" [13] enthält eine Unterscheidung zwischen einer Einzelprobe und einer Stichprobe. Danach ist eine

- Einzelprobe „eine zufällig (in Bezug auf Zeit und/oder Ort) durch einmalige Entnahme (meist durch Schöpfen) aus einem Wasserkörper gewonnene Probe" und eine
- Stichprobe „eine oder mehrere unmittelbar nacheinander entnommene und vereinigte Einzelproben zur Beurteilung eines momentanen Zustandes".

Die in der Norm „Probenahme von Abwasser" enthaltene Stichprobe wird in DIN EN ISO 5667-6 sinngemäß als inkrementelle Probenahme (oder schrittweise erfolgende

Tabelle 7.1: Begriffsdefinitionen zur Probenahme gemäß DIN EN ISO 5667-6 [1]

Deutscher Begriff	Englischer Begriff	Definition
Automatische Probenahme	automatic sampling	Verfahren, bei dem Proben entweder einzeln oder kontinuierlich nach einem vorbestimmten Programm ohne menschliches Zutun entnommen werden
Mischprobe	composite sampling	Zwei oder mehrere Proben oder Teilproben, die in angemessenen, bekannten Verhältnissen (entweder einzeln oder kontinuierlich) vermischt werden, damit ein Durchschnittsergebnis für eine bestimmte Kenngröße erhalten werden kann *<u>Anmerkung:</u> Die Verhältnisse beruhen üblicherweise auf Zeit- oder Fließmessungen.*
Kontinuierliche Probenahme	continuous sampling	Verfahren, bei dem eine Probe kontinuierlich einem Wasserkörper entnommen wird
Gesonderte Probenahme, Einzelprobenahme	discrete sampling	Verfahren, bei dem Einzelproben einem Wasserkörper entnommen werden
Schrittweise erfolgende Probenahme, inkrementelle Probenahme	incremental sampling	Technik, bei der aufgrund einer geringen Durchflussrate (mit der Möglichkeit der Kontamination durch Sedimente) oder aufgrund von Zugangsbeschränkungen (z. B. wenn eine Probe durch eine kleine Öffnung entnommen wird) kleine Proben entnommen werden, diese kleinen Proben werden anschließend zusammengefasst, um eine Mischprobe zu ergeben *<u>Anmerkung:</u> Sämtliche in den kleinen Proben enthaltene Flüssigkeit wird verwendet, im Unterschied zur Durchmischung (Blending) von Aliquoten, die zur Herstellung einer durchflussproportionalen Probe angewendet wird.*
Stichprobenahme, Zufallsprobenahme	random sampling	Form der Probenahme, bei der die Möglichkeit verschiedene Konzentrationen eines Analyten zu erhalten durch die Wahrscheinlichkeitsverteilung des jeweiligen Analyten definiert wird
Systematische Probenahme	systematic sampling	Probenahme, bei der die Proben in vorgegebenen Zeitabständen entnommen werden, häufig in gleichen Zeitabständen
Teilprobe	sub-sample	Anteil, der aus einer Probe entnommen wird und der als repräsentativ für diese Probe angesehen wird
Fluss	river	Natürlicher Wasserkörper, der kontinuierlich oder unterbrochen einem bestimmten Flusslauf folgend, in einen Ozean, See, ein Meer, eine Landsenke, Marsch, oder in einen anderen Wasserlauf fließt

Tabelle 7.1: Fortsetzung

Deutscher Begriff	Englischer Begriff	Definition
Bach	stream	Wasser, kontinuierlich oder unterbrochen in einem gut definierten Bett fließend, ähnlich wie ein Fluss, jedoch von geringerer Größe
Probenahme-gebiet, Probenahme-standort	sampling site	Allgemeiner Bereich oder Gebiet, aus dem Proben entnommen werden
Probenahmestelle	sampling point	Genaue Probenahmeposition innerhalb eines Probenahmegebiets, von dem Proben gezogen werden

Probenahme) dargestellt. Im Sinne einer gleichartigen Bedeutung sollte bei künftigen Revisionen der Normen eine Harmonisierung der Begriffe angestrebt werden.

Mischproben können von Hand oder automatisch entnommen werden, unabhängig von der Probenahmeart (durchfluss-, zeit- oder volumenabhängig). Kontinuierlich entnommene Proben können zu Mischproben vereinigt werden. Mischproben liefern Durchschnittsdaten und sind wenig geeignet, kurzzeitig auftretende Konzentrationsspitzen zu ermitteln. Deshalb sollte vor dem Mischen geklärt werden, ob solche Daten erwünscht sind oder ob der/die Parameter innerhalb des Probenahmezeitabschnitts nicht signifikant schwanken. Mischproben sind nützlich, wenn ein einzuhaltender Grenzwert auf der durchschnittlichen Wasserbeschaffenheit basiert [14]. Weitere Hinweise zu allgemeinen Anforderungen und Betrieb von automatischen Probenahmegeräten finden sich in [13, 14, 15]. Leistungsanforderungen und Konformitätsprüfungen für automatische Probenahmegeräte zum Wassermonitoring (auch für die Wasserrahmenrichtlinie) werden in DIN EN 16479 [16] beschrieben.

7.1.2 Anforderungen an die Beschaffenheit des Wassers

Ziel der Wasserrahmenrichtlinie ist der Erhalt bzw. das Erreichen eines guten ökologischen und chemischen Zustands der Gewässer. Die Oberflächengewässerverordnung 2016 (OGewV) [12] ergänzt und aktualisiert die Anforderungen zur Einstufung, Darstellung und Überwachung des ökologischen Zustands, des ökologischen Potenzials und des chemischen Zustands von Oberflächengewässern.

Die Überwachung der Oberflächenwasserkörper im Sinne der Wasserrahmenrichtlinie erfolgt in NRW in drei Überwachungsarten:

- Überblicksüberwachung: Besonders umfangreiche und zeitdichte Überwachung zur Erfassung der Grundsituation größerer Einzugsgebiete und zur Trendbeobachtung
- Operative Überwachung: Überwachung auf regionaler Ebene zur flächendeckenden Beurteilung des Zustands der Oberflächenwasserkörper

- Investigative oder Überwachung zu Ermittlungszwecken: Anlassbezogene Überwachung auf lokaler Ebene mit angepassten Untersuchungsprogrammen

Und sie differenziert nach den drei Schutzgütern:

- Aquatische Biozönose
- Menschliche Gesundheit (UQN-RL 2008/105(EWG) [7]
- Trinkwassergewinnung

Einen großen Anteil an dem Gewässermonitoring haben die biologischen Untersuchungen, die erheblich in die Bewertung des Gewässerzustands eingehen. Für die biologische Qualitätskomponente werden folgende Module untersucht:

- Makrophyten, Diatomeen und Phytobenthos (ohne Diatomeen)
- Benthische wirbellose Fauna
- Fischfauna

Auf diese soll hier nicht weiter eingegangen werden. Zu den Verfahrensanleitungen für die ökologische Bewertung der Makrophyten, Diatomeen und Phytobenthos (PHYLIB bzw. NRW-Verfahren), für benthische wirbellose Fauna (PERLODES) sowie die Fischfauna (FIBS) sei auf die OGewV [12] verwiesen.

Zur Unterstützung der biologischen Untersuchungen erfolgen chemische Untersuchungen, zusammengefasst in den allgemeinen chemischen Parametern (ACP). Daneben werden noch eine ganze Reihe Schadstoffe in der Wasserphase und teils auch in der Schwebstoffphase oder in Biota bestimmt.

Die OGewV gibt in der Anlage 8 für 46 prioritäre Stoffe bzw. Stoffgruppen und bestimmte andere Schadstoffe „Umweltqualitätsnormen zur Beurteilung des chemischen Zustands“ vor. Zu den prioritären Stoffen zählen u. a. eine Reihe von Industriechemikalien, Flammschutzmittel, polycyclische aromatische Kohlenwasserstoffe, Organo-Zinnverbindungen, Pflanzenschutzmittel sowie Metalle bzw. Metallverbindungen. Einige der 46 prioritären Stoffe sind darüber hinaus als „prioritär gefährliche Stoffe“ eingestuft. Gemäß WRRL müssen für diese Schadstoffe Maßnahmen zur schrittweisen Reduzierung, Beendigung oder schrittweisen Einstellung erlassen werden.

Darüber hinaus sind in Anlage 6 „Umweltqualitätsnormen für flussgebietsspezifische Schadstoffe“ für insgesamt 67 Schadstoffe festgelegt worden, die nicht als prioritäre Stoffe auf EU-Ebene eingestuft, aber auf nationaler Ebene als bedenkliche Stoffe erkannt wurden. Dazu gehören z. B. Arzneimittel, Cyanide, polycyclische Biphenyle, Pflanzenschutzmittel sowie Metalle bzw. Metallverbindungen.

Weiterhin sind gemäß OGewV aus Vorsorgegründen Untersuchungen auf Schadstoffe erforderlich, die in die aquatische Umwelt eingetragen werden und auf der Beobachtungsliste der EU stehen. Hierzu gehören z. B. neuartige Pflanzenschutzmittel und Industriechemikalien, Biozide, Human- und Tierarzneimittel.

7.2 Probenahmeplanung

7.2.1 Zweck der Probenahme und Untersuchung

Beispiele für die Ziele von Probenahmeprogrammen, die üblicherweise für Fließgewässer entwickelt werden, sind Folgende [1]:

a) Ermittlung der Eignung der Wasserbeschaffenheit eines Fließgewässers innerhalb eines Flusseinzugsgebiets für einen bestimmten Zweck, z. B.:

1. Trinkwassergewinnung
2. Landwirtschaftlicher Gebrauch (z. B. zur Bewässerung, als Viehtränke)
3. Unterhaltung und/oder Aufbau von Fischzucht/-haltung
4. Freizeitzwecke (z. B. Wassersport und Schwimmen)
5. Erhaltung und Schutz des Lebens im Wasser

b) Beurteilung des Einflusses von menschlichen Aktivitäten auf die Wasserbeschaffenheit, z. B.:

1. Untersuchung der Wirkungen einer Abwassereinleitung oder eines durch Unfall verursachten Eintrags auf das aufnehmende Gewässer
2. Beurteilung des Einflusses der Bodennutzung auf die Beschaffenheit von Fließgewässern
3. Beurteilung der Wirkung der Anreicherung und Freisetzung von Substanzen, einschließlich Schadstoffen aus Sedimenten, auf die aquatische Flora und Fauna (Biota) im Wasserkörper oder Sedimenten
4. Untersuchung der Wirkungen von Wasserentnahme, Flussregulierung und Wasserüberleitung in ein anderes Flussgebiet auf die chemische Beschaffenheit von Flüssen und deren aquatische Biota
5. Untersuchung der Wirkungen von wasserbaulichen Maßnahmen auf die Wasserbeschaffenheit (z. B. Einbau oder Rückbau von Wehren, Veränderung der Gerinne-/Sohlenstruktur)

7.2.2 Probenahmeprogramm

Die Probenahme ist üblicherweise der erste Arbeitsschritt bei der Durchführung einer Untersuchung und sie bestimmt weitgehend die Qualität der gesamten Untersuchung. Es wird deshalb empfohlen, dass eine detaillierte Probenahmestrategie erstellt wird, die häufig auf einer Voruntersuchung und Bewertung der wichtigsten Aspekte beruht. Der Zweck und die Umgebungssituation bestimmen die Art und Weise, in der die Probenahme erfolgt. Die Berücksichtigung der Fließzeit kann die Auswahl der Probenahmegebiete in Abhängigkeit vom Ziel der Untersuchung beeinflussen. Allgemeine Aspekte in Bezug auf die Aufstellung des Probenahmeprogramms können DIN EN ISO 5667-1 [14] entnommen werden.

Der Probenahmeplan sollte mindestens die folgenden Aspekte berücksichtigen.

Allgemeine Aspekte:

- Zweck der Untersuchung
- Die für jede Probenahmestelle zu analysierenden Parameter
- Die an der Probenahmestelle durchzuführenden Messungen, z. B. Temperatur, gelöster Sauerstoff
- Häufigkeit und Zeitpunkt der Probenahme und Art der Probe
- Probenahmegebiet und Anzahl und Orte von Probenahmestellen
- Probenahmeausrüstung
- Einzuhaltende Qualitätssicherungsverfahren
- Transport, Konservierung und Lagerung der Proben

Aspekte in Bezug auf die Umgebungssituation der Probenahmestelle:

- Sicherheitsaspekte
- Hydrodynamische und morphologische Kenngrößen/Beschaffenheit des zu beprobenden Wassers
- Lokale Verhältnisse, z. B. Wassertiefe, Schwimmschichten, Vegetation und Zugänglichkeit (Erreichbarkeit) der Stelle
- Probenahmetiefe(n)
- Erwartete Zusammensetzung und Quantität des zu beprobenden Wassers, insbesondere, ob Schwimm- und/oder Schlammschichten vorhanden sind

Zusätzlich können viele Kenngrößen das Verhalten von Kontaminanten in Flusssystemen beeinflussen. Das Verständnis für die Beschaffenheit des Gewässers ist wichtig für die Planung und Festlegung der Probenahmeprogramme. Wichtige Faktoren umfassen Temperatur, Trübung, Tiefe, Fließgeschwindigkeit, Turbulenz, Gefälle, Richtungsänderungen und Querschnitte sowie die Beschaffenheit der Flusssohle und des Ufers.

Diese Faktoren stehen in einer derartigen Wechselbeziehung, dass es schwierig ist, jedem Faktor mehr oder weniger Bedeutung zuzuordnen. Beispielsweise beeinflussen das Gefälle und die Rauigkeit des Flussbetts sowohl den Wasserstand als auch die Fließgeschwindigkeit, von denen die Turbulenz abhängt. Die Turbulenz wiederum beeinflusst die Durchmischungsraten von Abflüssen und einmündenden Nebenflüssen, die Belüftung, die Sedimentation oder Ausspülung von Feststoffen, das Wachstum von biologischen Arten sowie die natürliche Selbstreinigung. Zusätzlich können chemische und biologische Prozesse ablaufen, z. B. Photosynthese, Respiration sowie metabolische Effekte.

Praktische Belange der Probenahme, z. B. die Erreichbarkeit, können dazu führen, dass die ideale Probenahmestelle ungeeignet ist. Es ist wichtig, dass jede Veränderung in Bezug auf die vorgesehene Probenahmestelle, aus welchen Gründen auch immer, mit dem Bearbeiter des Probenahmeprogramms abgestimmt wird. Das Ergebnis sollte in einer Akte der Probenahmestelle dokumentiert werden, die Wegbeschreibungen zum Probenahmegebiet, die genaue Lage der Probenahmestelle, das Probenahmeverfahren sowie spezielle Details (z. B. Arbeitssicherheit und Arbeitsschutz) enthält. Dabei können auch gleichwertige alternative Probenahmestellen definiert werden, die beispielsweise bei sich ändernden Bedingungen im Fließgewässer besser geeignet sind. Es kann auch die Art des durchzuführenden Probenahmeverfahrens, z. B. die Probenahmetiefe, vorgegeben werden [1].

7.2.3 Häufigkeit, Dauer und Zeitpunkt der Probenahme

Bei der Untersuchung von Fließgewässern, tidebeeinflussten Gewässern, Ästuaren oder stehenden Fließgewässern (z. B. gepumpte Gewässer oder zwischen zwei Schleusen liegende Gewässer) können Zeitpunkt, Dauer und Häufigkeit der Probenahme sehr unterschiedlich sein. Ihre Festlegungen richten sich nach Rechtsvorschriften, Fragestellungen oder den Gegebenheiten am Gewässer, wie z. B. [15]:

- Schwankungen der Wasserbeschaffenheit
- Bedeutung der zu bestimmenden Parameter
- Abflussverhältnisse
- Möglichkeit einer Gefährdung der Trinkwassergewinnung
- Apparativer bzw. personeller Aufwand
- Angestrebte statistische Sicherheit
- Notwendigkeit der Ermittlungen anlässlich besonderer Vorkommnisse
- Auffindung von Belastungsschwerpunkten
- Verwendung der Ergebnisse für Trendanalysen
- Verwendung der Ergebnisse für Bilanzen
- Erkennung wissenschaftlicher Zusammenhänge

Oft ist es wichtig, dass das Probenahmeprogramm auf einer soliden statistischen Basis aufbaut, sodass die aus den Analysenergebnissen erhaltenen summarischen statistischen Daten eine Bewertung der benötigten Informationen innerhalb der Toleranzgrenzen der Programmziele erlauben. Enthalten die Ziele keine Festlegung der akzeptablen Fehlergröße, ist kein statistisch fundiertes Probenahmeprogramm möglich. Anleitung und Empfehlungen zur Anwendung der Statistik zur Festlegung der Probenahmehäufigkeit unter Berücksichtigung von zufälligen und systematischen Veränderungen der Wasserbeschaffenheit sind in DIN EN ISO 5667-1 [14] angegeben.

Die OGewV [12] enthält z. B. für die allgemeinen physikalisch-chemischen Qualitätskomponenten entsprechende statistische Kenngrößen (meistens Mittelwerte als arithmetisches Mittel aus den Jahresmittelwerten von maximal drei aufeinanderfolgenden Kalenderjahren) sowie Überwachungsfrequenzen (4- bis 13-mal pro Jahr), und zwar differenziert nach den Typen von Oberflächengewässern. Die Einhaltung der Umweltqualitätsnormen für z. B. die prioritären Stoffe wird überprüft anhand von Jahresdurchschnittswerten (JD-UQN) und zulässigen Höchstkonzentrationen (ZHK-UQN) auf der Grundlage von zwölf Probenahmen pro Jahr.

Die Dauer einer Probenahme hängt von den oben genannten Kriterien und insbesondere von der Veränderbarkeit des zu untersuchenden Analyten ab. Vielfach werden aus Fließgewässern Stichproben zur Erfassung eines momentanen Zustands entnommen. Für bestimmte Fragestellungen können aber auch Mischproben sinnvoller sein. Beispielsweise werden in den Messstationen des LANUV NRW im Rahmen der zeitnahen

Gewässerüberwachung 24-Stunden-Mischproben in Verbindung mit Stichproben für die leichtflüchtigen Stoffe entnommen und täglich untersucht.

In Flusssystemen können regelmäßige zyklische Schwankungen in der Wasserbeschaffenheit auftreten, z. B. innerhalb eines Tages, einer Woche oder eines Jahres. Die Probenahmezeitpunkte sollten sorgfältig ausgewählt werden, um die Ursache dieser Schwankungen zu bewerten. Sind die Schwankungen nicht fortbestehend oder ist deren Breite nennenswert kleiner als die von zufälligen Schwankungen, ist es meistens ausreichend, entweder zufällige Probenahmezeitpunkte auszuwählen oder diese in einer systematischen Vorgehensweise auszuwählen, bei der die Proben gleichmäßig über den interessierenden Zeitraum verteilt werden. Bei der Durchführung der systematischen Probenahme über einen langen Zeitraum ist es wichtig, dass die Bearbeiter bei der Erstellung des Probenahmeprogramms auf mögliche Veränderungen der lokalen Zeit während des Probenahmezeitraums (Sommer-/Winterzeit) achten. In allen anderen Fällen sollten die Zeitpunkte so ausgewählt werden, dass verschiedene Abschnitte des Zyklus beprobt werden. Außer die Höchstkonzentrationen sind von Interesse, dann sollten die Proben zu den entsprechenden Zeitpunkten jedes Zyklus entnommen werden.

Wenn das Probenahmeprogramm zum Nachweis von Trendaussagen zur Wasserbeschaffenheit entwickelt wurde, sollte bei dessen Erstellung sorgfältig darauf geachtet werden, dass alle interessierenden Schwankungen erfasst werden. Diese zeitlichen Untersuchungen zeigen die Veränderungen bei den chemischen und/oder physikalischen Bedingungen des Fließgewässers durch Kontamination oder natürliche Schwankung im Laufe der Zeit. Die Untersuchungen sollten unter Anwendung fester Probenahmestellen und standardisierter Verfahren nach einem bestehenden Programm durchgeführt werden. Je nach möglicher Dauer und Periodizität des untersuchten Trends könnte dies eine Probenahme zu festgelegten Uhrzeiten, Tagen oder Monaten erfordern [1].

7.2.4 Auswahl des Probenahmegebiets

Bei der Auswahl der genauen Entnahmestelle, sind allgemein zwei Aspekte zu beachten [1]:

1. Auswahl des Probenahmegebiets (d. h. die Lage des Probenahmequerschnitts innerhalb des Flusseinzugsgebiets, Flusses oder Stroms)
2. Festlegung der genauen Stelle im Probenahmegebiet

Der Zweck der Probenahme bestimmt häufig die Probenahmegebiete (z. B. der Einfluss einer Abwassereinleitung auf die Wasserbeschaffenheit), manchmal jedoch liefert der Zweck nur eine allgemeine Vorstellung vom Probenahmegebiet, z. B. zur Charakterisierung der Wasserbeschaffenheit innerhalb eines Einzugsgebiets. Sofern möglich, sollte die Lage des Probenahmegebiets durch ein Lagekoordinatensystem definiert werden.

Die Auswahl von Probenahmegebieten für einzelne Probenahmestellen ist üblicherweise relativ unkompliziert. Beispielsweise kann eine Probenahmestelle für eine Grundüberwachung der Wasserbeschaffenheit an einer geeigneten Brücke gewählt werden oder an einer Stelle, bei der die horizontale Durchmischung einer flussaufwärts gelegenen Einleitung oder eines Zuflusses sichergestellt ist. Probenahmestellen für die Überwachung von Wasserentnahmestellen müssen gegebenenfalls innerhalb enger Grenzen (d. h. in der Nähe der Entnahmestellen) festgelegt werden.

In Gebieten mit nur saisonalen Niederschlägen und langen Trockenperioden können die Abflüsse und Fließgeschwindigkeiten in hohem Maße variieren. Die Probenahmegebiete für Routineuntersuchungen sollten so ausgewählt werden, dass sie sowohl für hohe als auch niedrige Abflüsse geeignet sind.

Ist es notwendig, die Probenahme im Winter unter Eis durchzuführen, sollten die Probenahmegebiete so nah wie möglich an der zu anderen Jahreszeiten genutzten Probenahmegebiete liegen. Erfolgt die Probenahme in der Nähe einer Brücke, sollte die Stelle ausreichend weit stromaufwärts angeordnet werden, um eine Kontamination durch Streusalz oder -sand zu vermeiden. Abweichungen von der routinemäßigen festgelegten Probenahmestelle oder den Probenahmekoordinaten sollten, wenn möglich, mit dem Auftraggeber der Probenahme erörtert, detailliert protokolliert und gegebenenfalls bei der Bewertung der analytischen Befunde zusammen mit den neuen Koordinaten dokumentiert werden [1].

7.2.5 Probenahmestellen

Die exakte Probenahmestelle sollte nach vorherigem Kartenstudium erst im Zuge einer Ortsbesichtigung endgültig festgelegt werden. Nur vor Ort lässt sich beurteilen, ob eine Probenahmestelle für den zu untersuchenden Gewässerabschnitt und die Fragestellung repräsentativ und gut zugänglich ist. Die Dokumentation erfolgt nach Lagekoordinaten (z. B. Gauss-Krüger, UTM), in Karten als Übersichts- und Detailkarte und mittels Foto, ggf. zu verschiedenen Jahreszeiten [15], um z. B. beim Wechsel der probenehmenden Person die Identität der Probenahmestelle sicherzustellen.

Geeignete Probenahmestellen sollten im Bereich von Brücken oder Pegelhäusern eingerichtet werden, da sie im Gelände leicht wiederzufinden sind, und vielfach die Zugänglichkeit des Gewässers auch bei unterschiedlichen Wasserständen gegeben ist. Die Probenahme an Pegeln hat den Vorteil, dass die jeweiligen Abflüsse unmittelbar auf die jeweiligen Probenahmestellen übertragen werden können. Die Bestimmung des Abflusses zum Zeitpunkt der Probenahme wird erforderlich, wenn es um die Erfassung von Stoffbilanzen in Fließgewässern geht. Für Trendberechnungen braucht man möglichst gleiche Abflussverhältnisse über mehrere Jahre (z. B. MQ). Obwohl in diesem Kapitel ausdrücklich nicht auf die biologische Probenahme eingegangen wird, soll jedoch auf die unterschiedlichen Anforderungen für biologische und chemisch-physikalische Probenahmen hingewiesen werden. Die vorgenannten Vorteile der Probenahme an Pegeln gelten nicht für biologische Probenahmen, weil hier unnatürliche Verhältnisse herrschen (Beschattung, Ufer- und Sohlenbefestigung, andere Strömungsverhältnisse) und diese nicht repräsentativ für den zu beurteilenden Gewässerabschnitt sind.

Mit der Probenahme an einer einzigen Stelle ist insbesondere bei größeren Fließgewässern keine Aussage über die Beschaffenheit des gesamten Querschnittes möglich.

Je nach Untersuchungszweck kann es erforderlich sein, unterhalb der Einmündung eines Nebengewässers oder einer Einleitung mehrere Probenahmestellen (linkes Ufer, Strommitte, rechtes Ufer) einzurichten.

Eine nicht repräsentative Probenahme kann unter anderem entstehen durch: Abwasserfahnen, Rückströmungen, Wellenschlag, Totzonen. An Stellen mit turbulenter Strömung, z. B. an Brückenpfeilern, Sohlschwellen, Staustufen oder Wehren können veränderte Strömungsverhältnisse auftreten. Dies kann Konzentrationsänderungen des gelösten Sauerstoffs und flüchtiger Substanzen sowie im Anteil ungelöster Stoffe zur Folge haben.

Bei der Entnahme von Wasserproben in Querprofilen ist eine ausreichende Anzahl von Stichproben, möglichst gleichmäßig über die gesamte Profilbreite verteilt, zu entnehmen. Die Entnahme von Längsprofilen sollte in Fließrichtung erfolgen.

Die Frage der Homogenität des Fließgewässerabschnitts an der jeweiligen Messstelle ist für die Repräsentativität der Probe von Bedeutung und sollte vorab geklärt werden. Bestehen Zweifel hinsichtlich der Homogenität, sollten mindestens orientierende Messungen von Wassertemperatur, Trübung, elektrischer Leitfähigkeit und pH-Wert durchgeführt werden [15].

7.2.5.1 Bedeutung der Durchmischung

Zur Ermittlung der Auswirkungen eines einmündenden Nebenflusses oder einer Einleitung auf die Beschaffenheit eines bestimmten ausgewiesenen Flussabschnittes oder des interessierenden Hauptstroms (Strom, Gewässer) sollten mindestens zwei Probenahmegebiete ausgewählt werden; ein Probenahmegebiet sollte stromaufwärts des Zusammenflusses und das andere Gebiet sollte in ausreichendem Abstand stromabwärts liegen, damit die vollständige Durchmischung sichergestellt ist.

Es ist ebenfalls wichtig, dass die Probe an einer Probenahmestelle entnommen wird, an der das Wasser gut durchmischt ist und fließt, d. h. nicht in Wirbeln/Strudeln oder im Rückstau, bei denen die Strömung für den Hauptwasserkörper nicht typisch ist.

Die physikalische Gewässerbeschaffenheit beeinflusst maßgeblich die erforderliche Fließstrecke bis zur vollständigen Durchmischung von Einleitungen mit dem Hauptstrom.

Einleitungen mischen sich in einem Gewässer in drei Dimensionen:

1. Vertikal (von der Oberfläche zum Gewässergrund)
2. Horizontal (von einer Seite zur anderen)
3. Longitudinal (Nivellierung von Maximal- und Minimalwerten der Konzentration von Abwasserbestandteilen, während das Wasser stromabwärts fließt)

Bei der Auswahl von Probenahmegebieten und -stellen sollten die Entfernungen bis zur Durchmischung von Einleitungen in diesen drei Dimensionen berücksichtigt werden. Darüber hinaus kann diese Strecke von anderen Faktoren beeinflusst sein, wie z. B. der

Fließgeschwindigkeit. Tracer-Versuche mit Farbstoffen und/oder Messungen, z. B. der Temperatur, des pH-Werts oder der elektrischen Leitfähigkeit, können bei der Untersuchung der Durchmischungsvorgänge hilfreich sein. Zu beachten ist, dass Tracer-Versuche die Genehmigung der für das Gewässer zuständigen Behörde erfordern, da möglicherweise Bedenken hinsichtlich der Freisetzung von Chemikalien in die Umwelt bestehen.

Das Probenahmepersonal sollte über Kenntnisse verfügen, dass Wasserläufe in Küstennähe möglicherweise tidenbeeinflusst sind in Bezug auf den Abfluss, die Beschaffenheit und das Durchmischungsvermögen des Wasserkörpers. Falls zutreffend, sollte dieses berücksichtigt werden und das Probenahmepersonal sollte Messungen des Abflusses und der Wassertiefe durchführen, um einen Hinweis zum Tideneinfluss zu erhalten. Üblicherweise ist die Probenahme bei unterschiedlichen Tidenhüben notwendig.

Die vertikale Durchmischung ist fast immer die erste der drei Durchmischungsarten, die in einem Gewässer vollständig erfolgt. Flachwasser und hohe Geschwindigkeiten führen zu einer schnellen vertikalen Durchmischung, jedoch selbst im tiefen Wasser mit geringen Geschwindigkeiten erfolgt die vertikale Durchmischung verhältnismäßig schnell. Abwassereinleitungen in die meisten Gewässer durchmischen sich vertikal innerhalb von 100 m oder innerhalb von höchstens wenigen hundert Metern. Üblicherweise muss ein Gewässer daher in nicht mehr als einer Tiefe beprobt werden, jedoch kann sich durch Temperaturgradienten oder andere Dichte-Effekte in langsam fließenden Gewässern eine Schichtung (der Strömung) ausbilden. In diesen Fällen könnte die Probenahme in mehreren Tiefen erforderlich sein und Vorprüfungen sollten zur Bewertung der Schichtungsverhältnisse durchgeführt werden.

Die horizontale Durchmischung erfolgt üblicherweise nach der vertikalen Durchmischung, jedoch bevor die longitudinale Durchmischung abgeschlossen ist. Unterschiede beim Feststoffgehalt und besonders bei der Temperatur zwischen Zuflüssen und Gewässer können bewirken, dass sich Einleitungen schichten und sich dadurch an der Oberfläche oder an der Sohle quer zur Strömung schneller ausbreiten, als wenn sie an der Einleitungsstelle vertikal durchmischt wären. Diese Erscheinung ist bei sehr geringen Geschwindigkeiten signifikanter, da selbst eine moderate Turbulenz schnell die Schichtung zerstört, das führt zur vertikalen Durchmischung und verlangsamt die horizontale Bewegung des Abwassers.

Eine Veränderung der Fließrichtung des Gewässers begünstigt ebenfalls die horizontale Durchmischung und kann in Kombination mit der normalen vertikalen Durchmischung zur schnellen und fast vollständigen horizontalen Durchmischung führen. Jedoch selbst wenn ein Gewässer durch zwei um etwa 90° entgegengesetzte Biegungen fließt, die sehr eng beieinanderliegen (Mäander), kann nicht vorausgesetzt werden, dass die horizontale Durchmischung von stromaufwärts eingeleiteten Abwässern vollständig ist. Beispielsweise wurde beobachtet, dass gefärbte Einleitungen und Trübungen aus kleinen Zuflüssen dem Ufer eines Gewässers viele Kilometer weit folgten, in breiten, flachen Gewässern, mit schnellen Strömungen, felsigen Sohlen und auch trotz mehrerer Biegungen innerhalb dieser Fließstrecken.

Während die Turbulenz eine vertikale Durchmischung innerhalb von höchstens wenigen hundert Metern verursachen kann, hängt die Strecke bei der horizontalen Durchmischung allgemein vom Auftreten relativ scharfer entgegengesetzter Biegungen ab. In der Regel ist die Strecke für eine ausreichende horizontale Durchmischung eher mehrere Kilometer als mehrere hundert Meter lang. Häufig muss die Beprobung eines Bachs infolge der langsamen horizontalen Durchmischung an zwei oder mehr Punkten an einer oder mehreren Stelle(n) stromabwärts von einer Abwassereinleitung oder eines einmündenden Nebenflusses erfolgen.

Die Berücksichtigung der longitudinalen Durchmischungsstrecke kann bei der Festlegung der Probenahmehäufigkeit von Bedeutung sein. Zur Erzielung repräsentativer Ergebnisse direkt unterhalb einer unregelmäßig entlastenden Einleitung sind häufigere Probenahmen erforderlich, als es weiter stromabwärts, wo die longitudinale Durchmischung stärker fortgeschritten ist, der Fall wäre.

DIN EN ISO 5667-6 enthält im informativen Anhang A ein Beispiel zur Berechnung der vollständigen Durchmischungsstrecke. Mit nachstehender Formel kann die longitudinale Durchmischung bis zu einer 99 %-igen Homogenität eines Bachs abgeschätzt werden:

$$l = \frac{0{,}13b^2 \cdot c(0{,}7c + 2\sqrt{g})}{g \cdot d} \qquad (7.1)$$

mit

l = Fließstrecke für die vollständige Durchmischung (m)
b = mittlere Breite des Abschnitts (m)
c = Chezy-Koeffizient des Abschnitts ($15 < c < 50$)
g = Erdbeschleunigung (m/s^2)
d = mittlere Tiefe des Abschnitts (m)

Beispiel:

Werden zwei Bäche betrachtet, beide 5 m breit und 1 m tief, aber mit Extremwerten des Chezy-Koeffizienten; in einem Fall von 15 (sehr rauer Gewässergrund, d. h. der Bach fließt sehr schnell und turbulent) und im anderen Fall von 50 (sehr glatter Gewässergrund, d. h. ein sehr ruhiger, langsam fließender Bach), dann wird nach Gleichung (7.1) im ersten Fall eine vollständige Homogenität nach 83 m und im zweiten Fall nach 683 m Fließstrecke erreicht.

Erfahrungsgemäß kann nach Gleichung (7.1) die Durchmischungsstrecke bei kleinen Bächen mit einer Breite von etwa 5 m unterschätzt und die Durchmischungsstrecke bei Flüssen mit einer Breite von über etwa 50 m überschätzt werden. Dieses ist wahrscheinlich auf die Tatsache zurückzuführen, dass die mittlere Breite, die mittlere Tiefe und der Chezy-Koeffizient üblicherweise Schätzwerte sind. Die horizontale Durchmischung kann erheblich langsamer erfolgen als erwartet und die vertikale Durchmischung wesentlich schneller.

In der Literatur werden alternative Berechnungen zu Durchmischungsstrecken angegeben, z. B. für die kontinuierliche Einleitung einer Punktquelle in den Rhein bei Karlsruhe haben Bleninger et al. [17] sowie Jirka et al. [18] wesentlich einfachere Formeln entwickelt. Nach [17] soll die Fließstrecke L_{mv} bis zum Ort der vollständigen vertikalen Durchmischung proportional zur Wassertiefe h sein:

$$l_{mv} \approx 50\,h \tag{7.2}$$

Die Fließstrecke L_{mh} bis zum Ort der vollständigen horizontalen Durchmischung soll abhängig von der Breite B sein und beträgt für Flüsse mit moderater Variabilität, also ohne starke Krümmungen und ohne seitliche Totwasserzonen, und zwar unabhängig von der Fließgeschwindigkeit und der Morphologie:

$$l_{mh} \approx 7\left(\frac{B}{h}\right)B \tag{7.3}$$

Zur Illustration werden zwei Fallbeispiele genannt:

- Großer Fluss (etwa Rhein bei Karlsruhe bei mittlerem Abfluss), B = 250 m, h = 3 m, B/h ≈ 80
- Kleiner Fluss, B = 5 m, h = 0,5 m, B/h = 10

Die vertikale Durchmischung beträgt nach obiger Formel nur kurze Fließstrecken, für den großen Fluss 150 m bzw. 25 m für den kleinen Fluss. Die vollständige horizontale Durchmischung (von einer Seite zur anderen) benötigt jedoch beträchtliche Fließstrecken: ca. 150 km für den Strom bzw. 350 m für den Bach.

Für eine größere industrielle Abwassereinleitung in den Rhein wurden von Bleniger et al. [19] Durchmischungsrechnungen mit dem strömungsmechanischen Programmpaket CORMIX durchgeführt und mit Feldmessungen verglichen. Betrachtet wurde eine größere industrielle Einleitung bei Ludwigshafen. Das Abwasser mit dem Volumenstrom von 5,8 m³/s wird in einer der größten Kläranlagen Europas mit modernsten Verfahren gereinigt und in den Rhein entwässert (Rhein-km 433,2, linkes Ufer). Durch die für Fließgewässer typischen, sehr flachen Strömungsverhältnisse des Rheins (Breite ca. 300 m, Tiefe 3,0 m, Abfluss Q_{Rhein} = 1.200 m³/s, U_a = 1,3 m/s), kommt es über lange Strecken zu keiner vollständigen Vermischung der Emission mit dem Wasserkörper. An der Gewässerüberwachungsstation in Worms, ca. 10 km unterstrom (Rhein-km 443,3) sind die Einflüsse der Emission als ausgeprägte Fahne zu registrieren. Die Gewässerüberwachungsstation Worms, die von den Ländern Baden-Württemberg, Hessen und Rheinland-Pfalz seit 1994 betrieben wird, trägt den Abwasserfahnen mit einer außergewöhnlichen, kontinuierlichen Wasserentnahme über den gesamten Flussquerschnitt Rechnung. Im betrachteten Fall der industriellen Einleitung zeigt die Prognoserechnung mit CORMIX gute Übereinstimmung mit Feldmessungen. Prognoserechnungen für ein getauchtes, mehrdüsiges Diffusorrohr anstelle einer konventionellen Freispiegelkanaleinleitung zeigen, dass hiermit lokale Konzentrationen halbiert werden könnten. Dies ermöglicht den Einleitern, wie auch den überwachenden Behörden neben der kostspieligen Aufwertung von Kläranlagen (Emissionsreduktion) den Gewässerschutz mit modifizierten Einleitungsbauwerken immissionsorientiert und somit auf das Gewässer abgestimmt durchzuführen. Selbst neueste Klärtechnik kann bei Missachtung der Fahnenbildung im Gewässer und den damit oft gerade in sensitiven (ufernahen) Bereichen hohen Konzentrationen zu kilometerlangen Belastungsstrecken führen, in denen lokal die Immissionsgrenzwerte nicht eingehalten werden. Leider beinhalten die Genehmigungsverfahren in Deutschland, trotz der klaren Forderung in der EU-Wasserrahmenrichtlinie, diesen Sachverhalt noch nicht. Das Fehlen einer sogenannten Mischzonenregelung führt somit zu teilweise noch unzureichendem Gewässerschutz [19].

Bild 7.1 zeigt als konkretes Praxisbeispiel die Temperaturverteilung unterhalb der Einleitung von Kühlwasser eines Kraftwerks. In diesem Fall wurde die Stelle der vollständigen Durchmischung etwa 3,2 km unterhalb der Einleitung im Gewässer festgestellt.

Im Rahmen der zeitnahen Gewässerüberwachung werden aus dem Rhein an der Deutsch-Niederländischen Grenze an der Internationalen Messstation Bimmen/Lobith (IMBL) stets Proben von der linken und rechten Rheinseite entnommen. **Bild 7.2** zeigt die Untersuchungsergebnisse von Nitrobenzol im Rhein aus 4 h bzw. 12 h-Mischproben. Während auf der linken Rheinseite bei Kleve-Bimmen ca. 3 µg/l Nitrobenzol ermittelt wurde, lag die Konzentration auf der rechten Rheinseite bei Lobith etwa bei der Hälfte.

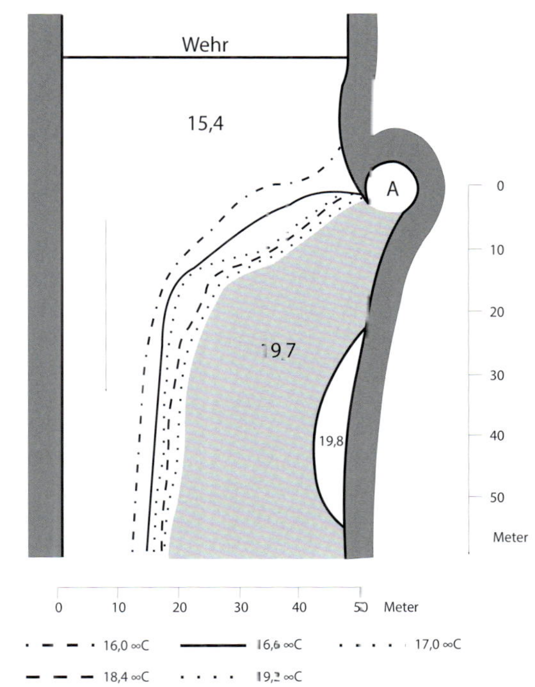

Bild 7.1: Wassertemperaturen der Lenne in °C unterhalb einer Kühlwassereinleitung (A) [umgezeichnet nach 20]

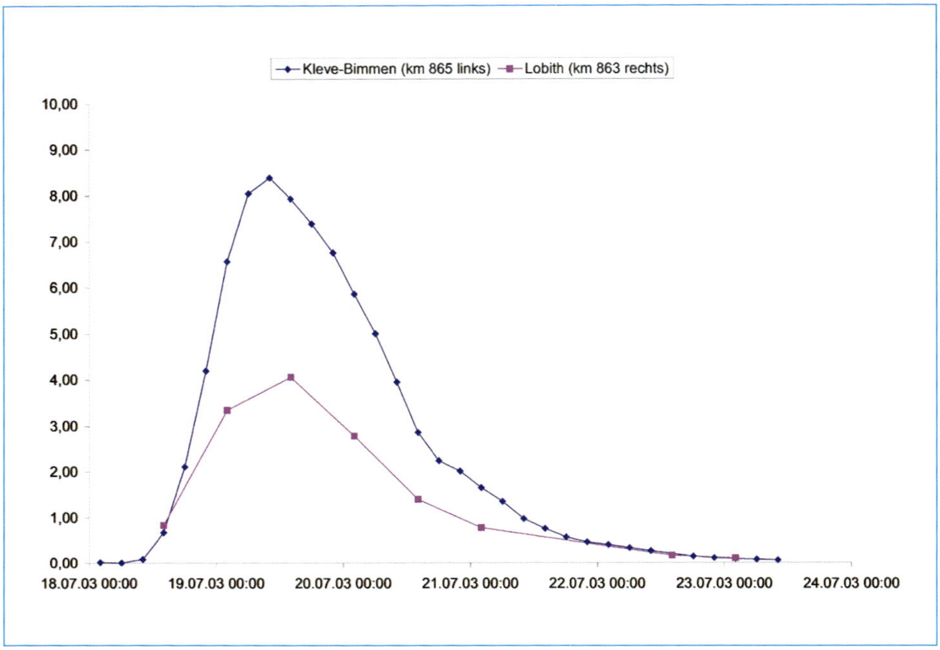

Bild 7.2: Nitrobenzol im Rhein (© T. Gerke, LANUV NRW)

Sporadische Proben aus der Strommitte lieferten ziemlich genau die Mittelwerte der Konzentrationen von den Ufern. Die Ursache lag in einer Einleitung aus einer Kläranlage am linken Rhein-Ufer rund 100 km oberhalb der IMBL. Dort war Nitrobenzol in einen Kühlkreislauf geraten und somit in den Rhein eingeleitet worden.

Die Frachtschätzung anhand numerischer Integration über die Konzentrationen als Mittelwert von den beiden Ufern ergab ca. 1.100 kg; die Firma hatte seinerzeit 900 kg genannt.

7.2.5.2 Berücksichtigung der Fließzeit

Die Fließzeit entspricht der Zeitspanne, die eine festgelegte Wassermasse benötigt, um zwischen zwei definierten Punkten zu fließen, z. B. von einer Einleitungsstelle zu einer Entnahmestelle. Es ist zu berücksichtigen, dass die Fließzeiten in Regionen mit überwiegend saisonalen Niederschlägen innerhalb eines Jahres stark variieren können. Die Informationen in Bezug auf die Fließzeit oder die Retention von Stoffen durch den Abfluss bei dieser Wassermasse können für bestimmte Fragestellungen zur Durchmischungsproblematik, zur Festlegung von Probenahmestellen, für mathematische Modelle zur Untersuchung von Veränderungsraten etc. hilfreich sein (siehe [1]).

Zur Beurteilung von Gewässerverunreinigungen sind Informationen zu mittleren Fließgeschwindigkeiten unter einer Reihe von gegebenen Abflussbedingungen äußerst wertvoll, die eine Einschätzung der zurückgelegten Fließstrecke von der Verschmutzungsquelle (Eintragsort) gestatten. Diese Informationen können es ermöglichen, Abhilfemaßnahmen durchzuführen, bevor die Verschmutzung eine Wasserentnahmestelle erreicht, oder sie ermöglichen es, Wasseraufbereitungsverfahren anzupassen, um die Auswirkungen der Verschmutzung zu kompensieren bzw. vorherzusagen, für welche Zeitspanne die Wasserentnahme eingestellt werden muss.

So wurde beispielsweise nach dem Brandunfall 1986 im Chemieunternehmen Sandoz im Großraum Basel, bei dem große Mengen mit Chemikalien verunreinigten Löschwassers in den Rhein flossen, von der Internationalen Kommission zum Schutz des Rheins (IKSR) ein Rhein-Alarmmodell (Rheinfließzeitmodell) für den Rhein und seine wichtigsten Nebenflüsse entwickelt. Das Modell kann bei plötzlichen Schadstoffeinleitungen den Verlauf der entstehenden Schadstoffwelle vorherberechnen und hat sich seit dem Sandoz-Störfall bei einer Vielzahl weiterer stoßartiger Verunreinigungen als unverzichtbares Instrument im Rahmen des internationalen Warn- und Alarmplans (WAP) Rhein bewährt.

Im Rahmen des WAP sind gute Vorhersagen plötzlicher Schadstoffwellen von großer Bedeutung für die rechtzeitige Umsetzung der richtigen Maßnahmen zum richtigen Zeitpunkt. Solche Maßnahmen sind z. B. das Einstellen der Rohwasserentnahme durch die Trinkwasserwerke am Rhein oder das Errichten von Ölsperren im Rhein bzw. seinen Nebenflüssen durch Feuerwehr oder Zivilschutz.

Das Rheinfließzeitmodell wird von den internationalen Hauptwarnzentralen, den nationalen Warnzentralen, den Warnzentralen der deutschen Bundesländer sowie schließlich von den diese Zentralen beratenden Institutionen (z. B. Messstellenbetreiber) und den Trinkwasserwerken zur Vorhersage der Stoffausbreitung einer plötzlichen Wasserverunreinigung eingesetzt.

Im Rheinfließzeitmodell wird der Rhein vom Bodensee bis zur Nordsee nachgebildet. Neben dem Hauptfluss werden auch die Nebenflüsse Aare (entwässert den größten Teil der Schweiz), Neckar, Main und Mosel mathematisch modelliert. Das Modell wurde mithilfe von speziellen für Wasserlebewesen unschädlichen Farbstoffen (Tracer), die in die Flüsse eingeleitet wurden und in sehr geringen Konzentrationen noch gemessen werden, kalibriert. In das Modell eingespeist werden im Bedarfsfall Ort, Zeit und Menge der Verunreinigung, das Abbauverhalten von Stoffen, ggf. die Schwimmfähigkeit der Stoffe (wie z. B. für Öle, Diesel, Benzin), die Abflüsse und/oder die Wasserstände der Flüsse.

Das Modell berechnet dann für die Flussstelle, die man beobachten will, die Konzentration eines Stoffes in Abhängigkeit der Zeit, den Zeitpunkt, an dem der Höhepunkt der Schadstoffwelle die beobachtete Stelle durchläuft und den Verlauf der Schadstoffwelle von der Einleitungsstelle bis in die Nordsee. Das Modell kann nicht nur den Verlauf einer Schadstoffwelle in Fließrichtung des Flusses, sondern auch die Ausbreitung der Schadstoffwolke über die Flussbreite vorherberechnen. Es kann außerdem für ausgewählte Zeitschritte (in der Regel einen Tag) berechnen, wo sich die Welle im Flussgebiet befindet. Bei Bedarf kann durch eine Animation der Verlauf der Verunreinigungswelle vom Ursprung der Einleitung bis zur Nordsee veranschaulicht werden. Der Verlauf

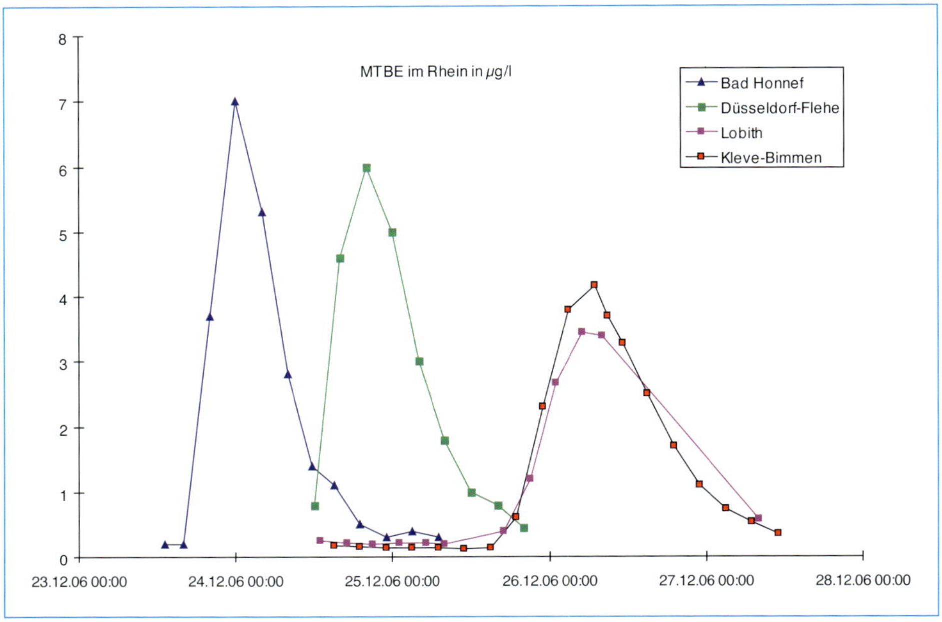

Bild 7.3: MTBE im Rhein (© T. Gerke, LANUV NRW)

der Schadstoffwelle kann mit etwa 98 % Genauigkeit vorhergesagt werden. Das Rheinfließzeitmodell wurde übrigens als Basis für die Erstellung vergleichbarer Modelle für die Donau und die Maas genutzt [21]. Seit 2020 ist das internationale Warn- und Alarmsystem der IKSR internetgestützt (Web-IWAP-System) [22]. Die Expertengruppe „Warn- und Alarmplan Rhein" arbeitet derzeit an den Anforderungen für ein neues Rheinalarmmodell, das bis 2027 bereitgestellt werden soll.

Bild 7.3 zeigt den zeitlichen Verlauf einer MTBE-Welle im Rhein in NRW. Heiligabend 2006 wurde an der Messstation in Bad Honnef MTBE mit einer Konzentration von 8 µg/l im Rhein detektiert. MTBE ist ein Antiklopfmittel für Treibstoffe und wird in Tankschiffen über den Rhein transportiert. Am ersten Weihnachtstag war die Welle in Düsseldorf-Flehe mit einer Konzentration von 7 µg/l angelangt und am zweiten Weihnachtstag an der IMBL an der Deutsch-Niederländischen Grenze. Die Welle war sowohl an der linken als auch an der rechten Rheinseite mit annähernd gleich hohen Konzentrationen von ca. 4 µg/l zu detektieren. Die Nivellierung der Konzentrationen an der linken und rechten Rheinseite kann entweder durch vollständige Durchmischung im Fließverlauf oder durch Ausgasungsprozesse auf der ca. 220 km langen Fließstrecke des Rheins in NRW begründet sein (MTBE ist eine leichtflüchtige Substanz). Die Fließzeit in NRW beträgt abhängig vom jeweiligen Wasserstand ca. 50 Stunden.

7.3 Vorbereitung der Probenahme

Die Probenahme aus Fließgewässern erfordert oftmals für einen großen Teil des Tages Arbeiten in entlegenen Gebieten, daher sollte nach Möglichkeit aus Gründen der Arbeitssicherheit und Arbeitsergonomie Alleinarbeit vermieden werden. Trotz höherer Kosten wird Teamarbeit empfohlen.

Das Probenahmepersonal sollte angemessen geschult sein und eindeutige Arbeitsanweisungen zur Probenahme erhalten, und zwar für die Durchführung der Probenahme, der Vor-Ort-Messungen, der Probenvorbereitung, der Probenkonservierung, zu Probentransport, -lagerung und Probenübergabe [15].

Zusätzlich zu den Arbeitsanweisungen sollten für alle wiederkehrenden Probenahmen entsprechende messstellenspezifische Probenahmeakten und Probenahmeaufträge erstellt werden, die mindestens folgende Hinweise enthalten sollten:

- Genaue Beschreibung und Dokumentation der Probenahmestelle
- Geforderte Probenart
- Anwendbare Probenahmeverfahren und -protokolle
- Hinweise zu Teilproben, z. B. Flaschen, Filtration, Konservierung, oder Vor-Ort-Messungen usw.
- Reihenfolge der Befüllung der Probengefäße, dies kann unter Umständen wichtig sein, z. B. zur Minimierung von Kontaminationen

7

Zur Vorbereitung der Probenahme gehört hauptsächlich [15]:

- Bereitstellung der gereinigten Probenahmegeräte und Geräte zur Probenvorbehandlung vor Ort (Homogenisieren, Filtrieren)
- Bereitstellung der gereinigten Probenbehältnisse und deren Verschlüsse in ausreichender Zahl (Reserven vorhalten!) entsprechend den zu untersuchenden Parametern/Parametergruppen
- Es ist sicherzustellen, dass die Behältnisse verschlossen transportiert werden und durch das Material der Behältnisse keine Veränderungen der zu untersuchenden Parameter/Parametergruppen durch Kontamination, Adsorption, Diffusion oder Ausgasung erfolgen.
- Bereitstellung von Material, z. B. Etiketten zur Kennzeichnung der Probenbehältnisse
- Bereitstellung von Probenkonservierungsmitteln und die dafür erforderlichen Dosiergeräte
- Bereitstellung der Probenahmeunterlagen bestehend aus Probenahmeauftrag, Probenahmeprotokoll und Messstellendokumentation
- Rechtzeitige Vorbereitung der Kühltechnik zum Probentransport
- Bereitstellung und Vorbereitung der Geräte für die Vor-Ort-Messungen, z. B. Temperatur, Sauerstoff, pH-Wert, Leitfähigkeit, Trübung sowie dafür erforderlicher Prüflösungen
- Bereitstellung geeigneter Schutz- und Sicherheitsmittel
- Bereitstellung von gültigen Zugangsberechtigungen (z. B. Sondergenehmigungen, Befahrungserlaubnissen, Dienstausweisen, Schlüssel)
- Vorbereitung des Probenahmefahrzeugs (Betriebs- und Verkehrssicherheit)

- Rutsch- und bruchfestes Verladen der Technik und Ausrüstung im Probenahmefahrzeug

Um die vorgenannten Anforderungen erfüllen zu können, sind entsprechende Lagerungsmöglichkeiten für saubere Probenahmeausrüstung und -behälter vorzusehen. Möglichkeiten zur Reinigung der Probenahmeausrüstung sollten ebenfalls vorhanden sein. Es ist unbedingt erforderlich, dass eine Kontamination jederzeit verhindert wird. Neue oder gereinigte Behälter sollten nicht in der Nähe von Behältern gelagert werden, die Konservierungsmittel enthalten.

Viele Überlegungen, die bei der Lagerung der Ausrüstung im Lager zu berücksichtigen sind, gelten auch für das Probenahmefahrzeug. Eine Kühlvorrichtung zum gekühlten Transport der Proben bei einer Temperatur von (5 ± 3) °C sollte im Fahrzeug vorhanden sein. Vorsichtsmaßnahmen beim Transport: Das Fahrzeug sollte mit Einbauten für die Ausrüstung ausgestattet sein, um deren Beschädigung durch Verrutschen zu vermeiden. Dieses gilt insbesondere für Glasflaschen, Flaschen mit Konservierungsmitteln und Handmessgeräte [1].

7.3.1 Arbeitssicherheit am Ort der Probenahme

Die Probenahme an Fließgewässern kann besonderen Gefährdungen unterliegen, insbesondere bei der Probenahme von vereisten Fließgewässern oder der direkten Probenahme vom Ufer aus oder beim Waten unter Bedingungen mit Hochwasser oder schneller Strömung. Die einschlägigen Unfallverhütungsvorschriften und Betriebsanweisungen sind einzuhalten.

Bei jeder Probenahme sollten die Belange der persönlichen Sicherheit jederzeit bewertet und gegebenenfalls eine Risikobewertung durchgeführt werden. Der Eigenschutz des Probenahmerpersonals ist zentraler Punkt bei der Durchführung von Probenahmen.

Eine Risikobewertung sollte in jedem Fall erfolgen, ob beispielweise ein hinreichendes Risiko besteht, sodass

- insgesamt keine Probenahme erfolgen sollte,
- die Probenahme nur erfolgen sollte, wenn der Probenehmer sich selbst an einem geeigneten Anschlagpunkt (mit Gurten) gesichert hat und eine Schwimmweste trägt und
- die Probenahme sollte nur erfolgen, wenn eine zweite Person mit Gurten und Rettungsseilen anwesend ist, um die Sicherheit des Probenehmers vom Ufer aus sicherzustellen.

Es ist sicherzustellen, dass eine zweckmäßige Sicherheitsunterweisung mit allen an der Probenahme beteiligten Personen durchgeführt wurde und dass geeignete Verfahrensweisen für die Alleinarbeit vorhanden sind, falls dieses Verfahren unvermeidbar ist.

Geeignete persönliche Arbeits- und Schutzausrüstung, z. B. gut sichtbare Schutzkleidung, Sicherheitsschuhe, oder -stiefel, Rettungswesten, sowie Sicherungsleine und

-gurte sollten zur Gewährleistung der Sicherheit zur Verfügung gestellt werden. Wathosen sollten nicht getragen werden, wenn sie ein Sicherheitsrisiko darstellen. Bei Umgang mit Chemikalien zur Konservierung von Proben ist persönliche Schutzausrüstung zu benutzen (z. B. Schutzhandschuhe und Schutzbrille).

Unter Bedingungen, von denen angenommen wird, dass sie keine sichere Probenahme ermöglichen, ist keine Probenahme durchzuführen. Derartige Bedingungen umfassen:

- Eis, sofern Zweifel hinsichtlich der Dicke oder Tragfähigkeit des Eises bestehen oder keine geeignete Schulung in Bezug auf die Entnahme von Proben auf und unter dem Eis erfolgte
- Bedingungen am Fluss, z. B. hohe und turbulente Abflüsse, angeschwollene (über die Ufer getretene) Flüsse, Steilufer, rapide Veränderungen der Tiefe
- Ungünstige Witterung, z. B. durch Starkregen oder Schnee verursachte gefährliche Bodenverhältnisse oder ein signifikantes Risiko in Bezug auf Ab-/Ausrutschen
- In entlegenen Gebieten, bei denen die Kommunikationen beeinträchtigt oder unmöglich sind, z. B. kein Mobilfunksignal.

7.3.2 Probenahmeausrüstung

Sämtliche Ausrüstung und Geräte sollten so weit wie möglich aus Materialien bestehen, die in Bezug auf den (die) zu analysierenden Bestandteil(e) inert sind. Vor dem Einsatz jeglicher Probenahmeausrüstung sollten Prüfungen durchgeführt werden, um nachzuweisen, dass diese keinen Einfluss auf den zu analysierenden Analyten hat.

Es ist wichtig, dass die gesamte Ausrüstung und alle Geräte ordnungsgemäß gewartet und gereinigt sind, sodass die Repräsentativität der entnommenen Proben nicht nachteilig beeinflusst wird. Die Geräte sollten regelmäßig mechanisch und chemisch gereinigt werden. Bei Trichtern und Schöpfkellen sollte dabei ebenfalls die Außenseite überprüft werden. Das Auftreten von z. B. matten oder verfärbten Stellen auf den Geräten könnte ein Anzeichen dafür sein, dass diese nicht länger für die Probenahme geeignet sind [1].

Üblicherweise werden im Probenahmefahrzeug die folgenden Materialen benötigt:

- Navigationsgerät, Mobiltelefon, Digitalkamera
- Probenahmeakte (Messstellensteckbrief mit Angaben zur Lage der Messstelle, Anfahrtsskizzen, Foto der Probenahmestelle)
- Probenahmeprotokolle
- Homogenisiergefäß (5-15 l Becherglas mit Auslasshahn), alternativ Rührstab zum manuellen Homogenisieren
- Magnetrührgerät und Magnetrührstab
- Probenschöpfer, z. B. mit Teleskopstange und Vorrichtung zur Aufnahme eines Becherglases
- Schöpfbecher unterschiedlicher Volumina und Materialien
- Eimer mit Seil (Material Eimer: Kunststoff oder Edelstahl)
- Ggf. Schlauchpumpe

- Messgeräte für die Bestimmungen der Vor-Ort-Parameter
- Kühleinrichtungen, mindestens Kühlboxen mit Kühlelementen
- Probenbehälter für die zu untersuchenden Parameter /-gruppen
- Filtrationsgerät für Druck- oder Vakuumfiltration, Membranfilter (z. B. Cellulosenitrat, 0,45 µm, 50 mm), Kunststoffpinzette
- Persönliche Schutzausrüstung

7.4 Probenahmegeräte

Die Auswahl des Werkstoffs für Probenahmegeräte und -behälter sowie Art und Umfang der Reinigung richten sich nach dem vorgesehenen Untersuchungsprogramm. Wechselwirkungen zwischen Werkstoff der Behälter und Geräte einerseits und dem Probengut andererseits sind wie bei jeder anderen Probenahme auch auszuschließen. Bewährt haben sich als Werkstoffe Glas, Borosilicatglas, verschiedene Kunststoffe (z. B. Polyolefine, PTFE), Aluminium oder nichtrostender Stahl.

7.4.1 Geräte für oberflächennahe Probenahme

Häufig werden Einzelproben direkt in Probenbehältern gesammelt, weil bei diesem Verfahren die geringste Ausgasung, Adsorption oder Kontamination zu erwarten ist. Die Probenbehälter können auch in sogenannten Flaschenhaltern mit teleskopierbarer Stange aus Aluminium oder Fiberglas mit Längen von einigen Metern eingespannt werden.

Vielfach werden für die oberflächennahe Entnahme von Wasserproben aus fließenden Gewässern einseitig offene Gefäße (Schöpfbecher) mit 0,5 bis 2,0 l Volumen an Teleskopstangen eingesetzt. Manche Gerätehersteller bieten Teleskopstangen, an deren Ende entweder der Probenbehälter selbst oder aber Probenschöpfer unterschiedlicher Größen und/oder Materialien befestigt werden können.

Größere Volumina können auch mit Hilfe eines Eimers entnommen werden, der z. B. von einer Brücke an einem Seil oder flexiblem Draht mit einer Ummantelung aus Polytetrafluorethylen (PTFE) oder Polyethylen (PE) bzw. an einem Draht aus rostfreiem Stahl herabgelassen werden kann.

7.4.2 Probenahme von Oberflächenschichten

Zur Probenahme von Oberflächenschichten für die Gewinnung von nicht-wässrigen Leichtflüssigkeiten (z. B. Ölen) oder Oberflächenfilmen können Weithalsflaschen verwendet werden. Das Probenahmegefäß sollte entweder von Hand oder mit einer Stange geführt werden, nicht jedoch mit einem Seil, da es nicht möglich ist, das Probenahmegefäß damit an der Oberfläche zu kontrollieren. Für besondere Anwendungen, z. B. zur Entnahme dünner aufschwimmender Ölfilme von der Oberfläche können sogenannte Schlürfflaschen verwendet werden. Bei den Schlürfflaschen wird ein Trichter durch

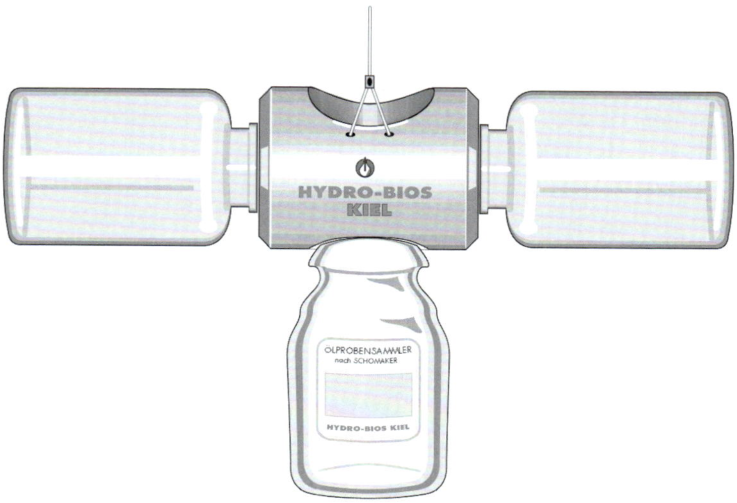

Bild 7.4: Schlürfflasche (© HYDRO-BIOS, Kiel; Ölprobensammler nach Schomaker)

Auftriebskörper in einer solchen Position gehalten, dass Wasser aus den ersten Millimetern der Oberfläche in eine unter dem Trichter angebrachte Flasche abfließen kann. Der Ölprobensammler nach Schomaker (HYDRO-BIOS; Volumen der Auffangflasche 150 ml; siehe **Bild 7.4**) stellt eine kommerziell verfügbare Variante solch einer Schlürfflasche dar.

7.4.3 Geräte für die Probenahme aus festgelegten Tiefen

In Situationen, bei denen es notwendig ist, die Probe aus einer festgelegten Tiefe unterhalb der Oberfläche zu entnehmen (oder bei der Probenahme für gelöste Gase), ist sicherzustellen, dass spezielle Probenahmeausrüstungen eingesetzt werden. Als Beispiele sind hier Ereignisse zu nennen, bei denen Stoffe ins Gewässer gelangen, die sich nicht oder nur in geringem Maße mit Wasser vermischen. Sie sammeln sich entsprechend ihrer Dichte an der Oberfläche (z. B. Öl) oder an der Gewässersohle (bestimmte organische Lösungsmittel). **Bild 7.5** zeigt die Konzentrationsverteilung des Lösungsmittels Trichlorethen in einem Wasserkörper.

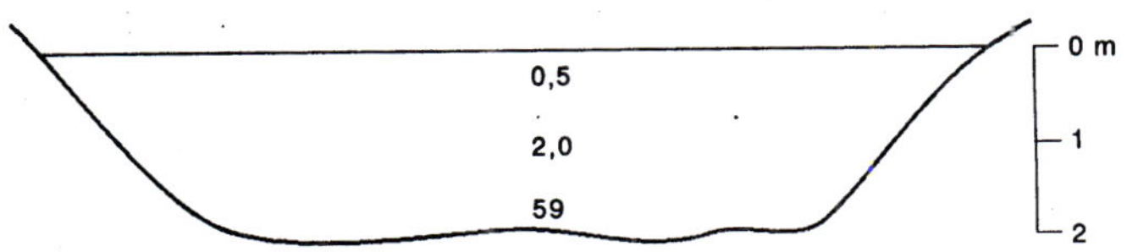

Bild 7.5: Konzentration des Lösungsmittels Trichlorethen in µg/l im Main (umgezeichnet nach [23])

Zur Probenahme aus verschiedenen Wassertiefen sind Schöpfgeräte verfügbar, die aus einem mit Klappen oder Ventilen verschließbaren Hohlkörper bestehen. Flaschen oder andere Probenahmegeräte für Einzelproben können auch eingesetzt werden, vorausgesetzt, sie sind mit einem Öffnungsmechanismus versehen, um den Stopfen in der erforderlichen Tiefe zu entfernen. Falls die Probenahmestellen nicht mit Handgeräten erreichbar sind, können auch aufgrund ihrer Bauart besonders geeignete Saug- oder Druckpumpen zum Einsatz kommen, wie sie üblicherweise auch in Messstationen für den Betrieb automatischer Probenahmegeräte verwendet werden.

7.4.4 Automatische Probenahmegeräte

Automatische Probenahmegeräte können in vielen Probenahmesituationen an Fließgewässern eingesetzt werden, weil sie eine kontinuierliche Probenahme oder die Entnahme einer Probenserie ohne manuellen Eingriff sicherstellen. Sie sind besonders nützlich bei der Herstellung von Mischproben in Situationen, bei denen es erforderlich ist, die Proben zur Untersuchung zeitabhängiger Veränderungen der Wasserbeschaffenheit des Flusses zu entnehmen.

Die Auswahl des geeignetsten Geräts hängt von der jeweiligen Probenahmesituation ab. Beispielsweise könnte die Probenahme für die Abschätzung der durchschnittlichen Belastung mit gelösten Spurenmetallen in einem Fließsystem am besten unter Anwendung eines durchflusskontinuierlichen Geräts mit einem Peristaltikpumpensystem durchgeführt werden.

Einfache automatische Geräte können programmiert werden, um Proben in vorgegebenen Zeitintervallen zu nehmen, oder sie können durch ein externes Triggersignal gesteuert werden, z. B. ein durch starken Regen erzeugtes Signal. Aufwendigere durchflussproportionale Geräte messen kontinuierlich den Durchfluss in einem Fließgewässer und entnehmen Proben, nachdem ein bestimmtes Wasservolumen die Probenahmestelle passiert hat.

Es ist wichtig, dass sich durch das automatische Probenahmegerät oder durch die Lagerzeit und -bedingungen der entnommenen Proben keine signifikante Probenveränderung ergibt. In jedem Fall sollte das Gerät auf die Eignung für das jeweilige Untersuchungsziel geprüft werden, um eine zufriedenstellende Qualität der Untersuchung sicherzustellen.

7.5 Durchführung der Probenahme

Nach Ankunft an der Probenahmestelle ist ggf. eine Anmeldung beim Grundstücksbesitzer erforderlich und u. U. dessen Sicherheitsanweisungen zu befolgen. Danach sollte eine Überprüfung der Probenahmestelle mit den Angaben der Probenahmeakte (Beschreibung, Bilder, Koordinaten usw.) erfolgen, um sicherzustellen, dass es sich um den richtigen Ort handelt. Etwaige Veränderungen sind im Vor-Ort-Protokoll unter Bemerkungen zu notieren.

Vor Ort sollte auch eine Sicherheitsbewertung vorgenommen werden, ob eine gefahrlose Probenahme möglich ist bzw. ob Sicherungsmaßnahmen erforderlich sind.

7.5.1 Vorspülen der Geräte

Das Vorspülen der Probenahmegeräte bzw. der Probenbehälter ist in der Praxis oft ein strittiger Punkt und ist auch in der Norm in den Abschnitten 10.3 und 10.4 widersprüchlich beschrieben (siehe auch Kapitel 7.5.2 „Direkte Probenahme").

Nach DIN EN ISO 5667-6, Abschnitt 10.3, sollten alle Ausrüstungsgegenstände, die in Kontakt mit dem Wasser kommen, vorzugsweise bis zu dreimal vorgespült werden. Für ein gründliches Spülen der gesamten Ausrüstung unter Anwendung der vor Ort angewendeten Probenahmetechnik wird ein ausreichendes Volumen des zu beprobenden Wasserkörpers verwendet. Bei Verwendung eines Seils bzw. einer Teleskopstange wird auch der letzte Meter des Seils bzw. das Ende der Teleskopstange gespült, um alle Spuren der vorherigen Proben abzuwaschen. Durch Schütteln ist möglichst viel des überschüssigen Wassers zu entfernen. Dieser Teil des Seils bzw. der Stange darf nicht wieder verunreinigt werden, z. B. durch Kontakt mit dem Boden.

Falls, jedoch nur dann, die Laboranweisungen fordern, dass die Probenflaschen ausgespült werden müssen, werden die Flaschenverschlüsse vor der Entnahme des Spülwassers abgenommen und so gehandhabt, dass die innere Oberfläche der Verschlüsse nicht verunreinigt wird. Dazu werden die Verschlüsse vorzugsweise in der Hand gehalten oder in einem Polyethylenbeutel aufbewahrt. Es ist wichtig, dass die Probenflaschen nicht gespült werden, falls sie Konservierungsmittel enthalten.

7.5.2 Direkte Probenahme im Fließgewässer

In allen Fällen, insbesondere wenn die Probenahme eine Ursache von Kontamination oder Verlust von Determinanten (z. B. Pestizide, Öle oder Spurenmetalle) sein kann, sollten die Flaschen vorzugsweise direkt im Wasserkörper gefüllt werden, weil die direkte Probenahme das geringste Risiko einer Kontaminierung bei gleichzeitiger Sicherstellung einer repräsentativen Probe darstellt.

Eine direkte Probenahme sollte nur dann erfolgen, wenn diese sicher und gefahrlos möglich ist.

Die direkte Probenahme sollte nicht mit Flaschen durchgeführt werden, die Konservierungsmittel enthalten. Nach DIN EN ISO 5667-6, Abschnitt 10.4, sollten die Flaschen vor der direkten Probenahme wie oben beschrieben gespült werden. Anmerkung: Dieses dürfte in bestimmten Fällen (z. B. hohe Konzentrationen von Feststoffen oder sichtbares Vorhandensein von Ölen und Fetten) zu Mehrbefunden führen. Insofern muss die Vorgehensweise vorher in einer Arbeitsanweisung klar geregelt werden. Im LANUV NRW werden die Probenbehälter grundsätzlich nicht mit dem Probengut vorgespült.

Bei Proben, die aus einem flachen (< 50 cm) Fließgewässer entnommen werden, erfolgt die Entnahme der Probe durch Waten. Der zu beprobende Wasserkörper wird betreten, um die Probe stromaufwärts zu entnehmen, sodass das zu beprobende Wasservolumen nicht kontaminiert wird.

Die Probenbehälter sollten in die Hauptströmung des Wassergerinnes und in die homogene Zone auf eine Weise eingetaucht werden, dass eine Wasserprobe ohne die Aufnahme des Oberflächenfilms oder von Totwasser entnommen wird. Nach Möglichkeit sollten Wasserproben etwa 30 cm unter der Oberfläche entnommen werden oder ansonsten bei mittlerer Höhe zwischen Sohle und Oberfläche. Eine Kontamination der Probe durch das Aufwirbeln entweder der Sohle oder des Ufers des Wasserlaufs ist zu vermeiden. Falls das Wasser nur eine geringe Tiefe hat, ist sicherzustellen, dass die Probe nicht durch Bodensediment kontaminiert wird. Eine sichtbare Trübung des Wasserkörpers wird im Probenahmeprotokoll aufgezeichnet, alle beobachteten Anzeichen von Verschmutzung oder lokale Anomalien werden ebenfalls vermerkt.

Zur Probenahme wird der Verschluss der Flasche (falls vorhanden) entfernt und in der Hand gehalten. Der Hals der offenen Flasche wird unter die Wasseroberfläche eingetaucht, bis sie bis zu einer Tiefe von etwa 30 cm untergetaucht ist. Der Flaschenhals wird leicht aufwärts zur Oberfläche geneigt, in Strömungsrichtung gehalten und so weit wie notwendig gefüllt.

In den meisten Fällen werden die Flaschen direkt bis zum Rand gefüllt, um Luft auszuschließen, weil der Gasaustausch schnell die Probenqualität verändern könnte. In einigen Fällen, z. B. wenn ein Lösemittel direkt in die Flaschen hinzugefügt wird, beispielsweise bei Ölanalysen, sollte die Flasche nur bis zur Schulter gefüllt werden. Die Anleitung in Bezug auf den Füllstand der Flasche sollte durch das Laboratorium vorgegeben werden. Falls die Probe zur Konservierung tiefgefroren werden muss, sollte ein Raum im oberen Teil der Flasche freibleiben. Ist die Flasche entsprechend gefüllt, wird sie aus dem Wasser entnommen und sicher verschlossen.

7.5.3 Indirekte Probenahme

Das Probenahmegefäß wird behutsam bis zur Wasseroberfläche abgesenkt, dabei ist sicherzustellen, dass das Gefäß beim Absenken nicht kontaminiert wird. Es ist zuzulassen, dass sich der Behälter füllt. Dabei ist darauf zu achten, dass nicht zu viel Flüssigkeit von der Oberfläche gesammelt wird, und zu versuchen, jegliches aufschwimmende Material zu vermeiden. Das Gefäß darf die Flusssohle nicht berühren. Beim Herausnehmen des Gefäßes aus dem Wasser ist erneut sicherzustellen, dass es nicht zur Kontamination kommt.

Ein Probenschöpfer (Teleskopstange mit Schöpfbecher) ermöglicht eine bessere Kontrolle, sodass eine Kontamination vom Grund oder durch aufschwimmende Gegenstände leichter vermieden werden können. Da jedoch das entnommene Volumen viel geringer sein kann als mit einem Eimer an einem Seil, können viele Teilproben notwendig sein. Diese Teilproben können zur Herstellung einer Gesamtprobe verwendet werden, bevor die einzelnen Probenflaschen gefüllt werden.

Die Probe wird sorgfältig entweder direkt oder mithilfe eines Trichters in die erforderliche Flasche gefüllt, dabei ist sicherzustellen, dass sich enthaltene Sedimente nicht absetzen. Hat sich das Sedimentmaterial in der Probe abgesetzt, sollte diese dann vor dem Befüllen der Flasche gründlich geschüttelt werden, um das Material wieder zu suspendieren. Falls Konservierungsmittel verwendet werden, ist sicherzustellen, dass ein Überfüllen der Flasche nicht zur Kontamination des Wasserlaufs führt.

7.5.4 Probenahme von Brücken

Bei der Probenahme von einer Brücke ist sicherzustellen, dass

- ausreichend Freiwasser vorhanden ist, damit das Probenahmegefäß untertauchen kann,
- das untergetauchte Probenahmegefäß keine Bodenablagerungen aufwirbelt,
- ein ausreichender Abstand zur Brücke beim Einholen des Probenahmegefäßes eingehalten wird, um einen Abrieb eventuell kontaminierten Materials von der Brückenkonstruktion zu vermeiden,
- bei der Probenahme an der stromaufwärts gelegenen Seite der Brücke das Probenahmegefäß nicht außerhalb des Sichtbereiches geraten darf, d. h. das Gefäß wird nicht durch die Strömung (Verdriften) unter die Brücke getragen.

Die Probenahmebehälter sollten in die Hauptströmung des Flussgerinnes eingetaucht werden, vorzugsweise stromaufwärts von der Brücke.

Die Wasserprobe sollte aus der homogenen Zone auf eine Weise entnommen werden, dass die Aufnahme des Oberflächenfilms verhindert und durch die Brückenpfeiler aufgewirbeltes Wasser vermieden wird, welches das Wasser belüften kann, wodurch bestimmte Messungen beeinflusst werden.

Sowohl die Probenahme stromaufwärts als auch stromabwärts von einer Brücke ist mit Vor- und Nachteilen bezüglich der Sicherheit während der Probenahme (ankommende Boote oder Schwemmgut), der Sichtbarkeit des Geräts, der Homogenität des Wasserkörpers (Turbulenzen) und der Kontaminationsgefahr verbunden. Daher wird empfohlen, dass die Probenahmestelle vorher eindeutig festgelegt ist, ob stromauf- oder stromabwärts von der Brücke. Anderenfalls sollte im Probenahmeprotokoll dokumentiert werden, ob die Probe stromauf- oder stromabwärts der Brücke genommen wurde, ob es eine sichtbare Trübung gab und Anzeichen für eine Verschmutzung oder lokale Anomalien.

Falls die Wassertiefe nicht ausreichend ist, ist das am besten geeignete alternative Probenahmeverfahren zu wählen.

7.5.5 Probenahme vom Ufer

Bei der Probenahme vom Ufer aus sollte darauf geachtet werden, eine Kontamination der Probe durch das Aufwirbeln von Gewässersedimenten bzw. durch Einträge vom Gewässerufer zu vermeiden. Üblicherweise wird eine Verlängerungsstange mit Schöpf-

7

becher für den zu befüllenden Probenbehälter eingesetzt. Außerdem ist es wichtig, dass die Probenahme nur durchgeführt wird, wenn das Ufer stabil ist.

Versandete Zonen an Gleithangabschnitten (kurveninneres Ufer)[**] sollten vermieden werden. Prallhänge (kurvenäußeres Ufer)[***] mit schnelleren Strömungszonen sollten bevorzugt werden. Nach Möglichkeit sollten Proben mit einer Stange oder einem Probensammler mit Ballast entnommen werden, die bzw. der die Probenahme mehrere Meter entfernt vom Ufer ermöglicht. Bei kleinen Bächen oder Gerinnen, die schmaler sind, sollte das Probenahmepersonal versuchen, die Probe aus der Mitte des Gerinnes über der Bachsohle zu entnehmen.

Die Sammelbehälter sollten in eine homogene Zone auf eine Weise eingetaucht werden, dass eine Wasserprobe ohne die Aufnahme des Oberflächenfilms oder von Totwasser entnommen wird. Nach Möglichkeit sollten die Proben etwa 30 cm unter der Oberfläche entnommen werden oder ansonsten bei mittlerer Höhe zwischen Sohle und Oberfläche. Eine sichtbare Trübung der Probe wird im Probenahmeprotokoll aufgezeichnet, alle beobachteten Anzeichen von Verschmutzung oder lokale Anomalien werden ebenfalls vermerkt.

7.5.6 Probenahme vom Boot

Bei der Probenahme vom Boot aus sollte darauf geachtet werden, eine Kontamination der Probe durch Sedimentaufwirbelungen oder Schiffsabwässer zu vermeiden. Untersuchungen erfordern häufig, dass die Probenahme aus einer festgelegten Entnahmetiefe gemäß der Sollvorgabe erfolgen. Ansonsten sollte eine aus 30 cm unter der Oberfläche entnommene Probe ausreichend sein. Die Sammelbehälter sollten in eine homogene Zone auf eine Weise eingetaucht werden, dass eine Wasserprobe ohne die Aufnahme des Oberflächenfilms oder von Totwasser entnommen wird. Die Probenahmestellen können mit Markierbojen gekennzeichnet werden.

Bei der Probenahme sollte der Motor abgestellt und die Proben vom Bug des Boots aus oder von den Seiten aus entnommen werden, sodass die Proben nicht mit Kohlenwasserstoffen aus dem Treibstoff (auf Motorbooten) kontaminiert werden. Proben sollten nicht entnommen werden, wenn das Boot gerade gewendet hat und das zu beprobende Wasser möglicherweise kontaminiert hat.

7.5.7 Probenahme unter Eis

Der Probenahmeort sollte im Winter so nah wie möglich an der Stelle liegen, die sonst während der anderen Jahreszeiten beprobt wird. Wird aufgrund von Eis eine andere

---

[**] DIN EN ISO 5667-6 (2016) enthält einen Übersetzungsfehler. Dort wurde „convex river banks“ fälschlicherweise mit Prallhang (kurvenäußeres Ufer) übersetzt.

[***] DIN EN ISO 5667-6 (2016) enthält einen Übersetzungsfehler. Dort wurde „concave reaches to the bank“ fälschlicherweise mit Gleithangabschnitt (kurveninneres Ufer) übersetzt.

Probenahmestelle als die übliche genutzt, sollte das im Probenahmeprotokoll vermerkt werden. Bestehen Bedenken in Bezug auf die Tragfähigkeit des Eises, sollten die Proben an einem alternativen Probenahmeort entnommen werden.

Gibt es kleine offene Wasserbereiche an den ansonsten mit Eis bedeckten Gewässern, z. B. unter oder in der Nähe von Brücken, ist die Wahrscheinlichkeit der Kontamination des Wassers durch anwesende Wasservögel oder andere Vögel sehr groß.

Loses Eis und Schnee in der Nähe der Probenahmestelle werden beseitigt und das Eis mit einem Schnecken- oder Eisbohrer durchbohrt. Es ist sicherzustellen, dass der Bereich um das Loch sauber und frei von möglichen Verunreinigungen bleibt (Benzin, Schmutz von Bohrer und Stiefeln, Abgase vom Schneemobil usw.).

Mit einem Kunststoffsieb werden alle Eissplitter und Schmutz aus dem Loch entfernt. Vor der Probenahme wartet man einige Minuten, während das Wasser frei unter dem Eis fließt, damit mögliche Kontaminanten beseitigt werden. Die Probe wird deutlich unterhalb der unteren Eisschicht entnommen.

7.5.8 Probenahme von Oberflächenschichten oder -filmen

Die Probe kann entweder durch Betreten des Wasserlaufs oder mithilfe einer Probenahmestange entnommen werden. Wird direkt eine Flasche verwendet, wird der Stopfen entfernt und aufbewahrt. Das Probenahmegefäß oder die Flasche wird mit der Öffnung stromaufwärts ausgerichtet und horizontal leicht unterhalb der Wasseroberfläche gehalten, sodass der halbe Flaschenhals eingetaucht ist, und somit ein Teil der Oberflächenschicht in die Flasche gelangt. Das Gefäß wird aus dem Wasser entfernt, sobald es entsprechend gefüllt ist. Wird das Gefäß überfüllt, besteht die Möglichkeit, dass die Oberflächenschicht wieder verdrängt werden könnte. Alternativ können zur Probenahme von dünnen Ölfilmen auch spezielle Probenahmegeräte benutzt werden (siehe Bild 7.4).

7.5.9 Probenahme durch Teilproben

Unter den Bedingungen eines geringen Abflusses (Strömung) oder einer schwer zugänglichen Wasserquelle kann eine Probe aus kleineren Volumina mithilfe kleiner Gefäße hergestellt werden, die in eine geeignete große Flasche überführt werden. Dabei sollte sorgfältig eine Kontamination jeder Teilprobe vermieden werden. Wurde ein ausreichendes Volumen in der Gesamtprobe gesammelt, kann der Inhalt homogen (unter ständiger Verwirbelung) in die einzelnen Probenflaschen überführt werden. Um als „einzelne, gesonderte" Probe zu gelten, sollte die Gesamtzeit für die Entnahme der Teilmengen so sein, dass keine Veränderung der Beschaffenheit des Flusses zu erwarten sind. Falls das nicht bekannt ist, sollte die Entnahmezeit für sämtliche Teilmengen weniger als 5 min betragen.

7.5.10 Probenvorbehandlung

Die Probenvorbehandlung vor Ort umfasst die Homogenisierung und Probenteilung heterogener Wasserproben, die Filtration von Wasserproben, die Probenkonservierung durch Kühlen, Tiefgefrieren und/oder unter Zusatz von chemischen Konservierungsmitteln. Die vorgenannten Teilschritte sowie der Transport, die Probenannahme und die Lagerung sowie Anforderungen an die Probenbehälter, deren Beschriftung und deren Reinigung sind ausführlich in Kapitel 3 beschrieben.

7.5.10.1 Homogenisierung und Probenteilung

Wenn das erforderliche Probenvolumen so groß ist, dass mehrere Schöpfvorgänge benötigt werden und/oder mit einer Probe verschiedene Probenbehältnisse zu füllen sind, muss die Homogenität der Probe sichergestellt werden. Dies ist besonders bei partikelhaltigen Proben und der Bestimmung von an Feststoffpartikeln angereicherten Inhaltsstoffen zu beachten [15].

Für das einheitliche Vorgehen im Bereich der Probenahme, der Homogenisierung und Teilung heterogener Wasserproben gilt DIN 38402-30 [24].

Für die Probenahme aus Fließgewässern empfiehlt das LAWA AQS-Merkblatt [15] folgende Varianten in Abhängigkeit vom Untersuchungsumfang:

- Probenteilung aus einem Eimer
  In der Praxis hat sich die Probenahme mit einem Eimer wegen der einfachen Handhabung bewährt. Voraussetzung ist, dass daraus alle Teilproben abgefüllt werden können und keine Inhomogenität der Stichprobe vorliegt. Die einzelnen Probenbehältnisse werden direkt aus dem Eimer befüllt, wobei die Teilproben für die Parameter, bei denen eine Abhängigkeit vom Schwebstoff vorhanden ist (wie z.B. Schwermetalle, Gesamtphosphor) vorrangig abgefüllt werden; ggf. muss die geschöpfte Probe zwischen den einzelnen Abfüllvorgängen mittels eines geeigneten Rührstabs vorsichtig homogenisiert werden.

- Probenteilung unter Verwendung eines Homogenisiergefäßes
  Die einzelnen Schöpfproben werden zunächst in ein ausreichend großes Sammelgefäß gefüllt, aus dem die verschiedenen Probenbehältnisse (Teilproben) nach vorsichtigem, ständigem und vollständigem Durchmischen über einen Entnahmehahn abgefüllt werden. Zum Sammeln, Durchmischen und Abfüllen ist bei großen Probenvolumina ein Homogenisiergefäß mit Magnetrührwerk, wie es auch zur Abwasserprobenahme verwendet wird, gut geeignet. Während des Abfüllens der Probenbehältnisse ist vorsichtig weiter zu rühren; Gasaustausch muss dabei weitgehend vermieden werden.

Zur Vermeidung von Veränderungen durch übermäßigen Lufteintrag sind die Probenbehältnisse ggf. mit überstautem Trichter oder mit einem bis zum Behälterboden reichenden Schlauch bis zum Überlaufen zu befüllen. Danach sind die Probenbehältnisse blasenfrei zu verschließen.

7.5.10.2 Filtration

Die Notwendigkeit der Filtration von Wasserproben resultiert aus Anforderungen des Untersuchungsprogramms, z. B. für das Monitoring gemäß Wasserrahmenrichtlinie sowie einiger parameterspezifischer Analysennormen, die eine Membranfiltration unmittelbar nach der Probenahme vorschreiben.

Die Auswahl des Filtrationsverfahrens ist abhängig vom Untersuchungsspektrum. Für die Vor-Ort-Filtration haben sich Filtrationsapparaturen oder (Einweg-)Spritzen mit Membranfiltern (z. B. 0,45 µm) bewährt. Ein Spülen der Filter im Labor oder vor Ort ist für bestimmte Parameter, die materialbedingt in den Filtern enthalten sein können, notwendig. Das Filtermaterial muss vor dem Einsatz zur Probenahme im Labor regelmäßig auf Blindwerte untersucht werden [15].

Eine detaillierte Beschreibung findet sich in Kapitel 3.

7.5.11 Messungen vor Ort

Von grundlegender Bedeutung für die Beurteilung der Untersuchungsergebnisse und vor allem der biologischen Befunde ist die Bestimmung der folgenden Vor-Ort-Parameter:

- Wassertemperatur
- Elektrische Leitfähigkeit
- pH-Wert
- Sauerstoffgehalt und Sauerstoffsättigung
- Trübung
- Farbe
- Geruch

Diese Parameter haben eine hohe Aussagekraft für die Besiedelbarkeit fließender Gewässer. Die Wassertemperatur wird als „Generalfaktor“ für die Besiedlung eines Gewässers angesehen [25]. Lebensdauer, Brut- und Schlüpferfolg aquatischer Organismen hängt in hohem Maß vom herrschenden Temperaturregime ab. Im engen Zusammenhang mit dem Temperaturhaushalt ist der Sauerstoffgehalt zu sehen, da die Löslichkeit von Sauerstoff in Wasser temperaturabhängig ist.

Toxische Effekte bestimmter Wasserinhaltsstoffe sind ebenfalls von Temperatur und pH-Wert abhängig. Das wohl bekannteste Beispiel für eine derartige Abhängigkeit ist das Gleichgewicht zwischen Ammonium und Ammoniak, das sich mit steigender Temperatur und steigendem pH-Wert auf die Seite des toxischen Ammoniaks verschiebt (siehe **Bild 7.6**).

Vor allem im Sommer werden zeitweilig Erhöhungen des pH-Werts festgestellt. Als Ursache ist der CO_2-Verbrauch durch die Photosynthese des Phytoplanktons und anderer Wasserpflanzen anzusehen. Dies führt dazu, dass dem Kalk-Kohlensäure-Puffersystem die Gleichgewichtskohlensäure entzogen wird, was zu einem Anstieg des

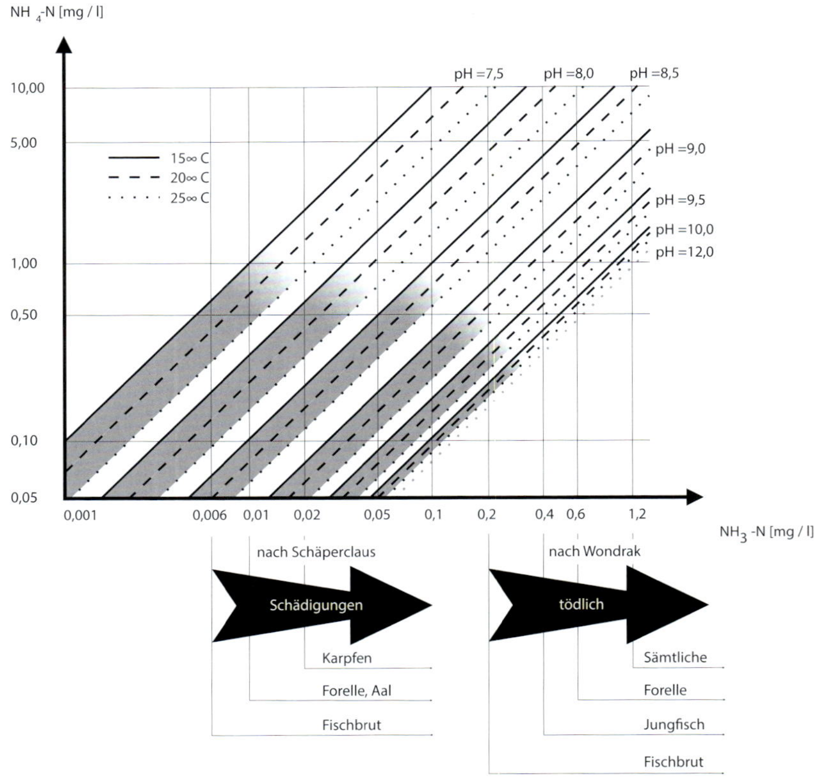

Bild 7.6: Toxische Wirkungen von Ammoniak in Abhängigkeit von Ammoniumkonzentration, pH-Wert und Temperatur (umgezeichnet nach [26])

pH-Werts führt. Diese Beobachtung kann vor allem an langsam fließenden und stauregulierten Flüssen gemacht werden. **Bild 7.7** zeigt ein Beispiel für derartige tagesperiodische Schwankungen. Die Maxima von pH-Wert und Sauerstoffsättigung werden typischerweise in den frühen Nachmittagsstunden erreicht. Eine Probenahme in den Morgenstunden verfälscht hier unter Umständen das Untersuchungsergebnis.

7.5.12 Probenkennzeichnung und Probenahmeprotokoll

Probenbehälter sollten klar und zweifelsfrei identifiziert werden, sodass später die analytischen Ergebnisse richtig interpretiert werden können. Alle für die Identifizierung der Probe wichtigen Details sollten auf einem auf dem Probenbehälter angebrachten Etikett angegeben werden. Für weitere Details siehe Kapitel 3. Es sollten keine weiteren Proben genommen werden, bevor alle Probenflaschen beschriftet wurden.

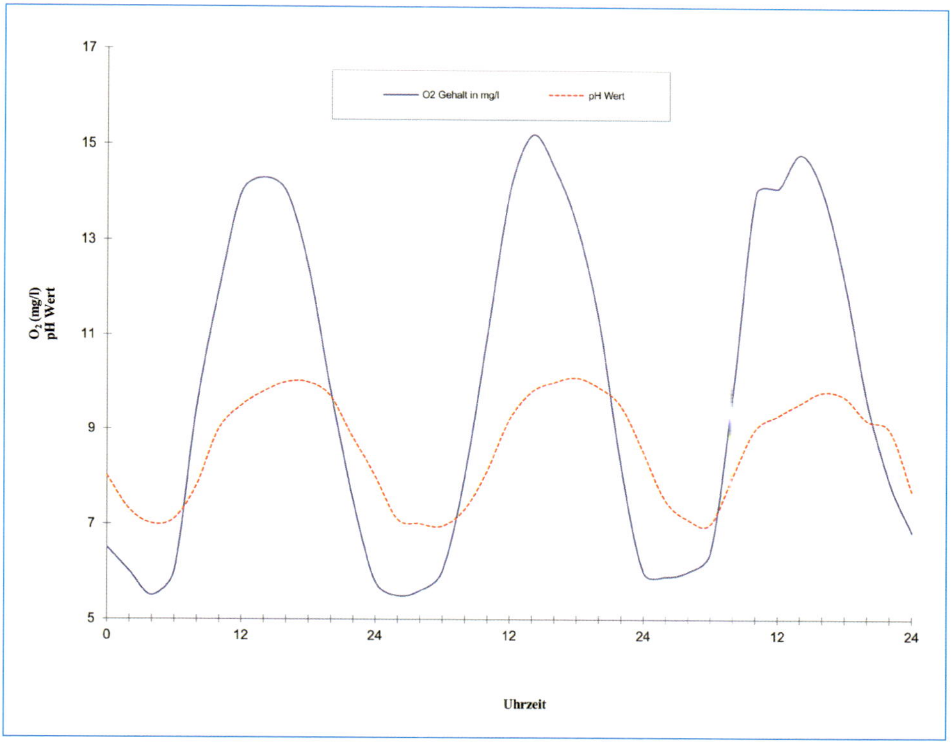

Bild 7.7: Tagesperiodische Schwankungen von pH-Wert und Sauerstoffgehalt (verändert nach [27])

Das Probenahmeprotokoll dient der Dokumentation der Entnahme von Proben und ist vollständig auszufüllen. Dem Untersuchungslabor und Auftraggeber werden damit Informationen über die Tätigkeiten und Messungen während der Probenahme sowie Informationen, die für die Analytik und spätere Auswertung von Bedeutung sind, übermittelt.

Das Probenahmeprotokoll ist für jede Probenahme anzulegen. Soweit möglich, sollten Vorgaben für das Probenahmepersonal bereits in das Protokoll eingetragen sein.

DIN EN ISO 5667-6 enthält im Anhang ein Beispiel eines Probenahmeprotokolls für Fließgewässer.

Alle Vorgänge und Beobachtungen während der Probenahme sowie die Ergebnisse der Messungen sind vor Ort unmittelbar im Protokoll zu dokumentieren.

Im Probenahmeprotokoll sind insbesondere folgende Bemerkungen aufzuführen:

- Abweichungen vom Probenahmeauftrag bzw. von den Arbeitsanweisungen
- Auffälligkeiten und Besonderheiten bei der Probenahme
- Außergewöhnliche anthropogene Nutzungen (Einleitungen, Wasserentnahmen)

Bei Auffälligkeiten ist es sinnvoll, das Protokoll durch Skizzen und Fotos zu ergänzen.

Um eine eindeutige Identifikation der Probe zu gewährleisten, muss die Kennzeichnung der Probe mit der Bezeichnung des dazugehörigen Probenahmeprotokolls übereinstimmen (Probenahmestelle, Probennummer, Entnahmezeit).

Das Probenahmepersonal trägt die Verantwortung für die von ihm durchgeführte Probenahme und damit für die Angaben im Protokoll. Das Probenahmeprotokoll ist in jedem Fall zu unterschreiben und sollte für mindestens fünf Jahre aufbewahrt werden [15].

7.5.13 Reinigung der Probenahmegeräte

Bei jeder Probenahme sind saubere Probenahmegeräte und -behälter einzusetzen. Zur Reinigung der Probenbehälter, die üblicherweise im Labor vorbereitet werden, siehe Kapitel 3. Für die Reinigung der Probenahmegeräte ist das Probenahmepersonal verantwortlich. Erforderlichenfalls sind die Probenahmegeräte unmittelbar vor jeder Probenahme nochmal mit entionisiertem Wasser durchzuspülen.

Unmittelbar nach der Probenahme sollten die Probenahmegeräte mit Trinkwasser und anschließendem Nachspülen mit entionisiertem Wasser gereinigt werden, wobei zur Entfernung der an den Wandungen haftenden Teilchen eine Bürste oder ein Gummiwischer einzusetzen ist. Eine Reinigung mit z. B. phosphat- oder tensidhaltigen Reinigungsmitteln ohne ausreichendes Nachspülen könnte zu einer Verschleppung führen, die die nachfolgende Analyse beeinträchtigt.

7.6 Spezifische Qualitätssicherungs- und -kontrollmaßnahmen

DIN EN ISO 5667-1 [14] enthält im Abschnitt „Qualitätssicherung und Qualitätskontrolle der umweltbezogene Wasserprobenahme und Handhabung“ Hinweise auf Kontaminationsquellen sowie zur Kontrolle und Vermeidung von Kontaminationen. Geeignete Qualitätssicherungsmaßnahmen und geeignete Qualitätskontrollmaßnahmen, z. B. zur Qualitätskontrolle wiederholte Proben, Blindproben, Spülen von Geräten (Probenbehältern),

Filtrationsrückgewinnung, aufgestockte Proben, Wirksamkeit von Homogenisierungsgeräten finden sich in DIN EN ISO 5667-14 [28].

Das LAWA AQS-Merkblatt P-8/3 [15] empfiehlt von den nachfolgend genannten Maßnahmen die geeigneten Qualitätskontrollmaßnahmen auszuwählen.

Häufigkeit und Zeitabstände sind, abhängig von der Anzahl der durchgeführten Probenahmen, durch das Labor bzw. den Auftraggeber festzulegen und zu dokumentieren. Der Umfang sollte mindestens 1 % der jährlich entnommenen Gewässerproben betragen. Sinnvoll ist es, für das Untersuchungsziel relevante Leitparameter auszuwählen, bei denen Veränderungen bei Probenahme und Probenvorbehandlung zu erwarten sind (Gewässer mit hohem Feststoffanteil, leichtflüchtige Inhaltsstoffe).

Die Kontrollmaßnahmen müssen das gesamte Probenahmepersonal berücksichtigen. Das Personal ist über die Untersuchungsergebnisse zu informieren.

7.6.1 Feldblindproben

Um mögliche Kontaminationen während der Probenahme und des Transports festzustellen, ist regelmäßig und in begründeten Verdachtsfällen eine Feldblindprobe zu nehmen, zu untersuchen und zu dokumentieren. Dazu wird Reinstwasser, dessen Blindwert geprüft und dokumentiert wurde, vor Ort wie eine reale Probe behandelt und allen Verfahrensschritten (z. B. Pumpen oder Schöpfen, Homogenisieren, Filtrieren, Konservieren, Transport und Lagerung) unterworfen.

7.6.2 Doppelte Probenahme

Zur Ermittlung der Präzision des Probenahmeverfahrens dient die gleichzeitige, bzw. zeitnahe doppelte Probenahme. An einer Probenahmestelle werden dazu zwei separate Proben entnommen und einzeln aufgearbeitet und untersucht (inklusive aller Schritte der Probenvorbehandlung vor Ort und Analytik im Labor).

Die doppelte Probenahme sollte regelmäßig und insbesondere bei neuen Probenahmestellen, neuen Probenahmesystemen bzw. neu zu bestimmenden Parametern durchgeführt werden, wenn Probleme aufgrund von Inhomogenität, Verlusten und/oder Verunreinigungen vermutet werden. Dieses Verfahren bietet sich ebenfalls an nach Einarbeitung von neuem Probenahmepersonal und bei internen Audits.

7.7 Probenahme in Schadens- und Gefahrenfällen

Bei Umweltschadens- und Gefahrenfällen mit (möglichen) Auswirkungen auf Fließgewässer ist vielfach die Durchführung von zeitnahen, qualitätsgesicherten und gerichtsverwertbaren Probenahmen und Vor-Ort-Untersuchungen erforderlich. Nachfolgend werden die in diesem Rahmen nötigen Probenahmen und Aktivitäten vor Ort beschrieben.

Die Untersuchungen und Probenahmen dienen zur

- Feststellung, ob Schäden eingetreten sind,
- Ermittlung der Art und des Umfangs eingetretener Schäden sowie der Ermittlung von Schadensursachen,
- Beweissicherung und Ermittlung des Schadensverursachers.

Eine detaillierte Arbeitsanweisung für alle möglichen Alarmfälle kann nicht gegeben werden, da kein Schadensfall wie der andere abläuft. Ziel jeder Probenahme ist es, für das Untersuchungsziel möglichst aussagekräftige, repräsentative Proben zu erhalten.

Im Fall einer Gewässerverunreinigung geht es insbesondere um die Feststellung, ob ein Gewässer unbefugt in seinen Eigenschaften nachteilig verändert wurde (§ 324 StGB):

§ 324 Gewässerverunreinigung

(1) *Wer unbefugt ein Gewässer verunreinigt oder sonst dessen Eigenschaften nachteilig verändert, wird mit Freiheitsstrafe bis zu fünf Jahren oder mit Geldstrafe bestraft.*
(2) *Der Versuch ist strafbar.*
(3) *Handelt der Täter fahrlässig, so ist die Strafe Freiheitsstrafe bis zu drei Jahren oder Geldstrafe.*

Das heißt, dass durch die Probenahmen und Untersuchungen möglichst der Nachweis zu erbringen ist, ob

1. die Verunreinigung unbefugt erfolgte,
2. das Gewässer nachteilig verändert wurde.

Nachfolgend wird das Vorgehen für die am häufigsten eintretenden Fälle beschrieben.

Bei Probenahmen in Alarmfällen wird entweder auf Rückstellproben der Messstationen bzw. der Einleiter zurückgegriffen oder es werden i. d. R. Stichproben aus Fließgewässern bzw. aus Abwassereinleitungen entnommen.

7.7.1 Gefäßmaterialien, Probenkonservierung, Transport und Lagerung

Grundsätzlich gelten für Probenahmen im Zusammenhang mit Schadens- und Gefahrenfällen die gleichen Anforderungen an die Gefäßmaterialien, die Konservierung, Transport und Lagerung wie zuvor und in Kapitel 3 beschrieben.

Allerdings können in solchen Fällen Abweichungen durchaus sinnvoll und möglich sein, weil einerseits zeitnah Wasserproben entnommen und der Analytik zugeführt werden müssen, und andererseits vielfach der Untersuchungsumfang zum Zeitpunkt der Probenahme noch nicht festgelegt werden kann.

In Abhängigkeit von den vorliegenden Informationen zum vermuteten Schadstoff ist abzuwägen, ob neben dem Kühlen der Probe noch besondere parameterspezifische Konservierungen unter Zusatz von Säuren, Laugen oder anderen Chemikalien unmittelbar nach der Probenahme erforderlich sind. Dieses bedeutet jedoch einen erheblichen, zusätzlichen Zeitaufwand vor Ort an der jeweiligen Probenahmestelle für das Abfüllen mehrerer Flaschen und die durchzuführenden Konservierungsmaßnahmen.

Erfahrungsgemäß kommt es in solchen Fällen jedoch eher darauf an, sehr schnell mehrere Proben zu nehmen, die Vor-Ort-Messungen durchzuführen und alles zu dokumentieren. In den meisten Fällen ist die Kühlung der Proben die einzige sinnvolle Konservierungsmaßnahme. Daher wird empfohlen, an jeder Probenahmestelle jeweils zwei Liter in Glasflaschen abzufüllen, die entnommenen Proben in Kühlboxen oder Kühlschränken bruch- und frostsicher sowie gekühlt und dunkel möglichst am selben Arbeitstag der Untersuchungsstelle zuzuleiten.

Dies ist sicherzustellen und wird im Probenahmeprotokoll durch Unterschrift bestätigt. Zur Probenübergabe sind die Regelungen der einzelnen Untersuchungsstellen zu beachten. Da je nach Schadensfall nicht auszuschließen ist, dass die Proben hoch belastet sind und somit eine Gesundheitsgefährdung für die Person, die die Proben transportiert, darstellen können, sind die Proben in geschlossenen Behältern, z. B. in Kühlboxen, zu transportieren. Dabei sind möglichst getrennte Boxen für stark belastete und wenig bzw. unbelastete Proben zu verwenden, um Querkontaminationen zu vermeiden.

7.7.2 Probenahmestellen

Generell sind folgende Probenahmestellen zu berücksichtigen:

(1) Unterhalb der Schadensstelle
(2) Schadensquelle (Abwassereinleitung o. ä.)
(3) Oberhalb der Schadensstelle
(4) Ggf. Referenzproben

Zu (1): Dabei handelt es sich um die Stelle, an der die Gewässerschädigung festgestellt wurde, oder der Bereich unterhalb der vermuteten Schadensquelle, bei kleineren und mittleren Fließgewässern sind das etwa 50 m bis 100 m unterhalb. Ist die Gewässerverunreinigung im Fließgewässer bereits abgelaufen, werden die Proben dort entnommen, wo z. B. taumelnde oder sterbende Fische zu beobachten sind oder wo das Wasser verdächtige Verfärbungen oder Schaumbildungen zeigt. Bei einem breiteren Fließgewässer kann die Vermischung eines Schadstoffs über das gesamte Querprofil u. U. erst nach einer großen Fließstrecke erfolgen. Um die Schadstoffwelle im Fließverlauf erkennen zu können, sollten mehrere Proben in zunehmendem Abstand von der Schadensstelle entnommen werden. Zur besseren Vergleichbarkeit der Untersuchungsergebnisse sollten dann möglichst Probenahmestellen aus der Routineüberwachung (z. B. WRRL-Messstellen) ausgewählt werden. Befindet sich unterhalb der Schadensstelle eine Messstation am Gewässer, so werden aus den dort vorhandenen Dauerprobenahmegeräten die Proben entnommen, die den Zeitraum des Schadensfalls umfassen.

Zu (2): Die Proben von der Schadensquelle sind für die Beweissicherung besonders wichtig und sollten unverzüglich und unmittelbar an der Einleitungsstelle entnommen werden. Falls es sich um eine Einleitung handelt, die im Rahmen der amtlichen Abwasserüberwachung laufend überwacht wird, sollte noch zusätzlich eine Stichprobe von der amtlichen Probenahmestelle entnommen werden. Diese Probe dient im Sinne des

§ 324 StGB dem Nachweis, ob die Einleitung unbefugt erfolgte. Falls an der Einleitungsstelle ein Dauerprobenahmegerät installiert ist, werden daraus die Proben sichergestellt.

Zu (3): Die Entnahme einer Probe unmittelbar oberhalb der Schadensstelle dient dem Beweis, dass der Schadstoff nicht bereits bzw. nur in nicht relevanter Konzentration im Gewässer enthalten war. Rückströmungen sind zu beachten.

Zu (4): Zur Ermittlung der eigentlichen Schadensursache helfen häufig Referenzproben weiter. Beispielsweise können bei unerlaubten Einleitungen von Spülwässern aus Beizereien oder Galvaniken Proben aus den jeweiligen Bädern entnommen werden, um typische Badzusammensetzungen analytisch zu ermitteln. Gerade bei Verunreinigungen durch Öle helfen Vergleichsmuster bei der Identifizierung weiter. In solchen Fällen sollte die vor Ort tätige Umweltschutzbehörde möglichst ermitteln, mit welchen Ölen gearbeitet wird und davon sollten jeweils Proben genommen werden.

Falls mehrere Schadensquellen als Ursache der Gewässerverunreinigung in Frage kommen oder vermutet werden, sind die Probenahmen sinngemäß den vier oben genannten Punkten auszudehnen.

7.7.3 Entnahme und Behandlung der Wasserproben

In der Regel werden unmittelbar nach dem Eintreffen am Schadensort Stichproben entnommen. Je nach Schadensfall kann es sinnvoll sein, nach Ablauf des Ereignisses weitere Proben zu entnehmen, um ggf. ein Abklingen des Schadensfalls registrieren zu können und damit die Grundlage zur Entwarnung zu erarbeiten.

Die Wasserprobe soll unterhalb der Gewässeroberfläche entnommen werden, da die Schwimmstoffe nicht volumengerecht miterfasst werden können. Zweckmäßigerweise wird mit der Fließrichtung und annähernd gleicher Strömungsgeschwindigkeit geschöpft, um sicherzustellen, dass der Gehalt der Probe an suspendierten Stoffen dem des Fließgewässers entspricht. Handhabungen, die die Probenbeschaffenheit verändern können, sind auf ein Minimum zu beschränken.

Das abzufüllende Probevolumen hängt von den zu untersuchenden Parametern ab. Wenn keine näheren Informationen zum Schadstoff vorliegen, sollen Glasflaschen (mind. 2 l Inhalt) mit Glasschliff-Vollstopfen eingesetzt werden. Die Flaschen sollen randvoll (ohne Luftpolster) gefüllt werden, um ein Ausgasen von leichtflüchtigen Stoffen zu verhindern.

Bei der Entnahme von Wasserproben zur Untersuchung auf Öle oder Schwimmstoffe ist darauf zu achten, dass möglichst vorsichtig an der Oberfläche geschöpft wird. Da hier die Erstellung einer repräsentativen Probe nicht möglich ist, sollte versucht werden, soviel Öl (bzw. Schwimmstoffe) wie möglich zu erhalten, um eine spätere Identifizierung zu ermöglichen. Probenflaschen zur Bestimmung von Ölen sollten nur zu ca. 90 % befüllt werden, weil anschließend im Labor noch ein Lösemittel zugesetzt wird.

Eine parameterbezogene Probenvorbehandlung vor Ort (z. B. Filtration) ist im Rahmen von Schadens- und Gefahrenfällen nicht üblich, es sei denn, es wird in besonderen Fällen vom Auftraggeber ausdrücklich gefordert.

7.7.4 Probenbeschriftung

Die Probenflaschen sind klar und eindeutig zu beschriften. Alle für die Identifikation der Probe wichtigen Details sind auf einem auf dem Probenbehälter angebrachten Etikett zu verzeichnen. Dazu gehören mindestens Datum, Uhrzeit und Probenahmestelle, ggf. auch Name der probenehmenden Person. Es sollten keine weiteren Proben genommen werden, bevor alle Flaschen einer Teilprobe beschriftet sind.

7.7.5 Vor-Ort-Messungen

In der Regel werden vor Ort die folgenden Messungen und Prüfungen durchgeführt:

- pH-Wert
- Elektrische Leitfähigkeit
- Sauerstoffgehalt
- Wassertemperatur
- Trübung
- Färbung
- Geruch

7.7.6 Besonderheiten bei Fischsterben

Das Ausmaß des Fischsterbens ist in einem kurzen Vermerk zu beschreiben:

- Geschätzte Menge der toten Fische:
  - Einzelne tote Fische
  - Mehrere bis zu 100 tote Fische
  - Anzahl wesentlich größer
- Sichtbarkeit noch lebender Fische an der Wasseroberfläche
- Länge der betroffenen Gewässerstrecke und mutmaßlicher Beginn der betroffenen Strecke
- Auffälligkeiten an den toten Fischen
- Besonderheiten am Gewässer und mutmaßliche Ursache (soweit bekannt)

In bestimmten Fällen ist eine Untersuchung der Fische sinnvoll. Dann sollten gleichzeitig mit der Entnahme von Wasserproben auch frischtote Fische entnommen werden, und zwar von jeder betroffenen Fischart zwei bis drei Fische unterschiedlicher Größe. Die Fische sollten einzeln in Pergamentpapier eingewickelt und umgehend kühl, aber nicht eingefroren gelagert werden (Zwischenlagerung für einige Stunden im Kühlschrank). Es sollte dann umgehend, spätestens am nächsten Tag zu Dienstbeginn mit der Untersuchungsstelle abgestimmt werden, wann die Fische dort zur Untersuchung übergeben werden können. Dort kann vielfach anhand der Untersuchung festgestellt werden, ob diese Tiere an einer Krankheit oder durch eine andere Schadensursache zu Tode gekommen sind.

7.7.7 Probenahmeprotokoll

Der Dokumentation kommt eine besondere Bedeutung zu, weil damit Informationen an Personen geliefert werden, die nicht am Ort des Geschehens anwesend waren, aber den Untersuchungsumfang im Labor festlegen und anschließend die Bewertung aus analytischer Sicht vornehmen müssen, die letztendlich Grundlage einer rechtlichen Bewertung des Ereignisses darstellt.

Daher sollte die Dokumentation bei erfolgter Probenahme mindestens Folgendes umfassen:

- Probenahmeprotokoll für jede einzelne Probe
- Dokumentation der Probenahmestellen (Lagepläne, -skizzen, Fotos)
- Ggf. schriftliche Beschreibung der Vorkommnisse

Bild 7.8 zeigt ein Probenahmeprotokoll, das insbesondere für Behörden, wie Untere Umweltschutzbehörden, Feuerwehren, Polizei, als Muster dienen kann. Vielfach sind diese Behörden als Erste bei Schadens- und Gefahrenfällen vor Ort und können dann zur Beweissicherung Proben nehmen und diese mit den Protokollen den Untersuchungsstellen übergeben.

7.7.8 Arbeitsschutz und -sicherheitsmaßnahmen

Beim Einsatz des Probenahmepersonals ist zu beachten, dass dieses nicht für jede Probenahme sicher ausgerüstet ist. Die vorrangig zu ergreifenden Sofortmaßnahmen zur Schadens- und Gefahrenabwehr obliegen anderen Stellen, beispielsweise das Löschen eines Brandes durch die Feuerwehr.

Daher gilt der Grundsatz: Keine Probe ist so wichtig, dass das Probenahmepersonal sich oder andere gefährdet.

Für Einsätze im Rahmen von Schadens- und Gefahrenfällen muss folgende persönliche Schutzausrüstung vorgehalten werden:

- Geeignete Arbeits- und Schutzkleidung
- Regenkleidung
- Einmal-Chemikalienschutzanzug
- Rutschfeste Sicherheitsschuhe und Gummistiefel mit Stahlkappe
- Chemikalienbeständige Schutzhandschuhe
- Schutzbrille, Schutzhelm
- Schutzmasken vom Typ FFP 3
- Warnweste, ggf. Schwimmweste

Beispiel für ein Protokoll - Probenahme aus Fließgewässern

Feuerwehr ABC **Proben-Nr.:** ____________

Untersuchung von : ____________
nähere Bezeichnung : ____________
Datum / Uhrzeit : ____________
Probenehmer/in : ____________
außerdem anwesend : ____________

Bezeichnung der Probenahmestelle:

- [ ] Einleitungsstelle : ____________
- [ ] Gewässer : ____________ m oberhalb der Einleitungsstelle
- [ ] Gewässer : ____________ m unterhalb der Einleitungsstelle
- [ ] Uferseite [ ] links [ ] Mitte [ ] rechts in Fließrichtung
- [ ] Probe aus der / den Zuleitung/en zur Einleitungsstelle : ____________
- [ ] Referenzprobe : ____________
- [ ] sonstige Probe : ____________

Beschreibung der Probenahmestelle

Name des Gewässers :							
Breite (m)	[ ]	0 = <1	1 = 1-2	2 = 2-5	3 = 5-10	4 = 10-20	5 = > 20
Tiefe (m)	[ ]	0 = <1	1 = 0,1-0,3	2 = 0,3-0,5	3 = 0,5-1,0	4 = >1	
Strömung	[ ]	0 = keine	1 = ruhig fließend		2 = fließend mit Turbulenz		
		3 = turbulent	4 = sehr turbulent				
geschätzte Strömungsgeschwindigkeit an der Wasseroberfläche (m/s)	[ ]	0 = <0,2	1 = 0,2-0,4	2 = 0,4-0,8	3 = >0,8		
Wasserführung	[ ]	0 = keine	1 = gering	2 = normal	3 = stark		

Probenahmegerät

	[ ] Schöpfer		andere Probenahmegeräte: ____________
Schöpfer	[ ] Glas	[ ] PE	[ ] Edelstahl

Wetter:

Niederschlag	[ ]	0 = kein	1 = vor	2 = während	der Probenahme
Bewölkung	[ ]	0 = keine	1 = schwach	2 = wechselnd	3 = stark

Auffälligkeiten:

[ ] Schaum [ ] Schwimmstoffe [ ] Ölfilm [ ] tote Fische
oder/und ____________

Fische:

[ ] Luftschnappen [ ] unruhiges Schwimmen [ ] offenes Maul
[ ] abstehende Kiemendeckel [ ] Flecken [ ] Geschwüre
oder/und ____________

Bild 7.8: Muster eines Probenahmeprotokolls

Farbe:

|__|	0 = farblos	3 = schwarz	6 = grün	9 = rot
	1 = weiß	4 = violett	7 = gelb	
	2 = grau	5 = blau	8 = braun	
oder/und	____________			

Trübung:

|__|	0 = keine	1 = schwach	2 = mittel	3 = stark
oder/und	____________			

Geruch:

|__| |__|__|	0 = ohne	00 = geruchlos	05 = jauchig	10 = Fäkalien
	1 = schwach	01 = aromatisch	06 = modrig	11 = Urin
	2 = mittel	02 = erdig	07 = tranig	12 = Mineralöl
	3 = stark	03 = faulig	08 = würzig	13 = Schwefelwasserstoff
		04 = fischig	09 = Chlor	14 = Silage
oder/und	____________			

Messwerte

Lufttemperatur	± |__| |__|__|	°C	**Wassertemperatur**	|__|__| , |__|	°C
pH-Wert	|__|__| , |__|		**Elektrische Leitfähigkeit**	|__|__|__|__|__|	mS/m bei 25 °C
Sauerstoff	|__|__| , |__|	mg/l O2	**Sauerstoffsättigung**	|__|__|	%

Bemerkungen: ______________________________

____

____

____

______________________, den ______________ ______________________

Ort **Datum** **Unterschrift Probenehmer/in**

Probenübergabe:

Probe(n) am ______________ um ______________ Uhr an Untersuchungsstelle übergeben

- |__| Anzahl der Proben
- |__| Anzahl der Flaschen   Gefäßmaterial und Volumen: ______________
- |__| Probenahmeprotokoll/e
- |__| Fotos, Lageplan, Skizze
- |__| schriftlicher Bericht

____

Unterschrift Probenehmer/in

Bild 7.8: (Fortsetzung)

Literatur

[1] DIN EN ISO 5667-6:2016-12, Wasserbeschaffenheit – Probenahme – Teil 6: Anleitung zur Probenahme aus Fließgewässern (ISO 5667-6:2014); Deutsche Fassung EN ISO 5667-6:201 Anmerkung: Im April 2022 wurde DIN EN ISO 5667-6/A11:2022-04, Wasserbeschaffenheit – Probenahme – Teil 6: Anleitung zur Probenahme aus Fließgewässern (ISO 5667-6:2014); Deutsche Fassung EN ISO 5667-6:2016/A11:2020 veröffentlicht. Dieses Dokument enthält lediglich im informativen Anhang eine sogenannte A-Abweichung zu DIN EN ISO 5667-6:2016-12, und zwar gelten in Estland die dort aufgeführten Änderungen anstelle der Festlegungen der Europäischen Norm.

[2] DIN ISO 5667-12:2016-04, Entwurf, Wasserbeschaffenheit – Probenahme – Teil 12: Anleitung zur Probenahme von Sedimenten (ISO/DIS 5667-12:2016)

[3] DIN 38402-24:2007-05, Deutsche Einheitsverfahren zur Wasser-, Abwasser- und Schlammuntersuchung – Allgemeine Angaben (Gruppe A) – Teil 24: Anleitung zur Probenahme von Schwebstoffen (A 24)

[4] DIN EN ISO 19458:2006-12, Wasserbeschaffenheit – Probenahme für mikrobiologische Untersuchungen (ISO 19458:2006); Deutsche Fassung EN ISO 19458:2006

[5] DIN EN ISO 5667-23:2011-06, Wasserbeschaffenheit – Probenahme – Teil 23: Anleitung zur Anwendung von Passivsammlern in Oberflächengewässern (ISO 5667-23:2011); Deutsche Fassung EN ISO 5667-23:2011

[6] Richtlinie 2000/60/EG des Europäischen Parlaments und des Rates vom 23.10.2000 zur Schaffung eines Ordnungsrahmens für Maßnahmen der Gemeinschaft im Bereich der Wasserpolitik

[7] Richtlinie 2008/105/EG des Europäischen Parlaments und des Rates vom 16.12.2008 über Umweltqualitätsnormen im Bereich der Wasserpolitik und zur Änderung und anschließenden Aufhebung der Richtlinien des Rates 82/176/EWG, 83/513/EWG, 84/156/EWG, 84/491/EWG und 86/280/EWG sowie zur Änderung der Richtlinie 2000/60/EG

[8] Richtlinie 2009/90/EU vom 31.07.2009 zur Festlegung technischer Spezifikationen für die chemische Analyse und Überwachung des Gewässerzustands gemäß der Richtlinie 2000/60/EG

[9] Verordnung über Qualitätsziele für bestimmte gefährliche Stoffe und zur Verringerung der Gewässerverschmutzung durch Programme (Gewässerqualitätsverordnung – GewQV). (Obsolet durch Fristablauf am 31.12.2013)

[10] Verordnung zur Umsetzung der Anhänge II, III und V der Richtlinie 2000/60/EG vom 23.10.2000 über die Bestandsaufnahme und Einstufung der Gewässer (GewBEÜV). Aufgehoben durch Artikel 24 des Gesetzes vom 8. Juli 2016 (GV. NRW. S. 559), in Kraft getreten am 16. Juli 2016

[11] Verordnung zum Schutz der Oberflächengewässer (Oberflächengewässerverordnung – OGewV) vom 20.07.2011 (BGBl. I S. 1.429)

[12] Verordnung zum Schutz der Oberflächengewässer (Oberflächengewässerverordnung – OGewV) vom 20.06.2016 (BGBl. I S. 1.373), die zuletzt durch Artikel 2 Absatz 4 des Gesetzes vom 9. Dezember 2020 (BGBl. I S. 2873) geändert worden ist

[13] DIN 38402-11:2009-02, Deutsche Einheitsverfahren zur Wasser-, Abwasser- und Schlammuntersuchung – Allgemeine Angaben (Gruppe A) – Teil 11: Probenahme von Abwasser (A 11)

[14] DIN EN ISO 5667-1:2025-08 Wasserbeschaffenheit – Probenahme – Teil 1: Anleitung zur Erstellung von Probenahmeplänen und Probenahmetechniken (ISO 5667-1:2023); Deutsche Fassung EN ISO 5667-1:2023

[15] LAWA AQS-Merkblatt P-8/3: Probenahme aus Fließgewässern (Februar 2012)

[16] DIN EN 16479:2022-03 – Entwurf, Wasserbeschaffenheit - Leistungsanforderungen und Konformitätsprüfungen für Geräte zum Wassermonitoring - Automatische Probenahmegeräte für Wasser und Abwasser; Deutsche und Englische Fassung prEN 16479:2021

[17] Bleninger, T., Hauschild, I., Jirka, G. H., Leonhard, D. & Schlenkhoff, A.: Immissionsorientierte Bewertung von Einleitungen in Gewässer: Mischzonen oder Opferstrecken, wo gelten die Gütekriterien? In: KA – Abwasser, Abfall (2004) Jahrgang 51 (3).

[18] Jirka, B. & Burrows, L.: Environmental Quality Standards in the EC-Water Framework Directive: Consequences for Water Pollution Control for Point Sources, European Water Management Online. EWA, 2004

[19] Bleninger, T., Marenda, D., Jirka, G.: Durchmischungsprognose für die Einleitung von Abwasser in den Rhein, Wasserbaukolloquium 2006: Strömungssimulation im Wasserbau, Dresdner Wasserbauliche Mitteilungen (2006) Heft 32, S. 219-228

[20] Fey, J. M.: Die Aufheizung eines Mittelgebirgsflusses und ihre Auswirkungen auf die Zoozönose. Dargestellt am Beispiel der Lenne (Sauerland). In: Arch. Hydrobiol. Suppl. (1977), 53 (3), S. 307-363

[21] Internationale Kommission zum Schutz des Rheins (IKSR); http://www.iksr.org/de/themen/verschmutzungen/warn-und-alarmplan/rheinalarmmodell

[22] Internationale Kommission zum Schutz des Rheins (IKSR); https://www.iksr.org/de/oeffentliches/dokumente/archiv/fachberichte/fachberichte-einzeldarstellung/267-aktualisierung-web-iwap

[23] WABOLU: WaBoLu-Berichte 3/1981, Berichtsreihe des Instituts für Wasser-, Boden- und Lufthygiene des Bundesgesundheitsamtes: Gefährdung von Grund- und Trinkwasser durch leichtflüchtige Chlorkohlenwasserstoffe, Berlin 1981

[24] DIN 38402-30:1998-07, Deutsche Einheitsverfahren zur Wasser-, Abwasser- und Schlammuntersuchung – Allgemeine Angaben (Gruppe A) – Teil 30: Vorbehandlung, Homogenisierung und Teilung heterogener Wasserproben (A 30)

[25] Illies, J.: Versuch einer allgemeinen biozönotischen Gliederung der Fließgewässer. In: Int. Revue ges. Hydrobiologie (1961), 46 (2), S. 205-213

[26] Warg, G.: Diskussionsbeitrag zu den Themen: Zulässiges Ammonium in Fließgewässern; Toxizität des Ammoniaks, Zuordnung zu Güteklassen. In: Korr. Abwasser 8 (1987) 34, S. 873-876

[27] LWA: Gewässergütebericht NRW 1989. Selbstverlag des Landesamtes für Wasser und Abfall, Düsseldorf 1989

[28] DIN EN ISO 5667-14:2016-12, Wasserbeschaffenheit – Probenahme – Teil 14: Anleitung zur Qualitätssicherung und Qualitätskontrolle bei der Entnahme und Handhabung von Wasserproben (ISO 5667-14:2014); Deutsche Fassung EN ISO 5667-14:2016)

8 Probenahme aus stehenden Gewässern

Hanna Pritsch, M.Sc.*

8.1 Einleitung

Stehende Gewässer umfassen eine Vielzahl unterschiedlicher Typen von Binnengewässern, darunter fallen hauptsächlich Seen, Teiche und Talsperren. So trägt die internationale Norm zur Probenahme aus stehenden Gewässern beispielsweise den Titel „Guidance on sampling from lakes, natural and man-made“ [1]. Bei der entsprechenden deutschen Norm lautet der Titel „Probenahme aus stehenden Gewässern“ [2] und ist somit weiter gefasst. Die meisten stehenden Gewässer sind – zumindest zeitweise – durch eine ausgeprägte Inhomogenität der Wasserbeschaffenheit gekennzeichnet, wobei die Unterschiede zwischen oberflächennahem und sedimentnahem Wasser besonders ausgeprägt sind. Dieser Inhomogenität ist bei der Planung der Probenahme unbedingt Rechnung zu tragen, da die Wasserbeschaffenheit aufgrund der verschiedenen räumlichen Lage Unterschiede aufweisen kann.

Die gründliche und zielgerichtete Planung und Ausführung der Probenahmen sind der Grundstein für alle folgenden Untersuchungen. Für eine Bewertung z. B. des ökologischen Zustands oder für die Bewirtschaftung eines Gewässers ist dies eine unabdingbare Voraussetzung.

In den folgenden Unterkapiteln wird der Vermittlung derartiger Kenntnisse eine besondere Bedeutung beigemessen.

8

8.2 Ökosystem See

Um eine Probenahme aus stehenden Gewässern ordnungsgemäß planen und durchführen zu können, ist die Kenntnis einiger grundlegender Vorgänge im See notwendig.

In den gemäßigten Breiten ist der dimiktische Seentyp der häufigste. Dimiktisch bedeutet, dass es im See zweimal pro Jahr zu einer vollständigen Durchmischung des Wasserkörpers kommt. Dimiktische Seen kommen typischerweise in Gebieten vor, in denen die Winter kalt genug sind, um Eisbildung zu ermöglichen, und die Sommer warm genug sind, um das Oberflächenwasser signifikant zu erwärmen. Dimiktische Seen machen zweimal jährlich eine Durchmischungsphase durch, diese finden im Frühling und im Herbst statt. Im Sommer und in kalten Wintern hingegen liegt eine thermische Schichtung des Wassers vor, die sogenannte Sommer- bzw. Winterstagnation [3].

---

* unter Verwendung des Kapitels von J. Clasen aus der 1. Auflage 1998 sowie von A. Nienhüser und B. Preuß aus der 2. Auflage 2018

Im Frühling, wenn die Eisdecke schmilzt bzw. sich das Oberflächenwasser langsam erwärmt und auf 4 °C steigt, wird der See thermisch uniform, dies führt zu einer kompletten Durchmischung (Holomixis = Vollzirkulation). Anschließend steigt die Oberflächentemperatur aufgrund der Sonneneinstrahlung weiter an, bis es im Sommer zu einer thermischen Schichtung mit i. d. R. drei Schichten im See kommt [3]. Die oberste Schicht, das Epilimnion, besteht aus warmen Oberflächenwasser, das reich an Sauerstoff ist. In diesem Bereich findet Photosynthese statt. Die Übergangsschicht (Metalimnion) wird als Sprungschicht bezeichnet und zeichnet sich durch starke Temperaturänderungen innerhalb kurzer Distanzen aus (≥ 1 °C pro m). Diese Schicht wird auch als Thermokline bezeichnet. Die dritte und unterste Schicht wird Hypolimnion genannt und zeichnet sich durch kühle Wassertemperaturen und geringe Sauerstoffkonzentrationen aus.

Im Herbst erfolgt eine weitere Vollzirkulation. Dabei vermischen sich die verschiedenen Schichten und es kommt erneut zu einem Sauerstoffeintrag ins Hypolimnion und einer Umverteilung der Nährstoffe vom Grundbereich Richtung Wasseroberfläche.

In milden Wintern oder bei sehr großen Gewässern ist der Wasserkörper während der kalten Jahreszeit ständig durchmischt. In kalten Wintern hingegen kühlt sich das Wasser so stark ab, dass sich an der Wasseroberfläche Eis bildet. Unter der Eisdecke entsteht eine inverse Schichtung, da das 4 °C kalte Tiefenwasser bei dieser Temperatur seine größte spezifische Dichte hat (Dichteanomalie des Wassers) und sich demzufolge unter das noch kältere Wasser von 0-4 °C einschichtet. Eine inverse Schichtung

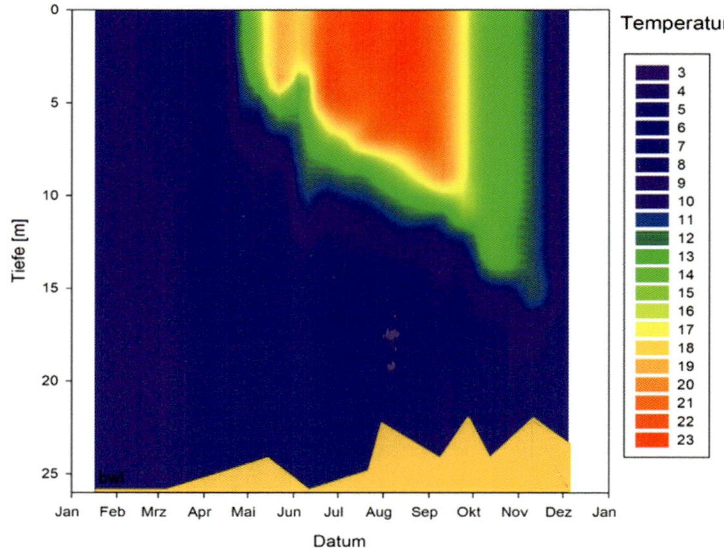

Bild 8.1: Temperatur [°C] im Jahres- und Tiefenverlauf (Isopletendarstellung) in der Kerspetalsperre aus dem Jahr 2022 (© Datenquelle: Bergische Wasser- und Umweltlabor GmbH (bwl); © Dateneigentum: Wupperverband)

kann schon, wenn auch nicht sehr stabil, auftreten, bevor es zur Bildung einer Eisdecke kommt [3]. Die Temperatur in einem stehenden Gewässer ist damit ein Faktor, der sich sowohl über die Tiefe als auch über den Jahresverlauf ändert (**Bild 8.1**).

Die Beschaffenheit des Wassers in verschiedenen Tiefen des Sees wird sowohl von der Oberfläche als auch vom Grund beeinflusst, wobei die Einflüsse, die von der Wasseroberfläche ausgehen, häufig weiter reichen als die Einflüsse, die vom Grund ausgehen.

Die von der Oberfläche ausgehenden Veränderungen sind vor allem durch das einfallende Licht bedingt. Dieses wirkt sich auf die Wasserbeschaffenheit sowohl in physikalischer als auch in biologisch-chemischer Hinsicht aus.

Der physikalische Einfluss bezieht sich zum einen auf die oben beschriebene Wassertemperatur im Jahresverlauf und die damit einhergehende Durchmischung bzw. Schichtung und zum anderen entsteht der physikalische Einfluss durch die Einstrahlung des Sonnenlichts, die sich direkt auf die biologisch-chemischen Vorgänge im Gewässer auswirkt. Die autotrophen in einem Gewässer lebenden Mikroalgen (Phytoplankton) können sich nur vermehren, wenn ausreichend Licht zur Verfügung steht, das sie für die Photosynthese benötigen. Das Phytoplanktonwachstum beschränkt sich daher auf die obere lichtdurchflutete Wasserzone (euphotische Zone), da die Lichtintensität durch die Absorption des Lichts im Wasser mit zunehmender Tiefe abnimmt. Es gibt aber auch schwachlichtadaptiertes Phytoplankton, das sein Maximum in tieferen Wasserbereichen (10-20 m) hat.

Für die Photosynthese benötigt das Phytoplankton neben Licht auch Kohlenstoffdioxid und verschiedene Nährstoffe wie Phosphor, Stickstoff und Spurenstoffe. Die zuvor genannten Komponenten werden zu Glukose und Sauerstoff verstoffwechselt. Die Glukose wird für das Zellwachstum und die Vermehrung verwendet, während der Sauerstoff als Nebenprodukt an die Umgebung abgegeben wird. Der Verbrauch von Kohlenstoffdioxid während der Photosynthese führt in der euphotischen Zone zu einer Erhöhung des pH-Werts (biogene Entkalkung) [4].

Mit einem Anstieg des Phytoplanktons kommt es meist etwas zeitversetzt ebenfalls zu einem Anstieg an Zooplankton, das auf die Phytoplanktonorganismen als Nahrung angewiesen ist.

Die Veränderungen in der Nähe des Grunds entstehen überwiegend während der sommerlichen Schichtung. Die im Epilimnion laufend gebildeten Planktonorganismen sinken zum Gewässergrund ab, sterben ab und werden am Grund von Bakterien unter Verbrauch von Sauerstoff abgebaut. Durch die sauerstoffzehrenden Abbauprozesse kann es im Tiefenwasser im Sommer zu einem Sauerstoffmangel kommen. Wird sehr viel organisches Material abgebaut, reichern sich hohe Nährstoffkonzentrationen an und als Konsequenz des Sauerstoffmangels treten Reduktionsvorgänge im Sediment auf, die eine Freisetzung von Nährstoffen und Spurenstoffen wie Phosphor, Eisen und Mangan bewirken. In Extremfällen kommt es zur Bildung von Methan und Schwefelwasserstoff. Die Konzentrationen der genannten Stoffe nehmen mit der Entfernung vom Sediment exponentiell ab.

Während der thermisch bedingten Schichtung im See im Sommer und teilweise im Winter ist der Gasaustausch zwischen den Schichten stark verringert bis nicht vorhanden, sodass es nur während der Durchmischungsphasen im Frühling und Herbst zu einem Transport von Sauerstoff in die Tiefe (**Bild 8.2**) und einem Transport von Nährstoffen an die Oberfläche kommt.

Es gibt zahlreiche Faktoren, die einen Einfluss auf die Durchmischung in natürlichen Gewässern haben, sodass hier mit der Lufttemperatur, der Wassertemperatur, dem Wind, der Sonneneinstrahlung, unterirdischen Zuflüssen und der Seemorphologie nur die wichtigsten genannt werden sollen. Bei Talsperren hat auch die Rohwasserentnahme aus verschiedenen Wassertiefen einen relevanten Einfluss auf die Schichtung und Durchmischung im See.

Bedingt durch die menschgemachte Klimaerwärmung, werden heute bereits in manchen Seen Veränderungen in der Mixis (Durchmischung) beobachtet. Teilweise verschieben sich die Zeitpunkte der Vollzirkulation und die Seen haben längere Perioden der Schichtung. Dies ist bedingt durch eine stabilere Sommerstagnation, die durch die stärkere Erwärmung des Epilimnions entsteht und die erst spät im Herbst aufgelöst werden kann. In manchen Seen wurde zudem beobachtet, dass die Vollzirkulation im Herbst gar nicht oder nicht vollständig (von Oberfläche bis Grund) stattfindet und sich die Seen damit

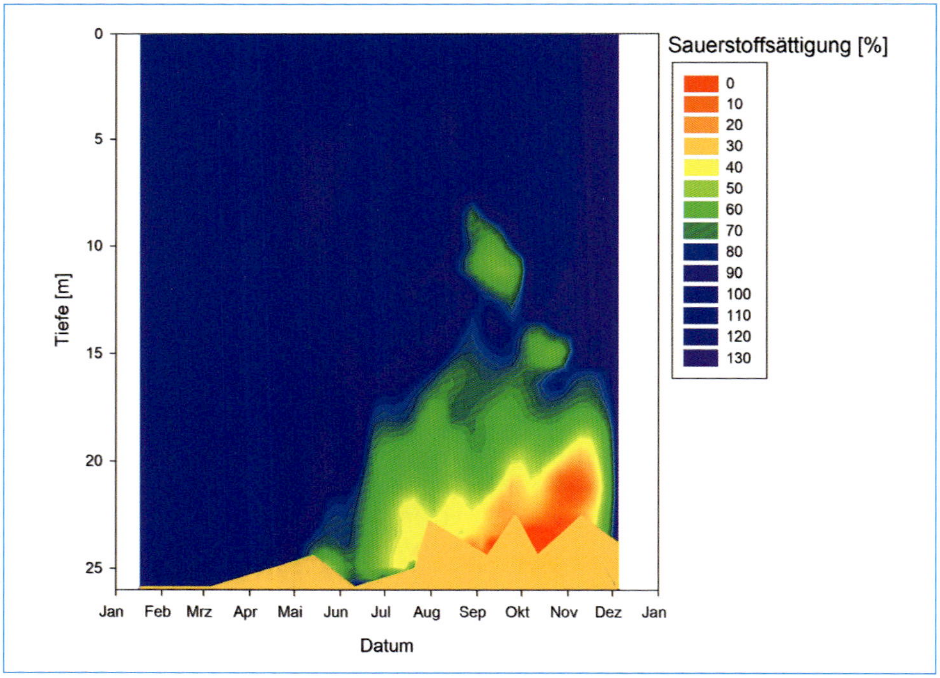

Bild 8.2: Sauerstoffsättigung [%] im Jahres- und Tiefenverlauf (Isopletendarstellung) in der Kerspetalsperre aus dem Jahr 2022 (© Datenquelle: Bergische Wasser- und Umweltlabor GmbH (bwl); © Dateneigentum: Wupperverband)

zu monomiktischen Seen (eine Vollzirkulation pro Jahr) entwickeln [5] mit teils großem Einfluss auf die biologisch-chemischen Vorgänge und die Artengemeinschaft im See [5, 6, 30].

Neben Unterschieden in der Wasserbeschaffenheit in vertikaler Richtung können in lang gestreckten Gewässern auch Unterschiede in der Wasserbeschaffenheit in horizontaler Richtung beobachtet werden. Diese Unterschiede werden in Gewässern beobachtet, die einen Hauptfluss aufweisen, der an einem Ende in dieses Gewässer mündet und dessen übrige Zuflüsse in Bezug auf die Wassermenge nur eine untergeordnete Bedeutung besitzen. Fast alle Talsperren und Rinnenseen sind diesem Gewässertyp zuzuordnen. In diesen Gewässern ändert sich im Längsprofil die Wasserbeschaffenheit vom Zulauf des Hauptzuflusses bis zum gegenüberliegenden Ende des Sees oder bis zum Sperrbauwerk bei einer Talsperre. Der zuflussnahe Bereich weist meist eine höhere Nährstoffkonzentration und Trübung und demzufolge auch eine stärkere Planktonentwicklung auf. Außerdem ist dieser Bereich meist flacher ausgestaltet, sodass die Produktionszone bis zum Sediment reichen kann. Im weiteren Verlauf verringern sich die Nährstoffkonzentrationen und in der Regel auch die Planktonbiomassen.

In größeren Seen findet sich eine ähnliche Zonierung zwischen Uferbereich und Freiwasser. Manche natürlichen Seen sind in mehrere miteinander verbundene Teilbecken gegliedert. Aufgrund unterschiedlicher Morphologie der einzelnen Teilbecken kann die Beschaffenheit des Wassers in den einzelnen Teilbecken große Unterschiede aufweisen, unter Umständen auch, weil ihnen Wasser aus Zuflüssen unterschiedlicher Qualität zufließt.

Falls es darauf ankommt, derartige – bezogen auf die Seeoberfläche – regionale Unterschiede in einem See oder in einer Talsperre zu berücksichtigen, so ist es zwingend erforderlich, mehrere Probenahmestellen einzurichten. In vielen Fällen werden aber nur Daten für eine globale Charakterisierung und Beurteilung des Gewässers benötigt, sodass es ausreicht, an der tiefsten Stelle des Gewässers Proben zu entnehmen. Die Auswahl der Probenahmestelle/n ist daher immer abhängig von der Fragestellung oder dem Zweck der Probenahme.

8.3 Zweck der Probenahme

Die Entnahme von Wasserproben aus stehenden Gewässern kann verschiedenen Zwecken dienen. Es lassen sich zwei Hauptanlässe für die Probenahme unterscheiden:

1. Probenahme aus besonderem Anlass
2. Probenahme im Rahmen eines Untersuchungsprogramms

Besondere Anlässe für die Probenahme können auffällige Ereignisse sein, die man im oder am Gewässer beobachtet. Dies können beispielsweise Massenentwicklungen von Phytoplankton, sogenannte Algenblüten, das Auftreten potenziell toxinbildender Cyanobakterien (Blaualgen), hohe Trübungen durch Hochwässer oder ein plötzliches Fisch-, Muschel-, Vogel- und/oder Amphibiensterben sein. Für diese Probenahmen empfiehlt sich dringend eine detaillierte Dokumentation des Anlasses, des Orts und der Durchführung der Probenahme.

In den meisten Fällen liegen für die Probenahmen in Gewässern festgelegte Untersuchungsprogramme zugrunde, die je nach Fragestellung unterschiedlichen Zwecken dienen. Diese Untersuchungsprogramme werden meistens mehrmals im Jahr durchgeführt, da die Wasserbeschaffenheit wie zuvor beschrieben durch die jahreszeitlichen Einflüsse sehr starken Veränderungen unterliegt. Um die Entwicklung eines Gewässers bewerten zu können und Unterschiede durch klimatische Schwankungen einordnen zu können, sollten diese Untersuchungen außerdem über mehrere Jahre erfolgen.

Limnologisch orientierte Untersuchungen dienen meist dazu, die trophischen Verhältnisse eines stehenden Gewässers, die thermisch bedingten Schichtungs- und Zirkulationsverhältnisse und die im Gewässer stattfindenden Stoffumsätze zu verfolgen.

Durch die Umsetzung der Wasserrahmenrichtlinie 2000/60/EG [7] und den darin enthaltenen ökologischen und Gewässertyp bezogenen Bewertungsverfahren wurden einheitliche chemische und biologische Untersuchungsprogramme für natürliche Seen >50 ha und für künstliche und erheblich veränderte Gewässer entwickelt und festgelegt. Die Einstufung und Bewertung des ökologischen Zustands bzw. des ökologischen Potenzials der stehenden Gewässer und der daraus abgeleiteten Maßnahmen zur Verbesserung dessen setzen deshalb auch eine einheitlich geregelte Probenahme an diesen Gewässern voraus. Die Anforderungen an diese Probenahme sind bereits ausführlich im LAWA AQS-Merkblatt P-8/5 [8] und im Handbuch angewandte Limnologie [9] beschrieben.

Die für die Trophieklassifikation von Seen, Talsperren, und Speicherseen erforderliche Probenahme ist in der LAWA 2014 [10] beschrieben.

Unterliegen stehende Gewässer Nutzungszwecken, wie dies bei den meisten Talsperren und Speicherbecken der Fall ist, dann orientieren sich die Untersuchungsprogramme und die Probenahmen an der jeweiligen Nutzungsart. Gibt es beispielsweise in einer Trinkwassertalsperre über die Tiefe verteilt verschiedene Rohwasserentnahmemöglichkeiten, so ist es sinnvoll, in diesen Tiefen die Wasserbeschaffenheit zu untersuchen, um das geeignete Entnahmeniveau für die Rohwasserentnahme auszuwählen und Empfehlungen für den Wasserwerksbetrieb abzuleiten (siehe ATT Nr. 8 [11] und Nr. 7 [12]). Eine nutzungsorientierte Probenahme empfiehlt sich auch für die Mengenbewirtschaftung von Talsperren oder Speicherbecken, z. B. beim Hochwasserschutz oder bei der Niedrigwasserauffüllung.

8.4 Arten der Probenahme

8.4.1 Einzelproben

Da die Wasserbeschaffenheit in stehenden Gewässern sowohl in räumlicher als auch in zeitlicher Hinsicht sehr unterschiedlich ist, eignen sich Einzelproben nur bei besonderen Anlässen, z. B. nach einer Havarie oder bei Störfällen. Solche Proben sagen nur etwas über die spezifischen Stellen zum Zeitpunkt der Probenahme aus und sind nicht repräsentativ für das gesamte Gewässer.

8.4.2 Probenserien

Aufgrund der Besonderheit der teils ausgeprägten Inhomogenität in der Wasserbeschaffenheit in vertikaler und horizontaler Richtung eines stehenden Gewässers, die unter Kapitel 8.2 Ökosystem See genauer beschrieben sind, erfolgt eine Untersuchung von stehenden Gewässern im Allgemeinen in Form von Probenahmeserien. Diese Probenahmeserien werden häufig als Tiefenprofile in vertikaler Richtung ausgeführt. In lang gestreckten Gewässern sollte zudem durch weitere Probenahmen der unterschiedlichen Wasserbeschaffenheit in den einzelnen Kompartimenten Rechnung getragen werden (horizontale Richtung).

Es ist nicht möglich, hierfür verbindliche Empfehlungen zu geben, da z. B. die Temperaturschichtungsverhältnisse in einzelnen Gewässern sehr unterschiedlich sein können. Daher sollte man vor der Etablierung von Probenahmeprogrammen zunächst orientierende Untersuchungen, vornehmlich während der Schichtungsperiode, durchführen. Zur groben Orientierung reichen hierfür einige wenige Parameter wie die Temperatur, der Sauerstoffgehalt und die Trübung aus, die leicht mit einer Multiparametersonde (**Bild 8.3**) im Tiefenprofil gemessen werden können.

Bild 8.3: Multiparametersonde zur Messung von Temperatur, Sauerstoff, pH-Wert, Leitfähigkeit und Trübung im Tiefenprofil

8.4.3 Entnahme integrierter Proben

Bei einer integrierten Probe handelt es sich um eine Mischprobe. Hierfür werden mehrere Einzelproben entnommen und vor der Analyse vermischt. Die Einzelproben stammen entweder aus verschiedenen Tiefen innerhalb der gesamten Wassersäule oder innerhalb bestimmter Tiefenbereiche wie z. B. dem Epilimnion, Metalimnion oder Hypolimnion.

Die in einem Gewässer auftretenden Stoffkonzentrationen weisen häufig nicht nur große örtliche Unterschiede auf, sondern zuweilen treten auch Änderungen in sehr rascher zeitlicher Abfolge auf. Bei der Planung von Probenahmeprogrammen müssen diese berücksichtigt werden.

Die zeitlichen Änderungen folgen sowohl einem jahreszeitlichen als auch einem tageszeitlichen Muster. Die Wasserbeschaffenheit kann sich insbesondere in Gewässern mit einer hohen Bioproduktion im Laufe des Tages erheblich ändern. Im Tagesverlauf kommt es durch die Photosynthese der Primärproduzenten zu einer Erhöhung der Sauerstoffkonzentration, während die CO_2-Konzentration abnimmt. In schwach gepufferten Wässern ist dieser Vorgang mit einem starken Anstieg des pH-Werts verbunden. Während der Nacht, wenn die Primärproduzenten keine Photosynthese betreiben, sondern in die sauerstoffzehrende Atmung übergehen, geht die Sauerstoffkonzentration wieder zurück, während der pH-Wert abnimmt. Um die tageszeitlichen Einflüsse zu minimieren, sollten bei ein- oder mehrjährigen Untersuchungen die Wasserproben immer zur gleichen Tageszeit entnommen werden.

Die Änderungen der Wasserbeschaffenheit treten zuweilen sehr schnell ein. Der Aufbau von hohen Biomassekonzentrationen z. B. im Frühjahr und deren Abbau kann sich im Verlauf von ein bis zwei Wochen vollziehen. Sollen diese Schwankungen und Konzentrationsspitzen erfasst werden, so ist eine wöchentliche Probenahme erforderlich. Um dennoch den Probenanfall geringer zu halten, wird als Kompromiss die zeitliche Auflösung auf Kosten der örtlichen Auflösung bevorzugt und integrierte Proben über verschiedene Tiefen entnommen.

8.5 Wahl der geeigneten Behälter und Geräte

Die Auswahl der Geräte und Probenbehältern ist von den zu untersuchenden Parametern abhängig. Dazu müssen die parameterspezifischen Normen bzw. die allgemeine Norm zur Konservierung und Handhabung von Wasserproben DIN EN ISO 5667-3 [13] auf jeden Fall berücksichtigt werden.

8.5.1 Werkstoffe

Hinsichtlich der Werkstoffe der Probenahmegeräte und Probenbehälter sind bei der Probenahme aus stehenden Gewässern die gleichen Regeln wie bei jeder anderen Probenahme zu beachten. Vor allen Dingen darf keine Wechselwirkung zwischen der Probe und dem Werkstoff eintreten, d. h., dass man z. B. keine Schöpfer mit Messingteilen verwenden darf, wenn es darauf ankommt, geringste Konzentrationen von Kupfer in der Wasserprobe zu bestimmen. Genauso wenig sind Kunststoffgefäße bei Proben zur Analyse organischer Stoffe geeignet, welche die organischen Verbindungen, die man analysieren will, adsorbieren können.

8.5.2 Geräte

Für die Probenahme aus Seen und Talsperren wird man nur in seltenen Fällen einfache Schöpfbecher verwenden. Deren Verwendung ist eigentlich nur im Rahmen von Probenahmen aus besonderem Anlass denkbar; beispielsweise bei der Entnahme von Stichproben vom Ufer aus bei Verdacht auf Cyanobakterienblüten [14].

Da es in den meisten Fällen erforderlich ist, Wasserproben aus unterschiedlichen Tiefen zu entnehmen, müssen hierfür speziell konstruierte Probenahmegeräte verwendet werden. Hierfür kommen entweder Schöpfer oder Pumpen zum Einsatz. Im Laufe der Zeit wurde eine große Anzahl verschiedener Schöpfer konstruiert. Es lassen sich dabei zwei Haupttypen von Schöpfern unterscheiden. Zum einen gibt es Schöpfer, die es erlauben, eine Probe aus einer definierten Tiefe zu entnehmen und zum anderen Schöpfer, die eine integrierte Probenahme über einen bestimmten Tiefenbereich ermöglichen. Gängige Schöpfer für diskrete Proben sind beispielsweise Ruttner-Schöpfer, Friedinger-Schöpfer, Van-Dorn-Fallschöpfer und Limnos-Schöpfer, die auch käuflich zu erwerben sind. Darüber hinaus gibt es eine Vielzahl von speziellen Schöpfern, die in Eigenregie für eine bestimmte Fragestellung entwickelt wurden, aber meist nicht käuflich zu erwerben sind [15, 16]. Für die Entnahme von Planktonproben können auch Planktonnetze mit verschiedenen Maschenweiten verwendet werden. In der Literatur gibt es nur wenige vergleichende Untersuchungen der Probenahmetechniken [17, 18].

8

Bei der Wahl eines geeigneten Schöpfers ist sicherzustellen, dass das Wasser beim Absenken frei hindurch strömt und es zu keinen starken Verwirbelungen an den Ein- und Austrittsstellen des Wassers kommt. Ruttner-Schöpfer sind wegen Einströmbehinderungen aufgrund der horizontalen Deckelstellung nicht für die Schöpfprobenahme geeignet. Dieser Effekt ist allerdings nur bei der Entnahme von Planktonproben bedeutsam, während er für die Entnahme von Proben zur Untersuchung chemischer Parameter keine große Rolle spielt. Zusätzlich ist darauf zu achten, dass der Verschluss der Schöpfer in der gewünschten Tiefe zuverlässig erfolgt. Die meisten Schöpfer haben ein Thermometer integriert, das die Temperatur der Wasserprobe anzeigt. Die Temperatur kann ein erster, jedoch kein abschließender Hinweis darauf sein, ob die Probe aus der richtigen Tiefe stammt.

Für die integrierte Probenahme werden verschiedene Schöpfer eingesetzt: UWITEC-Schöpfer, Schröder-Schöpfer oder IWS-Schöpfer, die eine Probenahme, z. B. über die euphotische Zone (0-2,5-fache Sichttiefe), erlauben.

Mit dem summierenden Wasserschöpfer nach Schröder (1969) [19] kann eine Mischprobe von der Oberfläche bis zu Tiefen von maximal 21 m entnommen werden. Der UWITEC-Schöpfer arbeitet nach dem Kolbenhubprinzip, d. h. durch das Eigengewicht des Schöpfers wird über eine Kette und Zahnräder ein Kolben im Plexiglasrohr (5 l

Bild 8.4: Integrierender IWS-Schöpfer (Integrated Water Sampler)

Bild 8.5: Ruttnerschöpfer an einer Seilwinde (© LANUV NRW FB 55, 2022)

Volumen) aufwärts bewegt, proportional zum zurückgelegten Weg des Schöpfers. Es sind 20 oder 10 m möglich und es können auch hypolimnische Mischproben entnommen werden.

Auch der Integrated Water Sampler (IWS) (**Bild 8.4**) arbeitet nach dem Kolbenhubprinzip, besitzt aber eine elektronische Steuerung, mit der Anfangs- und Endtiefen über ein wasserdichtes Handheld eingegeben werden. Er kann bis in 100 m Wassertiefe eingesetzt werden.

Bei Shearer (1978) [20] wird eine Vorrichtung zur integrierten Probenahme mit Pumpe und Schlauch beschrieben, wobei der Morphologie des Gewässers Rechnung getragen wird, indem in größerer Tiefe entsprechend der hypsografischen Kurve des Gewässers weniger Wasser entnommen wird als in der Nähe der Oberfläche. Man erhält auf diese Weise eine volumengewichtete Mischprobe.

Die beschriebenen Geräte werden in der Regel mithilfe von Seilwinden abgesenkt (**Bild 8.5**), wobei darauf zu achten ist, dass keine Restluft im Schöpfer verbleibt. Die Geräte können, wenn die gewünschte Tiefe erreicht wird, durch Klappen oder Ventile verschlossen werden. Diese Klappen oder Ventile werden meist durch am Seil herabgelassene Gewichtsstücke ausgelöst. Funktioniert der Schließmechanismus nicht mittels Gewicht, sondern über Rückstoß, so ist darauf zu achten, dass der Schöpfer im freien Fall bis in die gewünschte Tiefe fällt, um sicherzustellen, dass der Schließmechanismus in der richtigen Tiefe auslöst.

In großen und tiefen Gewässern können neben den bereits beschriebenen saisonalen, räumlichen und tageszeitlichen Unterschieden in der Wasserbeschaffenheit auch noch interne Schwingungen, genannt Seiches, auftreten [3]. An der Grenze zwischen zwei Wasserschichten kommt es dabei zu sinusartigen Schwingungen, die so rasch sind, dass während der Entnahme einer Probenserie in dieser Beziehung bereits Änderungen eintreten. Will man diesem Phänomen Rechnung tragen, so ist es notwendig, eine Serie von Schöpfgeräten zu verwenden, die simultan ausgelöst werden können.

Vielfach werden zur Probenahme auch motor- oder handgetriebene Pumpen verwendet. In den meisten Fällen handelt es sich dabei um Saugpumpen, gelegentlich werden auch Druckpumpen verwendet, die mit einem Seil herabgelassen werden oder aber an der Probenahmestelle fest installiert sind. Mit derartigen Einrichtungen können sowohl Einzelproben als auch integrierte Proben entnommen werden. Für die Entnahme einer Einzelprobe wird der Schlauch in einer bestimmten Tiefe eingehängt, wobei er für die Entnahme einer integrierten Probe langsam aufwärts oder abwärts bewegt wird.

Bei der Verwendung von Pumpen ist darauf zu achten, dass hierdurch die Organismen, die im Wasser leben, nicht geschädigt werden. Empfindliche Organismen können durch die in der Pumpe auftretenden Druckunterschiede geschädigt werden. Darüber hinaus ist aber auch eine chemische Beeinflussung der Wasserprobe durch die Verwendung von Pumpen möglich. So können z. B. leichtflüchtige Substanzen durch den Pumpvorgang ausgasen oder organische Substanzen können an den – meist aus Kunststoff bestehenden – Schlauchwandungen adsorbieren.

8.6 Durchführung

8.6.1 Probenahmeort

Es ist zweckmäßig, Probenahmeorte für wiederkehrende Untersuchungen im Gewässer zu markieren, sofern die dortigen Verhältnisse es erlauben (**Bild 8.6**). Hierzu verwendet man am zweckmäßigsten Bojen, die an Seilen befestigt sind und durch ein ausreichend

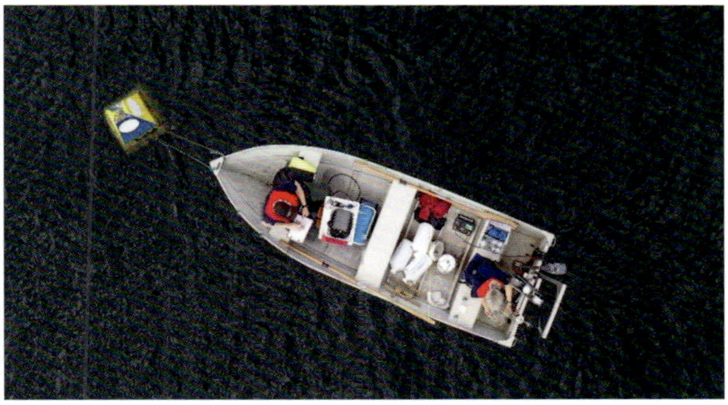

Bild 8.6: Probenahme vom Boot aus an einer mit einer Boje markierten Probenahmestelle (© LANUV NRW FB 55, 2022)

schweres Gewicht am Gewässergrund an der Entnahmestelle fixiert werden. Handelt es sich um ein Gewässer, das im Winter eine stabile Eisdecke ausbildet, so empfiehlt es sich, die Bojen 1-2 m unter der Wasseroberfläche zu setzen. Dies verhindert das Einfrieren der Boje und des Seils und beugt der Gefahr vor, dass das Seil, bei Verschiebungen der Eisdecke, abreißt. Zusätzlich sollten die geografischen Koordinaten der Entnahmestellen bestimmt und dokumentiert werden. In Fällen, wo das Setzen von Bojen entweder aus technischen oder aus rechtlichen Gründen nicht möglich ist, oder beim Verlust einer Boje können so navigatorische Hilfsmittel verwendet werden, um die einmal festgelegten Probenahmestellen wiederzufinden.

In den meisten Fällen ist es zweckmäßig, nicht nur die Probenahmeorte, sondern auch die Probenahmetiefen festzulegen. Man sollte die einmal gewählten Tiefen möglichst beibehalten, da dies die spätere Auswertung erheblich erleichtert. Sollten zwischen diesen festgelegten Tiefen bei einer Probenahme interessante Phänomene, z. B. Algenmaxima, zu beobachten sein, sollten an diesen Stellen zusätzliche Proben genommen werden, jedoch die übrigen einmal festgelegten Tiefen möglichst beibehalten werden. Die Tiefen sollten sich, den oben beschriebenen Einflüssen folgend, vorwiegend nach dem Abstand von der Wasseroberfläche orientieren. Nur bei Proben in der Nähe des Gewässergrunds sollte sich das Festlegen der Probenahmeniveaus am Abstand vom Gewässergrund orientieren.

Eine Probenahme in festinstallierten Niveaus ergibt auch dann Sinn, wenn das Gewässer einer Nutzung, z. B. einer Rohwasserentnahme für die Trinkwasseraufbereitung, unterliegt. Hier könnten auch im Entnahmeturm feste Probenahmestellen installiert werden, wobei darauf zu achten ist, dass die Probenahmeleitungen kurz und als Dauerläufer eingerichtet sind. Für ein aussagekräftiges Tiefenprofil sind je nach Tiefe des Gewässers darüber hinaus ergänzende Tiefenstufen sinnvoll.

8.6.2 Transport, Stabilisierung und Konservierung der Proben

Im Fall der Probenahme aus Seen und Talsperren muss beachtet werden, dass die Probe immer eine mehr oder weniger große Anzahl lebender Organismen enthält, die die Beschaffenheit der Wasserprobe durch ihren Stoffwechsel erheblich verändern können. Insbesondere ist darauf zu achten, dass ein Teil dieser Organismen autotroph ist und damit sehr stark auf Licht reagiert. Man sollte daher für den Transport der Proben lichtdichte Behälter wie z. B. Braunglasflaschen verwenden oder die Flaschen in einem Transportbehälter so verpacken, dass sie dem Licht nicht ausgesetzt sind. Auch bei der Entnahme der Proben muss man auf den Einfluss des Lichts achten, da Organismen, die aus einer größeren Tiefe geholt werden, an die dort herrschenden geringen Lichtintensitäten angepasst sind und einem Schock ausgesetzt werden, wenn sie plötzlich in starkes Sonnenlicht gelangen. Die Organismen können dann absterben, wodurch die Beschaffenheit des Wassers verändert wird. Dieser Effekt ist nicht nur in Bezug auf die Auswahl geeigneter Probenahmegefäße von Bedeutung, sondern auch bei der Entnahme und Handhabung der Proben.

Ein weiterer Grund für Qualitätsänderungen in der Wasserprobe kann das Ausgasen durch Druckveränderungen sein, wenn die in größerer Tiefe entnommene Probe an die

Bild 8.7: FluoroProbe-Sonde für Tiefenprofilmessungen der Algenpigmente (Algenklassen)

Wasseroberfläche gebracht wird. Deshalb sollen Parameter, die sich erfahrungsgemäß rasch ändern, wie z. B. pH-Wert, Temperatur und Sauerstoffkonzentration, an Ort und Stelle in situ (direkt im Gewässer) gemessen werden. Für Tiefenprofilmessungen eignen sich hierfür Multiparameter-Sonden (siehe Bild 8.3). Auch die Tiefenverteilung der Algenpigmente kann durch Verwendung einer Fluoreszenzsonde (siehe **Bild 8.7**) direkt im Gewässer bestimmt werden. Das spektralfluorometrische Messprinzip ermöglicht weiterhin die Differenzierung der quantitativen Anteile verschiedener Algenklassen als sogenannte Fingerprints.

Die Probenbehälter müssen dicht verschlossen und gut isoliert, gegen Licht- und Wärmeeinwirkungen geschützt und möglichst zügig in das untersuchende Labor transportiert werden. Für bestimmte Parameter muss bereits vor Ort eine Konservierung bzw. Stabilisierung laut der jeweiligen parameterspezifischen Norm erfolgen. Für die Nährstoffanalytik sind die Proben direkt vor Ort zu filtrieren. Sind in den parameterspezifischen Normen keine Hinweise zu Konservierungsmaßnahmen aufgeführt, gibt DIN EN ISO 5667-3 [13] Konservierungsmöglichkeiten für einzelne Parameter an.

Neben der Möglichkeit der Kühlung auf (5±3) °C oder des Tiefgefrierens bei -18 °C, können die Proben durch Chemikalienzugabe oder Filtration stabilisiert werden. Teilweise ist es möglich, Konservierungsmittel bereits in den Probenbehältern vorzulegen. Proben von Zoo- oder Phytoplankton müssen für die Untersuchung fixiert werden (z. B. mit Alkohol für Zooplankton oder Lugol'scher Lösung für Phytoplankton).

Die vor Ort ergriffenen Maßnahmen zur Konservierung müssen im Probenahmeprotokoll bzw. auf den Probenbehältern dokumentiert werden.

8.6.3 Sicherheitsbestimmungen

Bei der Probenahme steht grundsätzlich die Sicherheit des Probenahmepersonals an erster Stelle. Ist eine sichere Durchführung der Probenahme unter den vorherrschenden Bedingungen nicht gegeben, so muss die Probenahme unterbleiben, bis die Gegebenheiten derart angepasst wurden oder sich verändert haben, dass die Sicherheit des Probenahmepersonals gewährleistet ist. Schätzen die Probenehmerin oder der Probenehmer die Probenahme als zu gefährlich ein, müssen sie die Probenahme abbrechen.

Es müssen mindestens zwei Personen für die Probenahme auf stehenden Gewässern eingesetzt werden.

Im Allgemeinen werden Proben in stehenden Gewässern von einem Boot aus entnommen, im Winter eventuell auch vom Eis aus. Besonders in letzterem Fall sind beträchtliche Unfallgefahren gegeben und die geltenden Unfallverhütungsvorschriften müssen unbedingt beachtet werden. Die Probenahme vom Eis aus darf nur erfolgen, wenn gewährleistet ist, dass das Eis eine genügende Tragfähigkeit aufweist. Bei Talsperren, aus denen z. B. Rohwasser entnommen wird, sollte keine Probenahme auf dem Eis stattfinden, da die Tragfähigkeit der Eisdecke durch den schwankenden Pegelstand nicht gewährleistet ist.

8.6.4 Probenahmeprotokoll

Wie bei jeder Art der Probenahme muss auch bei der Probenahme aus stehenden Gewässern ein Probenahmeprotokoll angelegt werden. Das AQS-Merkblatt „Probenahme aus Seen“ [8] enthält ein Musterprotokoll für die Probenahme aus Seen. Das Protokoll sollte neben den allgemeinen Angaben zu Ort, Datum, Uhrzeit, Witterung, Vor-Ort Parametern usw. über genügend Raum für Bemerkungen verfügen. Dort sollten z. B. Abweichungen vom Untersuchungsauftrag oder den Arbeitsvorschriften, Auffälligkeiten/Veränderungen in der Umgebung der Probenahmestelle (Einleitungen, Sanierungsarbeiten, hohes Aufkommen von Algen und Weiteres) vermerkt werden, um mögliche Einflüsse auf die Proben zu dokumentieren.

Bei Probenahmen aus besonderem Anlass sind unter Umständen detailliertere Angaben erforderlich. In diesem Fall sollte auch der Grund für die Probenahme protokolliert werden, darüber hinaus kann es sinnvoll sein, dem Probenahmeprotokoll eine Lageskizze und Fotos des Probenahmeorts beizufügen.

8.7 Exkurs: Entnahme von Wasserproben für Umwelt-DNA-Analysen

In den letzten Jahren hat sich die Analyse von Umwelt-DNA oder eDNA (aus dem Englischen von *environmental DNA*) zu einem leistungsstarken Werkzeug zur Überwachung der Biodiversität, zum Nachweis bestimmter Arten und zur Bewertung der ökologischen Integrität in aquatischen Umgebungen entwickelt [21]. Ursprünglich als Methode zur Erfassung seltener oder schwer fassbarer Arten entwickelt, ohne dass eine physische Erfassung oder direkte Beobachtung nötig sind, hat sich die eDNA-Analyse inzwischen zu einem hochsensitiven und minimal-invasiven Ansatz weiterentwickelt, der zunehmend im Naturschutz und im Umweltmanagement Anwendung findet. Diese Technik basiert auf der Tatsache, dass alle lebenden Organismen DNA in ihre Umgebung abgeben, sei es beispielsweise durch Ausscheidungen, das Abstoßen von Hautzellen, das Ausstoßen von Pheromonen oder durch Zersetzungsprozesse. Kleinere Organismen wie Phyto- und Zooplankton oder Bakterien werden meist als gesamte Individuen erfasst. eDNA besteht damit aus freier, partikelgebundener und intrazellulärer DNA [22]. Dieses DNA-Material kann gesammelt und analysiert werden, ohne dass eine direkte Beobachtung oder das Einfangen der Lebewesen notwendig ist. Neben einzelnen Zielarten, ist es seit den frühen 2000er Jahren ebenfalls möglich, ganze Artengemeinschaften mithilfe von eDNA zu charakterisieren (sogenanntes Metabarcoding). Dazu führte eine technologische Weiterentwicklung namens „Next Generation Sequencing" oder auch „High Troughput Sequencing"; neue Sequenziermethoden, die es ermöglichen, in kurzer Zeit mehrere tausend DNA-Moleküle parallel zu sequenzieren [23].

Die Probenahme, Konservierung der Probe sowie die weitere Aufbereitung, die Auswahl der Primer, die Sequenzierung und anschließende Auswertung sind entschieden von der Fragestellung abhängig. Dies bedeutet, dass für repräsentative Ergebnisse vorab die Fragestellung und das Studiendesign klar festgelegt werden müssen. Denn die richtige Probenahmetechnik ist entscheidend, um sicherzustellen, dass die gesammelte eDNA repräsentativ, nicht kontaminiert und in der Menge ausreichend für nachfolgende Analysen ist.

Ein wichtiger Punkt für eine erfolgreiche eDNA-Analyse ist ein gutes Verständnis von eDNA-Degradation. Diese kann je nach Art, Umgebungsbedingungen und vor allem Versuchsaufbau und Konservierung variieren [24]. Je schneller die Proben nach der Entnahme gekühlt, dunkel gelagert, filtriert und konserviert werden, desto mehr DNA bleibt erhalten.

Eine effektive Probenahme von Wasserproben für eDNA-Analysen erfordert eine sorgfältige Berücksichtigung von Umweltfaktoren wie Wasserfluss, Temperatur und potenzielle Kontaminationsquellen. Die Probenahme sollte idealerweise unter konsistenten Bedingungen durchgeführt werden, um zuverlässige Vergleiche zwischen Standorten und über die Zeit hinweg zu ermöglichen. Darüber hinaus kann das Verständnis der Ökologie und des Verhaltens der Zielarten dazu beitragen, die Probenahmestrategien zu verfeinern, beispielsweise durch die Auswahl optimaler Zeiten oder Bedingungen, in denen die eDNA-Abgabe wahrscheinlich am höchsten ist [25]. Während zu Beginn äußerst verschiedene Techniken Anwendung fanden, kann über die letzten Jahre hinweg ein Versuch der Vereinheitlichung in der Probenahme, Analyse und Bewertung von eDNA in der Wissenschaft beobachtet werden [29].

8.7.1 Vorgehen bei der Probenahme von eDNA

1) Auswahl der Probenahmestellen

Die Auswahl der Probenahmestellen und ihrer Anzahl ist von entscheidender Bedeutung und sollte den Zielen der Studie, wie etwa dem Nachweis einer bestimmten Art oder der Bewertung der Biodiversität, basierend auf der Artgemeinschaft in einem bestimmten Gebiet entsprechen [25]. Die Standorte sollten anhand ökologischer Merkmale ausgewählt werden, wie z. B. Bereiche mit hoher biologischer Aktivität, potenzielle Lebensräume für Zielarten oder Regionen, in denen die Wasservermischung minimiert wird, um einer Verdünnung der eDNA, aber auch einen Eintrag von habitatfremder DNA vorzubeugen.

2) Wasserentnahme

Wasserproben werden entweder mit sterilem Equipment als Schöpfprobe oder direkt per transportabler Pumpe entnommen und typischerweise in sterilen (Einweg-)Behältern gesammelt, um eine Kontamination zu vermeiden. Bei aufeinanderfolgenden Probenahmen an mehreren Probenahmestellen ist das Equipment nach Benutzung zu dekontaminieren, um eine Verschleppung von DNA zu verhindern. Zur Dekontamination eignet sich beispielsweise Bleichmittel. Ungeeignet zur Dekontamination ist Alkohol/Ethanol, da er lediglich eine sterilisierende Wirkung auf Mikroorganismen hat, DNA aber nicht entfernt [26].

Je nach Zielsetzung der Studie kann das gesammelte Wasservolumen von 15 ml bis zu mehreren Litern reichen. Größere Volumina sind oft erforderlich, wenn Zielarten in geringer Dichte erwartet werden [27]. Generell hängt die Wahrscheinlichkeit, eine Art in der Probe zu detektieren, von der Zielart selbst, ihrer Dichte sowie von der Art des Gewässers ab [25]. Um potenzielle Unterschiede in der räumlichen Verteilung von eDNA zu berücksichtigen, sollten Proben in verschiedenen Tiefen und an verschiedenen Stellen innerhalb des Standorts entnommen werden. Beispielsweise kann eDNA zwischen Oberflächenwasser und wassernahem Sediment erheblich variieren, was die Entnahme von Proben aus verschiedenen Schichten erforderlich macht. Es ist zielführend, neben der Wasserprobe zur DNA-Analyse auch die Vor-Ort-Parameter zu erfassen und Wasser zur chemischen Analyse zu entnehmen, sodass die erhobenen Daten im direkten zeitlichen und räumlichen Zusammenhang zueinander stehen.

3) Filtration

Nach der Entnahme werden die Wasserproben filtriert, um die eDNA zu konzentrieren. Die Filtration erfolgt entweder direkt vor Ort mit tragbaren Filtrationseinheiten oder in einer kontrollierten Laborumgebung. Bei einem Transport zum Labor muss auf eine kühle und dunkle Lagerung der Wasserproben geachtet werden, um den Abbau der eDNA so gut es geht zu minimieren. Die Porengröße der Filter ist abhängig von den

Zielarten und wird so gewählt, dass DNA-Fragmente effektiv erfasst werden, während Wasser hindurchtreten kann. Es kann in mehreren Fraktionen filtriert werden, um beispielsweise zuerst DNA von Planktonorganismen und anschließend aus derselben Probe DNA von Bakterien zu erfassen.

In manchen Fällen, beispielsweise bei sehr trüben, sedimentreichen Proben, ergibt auch eine Vorfiltration Sinn. Hier wird die Probe über eine größere Porengröße (z. B. 1-5 µm) geschickt, um größere Partikel und Ablagerungen zu entfernen, die den feineren Filter verstopfen könnten.

Die Wasserentnahme und Filtration sind die kritischsten Schritte, da hier die höchste Wahrscheinlichkeit zur Kontamination der Proben herrscht. Zum Teil wurden daher Filtrationseinheiten konzipiert, die die Probenahme und Filtration eng aneinander binden und im direkten zeitlichen Zusammenhang zueinander durchführen. Dies sind beispielsweise Spritzenvorsatzfilter-Kits, Filterkartuschen und mobile Peristaltikpumpen oder selbstkonservierende Filter. Die Nutzung solcher Kits bzw. Techniken ermöglicht unter anderem auch eine Vereinheitlichung der Durchführung von Probenahme, Filtration und Konservierung und kann vor allem im großflächigen Bereich Einsatz finden, in dem viele verschiedene Teams unabhängig voneinander einheitliche Ergebnisse erzielen sollen. Es ist jedoch darauf zu achten, dass sich die Kits nicht zu sogenannten „Blackboxen" entwickeln, sondern weiterhin genug fachkundiges Personal zur Verfügung steht, das die Vorgänge im Hintergrund nachvollziehen und interpretieren kann. Ein weiterer Stolperstein derartiger Kits ist die Abhängigkeit vom Hersteller. Sobald es zu Änderungen im bereitgestellten Material – beispielsweise in der Pufferlösung oder dem Filtermaterial – kommt, besteht gegebenenfalls keine Vergleichbarkeit mehr zwischen den Proben, die mit Material unterschiedlicher Chargen oder Hersteller gewonnen wurden.

Neben der Filtration stellt auch das Ausfällen der eDNA [28] eine Möglichkeit dar, die eDNA aus der Wasserprobe anzureichern.

4) Konservierung und Transport

Nach der Filtration werden die Filter, die die eDNA enthalten, konserviert, um eine Degradation der eDNA zu verhindern. Häufige Konservierungsmethoden umfassen das sofortige Einfrieren der Filter bei -20 oder -80 °C oder das Platzieren in einer Pufferlösung, die die DNA stabilisiert, bis sie weiterverarbeitet werden kann. Wie bereits zuvor erwähnt, gibt es ebenfalls Equipment wie selbstkonservierende Filter. Bei Nutzung dieser Filter ist ein Transport bei Umgebungsbedingungen möglich und es müssen keine weiteren Vorkehrungen zur Konservierung vorgenommen werden.

Wenn eine sofortige Konservierung nicht möglich ist, sollten die Proben an einem kühlen, dunklen Ort aufbewahrt und so schnell wie möglich in ein Labor transportiert und dort weiterverarbeitet oder konserviert werden, um den Abbau der DNA zu minimieren.

5) Qualitätskontrolle

Qualitätskontrollmaßnahmen sind entscheidend, um Kontamination zu vermeiden und die Zuverlässigkeit der eDNA-Daten zu gewährleisten. Dazu gehört die Verwendung von Feldblindproben (steriles Wasser, das durch dieselben Verfahren wie die Probe geleitet wird), um jegliche während der Probenahme oder Verarbeitung eingeführte Kontamination zu erkennen. Darüber hinaus werden oft Replikate von Wasserproben aus demselben Standort entnommen, um Variabilität zu berücksichtigen und das Vorhandensein von eDNA der Zielarten zu bestätigen [26].

8.7.2 Fazit und Ausblick

Zusammenfassend lässt sich sagen, dass die Wasserprobenahme für eDNA-Analysen ein komplexer, aber entscheidender Prozess ist, der die Genauigkeit und Zuverlässigkeit von Bewertungen der Biodiversität und des Artenschutzes direkt beeinflusst. Die Einhaltung strenger Probenahmeprotokolle und Qualitätskontrollmaßnahmen ist unerlässlich, um valide eDNA-Daten zu erhalten. In den letzten Jahren wurde sich bemüht, einheitliche Verfahren zur Probenahme, Filtration, Extraktion, Aufbereitung und Analyse sowie Auswertung von eDNA aus Süßwasser-Ökosystemen zu schaffen. Während die Standardisierung für manche Zielarten oder Ökosysteme bereits (weitestgehend) abgeschlossen ist, befindet sich diese für andere noch in der Ausarbeitung; ein Prozess, der auch in den kommenden Jahren weiter andauern wird.

Literatur

[1] ISO 5667-4:2016-06, Water quality – Sampling Part 4: Guidance on sampling from lakes, natural and man-made

[2] DIN 38402-12:1985-06, Deutsche Einheitsverfahren zur Wasser- Abwasser- und Schlammuntersuchung; Allgemeine Angaben (Gruppe A); Probenahme aus stehenden Gewässern (A12)

[3] Ruttner, F.: Grundriss der Limnologie: (Hydrobiologie des Süsswassers). De Gruyter, Berlin, Boston 1952. Verfügbar unter: https://doi.org/10.1515/9783111482217

[4] Reynolds, C. S.: The Ecology of freshwater Phytoplankton. Cambridge University Press, 1984. ISBN: 978-0-52128-2222 .

[5] Yankova, Y.; Neuenschwander, S.; Köster, O. et al.: Abrupt stop of deep water turnover with lake warming: Drastic consequences for algal primary producers. Sci Rep (2017) 7, 13770. Verfügbar unter: https://doi.org/10.1038/s41598-017-13159-9

[6] Posch, T.; Köster, O.; Salcher, M. et al.: Harmful filamentous cyanobacteria favoured by reduced water turnover with lake warming. Nature Clim. Change (2012) 2, S. 809-813. Verfügbar unter: https://doi.org/10.1038/nclimate1581

[7] Richtlinie 2000/60/EG des Europäischen Parlaments und des Rates vom 23.10.2000 zur Schaffung eines Ordnungsrahmens für Maßnahmen der Gemeinschaft im Bereich der Wasserpolitik.

[8] AQS-Merkblatt P-8/5: „Probenahme aus Seen" zu den Rahmenempfehlungen der Bund/Länder-Arbeitsgemeinschaft Wasser (LAWA) für die Qualitätssicherung bei Wasser-, Abwasser- und Schlammuntersuchungen, Mai 2015

[9] Nixdorf, B.; Hoehn, E.; Riedmüller, U.; Mischke, U. und Schönfelder, I.: Probenahme und Analyse des Phytoplanktons in Seen und Flüssen zur Ökologischen Bewertung gemäß der EU-WRRL. In: Handbuch Angewandte Limnologie: Grundlagen – Gewässerbelastung – Restaurierung – Aquatische Ökotoxikologie – Bewertung – Gewässerschutz (hrsg. v. W. Calmano, M. Hupfer, H. Fischer und H. Klapper), 2014. Verfügbar unter: https://doi.org/10.1002/9783527678488.hbal2010002

[10] Riedmüller, U. – Bund-Länder-Arbeitsgemeinschaft Wasser (LAWA): Trophieklassifikation von Seen: Richtlinie zur Ermittlung des Trophie-Index nach LAWA für natürliche Seen, Baggerseen, Talsperren und Speicherseen. Kulturbuch-Verlag GmbH, Kiel 2014, S. 1-34. ISBN 978-3-88961-3455

[11] ATT: Untersuchungsprogramm zur Wasserbeschaffenheit in Trinkwassertalsperren. In: Techn. Information Nr. 8, Siegburg. Oldenbourg Industrieverlag, München 1999

[12] ATT: Erfassung und Bewertung von Planktonorganismen. In: Techn. Information Nr. 7, Siegburg. Oldenbourg Industrieverlag, München 1998

[13] DIN EN ISO 5667-3:2024-09, Wasserbeschaffenheit – Probenahme – Teil 3: Konservierung und Handhabung von Wasserproben (ISO 5667-3:2024); Deutsche Fassung EN ISO 5667-3:2024

[14] Bundesgesundheitsblatt: 58: S. 908-920; Springer Verlag, Berlin Heidelberg 2015; DOI 10.1007/s00103-015-2192-8

[15] Dodds, W.K. & Priscu, J.C.: An inexpensive, simple device for sampling large volumes of lake water from discrete depths. In: Freshwater Biology (1988) 20, S 113-115

[16] Kjensmo, J.: A water sampler for investigation of 'microstratification' in lakes. In: Schweizerische Zeitschrift Hydrologie (1967) 29, S. 361-365. Verfügbar unter: https://doi.org/10.1007/BF02502489

[17] Stich, H. B.; Maier, G. & Hoppe, A.: Projekt Zooplankton. Probenahme-Bericht des Instituts für Seenforschung der LUBW, 2010, S. 35 p.

[18] Göransson, E.; Johnson, R. K. & Wilander, A.: Representativity of a Mid-lake Surface Water Chemistry Sample. In: Environ. Monit. Assess. (2004) 95, S. 221-238. Verfügbar unter: https://doi.org/10.1023/B:EMAS.0000029905.07072.b0

[19] Schröder, R.: Ein summierender Wasserschöpfer. In: Arch. Hydrobiol. (1969) 66, S. 241-243

[20] Shearer, J.A.: Two devices for obtaining water samples integrated over depth. In: Fisheries & Marine Service Technical Report (1978) No. 772, S. 1-9

[21] Ruppert, K. M.; Kline, R. J.; Rahman, M. S.: Past, present, and future perspectives of environmental DNA (eDNA) metabarcoding: A systematic review in methods, monitoring, and applications of global eDNA. In: Global Ecology and Conservation (2019) 17, e00547, ISSN 2351-9894. Verfügbar unter: https://doi.org/10.1016/j.gecco.2019.e00547

[22] Kirtane, A.; Kleyer, H. & Deiner, K.: Sorting states of environmental DNA: Effects of isolation method and water matrix on the recovery of membrane-bound, dissolved, and adsorbed states of eDNA. In: Environmental DNA (2023) 5, S. 582-596. Verfügbar unter: https://doi.org/10.1002/edn3.417

[23] Schenekar, T.; Schletterer, M. & Weiss, S.: eDNA als neues Werkzeug für das Gewässermonitoring – Potenzial und Rahmenbedingungen anhand ausgewählter Anwendungsbeispiele. In: Österr. Wasser- und Abfallw. (2020) 72, S. 155-164. Verfügbar unter: https://doi.org/10.1007/s00506-020-00656-x

[24] Barnes, M. A.; Turner, C. R.; Jerde, C. L.; Renshaw, M. A.; Chadderton, W. L. & Lodge, D. M.: Environmental conditions influence eDNA persistence in aquatic systems. In: Environ. Sci. Technol. (2014), 48(3), S. 1819–1827. Verfügbar unter: https://doi.org/10.1021/es404734p

[25] Rees, H. C.; Maddison, B. C.; Middleditch, D. J.; Patmore, J. R. M. & Gough, K. C.: REVIEW: The detection of aquatic animal species using environmental DNA – a review of eDNA as a survey tool in ecology. In: J. Appl. Ecol. (2014), 51, S. 1.450-1.459. Verfügbar unter: https://doi.org/10.1111/1365-2664.12306

[26] Dickie, I.A.; Boyer, S.; Buckley, H. L. et al.: Towards robust and repeatable sampling methods in eDNA-based studies. In: Mol. Ecol. Resour. (2018); 18, S. 940-952. Verfügbar unter: https://doi.org/10.1111/1755-0998.12907

[27] Sepulveda, A. J.; Schabacker, J.; Smith, S.; Al-Chokhachy, R.; Luikart, G.; Amish, S. J.: Improved detection of rare, endangered and invasive trout in using a new large-volume sampling method

for eDNA capture. In: Environmental DNA. 2019; 1, S. 227-237. Verfügbar unter: https://doi.org/10.1002/edn3.23

[28] Hinlo, R.; Gleeson, D.; Lintermans, M. & Furlan, E.: Methods to maximise recovery of environmental DNA from water samples. In: PLOS ONE (2017); 12(6), S. 1-22. Verfügbar unter: https://doi.org/10.1371/journal.pone.0179251

[29] Schenekar, T.: The current state of eDNA research in freshwater ecosystems: are we shifting from the developmental phase to standard application in biomonitoring? In: Hydrobiologia (2023); 850, S. 1263–1282. Verfügbar unter: https://doi.org/10.1007/s10750-022-04891-z

[30] Winder, M.; Sommer, U.: Phytoplankton response to a changing climate. Hydrobiologia (2012) 698, S. 5-16. Verfügbar unter: https://doi.org/10.1007/s10750-012-1149-2

9 Probenahme von Schwimm- und Badebeckenwasser

Dr. Ulrich Borchers*

9.1 Einleitung

In Deutschland wird die mikrobiologische und chemische Qualität des Wassers in Schwimm- und Badebecken bisher gesetzlich nur durch das Infektionsschutzgesetz (IfSG) [1] geregelt. Im § 37 Absatz 2 IfSG wird die zentrale und wichtigste Anforderung an die Beschaffenheit von Schwimm- und Badebeckenwasser gestellt: *„Schwimm- oder Badebeckenwasser in Gewerbebetrieben, öffentlichen Bädern sowie in sonstigen nicht ausschließlich privat genutzten Einrichtungen muss so beschaffen sein, dass durch seinen Gebrauch eine Schädigung der menschlichen Gesundheit, insbesondere durch Krankheitserreger, nicht zu besorgen ist."*

Damit wird für Schwimm- und Badebeckenwasser die gleiche Generalforderung der gesundheitlichen Unbedenklichkeit erhoben wie beim Trinkwasser. Das IfSG eröffnet in § 38 auch für diese Kategorie an Wasser die Möglichkeit zum Erlass einer spezifischen Rechtsverordnung analog zur Trinkwasserverordnung (TrinkwV). Eine Schwimmbadwasserverordnung wurde jedoch bisher nicht vom Gesetzgeber verabschiedet, was überwiegend an der Ablehnung durch die Bundesländer liegt, die mit zu hohen Kosten für die Kommunen rechnen. Die Bestimmungen und Regelungen, die für eine eventuelle Schwimmbadwasserverordnung vorgesehen waren, sind nur in einer Bekanntmachung des Umweltbundesamts zu „Hygieneanforderungen an Bäder und deren Überwachung" [2] publiziert worden. Sie bildet zusammen mit der DIN 19643, Teile 1 bis 5 [3-8] das untergesetzliche Regelwerk.

Die Aufbereitung von Schwimm- und Badebeckenwasser muss so erfolgen, dass jederzeit in allen Beckenbereichen die Anforderungen des § 37, Absatz 2 IfSG erfüllt sind. Bei Bädern, die normgerecht gebaut und betrieben werden, in denen die Wasseraufbereitung den allgemein anerkannten Regeln der Technik (a. a. R. d. T.) entspricht und bei denen insbesondere die Durchströmung, Aufbereitung und Betriebskontrolle normgerecht erfolgen [3], kann davon ausgegangen werden, dass eine hygienisch einwandfreie Wasserbeschaffenheit erzielt wird. Diese Anforderungen werden, wie beim Trinkwasser, durch das Gesundheitsamt überwacht. Um den hygienischen Anforderungen zu genügen, muss das in einem Nutzungs- und Aufbereitungskreislauf geführte Schwimmbadwasser fortlaufend aufbereitet und desinfiziert werden.

* unter Verwendung des Kapitels von D. Eichelsdörfer aus der 1. Auflage 1998 sowie von U. Borchers aus der 2. Auflage 2018

9.2 Begriffe

Das typischerweise im Kreislauf geführte Schwimmbadwasser erfährt durch die Nutzung im Becken, durch den laufenden Zusatz von Füllwasser (Frischwasser mit Trinkwasserqualität) und durch die in den Verfahrensstufen stattfindenden Aufbereitungsprozesse und die abschließende Desinfektion mit Chlor zwangsläufig Veränderungen seiner Beschaffenheit.

Deshalb wurden für die verschiedenen Wasserarten in den einzelnen Abschnitten des Nutzungs- und Aufbereitungskreislaufs bestimmte Bezeichnungen festgelegt. Die unterschiedlichen Gegebenheiten bei den einzelnen Abschnitten des Schwimmbadwasserkreislaufs sowie die zur Untersuchung der Wässer angewandten Methoden erfordern auch verschiedene Arten der Probenahme.

9.2.1 Bezeichnung der Wasserarten im Schwimmbadwasserkreislauf

Der Nutzungs- und Aufbereitungskreislauf von Schwimm- und Badebeckenwasser ist einschließlich der Füllwasserzufuhr und des Austrags von Belastungsstoffen durch die Filteranlage in **Bild 9.1** schematisch dargestellt.

Je nachdem, welchen Abschnitt des Kreislaufs das Wasser durchläuft, unterscheidet man folgende Wasserarten:

Beckenwasser:	Wasser in Schwimmbecken aller Art
Erstfiltrat:	nach Spülung eines Filters und Wiederbeginn der Filtration anfallendes Wasser, das nicht dem Becken zugeführt wird
Filtrat:	filtriertes Wasser vor einer eventuellen Nachbehandlung und vor Einmischung des Desinfektionsmittels
Füllwasser:	das zur Erst- und Nachfüllung benutzte Wasser (früher als „Frischwasser“ bezeichnet)
Schwallwasser:	durch Störung des Wasserspiegels in die Überlaufrinne strömendes Beckenwasser
Rohwasser:	der Aufbereitung zugeführtes Wasser
Reinwasser:	Filtrat bzw. Filterablaufwasser nach der Chlorung
Spülwasser:	das zur Spülung von Filtern verwendete Wasser
Überlaufwasser:	Anteil des im Kreislauf umgewälzten Wassers (Volumenstrom), der ständig von der Beckenwasseroberfläche über Beckenkopf und Überlaufrinne zum Wasserspeicher (ältere Bezeichnung: Schwallwasserbehälter, Zwischenspeicher) abgeleitet wird
Spülabwasser:	bei der Spülung von Filtern anfallendes Wasser (früher als „Schlammwasser“ bezeichnet)

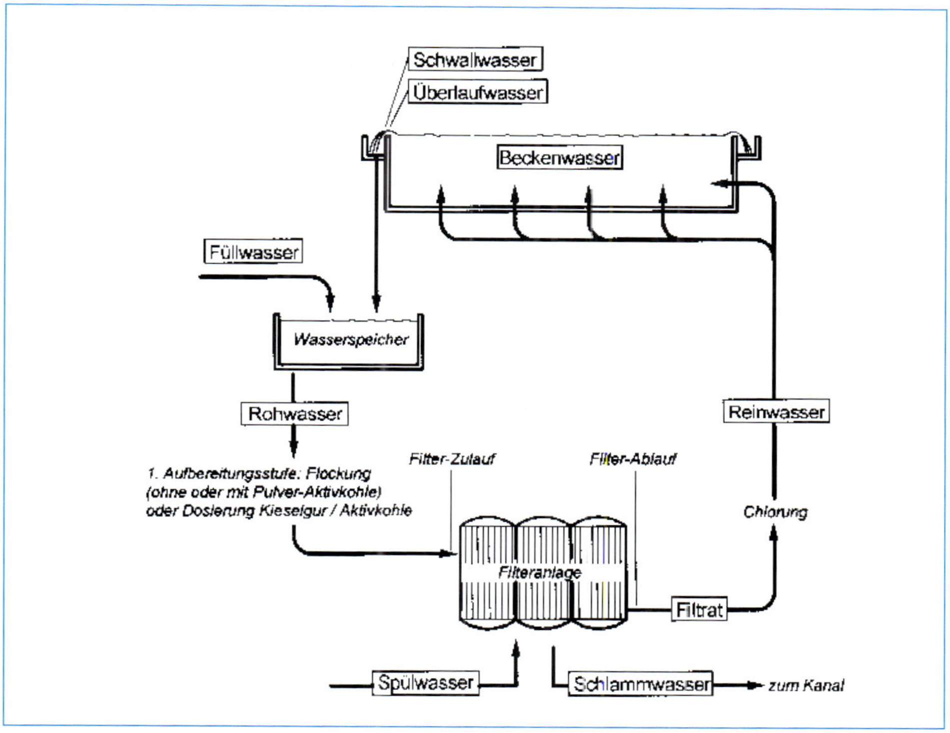

Bild 9.1: Wasserarten im Badebeckenwasserkreislauf

9

9.3 Überwachung

Der Betreiber eines Schwimmbads hat die Abwesenheit von Krankheitserregern und toxikologisch relevanter chemischer Stoffe zuverlässig und dauerhaft zu gewährleisten. Dies wird in der Regel als gegeben angesehen, wenn er die a. a. R. d. T. einhält. Er ist dementsprechend zur Eigenüberwachung verpflichtet. Aufgrund ihrer hohen Bedeutung werden die Anforderungen an die Hygiene gemäß § 37, Absatz 3 IfSG vom Gesundheitsamt überwacht. Hierbei obliegt diesem sowohl die Kontrolle der Einhaltung der Betreiberverpflichtungen als auch die Überwachung von Beckenwasser einschließlich der Wasseraufbereitungsanlagen. Für die Durchführung der Überwachung gilt § 16, Absatz 2 IfSG. Der Betreiber eines Schwimm- oder Badebeckens hat die ihm obliegenden Wasseruntersuchungen auf eigene Kosten durchzuführen oder durchführen zu lassen.

9.4 Zweck, Umfang und Zeitfolge von Kontrolluntersuchungen

Bei Kontrolluntersuchungen von Schwimm- und Badebeckenwasser unterscheidet man zwischen den in bestimmter Zeitfolge von der Gesundheitsbehörde vorgenommenen oder veranlassten Kontrollen der Wasserbeschaffenheit (Pflichtuntersuchungen) und den durchzuführenden Routineuntersuchungen zur betriebseigenen (täglichen) Überwachung.

Daneben gibt es Sonderuntersuchungen z. B. im Rahmen der Abnahmeprüfung von neu erstellten Bädern oder nach Stilllegung und Sanierung wieder eröffneter Schwimm- und Badeanlagen sowie zur Funktionsprüfung verschiedener Verfahrensstufen und Verfahrenskombinationen.

9.4.1 Kontrolluntersuchungen durch die Gesundheitsämter oder auf deren Veranlassung

Die Einzelheiten der Überwachung durch das Gesundheitsamt regelt die betreffende UBA-Empfehlung [2]. Die amtlichen Kontrollen erfolgen im Rahmen einer Ortsbesichtigung einschließlich der Probenahme und beinhalten die Überprüfung folgender Aspekte:

- Erfüllung der Pflichten des Betreibers nach den Anforderungen der a. a. R. d. T. und nach den Empfehlungen des UBA [2]
- Kontrolle des Betriebsbuchs auf richtige Führung und Auffälligkeiten
- Kontrolle des Wasserkreislaufs des Beckenwassers einschließlich Wasseraufbereitung (dies kann Probenahmen und Untersuchungen der Wässer einschließen)
- Kontrolle der Trinkwasserinstallation einschließlich der Duschen (auch hierfür können Probenahmen erforderlich sein)
- Kontrolle der hygienischen Anforderungen an sonstigen Einrichtungen in den Bädern

Oft ist es so, dass die Probenahmen und Untersuchungen im Rahmen der Betreiberpflichten abseits der behördlichen Begehungen durchgeführt werden. Dazu wird meistens in Abstimmung mit dem Gesundheitsamt die Untersuchung durch ein akkreditiertes Labor durchgeführt, wobei sich die Untersuchungsumfänge und -häufigkeiten an der DIN 19643-1 orientieren [3]. In dem Fall kann auf eine eigene zusätzliche Probenahme durch das Gesundheitsamt verzichtet werden.

Die von der Gesundheitsbehörde in Anlehnung an die DIN 19643-1 [3] durchgeführten oder veranlassten Kontrolluntersuchungen beziehen sich auf die mikrobiologischen Untersuchungen der Hygieneparameter sowie auf die physikalischen, physikalisch-chemischen und chemischen Untersuchungen der Hygienehilfsparameter und der die Betriebstechnik betreffenden Parameter. Die Überwachungsparameter gehen aus den Tabellen 9.1 und 9.2 der Norm hervor. Zur Untersuchung dieser Parameter sind Probenahmen von Beckenwasser, Rohwasser, Reinwasser, Füllwasser und Filtrat erforderlich.

Bezüglich der Zeitfolge der Untersuchungen (Turnus) gilt gemäß DIN 19643-1 Folgendes:

- Becken in geschlossenen Räumen und Becken, die sich zum Teil im Freien befinden, sowie ausschließlich zu Saunabetrieben gehörende Kaltwassertauchbecken müssen im Abstand von längstens einem Monat untersucht/überwacht werden.
- Sonstige Becken im Freien sind mindestens dreimal in der Badesaison, bei schönem Wetter mindestens zweimal monatlich zu untersuchen/überwachen.

- Die Parameter Trihalogenmethane, Bromat sowie der Summenwert von Chlorit und Chlorat sind im Beckenwasser im Abstand von längstens zwei Monaten zu messen. Wenn der obere Wert über den Zeitraum eines Jahres nicht überschritten wird, kann das Untersuchungsintervall auf längstens vier Monate ausgedehnt werden.

9.4.2 Betriebseigene Überwachung

Bei der betriebseigenen Überwachung ist es notwendig, dass der Betreiber eines Bads täglich ggf. mehrmals von jedem Beckenwasser die Hygienehilfsparameter freies Chlor, pH-Wert und Redoxspannung sowie das gebundene Chlor bestimmt oder bestimmen lässt und die ermittelten Werte in ein Betriebsbuch einträgt:

1. Dreimal am Tag ist der Gehalt an freiem und gebundenem Chlor zu bestimmen.
2. Einmal am Tag ist die Einhaltung des festgelegten pH-Wert-Bereichs zu kontrollieren. Die bei Betriebsbeginn ermittelten Werte sind mit den von der Mess- und Regelanlage angezeigten Werten zu vergleichen. Werden Abweichungen festgestellt, müssen die Geräte kalibriert oder instandgesetzt werden.
3. Zweimal am Tag ist die Einhaltung der festgelegten minimalen Redoxspannung zu kontrollieren.

9.5 Arten der Probenahme

9

Je nach erforderlicher Probenahmestelle für eine Kontrolle innerhalb des Schwimmbeckenwasserkreislaufs werden entweder Schöpfproben oder Zapfhahnproben entnommen:

- Schöpfprobe: aus Becken oder Behältern durch die Wasseroberfläche hindurch oder aus einem Absturz frei entnommene Proben
- Zapfhahnprobe: aus Zapfstellen (Probenahmeventilen oder -hähnen) entnommene Proben

Die Durchführung der Probenahme selbst wird in Kapitel 9.7 beschrieben.

9.6 Behälter und Geräte zur Probenahme

Für Probenbehälter, Behälterverschlüsse und Geräte sind grundsätzlich Werkstoffe zu wählen, die eine Veränderung der Beschaffenheit der Wasserproben bei der Probenahme und beim Transport der Proben ausschließen, z. B. Glas oder weichmacherfreie Kunststoffe.

Die Anforderungen an die Probenahmebehälter setzt im vorliegenden Fall insbesondere die DIN EN ISO 19458 [12], die jedoch nur für mikrobiologische Proben gilt. Für die Probenahmen für chemische Untersuchungen werden keine konkreten Anforderungen gestellt, sodass hier im Wesentlichen die betreffenden Anforderungen der Analysen-Normen gelten. Die DIN 19643-1 [3] ergänzt ganz allgemein, dass Probenahmeflaschen mit dem Probewasser vorgespült werden können, sofern keine Substanzen zur Probenstabilisierung wie Natriumthiosulfat vorgelegt sind. Schließlich wird allgemein auf die ISO 5667-3 [10] verwiesen bezüglich des Transports und der Lagerung von Wasserproben für physikochemische und chemische Untersuchungen.

Warnhinweis: Im Umgang mit Glasflaschen und Glasgeräten im Barfußbereich und insbesondere am Beckenrand ist wegen der Bruchgefahr größtmögliche Vorsicht geboten. Ein Flaschenbruch am Beckenrand kann unter Umständen ein Ablassen des gesamten Beckenwassers zur Entfernung der Glassplitter und eine kostspielige Neufüllung des Beckens notwendig machen. Oft ist die Anwendung von Glasflaschen durch den Betreiber untersagt, sodass auf geeignete Kunststoffgefäße umzustellen ist.

9.6.1 Probenahmebehälter und -geräte für mikrobiologische Untersuchungen

9.6.1.1 Sterile Flaschen für Zapfhahnproben

Für die Zapfhahnprobe (siehe Kapitel 9.7.1) zur mikrobiologischen Untersuchung werden im Allgemeinen entsprechend vorbereitete 250 ml-Glasstandflaschen mit Schliffstopfen verwendet. Für besondere Untersuchungen sind größere Volumina erforderlich.

Schwimm- und Badebeckenwasser muss fortlaufend desinfiziert werden und enthält daher im Regelfall Chlor, Chloramin, Brom oder Ozon. Das Oxidationsmittel kann auch nach der Probenahme auf die Mikroorganismen einwirken, weswegen es sofort nach der Probenahme inaktiviert werden muss. Hierzu wird vorab ein Reduktionsmittel wie Natriumthiosulfat in die Probeflaschen gegeben.

Die theoretische Masse an Natriumthiosulfat (Pentahydrat), die notwendig ist, um 1 mg Chlor zu neutralisieren, beträgt 7,1 mg. Daher wird je 100 ml-Flaschengröße 0,1 ml Natriumthiosulfat-pentahydrat-Lösung ($\rho(Na_2S_2O_3 \cdot 5\ H_2O) = 18$ g/l) hinzugefügt. Diese neutralisiert, abhängig von der Neutralisationsdynamik, mindestens 2 mg/l und bis 5 mg/l des Chlorrückstands, was für die Mehrzahl der Proben ausreichend ist.

Die Flaschen werden schließlich bei (121 ± 3) °C für mindestens 15 min autoklaviert. Die Deckel der Flaschen werden lose gehalten, um die Luft während des Temperaturanstiegs vollständig durch Dampf zu ersetzen, und um bei Kunststoffflaschen ein Kollabieren beim Abkühlen zu vermeiden. Schraubdeckel sind nach der Sterilisation festzuziehen. Glasstopfen sind getrennt von der Flasche zu sterilisieren, oder ein Papier- oder Aluminiumtrennstreifen ist zu verwenden, um das Festsitzen des Stopfens beim Abkühlen zu verhindern.

Alternativ können Flaschen im Trockenschrank für mindestens 1 h bei (170 ± 10) °C sterilisiert werden. Dabei werden Schliffglasstopfen vom Flaschenhals durch einen Papierstreifen oder ein Stück Schnur getrennt, um ein Festsitzen während des Abkühlens zu vermeiden.

Heute werden alternativ gerne strahlensterilisierte Kunststoffflaschen des Laborhandels verwendet. Sie sind bruchsicher und als Einmalartikel durchaus wegen der Einsparung von Arbeit und Energie eine praktische sowie günstige Variante.

9.6.1.2 Sterile Flaschen für Schöpfproben

Für Schöpfproben (siehe Kapitel 9.7.2) zur mikrobiologischen Untersuchung, bei denen die Probenbehälter in das Wasser bzw. unter die Wasseroberfläche getaucht werden muss, sind Flaschen zu verwenden, die sowohl innen als auch außen steril sind, um ein Einschleppen von Keimen von der möglicherweise kontaminierten Außenfläche des Gefäßes zu vermeiden.

Hierfür werden heute üblicherweise strahlensterilisierte Kunststoffflaschen in sterilen Kunststoffbeuteln verwendet. Sie sind bruchsicher und als Einmalartikel durchaus wegen der Einsparung von Arbeit und Energie eine praktische sowie günstige Variante.

Alternativ können die entsprechend Kapitel 9.6.1.1 vorbereiteten und sterilen Flaschen in verschließbare Metallhülsen oder Aluminiumfolien verpackt und nochmals eine Stunde bei (170 ± 10) °C im Heißluftsterilisator sterilisiert werden.

Für Schöpfproben wird eine abgeflammte Greifeinrichtung (z. B. Greifzange) von etwa 50 cm Länge verwendet, um ein Eintauchen der unsterilen Hand in das Beckenwasser zu vermeiden.

9

9.6.2 Probenahmebehälter für wasserchemische Untersuchungen

Für die Bestimmung der chemischen Parameter werden je nach Bedarf für die Untersuchungsmethoden 250 ml-, 500 ml- oder 1 l-Standflaschen aus Glas mit Schliffstopfen (siehe Warnhinweis in Kapitel 9.6) oder auch geeignete (weichmacherfreie) Kunststoffflaschen mit Schraubverschluss verwendet.

Wasserproben zur Bestimmung der Trihalogenmethane (THM) und anderer Chlorkohlenwasserstoffe dürfen nicht mit Kunststoffen (z. B. Kunststoffschläuche, Kunststoffbehältnisse, Kunststofftrichter etc.) in Berührung kommen und nicht in Kunststoffflaschen transportiert oder aufbewahrt werden, weil durch Sorptionsvorgänge zum Teil erhebliche Verluste verursacht werden.

Zur Probenahme werden Glasflaschen (ggf. Braunglas) mit abgeschrägtem Schliffstopfen bevorzugt verwendet.

9.7 Durchführung der Probenahme

9.7.1 Zapfhahnprobe

Je nach Fragestellung kann die Vorgehensweise bei der mikrobiologischen Probenahme sehr unterschiedlich sein (siehe **Tabelle 9.1**). Insofern sollte sich der Probenehmer im Vorfeld der Probenahme über den Zweck der Wasseruntersuchung im Klaren sein. Grundsätzlich wird in der DIN EN ISO 19458 [8] bei Probenahmen aus Entnahmearmaturen zwischen folgenden Fragestellungen unterschieden:

1. Feststellung der Wasserbeschaffenheit im Verteilungsnetz, das in der Verantwortlichkeit des Wasserversorgers liegt (Tabelle 9.1, Zweck a)
2. Feststellung der Wasserbeschaffenheit an der Entnahmearmatur des Bads, die durch die Trinkwasserinstallation in den Gebäuden des Schwimmbads verändert werden kann. Die Verantwortung liegt hierbei beim Betreiber des Bads (Tabelle 9.1, Zweck b)
3. Feststellung der Wasserbeschaffenheit während der Entnahme, die ggf. durch eine verschmutzte Entnahmearmatur beeinflusst werden kann (Tabelle 9.1, Zweck c)

Idealerweise sollten Wasserproben zur Überprüfung der mikrobiologischen Wasserqualität in Schwimmbädern (Tabelle 9.1, Zweck b) an Entnahmearmaturen entnommen werden, die sich nahe an Hauptleitungen befinden, sauber sind und sich durch Abflammen oder geeignete Maßnahmen desinfizieren lassen. Es können übliche Entnahmearmaturen benutzt werden, sofern sie durch Abflammen desinfizierbar sind.

Falls notwendig, ist die Entnahmearmatur zunächst zu säubern, sodass keine Verschmutzungen oder Ablagerungen von der Entnahmearmatur in die Probe gelangen können. Entnahmearmaturen mit undichten Spindeln dürfen nicht beprobt werden. Perlatoren, Dichtungen und andere Einbauten sind vor der Probenahme zu entfernen. Die Entnahmearmatur wird mehrmals voll geöffnet und wieder geschlossen, um gegebenenfalls vorhandene Ablagerungen auszuspülen. Anschließend wird sie vorzugsweise durch Abflammen desinfiziert. Beim darauf folgenden Öffnen der Entnahmear-

Tabelle 9.1: Probenahmel an Zapfhähnen nach DIN EN ISO 19458

Trinkwasser-qualität	Verantwortung	Probenahme-stelle	Entfernung Perlator / Dichtung	Desin-fektion	Spülen
Zweck a: Verteilungsnetz	Wasser-versorger	in der Nähe des Wasserzählers	ja	ja	ja
Zweck b: Entnahmearmatur	Betreiber des Bads	in der Installation des Bads	ja	ja	nein [a] (minimal)
Zweck c: bei Entnahme	Betreiber des Bads	Abhängig von der Fragestellung	nein	nein	nein

[a] Nur kurzes Spülen des Zapfhahns, um den Zapfhahn nach der Desinfektion abzukühlen bzw. das Desinfektionsmittel auszuspülen

matur sollte ein zischendes Geräusch hörbar sein. Das Wasser muss nun bei halb geöffneter Entnahmearmatur mindestens so lange abfließen, bis die Temperatur konstant bleibt. Dies zeigt an, dass das Wasser eine konstante Beschaffenheit hat. Die geöffnete Probenahmeflasche wird unter aseptischen Bedingungen bis zu etwa 5/6 des Flaschenvolumens gefüllt. Die in der Flasche verbleibende Luft erleichtert das vor der mikrobiologischen Untersuchung notwendige Durchmischen der Probe.

Der Flaschenhals, der Glasstopfen oder die Innenseite des Verschlusses dürfen während des gesamten Entnahmevorgangs weder mit der Hand noch mit anderen unsterilen Gegenständen in Berührung kommen.

Nur wenn die Entnahmearmatur nicht abgeflammt werden kann, darf sie ersatzweise mit anderen geeigneten Verfahren desinfiziert werden. Dies kann zum Beispiel dadurch geschehen, dass die Entnahmearmatur für ca. drei Minuten in einen Becher mit 0,1 %-iger Hypochlorit-Lösung, 70 %-igem Ethanol oder 70 %-igem Isopropanol eingetaucht wird. Alternativ kann die Desinfektion mit diesen Desinfektionsmitteln auch mit einem Reinigungstuch oder einer Wasch- oder Sprühflasche durchgeführt werden. Hierbei muss die Armatur von außen und soweit möglich auch von innen desinfiziert werde. Die Einwirkzeit von zwei bis drei Minuten muss auch bei dieser Art der Desinfektion eingehalten werden.

Wasserproben zur Bestimmung des freien Chlors, des Gesamtchlors und des pH-Werts sowie anderer Parameter, die unmittelbar nach der Probenahme vor Ort untersucht werden müssen, werden direkt vom Zapfhahn in die Gefäße, Küvetten oder Titrierkolben eingefüllt, in denen die Bestimmungen durchgeführt werden.

Bei der Probenahme zur Untersuchung auf die leichtflüchtigen Trihalogenmethane (Haloforme) soll die Wasserprobe unter Vermeidung von Turbulenzen möglichst laminar in die Glasflasche fließen. Dazu eignet sich besonders ein Einleitrohr aus Metall. Zur Not kann das Wasser auch längs der Innenwand in die leicht schräg gehaltene Glasflasche einfließen. Die randvoll aufgefüllte Flasche wird sofort verschlossen, wobei das im Flaschenhals stehende Wasser durch den abgeschrägten Schliffstopfen beim Verschließen verdrängt wird, sodass im Flaschenhals zwischen Wasserprobe und Schliffstopfen keine Luftblase entsteht (luftblasenfrei!).

Unmittelbar nach der Probenahme wird zur Reduktion des Restchlors (das während des Transports und der Lagerung weiter unter Trihalogenmethan-Bildung reagieren könnte) Natriumthiosulfat und Kaliumhydrogensulfat zugesetzt.

Bewährt hat sich die Zugabe fester Natriumthiosulfat- und Kaliumhydrogensulfat-Kristalle. Diese werden mit einem kleinen Spatel nach der Befüllung der Flasche zugesetzt. Dazu ist zunächst etwas Luft in der Flasche zu belassen, sodass die Kristalle auch ins Wasser einsinken können. Danach ist die Flasche luftblasenfrei zu verschließen.

Gemäß DIN 38407-30 [9] werden zugesetzt:

- 3 bis 5 mg festes $Na_2S_2O_3 \cdot 5\,H_2O$
- 30 bis 50 mg festes $KHSO_4$

Da die Menge an zugesetzten Chemikalien nicht kritisch ist, kann aus praktischen Gründen je eine Spatelspitze zugegeben werden. Alternativ lässt die DIN 38407-30 [9] die Zugabe von Lösungen der Stoffe zu.

9.7.2 Schöpfprobe

Für die mikrobiologische Untersuchung sind bei der Schöpfprobe innen und außen sterile Flaschen zu verwenden (siehe Kapitel 9.6.1.2). Zur Vermeidung der Einschleppung von Keimen von der Handfläche werden die Flaschen mit der abgeflammten Greifzange aus den Beuteln, Metallhülsen oder aus der Aluminiumfolie so entnommen, sodass die Außenfläche der Flasche und der in das Wasser eintauchende Teil der Greifzange nicht kontaminiert wird.

Wenn Flaschen mit Schliffstopfen verwendet werden, wird der Stopfen mithilfe der übergestülpten Aluminiumfolie zur Probenahme entfernt und der vor der Heißluftsterilisation eingelegte Papierstreifen abgeschüttelt. Die Flasche sollte nur etwa zu 5/6 ihres Volumens aufgefüllt werden. Wenn sterile Kunststoffflaschen verwendet werden, ist die Prozedur entsprechend einfacher. In jedem Fall ist der Stopfen bzw. der Schraubdeckel in der Hand zu behalten und dabei nicht zu kontaminieren.

Für die Untersuchung chemischer Parameter werden die zur Probenahme verwendeten Flaschen mit dem Untersuchungswasser vorgespült und dann durch Eintauchen bzw. Untertauchen gefüllt. Für die Untersuchung der Wasserproben auf Trihalogenmethane sollen die Flaschen durch ca. 20 bis 30 cm tiefes Eintauchen randvoll aufgefüllt werden.

Unmittelbar nach der Probenahme wird zur Reduktion des Restchlors (das während des Transports und der Lagerung weiter unter Trihalogenmethan-Bildung reagieren könnte) Natriumthiosulfat und Kaliumhydrogensulfat zugesetzt.

Bewährt hat sich die Zugabe fester Natriumthiosulfat- und Kaliumhydrogensulfat-Kristalle. Diese werden mit einem kleinen Spatel nach der Befüllung der Flasche zugesetzt. Dazu ist zunächst etwas Luft in der Flasche zu belassen, sodass die Kristalle auch ins Wasser einsinken können. Danach ist die Flasche luftblasenfrei zu verschließen.

Gemäß DIN 38407-30 [9] werden zugesetzt:

- 3 bis 5 mg festes $Na_2S_2O_3 \cdot 5\,H_2O$,
- 30 bis 50 mg festes $KHSO_4$.

Da die Menge an zugesetzten Chemikalien nicht kritisch ist, kann aus praktischen Gründen je eine Spatelspitze zugegeben werden. Alternativ lässt die DIN 38407-30 [9] die Zugabe von Lösungen der Stoffe zu.

9.7.3 Probenahmestellen im Kreislauf des Schwimm- und Badebeckenwassers

Zur Entnahme von Wasserproben nach DIN 19643-1 [3] sind generell abflammbare Entnahmearmaturen und Tülle aus Metall oder Kugelhähne aus nicht rostendem Stahl an folgenden Stellen einzubauen:

- An jedem Filter im Zulauf (Rohwasser nach Flockung)
- An jedem Filter im Ablauf (Filtrat)
- An der Reinwasserleitung eines jeden Beckens
- An der Rohwasserleitung (Rohwasser vor Flockung)
- Bei Aufbereitungsverfahren mit mehreren Stufen vor und nach jeder Stufe
- An der Füllwasserleitung (ggf. eine für primäres und eine für sekundäres Füllwasser) unmittelbar vor dem freien Auslauf in den Rohwasserspeicher

Die Probenahmearmatur ist direkt in die zu beprobenden Leitungen einzubauen. Falls sich Zuleitungen zu den Probenahmestellen nicht vermeiden lassen, sind Rohre zu verwenden, die korrosionsbeständig sind und keine untersuchungsrelevanten Stoffe an das Wasser abgeben. Die Rohre sollen möglichst kurz sein.

9.7.3.1 Füllwasser

Das Füllwasser wird als Zapfhahnprobe aus der Füllwasserleitung unmittelbar vor dem freien Auslauf in den Wasserspeicher (Schwallwasserbehälter, Zwischenspeicher) entnommen. Der Probenahmehahn muss für mikrobiologische Untersuchungen des Füllwassers aus Metall und abflammbar sein.

Das Füllwasser wird jedoch nur dann mikrobiologisch untersucht, wenn es nicht aus der öffentlichen Wasserversorgung stammt.

9.7.3.2 Rohwasser

Das Rohwasser wird als Zapfhahnprobe aus der Rohwasserleitung unmittelbar vor der ersten Aufbereitungsstufe entnommen. Die Aufbereitung beginnt in der Rohwasserleitung mit der Dosierung von Flockungsmitteln oder von Kieselgur-Aktivkohle-Gemischen (zur Anschwemmfiltration) oder bei der Verfahrenskombination Adsorption – Flockung – Filtration – Chlorung mit der Dosierung von Pulver-Aktivkohle. Bei vielen Filteranlagen wird das Wasser aus dem unmittelbar am Filterzulauf angebrachten Probenahmehahn oft noch unzutreffend als Rohwasser bezeichnet; diese Wasserproben sind jedoch an dieser Stelle bereits mit Aufbereitungschemikalien beaufschlagt (vergleiche Bild 9.1).

9.7.3.3 Filtrat

Filtrat wird als Zapfhahnprobe unmittelbar nach der Filtration am Filterablauf entnommen. Die häufig an dieser Stelle noch anzutreffende Bezeichnung Reinwasser ist unzutreffend.

Der Probenahmehahn muss aus Metall und abflammbar sein, weil nach DIN 19643-1 [3] das Filtrat gemäß Tabelle 9.5 der Norm auf diverse mikrobiologische Parameter untersucht werden muss.

9.7.3.4 Reinwasser

Reinwasser wird als Zapfhahnprobe aus der Reinwasserleitung nach Einmischen des Desinfektionsmittels (Chlor) unmittelbar vor dem Eintritt des Wassers in das Becken entnommen. Die Probenahmestelle sollte sich so weit als möglich nach der Chlordosierstelle befinden, damit eine vollständige Einmischung des Desinfektionsmittels in das Filtrat gewährleistet ist. Der Probenahmehahn für Reinwasser muss für mikrobiologische Untersuchungen aus Metall und abflammbar sein.

9.7.3.5 Beckenwasser

Beckenwasser wird als Schöpfprobe aus dem oberflächennahen Bereich entnommen, etwa 10 bis 30 cm unter der Wasseroberfläche und etwa 50 cm vom Beckenrand entfernt.

Die Probenahmeflaschen können mit dem Probewasser vorgespült werden, sofern keine Substanzen zur Probenstabilisierung wie Natriumthiosulfat vorgelegt sind.

Die Probenahmestelle am Beckenrand sollte so gewählt werden, dass das am stärksten belastete Wasser erfasst wird. Kriterium für die Auswahl der Probenahmestelle ist die „gleichzeitig" an verschiedenen Stellen des Beckenrands gemessene Chlorkonzentration, die an ungenügend durchströmten Stellen am geringsten ist. Auch an dieser Stelle müssen die vorgegebenen Mindestwerte erreicht werden, um eine ausreichende Desinfektionsmittelkonzentration im gesamten Schwimm- oder Badebecken zu gewährleisten. Unter Berücksichtigung der verschiedenen und zum Teil veralteten Beckendurchströmungssysteme werden die in **Bild 9.2** und **Bild 9.3** skizzierten Probenahmestellen empfohlen.

Bei den heute veralteten Hydrauliksystemen der Längsdurchströmung und der Querdurchströmung sollte die Probenahme stets auf der Seite des Beckenablaufs entnommen werden (siehe Bild 9.2).

Bei Horizontaldurchströmung mit gegeneinander versetzten Einströmdüsen wird sowohl bei teilweisem Abzug des Wassers über den Beckenboden (veraltet) als auch bei 100 %-igem Abzug des Volumenstroms über die allseitig umlaufende Überlaufrinne die Probe in der Mitte der Stirnseite des Beckens entnommen.

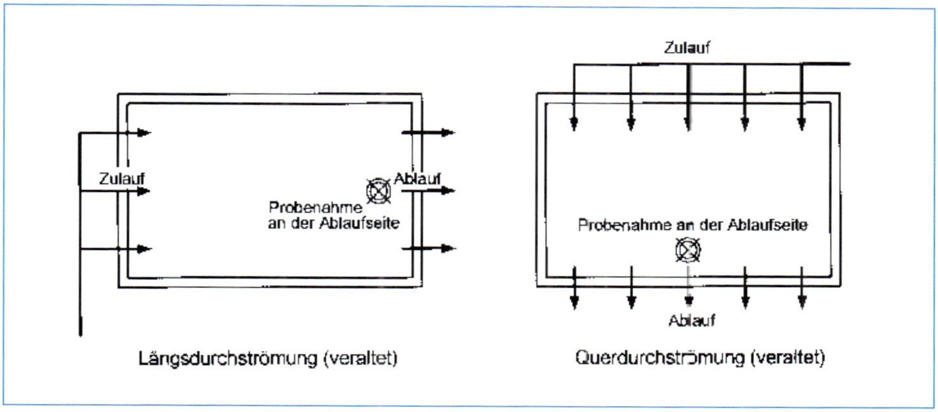

Bild 9.2: Probenahmestellen bei Becken mit Längs- oder Querdurchströmung (nicht mehr normgerecht!)

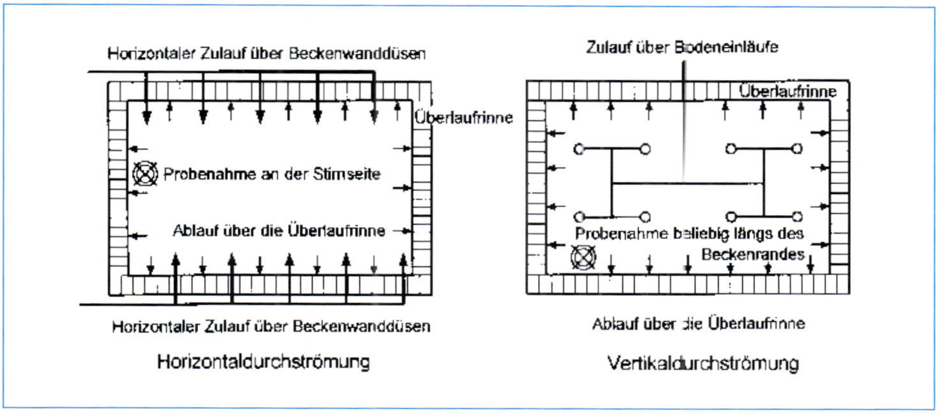

Bild 9.3: Probenahmestellen bei Becken mit Horizontal- oder Vertikaldurchströmung (nach DIN 19643)

Bei Vertikaldurchströmung mit 100 %-igem Ablauf des Volumenstroms über die allseitig umlaufende Überlaufrinne sollte die Badewasserqualität an allen Stellen des Beckenrands gleich sein (siehe Bild 9.3).

Da die Zahl der Einströmöffnungen („Quelltöpfe") am Boden nicht immer im Verhältnis zur Bodenfläche ausreichend bemessen ist und nicht immer einer quadratischen Verteilung („Hirschgeweih-Verteilung") entspricht, können auch bei der Horizontaldurchströmung an verschiedenen Stellen Unterschiede in der Badewasserqualität auftreten, die durch entsprechende Untersuchungen (z. B. vergleichende Messung der Chlorkonzentration) zu ermitteln sind.

9.7.4 Transport der Proben

Für den Transport der Wasserproben für mikrobiologische Untersuchungen sind lichtgeschützte und wärmeisolierte Transportbehälter zu verwenden, die entweder mit Kühlaggregaten ausgestattet sind oder mit Kühlelementen gekühlt werden können. Die Temperatur muss während des Transports zum Labor möglichst niedrig liegen.

Um die Vermehrung bzw. das Absterben von Mikroorganismen während des Probentransports ins Labor zu verhindern, sollte die Zeit zwischen der Probenahme und der mikrobiologischen Untersuchung möglichst kurz gehalten werden. Sofern spezielle Untersuchungen es nicht anders erfordern, sind die Proben gekühlt – idealerweise bei (5 ± 3) °C – zu transportieren. Dabei ist allerdings darauf zu achten, dass sie nicht gefroren werden. Hierzu müssen die Anzahl, das Volumen und die Position der Eispackungen auf die Probenanzahl, die Probenmenge und ihre Temperatur abgestimmt sein. Die Proben dürfen keinem direkten Sonnenlicht ausgesetzt sein.

Dauert der Transport länger als acht Stunden, so muss die Temperatur überwacht und aufgezeichnet werden.

Entsprechend der DIN EN ISO 19458 [8] differieren die möglichen Lagerungszeiten der mikrobiologischen Proben in Abhängigkeit von den zu bestimmenden Parametern. Eine Auswahl der im Anhang B der Norm aufgeführten Probenlagerungszeiten sind in Tabelle 9.3 der Norm zusammengefasst.

Die angegebenen Lagerungszeiten sind lediglich informativ und fassen die der Literatur entnommenen, empfohlenen maximalen Verzögerungen zusammen. Sie sind abhängig vom Wassertyp, der Verwendung von Bioziden, vom physiologischen Zustand der Mikroorganismen oder auch vom Analyseverfahren. Sind in den verfahrensspezifischen Analysennormen Lagerungs- und Transportzeiten sowie Lagerungstemperaturen angegeben, so sind diese einzuhalten.

9.8 Untersuchungen und Erhebungen bei der Probenahme

Im Rahmen der Probenahme zur Untersuchung von Schwimm- und Badebeckenwasser muss vom Probenehmer vor Ort in jedem Beckenwasser und Reinwasser freies und gebundenes Chlor ermittelt werden; gegebenenfalls ist auch der pH-Wert im Beckenwasser zu bestimmen. Die Redox-Spannung ist von der betrieblichen Messwertanzeige abzulesen und, wie die anderen Parameter, im Probenahmeprotokoll festzuhalten. So ist z. B. ein mikrobiologischer Befund ohne Kenntnis dieser Hygienehilfsparameter nicht vollständig interpretierbar. Auch sind zur Beurteilung der physikalisch-chemischen und chemischen Untersuchungsergebnisse einer Kontrolluntersuchung Angaben zum Betriebs- und Belastungszustand der jeweiligen Becken- und Aufbereitungsanlagen notwendig.

9.8.1 Untersuchungen vor Ort

Freies und gebundenes Chlor

Die Bestimmung des freien und gebundenen Chlors im Beckenwasser und Reinwasser, die unmittelbar nach der Probenahme vor Ort durchgeführt werden muss, erfolgt nach der DPD-Methode mit dem Farbreaganz N,N-Diethyl-1,4-Phenylendiamin. Für die Bestimmung stehen verschiedene Fertigreagenzien in Tablettenform, als Lyophilisat oder in flüssiger Form sowie kolorimetrische bzw. photometrische Geräte mit ausreichender Empfindlichkeit und Richtigkeit zur Verfügung. Die Norm-Methode für die Bestimmung des freien Chlors und des Gesamtchlors, aus denen sich durch Differenzbildung das gebundene Chlor errechnet, ist die DIN EN ISO 7393-2 [11].

pH-Wert

Die Bestimmung des pH-Werts im Beckenwasser sollte grundsätzlich mit einer Glaselektrodenmesskette nach DIN EN ISO 10523 [12] vorgenommen werden, da Farbindikatoren für die kolorimetrische oder photometrische Bestimmung vom Chlorgehalt in der Badewasserprobe beeinflusst werden können und ggf. zu ungenau sind. Das pH-Messgerät und die Glaselektrode sind mindestens messtäglich nach Anleitung des Geräteherstellers zu kalibrieren.

Redoxspannung

Die Redoxspannung (früher „Redoxpotential") der Beckenwässer ist durch Ablesung von der betrieblichen Messwertanzeige festzustellen, da sich die Redoxspannung bei der „Handmessung" in Abhängigkeit von der Anspülgeschwindigkeit und des Zustands der Platinelektrode oft nur äußerst langsam einstellt. Referenzmethode für die Bestimmung der Redoxspannung ist DIN 38404-6 [13].

9.8.2 Örtliche Erhebungen bei der Probenahme

Zur Beurteilung und Interpretation der Ergebnisse einer Kontrolluntersuchung benötigt die Behörde bzw. der verantwortliche Sachverständige eine Reihe von Angaben zum Betriebszustand der betreffenden Badeanlage zur Zeit der Probenahme. Neben der Beckenbezeichnung und der Beckenart (DIN 19643-1 [3]) sollten zum Beispiel die Wasserfläche des Beckens, das Beckenvolumen, der Volumenstrom und die Anzahl der Besucher am Untersuchungstag bis zur Probenahme angegeben werden, weil sich daraus sowohl der Betriebszustand als auch der Belastungszustand der Anlage errechnen lässt.

Des Weiteren sollten die dem Badewasser zugesetzten Chemikalien (Flockungsmittel, Desinfektionsmittel, Mittel zur pH-Wert-Einstellung, sonstige Chemikalien oder Stoffe) unter dem Handelsnamen und der Stoffbezeichnung dokumentiert werden.

Bei Freibädern ist die Wetterlage am Untersuchungstag und am Vortag sowie die Lufttemperatur während der Probenahme festzuhalten. Langzeitige oder extreme Gut- oder Schlechtwetterlagen vor der Probenahme sollten ebenfalls vermerkt werden, weil durch besondere Witterungsverhältnisse die Wasserqualität in Freibadeanlagen wesentlich beeinflusst werden kann.

Die genauen Angaben, die in dem vorgeschriebenen Betriebsbuch des Bads zu vermerken sind, zeigt die Tabelle 4 der DIN 19643-1 [3]. Am Ende werden die Angaben des Betriebsbuchs und der analytischen Prüfberichte einschließlich des Probenahmeprotokolls zusammen bewertet und ein eventueller Handlungsbedarf wird daraus abgeleitet.

9.8.3 Probenahmeprotokoll

Über die Probenahme ist ein Protokoll anzufertigen, das dem in Abschnitt 14.3 der DIN 19643-1 [3] vorgeschlagenen Formular hinsichtlich Inhalt und Umfang entsprechen sollte. Dieses in die DIN-Norm aufgenommene Musterformular unterliegt für den Anwender der Norm nicht dem obligaten Nachdruckvermerk der DIN-Normen. Es kann dem Probenehmer gleichsam als Checkliste für die erforderlichen Arbeiten, Untersuchungen und Erhebungen vor Ort dienen.

Ein Probenahmeprotokoll für Schwimm- und Badebeckenwasser ist für jedes zu untersuchende Becken getrennt anzufertigen und sollte die Mindestangaben nach DIN 19643-1 (siehe **Tabelle 9.2**) enthalten.

Tabelle 9.2: Mindestangaben für Probenahmeprotokoll Schwimmbad nach DIN 19643-1 [3]

Angabe	Anmerkung
Probenehmer	
Probenahmestelle	
Datum der Probenahme	
Schwimmbad (Name, Anschrift)	
Beckenkennzeichnung und Beckenart	
Anzahl der Besucher am Untersuchungstag bis zur Probenahme	
Zusätzlich bei Freibecken:	
– Wetterlage am Untersuchungstag	nur Freibad!
– Lufttemperatur °C	nur Freibad!
– Wetterlage am Vortag	nur Freibad!
Weitere Angaben nach Bedarf:	
– Wasserfläche in m^2	ggf. einmalig!
– Beckenvolumen in m^3	ggf. einmalig!
– Volumenstrom in m^3/h	ggf. einmalig!
– Wasserattraktionen	ggf. einmalig!
Zugesetzte Chemikalien:	
– Flockungsmittel	falls zutreffend
– Desinfektionsmittel	falls zutreffend
– Mittel zur pH-Wert-Einstellung	falls zutreffend
– sonstige Chemikalien	falls zutreffend

Bei der Vielfalt der Angaben zur Probenahme ist es zweckmäßig, vorgefertigte Protokollformulare zu verwenden, die auf die unterschiedlichen Gegebenheiten bei routinemäßig überwachten Bädern bzw. auf die zu untersuchenden Beckenanlagen abgestimmt sind, um die örtlichen Erhebungen zu erleichtern.

Gegebenenfalls sollte bei der Probenahme auch Einsicht in das Betriebsbuch genommen und die dokumentierten Messdaten der Hygienehilfsparameter freies Chlor, pH-Wert und Redoxspannung geprüft werden, um einen Überblick über den Zeitraum zwischen den Probenahmen zu gewinnen.

Literatur

[1] Gesetz zur Verhütung und Bekämpfung von Infektionskrankheiten beim Menschen (Infektionsschutzgesetz – IfSG) vom 20. Juli 2000, zuletzt geändert durch Artikel 8v des Gesetzes vom 12. Dezember 2023 (BGBl. 2023 I Nr. 359) (BGBl. I S. 2615). Bundesgesetzblatt, Teil I; S. 1045

[2] Hygieneanforderungen an Bäder und deren Überwachung; Empfehlung des Umweltbundesamtes (UBA) nach Anhörung der Schwimm- und Badebeckenkommission des Bundesministeriums für Gesundheit (BMG) beim Umweltbundesamt; Bundesgesundheitsblatt – Gesundheitsforschung – Gesundheitsschutz, 2014. 57: S. 258-279

[3] DIN 19643-1:2023-06, Aufbereitung von Schwimm- und Badebeckenwasser – Teil 1: Allgemeine Anforderungen

[4] DIN 19643-2:2023-06, Aufbereitung von Schwimm- und Badebeckenwasser – Teil 2: Verfahrenskombinationen mit Festbett- und Anschwemmfiltern

[5] DIN 19643-3:2023-06, Aufbereitung von Schwimm- und Badebeckenwasser – Teil 3: Verfahrenskombinationen mit Ozonung und Chlorung

[6] DIN 19643-4:2023-06, Aufbereitung von Schwimm- und Badebeckenwasser – Teil 4: Verfahrenskombinationen mit Ultrafiltration

[7] DIN 19643-5:2021-04, Aufbereitung von Schwimm- und Badebeckenwasser – Teil 5: Verfahrenskombinationen mit Nutzung von Brom als Desinfektionsmittel, erzeugt durch Ozonung bromidreichen Wassers

[8] DIN EN ISO 19458:2006-12, Wasserbeschaffenheit – Probenahme für mikrobiologische Untersuchungen (ISO 19458:2006); Deutsche Fassung EN ISO 19458:2006

[9] DIN 38407-30:2007-12, Deutsche Einheitsverfahren zur Wasser-, Abwasser- und Schlammuntersuchung – Gemeinsam erfassbare Stoffgruppen (Gruppe F) – Teil 30: Bestimmung von Trihalogenmethanen (THM) in Schwimm- und Badebeckenwasser mit Headspace-Gaschromatographie (F 30)

[10] DIN EN ISO 5667-3:2024-09, Wasserbeschaffenheit – Probenahme – Teil 3: Konservierung und Handhabung von Wasserproben (ISO 56673:2012); Deutsche Fassung EN ISO 56673:2024

[11] DIN EN ISO 7393-2:2019-03, Wasserbeschaffenheit – Bestimmung von freiem Chlor und Gesamtchlor – Teil 2: Kolorimetrisches Verfahren mit N,N-Dialkyl-1,4-Phenylendiamin für Routinekontrollen (ISO/DIS 73932:2017); Deutsche und Englische Fassung prEN ISO 7393-2:2018

[12] DIN EN ISO 10523:2012-04, Wasserbeschaffenheit – Bestimmung des pH-Werts (ISO 10523:2008); Deutsche Fassung EN ISO 10523:2012

[13] DIN 38404-6:1984-05, Deutsche Einheitsverfahren zur Wasser-, Abwasser- und Schlammuntersuchung; Physikalische und physikalisch-chemische Kenngrößen (Gruppe C); Bestimmung der Redox-Spannung (C 6)

10 Probenahme aus Badegewässern

Dr. Ulrich Borchers*

10.1 Einleitung

Die Richtlinie 2006/7/EG des Europäischen Parlaments und des Rates vom 15. Februar 2006 über die Qualität der Badegewässer und deren Bewirtschaftung (Badegewässer-Richtlinie) ist zum Schutz der Umwelt und der Volksgesundheit notwendig, die Verunreinigung der Badegewässer herabzusetzen und sie vor weiterer Qualitätsminderung zu bewahren [1]. Sie leistet einen wertvollen Beitrag zur Integration von Umweltpolitik und Fremdenverkehrspolitik.

In der Richtlinie sind Wässer für therapeutische Zwecke sowie Wasser für Schwimmbecken ausgenommen.

Die Neufassung dieser Richtlinie war notwendig geworden, weil sich seit der Veröffentlichung der Vorgängerrichtlinie (Richtlinie 76/160/EWG) neue Erkenntnisse hinsichtlich der notwendigen mikrobiologischen Beschaffenheit ergeben haben und in den Laboren genauere und spezifischere Untersuchungsverfahren zur Verfügung stehen. So wurden die Parameter *Escherichia coli* und Intestinale Enterokokken als Hauptindikatoren einer fäkalen Verschmutzung des Badegewässers eingeführt. Ferner sind heute durch die zuständigen Behörden sogenannte Badegewässerprofile zu erstellen. Hierbei sind alle Faktoren zu berücksichtigen, die eine nachteilige Beeinflussung des Badegewässers beinhalten, z. B. die Einleitung von Abwässern oder das Vorkommen von Blaualgen. Neu in der aktuellen Fassung der Badegewässerrichtlinie [1] ist auch, dass die Mitgliedsstaaten im Einklang mit der Wasserrahmenrichtlinie Bewirtschaftungsmaßnahmen zur Verbesserung der Wasserqualität treffen müssen. Schließlich ist auch die Verpflichtung zur Information der Öffentlichkeit über die Badegewässerqualität und mögliche gesundheitliche Risiken in der Richtlinie verankert.

In Deutschland sind in den Bundesländern auf dieser Basis Verordnungen erlassen worden. Beispielsweise gibt es in Nordrhein-Westfalen die NRW-Badegewässerverordnung [2].

10.2 Begriffe

10.2.1 Badegewässer

Unter „Badegewässer" versteht man jeden Abschnitt eines Oberflächengewässers, bei dem die zuständige Behörde mit einer großen Zahl von Badenden rechnet und für den sie kein dauerhaftes Badeverbot erlassen hat oder nicht auf Dauer vom Baden abrät.

* unter Verwendung des Kapitels von F. Tiefenbrunner aus der 1. Auflage 1998 sowie von C. Dümling und U. Borchers aus der 2. Auflage 2018

10

10.2.2 Badegebiet

„Badegebiet“ ist jeder geografische Bereich, in dem sich Badegewässer befinden.

10.2.3 Badestelle

„Badestelle“ ist ein zum Zweck der Überprüfung der Wasserqualität örtlich abgegrenzter Bereich eines Badegewässers; an einem Badegewässer können mehrere Badestellen ausgewiesen werden. Dieser Begriff deckt sich normalerweise mit dem Begriff „Probenahmestelle“, da die Proben tunlichst an den am stärksten frequentierten Bereichen eines Badegewässers bzw. einer Badestelle gezogen werden sollen. Es ist jedoch zielführend, die Probenahmestelle(n) einer Badestelle gemeinsam mit dem Vertreter der betroffenen Gemeinde(n), Hygienesachverständigen der involvierten Untersuchungsstelle und Vertretern der zuständigen Wasserbehörde festzulegen und in Abständen von etwa fünf Jahren einer Revalidierung zu unterziehen.

10.2.4 Badesaison

„Badesaison“ ist jener Zeitraum, in dem unter Berücksichtigung der örtlichen Gepflogenheiten einschließlich der etwaigen örtlichen Badevorschriften sowie der meteorologischen Verhältnisse mit einem starken Zustrom von Badenden gerechnet werden kann. In der Regel dauert die Badesaison vom 15. Mai bis zum 15. September, davon kann jedoch fallweise und bei Bedarf abgewichen werden.

10.2.5 Badegewässerprofile

„Badegewässerprofile“ haben zum Ziel, eine allgemeine Beschreibung des Badegewässers hinsichtlich der physikalischen, hydrologischen und geografischen Eigenschaften darzustellen. Des Weiteren sollen alle potenziellen und möglichen Verschmutzungsquellen des Badegewässers und anderer Oberflächengewässer des Einzugsgebiets erfasst werden. Diese Verschmutzungen können beispielsweise durch Regen- und Abwassereinleitungen verursacht worden sein oder durch Abschwemmungen von landwirtschaftlichen Flächen nach Starkniederschlägen. Eine Bewertung der Gefahr einer Vermehrung von Blaualgen (Cyanobakterien) und anderen Algen soll bei der Darstellung des Badegewässerprofils ebenfalls erfolgen.

Eine Aktualisierung des Badegewässerprofils erfolgt, je nach Qualitätseinstufung der vergangenen Jahre, spätestens nach vier Jahren oder wenn umfangreiche Bauarbeiten oder Änderungen der Infrastruktur in der Nähe oder am Badegewässer durchgeführt worden sind.

10.3 Untersuchungsparameter

10.3.1 Mikrobiologische Parameter

Die folgenden beiden hygienischen Parameter sind in der neuen Badegewässerrichtlinie [1] einzig für die Bewertung der einzelnen Badegewässerstellen maßgeblich. Dabei sind die Untersuchungsverfahren (Referenzmethode) vorgeschrieben:

1. Intestinale Enterokokken: ISO 7899-1 [3] oder ISO 7899-2 [4]
2. *Escherichia coli*: ISO 9308-3 [5] oder ISO 9308-1 [6]

10.3.2 Physikalische und chemische Parameter

Die begleitenden physikalischen und chemischen Parameter

- Sichttiefe (Transparenz) (DIN EN ISO 7027-2 [7]),
- pH-Wert,
- Temperatur,
- Färbung,
- Geruch,
- optische Verunreinigungen und
- Algenbewuchs

sind heute nicht mehr Gegenstand der EU-Richtlinie [1], sollten jedoch bei der Probenahme mit erfasst und dokumentiert werden.

Die Sichttiefe (Transparenz) ist einer jener drei Parameter (zusammen mit pH-Wert und Färbung) im physikalisch-chemischen Block, die in die Ausnahmekategorie fallen, d. h., dass bei außergewöhnlichen geografischen oder meteorologischen Verhältnissen Überschreitungen der Grenzwerte toleriert werden können. Dies gilt auch für Badegewässer, in denen eine natürliche Anreicherung von Stoffen ohne Zutun des Menschen vorliegt.

Gewitter, Stürme usw. gelten nach Auskunft der Kommission dann als „außergewöhnlich“, wenn sie vom meteorologischen Dienst des entsprechenden Landes als „außergewöhnlich“ bezeichnet und protokolliert werden. Derartige Ausnahmen (Überschreitungen) sind der Kommission unter Angabe der Gründe und der Dauer unverzüglich mitzuteilen.

10.4 Untersuchungshäufigkeit

Bei einer ungekürzten Saison vom 15. Mai bis zum 15. September sind (mindestens) fünf Proben je EU-Badestelle erforderlich. Dabei ist kurz vor Beginn jeder Badesaison eine Probenahme vorzunehmen. Unter Einbeziehung dieser zusätzlichen Probenahme darf die Anzahl der pro Badesaison untersuchten Proben nicht weniger als vier betragen.

Aus einem Badegewässer brauchen jedoch nur drei Proben pro Badesaison untersucht werden, wenn

a) die Badesaison nicht länger als acht Wochen dauert oder
b) sich das Badegewässer in einer Region in schwieriger geografischer Lage befindet.

Die Probenahmen müssen über die gesamte Badesaison verteilt sein und der Zeitraum zwischen den Probenahmen darf auf keinen Fall einen Monat überschreiten. Bei einer kurzzeitigen Verschmutzung ist eine zusätzliche Probenahme vorzunehmen, um festzustellen, dass das Verschmutzungsereignis beendet ist. Diese Probe ist dann nicht Bestandteil des Datensatzes über die Badegewässerqualität. Zum Ersatz einer außer Acht gelassenen Probe ist sieben Tage nach Ende der kurzzeitigen Verschmutzung eine zusätzliche Probenahme vorzunehmen (gemäß Anhang IV der Richtlinie [1]).

10.4.1 Probenahmeplanung

In Nordrhein-Westfalen sind bis zum 1. April eines Jahres in die Datenbank „Badegewässer in NRW" (siehe https://db.badegewaesser.nrw.de/badegewaesser-nrw/) für jede EU-Badestelle verbindlich Anfang und Ende der Badesaison sowie der Überwachungszeitplan einzutragen. Dies ist in der Regel der Zeitraum vom 15. Mai bis 15. September. Davon kann jedoch abgewichen werden.

Dabei ist entsprechend der Bewertung durch die EU Folgendes zu beachten:

- Die erste Probe sollte nicht länger als 14 Tage vor Beginn der Badesaison stattfinden.
- Seitens der EU wird nur eine Probe vor Saisonbeginn anerkannt.
- Der Abstand zwischen zwei Proben von maximal einem Monat (30 bzw. 31 Tagen) ist strikt einzuhalten.
- Zwischen dem geplanten Probenahmedatum und der tatsächlichen Probenahme dürfen maximal vier Tage ab dem Tag der geplanten Probenahme liegen.

10.4.2 Kurzzeitige Verschmutzung

Für Badegewässer, die für kurzzeitige Verschmutzungen anfällig sind, sind bereits im Badegewässerprofil (siehe Anlage 3 zur Badegewässerverordnung [2]) folgende Punkte zu beschreiben:

- Voraussichtliche Art, Häufigkeit und Dauer der erwarteten kurzzeitigen Verschmutzung
- Einzelangaben zu allen verbleibenden sonstigen Verschmutzungsursachen einschließlich der ergriffenen Bewirtschaftungsmaßnahmen und dem Zeitplan für die Beseitigung der Verschmutzungsursachen
- Während der kurzzeitigen Verschmutzung ergriffene Bewirtschaftungsmaßnahmen mit Angabe der für diese Maßnahmen zuständigen Stellen und der Einzelheiten für eine Kontaktaufnahme

Die in der EU-Richtlinie [1] aufgezeigte Möglichkeit des Ersatzes einer Probe bei einer kurzfristigen mikrobiologischen Verunreinigung ist an die Vorgabe gebunden, dass sie eindeutig feststellbare Ursachen hat. Zudem dürfen diese Beeinträchtigungen die Qualität des Badegewässers nicht mehr als ungefähr 72 Stunden beeinflussen. Die zuständige Behörde muss außerdem Verfahren zur Vorhersage und entsprechende Abhilfemaßnahmen für diese bekannten Beeinträchtigungen festgelegt haben.

Um zu beurteilen, ob die Verschmutzung abgeklungen ist, muss eine zusätzliche Beprobung durchgeführt werden, was zusätzliche Kosten (für den Betreiber) verursacht. Diese Nachprobe ist Vorgabe des EU-Rechts und nicht Bestandteil des Datensatzes über die Badegewässerqualität.

Fällt ein geplanter Probenahmetermin in den Zeitraum einer kurzzeitigen Verschmutzung, kann diese Probe außer Acht gelassen werden. Diese entfallene Probe wird durch eine exakt sieben Tage nach Ende der kurzzeitigen Verschmutzung entnommene neue (Ersatz-)Probe ersetzt.

10.5 Probenahmevorgang

Generell wird die Probenahme in Badegewässern in verschiedenen Normen beschrieben, die das Thema jedoch eher von der Matrix her als von der Zweckbestimmung (hier Baden) beleuchten. Für die stehenden Gewässer gibt es die Norm DIN 38402-12 [8], für die Fließgewässer gibt es die DIN EN ISO 5667-6 [9] und für die Meere die DIN 38402-16 [10].

10

10.5.1 Behälter und Geräte zur Probenahme

Für Probenbehälter, Behälterverschlüsse und Geräte sind grundsätzlich Werkstoffe zu wählen, die eine Veränderung der Beschaffenheit der Wasserproben bei der Probenahme und beim Transport der Proben ausschließen, z. B. Glas oder weichmacherfreie Kunststoffe.

Die Anforderungen an die Probenahmebehälter setzt im vorliegenden Fall insbesondere die DIN EN ISO 19458 [11], die jedoch nur für mikrobiologische Proben gilt. Für die Probenahmen für chemische Untersuchungen werden keine konkreten Anforderungen gestellt, sodass hier im Wesentlichen die betreffenden Anforderungen der Analysennormen gelten. Schließlich wird allgemein auf die ISO 5667-3 [12] verwiesen bezüglich des Transports und der Lagerung von Wasserproben für physikochemische und chemische Untersuchungen.

Das Volumen des Probenbehältnisses hängt davon ab, welche Wassermenge für die Untersuchung der einzelnen Parameter benötigt wird. Der Mindestinhalt beträgt in der Regel 250 ml.

Zur Vermeidung einer unbeabsichtigten Kontaminierung der Proben ist bei der Probenahme ein aseptisches Verfahren anzuwenden, damit die Sterilität des Probenbehältnisses erhalten bleibt. Wird ordnungsgemäß vorgegangen, besteht kein Bedarf an zusätzlicher steriler Ausrüstung (z. B. sterile Handschuhe, Zangen). Die Probe ist auf dem Behältnis und auf dem Probenahmeformular eindeutig und dauerhaft zu kennzeichnen.

10.5.2 Probenahmebehälter für mikrobiologische Untersuchungen

Gemäß Anhang V der Badegewässerrichtlinie [1] müssen die Probenahmeflaschen

- für mindestens 15 Minuten bei 121 °C im Autoklav sterilisiert werden oder
- für mindestens 1 Stunde bei 160 bis 170 °C trocken sterilisiert werden oder
- strahlensterilisierte Probenbehältnisse sein, die direkt vom Hersteller bezogen werden.

Die DIN EN ISO 19458 [11] definiert als Temperaturen (121±3) °C für Autoklaven und (170±10) °C für die trockene Hitze. Diese Angaben sind also im Einklang mit den in der Richtlinie erwähnten Daten. Für genauere Angaben zur Sterilisation der Flaschen wird z. B. auf Kapitel 9 oder auf die Norm verwiesen.

Für die mikrobiologischen Untersuchungen werden im Allgemeinen entsprechend vorbereitete 250 ml-Flaschen verwendet. Für besondere Untersuchungen sind mitunter größere Volumina erforderlich.

10.5.3 Probenahmebehälter für physikalisch-chemische Untersuchungen

Generell werden durch die Badegewässerrichtlinie [1] keine Untersuchungen von chemischen Parametern gefordert. Sollten in Sonderfällen dennoch Untersuchungen notwendig werden, sollten für die Bestimmung chemischer Parameter je nach Bedarf für die Untersuchungsmethoden 250 ml-, 500 ml- oder 1 l-Standflaschen aus Glas mit Schliffstopfen oder auch geeignete (weichmacherfreie) Kunststoffflaschen mit Schraubverschluss verwendet werden.

Für Schwermetalle werden überwiegend Polyethylenbehälter (HDPE) oder andere geeignete Kunststoffe verwendet (siehe ISO 5667-3 [12]). Für Quecksilber gibt es eine Ausnahme. Hierfür sind überwiegend Borosilikat-Behälter im Einsatz.

Da das Probenvolumen von der eingesetzten Untersuchungsmethode abhängt, ist die Probenmenge unmittelbar mit dem Untersuchungslabor abzustimmen. Eine eventuelle Filtration bzw. andere Konservierungsschritte der Proben sind ebenfalls rechtzeitig mit dem Untersuchungslabor zu vereinbaren.

10.5.4 Transport der Proben

Die Transportbedingungen der Proben werden in Anhang V, Nr. 4 der Badegewässerrichtlinie [1] festgelegt. Die Wasserproben sind danach während des gesamten Transports vor Lichteinwirkung und insbesondere vor direktem Sonnenlicht zu schützen.

Die Probe ist bis zur Ankunft im Labor in einer Kühlbox oder in einem Kühlschrank (je nach Klimabedingungen) bei einer Temperatur von etwa 4 °C aufzubewahren. Nimmt der Transport ins Labor voraussichtlich mehr als vier Stunden in Anspruch, so ist ein Transport im Kühlschrank (oder in einem aktiven Kühlgerät) erforderlich.

Zwischen der Probenahme und der Analyse darf so wenig Zeit wie möglich verstreichen. Es wird empfohlen, die Proben noch am gleichen Arbeitstag zu analysieren. Ist dies aus praktischen Gründen nicht möglich, so sind die Proben innerhalb von höchstens 24 Stunden zu bearbeiten. Sie sind bis dahin im Dunkeln bei einer Temperatur von (4±3) °C aufzubewahren. Dauert der Transport länger als acht Stunden, so muss die Temperatur überwacht und aufgezeichnet werden.

Entsprechend der DIN EN ISO 19458 [11] differieren die möglichen Lagerungszeiten der mikrobiologischen Proben in Abhängigkeit von den zu bestimmenden Parametern. Eine Auswahl der im Anhang B der Norm aufgeführten Probenlagerungszeiten sind in Tabelle 3 der Norm zusammengefasst.

Die angegebenen Lagerungszeiten sind lediglich informativ und fassen die der Literatur entnommenen, empfohlenen maximalen Verzögerungen zusammen. Sie sind abhängig vom Wassertyp, der Verwendung von Bioziden, vom physiologischen Zustand der Mikroorganismen oder auch vom Analyseverfahren. Sind in den verfahrensspezifischen Analysennormen Lagerungs- und Transportzeiten sowie Lagerungstemperaturen angegeben, so sind diese einzuhalten.

10.5.5 Entnahmeort und -tiefe

Die Vorgaben zur Probenahmestelle sind im Anhang V, Nummer 1 der Badegewässerrichtlinie [1] sowie in der Verordnung [2] wie folgt beschrieben:

„Nach Möglichkeit sind die Proben 30 cm unter der Oberfläche des Gewässers bei einer Wassertiefe von mindestens 1 m zu entnehmen."

Auf die Einhaltung dieser Vorgabe sollte besonders geachtet werden. Üblicherweise kann die Probe von einem Steg oder einem Boot aus genommen werden. Wenn die obigen Bedingungen auch vom Ufer aus einzuhalten sind, haben sich Teleskopstangen mit einer Halteeinrichtung für die Flaschen bewährt.

10.5.6 Probenahmeprotokoll

Grundsätzlich ist es wichtig und vorgeschrieben, dass die Probenahme samt den durchgeführten Messungen und Beobachtungen vor Ort in einem Probenahmeprotokoll dokumentiert wird. Dazu werden heute in der Regel Vordrucke oder Formblätter genutzt, die über das Labormanagementsystem der Laboratorien erstellt werden. Das Protokoll sollte in übersichtlicher und leicht auszufüllender Form die wichtigsten Daten enthalten, die der/die Probenehmer/in erheben oder messen muss. Zu den wichtigsten Daten und Informationen zählen:

1. Eindeutige und vollständige Bezeichnung der Badestelle
2. Datum und Uhrzeit der Probenahme
3. Angewendetes Probenahmeverfahren (z. B. Schöpfprobe nach Anhang V der Richtlinie 2006/7/EG gemäß DIN EN ISO 19458)
4. Angaben zum Wetter
5. Luft- und Wassertemperatur
6. pH-Wert (optional)
7. Elektrische Leitfähigkeit (optional)
8. Transparenz (mit Secchi-Scheibe ermittelt)
9. Angaben zu optisch wahrnehmbaren Verunreinigungen und/oder zum Algenbewuchs (beispielsweise Ölfilme, Teer, Unrat, Schaum als Hinweis auf Tenside)
10. Angaben zum Laboratorium und zum Probenehmer (mit Unterschrift, da das Protokoll ein Originaldokument zur Archivierung ist)

10.6 Bewertung der Badegewässerqualität

Nach den Regeln der EU-Richtlinie [1] wird die Qualität eines Badegewässers anhand der Daten aus den zurückliegenden vier Jahren beurteilt. Durch eine statistische Auswertung der Probenwerte der letzten vier Jahre wird der Wert ermittelt, den voraussichtlich 90 oder 95 % aller Proben für dieses Badegewässer unterschreiten werden.

Dieser ermittelte Wert wird dann mit den in **Tabelle 10.1** dargestellten Grenzwerten abgeglichen und so die Einstufung der Badegewässerqualität bestimmt.

Werden die in Tabelle 10.1 genannten Grenzwerte nicht eingehalten, wird die Badestelle mit einer „mangelhaften Qualität" gekennzeichnet. Oft werden die Badestellen in Karten oder vor Ort mit Piktogrammen gekennzeichnet (siehe **Bild 10.1a** bis **Bild 10.4a**).

Tabelle 10.1: Grenzwerte für die Badegewässerqualität nach EU-Badegewässerrichtlinie [1]

Parameter	„ausgezeichnet"	„gut"	„ausreichend"
Intestinale Enterokokken	200 (*)	400 (*)	330 (**)
E. coli	500 (*)	1.000 (*)	900 (**)
(*) Auf Grundlage einer 95-Perzentil-Bewertung gemäß Anhang II (**) Auf Grundlage einer 90-Perzentil-Bewertung gemäß Anhang II			

Die EU sieht die Symbole ohne farblichen Hintergrund vor (siehe **Bild 10.1b** bis **Bild 10.4b**).

Während der Badesaison werden die Badegewässer mindestens alle vier Wochen durch die Gesundheitsbehörden überwacht. Die Ergebnisse werden dann unmittelbar durch die Gesundheitsbehörden hinsichtlich ihrer gesundheitlichen Einschätzung (Badeverbot) beurteilt.

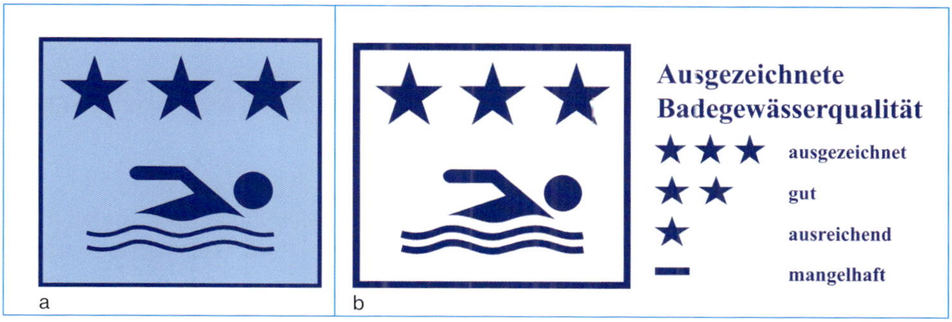

Bild 10.1: Grafische Kennzeichnung einer „ausgezeichneten Qualität" in Deutschland (a) und gemäß EU-Vorgabe (b)

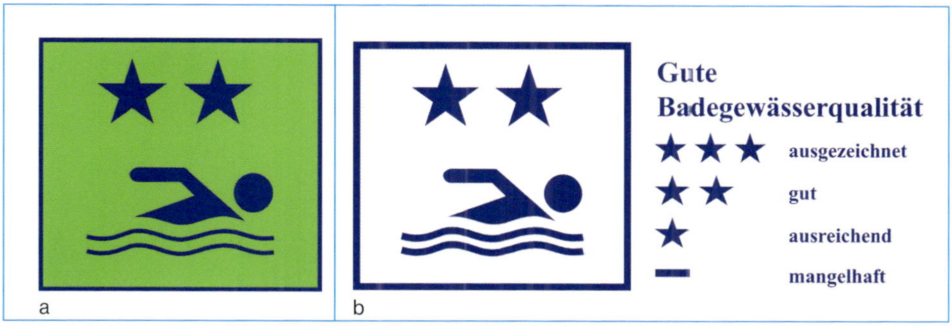

Bild 10.2: Grafische Kennzeichnung einer „guten Qualität" in Deutschland (a) und gemäß EU-Vorgabe (b)

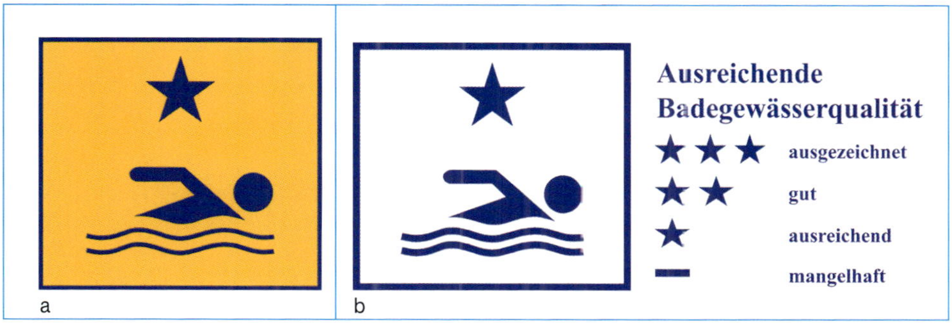

Bild 10.3: Grafische Kennzeichnung einer „ausreichenden Qualität" in Deutschland (a) und gemäß EU-Vorgabe (b)

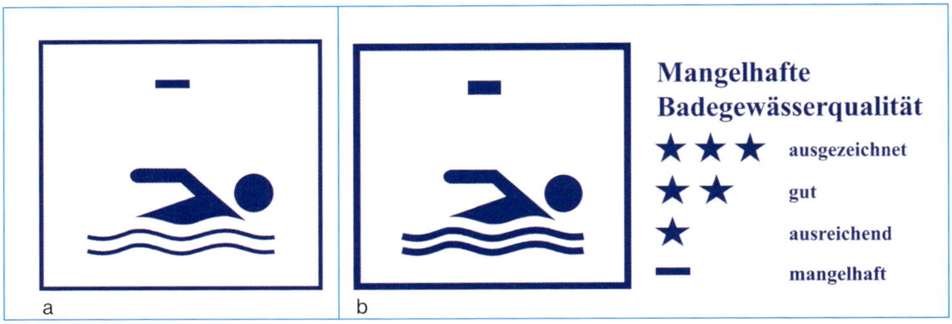

Bild 10.4: Grafische Kennzeichnung einer „mangelhaften Qualität“ in Deutschland (a) und gemäß EU-Vorgabe (b)

Für Nordrhein-Westfalen wird die Qualität der Badegewässer durch das Landesumweltamt (LANUV) im Internet beschrieben und dargestellt unter: www.badegewaesser.nrw.de.

10.6.1 Badeverbot

In den Badegewässer-Verordnungen einzelner Bundesländer sind Grenzwerte für ein Badegewässerverbot benannt.

Beispiel Nordrhein-Westfalen:

Falls die Ergebnisse einer Probe den Wert

- > 700 KBE/100 ml bei Intestinalen Enterokokken bzw.
- > 1.800 KBE/100 ml bei *Escherichia Coli*

überschreiten, sollen die Gesundheitsämter eine sofortige Nachkontrolle durchführen. Liegen bei der Nachkontrolle die Messergebnisse wieder über diesen Werten, wird empfohlen, ein zeitweiliges Badeverbot (Piktogramm siehe **Bild 10.5**) zu erlassen. Das Verbot ist aufzuheben, wenn durch Messungen festgestellt wurde, dass zumindest wieder eine ausreichende Badegewässerqualität erreicht ist.

Bild 10.5: Grafische Kennzeichnung eines Badeverbots

Literatur

[1] Richtlinie (EU) 2006/7/EG des Europäischen Parlamentes und des Rates vom 15. Februar 2006 über die Qualität der Badegewässer und deren Bewirtschaftung und zur Aufhebung der Richtlinie 76/160/EWG. Amtsblatt der Europäischen Gemeinschaften, 15. Februar 2006 (L 64): S. 37-51

[2] Verordnung über die Qualität und die Bewirtschaftung der Badegewässer (Badegewässerverordnung) vom 11. Dezember 2007, GV. NRW. 2008 S. 138

[3] DIN EN ISO 7899-1:1999-07, Wasserbeschaffenheit – Nachweis und Zählung von intestinalen Enterokokken in Oberflächenwasser und Abwasser – Teil 1: Miniaturisiertes Verfahren durch Animpfen in Flüssigmedium (MPN-Verfahren) (ISO 7899-1:1998); Deutsche Fassung EN ISO 7899-1:1998

[4] DIN EN ISO 7899-2:2000-11, Wasserbeschaffenheit – Nachweis und Zählung von intestinalen Enterokokken – Teil 2: Verfahren durch Membranfiltration (ISO 78992:2000); Deutsche Fassung EN ISO 7899-2:2000

[5] DIN EN ISO 9308-3:1999-07, Wasserbeschaffenheit – Nachweis und Zählung von *Escherichia coli* und coliformen Bakterien in Oberflächenwasser und Abwasser – Teil 3: Miniaturisiertes Verfahren durch Animpfen in Flüssigmedium (MPN-Verfahren) (ISO 9308-3:1998); Deutsche Fassung EN ISO 9308-3:1998

[6] DIN EN ISO 9308-1:2017-09, Wasserbeschaffenheit – Zählung von *Escherichia coli* und coliformen Bakterien – Teil 1: Membranfiltrationsverfahren für Wässer mit niedriger Begleitflora (ISO 9308-1:2014 + Amd 1:2016); Deutsche Fassung EN ISO 9308-1:2014 + A1:2017)

[7] DIN EN ISO 7027-2:2019-06, Wasserbeschaffenheit – Bestimmung der Trübung – Teil 2: Semiquantitative Verfahren zur Beurteilung der Lichtdurchlässigkeit (ISO 7027-2:2019); Deutsche Fassung EN ISO 7027-2:2019

[8] DIN 38402-12:1985-06, Deutsche Einheitsverfahren zur Wasser-, Abwasser- und Schlammuntersuchung; Allgemeine Angaben (Gruppe A); Probenahme aus stehenden Gewässern (A 12)

[9] DIN EN ISO 5667-6;2016-12, Wasserbeschaffenheit – Probenahme – Teil 6: Anleitung zur Probenahme aus Fließgewässern (ISO 5667-6:2014); Deutsche Fassung EN ISO 5667-6:2016

[10] DIN 38402-16:1987-08, Deutsche Einheitsverfahren zur Wasser-, Abwasser- und Schlammuntersuchung; Allgemeine Angaben (Gruppe A); Probenahme aus dem Meer (A 16)

[11] DIN EN ISO 19458:2006-12, Wasserbeschaffenheit – Probenahme für mikrobiologische Untersuchungen (ISO 19458:2006); Deutsche Fassung EN ISO 19458:2006

[12] DIN EN ISO 5667-3:2024-09, Wasserbeschaffenheit – Probenahme – Teil 3: Konservierung und Handhabung von Wasserproben (ISO 56673:2012); Deutsche Fassung EN ISO 56673:2024

11 Probenahme von Meer- und Brackwasser

Prof. Dr. Detlef Schulz-Bull*

11.1 Einleitung

Im Vergleich zu anderen Kompartimenten der Umwelt ist die Entnahme von Wasserproben aus dem Meer noch nicht umfassend vereinheitlicht. Das hängt unter anderem damit zusammen, dass das Weltmeer zwar seit mehr als 100 Jahren erforscht wird, aber die existierenden internationalen Programme zur Umweltüberwachung von chemischen Spurenstoffen in der marinen Umwelt (z. B. OSPAR, HELCOM) zwar eingeführt, die Anforderungen aber im ständigen Wandel sind. In der Regel wird neben den Basisvariablen (Salzgehalt, Temperatur, Sauerstoff) nur eine relativ kleine Zahl von Umweltkontaminanten erfasst, bei einer ständig zunehmenden Zahl von Schadstoffen im Meerwasser. Für viele Spurenstoffe fehlen noch die notwendigen Methoden, um sie im Meerwasser verlässlich und kostengünstig zu bestimmen. Resultate aus den Monitoring-Programmen sind daher oft noch nicht geeignet, um zeitliche Trends und räumliche Unterschiede in den Konzentrationen von vielen wichtigen Zielparametern zu erfassen.

Die Messung von Spurenstoffen in der marinen Umwelt ist logistisch sehr aufwendig. Die Probenahme von chemischen Inhaltsstoffen erfordert meist Einsätze von Forschungsschiffen, das Untersuchungsgebiet ist sehr groß und die meisten Inhaltsstoffe müssen in sehr niedrigen Konzentrationen bestimmt werden. Wegen der relativ niedrigen Konzentrationen ist der Bestand an sehr spezialisierten Meerwasser-Probenahmegeräten entscheidend verbessert worden. Autonom arbeitende Messgeräte in Verankerungen, Sensoren mit frei treibenden Geräteträgern oder kontinuierliche Pumpsysteme an Bord von Forschungsschiffen haben in der letzten Dekade erheblich zur Optimierung der räumlichen und zeitlichen Auflösung geführt.

Nachfolgend wird eine Bestandsaufnahme verbreiteter Methoden der Probenahme von Wasser aus dem Ozean und aus seinen Rand- und Nebengewässern versucht. Die Ausführungen konnten aufgrund der großen Anzahl von Verbindungen, die zur Messung gewünscht werden, nur einen Ausschnitt der entsprechenden Möglichkeiten berücksichtigen. Die Auswahl der vorgestellten Geräte und Techniken ist sicherlich außerdem regional und national sowie durch die Forschungsgebiete der Autoren (Spurenmetalle sowie organische Schadstoffe) geprägt. Möglichkeiten und Probleme der Entnahme von Meerwasserproben wurden bereits in einem Handbuch zur Meerwasseranalytik erörtert [1]. Verbindliche Vorschriften, die bei der Probenahme von Meerwasser zu berücksichtigen sind, wurden in deutschen und internationalen Normen [2, 3] festgelegt.

---

* unter Verwendung des Kapitels von L. Brügmann aus der 1. Auflage 1998 sowie von D. Schulz-Bull aus der 2. Auflage 2018

11.1.1 Problemstellung

Mit der weiteren Entwicklung instrumentalanalytischer Techniken sind in den vergangenen Jahrzehnten Messungen zum Spurenstoffgehalt von Meerwasserproben mit hoher Genauigkeit möglich geworden [1, 4]. Internationale Projekte, wie JGOFS und GEOTRACES haben einen deutlichen Erkenntnisgewinn der ablaufenden Prozesse im Ozean erbracht.

Für den im Labor ablaufenden Teil der spurenanalytischen Messungen werden in der Regel die Grundelemente der Qualitätssicherung, wie Wiederholungsmessungen, adäquate Reagenzqualität, richtige Kalibrierung, nachweisstarke Detektoren etc., bereits seit Längerem beachtet. Den Schwachpunkt bildet die Entnahme der Proben und ihre Erstbehandlung auf See. Kontaminationen des Probenmaterials sind dabei der am meisten kritische Faktor. Die Konzentrationen der zu messenden Verunreinigungen liegen gewöhnlich unterhalb der Leistungsgrenze verfügbarer Detektoren, so sind z. B. bei einigen Halogenkohlenwasserstoffen oder Radionukliden Anreicherungen von > 10^6 erforderlich. Die ersten Schritte dieser Anreicherung müssen zumeist auf einem für Spurenmessungen nicht adäquat ausgestatteten Schiff erfolgen. Bei den an Bord auszuführenden Operationen ist die Entnahme unverfälschter Wasserproben der neuralgische Punkt. Die Kontrolle multipler Kontaminationsrisiken des Wasserkörpers durch das Schiff (Kühl- und Abwässer, Bestandteile des Anstrichs, Korrosion der Außenhaut, elektrolytische Auflösung von zinkhaltigen Opferanoden und von Schiffsschrauben aus Messing, Einsickern von Ölen und Fetten aus diversen Quellen, wie z. B. über die Schraubenwelle, ...) oder durch die verwendeten Mess- und Entnahmegeräte (Bodengewichte, Sonden, Messdraht, ...) ist auch weiterhin problematisch. Daher wird, wenn möglich, verstärkt auf in-situ-Techniken sowie geschlossene Systeme zurückgegriffen.

Eine Kontamination der Proben, die mit ihrer Erstbehandlung an Bord (Filtration, Analyt/Matrix-Trennung) und ihrer Aufbewahrung bis zur Weiterbehandlung im Landlabor in Verbindung steht, ist mittlerweile weitgehend kontrollierbar geworden. Das wurde vor allem durch eine verbesserte Laborausstattung von Forschungsschiffen (Reinlabore, reine Werkbänke etc.), aber auch durch generelle Fortschritte in der Spurenanalytik, z. B. durch den Zugang zu effektiveren Techniken und Materialien zur Anreicherung von Spurenstoffen, erreicht.

11.1.2 Untersuchungsgegenstand

Die Ozeane und Meere bedecken mit $360{,}8 \times 10^6$ km^2 rund 70,8 % der Erdoberfläche. Das darin befindliche Meerwasser enthält Salze, Gase und organische Verbindungen vorwiegend in gelöster, teilweise auch in dispergierter Form. Der mittlere Salzgehalt [5] des Weltmeeres liegt bei etwa S = 35, d. h. 1 kg Meerwasser enthält 35 g verschiedenartige Salze. Im Oberflächenwasser des offenen Ozeans werden zwischen S = 32 und 37, bei exzessiver Verdunstung wie im Mittelmeer (S = 37 – 39) oder im Roten Meer (S = 40 – 41) noch weit höhere Salzgehalte angetroffen. Brackwasser entsteht durch Vermischen von Salz- mit Süßwasser und ist durch Salzgehalte gekennzeichnet, die in der Regel deutlich unter S = 30 liegen.

In der Wasserbilanz des Weltmeeres wird der Verdunstungsverlust durch den Eintrag von Süßwasser mit Zuflüssen, Niederschlägen, untermeerisch einsickerndem Grundwasser und abtauendem Eis kompensiert. Oft ist der Übergangsbereich Fluss – Meer sowohl geomorphologisch als auch nach der Qualität des Wassers deutlich als Ästuar abgrenzbar. Steht die Vermischung von Süß- mit Salzwasser in einem solchem Ästuar unter dem oszillierenden Einfluss von Gezeiten, spricht man von Tidewasser, das an vielen Ozeanküsten, aber besonders in Randmeeren wie der Nordsee anzutreffen ist. Nebenmeere des Ozeans in humiden Klimazonen wie die Ostsee haben zum Teil den Charakter kollektiver Ästuarien. Das darin befindliche Brackwasser weist relativ stabile Salzgehaltsgradienten sowohl in vertikaler als auch horizontaler Richtung auf, die z. B. vom Kattegat zur Bottenwiek von etwa $S = 30$ bis auf $S = 3 – 5$ abnehmen.

Traditionell wird bei den Meerwasserinhaltstoffen zwischen Hauptkomponenten (> 1 mg/l) und Spurenkomponenten unterschieden. Die Konzentration der Spurenstoffe, die in der Regel im Bereich von pg/l bis µg/l liegt und zu der auch alle Verunreinigungen mit Ausnahme von Extremsituationen (z. B. Öl im Umkreis havarierter Tanker) zu rechnen sind, ist als Summe mit etwa 3 mg/l sehr gering (siehe Tabelle 11.1). Außer an den Grenzflächen der Ozeane zur Atmosphäre, zu den Kontinenten und zum Meeresboden ist die Zusammensetzung des Meersalzes in Bezug auf seine Hauptkomponenten sehr stabil. Diese Ionen verhalten sich weitgehend ‘konservativ’, werden also durch bio- und geochemische Prozesse im Meer nicht merkbar beeinflusst. Das gilt allerdings für Ionen wie Fluoride mit Konzentrationen an der Grenze zu den Spurenstoffen nur mit Einschränkungen. Die Silikatkonzentration im Meer überschreitet zum Teil die 1 mg/l-Grenze. Da Si jedoch in der euphotischen Oberflächenschicht stark in die Planktonproduktion (Diatomeen) einbezogen wird, kann es nicht der Gruppe konservativer Hauptionen zugeordnet werden.

Neben den Anionen und Kationen finden sich im Meerwasser viele gelöste Gase. Von diesen haben der gelöste Sauerstoff und das Kohlendioxid die größte Bedeutung, auch Methan, Lachgas und andere Spurengase sind oft Ziel von Umweltuntersuchungen.

Die Bestimmung des Salzgehalts, als dimensionslose Größe, erfolgt über eine hoch präzise Messung der Leitfähigkeit des Meerwassers. Die thermodynamische Definition (Thermodynamic Equation of Seawater) wurde 2010 durch die International Oceanographic Commission (IOC) und das Scientific Committee on Oceanic Research (SCOR) neu definiert [5].

11.2 Probenahmestrategien

Die Strategie der Entnahme von Wasserproben leitet sich aus dem Ziel der Messungen und der raumzeitlichen Variabilität der Analyten im Untersuchungsgebiet ab. Limitierend fällt bei Spurenstoffmessungen oft die Anzahl der aus Zeit- und Kostenerwägungen maximal möglichen Analysen ins Gewicht. Das macht es erforderlich, ein Optimum zwischen der theoretisch erforderlichen und einer noch aussagefähigen Anzahl von Messungen zu suchen.

Das Ziel von Messungen im Meer kann bestehen in

a) Grundlagenuntersuchungen (baseline studies), d. h. einer Untersuchung der gegenwärtigen Verteilung und Konzentration des (der) Analyten im Wasser, wobei mit den erhaltenen Daten eine Schätzung des Eintrags über verschiedene Pfade (Atmosphäre, Flüsse, Sediment, angrenzende Gewässer) angestrebt werden sollte,
b) der Überwachung des Meeres (Monitoring), d. h. in wiederholten Untersuchungen an bestimmten Stationen, in festgelegten Wassertiefen, nach einem festen Zeitplan und möglichst ohne Änderung der eingesetzten Methoden,
c) der Datengewinnung im Rahmen von Forschungsprogrammen und in
d) Fallstudien, z. B. zum Auffinden und zum Quantifizieren von Punktquellen für Verunreinigungen, die sich sowohl auf See als auch – wie z. B. bei industriellen und kommunalen Einleitern – auf dem Festland befinden können.

Probenahmen zu c) und d) sind in der Regel sehr spezifisch ausgerichtet und lassen sich daher in Bezug auf das erforderliche Stationsnetz und die optimale Abtastfrequenz schlecht systematisieren. Die diesen Beitrag abschließenden Anmerkungen zur Qualitätssicherung (Kapitel 11.7) beziehen sich allerdings nicht nur auf die Punkte a) und b), sondern auch auf c) und d).

Bei der Planung des Stationsnetzes ist zu beachten, dass die Konzentration von Verunreinigungen im Meer wie auch deren Variabilität in der Regel mit Annäherung an die Quellen, zumeist die Küsten der Kontinente und da besonders in Richtung auf die Mündungen großer Flüsse sowie von Industrie- und urbanen Zentren, zunehmen. Messprogramme sollten nach Möglichkeit diese Variabilität durch häufigere Probenahmen und ein engeres Stationsnetz kompensieren. Generell sind küstensenkrechte Schnitte mit entsprechend angepasstem Stationsabstand zu bevorzugen. Soll die Ausbreitung von einer spezifischen Punktquelle (Fluss, Abwassereinleitung) aus charakterisiert werden, sind Probenahmestationen entlang den Ausbreitungsachsen, oft entlang den Küsten, ebenfalls empfehlenswert.

11.2.1 Probenahme im Meer

Im Ozean ist die Variabilität der Analytkonzentrationen an den Grenzflächen (Atmosphäre – Wasser und Wasser – Boden) und innerhalb der Deckschicht am größten. Bei Untersuchungen zu Verunreinigungen sollte das Programm der Probenahme außerdem weitere Faktoren berücksichtigen. Das betrifft erstens den Eintragspfad der Verunreinigungen ins Meer (atmosphärische Deposition, Zufluss von den Küsten, anthropogene Aktivitäten auf der Hohen See), zweitens den Charakter ihres Eintrags (kontinuierlich wie z. B. bei vielen industriellen und kommunalen Einleitungen, saisonal wie z. B. mit dem Frühjahrshochwasser, oder gelegentlich wie bei Ölunfällen) und drittens die Mechanismen ihres horizontalen (Advektion durch Strömungssysteme, Dispersion als Oberflächenfilm) und vertikalen Transports (turbulente Vermischung, biologische Aktivität, Absinken partikulären Materials) innerhalb der Meeresumwelt.

An der Grenzfläche Meer – Atmosphäre bildet sich unter bestimmten Voraussetzungen (unter anderem geringe turbulente Vertikaldurchmischung, Schwachwindperioden, hohe organische Produktion im Meer, exzessiver atmosphärischer Eintrag) eine < 1 mm starke Oberflächenfilmschicht (surface microlayer, SML) aus. Darin werden anorganische und organische Spurenstoffe, aber auch Mikroorganismen, gegenüber dem darunterliegenden Wasserkörper um ein Vielfaches angereichert. Für Untersuchungen der SML wurden spezielle Probenahmegeräte entwickelt [6]. Viele der in der Mikroschicht extrem akkumulierten Substanzen sind entweder selbst stark adhäsiv oder treten mit oberflächenaktiven Substanzen in 'Symbiose' auf. Meistens wird der Oberflächenfilm mit der Glasplattentechnik beprobt.

Durch Salzgehalts- und Temperaturunterschiede gebildete Dichtesprungschichten grenzen verschiedene Wasserkörper in vertikaler und in Ästuaren auch in horizontaler Richtung voneinander ab und können partikuläres Material akkumulieren. Solche Schichtungen können sowohl eine permanente Eigenschaft des entsprechenden Wasserkörpers sein als auch nur saisonalen Charakter tragen. Thermische Sprungschichten sind typisch für das Sommerhalbjahr, können zwischenzeitlich jedoch wie auch haline Sprungschichten durch Starkwinde erodiert oder aufgelöst werden. Sofern diese Sprungschichten nicht selbst Gegenstand von Untersuchungen sind, sollten sie aufgrund der großen Variabilität darin gemessener Inhaltsstoffe bei der Probenahme ausgeklammert bleiben.

Mit hohem personellem, Zeit- und Kostenaufwand erhaltene Messwerte zu spezifischen natürlichen und anthropogenen Spurenstoffen im Meer verlieren deutlich an Aussagekraft, wenn nicht gleichzeitig Informationen zur Schichtung des Wasserkörpers sowie der Basisparameter vorliegen. In der Regel kann das Vermessen hydrografisch-chemischer Parameter wie Salz- und Sauerstoffgehalt oder Temperatur um Größenordnungen präziser, schneller und gleichzeitig billiger erfolgen als von Spurenstoffen. Deshalb sollten solche Messungen immer die Spurenstoffmessungen begleiten und diesen im Idealfall sogar in höherer raumzeitlicher Auflösung vorausgehen. Das ist bei Untersuchungen an küstennahen Punktquellen unabdinglich, da die flächenhafte Ausbreitung der oft salzärmeren und mit Schwebstoffen sowie Pigmenten angereicherten Eintragsfahne (plume) nur so sicher und effektiv lokalisiert werden kann. Bei vertikalen Probenserien dienen Salzgehalts- und Temperaturwerte dazu, die für die Spurenstoffmessungen angestrebte Wassertiefe zu verifizieren. Das setzt allerdings den möglichst gleichzeitigen Einsatz von CTD- (Leitfähigkeit/Temperatur/Dichte) Sonden voraus. Die üblicherweise verwendeten CTD-Sonden mit Rosettenschöpfern (**Bild 11.1**) führen zu einer exakten Zuordnung der Probentiefen zum Wasserkörper.

Bild 11.1: CTD-Sonde mit Go-Flow-Rosettenschöpfern (© Krüger/Schuffenhauer, IOW)

Um die Plausibilität gemessener Konzentrationen von Spurenstoffen wie Schwermetalle zu stützen, können auch parallele Nährstoffuntersuchungen hilfreich sein. Viele Spurenmetalle weisen im Meer ein den Pflanzennährstoffen Stickstoff, Phosphor und Silizium ähnliches Verteilungsmuster auf. Das heißt, sie werden als essenzielle Spurenelemente (Fe, Zn, Cu, ...) oder als deren Surrogat bei Defiziten (Cd) durch das Phytoplankton in der je nach Eindringtiefe des Sonnenlichts zwischen etwa 5 und 100 m mächtigen euphotischen (Oberflächen-)Schicht aufgenommen und nach Absinken mit pflanzlichem Detritus oder anderen Ausscheidungen (Zooplankton-Fäkalpillen) in größeren Tiefen teilweise remineralisiert. Das Ergebnis sind oft an der Nachweisgrenze liegende Oberflächenminima (Zn, Fe), die sich mit zunehmender Wassertiefe einem weit höheren Grenzwert annähern. Für einzelne Hochseeregionen können die Metall- zu Phosphat-, -Silikat- oder -Nitrat-Relationen typische Werte annehmen, die eine Validierung von Daten ermöglichen. Für Spurenstoffe ausschließlich oder vorwiegend anthropogenen Ursprungs, die in die Hochseeregionen vorwiegend aus der Atmosphäre eingetragen werden, ergeben sich demgegenüber Maxima in der Oberflächenschicht und sehr geringe Konzentrationen im Tiefenwasser. Beim Pb wurden beispielsweise im Oberflächenwasser des Nordostatlantiks bis vor wenigen Jahren noch um 15-30 ng/l angetroffen, während für das Tiefenwasser Werte < 5 ng/l typisch waren.

Saisonale Effekte beeinflussen die Konzentrationsmuster einer Vielzahl von Wasserinhaltstoffen. Das betrifft zyklische Änderungen der meteorologischen Randbedingungen (Temperatur-, Wind- und Strömungsregime) und der biologischen Produktion, dadurch ausgelöste Veränderungen des Redoxstatus des Meerwassers, besonders in der Grenzschicht zum Sediment, aber auch Änderungen der Frachtraten des landseitigen und atmosphärischen Eintrags. Deshalb ist es für Zustandseinschätzungen (assessments) notwendig, Wasserproben während jeder der klimatisch typischen Jahreszeiten zu nehmen. Zur Abschätzung zeitlicher Trends und von Massenbilanzen ist es in den europäischen Rand- (Nordsee) und Nebenmeeren (Ostsee) des Atlantiks empfehlenswert, Messungen aus dem Winterhalbjahr zu vergleichen. Man trifft dabei in der Regel auf gut durchmischte Wasserkörper, in denen die Konzentrationsmuster von Wasserinhaltsstoffen wenig durch die biologische Produktion beeinflusst sind.

11.2.2 Probenahme in gezeitenbeeinflussten Ästuaren

Um die mit Flusswasser das Meer erreichenden Frachten abschätzen zu können, sind mit etwa wöchentlichem Abstand, darüber hinaus ereignisgesteuert, Messungen im Fluss in der Nähe seiner Mündung erforderlich. An der auserwählten Station muss jedoch gesichert sein, dass über die gesamte Wassersäule immer eine seewärts gerichtete Strömung dominiert und kein Meersalz messbar wird. **Bild 11.2** zeigt drei zeitliche Phasen der Salz- und Süßwasser-Verteilung an der Grenze zwischen dem Fluss und dem Ästuar. Frachtabschätzungen sollten auf Messungen an Station A beruhen. Bei Flüssen mit einem Volumenstrom von ≤ 100 m^3/s ist ein Probenahmepunkt in Flussmitte ausreichend [7]. Anderenfalls sind auf einem Querschnitt die Verteilungsmuster der interessierenden Parameter zu erkunden und davon abhängig weitere Stationen festzulegen.

Für Untersuchungen zur Wasserqualität im Ästuar sollten in Abhängigkeit von der Komplexität des betreffenden Systems eine oder mehrere zentrale Stationen ausgewählt werden, die nicht dem unmittelbaren Einfluss landseitiger Einleitungen unterliegen. Zur Abschätzung von seewärtigen Massetransporten sind darüber hinaus Beobachtungen in der Kontaktzone Ästuar – Hochsee erforderlich. Alle diese Stationen sind etwa mit monatlicher Folge zu beproben. Spurenstoffmessungen sollten zumindest von Salz-

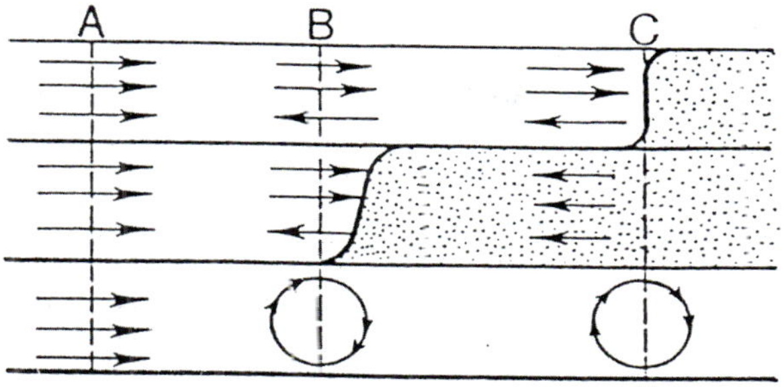

Bild 11.2: Gezeitenabhängige Salz- und Süßwasserverteilung an drei Stationen A, B, C, in einem Ästuar (Anmerkung: nur bei Station A liegt, unabhängig von den Gezeiten, durchgehend Süßwasser vor; nach [7])

gehalts-, Temperatur-, Strömungs-, Schwebstoff- und pH-Messungen begleitet werden. Um die spätere Interpretation der Daten zu erleichtern, sollte die Probenahme immer zur gleichen Gezeitenphase erfolgen [8]. Beim sogenannten Kenterpunkt Ebbe (Stauwasser) werden unter einem Strömungsminimum in der Regel die höchsten der aus dem Flusswasser dem Ästuar zugeführten Stoffkonzentrationen in gelöster und partikulärer Form gemessen [9]. Die Schwebstofffraktion wird dabei kaum durch weniger kontaminiertes Material marinen Ursprungs und durch gröbere Fraktionen resuspendierten Sediments verfälscht.

11.3 Untersuchungsparameter

Bei den an Wasserproben zu messenden Parametern ist zwischen hydrografisch-chemischen Standardgrößen, anorganischen und organischen Spurenstoffen natürlichen und anthropogenen Ursprungs einschließlich Radionukliden sowie einigen biologischen Größen zu unterscheiden. Biologische Parameter werden in den folgenden Kapiteln allerdings nur marginal berücksichtigt. In der Regel erfolgt die Bestimmung aller hydrografisch-chemischen Standardgrößen in Aliquoten der gleichen Wasserprobe, die mit Mehrzweck-Entnahmegeräten gewonnen wurden. Bei den Spurenstoffen kommen dagegen Wasserschöpfer zum Einsatz, deren Eigenschaften oft sehr spezifisch auf nur eine Gruppe von Analyten ausgerichtet wurden.

In **Tabelle 11.1** wird eine Übersicht zu typischen und häufig analysierten Parametern gegeben. Darüber hinaus sind Informationen zu häufig verwendeten Messprinzipien und zuvor erforderlicher Anreicherung des Analyten enthalten. Die Angaben zu den erforderlichen Probenvolumina und zu den Konzentrationsbereichen sind als grobe Orientierung zu verstehen. Die Konzentrationsgradienten erstrecken sich in der Regel über mehrere Größenordnungen. Sie reichen von extrem niedrigen Werten im küstenfernen ozeanischen Tiefenwasser (Spurenstoffe anthropogenen Ursprungs) bzw. Oberflächenwasser (Nährsalze und andere essenzielle Spurenstoffe) bis zu sehr hohen Werten in den Ästuaren verunreinigter Flüsse. Die Probevolumina schließen gewöhnlich Spülvorgänge beim Abfüllen der Proben aus Schöpfern und beim Entnehmen von Aliquoten aus Probenflaschen ein.

Man kann etwa davon ausgehen, dass die Anzahl der in Datenbanken anzutreffenden Einzelwerte zu den in Tabelle 11.1 angegebenen Parametern von den hydrografisch-

Tabelle 11.1: Übersicht zu typischen Untersuchungsparametern in Meer- und Brackwasserproben

Parameter	Typische Bestimmungsmethode	Wertebereich	Vol. (l)
Standardgrößen			
Temperatur	In-situ-Sensor (Thermometer)	< -1 – > 30 °C	
Salzgehalt	In-situ-Sensor, Salinometer (titrimetrisch)	< 1 – > 38 ‰	0,05
Sauerstoff	In-situ-Sensor, titrimetrisch	0 – 1 mmol/l	0,2
Schwefelwasserstoff	kolorimetrisch, In-situ-Sensor	0 – 250 µmol/l	0,2
Alkalinität	titrimetrisch	1 – 25 µmol/l	0,1
pH-Wert	In-situ-Sensor, pH-Elektroden	7 – 9	0,1
Nährsalze			
Phosphat-P	kolorimetrisch	< 0,05 – 10 µmol/l	0,1
org. Phosphor	kolorimetrisch	< 0,01 – 1 µmol/l	0,1
Gesamt-P	kolorimetrisch (nach Aufschluss)	< 0,05 – 10 µmol/l	0,1
Nitrat-N	kolorimetrisch	0 – 50 µmol/l	0,1
Nitrit-N	kolorimetrisch	0 – 2 µmol/l	0,1
Ammonium-N	kolorimetrisch	0 – 100 µmol/l	0,1
Harnstoff-N	kolorimetrisch	< 0,1 – > 2,5 µmol/l	0,1
Gesamt-N	kolorimetrisch (nach Aufschluss)	< 0,5 – > 100 µmol/l	0,1
Silikat-Si	kolorimetrisch	0 – 100 µmol/l	0,1
Andere Spurenstoffe			
SPM[1])	Filtration® Gravimetrie	< 0,05 – > 25 mg/l	0,2 – 20
POC[2])	Filtration® C-Analyzer	< 0,01 – > 10 mg/l	0,2 – 20
PON[3])	Filtration® N-Analyzer	< 0,002 – > 1 mg/l	0,2 – 20
DOC[4])	HTCO[7])-Analyzer (IR-Detektor)	< 0,5 – 10 mg/l	0,05
Humin-/Lignin-Äquiv.	UVF[8])	< 0,1 – 5 mg/l	0,2
Kohlenhydrate	kolorimetrisch	< 0,1 – 1 mg/l	0,1
Aminosäuren	HPLC/UV(F) (nach Derivatisierung)	< 0,1 – 1 mg/l	0,01
'Mineralöl-Äquiv.'	spektroskopisch (UVF, nach Extraktion)	< 0,1 – >10 µg/l	0,5 – 10
Aliphate	GC/FID (/MS) (nach Extraktion)	< 0,01 – > 10 ng/l	5 – 50
PAKs[5])	HPLC/UV(F) (nach Extraktion)	< 0,01 – > 10 ng/l	5 – 50
CKWs[6])	GC/ECD (/MS) (nach Extraktion)	< 0.001 – > 1 ng/l	50 – 500
Spurenmetalle	AAS (nach Extraktion)	< 0,002 – 50 nmol/l	0,2 – 2
Radionuklide	α- u. γ-spektrometrisch (nach Anreicherung)	<< 0,001 – > 5 Bq/l	1 – > 1.000

[1]) suspendiertes partikuläres Material; [2]) partikulärer organischer Kohlenstoff; [3]) partikulärer organischer Stickstoff; [4]) gelöster organischer Kohlenstoff; [5]) polyzyklische aromatische Kohlenwasserstoffe; [6]) Chlorkohlenwasserstoffe; [7]) katalytische Hochtemperatur-Oxidation; [8]) Fluoreszenz-Messungen im UV-Bereich

chemischen Standardgrößen über die Nährsalze bis hin zu anderen Spurenstoffen deutlich abnimmt. Das wird vor allem durch den erforderlichen Aufwand für die einzelnen Analysen verursacht, der proportional entsprechend zunimmt.

11.4 Entnahmetiefen

In **Tabelle 11.2** sind die für ozeanische Wasserproben von der IAPSO (International Association for the Physical Sciences of the Ocean) bereits 1936 empfohlenen Standardtiefen aufgelistet. Die im Rahmen von Forschungs- und Monitoringprogrammen verwendeten Wassertiefen können davon abweichen. Das betrifft insbesondere flache Rand- und Nebenmeere, die besonders in der durchmischten produktiven Oberflächenschicht deutlichere vertikale Gradienten der meisten Parameter aufweisen. In der dritten Spalte sind z. B. die in den Richtlinien zum Ostsee-Monitoringprogramm [10] zusätzlich geforderten Wassertiefen beigefügt.

Für die Probenahme an den Grenzflächen des Meeres zum Festland, zur Atmosphäre und zum Meeresboden gibt es in der Regel keine Vorgaben. Die Dicke der an der Meeresoberfläche beprobten Schicht wird durch die Charakteristik des Entnahmegeräts und die physikalisch-chemischen Eigenschaften der Probe bestimmt. In biologisch höher produktiven Randzonen des Ozeans und unter dem Einfluss von Verschmutzungen kann

Tabelle 11.2: Empfohlene Standardtiefen [in m] zur Probenahme für den Ozean (IAPSO, 1936) und die Ostsee [10]

Ozean (IAPSO, 1936)	Ozean (IAPSO, 1936)	Ostsee
1	1.000	5
10	1.200	15
20	1.500	25
30	2.000	40
50	2.500	60
75	3.000	70
100	4.000	80
150	5.000	125
200	6.000	175
300	7.000	225
400	8.000	250
500	9.000	
600	10.000	
800		

11

Bild 11.3: Pump-CTD mit Wasserschöpfern, Pumpe und Sensoreinheit (© Krüger/Schuffenhauer, IOW)

eine sehr viel dickere Haut vom Meer abgenommen werden als z. B. in unproduktiven küstenfernen Starkwindregionen.

Mit der Pump-CTD (siehe **Bild 11.3**) besteht eine Möglichkeit, Wasserproben mit hoher vertikaler Auflösung zu gewinnen und kontaminationsfrei zur Messung bzw. zur Abfüllung ins Bordlabor des Forschungsschiffs zu bringen. Innerhalb des Einleiterkabels der CTD-Sonde befindet sich ein aus PTFE bestehender Schlauch (siehe **Bild 11.4a** und **Bild 11.4b**). Durch den Schlauch wird das Umgebungswasser mit einer Hochleistungspumpe angesaugt und ins Schiffslabor transportiert. Dies erfolgt direkt in der Nähe der Sensoren für die Begleitparameter, auch eine parallele Probenahme mit Rosettenschöpfern (siehe Kapitel 11.5.2.2) für Vergleichsuntersuchungen ist gegeben. Diese Technik ist sowohl für Spurenmetalle, organische Spurenstoffe sowie gelöste Gase geeignet [11, 12, 13]). Die mit der Pump-CTD erreichbare vertikale Auflösung liegt unter 1 m, in Abhängigkeit von der Windengeschwindigkeit. **Bild 11.5** zeigt beispielsweise ein im Gotlandbecken (0-250 m) aufgenommenes CTD-Profil.

Bild 11.4: Pump-CTD-Winde mit Kabeltrommel (zwei Ansichten). Das Wasser wird innerhalb des Kabels durch einen Teflonschlauch nach oben gepumpt (© Krüger/Schuffenhauer, IOW)

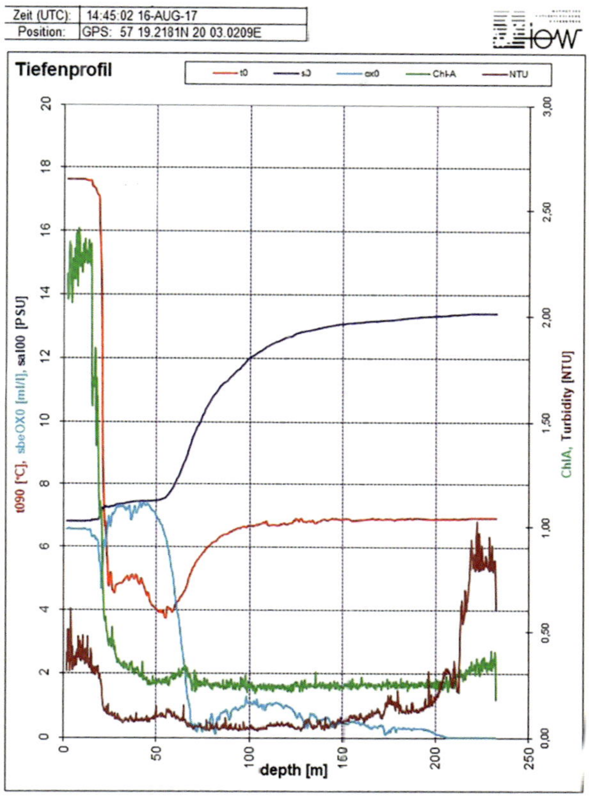

Bild 11.5: CTD-Standardprofil im Gotlandbecken (0-250 m) mit den Parametern Temperatur (rot), Salzgehalt (dunkelblau), Chlorophyll A (grün), Sauerstoff (hellblau) und Trübung (braun)

An Informationen zur Konzentration von Parametern in der Nähe des Meeresbodens besteht sowohl im Rahmen von Forschungs- als auch Monitoringprogrammen häufig großes Interesse. Messungen können unter anderem Auskunft geben über die durch Zehrungsprozesse für Fische und Benthosorganismen kritisch erniedrigten Sauerstoffgehalte, über Freisetzungsprozesse aus dem Sediment oder über Salzwasser-Einstromvorgänge (Ostsee). Die Beprobung von bodennahen Wasserschichten hat sich in den letzten Dekaden stark verbessert. Durch die Fortschritte bei der Positionierung von modernen Forschungsschiffen (dynamische Positionierung) können Geräteträger punktgenau ausgebracht und gehalten werden; hierbei wird der Abstand zu Meeresboden ständig gemessen und direkt ins Bordlabor übertragen. Wasserschöpfer können dadurch gezielt geschlossen werden, Sensoren messen die bodennahen Parameter und Geräte (Lander mit Sensoren und Behältern zur Wasser-, Porenwasser- und Sediment-Probenahme) können punktgenau eingesetzt werden. Ebenfalls stehen häufig autonome (AUV) oder kabelgesteuerte (ROV) Unterwassersysteme zur Verfügung.

In Ästuaren bestimmt die jeweilige Charakteristik der Vermischung von Süß- mit Salzwasser die Probenahmetiefen. In der Regel wird die Entnahme von Proben unterhalb der Wasseroberfläche, aus mittleren Tiefen und etwa 1-2 m über dem Boden empfohlen.

11

11.5 Probenahme

In den folgenden Abschnitten werden verschiedene Entnahmetechniken an Beispielen vorgestellt. Die Beschreibung der Funktionsweise der einzelnen Geräte beschränkt sich in der Regel auf die Schöpfer. Es darf dabei jedoch nicht vergessen werden, dass bei Untersuchungen im Meer- und Brackwasser immer ein Schöpfsystem zur Anwendung kommt. Auch andere Komponenten dieses Systems können die Qualität der nachfolgend untersuchten Proben entscheidend beeinträchtigen. Dazu zählen z. B. solche Störungen, die durch das Schiff selbst verursacht werden, wie tiefreichendes Durchmischen des Wassers mit der Schraube und die Verunreinigung des Wassers. Störeinflüsse können auch von dem zum Absenken des Schöpfers auf die gewünschte Tiefe verwendeten Draht oder von den Fallgewichten, die das Schließen der Schöpfer auslösen, ausgeübt werden. So macht es z. B. wenig Sinn, einen extrem mit Lösemitteln gereinigten Schöpfer aus rostfreiem Stahl an einem Draht abzusenken, der von einer gut gefetteten Winde abgespult wird, wenn man anschließend in den Proben Erdölkohlenwasserstoffe bestimmen möchte. Analoges gilt in Bezug auf Proben für Spurenmetallanalysen. Der erforderliche Schöpfer sollte nicht an einem verzinkten Stahldraht hängen und einem wenig oder gar nicht ummantelten Blei-Grundgewicht in die Tiefe folgen.

Andererseits sollte durch die Schöpfgeräte eine für die gewählte Tiefe wirklich repräsentative Wasserprobe gesichert werden. Schöpfer, die in geöffnetem Zustand auf die Messtiefe gebracht werden, sollten leicht durchspülbar sein, um nicht beim Absenken z. B. Oberflächenwasser mit höheren Sauerstoff- und Spurenstoff- oder geringeren Nährsalz-Konzentrationen zu verschleppen. Entsprechende Schöpfer stehen kommerziell zur Verfügung [14, 15].

Die Probenahmebedingungen an Bord schließen auch die Luftqualität an Deck und in den Laboren ein. Hauptquellen einer Kontamination des Probenwassers beim Ablassen aus den Schöpfern und bei der weiteren Aufarbeitung sind die Abgase der Hauptmaschine sowie Stäube und Lösemitteldämpfe aus Anstricharbeiten, die auf einem Schiff kontinuierlich anfallen. Durch das Mitführen spezieller Laborcontainer, die an Land in Bezug auf die zu untersuchenden Parameter optimal ausgestattet werden, kann eine kontrollierte und kontaminationsarme Bearbeitung der Proben gesichert werden. Das Spektrum dieser Container schließt auch solche mit Reinraumcharakter ein, die mit vorgereinigter Luft zwangsbelüftet werden und somit fast vollständig von der Schiffsatmosphäre abgekoppelt sind.

Die Entnahme diskreter Proben aus dem Wasserkörper kann sowohl diskontinuierlich, z. B. mithilfe von Schöpfern, als auch kontinuierlich, d. h. über Pump-, Dialyse- und verwandte Systeme erfolgen. Bei in-situ-Probenahmen handelt es sich dagegen in der Regel um eine Anreicherung der Analyte vor Ort aus einem oft großen Wasservolumen. Dafür wurden in den letzten Jahren viele kommerziell erhältliche Systeme entwickelt, besonders zur Bestimmung von organischen Spurenstoffen (siehe Kapitel 11.5.3.2). Meist erfolgt nach einer Filtration der suspendierten Partikel eine spezifische Festphasenanreicherung von z. B. Spurenmetallen, organischen Spurenstoffen oder auch Radionukliden.

11.5.1 Oberflächen- und Mikroschichtproben

Die bisherigen Erfahrungen haben gezeigt, dass die direkte Entnahme unverfälschter Oberflächen- und Mikroschichtproben für Spurenstoffuntersuchungen von einem Forschungsschiff aus nicht möglich ist. Um aus dessen Kontaminationswolke heraus- und näher an die Meeresoberfläche heranzukommen, bedarf es eines Beiboots. Zur Probenahme sollte man sich damit in Luvrichtung > 200 m vom Schiff in ein von diesem zuvor nicht durchfahrenes Gebiet entfernen. Während der Probenahme sollte sich das Beiboot langsam in etwa rechtem Winkel zur Strömungs- bzw. Windrichtung bewegen. Ebenfalls werden von Bord des Schiffs steuerbare autonome Katamarane verwendet.

Die Entnahme von Oberflächenwasser kann auch von Bojen aus, an denen sich der Ansaugkopf einer auf dem Basisschiff installierten Pumpe befindet, erfolgen. Die Boje sollte sich in einem vom Schiff nicht beeinflussten Wasserkörper befinden. Das über PTFE-Schläuche geförderte Wasser kann in-line filtriert werden [16].

Zur Entnahme von Proben der Oberflächen-Mikroschicht werden in der Literatur eine Reihe von Techniken und Geräten propagiert. Dazu zählen unter anderem rotierende Zylinder, Glasplatten und Netze. Werden die Geräte unter standardisierten Einsatzbedingungen betrieben, ist die Reproduzierbarkeit der damit erhaltenen Messergebnisse unter Berücksichtigung des oft fleckenhaften Charakters solcher Mikroschichten zwar ausreichend reproduzierbar, erlaubt jedoch wegen der undefinierbar dicken Schichten keine Frachtberechnungen. Der Ölprobensammler nach Schomaker (HYDRO-BIOS; Volumen der Auffangflasche 150 ml; siehe **Bild 11.6**) stellt eine kommerziell verfügbare Variante einer Schlürfflasche dar.

Netze aus Edelstahldraht mit einer Fläche von etwa 0,2 bis 0,6 m² und einer Maschenweite um 1 mm werden genutzt, um eine Schicht von etwa 0,2 bis 0,4 mm von der Meeresoberfläche für organische Spurenstoffuntersuchungen abzuheben (siehe **Bild 11.7**). Dazu wird das Netz an seinem Rahmen senkrecht ins Wasser eingeführt, dann um einen Winkel von 90 Grad gedreht und parallel durch die Oberfläche gezogen. In den Maschen des Netzes befindet sich nun die Mikroschicht, die nach Kippen des Geräts über eine Kante mithilfe eines Trichters in eine Sammelflasche abtropft. Bei

Bild 11.6: Schlürfflasche in Probenahmeposition (© HYDRO-BIOS, Kiel; Ölprobensammler nach Schomaker)

Bild 11.7: Edelstahldrahtnetz zur Entnahme von Oberflächen-Mikroschichtproben zur Analyse auf organische Spurenstoffe (© Institut für Meereskunde, Rostock)

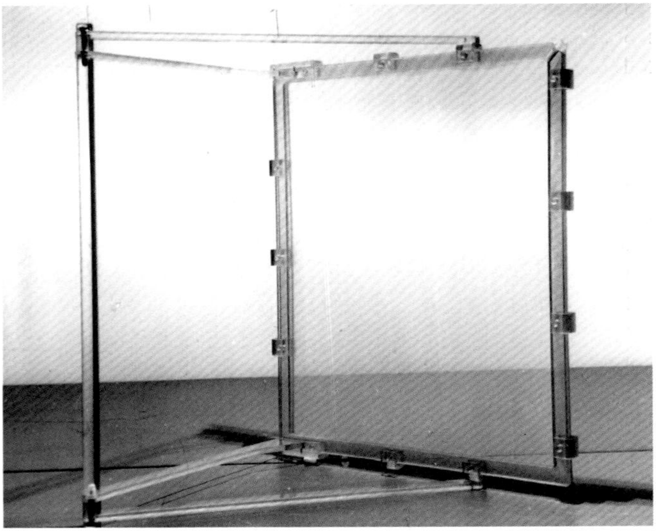

Bild 11.8: Nylonnetz im Piacrylrahmen zur Entnahme von Oberflächen-Mikroschichtproben zur Analyse auf Spurenmetalle (© Institut für Meereskunde, Rostock)

einem 0,5 m^2 großen Netz können so etwa 0,2 l Wasser pro Schöpfvorgang erhalten werden. (Bild 11.7 zeigt außerdem eine 2,5 l-Braunglasflasche zur Aufnahme und Extraktion der Mikroschichtproben, sowie einen darauf befindlichen Verdränger zur Abtrennung und eine 250 ml-Flasche zur Aufbewahrung des nach Ausschütteln mit einem organischen Lösemittel erhaltenen Extrakts.) Mit Nylonnetzen in Kunststoffrahmen (siehe **Bild 11.8**) lassen sich mit gleicher Handhabung Proben gewinnen, die für Untersuchungen auf Spurenmetalle geeignet sind.

11.5.2 Standardschöpfgeräte

11.5.2.1 Serienschöpfer mit Kippthermometern

Um Tiefenprofile hydrografisch-chemischer Parameter im Meer aufzunehmen, sollten Wasserproben aus den betreffenden Tiefen möglichst quasi-synchron entnommen werden. Der dafür bereits vor mehr als 100 Jahren eingeführte Nansen-Schöpfer [17] ist auf manchen Schiffen noch heute das Standardschöpfgerät und wird sogar auf modernen Forschungsschiffen oft als Störreserve mitgeführt. Der Original-Nansen-Schöpfer ist aus Messing, robust und sicher in der Handhabung, für alle Wassertiefen und auch bei Starkwind und hohem Seegang einsetzbar. Eine fast beliebige Anzahl der in der Regel ein Volumen von etwa 1-3 l aufweisenden Schöpfer (siehe **Bild 11.9**) können in entsprechenden Abständen an einem Draht von ca. 4-8 mm Durchmesser jeweils mit einer Verschraubung und einer Federklemme befestigt und in geöffnetem Zustand auf die gewünschten Wassertiefen mittels einer Winde herabgelassen werden. Außen an den Schöpfern befinden sich Rahmen mit zwei bis vier druckgeeichten Umkehrthermometern, deren Hg-Reservoire vor dem Wasserdruck mithilfe eines zusätzlichen Glasmantels geschützt aber auch ungeschützt ausgesetzt sind. Nach Erreichen der Zieltiefe werden etwa 10 min sowohl zum Temperaturangleich als auch zum Konditionieren und Durchspülen des Schöpfers mit Wasser aus der gewünschten Tiefe benötigt.

Unter den Schöpfern hängen Fallgewichte. Nach manuellem Auslösen der Serie von Bord aus rutschen diese am Draht auf den darunterliegenden Schöpfer. Dessen Federklemme wird gelöst und der Schöpfer schwingt um die feste Verschraubung mit einem Winkel von maximal 180 Grad herum. Dabei wird der Schöpfer über das äußere Gestänge an beiden Enden geschlossen. Gleichzeitig wird das nächste Fallgewicht freigegeben. Das Kippen der Thermometer fixiert eine von der Temperatur in der Messtiefe abhängige Menge Quecksilber. Die Differenz der an druckgeschützten und -ungeschützten Thermometern abgelesenen Temperaturen erlaubt eine relativ genaue Tiefenbestimmung.

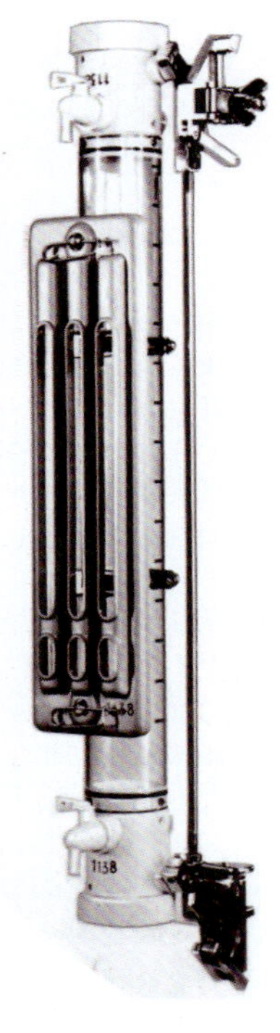

Bild 11.9: Hydrographischer Standard-Wasserschöpfer vom Nansen-Typ (HYDRO-BIOS, Kiel). Der 1,7 l-TPN-(Transparent Plastic Nansen) Schöpfer nimmt die Wasserproben in einem volumengraduierten Polykarbonatrohr auf.

Bei der Entnahme des Wassers aus den Schöpfern über die Hähne und die daran befindlichen Schläuche haben Probenaliquote für solche Parameter zeitlich Vorrang, die sich besonders leicht bei den unvermeidlichen Druckverlusten, der Temperaturzunahme und beim weiteren Kontakt mit der Bordatmosphäre verändern und deshalb baldmöglichst fixiert bzw. vermessen werden sollten. Dazu zählen unter anderem Sauerstoff und Schwefelwasserstoff, aber auch der pH-Wert und die Alkalinität.

Schöpfer vom Nansen-Typ werden heute nur noch selten aus Metall, sondern zumeist aus Kunststoff, z. B. Polykarbonat (PC), PVC, PTFE und ähnlich chemisch inertem Material gefertigt.

11.5.2.2 Rosetten-Wasserschöpfer

Die in der Meeresforschung verwendeten CTD-(conductivity/temperature/depth) Sonden sind ein Standardwerkzeug vor allem der physikalischen Ozeanografie. Oft sind sie nicht nur zur Messung der Leitfähigkeit (Salzgehalt), der Temperatur und des Drucks (Tiefe) geeignet, sondern mit weiteren Sensoren bestückt, die die Aufnahme hochauflösender Tiefenprofile für eine Reihe von Parametern erlauben. Darunter sind auch chemisch und biologisch relevante Größen, wie z. B. Sauerstoff, Schwefelwasserstoff, pH-Wert, Lichtstreuung und/oder Fluoreszenz. Für viele Parameter stehen geeignete Sensoren mit ausreichender Genauigkeit zur Verfügung. Die Ansprechzeiten der dafür erforderlichen Messzellen und Elektroden liegen gewöhnlich über den von Druck-, Temperatur- und Leitfähigkeitssensoren. Die Ergebnisse müssen daher mit Absenkgeschwindigkeit der Sonde entsprechend korrigiert werden.

Nährsalz- und andere Spurenstoffuntersuchungen, aber auch die Eichung der Sensoren erfordern immer die Entnahme von Wasserproben. Da lag es nahe, solche CTD-Sonden mit einem Kranz von Wasserschöpfern zu umgeben, die ferngesteuert in vorprogrammierten oder ereignisbestimmten Tiefen geschlossen werden können. Das machte die Entnahme von Wasserproben im Vergleich zu den Serienwasserschöpfern (siehe Kapitel 11.5.2.1) komfortabler und in Bezug auf die Tiefenzuordnung weitaus zuverlässiger. Die Koppelung der Schöpfer mit den Sensoren der CTD-Sonde ermöglichte jetzt auch die gezielte Beprobung ausgewählter Tiefen.

Wie ein Vergleich kommerzieller Standardgeräte zeigt (siehe vier typische Rosetten-Wasserschöpfer mit bzw. ohne CTD-Sonde in **Bild 11.10a-d**), folgt die Konstruktion der Rosetten-Wasserschöpfer einem ähnlichen Prinzip. Ein Schutz- und Halterahmen nimmt einen äquidistanten Kranz von Schöpfern auf, deren Anzahl von ihrem jeweiligen Volumen bestimmt wird und entsprechend von etwa drei bis 36 reichen kann. Diese Schöpfer können in der Regel auch einzeln am Draht als Serienwasserschöpfer eingesetzt werden. Unterhalb des Schöpferkranzes befindet sich in zentraler Position die CTD-Sonde, deren Sensoren beim Absenken der Sonde mit Wasser in Kontakt kommen, das durch den Rosetten-Wasserschöpfer noch nicht verwirbelt oder anderweitig verfälscht wurde. Umgekehrt können die Eigenschaften des mit den Schöpfern erhaltenen Wassers durch vorherigen Kontakt mit Bestandteilen der Sonde verändert werden. Deshalb sollte die Entnahme der Wasserproben in der Regel erst während des Hievens der Sonde erfolgen. Von den beiden STD-Vertikalsondierungen wird andererseits der Registrierung beim Fiervorgang der Vorzug gegeben.

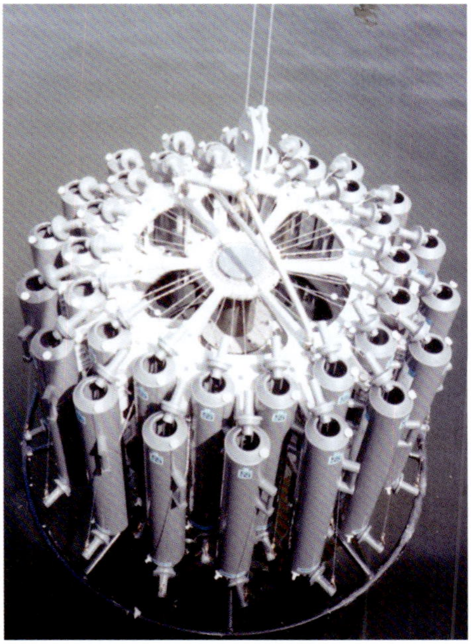

Bild 11.10a: 36-fach-Rosette mit 10 l-Niskin-schöpfern (Model 10163610, General Oceanics, Miami; [18])

Bild 11.10b: 12-fach-Rosette mit Niskinschöpfern und integrierter MK3C/WOCE-CTD-Sonde (Model 1016, General Oceanics, Miami; [18])

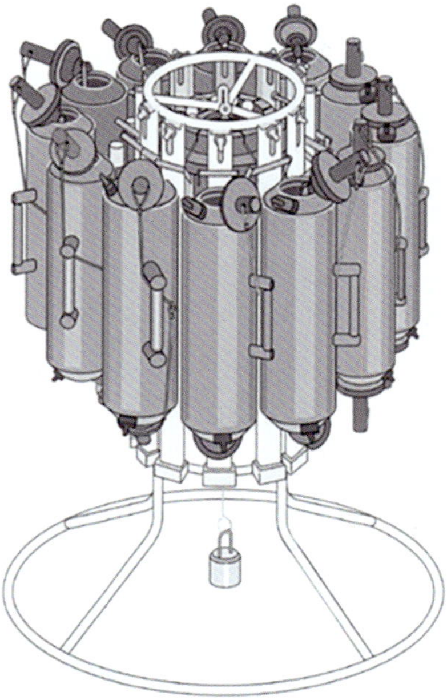

Bild 11.10c: 12-fach-Rosette MWS mit 10 l-PWS-Schöpfern (HYDRO-BIOS, Kiel)

Bild 11.10d: Freifall-System mit akustischem Modem (links oben), CTD-Sonde (rechts unten) und Bodenaufschlag-Dämpfer (Mitte unten) (General Oceanics, Miami; [18])

11.5.3 Schöpfer für Spurenstoffuntersuchungen

11.5.3.1 Spurenmetalle

Eine aktuelle, umfassende Beschreibung der Probenahme und bordseitige Behandlung von Spurenmetallen und radioaktiven Stoffen wurde im Rahmen des GEOTRACES-Projekts erstellt [4]). Um das Risiko einer Metallkontamination der Wasserproben bei ihrer Entnahme auf ein Minimum zu reduzieren, sollte ein optimaler Schöpfer neben den bereits in vorherigen Kapiteln diskutierten allgemeinen Anforderungen folgende zusätzliche Bedingungen erfüllen:

- Die mit den Proben in Kontakt kommenden Teile sollten aus säurebeständigem und mit Säure vorgereinigtem Kunststoff bestehen. Die jeweilige Eignung der Werkstoffe folgt etwa der Reihe PTFE – PP – PE. Acrylester und PC sind bedingt geeignet. Sie weisen zwar ebenfalls nur geringe Metallgehalte auf und verursachen kaum Adsorptionsprobleme, lassen sich jedoch nur mit schwachen, nicht oxidierenden Säuren reinigen. PVC ist ungeeignet. Metallteile an der Schöpferaußenseite sollten mit Kunststoff umhüllt werden. Außer bei solchen aus PTFE sind alle Dichtringe als Kontaminationsquellen zu betrachten. Beim Einsatz von Silikongummi ist z. B. mit Zn- und Fe-Störungen zu rechnen.
- Das entnommene Wasser sollte zuvor keinen Kontakt mit Teilen der Schöpfvorrichtung gehabt haben. Diese Forderung kollidiert mit der Notwendigkeit, eine möglichst gleichzeitige Entnahme von Proben aus unterschiedlichen Wassertiefen zu sichern, um vertikale Verteilungsmuster von Spurenmetallen zu erhalten. Da jedoch bei verankertem oder anderweitig auf der Position gehaltenem Schiff die Schöpfer zumeist in einem sich horizontal bewegenden Wasserkörper hängen, vermindert sich dieses Kontaminationsrisiko unter Feldbedingungen.
- Der Schöpfer sollte die Wasseroberfläche unbedingt in geschlossenem Zustand passieren, d. h. nach dem C-O-C-(close-open-close) Prinzip arbeiten.

In **Tabelle 11.3** werden einige der in der Vergangenheit bei Spurenmetalluntersuchungen eingesetzten Schöpfer und die gegenwärtig für diesen Zweck kommerziell angebotenen Geräte zusammengestellt. Als Standardgerät für den Einsatz als Serienwasserschöpfer hat sich der GO-FLO von General Oceanics (siehe **Bild 11.11**) international durchgesetzt. Der Schöpfer besteht aus PVC, das allerdings mit Teflon beschichtet wurde und dessen Hähne aus PTFE sind. Auch die (Fluorsilikon-)Dichtringe genügen hohen Ansprüchen hinsichtlich des Vermeidens einer Probenkontamination.

Eine komplette Fertigung des Schöpfergehäuses aus PTFE vermeidet das Risiko, bei unzureichender oder beschädigter Teflonbeschichtung eine Kontamination der Proben durch deren direkten Kontakt mit PVC zu provozieren. Ein ebenfalls nach dem C-O-C-Prinzip arbeitender Schöpfer, dessen Öffnen unterhalb der Wasseroberfläche allerdings manuell auszulösen ist, wird in **Bild 11.12** dargestellt.

Weitere Komponenten eines optimalen Schöpfsystems schließen ein Kunststoffseil (z. B. aus Kevlar) und eine Serienwinde mit Kunststofftrommel ein. Auch Umlenkrollen, Grund- und Fallgewichte sollten aus Kunststoff sein.

Tabelle 11.3: Schöpfer für Meerwasserproben zur Spurenmetallanalyse

Schöpfertyp	Hersteller	Vol. (l)	Bemerkungen	Literatur
Van Dorn	Hydro Products, San Diego, USA	3 – 60	Kunststoff, Gummizug innen	[26]
Niskin (bellows bag)	General Oceanics Inc., Miami, USA	2	steriler PE-Beutel	[27]
NIO (mod.)	Inst. Oceanogr. Sciences (IOS), Wormley, UK	1,3	PP, Neopren-Gummizug innen, offen	[28]
Nansen (mod.)	HYDRO-BIOS, Kiel	1,7	PC, offen	[29]
Niskin	General Oceanics Inc., Miami, USA	3 – 60	PVC, teflonisierte Feder innen	[30]
Niskin (top drop)	General Oceanics Inc., Miami, USA	5 – 90	PVC, Gummizug außen	[31]
Niskin (lever action)	General Oceanics Inc., Miami, USA	1,7 – 12	PVC, Teflon-Beschichtung optional, Federklappe außen	[32]
CIT	California Inst. Technol., USA	5 – 10	Teflon	[19]
RCWSD	Rimco, Mitchan, Australien	< 5	Acrylester, In-situ-Filtration	[21]
WATES	Institut für Meereskunde, Rostock	2	PTFE-Serienschöpfer	[33]
GO-FLO	General Oceanics Inc., Miami, USA	1,7 – 100	PVC, teflonbeschichtet, ‘Standard-Serienschöpfer’	[34]

Auch bei einer optimalen Ausrüstung verbleibt immer ein Kontaminationsrestrisiko. Dieses ist gegen das angestrebte Ziel der Untersuchungen und die erwarteten Spurenmetallkonzentrationen abzuwägen. So macht es z. B. gegenwärtig wenig Sinn, bei Spurenmetall-Untersuchungen im Elbeästuar Kontaminationsquellen kostenaufwendig auszuschalten, die Metalle << 1 ng/l in die Proben eintragen könnten, wenn deren üblicher Konzentrationsbereich mehr als 100-fach höher liegt. Andererseits musste für Bleiuntersuchungen im Tiefenwasser des Pazifik ein spezieller Schöpfer entwickelt werden, um bei Konzentrationen von < 1 ng Pb/l den Blindwertanteil an den Messwerten auf ein aus analytischer Sicht akzeptierbares Niveau zu senken. Dieser nun bereits legendäre „CIT“-Schöpfer (California Institute of Technology; [19]) erlaubt jedoch nur die Entnahme von Einzelproben. Er hängt am Ende des Seils und füllt sich nach Spülen der Einlassöffnung mit ultrareinem Wasser bei langsamem weiteren Absenken.

Ob und welche Restkontamination von einem Serienschöpfer nach entsprechender Reinigung noch ausgeht, kann mit einfachen Mitteln geprüft werden. Dazu wird der Schöpfer von einem geeigneten Beiboot aus bei manueller Auslösung des Schließmechanismus mit Oberflächenwasser (> 0,2 m) gefüllt. Gleichzeitig wird unter Beachtung der in Kapitel 11.5.1 aufgeführten Maßnahmen zum Kontaminationsschutz eine Probe aus gleicher Tiefe direkt in die Probenflasche gefüllt. Sind auch nach längerer Aufbe-

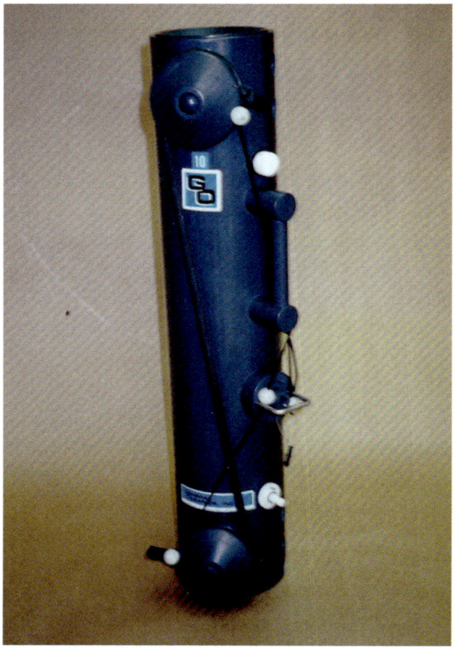

Bild 11.11: GO-FLO-Schöpfer aus PVC mit optionaler Teflon-Innenbeschichtung (General Oceanics, Miami; [18]). Der Schöpfer durchquert die Wasseroberfläche beim Fieren in geschlossenem Zustand und öffnet sich erst in etwa 10 m Tiefe über einen druckgesteuerten Releaser.

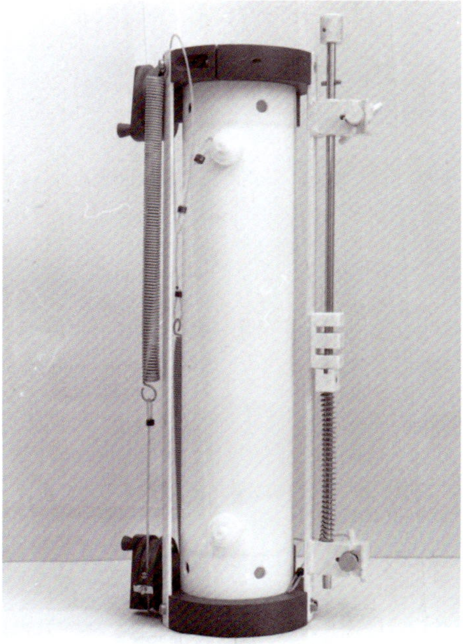

Bild 11.12: WATES-Schöpfer aus PTFE (Institut für Meereskunde, Rostock; [33]). Der Schöpfer durchquert die Wasseroberfläche beim Fieren in geschlossenem Zustand und öffnet sich erst in etwa 5-10 m Tiefe nach manueller Auslösung von Deck des Schiffs aus.

wahrungszeit des Wassers im Schöpfer keine signifikanten Unterschiede in den gemessenen Konzentrationen von Metallen, die im Oberflächen- gegenüber dem Tiefenwasser eher in geringeren (Zn, Cd, Fe) als in höheren Konzentrationen (Pb, Hg) vorkommen, festzustellen, ist der Schöpfer prinzipiell für weitere Untersuchungen geeignet.

Bei Entnahmetiefen bis zu etwa 100 m sind Pumpsysteme eine immer häufiger genutzte Alternative im Vergleich zu Wasserschöpfern. Bei Verwendung geeigneten Schlauchmaterials (PTFE, PE) und Voll-PTFE-Pumpen ist das Kontaminationsrisiko prinzipiell geringer als beim Einsatz von Schöpfern, da die Proben z. B. on-line aus dem zu untersuchenden Wasserkörper über einen Filter in die Aufbewahrungsflasche gelangen können. Voraussetzung ist natürlich wiederum, eine Kontamination durch das Schiff selbst auszuschließen. Werden z. B. oberflächennahe Horizontalprofile vom fahrenden Schiff aufgenommen, sollte der Ansaugstutzen der Pumpen vorausgerichtet sein, um unkontaminiertes Wasser zu fördern. Vorteile aufgrund der Möglichkeit zur praktisch stufenlosen Vertikal- und Horizontalbeprobung können jedoch durch Vermischungs- und Verschleppungseffekte teilweise aufgewogen werden. Dies wird durch hohe Pumpraten und eine Beprobung nach dem by-pass-Prinzip vermieden.

Bereits in-situ oder on-line in solchen Pumpsystemen, aber auch off-line aus den mit Schöpfern genommenen Wasserproben können die Spurenmetalle über geeignete Materialien, in der Regel Ionenaustauscher (z. B. „CHELEX"-Harze; [20]) oder immobilisierte Komplexbildner wie 8-Hydroxychinolin [21, 22] auf einem anorganischen (Si-Basis) bzw. organischen Träger (Phenylazo-Bindung zu einem Kopolymerisat des Styrol-divinylbenzol-Typs) oder Dithiocarbamat [23], angereichert werden. Für die Anreicherung von Hg vor Ort bietet sich die Amalgambildung mit Edelmetallen an. Goldfallen haben deshalb auch in die Meerwasseranalytik Eingang gefunden [24, 25].

11.5.3.2 Organische Spurenstoffe

Die Bestimmung von organischen Spurenstoffen ist eine besondere Herausforderung für die marine Wissenschaft. Viele organische Verbindungen im Meerwasser sind noch völlig unbekannt. Neue Untersuchungen durch hochauflösende Massenspektrometrie (FT-icr-MS) ergaben, dass mehrere hunderttausend Substanzen im Meerwasser enthalten sind. Als Einzelsubstanzen sind nur etwa 10 % der insgesamt gelösten organischen Substanzen bekannt. Diese kommen meist in viel niedrigeren Konzentrationen gegenüber den anorganischen Verbindungen vor. Die Summenparameter gelöster organischer Kohlenstoff (DOC) und partikulärer organischen Kohlenstoff (POC) sind mit einer hochtemperatur-katalytischen Oxidationsmethode gut zu bestimmen [35]. Die Werte für DOC im Meer- und Brackwasser liegen im Bereich 1-10 mg/l. Für die Messung der Komponenten zur Bestimmung des marinen Karbonatsystems im Meerwasser (Partialdruck Kohlendioxid, Summe Kohlendioxid, Hydrogenkarbonationen, Karbonationen (Alkalinität) und pH-Wert sind ausführliche Anleitungen publiziert [35]. Ausführlich wurde die Methode in der im November 2022 veröffentlichten ISO 5667-26 „Guidance on sampling for the parameters of the oceanic carbon dioxide system" beschrieben [36]. Natürliche organische Substanzen wie Karbonsäuren, Amine, Aminosäuren, Lipide oder Zucker liegen im Bereich von 1-1.000 ng/l. Die sehr wichtigen anthropogenen Schadstoffe (z. B. PAH, PCB, chlorierte Dibenzodioxine haben oft Konzentrationen im sub-pg/l-Bereich (s. a. Tabelle 11.1).

Eine große Rolle spielen auch die physikalisch-chemischen Eigenschaften: Der Dampfdruck bestimmt die Transporte zwischen Oberfläche und Atmosphäre, die Wasserlöslichkeit (log K_{ow}) ist bedeutsam für die Verteilung zwischen gelöster und partikulärer/organischer Phase, die chemische Struktur bestimmt die (biologische oder abiotische) Stabilität und somit die Aufenthaltszeiten von Spurenstoffen im Meerwasser. Viele unpolare (log $K_{ow} > 5$) persistente organische Schadstoffe akkumulieren in den marinen Nahrungsketten und üben dort schädliche Effekte in den Organismen aus.

Bei der Probenahme von Meerwasser zur Bestimmung der organischen Inhaltsstoffe muss daher in der Regel die Probe filtriert werden und es müssen große Volumen gesammelt und mit nachfolgender Extraktion verwendet werden, oder es wird ein Verfahren zur Anreicherung an Festphasen oder organischem Material eingesetzt.

Die Bestimmung und Probenahme für organische Spurenstoffe muss daher genauestens geplant werden:

11

- Die Nachweisempfindlichkeit des Detektors am Analysegerät (z. B. der ECD-Detektor [39, 40, 41] für halogenierte Verbindungen oder die eines Massenspektrometers) sowie die zu erwartenden Konzentrationen im Meerwasser erfordert eine Festlegung des Probenvolumens.
- Die Kontaminationsgefahr ist bei Schiffseinsätzen besonders groß und es sollten In-situ-Techniken oder geschlossene Systeme, eventuell unter Schutzgasatmosphäre, eingesetzt werden.
- Für unterschiedliche organische Spurenstoffe müssen möglichst selektive Methoden benutzt werden.
- Eine Filtration der Proben mit anschließender Fixierung ist nötig, um mikrobielle Abbauprozesse zu verhindern. Häufig wird auch bevorzugt, die Stoffe möglichst schnell in (kontaminationsfreie) organische Lösungsmittel zu überführen.

Zur Bestimmung von organischen Stoffen im Meerwasser reicht meistens die Probenahme mit „normalen" Wasserschöpfern nicht aus. Vor 40 bis 50 Jahren wurden großvolumige Schöpfer wie Glaskugeln bis zu 100 l [37] mit anschließender Flüssig-Flüssig-Extraktion oder Bodman-Schöpfer [38] bis zu 400 l Volumen eingesetzt. Heute werden statt dieser Geräte In-situ-Pumpen [39, 40, 41, 42] eingesetzt. Mit In-situ-Pumpen können Volumen bis 1.000 l filtriert werden; die organischen Inhaltsstoffe werden durch Festphasen extrahiert und somit angereichert. Bei der Aufarbeitung müssen nur geringe Mengen an organischen Lösungsmittel verwendet werden, was die Kontaminationsgefahr verringert.

Auch die bereits in Kapitel 11.4 beschriebene Pump-CTD kann zur Gewinnung von Wasserproben gekoppelt mit einer Filtrationsanlage sowie einer Festphasenextraktion verwendet werden. Ebenso können Oberflächenproben (3-5 m Tiefe), falls vorhanden, mit einem Reinstseewasser-Pumpsystem des Forschungsschiffs zur Probenahme ins Schiffslabor gebracht werden. Solche Systeme müssen regelmäßig gereinigt und auf Kontaminationen überprüft werden.

In den letzten Dekaden hat sich eine grundsätzlich andere Methode zur Messung von organischen Schadstoffen bewährt: die Probenahme mit passiven Sammlern [33, 34, 35]. Die Methode beruht darauf, Komponenten aus dem Meerwasser an einem Adsorbent anzureichern und dieses später im Labor mit organischen Lösungsmitteln zu extrahieren. Passive Sammler sind einfach herzustellen sowie im Meerwasser in einer bestimmten Tiefe zu verankern. Sie reichern über den Zeitraum der Auslegung frei gelöste organische Stoffe integrierend aus dem Meerwasser an und enthalten somit auch die wichtige Information zur Bioverfügbarkeit der Verbindungen. Der Mechanismus ähnelt der Aufnahme von Spurenstoffen durch Muscheln. Für unterschiedliche Substanzklassen, wie polare und unpolare Schadstoffe, wurden Systeme entwickelt: „Semipermeable Membran Device" (SPME) für unpolare Verbindungen und „Polar Organic Chemical Integrative Sampler" (POCIS) für polare Substanzen, auch für Spurenmetalle gibt es spezielle passive Sammler [42, 43, 44, 45].

Trotz der leichten Handhabung bei der Probenahme gibt es gravierende Nachteile der SPME-Methode. Selbst bei einer relativ langen Einsatzzeit von mehreren Wochen werden oft die Gleichgewichtskonzentrationen nicht erreicht. Zur quantitativen Abschätzung der Konzentrationen der Analyten im Meerwasser müssen daher Modellrechnungen hinzugezogen werden. Das „Biofouling" auf den Sammlern und die Besiedelung der Membranen durch mikrobielle Biofilme ändert die Eigenschaften der passiven Sammler. Durch den Bau von Geräten aus Kupferblech kann das Biofouling eingeschränkt werden [46].

11.5.3.3 Mikroplastik und Nanoplastik

Die Bestimmung von Mikro-/Nanoplastik im Meerwasser ist besonders herausfordernd, da einerseits nur sehr geringe Mengen vorliegen und diese Partikel über die gesamte Wassersäule bis ins Sediment vorhanden sind [47, 48]. Mikro- und Nanoplastikpartikel sind globale Umweltschadstoffe und wurden auch in weit von den Quellen entfernten ozeanischen Regionen nachgewiesen [49]. Unterschiedliche Systeme zu Probenahme wurden in den letzten Jahren studiert, ein international allgemein anerkanntes Verfahren gibt es derzeit nicht [50, 51, 52, 53].

Die Bedeutung von Mikroplastik (< 5 mm) und Nanoplastik (< 0,1 mm) als Schadstoff sowie die Fähigkeit dieser Partikel zur Anlagerung von unpolaren Umweltkontaminanten wurde ausführlich untersucht [54, 55], auch direkte negative Effekte auf marine Organismen wurden nachgewiesen [56].

Zur Unterscheidung von gelöstem und partikulärem Material im Meerwasser gibt es keine allgemein gültige Definition. Die Beprobung mit verschiedenen Systemen entsprechend der Größenverteilung wird als Hilfsmethode herangezogen [47, 48] Zur Probenahme von Mikroplastik dienen einerseits Netze verschiedener Maschengrößen, die in der Oberfläche durchs Wasser gezogen werden (z. B. Manta Trawl [57] oder mit Gewichten versehene profilierende Systeme, die durch die Wassersäule gezogen werden (Plankton-Netze) [58, 53]). Zur Sammlung von Nanopartikeln müssen Gesamtwasserproben genommen werden, die anschließend filtriert werden [59, 60].

Aus Untersuchungen von partikulärem Material aus Sinkstofffallen ergaben sich wichtige Belege zum Transportverhalten von Mikroplastik im Ozean [61]. Durch die Assoziation von kleinen Plastikpartikeln mit lithogenem Material werden die Plastikpartikel über die gesamte Wassersäule bis in die Sedimente der Ozeane transportiert [62]. **Bild 11.13** zeigt eine Sinkstofffalle als wichtiges Probenahmegerät für partikuläres Material in der Ozeanographie. Das Gerät wurde erstmals in [63] beschrieben.

Problematisch ist immer, dass die Probenahmen von Mikro- sowie Nanoplastik nicht selektiv sind. Daher müssen sich aufwendige Nachbereitungen zur Abtrennung der Plastikanteile von im Meerwasser vorhandenen natürlichem biogenem sowie lithogenem Material anschließen [64, 51]. Die analytische Messung von Mikroplastik und Nanoplastik (üblicherweise wird nur die Zahl der Partikel, nicht deren Masse bestimmt) erfolgt mit RAMAN-Spektroskopie [65] oder mit der Mikro-Fourier-Transformation-Infrarot-Spektroskopie (FTIR) [66, 67]. Mit der FTIR-Methode kann, neben der Größenverteilung, auch die Zusammensetzung der Polymere bestimmt werden.

Zur Definition der unterschiedlichen Materialien und der Größenverteilung siehe Kapitel 15.

Bild 11.13: Sinkstofffalle als Probenahmegerät für partikuläres Material im Meerwasser (aus [62])

11.5.3.4 Radionuklide

Zur Entnahme und Aufbewahrung von Meerwasserproben zur nachfolgenden Analyse auf Radionuklide sind im Vergleich zu anderen Spurenstoffen einige Besonderheiten zu beachten:

- Das Spektrum des zu einer Analyse erforderlichen Wasservolumens reicht in Abhängigkeit von der Aktivität der zu bestimmenden Radionuklide von Bruchteilen eines Liters (^{3}H) bis zu mehreren Tonnen (^{10}Be). Auch das Spektrum der Eigenschaften der zu analysierenden Stoffe reicht sehr weit, da diese sowohl vorwiegend in Form kovalenter Bindungen (^{3}H), als Ionen ($^{137,134}Cs$, ^{90}Sr, ...) oder sogar gasförmig (^{3}He) auftreten können. Dementsprechend ist eine geeignete Auswahl zwischen den bereits oben genannten Schöpfern und Pumpsystemen zu treffen.
- Die Gefahr einer Kontamination der Proben durch Teile der Schöpfvorrichtung ist gewöhnlich viel geringer als bei Untersuchungen zu den entsprechenden chemisch und physikochemisch sehr ähnlich reagierenden Spurenmetallen. Es sind allerdings Verschleppungsprobleme zu beachten, wenn die jeweiligen vertikalen Verteilungsmuster im Meer starke Gradienten aufweisen. Das ist besonders bei künstlichen Radionukliden der Fall, die wie beispielsweise beim Tritium das Meer über atmosphärische Niederschläge und Süßwasserzustrom von den Kontinenten erreichen und im Vergleich zu ihrer Halbwertzeit nur sehr langsam vertikal vermischt werden. Auch in Ästuaren oder geschichteten Nebenmeeren (Ostsee) können sich im Bereich loka-

ler oder regionaler Punktquellen solche Gradienten ausbilden. Natürliche Nuklide wie ^{3}He, die aus dem Sediment in den Ozean eingetragen werden, weisen entgegengesetzte Gradienten im Meer auf. Die Entnahme von durch Verschleppung unverfälschten Proben hat dies zu berücksichtigen (siehe Kapitel 11.2.1).
- Es kann erforderlich sein, das Material der zur Probenahme und -aufbewahrung genutzten Gefäße optimal den Eigenschaften der betreffenden Radionuklide anzupassen. Für ^{3}H-Messungen ist z. B. Glas durchaus geeignet, da keine Probleme durch Ionenaustausch zu erwarten sind. Wasserdampf kann andererseits manche Kunststoffwände durchdringen. Wasserproben für ^{3}He werden mit gasdichten und adsorptionsarmen Schöpfern, gefertigt z. B. aus Titan oder Spezialstählen, genommen.

Perspektivisch werden sicherlich In-situ-Anreicherungsverfahren bei gleichzeitiger Abtrennung der partikulären Anteile, zunehmend eingesetzt. Als besonders effektiv bei der Anreicherung von Radioisotopen im Meer hat sich dabei die Sorption an Manganoxy-hydroxiden erwiesen [68]. Das mindert jedoch nicht die Bedeutung der großvolumigen Schöpfer, deren Anwendung bei weiträumigen Aufnahmen unerlässlich bleibt.

11.5.4 Spezialschöpfer

In ihrem Einsatzgebiet sehr limitierte Probenahmegeräte gibt es für eine Reihe von selten zu messenden Parametern. Das betrifft beispielsweise Untersuchungen zum Gehalt der im Meerwasser gelösten Edelgase. Zum Vermeiden jeglicher Kontamination wird dafür z. B. ein Aluminiumrohr in-situ mithilfe einer fernkontrollierten Kneifvorrichtung verschlossen. Auch leichtflüchtige Haloforme, wie die klimatologisch relevanten Chlorfluor-Verbindungen (FCKWs, „Freone“), werden zum Vermeiden von Verlusten oder Kontamination in-situ in Metallrohren (Cu) für die spätere Analyse im Landlabor eingeschlossen [69]. Auch bei herkömmlichen Schöpfern kann der Gasaustausch der Proben mit der Atmosphäre durch relativ einfache Mittel stark vermindert werden. Der Niskin-lever action-Schöpfer (General Oceanics) verwendet dazu eine beim Schließen des Schöpferdeckels gleichzeitig freigesetzte HDPE-Scheibe. Diese schwimmt auf der Probe bei deren Ablassen und verhindert somit das Eindringen von Luft.

Speziell für mikrobiologische Untersuchungen wurde ein modifizierter Wasserschöpfer (AFISmom) [70] mit einer In-situ-Fixierung entwickelt (HYDRO-BIOS, Kiel).

Eine unübersehbar große Anzahl von Eigenfertigungen der Institute dominiert bei Schöpfern zur Entnahme von Wasserproben über vermutete Konzentrationsgradienten an den Grenzflächen zum Meeresboden [71, 72, 73, 74] und zur Atmosphäre, aber auch über interne Dichte- oder Redox-Sprungschichten [75]. In vertikal unterschiedlicher Auflösung werden Wasserproben in gekammerte Schöpfer gebracht. Der Transport dahin geschieht oft über Filter- bzw. Dialysemembranen, zum Teil passiv als auch aktiv, d. h. angesaugt über Pumpen oder durch ein zuvor angelegtes Vakuum.

11.6 Probenbehandlung an Bord

11.6.1 Filtration

Die Inhaltsstoffe des Meerwassers kommen in der Regel überwiegend (> 90 %) in gelöster Form, d. h. < 0,4 µm bzw. < 0,45 µm, vor. Da eine Filtration von Wasserproben immer mit zusätzlichen Risiken einer Verfälschung durch Kontamination oder Adsorptions- und andere Verluste verbunden ist, wird zumeist darauf verzichtet. Ausnahmen sind erforderlich, wenn

a) das suspendierte partikuläre Material (SPM) selbst Gegenstand der Untersuchungen ist,
b) die SPM-Konzentration z. B. in der Mischungszone von Ästuaren, in der euphotischen Schicht während der Phytoplanktonblüten oder in Nähe des Meeresbodens deutlich über 1 mg/l ansteigt oder
c) das partikuläre Material die Präzision der Analysen erheblich beeinträchtigt.

Die Filtration erfolgt z. T. in-situ, d. h. vorgeschaltet in autonom arbeitenden Anreicherungssystemen, oder on-line am Auslauf eines Schöpfers bzw. Pumpsystems. Häufiger wird jedoch noch die Off-line-Filtration verwendet [76], besonders im Fall a). Dazu wird die Wasserprobe in einen Behälter überführt und dann über ein entsprechendes Filter gedrückt oder gesaugt. Bei der Druckfiltration sollten etwa 3 bar nicht überschritten werden, da anderenfalls Planktonzellen zerstört und darin befindliche Spurenstoffe freigesetzt werden können.

Universelle Filter, die allen Anforderungen bei der Bestimmung unterschiedlicher Meerwasserinhaltstoffe in gelöster und partikulärer Form genügen, gibt es nicht. Relativ gut definierte Porengrößen, wie sie bei Polykarbonat-Kernspurfilterfolien des Nuclepore-Typs (0,4 µm) anzutreffen sind, müssen z. B. im Vergleich zu herkömmlichen Zellulosenitrat- oder -acetat-Membranfiltern (0,45 µm) mit geringeren Filtrationsraten und Filterbeladungen erkauft werden. Mehrfach verwendbare und gut zu reinigende Filter aus chemisch extrem inertem Material wie PTFE haben den Nachteil noch weit geringerer Filtrationsraten. Sie sind außerdem teurer.

Neben dem Einhalten problem-adäquater Regeln „guter Laborpraxis“ bei Spurenanalysen, die Verfälschungen ausschließen helfen, sind bei der Filtration von Meerwasserproben einige besondere Hinweise zu beachten:

- Druckfiltrationssysteme sind in der Regel besser kontaminationsarm zu betreiben als Vakuumsysteme.
- Sind mehrfache Aufgüsse der Probe erforderlich, sollte das Filter zwischendurch nicht trockenfallen.
- Wird auch das Filtrat untersucht, ist immer ein entsprechendes Vor- und Nachlaufvolumen zu verwerfen.
- Das auf dem Filter gesammelte Material sollte vor dem Trocknen mehrfach mit geringen Aliquoten entionisierten Wassers gewaschen werden, um Meersalzrückstände zu verhindern.

- Die gravimetrische Bestimmung der SPM-Masse erfordert den Einsatz von Mikrowaagen mit einer Empfindlichkeit von ≤ 5 µg.
- Da häufig Filter aus Kunststoff verwendet werden, muss deren elektrostatische Aufladung für zuverlässige Wägungen mit Hilfe einer Ionenquelle kompensiert werden.

Zur Gewinnung größerer SPM-Probenmengen, wie sie für viele Untersuchungen zu partikulären Formen von Spurenstoffen wie Halogenkohlenwasserstoffen oder Radionukliden erforderlich sind, sind herkömmliche Filtrationstechniken unzureichend. Wird z. B. bei einer SPM-Konzentration des Meerwassers von 1 mg/l eine minimale Probenmenge von 1 g benötigt, müsste 1 m^3 Wasser filtriert werden. Das wäre mit Pumpsystemen zwar prinzipiell durchführbar, würde jedoch einen häufigen Filterwechsel erfordern, da sich beispielsweise ein 47 mm/0,4 µm Kernspurmembranfilter unter diesen Bedingungen bereits nach 2-3 l Probevolumen zugesetzt hätte. Vermehrt werden deshalb Durchflusszentrifugen mit ≤ 10.000 bis > 20.000 g erfolgreich zur Abtrennung des SPM eingesetzt. Dabei handelt es sich sowohl um leistungsfähige transportable Tischzentrifugen, wie z. B. die Biofuge 28 RS oder Labofuge von Heraeus, mit einem Durchsatz von rund 0,05 m^3/h [77, 78], die in kardanischer Aufhängung auch bei hohem Seegang betrieben werden können [79], als auch um stationäre Hochleistungszentrifugen, die noch mit > 1 m^3/h eine effektive Abtrennung gewährleisten. Letztere sind entweder fest auf dem Schiff installiert (FS Gauss / BSH Hamburg) oder werden nach Bedarf in einem entsprechenden Gestell an Bord verankert (Padberg GmbH Modell Z61, [80]). Untersuchungen haben gezeigt, dass solche Zentrifugen das SPM ähnlich effektiv abtrennen wie eine 0,4 µm-Filtration. Da die mit Meerwasser in Kontakt kommenden Wandungen aus chemisch sehr inertem Material wie PTFE, Ti, PE oder PP sind, ist die Gefahr einer Kontamination der Proben gering. Folglich sind diese zur Untersuchung auf ein weites Parameterspektrum geeignet.

Die Durchflusszentrifugen werden in der Regel über mit Druckluft (> 1-10 bar) betriebene Membranpumpen, aber auch über Impellerpumpen aus chemisch ebenfalls sehr inertem Material, gespeist. Die Entnahme des Meerwassers erfolgt dabei sowohl vom verankerten als auch vom fahrenden Schiff zumeist über einen Bypass.

11.6.2 Konservierung und Lagerung

In Hinsicht auf die erforderliche Qualität der verwendeten Aufbewahrungsgefäße und der zur Konservierung erforderlichen Chemikalien sind die in Analytikhandbüchern vorgegebenen Regeln unter Berücksichtigung der jeweiligen Parameter und ihrer für Meerwasserproben typischen Konzentrationen einzuhalten. Es sollen hier nur diejenigen Besonderheiten herausgestellt werden, die sich aus der Arbeit auf Forschungsschiffen ergeben:

Bei den späteren Messungen entdeckte Kontaminationsprobleme lassen sich teilweise auf Nachlässigkeiten bei der Vorbereitung von Messkampagnen zurückführen. Die Bereitung der erforderlichen Chemikalien und die Reinigung der Gefäße und Schöpfer erfolgt gewöhnlich bereits im Landlabor. Steht kein Containerlabor bereit, das in einsatzbereitem Zustand auf das Schiff gebracht werden kann, bergen Verpackung und Transport oft unterschätzte Kontaminationsrisiken. Diese Operationen sollten, wie auch die spätere Probenahme, möglichst immer unter Anleitung und Kontrolle des zuständigen Analytikers erfolgen. Um den Kontakt der Proben mit hochkontaminiertem Straßenstaub auszuschließen, bedarf es der Mehrfachverpackung. So hat es sich z. B. bewährt, Probenflaschen für Spurenmetalluntersuchungen zweifach mit gereinigten Kunststoffbeuteln zu umhüllen. Die so verpackten Flaschen sollten getrennt von anderen Geräten in staubdicht verschlossenen Probenkisten, ebenfalls vorzugsweise aus Kunststoff, an Bord gebracht werden. Zur Nachreinigung und Konditionierung werden die Flaschen bis zu ihrem Einsatz mit ultrareinem Wasser gefüllt und bei einem pH-Wert von ca. 1,5 gehalten, der später auch zur Probenkonservierung genutzt wird.

Werden die Meerwasserproben sofort an Bord analysiert, ergeben sich für die betreffenden Parameter selten Konservierungs- und Lagerungsprobleme. So müssen Messungen zu hydrografisch-chemischen Standardparametern wie Sauerstoff, Schwefelwasserstoff, Alkalinität oder pH-Wert so bald wie möglich nach der Probenahme ausgeführt werden. Das trifft weitgehend auch auf die Nährsalze zu, für die noch keine universelle Konservierungsmethode gefunden wurde. Die Stabilität der Proben scheint stark von ihrer Herkunft abzuhängen. Allerdings wird häufig die Gesamt-N/P-Bestimmung aufgrund des dazu erforderlichen Aufschlusses erst im Landlabor durchgeführt.

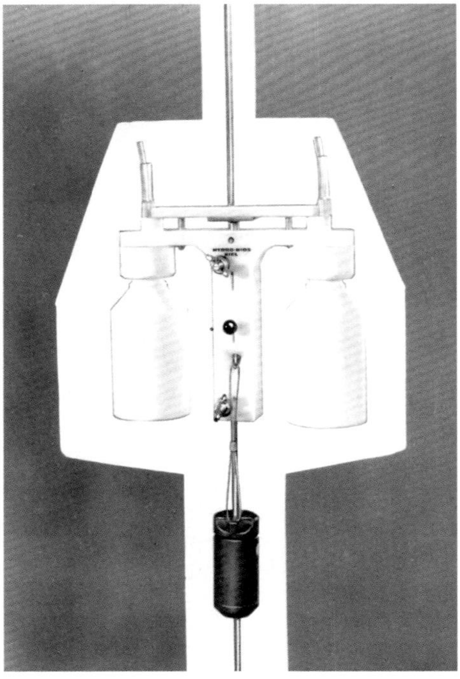

Bild 11.14: MERCOS-Schöpfer aus PTFE (© HYDRO-BIOS, Kiel). Ein Fallgewicht löst in der gewünschten Wassertiefe das Füllen der beiden 500 ml-PTFE-Schraubverschluss-Flaschen über die zuvor abgeklemmten Silikonschläuche aus.

Die unmittelbare Messung von Spurenstoffen an Bord ist eher die Ausnahme als die Regel. Bei kurzen Fahrten lohnt sich nicht der Aufwand, die Geräte aufwendig an Bord zu installieren. Oft fehlt es dafür an geeignetem Platz und häufig stören auch die mit dem Schiffsbetrieb verbundenen Vibrationen sowie andere Bewegungen des Schiffs wie Rollen, Stampfen oder Schlingern. Andererseits werden die zu analysierenden Verbindungen gewöhnlich bereits an Bord aus dem Meerwasser angereichert. Das ist unverzichtbar, wenn sich die Spurenstoffe rasch zersetzen, verflüchtigen, sich in ihrer Speziierung verändern oder irreversibel von Gefäßwandungen adsorbiert werden. Sind wie bei einigen Radionukliden und Halogenkohlenwasserstoffen die erforderlichen Probenvolumina sehr groß, ergibt sich bereits ein technischer Zwang zur baldigen Aufarbeitung. Aus der Sicht von Lagerungs- und Konservierungsproblemen, die sich mit steigenden Anreicherungsfaktoren proportional reduzieren, ist dies ebenfalls wünschenswert.

Für Spurenmetallmessungen sichert eine Aufbewahrung der Proben bei einem pH-

Wert um 1,5 unter Raumtemperatur im Dunkeln bereits Langzeitstabilität. Das setzt Flaschen adäquater Reinheit aus PTFE oder PE voraus. Für Meerwasseruntersuchungen wurden entsprechende Reinigungsprozeduren unter Einsatz von Mineralsäuren unterschiedlicher Stärke in Bädern bei verschiedener Temperatur vorgeschlagen [81], die diesen Zweck erfüllen.

Quecksilber weicht in seinem Verhalten deutlich von dem anderer Spurenmetalle ab. Das ist auch bei der Konservierung von Meerwasserproben zu beachten. Wie bei organischen Spurenstoffen ist eine baldmögliche Aufarbeitung der Proben empfehlenswert, um Kontaminationen oder Verluste zu vermeiden. Da bei der zumeist genutzten AAS-Kaltdampfmethode der Anreicherungsschritt unmittelbar der spektroskopischen Detektion vorausgeht, erfolgt häufig die Hg-Analyse unmittelbar an Bord. Ist dies nicht vorgesehen oder möglich, müssen für die Aufbewahrung von Meerwasserproben oxidierende Bedingungen und höhere Säurestärken eingehalten werden. Falls nicht die weiteren Analysenschritte direkt in der Probenahmeflasche ablaufen, wie im Falle des MERCOS-Schöpfers (HYDRO-BIOS, Kiel; siehe **Bild 11.14**), sind Quarzflaschen im Vergleich zu Kunststoffflaschen dafür besser geeignet.

11.7 Qualitätssicherung

Einleitend wurde bereits auf die Bedeutung der Probenahme als Hauptverursacher systematischer Fehler bei Meerwasseranalysen hingewiesen. Bei vielen Spurenstoffen lässt sich eine mögliche Beeinflussung der Messwerte durch das Entnahmegerät nur indirekt überprüfen. Hier sollen einige Maßnahmen zur Qualitätssicherung der Probenahme kurz erläutert werden:

a) Konventionelle Interkalibrierungen, bei denen den teilnehmenden Laboren Aliquote einer entsprechend homogenisierten und in Bezug auf den Analyten stabilisierten Meerwasserprobe zur Analyse überstellt werden, ermöglichen keine Aussagen zur Qualität der Probenahme. Sie dienen der Standortbestimmung in den Laboren und helfen diesen beim Auffinden von systematischen und Zufallsfehlern.
b) Das Vermessen zertifizierter und nicht-zertifizierter Referenzmaterialien ist ein weiterer notwendiger Bestandteil der laborinternen Qualitätskontrolle. Zertifiziert in erster Linie in Hinsicht auf die Konzentrationen von Pflanzen-Mikronährsalzen und Spurenmetallen, sind auch Meerwasserproben dafür bereits seit längerer Zeit kommerziell verfügbar (siehe **Tabelle 11.4**). Die in den Zertifikaten ausgewiesenen Gehalte sind in der Regel für den jeweiligen Wassertyp als realistisch anzusehen.
c) Als sehr effektiv haben sich Vergleichsmessungen unter Feldbedingungen erwiesen, bei denen parallel verschiedene Schöpfgeräte eingesetzt werden. Um Aussagen zu den Eigenschaften dieser Geräte zu erhalten, ist es sehr wichtig, die Variabilität anderer die Ergebnisse möglicherweise beeinflussender Parameter so gering wie möglich zu halten. Im Idealzustand hieße das, alle zum Vergleich vorgesehenen Schöpfer von einem Trägersystem aus (Schiff, Winde, Seil etc.) in einem Wasserkörper mit homogenen Eigenschaften gleichzeitig einzusetzen. Das ist in der Praxis nur annähernd erreichbar.

Tabelle 11.4: Zertifizierte Standard- und Referenzmaterialien für Inhaltstoffe des Meerwassers [82]

Bezeichnung	Analyt	Matrix	Quelle
NASS-4	As, Cd, Co, Cr, Cu, Fe, Mn, Mo, Ni, Pb, U, Zn	Meerwasser/Hochsee, 31,3 ‰, < 0,45 µm, pH 1,6	NRCC, Kanada (145 USD/2 l)
CASS-3	As, Cd, Co, Cr, Cu, Fe, Mn, Mo, Ni, Pb, Se, Zn	Meerwasser/Küste, 30,2 ‰, < 0,45 µm, pH 1,6	NRCC, Kanada (145 USD/2 l)
SLEW-2	As, Cd, Co, Cr, Cu, Fe, Mn, Ni, Pb, Zn	Ästuarwasser, 11,6 ‰, < 0,45 µm, pH 1,6	NRCC, Kanada (145 USD/2 l)
CRM 403	Cd, Cu, Mo, Ni, Pb, Zn	Meerwasser, < 0,45 µm, pH 1,6	EU-BCR, Brüssel (300 ECU/2 l)
CRM 505	Cd, Cu, Ni, Zn	Ästuarwasser, < 0,45 µm, pH 1,6	EU-BCR, Brüssel (300 ECU/1 l)
CSK Nutrient Elements	NO_2-N, NO_3-N, PO_4-P, SiO_2-Si	30,5 % NaCl	Sagami Standard; Wako Chemicals, Japan (75-120 USD/50 ml)
IAEA-298	^{90}Sr, ^{137}Cs, $^{239+240}$Pu	Pazifikwasser/Muroroa Atoll (Oberfläche)	IAEA, Wien (110 USD/3x30 ml)
IAPSO Standard Seawater	Leitfähigkeit	Nordatlantikwasser mit 10, 30, 35, bzw. 38 ‰; < 0,3 µm	OSI, UK (72 – 120 Engl. Pfund/5x275 ml)

Literatur

[1] Grasshoff, K.; Ehrhardt, M. & Kremling, K. (1983): Methods of Seawater Analysis, Second, revised and extended ed.; Weinheim (Verlag Chemie). – 419 S.

[2] DIN 38 402-16 (1987): Probenahme aus dem Meer (A16)

[3] ISO 5667-9 (1992): Guidance on sampling from marine waters

[4] Website GEOTRACES unter www.geotraces.org/images/cookbook.pdf (08.04.2018)

[5] Website TEOS unter www.teos-10.org (08.04.2018)

[6] Cunliffe, M. & Wurl, O. (2014): Guide to best practices to study the ocean's surface. Occasional Publications of the Marine Biological Association of the United Kingdom. Plymouth, UK. – 118 S.

[7] UNEP (1987): Guidelines for determining inputs of inorganic contaminants into estuaries, Reference Methods for Marine Pollution Studies No. 41, UNEP. – 14 S.

[8] Kramer, K. J. M.; Brockmann, U. H. & Warwick, R. M. (1994): Tidal estuaries: manual of sampling and analytical procedures, EU, Brüssel. – 304 S.

[9] UNEP (1987): Guidelines for determining inputs of inorganic contaminants into estuaries, Reference Methods for Marine Pollution Studies No. 41, UNEP. – 14 S.

[10] HELCOM (1998): Guidelines for the Baltic Monitoring Programme for the Third Stage; Part B. Physical and Chemical Determinants in Sea Water, Baltic Sea Environment Proceedings No. 27 B. Helsinki. – 60 S. Verfügbar unter www.helcom.fi/action-areas/.../manuals-and-guidelines/combine-manual (08.04.2018)

[11] Strady, E.; Pohl, C.; Yakushev, E. V.; Krüger, S.; Hennings, U. (2008): PUMP-CTD-system for trace metal sampling with a high vertical resolution. A test in the Gotland Basin, Baltic Sea. Chemosphere, 70: S. 1309-1319. doi:101016/j.chemosphere.2007.07.051

[12] Staubwasser, M.; Schoenberg, R.; von Blanckenburg, F.; Krüger, C.; Pohl, S. (2009): Iron isotopes in marine anoxia. Geochim. Cosmochim. Acta, 73/13, A1265

[13] Kuss, J.; Cordes, F.; Mohrholz, V.; Nausch, G.; Naumann, M.; Krüger, S.; Schulz-Bull, D. E. (2017): The Impact of the Major Baltic Inflow of December 2014 on the Mercury Species Distribution in the Baltic Sea. Environ Sci Technol. Oct 17; 51 (20): 11692-11700. doi: 10.1021/acs.est.7b03011

[14] Harper, D. J. (1987): A new trace metal-free surface water sampling device, Mar. Chem. 21: S. 183-188

[15] Stadler, D.; Schomaker, K. (1977): Ein Glaskugelschöpfer zur kontaminationsfreien Entnahme von Seewasser unter der Oberfläche für die Analyse von Kohlenwasserstoffen und halogenierten Kohlenwasserstoffen, Dt. hydrogr. Z. 30: S. 20-25

[16] Gordon, D. C.; Keizer, P. P. (1974): Estimation of petroleum hydrocarbons in seawater by fluorescence spectroscopy – Improved sampling and analytical methods, Fish. Res. Bd. Can., Techn. Rep. No. 481

[17] Knudsen, M. (1923): Publ. Circ. Cons. Expl. Mer 77. S. 1-16

[18] General Oceanics Inc. (1996): Produktinformationen

[19] Patterson, C. C.; Settle, D. M. (1976): The reduction of orders of magnitude errors in lead analyses of biological materials and natural waters by evaluating and controlling the extent and sources of industrial lead contamination introduced during sample collection, handling, and analysis. – in: La Fleur, P. (Hrsg.): Accuracy in trace analysis – Sampling, sample handling, and analysis, Proceedings 7th IMR Symposium, Gaithersburg 1974, NBS Spec. Publ. No. 422. S. 321-351

[20] Su-Cheng, P.; Hung-Yu, C. (1994): Vertical distribution of cadmium in marginal seas of the western Pacific Ocean, Mar. Chem. 47. S. 81-91

[21] Orians, K. J. (1993): Determination of picomolar concentrations of titanium, gallium and indium in sea water by inductively coupled plasma mass spectrometry following an 8-hydroxyquinoline chelating resin preconcentration, Anal. Chim. Acta 282. S. 63-74

[22] Lewis, B. L.; Landing, M. (1992): The investigation of dissolved and suspended-particulate trace metal fractionation in the Black Sea, Mar. Chem. 40. S. 105-141

[23] Johansson, M.; Emteborg, H.; Glad, B.; Reinholdsson, F.; Baxter, D. C. (1995): Preliminary appraisal of a novel sampling and storage technique for the speciation analysis of lead and mercury in seawater, Fresenius Z Anal Chem 351. S. 461-466

[24] Gill, G. A.; Fitzgerald, W. F. (1987): Picomolar mercury measurements in seawater and other materials using stannous chloride reduction and two-stage gold amalgamation with gas phase detection, Mar. Chem. 20. S. 227-243

[25] Kwokal, Z.; May, K.; Branica, M. (1994): 'On spot' collection of reactive mercury onto gold wire from aquatic environment, Sci. Tot. Environ. 154. S. 63-69

[26] Van Dorn, W. G. (1956): Large-volume water samplers, Trans. Am. Geophys. Un. 37. S. 682-684

[27] Niskin, S. J. (1962): A water sampler for microbiological studies, Deep-Sea Res. 9. S. 501-503

[28] Herdman, H. F. P. (1963): Water sampling and thermometers. In: Hill, M. N. (Hrsg.): The Sea. Bd. 2, Interscience Publishers. New York. S. 124-127

[29] Fischer, H. (1968): The transparent plastic Nansen sampler, Techn. Rep. HYDRO-BIOS Apparatebau GmbH, Kiel

[30] Spencer, D. W.; Brewer, P. G.; Sachs, P. L. (1972): Distribution and trace element composition of suspended matter in the Black Sea, Geochim. Cosmochim. Acta 36. S. 71-86

[31] Segar, D. A.; Berberian, G. A. (1975): Trace metal contamination by oceanographic samplers. – in: Gibb, R. P. (Hrsg.): Analytical methods in oceanography, Advan. Chem. Ser. No. 147. S. 9-21

11

[32] Batley, G. E.; Gardner, D. (1977): Sampling and storage of natural waters for trace metal analysis, Water Res. S. 745-756

[33] Brügmann, L.; Geyer, E.; Kay, R. (1987): A new teflon sampler for trace metal studies in seawater – "WATES", Mar. Chem. 21. S. 91-99

[34] General Oceanics Inc. (1996): Produktinformationen

[35] Dickson, A. G.; Sabine, C. L.; Christian, J. R. (Hrsg.) (2007): Guide to best practices for ocean CO_2 measurements. PICES Special Publication 3: S. 1-191

[36] ISO 5667-26:2022; Water quality – Sampling – Part 26: Guidance on sampling for the parameters of the oceanic carbon dioxide system

[37] Stadler, D.; Schomaker, K. (1975): Entwicklung eines Gerätes zur kontaminationsfreien Entnahme von Oberflächenwasserproben für den Einsatz auf See, Dt. hydrogr. Z. 28. S. 117-120

[38] Bodman, R. H.; Slabaugh, L. V.; Bowen, V. T. (1961): A multipurpose large volume sea water sampler, J. Mar. Res. S. 141-14?

[39] Petrick, G.; Schulz-Bull, D. E.; Martens, V.; Scholz, K.; Duinker, J. C. (1996): An in-situ filtration/extraction system for the recovery of trace organics in solution and on particles tested in deep ocean water. Marine Chemistry 54. S. 97-105

[40] Johnsen, B. D.; Wangersky, P.; Zhou, X. (1987): An in-situ pump sampler for trace materials in seawater, Mar. Chem. 22. S. 353-361

[41] Schulz-Bull, D. E.; Petrick, G.; Bruhn, R.; Duinker, J. C. (1998): Chlorobiphenyls (PCB) and PAHs in water masses of the northern North Atlantic. Mar. Chem. 61. S. 101-114

[42] Koschinsky, A.; Szemeitat, A.; Magguilli, M.; Halbach, P. (1996): In-situ enrichment of heavy metals from deep-sea water by an ion-exchange pump system. Mar. Georesources & Geotechnology. S. 297-314

[43] Alvarez, D. A. (2010): Guidelines for the use of the semipermeable membrane device (SPMD) and the polar organic chemical integrative sampler (POCIS) in environmental monitoring studies, U.S. Geological Survey Techniques and Methods 1-D4, S. 28

[44] United States Environmental Protection Agency (EPA) (2012): Guidelines for using passive samplers to monitor organic contaminants at superfund sediment sites, OSWER directive 9200.1-110 FS

[45] Stuer-Lauridson, F. (2005): Review of passive accumulation devices for monitoring organic micropollutants in the aquatic environment (2005). Environm. Poll. S. 503-524

[46] Lang, S.-C.; Hursthouse, A.; Mayer, P.; Kötke, D.; Hand, I.; Schulz-Bull, D. E.; Witt, G. (2015): Equilibrium passive sampling as a tool to study polycyclic aromatic hydrocarbons in Baltic Sea sediment porewater systems. Marine Pollution Bulletin 101, S. 296-303, doi:10.1016/j.marpolbul.2015.10.069

[47] Zhao, S.; Kvale, K. F.; Zhu, L.; Zettler, E. R.; Egger, M.; Mincer T. J.; Amaral-Zettler, L. A.; Lebreton, L.; Niemann, H.; Nakajima, R.; Thiel, M.; Bos, R. P.; Galgani, L.; Stubbins, A (2025): The distribution of subsurface microplastics in the ocean. Nature volume 641, S. 51-61

[48] Reineccius, J.; Waniek, J. (2024): Critical reassessment of microplastic abundances in the marine environment. The Science of the Total Environment, 954, 176449, doi: 10.1016/jscitotenv.2024.176449

[49] Kanhai, L. D. K.; Gardfeldt, K.; Lyashevska, O.; Hasselllöv, M.; Thompson, R. C.; O'Connar, I. (2018): Microplastic in sub-surface waters of the Arctic Central Basin. Marine Pollution Bulletin, 130, S. 8-18

[50] Wang, Ying, Chen, Jianwang, Guo, Jin, Yu, Zhenwu, Lin, Yuan, Wang, Yuhong: Advances and development in the sampling techniques for marine water resources: a comprehensive review. Frontiers in Marine Sciences. 11: 1365019, doi 10.3389/fmars.2014.1365019

[51] Sun, Chengjun, Ding, Jinfeng, Gao, Fenglei: Chapter Two – Methods for microplastic sampling and analysis in the seawater and fresh water environment. Methods in Enzymology, Vol 648, S. 27-45, 2021, doi.org/10.1016/bs.mie.2020.12.009.

[52] Yifan Zheng, Li, Jingxi, Sun, Chengjun, Cao, Wei, Wang, Menghui, Jiang, Fenghua, Ju, Peng (2021): Comparative study of three sampling methods for microplastic analysis in seawater. Science of The Total Environment. Vol. 765, 144495, doi.org/10.1016/j.scitotenv.2020.144495

[53] Haochen Shi, Xiaohui Wang, Lixin Zhu, Daoji Li (2023): Comprehensive Comparison of Various Microplastic Sampling Methods in Sea Water: Implications for Data Compilation. Water 2023, 15, 1035, doi.org/103390/w15061035

[54] Manzari Kushawa, Shiv Shankar, Divya Goel, Shailja Singh, Jitin Rahul, Km Rachna, Jaspal Singh (2024): Microplastics pollution in the marine environment: A review of sources, impacts and mitigation. Marine Pollution Bulletin, 209, Part A 117109, doi org/10106/j.marpolbul.2024.117109

[55] Yusuf, Ahmed, Sodiq, Ahmed, Giwa, Adewale, Eke, Joyner, Fikuda, Oluwada milola, Eniola, Jamiu, Ajiwokewu, Bilkis, Sambudi, Nonni Soraya, Bilad, Muhammed Roil: Updated review on microplastics in water, their occurence, detection, measurement, environmental pollution, and the need for regulatory standards. Environmental pollution, Volume 292, Part B, 118421, 2022, doi.org/10.1016/j.envpol.2021.118421

[56] Seren Acarer Arat: An overview of microplastic in marine waters: Sources, abundance, characteristics and negative effects on various marine organisms (2024). ScienceDirect, Desalination and Water Treatment, 317, 100138

[57] Gabriel Pasquier, Perine Doyen, Maria Kazour, Alexandre Dehaut, Mamadou Diop, Guillaume Duflos, Rachid Mamara (2022): Manta Net: The golden Method for Sampling Surface Water Microplastics in Aquatic Environments. Frontiers in Environmental Science, 10, 811112, doi: 10.33889/fenvs.2022.811112

[58] Eriksen, Max Liboiron, Tim Kiessling, Louis Charron , Abigail Alling, Laurent Lebreto, Heather Richards, Barent Roth, Nicolas C. Ory, Valeria Hidalgo-Ruz, Erika Meerhoff, Carolynn Box, Anna Cummins, Martin Thiel: Microplastic sampling with the AVANI trawl compared to two neuston trawls in the Bay of Bengal and South Pacific. Environmental Pollution, Volume 232, S. 430-439, 2018

[59] Sophie ten Hietbrink, Dusen Materic, Rupert Holzinger, Sjoerd Groeskamnp, Helge Niemann (2023): Nanoplastic concentrations across the North Atlantic. Nature, 643, doi.org/ 10.1038/s41586-025-09218-1

[60] Arto Hiltunen, Joanna Huapalainen, Ermei Mäkilä, Sirkku Häkkilä, Pia Damlin, Jari Hänninen (2024): Expanding sample volume for microscopical detection of nanoplastics. Marine Environmental Research, 202, 106806, doi.org/10.1016/marenvres.2024.106806

[61] Galgani, Luisa, Goßmann, Isabel, Scholz-Böttcher, Barbara, Jiang, Xiangtao, Liu, Zhanfei, Scheidemann, Lindsay, Schlundt, Cathleen & Engel, Anja (2022): Hitchhiking into the Deep: How Microplastic Particles are Exported through the Biological Carbon Pump in the North Atlantic Ocean. Environmental Science & Technology, 56, S. 15.638-15.649, doi: 10.1021/acs.est.2c04712

[62] Reineccius, Janika; Waniek, Joanna J. (2022): First long-term evidence of microplastic pollution in the deep subtropical Northeast Atlantic. Environ. Pollution, 305, 119302, DOI:10.1016/j.envpol.2022.119302

[63] K. Kremling, U. Lentz, B. Zeitschel, D.E. Schulz-Bull, J.C. Duinker (1997): New type of time-series sediment trap for the reliable collection of inorganic and organic trace chemical substances. Review of scientific Instruments 67 (12), S. 4.360-4.363

[64] Cutroneo, Laura, Reboa, Anna, Besio, Giovanni, Borgogno, Franco, Canesi, Laura, Canuto, Sausanna, Dara, Manuela, Enrile, Francesco, Forioso, Guiseppe Lenoble, Veronique, Malatesta, Arianna, Mounier, Stephane, Petrillo, Mario, Rovetta, Ruben, Stocchino, Alessandro, Tesan, Javier, Vagge Greta: Microplastics in seawater: sampling strategies, laboratory methodologies, and

11

identification techniques applied to port environment. Environmental Science and Pollution Research, 27: S. 8.938-8.952, 2020, doi.org/10.1007/s11356-020-07783-8

[65] Eun Su Jung, Jin Hyun Choe, Jin Soek Kim, Da Won Ahn, JinUk Yoo, Tae Min Choi, Sun Gyu Pyo (2024): Quantitative Raman analysis of microplastics in water using peak area ratios for concentration determination. Clean Water, 7, 104, doi.org/10.138/s41545-024-00397-4

[66] J. Yang, M. Monnot, Y. Sun, L. Asia, P. Wong-Wah-Chung, P. Doumeng, P. Moulin (2023): Microplastics in different water samples (seawater, freshwater, and wastewater): methodology approach for characterization using micro-FTIR. Sciencedirect.com/science/article/pii/S004313542300146X

[67] Win Cowger, Lisa Roscher, Hannah Jebens, Ali Chamas, Benjamnin D. Maurer, Lukas Gehrke, Gunnar Gerdts, Sebastian Primpke (2024): Generation of macro- and microplastic databases by high-throughput FTIR analysis with microplate readers. Anal Bionanl Chem, 416, S. 1.311-1.320

[68] Colley, S. & Thomson, J. (1994): Particulate/solution analysis of 226Ra, 230Th and 210Pb in sea water sampled by in-situ large volume filtration and sorption by manganese oxyhydroxide, Sci. Tot. Environ. 155. S. 273-283

[69] Jean Baptiste, P., Messias, M. J., Alba, C., Charlou, J. L. & Bougault, H. (1994): A simple copper-tube sampler for collecting and storing seawater for post-cruise CFC measurements, Deep-Sea Res. 41. S. 1.361-1.372

[70] Feike, J., Jürgens, K., Hollibough, K., Krüger, S., Jost, G. & Labrenz, M. (2011): Measuring unbiased metatranscriptomics in suboxic waters of the central Baltic Sea using a new in situ fixation system. ISME J 6: S. 461-470. The ISME journal. 6. 461-70. 10.1038/ismej.2011.94

[71] Eversberg, U. (1990): A new device for sampling water from the benthic boundary layer, Helgoländer Meeresunters. 44. S. 329-334

[72] Schwedhelm, E., Vollmer, M. & Kersten, M. (1988): Bestimmung von Konzentrationsgradienten gelöster Schwermetalle an der Sediment/Wasser-Grenzfläche mit Hilfe der Dialysetechnik, Fresenius Z Anal Chem 332. S. 756-763

[73] Bale, A. J. & Barrett, C. D. (1995): A bottom-landing water sampling system for the benthic boundary layer, Netherlands J. Sea Res. 34. S. 259-266

[74] Sternberg, R. W., Kineke, G. C. & Johnson, R. (1991): An instrument for profiling suspended sediment, fluid, and flow conditions in shallow marine environments, Cont. Shelf Res. 11. S. 109-122

[75] Hallberg, R. O., Bågander, L. E., Engvall, A.-G., Lindström, M. & Schippel, F. A. (1977): Chemical and microbial in situ investigation of the sediment-water interface in the Baltic, Baltica 6. S. 117-125

[76] Yeats, P. & Brügmann, L. (1990): Suspended particulate matter: Collection methods for gravimetric and trace metal analysis, ICES-Techniques in Marine Environmental Sciences No. 7. S. 9

[77] Brügmann, L. (1993): Die Contifuge im Einsatz auf hoher See – Kontinuierliche Meerwasser-Probennahme bei 11 Knoten Fahrt, HERAEUS Sepatech Forum Heft 5. S. 1-2

[78] Helmers, E. & Schulz-Baldes, M. (1992): Schwebstoffanreicherung durch kontinuierliche Zentrifugation von atlantischem Oberflächenwasser, Labor 2000. S. 2-5

[79] Kersten, M.; Kienz, W.; Koelling, S.; Schroeder M. & Förstner, U. (1990): Schwermetallbelastung in Schwebstoffen und Sedimenten der Nordsee, Vom Wasser 75. S. 245-272

[80] Schüßler, U. & Kremling, K. (1993): A pumping system for underway sampling of dissolved and particulate trace elements in near-surface waters, Deep-Sea Res. 40. S. 257-266

[81] Laxen, D. P. H. & Harrison, R. M. (1981): Cleaning method for polyethylene containers prior to the determination of trace metals in freshwater samples, Anal. Chem. 53. S. 345-350

[82] NOAA (1995): Standard and Reference Materials for Environmental Science, NOAA Technical Memorandum NOS ORCA 94 (Part 1, 2), Silver Spring, Maryland. S. 752

12 Probenahme von Niederschlägen

Dr. Jürgen Diemer, Dr. Jutta Köhler*

12.1 Einleitung

12.1.1 Definition des Begriffs „Niederschlag“

In der Hydrometeorologie versteht man unter Niederschlag (engl. *precipitation*) das aus der Lufthülle ausgeschiedene Wasser einschließlich aller darin gelösten, emulgierten oder suspendierten Stoffe. Zu den Niederschlägen werden Regen, Schnee, Graupel und Hagel („fallender nasser Niederschlag“), Tau und Reif („abgesetzter Niederschlag“) sowie Nebelniederschlag („abgefangener Niederschlag“) gezählt [1].

Niederschläge, die nicht Wasser als Hauptbestandteil enthalten, wurden früher auch als „trockener Niederschlag“ bezeichnet [2]. Dazu gehören beispielsweise sedimentierende Stäube, die als „Staubniederschläge“ bezeichnet werden. Neuere Fachpublikationen oder Richtlinien verwenden statt des Ausdrucks „Niederschlag“ meist die präzisere Bezeichnung „Deposition“ [3]. Die „atmosphärische Deposition“ oder „Gesamtdeposition“ stellt die Summe der Depositionen der sedimentierenden Partikel, nicht sedimentierenden Partikel und Gase dar. Sie besteht aus „nasser Deposition“, „trockener Deposition“ sowie „feuchter Deposition“. Die „nasse Deposition“ ist in [3] definiert als „Summe der Depositionen sedimentierender nasser Partikel“ und entspricht damit sowohl dem umgangssprachlichen Gebrauch des Begriffs „Niederschlag“ als auch dem in [2] definierten Begriff „fallender nasser Niederschlag“. Nebel ist ein Luft-Wassertröpfchen-Aerosol, in dem die Wassertröpfchen so klein sind, dass sie kaum sedimentieren. Daher wird die Deposition von Nebel- bzw. Wolkenwasser als „feuchte Deposition“ (engl. *occult deposition*) bezeichnet. Tau und Reif werden ebenfalls der „feuchten Deposition“ zugeordnet.

Die „trockene Deposition“ ist in [3] definiert als die „Summe der Depositionen sedimentierender trockener Partikel, nicht sedimentierender Partikel und von Gasen“. In der Praxis versteht man darunter in erster Linie Staubniederschläge, aber auch die Adsorption von Gasen an feuchten Oberflächen sowie deren Aufnahme durch die Vegetation. Insbesondere für reaktive Gase wie Ammoniak stellt die trockene Deposition, abhängig vom jeweiligen Akzeptor (z. B. Wald) eine relevante Senke dar.

Ungeachtet der unterschiedlichen Einteilung der Niederschläge in die oben genannten Gruppen ergeben sich praktische Schwierigkeiten beim apparativen Sammeln einzelner „reiner“ Niederschläge. Die Trennung der nassen Niederschläge von trockenen Niederschlägen ist nicht zu 100 % exakt möglich, da die durch Feuchtigkeitssensoren gesteuerte getrennte Erfassung nasser und trockener Perioden nicht perfekt gelöst ist. Daher werden besonders bei geringen Niederschlagsmengen Teile der nassen Deposition

* unter Verwendung des Kapitels von H. Gudernatsch aus der 1. Auflage 1998 sowie von J. Diemer und J. Köhler aus der 2. Auflage 2018

12

nicht erfasst, andererseits aber können gesammelte nasse Niederschläge mit Trockenanteilen versetzt sein, die erst über den geöffneten Trichter in das nasse Sammelgut gelangt sind.

12.1.2 Abgrenzung

In diesem Kapitel wird die Probenahme von Niederschlägen für eine nachgeschaltete chemische Analytik, die der Ermittlung von Spurenstoffeinträgen in Ökosystemen dient, betrachtet. Die Ermittlung von repräsentativen Niederschlagshöhen bzw. -mengen im meteorologischen Sinne stellt ein grundsätzlich anderes Untersuchungsziel dar, für dessen Bearbeitung eine gänzlich andere Instrumentation (z. B. Pluviometer, Niederschlagsradar) eingesetzt wird. Die Bearbeitung derartiger meteorologischer Fragestellungen ist nicht Gegenstand dieses Kapitels.

Schwebstaub („Feinstaub", engl. *particulate matter*; „PM"), der aufgrund seiner geringen Größe kaum sedimentiert, d. h. typischerweise über einen Zeitraum von Tagen bis Wochen in der Luft suspendiert bleibt, ist ebenfalls klar von den Niederschlägen bzw. Depositionen zu unterscheiden. Für die Probenahme von Schwebstäuben bzw. Feinstäuben sowie die Analytik der Staubinhaltsstoffe existieren ebenfalls dezidierte Vorgaben. Hierfür sei auf die entsprechenden einschlägigen Richtlinien (z. B. [4, 5]) verwiesen.

12.1.3 Ziel der Untersuchung

Niederschlagsuntersuchungen zur Ermittlung großflächiger Stoffeinträge in Ökosysteme werden häufig als sehr langfristig angelegte Untersuchungen ausgeführt. Derartige Untersuchungen dienen beispielsweise der Ermittlung von Versauerung und Eutrophierung von Böden und Vegetation. Zu diesem Zweck werden Messnetze mit regionalem [6], nationalem [7] und internationalem [8] Bezug konzipiert und betrieben, an denen über einen Zeitraum von mehreren Jahrzehnten z. B. Einträge von Stickstoffverbindungen erfasst werden. Die dabei erhobenen Daten dienen einer langfristigen Beurteilung des Zustands der Umwelt bzw. seiner Entwicklung sowie der Verifizierung der Ergebnisse von Stoffeintragsmodellen. Beispielsweise erhebt die Länderinitiative Kernindikatoren fortlaufend die beiden Umweltindikatoren „Säure- und Stickstoffeintrag" sowie „Schwermetalleintrag" [9], deren Datenbasis im Wesentlichen aus Ergebnissen von Depositionsmessungen besteht.

Depositionsmessungen können aber auch im Rahmen relativ kleinräumiger und kurzfristiger Untersuchungen zur Ermittlung bekannter und unbekannter Emittenten durchgeführt werden. Als Beispiele können Vorbelastungsmessungen in Genehmigungsverfahren nach TA Luft sowie Staubniederschlagsmessungen im Umfeld einer Industrieanlage genannt werden, die darauf zielen, festzustellen, ob die in der TA Luft [12] bzw. in der Bundesbodenschutzverordnung (BBodSchV) [13] genannten Grenzwerte für die Staubmenge sowie die Deposition von Schwermetallen im Umfeld der Anlage eingehalten werden.

In jedem Fall ist vor Beginn eines Messprojekts das Ziel der Untersuchung genau zu definieren, da es die Basis für die Konzeption des entsprechenden Messnetzes bzw. die Messplanung darstellt. Hierzu sei auf die Richtlinienreihe VDI 4280 (z. B. [10]), die grundsätzliche Maßgaben zur Planung von Immissionsmessungen enthält, verwiesen. Es versteht sich, dass Versäumnisse bei der Konzeption und Planung die Erfüllung der Messaufgabe in Frage stellen und auch durch fachgerechte Probenahme und Analytik nicht heilbar sind.

12.2 Probenahmeplanung

12.2.1 Messplanung in Abhängigkeit des Untersuchungsziels

Vor dem Beginn der Messplanung ist zunächst das Untersuchungsziel exakt zu definieren, d. h. die Messaufgabe möglichst genau zu beschreiben. Aufgabe der Messplanung ist es, zu konkretisieren, wie dieses Untersuchungsziel unter Berücksichtigung der Rahmenbedingungen (z. B. Anforderungen an die räumliche und zeitliche Repräsentativität) sowie unter Berücksichtigung bestimmter operativer Vorgaben (Budget, Personal, vorhandenes Equipment etc.) erreicht werden kann [10]. Bei der Messplanung sind das Beurteilungsgebiet (Gebiet, auf das sich die Ergebnisse beziehen) bzw. die Beurteilungspunkte, die Beurteilungsmaßstäbe (z. B. gesetzliche Grenzwerte, Richtwerte), der Messzeitraum, die Messverfahren sowie die zu untersuchenden Messgrößen festzulegen. Zudem sind bestehende Erkenntnisse, z. B. zu Quellen und Windverhältnissen sowie (falls vorhanden) die Ergebnisse von Ausbreitungsrechnungen zu berücksichtigen.

Bei der Planung von Depositionsmessungen ist unter anderem zu klären, welche Messgrößen in welcher Art der Deposition (nasse Deposition, Gesamtdeposition) über welchen Zeitraum (Dauer des Messprojekts) mit welchem Messverfahren untersucht werden sollen. Hieraus ergibt sich die zu verwendende Probenahmetechnik und die benötigten Geräte (z. B. Wet-only-Sammler, Trichter-Flasche-Sammler, Topfsammler), woraus sich wiederum die Anforderungen an die Probenahmeorte (Platzbedarf, Stromversorgung) und die Probenahme selbst (Probenahmeintervalle, Probentransport etc.) sowie die nachgeschaltete Analytik (Messgrößen und zugehörige Bestimmungsgrenzen etc.) ableiten.

12

12.2.2 Anforderungen und regulative Vorgaben

Die Empfindlichkeit der Ökosysteme gegenüber den versauernden und eutrophierenden Stoffeinträgen des Niederschlags wird in ökologischen Wirkungsschwellen, den Critical Loads benannt. Dabei dürfen die langfristigen Stoffeinträge gerade noch so hoch sein, dass die ausgleichenden Eigenschaften des Ökosystems negative Wirkungen der Stoffeinträge verhindern können. Beispielsweise werden für die Berechnung der Critical Loads für eutrophierenden Stickstoff in Offenlandökosystemen aus Düngeexperimenten abgeleitete Werte verwendet. Sie basieren auf definierten Veränderungen, wie

Tabelle 12.1: Grenzwerte für verschiedene Parameter

Stoffgruppe	Depositionswert	Mittelungs-zeitraum	Regelwerk
Staubniederschlag (nicht gefährdender Staub)	0,35 g/(m²d)	1 Jahr	TA Luft (2021)
Arsen	4 µg/(m²d)	1 Jahr	TA Luft (2021)
Blei	100 µg/(m²d)	1 Jahr	TA Luft (2021)
Cadmium	2 µg/(m²d)	1 Jahr	TA Luft (2021)
Nickel	15 µg/(m²d)	1 Jahr	TA Luft (2021)
Quecksilber	1 µg/(m²d)	1 Jahr	TA Luft (2021)
Thallium	2 µg/(m²d)	1 Jahr	TA Luft (2021)
Arsen	35 g/(ha*a) entspricht 9,59 µg/(m²d)	1 Jahr	BBodSchV (2021)
Blei	200 g/(ha*a) entspricht 55 µg/(m²d)	1 Jahr	BBodSchV (2021)
Cadmium	5 g/(ha*a) entspricht 1,37 µg/(m²d)	1 Jahr	BBodSchV (2021)
Chrom	150 g/(ha*a) entspricht 41,1 µg/(m²d)	1 Jahr	BBodSchV (2021)
Kupfer	300 g/(ha*a) entspricht 82,2 µg/(m²d)	1 Jahr	BBodSchV (2021)
Nickel	75 g/(ha*a) entspricht 20,6 µg/(m²d)	1 Jahr	BBodSchV (2021)
Quecksilber	1 g/(ha*a) entspricht 0,27 µg/(m²d)	1 Jahr	BBodSchV (2021)
Thallium	1,5 g/(ha*a) entspricht 0,41 µg/(m²d)	1 Jahr	BBodSchV (2021)
Zink	1.200 g/(ha*a) entspricht 329 µg/(m²d)	1 Jahr	BBodSchV (2021)

Abweichungen in der Pflanzenentwicklung, Artzusammensetzung oder Dominanz, die im Ökosystem beobachtet wurden [11]. Depositionsmessungen zur Ermittlung dieser Stoffeinträge sind so zu konzipieren, dass die entsprechenden Säure- und Stickstoffkomponenten sicher erfasst und auch langfristige Änderungen der Depositionen abgebildet werden können.

Insbesondere bei der Planung von Depositionsmessungen im Umfeld von Anlagen (siehe Kapitel 12.1.3) sind die Vorgaben der TA Luft [12] bzw. der Bundesbodenschutzverordnung (BBodSchV) [13] zu beachten. In diesen Regelwerken sind für verschiedene Parameter Grenzwerte festgelegt (siehe **Tabelle 12.1**), die im Jahresmittel einzuhalten sind.

Daneben existieren eine Reihe von Normen, die bei der Durchführung von Depositionsmessungen Hilfestellung bieten, z. B.:

- Normenreihe VDI 4320 [3, 14, 15]
- DIN EN 15841 [16]
- DIN EN 15853 [17]
- VDI 2267 Blatt 15 [18]
- VDI 2090 Blatt 2 [19]

12.2.3 Probenahmegeräte

12.2.3.1 Wet-only-Sammler

Die Erfassung der nassen Deposition erfolgt mit sogenannten Wet-only-Sammlern (siehe **Bild 12.1**), deren Sammeleinheit nur für die Dauer der Niederschlagsereignisse geöffnet ist. Dieser Sammlertyp besteht aus einem Auffangtrichter mit einem inneren Durchmesser von typisch 300 bis 400 mm, der über einen PTFE- oder Silikon-Schlauch (innerer Durchmesser ca. 8 mm) mit einem Sammelbehälter verbunden ist. Der Sammelbehälter muss so groß bemessen sein, dass das in der vorgegebenen Sammelspanne zu erwartende Regenvolumen ohne Überfüllung aufgefangen werden kann. Typisch sind Sammelbehälter, die Volumina von 5 bis 10 l fassen.

Bild 12.1: Wet-only-Sammler mit Trichterverschluss (schwenkbarer Deckel), Regensensor und thermostatisiertem Probenraum (© Bayerisches Landesamt für Umwelt)

Bild 12.2: Detailaufnahme des Regensensors eines Wet-only-Sammlers (© Bayerisches Landesamt für Umwelt)

Um eine Probenahme von trockenen Niederschlägen in der regenfreien Zeit wirksam zu verhindern, muss der Trichter in dieser Zeit abgedeckt werden. Der Verschlussmechanismus muss sich aber schnell und leicht während der Regenperiode entfernen lassen und darf während des Niederschlagszeitraums keinen störenden Einfluss auf die Sammlung ausüben. Dazu werden Schwenk- oder Dreharme oder Rolloverschlüsse eingesetzt, die sich während der Öffnung seitlich vom Trichtermund entfernen. Stand der Technik ist die Steuerung der Trichterabdeckung durch einen Regensensor (siehe **Bild 12.2**), der nach Benetzung eine erhöhte Leitfähigkeit registriert und ein Signal an den Öffnungsmechanismus weitergibt. Der Sensor muss so beschaffen sein, dass ein Abfließen des Niederschlagwassers ermöglicht wird. Eine schwache permanente Beheizung der Sensoroberfläche sorgt für die Verdunstung der verbleibenden Feuchtigkeit, damit nach beendetem Ereignis der Schließvorgang der Trichterabdeckung ausgelöst wird. Verschmutzungen der Sensoroberfläche müssen unterbunden werden, da insbesondere hygroskopische Verschmutzungen eine Änderung der elektrischen Leitfähigkeit verursachen, die zur Fehlfunktion führen kann.

Um ein Herausspritzen oder -wehen bereits gesammelten Regens zu minimieren, soll der kegelförmige Trichter in einen zylindrischen Teil übergehen, dessen Höhe etwa dem Radius – also wenigstens 125 mm – entspricht. Für den Winterbetrieb werden Wet-only-Sammler eingesetzt, die über eine geregelte Trichterheizung verfügen. Dadurch wird gewährleistet, dass es nicht zu Eisbildung kommt, die ein Ablaufen des Niederschlags in den Auffangbehälter verhindern würde. Um Verdunstungsverluste aus dem Auffangbehälter möglichst klein zu halten, wird empfohlen, enghalsige Auffanggefäße zu verwenden, die nur über ein Ablaufrohr mit einer maximalen lichten Weite von 8 mm mit dem Trichter verbunden sind. Bei Verwendung eines noch engeren Ablaufrohres (lichte Weite ca. 3 mm) ist eine zusätzliche Entlüftung des Auffanggefäßes (lichte Weite max. 2 mm) erforderlich. Durch diese Maßnahmen sollen Verdunstungsverluste besonders im Sommer bei höheren Temperaturen möglichst klein gehalten werden. Eine lichtundurchlässige thermische Isolierung des Auffanggefäßes verstärkt obige Maßnahmen. Mittlerweile sind Varianten von Wet-only-Sammlern erhältlich, die über eine Thermostatisierung des Probenraums verfügen. Dadurch werden im Sommer Verdunstungsverluste minimiert und im Winter das Einfrieren des gesammelten Niederschlags verhindert. Insbesondere bei Verwendung von Borosilikatglas als Auffangbehältermaterial ist dies angebracht, um eine Zerstörung des Auffangbehälters durch Eisbildung zu verhindern.

Um Kontaminationen der Proben durch das Trichter- und Behältermaterial weitestgehend ausschließen zu können, wird empfohlen, bei anschließender Analyse auf anorganische Inhaltsstoffe diese Geräteteile aus PE, PP oder PTFE und bei anschließender Analyse auf organische Inhaltsstoffe diese Teile aus Borosilikatglas zu fertigen. Sollen per- und polyfluorierte Alkylsubstanzen (PFAS) analysiert werden, ist darauf zu achten, dass die gesamte Sammeleinheit frei von fluorhaltigen Materialien ist.

Für den mechanischen Aufbau des Sammlers sollten nur hochwertige Materialien verwendet werden. Grundsätzlich gilt, dass robustes Design und korrosionsbeständige Materialien ganzjährige Einsetzbarkeit und Langlebigkeit gewährleisten und durch Gerätedefekte bedingte Ausfallzeiten minimieren.

12.2.3.2 Bulk-Sammler

Im Gegensatz zu den bisher behandelten Wet-only-Sammlern ist bei Bulk-Sammlern (engl. *bulk collector*) die Sammeleinheit über den gesamten Probenahmezeitraum geöffnet. In diesen nicht sensorgesteuerten und nicht abdeckbaren Bulk-Sammlern werden die Depositionen sedimentierender nasser und trockener Partikel, die sogenannte Bulk-Deposition [3], gesammelt. Bulk-Sammler werden im Wesentlichen als Trichter-Flasche-Sammler, als Topf-Sammler und als Trichter-Adsorber-Sammler ausgeführt.

Trichter-Flasche-Sammler

Eine Variante des Bulk-Sammlers ist der Trichter-Flasche-Sammler (siehe **Bild 12.3**), der im Wesentlichen einem Wet-only-Sammler ohne Abdeckung und Regensensor entspricht. Im einfachsten Fall entspricht er einem Trichter, der über einen PTFE- oder Silikon-Schlauch (innerer Durchmesser ca. 8 mm) mit einem Sammelbehälter verbunden ist. Aber auch hier gibt es Ausführungen, die über eine Trichterheizung verfügen und

Bild 12.3: Einfacher Trichter-Flasche-Sammler (nach LAWA), geändert nach LfU: Ummantelung mit einer zweiten Röhre, inneres Rohr wassergefüllt, passive Kühlung durch Verdunstungskälte (© Bayerisches Landesamt für Umwelt)

Bild 12.4: Thermostatisierter Bulk-Sammler (Trichter-Flasche-Prinzip) mit Vogelkrone (© Bayerisches Landesamt für Umwelt)

durch Thermostatisierung des Sammelbehälters ein Einfrieren der Probe während der kalten Jahreszeit verhindern und sicherstellen, dass die Verluste des gesammelten Niederschlags durch Verdunstung minimiert werden (siehe **Bild 12.4**).

Zum Schutz der ständig exponierten Sammelfläche vor Vogelexkrementen hat sich der Einsatz einer geeigneten Schutzvorrichtung (sogenannte Vogelkrone) bewährt. Durch ein oberhalb des Trichterhalses eingesetztes Sieb (z. B. zusammengerolltes Teflon- oder PP-Netz) wird zudem der Eintrag größerer Insekten sowie von Blättern oder Nadeln in die Sammelflasche verhindert.

Trichter-Flasche-Sammler für die Ermittlung der Quecksilberdeposition

Eine besondere Ausführung des Trichter-Flasche-Sammlers wird für die Bestimmung der Quecksilberdeposition nach DIN EN 15853 [17] verwendet. Bei diesem Sammlertyp wird in das Sammelgefäß eine verdünnte hochreine Salzsäurelösung (0,01 mol/l) vorgelegt, um das in der atmosphärischen Deposition erfasste Quecksilber für den Zeitraum der Probenahme zu stabilisieren. Um zu verhindern, dass die Säure in nennenswertem Maße als Senke für das in der Atmosphäre vorhandene gasförmige Quecksilber wirkt, ist die Verbindung zum Trichter als Kapillarverbindung (Innendurchmesser 2-3 mm) auszuführen. Außerdem muss das Sammelgefäß während der gesamten Probenahmedauer vor direktem Sonnenlicht geschützt werden, um eine photoinduzierte Reduktion des Quecksilbers in der Niederschlagsprobe zu vermeiden.

Topfsammler (Bergerhoff-Sammler)

Topfsammler werden üblicherweise für Depositionsmessungen nach der sogenannten Bergerhoff-Methode [14] eingesetzt. Dieses Verfahren geht auf eine Publikation von Bergerhoff zurück [20] und wird seit mehr als 60 Jahren für Staubniederschlagsmessungen zur Überwachung der in der TA Luft festgelegten Immissionsgrenzwerte eingesetzt. In Nordrhein-Westfalen wird mit der Bergerhoff-Methode seit 1963 vorwiegend in industriellen Ballungsgebieten der Staubniederschlag gemessen und die ermittelten Staubniederschlagsmengen nach statistischer Auswertung als Immissionsflächenbelastungen ausgewiesen, die mit den Immissionsgrenzwerten der TA Luft verglichen werden können.

Das hierfür verwendete Probenahmegerät besteht aus einem Sammelgefäß und einem Ständer mit Schutzkorb, der verhindern soll, dass Vogelexkremente in das Probenahmegut gelangen (siehe **Bild 12.5**). Als Sammelgefäß wurden früher vor allem etwa 1,5 l fassende Haushaltskonservengläser (sogenannte Weckgläser) mit einer inneren lichten Weite von 8,9 cm eingesetzt. Mittlerweile sind in der einschlägigen Norm [14] mehrere Arten von Sammelgefäßen aus Glas oder Kunststoff genannt, die für die Probenahmen eingesetzt werden können. Sammelgefäße aus Kunststoff bieten den Vorteil einer leichteren Handhabbarkeit, geringere Ausfallzahlen durch Frostschäden bei Einsatz im Winter und niedrigere Blindwerte bei der nachfolgenden Bestimmung von Schwermetallen bzw. Elementen im gesammelten Staubniederschlag. Dagegen empfiehlt sich die Verwendung von Glasgefäßen, wenn der Staubniederschlag auf organische Analyten (z. B. PAK, PCB, PCDD/F) untersucht werden soll, wegen ihrer

Bild 12.5: Topf-Sammler (Bergerhoff-Sammler) mit Vogelschutzkorb
© Bayerisches Landesamt für Umwelt)

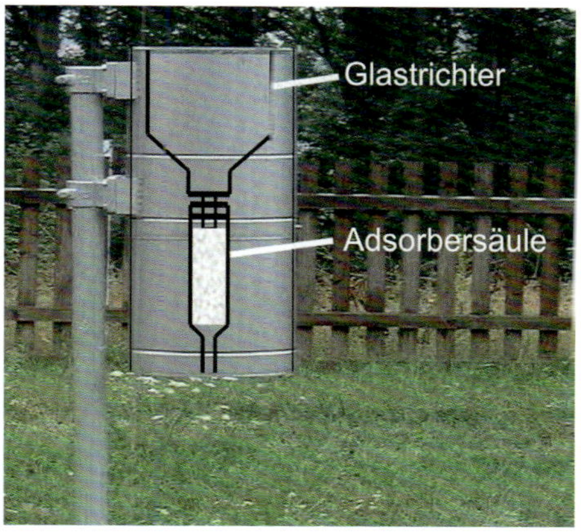

Bild 12.6: Aufbau eines Trichter-Adsorber-Sammlers
(© Bayerisches Landesamt für Umwelt)

niedrigeren Blindwerte für einige organische Analyten sowie der geringeren Gefahr von Adsorptionen.

Trichter-Adsorber-Sammler

Trichter-Adsorber-Sammler werden üblicherweise für die Bestimmung organischer Analyten (z. B. PAK, PCB, PCDD/F) in der Bulk-Deposition eingesetzt [19]. Der Trichter-Adsorber-Sammler besteht aus einem Glastrichter mit einem inneren Durchmesser von typisch 300 bis 400 mm, der über einen Glasschliff mit einer Filter- und Adsorbereinheit verbunden ist (siehe **Bild 12.6**). Die Adsorbereinheit besteht aus mehreren konzentrisch angeordneten Glasrohren, deren Mittelrohr mit XAD2-Adsorberharz befüllt wird. Bei der Probenahme werden die deponierenden Analyten und die Partikel mit dem Niederschlagswasser über die Adsorbereinheit geleitet, wo die partikelgebundenen und gelösten Analyten zurückgehalten werden, während das Niederschlagswasser aus der Adsorbereinheit geleitet und verworfen wird. Durch diese bereits im Sammelgerät stattfindende Abtrennung des Niederschlagswassers von den Analyten ist die Standzeit der Probenahmeeinheiten nicht durch das Volumen der Sammelgefäße limitiert, wodurch längere Probenahmezeiten von bis zu sechs Monaten möglich werden. Überdies wird die Gefahr von Ausfällen durch Frostschäden reduziert.

12.2.3.3 Nebelsammler

Die Erfassung der feuchten Deposition erfolgt mit Nebelsammlern, die im Gegensatz zu den bisher beschriebenen Sammlertypen als aktive Sammeleinheiten nach dem Impaktorprinzip arbeiten. Mittels Nebelsensor wird eine Nebelsituation erkannt und eine Pumpe eingeschaltet. Das Gerät saugt die Umgebungsluft an und scheidet die suspendierten Nebeltröpfchen durch Impaktion auf Prallkörpern ab, von denen sie in die Sammelflasche abfließen. Die dabei gewonnenen Niederschlagsmengen sind naturgemäß relativ klein.

12.2.4 Probenahmeorte und Aufstellung der Sammler

Grundsätzlich wird die Lage der Probenahmeorte im Rahmen der Messplanung fixiert. Dabei sind neben den Erfordernissen des spezifischen Messprojekts auch eine Reihe allgemeiner Anforderungen zu berücksichtigen, z. B. bezüglich:

- Platzbedarf
- Anströmbarkeit (Gebäude, Bäume in der näheren Umgebung)
- Erreichbarkeit (insbesondere auch im Winter)
- Infrastruktur, z. B. Stromanschluss (bei Wet-only-Sammlern)
- Zugänglichkeit für Dritte (Gefahr von Manipulationen und Vandalismus)

Die Sammler werden stabil so aufgestellt, dass ihre Öffnungen horizontal ausgerichtet sind. Zur Vermeidung des unbeabsichtigten Sammelns von Spritzwasser, das beim Aufprall von Regentropfen auf verschmutzte Flächen außerhalb des Sammeltrichters entsteht, müssen sich die Sammleröffnungen in einer Höhe von 1,5 bis 4,0 m über der Erdoberfläche befinden und sollten alle anderen Gegenstände in der näheren Umgebung überragen. Um das Risiko von Ausfällen durch Zerstörung, mutwillige Verschmutzung oder Entwendung zu vermindern, empfiehlt es sich, die Sammelbehälter möglichst hoch und schwer zugänglich anzubringen. Topfsammler können im städtischen Gebiet beispielsweise auf dem Dach von Luftmessstationen installiert werden. Innerhalb eines Sektors von 30° oberhalb des Sammelgefäßes sollen sich keine Hindernisse, wie z. B. Bäume oder Gebäude, befinden, um Verfälschungen der Depositionsmessung durch Abschirmeffekte oder Kronentraufe zu reduzieren.

12.2.5 Probenahmedauer

Im Bereich der Niederschlags- bzw. Depositionsmessungen haben sich Probenahmedauern zwischen einigen Tagen und einem Monat, ggf. abhängig von der Stabilität der gesammelten Parameter, bewährt. Da es sich typischerweise um sehr langfristige Messprojekte handelt, wird nach dem Probenahmezeitraum das Sammelgefäß gewechselt, d. h. durch ein leeres Sammelgefäß ersetzt, sodass die Depositionsprobenahme quasi kontinuierlich erfolgt.

Häufig sind in den jeweiligen spezifischen Normen konkrete Vorgaben enthalten. Bei Staubniederschlagsmessungen mit der Bergerhoff-Methode lautet diese Vorgabe der

Norm [14] 30 ± 2 Tage, d. h. alle 30 Tage wird das Sammelgefäß gewechselt und durch ein neues ersetzt. Da der Beurteilungszeitraum i. d. R. ein Jahr beträgt, sind monatliche bzw. 4-wöchige Probenahmen über mindestens ein Jahr durchzuführen.

12.3 Durchführung der Probenahme

12.3.1 Vorbereitung der Probenahme

Zur Beprobung der Deposition in Trichter-Flasche-Sammlern werden die folgenden Materialen benötigt:

- Waage zum Feststellen der Niederschlagsmenge
- Kühltasche mit Anschluss an die Autobatterie und/oder ausreichend Kühlakkus
- Messgeräte für Vor-Ort-Messungen, z. B. pH-Messsonde für ionenarme Wässer, Leitfähigkeitsmessgerät
- Gereinigtes Austausch-Sammelgefäß, dessen Leergewicht (Tara ohne Deckel) im Probenahmeprotokoll vermerkt ist
- Probenahmegefäße
- Probenetiketten
- Gereinigter 100 ml-Messzylinder für die Vor-Ort-Messungen
- Spritzflasche mit Reinstwasser zur Reinigung des Trichters von groben Verschmutzungen
- Papiertücher, Handschuhe, Klarsichtfolie
- Protokollblätter, wasserfester Stift
- Ersatzteile (z. B. Regensensor, Sicherungen) und passendes Werkzeug für kleinere Reparaturen z. B. der elektrischen Sammelgeräte)
- Reinigungsmittel und -material zur Instandhaltung der Sammler
- Sichel, Grasschere o. ä. zum Freihalten der Messstelle

Für die Beprobung von Topf-Sammlern werden ein gereinigtes, mit einem Deckel verschlossenes Austausch-Sammelgefäß, Probenetiketten und das Protokollblatt benötigt.

12

Steht die Beprobung eines Trichter-Adsorber-Sammlers an, so werden die gereinigten, in Aluminiumfolie verpackten Adsorber-Kartuschen an den Probenahmeort gebracht. Für die Probenahme werden außerdem noch Aceton zum Spülen des Glastrichters sowie ein Auffanggefäß benötigt.

12.3.2 Durchführung der Probenahme

12.3.2.1 Probenahme bei Trichter-Flasche-Sammlern

Nach Ablauf des jeweiligen Messzeitraums wird das Sammelgefäß gewechselt. Dazu sind alle notwendigen Materialien zum Probenahmeort zu bringen. Vor der Probenahme ist der einwandfreie Zustand und die Funktion des Sammlers zu prüfen. Bei elektrisch betriebenen Sammlern beinhaltet dies eine Prüfung der Sicherungen, bei Wet-only-Sammlern eine Funktionsprüfung des Regensensors.

Eine Kontamination der Sammeleinheit ist bei der Probenahme möglichst zu vermeiden. Sollte es erforderlich sein, die Innenfläche des Trichters zu berühren, z. B., um grobe Verschmutzungen zu entfernen, sind geeignete Einmal-Handschuhe zu tragen.

Nach Entnahme des Sammelgefäßes ist die Niederschlagsmenge durch Wägung festzustellen (Sammelgefäß ohne Deckel) und zu protokollieren. Sollte die für den festgelegten Zeitraum gesammelte Regenmenge weniger als die für die Analysen notwendige Mindestmenge betragen, wird das jeweilige Sammelgefäß nicht geleert, sondern wieder in den entsprechenden Sammler zurückgestellt. Die aktuelle Sammelperiode verlängert sich dementsprechend bis zur nächsten Probenahme. Dies ist im Probenahmeprotokoll zu dokumentieren.

Das gesammelte Niederschlagswasser wird beurteilt (Aussehen, Geruch, Verunreinigungen durch Laub, Insekten o. ä.) und die Bemerkungen in das mitgeführte Probenahmeprotokoll eingetragen. Von stark verunreinigten Wasserproben oder Auffangtrichtern ist ein Foto zu machen und dem Protokoll beizufügen. Gelegentlich kann es vorkommen, dass kleine Insekten in Massen in die Probe gelangen und schnell zersetzt werden. Solche stinkenden und stark verunreinigten Wasserproben werden vor Ort verworfen und gelangen nicht zur Analyse ins Labor. Befindet sich Schnee im Trichter, so wird die gesamte Sammeleinheit gewechselt. Die Sammelflasche mit der Probe und der Trichter einschließlich Schnee werden – ohne sie auseinander zu nehmen – vorsichtig in eine große Plastiktüte verpackt und bei Raumtemperatur zum Auftauen gebracht, um den aufgefangenen Schnee der Probe zuzuführen.

Bei ausreichender Probenflüssigkeit wird ein 100 ml-Glaszylinder konditioniert. In ca. 80 ml abgefüllter Probenflüssigkeit werden die Vor-Ort-Analysen durchgeführt. Zunächst wird die Probentemperatur mit der Temperatursonde des pH-Geräts festgestellt. Parallel dazu kann mit der Leitfähigkeitssonde die Leitfähigkeit ermittelt werden. Anschließend wird der pH-Wert bestimmt. Alle Daten werden in das Protokoll eingetragen. Die Messsonden gründlich mit Reinstwasser abspülen und bis zur nächsten Messung nach Vorschrift lagern. Sollen von anderen Sammelgefäßen vor Ort weitere Messungen gemacht werden, sollte der Messzylinder durch mehrfaches Spülen mit Reinstwasser gründlich gereinigt und mit Klarsichtfolie abgedeckt werden.

Für das nächste Probenahmeintervall wird die mitgebrachte, gereinigte Sammelflasche an den Trichter angeschlossen, darauf geachtet, dass die Trichteröffnung horizontal ausgerichtet ist und der Expositionsbeginn im Protokoll dokumentiert (vgl. **Bild 12.7**).

12.3.2.2 Probenahme bei Topf-Sammlern

Bei der Probenahme von Topf-Sammlern wird die gesamte Sammeleinheit ausgetauscht und die Probe in ihrem Sammelgefäß zur Analyse ins Labor gebracht. Dazu wird der Deckel des neu zu exponierenden Gefäßes abgenommen und das einzuholende Gefäß damit verschlossen. Das passende Probenetikett wird angebracht. Ist das Sammel-

Niederschlagsprobenahme Messnetz Umweltmonitoring								KW: 05	20_24						
Standort	Datum "von" / Datum "bis" / Uhrzeit "bis" / Anzahl Tage	Niederschlagsmenge im Gefäß [g] (Wägung ohne Deckel)		Bemerkungen (z.B. Verfärbung, Geruch, Pollen, Pflanzenmaterial etc.)	Zentrif.Röhrch. [LIMS-Nr.] - Metalle - IC - Nges	PSM-Glas [LIMS Nr.]	PFAS (1x 100mL 1x 500 mL) [LIMS-Nr.]	Sammelflasche gespült	Schlauchverbdg. geprüft	Regensensor getestet	Strom vorhanden (Heiz. / Kühl. / roter Kippschalter / LED)	Gehäuse gereinigt	Datenlogger ausgelesen / gestartet	Innentempera-tur Sammler-gehäuse [°C]: - aktuell - Minimum - Maximum	Prüfung FI-Schalter **2x pro Jahr**
Probenahmestelle: 211_ANS															
WetOnly (NM1)				LIMS-Teilprobennummer	23LFU-A0461-	24LFU-A0004-									
	03.01.2024	voll	4760	klar, geruchlos, kaum Schmutzpartikel	007-01	-								4	
	31.01.2024	leer	569		007-02	24LFU-A0005-		√	√	√	√	√	√	1	
	09:30	Saldo	4191		007-03	-								7	
	28	Temperatureinstellung		Kühlung / Heizung / Aufsatz / Trichter / Sensor	-	-	Max.	Max.		Max.		-			
E-Bulk (NM6)				LIMS-Teilprobennummer	23LFU-A0462-	24LFU-A0002-									
	03.01.2024	voll	4810	klar, geruchlos, kaum Schmutzpartikel	007-01	-007								4	
	31.01.2024	leer	558		007-02	24LFU-A0003-		√	√	-	√	√	√	1	
	09:30	Saldo	4252		007-03	-007								6	
	28	Temperatureinstellung		Kühlung / Heizung / Aufsatz / Trichter	-	-	Max.	Max.			-				

Bemerkungen Allgemein (z.B. Tausch Material, Mahd, extreme Witterung, Baustelle, Reparatur-/Wartungsbedarf etc.):

Probenehmer	Datum
Musterfrau	31.01.2024

Staubniederschlagsuntersuchung - Bergerhoff

Messpunkt	300_UFS	Probe-nehmer	Musterfrau	
Kampagne	KW 01 / 20 24	Art (Metalle, PFAS)	Metalle	
Datum von	05.12.2023	LIMS-Nr. 2_LFU-A___-___	22LFU-A0471-174	
			ja	nein
Datum bis, Uhrzeit	02.01.2024 11:15	potentieller Überlauf (Wasser 2cm unter Oberkante)		x
Anzahl Tage	28	Foto		x

Probe	brutto	Standard-Leergewicht	netto
Gewicht ohne Deckel [g]	527	122 g	405

Probenzustand	klar		trüb		dunkel
Farbe	x				
	neutral		auffällig		stinkt
Geruch	x				
Schmutzpartikel	keine		wenig (<10)		viel (>20)
Anzahl		x			
Beschreibung					
Algenbesatz	keine		wenig		viel
Anzahl	x				
Beschreibung					
Insekten	keine		wenig (<10)		viel (>20)
Anzahl	x				
	unzersetzt		ca. 50 %		zersetzt
Zersetzungsgrad	x				
Sonstige	keine		wenig (<10)		viel (>20)
Anzahl	x				
	unzersetzt		ca. 50 %		zersetzt
Zersetzungsgrad	x				

Bemerkung (z.B. Wetter während Exposition)

Bei besonders auffälligen Proben bitte gegebenenfalls ein Foto anfertigen!

Bild 12.7: Beispiele für Protokollvordrucke

12

gefäß mit einer Schneehaube bedeckt, ist diese mit dem Deckel vorsichtig in das Gefäß zu drücken. In den Wintermonaten sind die Gefäße bei gefrorenen Proben genau auf Risse und Brüche zu untersuchen. Wird an einem Gefäß eine Beschädigung festgestellt, ist die Probe zu verwerfen.

Beim eingeholten Sammelgefäß ist der Probenzustand zu protokollieren. Es wird auf die Farbe und den Geruch der Probe geachtet sowie die Menge, die Art und der evtl. Zersetzungsgrad von mitgesammelten Feststoffen (z. B. Insekten, Blätter, Schmutzpartikel) beschrieben (vgl. Bild 12.7).

12.3.2.3 Probenahme bei Trichter-Adsorber-Sammlern

Die Adsorber-Kartusche wird vorsichtig von unten vom Glastrichter entfernt (Klammer lösen), in Alufolie verpackt, etikettiert und bis zur Analyse im Labor kühl gelagert. Jetzt wird der Trichter von oben mit Aceton gespült; dabei wird die Spüllösung am Trichterauslauf in einem Glasbehälter aufgefangen und ebenfalls ins Labor gebracht. Die vorbereitete frische Kartusche wird aus der Alufolie genommen und am Glastrichter befestigt.

12.3.3 Probentransport

Nach Beendigung der Probenahme ist das Sammelgefäß bzw. das Probengefäß eindeutig zu kennzeichnen, z. B. durch Etikettieren. Die Proben sollen, ggf. nach parameterspezifischer Filtration und Stabilisierung, im verschlossenen Zustand möglichst schnell zum untersuchenden Laboratorium gebracht werden. Um Veränderungen der Probe zu minimieren, soll das Sammelgefäß bzw. die Probe lichtgeschützt und möglichst gekühlt transportiert und gelagert werden. Dadurch werden das Wachstum von Mikroorganismen sowie chemische Umsetzungen in der Probe weitgehend eingeschränkt.

12.3.4 Probenahmeprotokoll

Jede Niederschlagsprobenahme ist schriftlich zu protokollieren. Hierbei sind neben dem Ort und Datum der Probenahme (für den für die Ergebnisermittlung relevanten Beginn und Ende des Sammelzeitraums) auch das Ergebnis von Vor-Ort-Messungen (z. B. des pH-Werts) zu notieren. Es ist von großer Bedeutung, vor Ort festgestellte Auffälligkeiten im Probenahmeprotokoll zu dokumentieren. Dadurch stehen diese Informationen bei der Bewertung und Plausibilisierung der Messergebnisse zur Verfügung, und können z. B. bei der Entscheidung, ob Ergebnisse zu verwerfen sind, herangezogen werden. Als Hilfestellung für die Dokumentation haben sich Protokollvordrucke (siehe Bild 12.7) bewährt.

12.4 Analytische Bestimmung ausgewählter Parameter

12.4.1 Bestimmung des Niederschlagsvolumens

Als Bezugsgröße für die in der wässrigen Phase zu analysierenden Parameter ist das gesammelte Niederschlagsvolumen zu erfassen. Dies geschieht vorzugsweise durch Differenzwägung des vollen und des leeren Sammelbehälters. Dies hat gegenüber dem Auslitern den Vorteil höherer Genauigkeit und insbesondere eines niedrigeren Risikos der Kontamination der Probe.

12.4.2 Bestimmung von pH-Wert und Leitfähigkeit

Die Bestimmung des pH-Werts in Niederschlagsproben erfolgt wie in Grund- bzw. Oberflächenwasserproben mittels Potentiometrie. Bei der Untersuchung von Niederschlagsproben werden speziell für ionenarme Wässer geeignete Elektroden verwendet. Die Bestimmung der Leitfähigkeit erfolgt mittels Konduktometrie. Der pH-Wert und die Leitfähigkeit sind vorzugsweise vor Ort zu ermitteln.

12.4.3 Bestimmung löslicher Ionen

Zur Bestimmung löslicher Ionen im Niederschlagswasser wird ein Aliquot aus dem Sammelgefäß entnommen und (ggf. nach Filtration) mittels Ionenchromatographie bzw. Photometrie oder auch mit atomspektrometrischen (ICP-OES) oder massenspektrometrischen (ICP-MS) Verfahren untersucht. Für Details sei auf die einschlägigen Normen verwiesen (z. B. [15, 21, 22]).

12.4.4 Bestimmung der Menge des Staubniederschlags

Zur Bestimmung der Menge des Staubniederschlags wird der Inhalt des Bergerhoff-Sammelgefäßes durch ein Sieb (aus Nylon, Maschenweite etwa 1 mm) vollständig in eine vorher gewogene Abdampfschale (bzw. ein Becherglas) überführt. Dabei ist jegliches an den Innenwänden des Messgeräts haftende Material mithilfe eines Wischers zu entfernen und zu überführen. Die Gefäßinnenseite, das Sieb und der Wischer sind mit hochreinem Wasser zu spülen und die Spüllösung ist in die Abdampfschale zu überführen. Anschließend wird die Probe bei 105 °C in einem Trockenschrank vollständig eingedampft. Dieser Prozess darf bei großen Niederschlagsmengen wiederholt werden. Der Staubniederschlag wird danach aus der Masse des Trockenrückstands gravimetrisch ermittelt [14].

12.4.5 Bestimmung von Elementen im Staubniederschlag

Der Staubniederschlag (siehe Kapitel 12.4.4) wird vollständig in ein Mikrowellendruckaufschlussgefäß überführt und nach Zugabe eines oxidierenden Säuregemischs mit einem Mikrowellendruckaufschlussgerät aufgeschlossen [16]. Die Aufschlusslösung wird mittels eines ausreichend empfindlichen Analysenverfahrens, wie z. B. ICP-MS bzw. GF-AAS (Graphitrohr-Atomabsorptionsspektrometrie) auf ihre Elementkonzentrationen analysiert.

12.4.6 Bestimmung von Quecksilber

Die mit hochreiner Salzsäure (siehe Kapitel 12.2.3.2) stabilisierte Probe wird in der Sammelflasche mit einer Bromid-Bromat-Aufschlussmischung versetzt. Nach einigen Stunden Reaktionszeit wird ein Aliquot der Probe entnommen und auf seinen Quecksilbergehalt analysiert. Da das Messverfahren ausreichend empfindlich sein muss, um die häufig im Bereich weniger ng/l liegenden Konzentrationen sicher erfassen zu können, wird vorzugsweise die Atomfluoreszenzspektrometrie eingesetzt; der Einsatz der Atomabsorptionsspektrometrie ist nach [17] aber ebenso zulässig. Es versteht sich, dass bei einem derart empfindlichen Messverfahren höchstes Augenmerk auf sauberes Arbeiten und niedrige Blindwerte der verwendeten Chemikalien und Laborgeräte zu legen ist.

12.4.7 Bestimmung von PAK

Bei im Trichter-Adsorber-Verfahren gewonnenen Depositionsproben werden sowohl das Adsorbermaterial (Polystyrolharz) als auch die Spüllösung ins Labor gebracht. Das Polystyrolharz wird extrahiert und das Extrakt wird mit der Spüllösung vereinigt. Diese Probelösung wird eingeengt. Die so erhaltene Messlösung wird mittels Gaschromatographie mit massenspektrometrischer Detektion (GC/MS) auf polyaromatische Kohlenwasserstoffe analysiert. Bei durch Probenahme nach Bergerhoff gewonnenen Depositionsproben wird sowohl der trockene als auch der nasse Teil der Deposition mit Toluol extrahiert, die Extrakte werden eingeengt und mittels GC/MS analysiert.

12.4.8 Bestimmung von PCB und PCDD/F

Analog zur Bestimmung der PAK erfolgt auch für die Bestimmung der PCB und PCDD/F zunächst eine Extraktion des Probenmaterials mit Lösemittel. Anschließend werden den vereinigten Extrakten ^{13}C-markierte Kongenere als interne Standards zugegeben, bevor eine weitere Aufreinigung (Abtrennung von Störkomponenten) durch Flüssigchromatographie erfolgt. Die die PCB- bzw. PCDD/F enthaltende Fraktion wird eingeengt und mittels hochauflösender GC/MS analysiert.

12.5 Angabe der Ergebnisse

Die Ergebnisse von Depositionsmessungen werden üblicherweise flächen- und zeitbezogen angegeben. Die Angabe erfolgt also häufig als µg/(m²*d) oder kg/(ha*a). Dazu sind die analytisch ermittelten Konzentrationen mithilfe der bekannten Größen Probenahmedauer und Auffangfläche des verwendeten Probenahmesystems umzurechnen.

Literatur

[1] DIN 4049-3:1994-10 Hydrologie; Teil 3: Begriffe zur quantitativen Hydrologie

[2] DIN 38402-17:1988-05, Deutsche Einheitsverfahren zur Wasser-, Abwasser- und Schlammuntersuchung; Allgemeine Angaben (Gruppe A); Probenahme von fallenden, nassen Niederschlägen in flüssigem Aggregatzustand (A 17). Dokument zurückgezogen

[3] VDI 4320 Blatt 1:2010-01, Messung atmosphärischer Depositionen – Probenahme mit Bulk- und Wetonly-Sammlern – Grundlagen

[4] DIN EN 12341:2023-10, Außenluft – Gravimetrisches Standardmessverfahren für die Bestimmung der PM10 oder PM2,5-Massenkonzentration des Schwebstaubes; Deutsche Fassung EN 12341:2023

[5] DIN EN 14902:2005-10, Außenluftbeschaffenheit – Standardisiertes Verfahren zur Bestimmung von Pb/Cd/As/Ni als Bestandteil der PM10-Fraktion des Schwebstaubes; Deutsche Fassung EN 14902:2005

[6] Mellert, K.-H.; Gensior, A.; Göttlein, A.; Kölling, C.: Risiko erhöhter Nitratkonzentrationen unter Wald in Bayern-Regionalisierung von Inventurergebnissen aus dem Raster des Level I. In: Waldoekologie online (2005) 2, S. 4-24

[7] Gauger, T.; Köble, R. & Anshelm, F.: Kritische Luftschadstoff-Konzentrationen und Eintragsraten sowie ihre Überschreitung für Wald- und Agrarökosysteme sowie naturnahe waldfreie Ökosysteme. Teil 1: Deposition Loads. Forschungsvorhaben im Auftrag des BMU/UBA, FE-Nr. 297 85 079. Institut für Navigation, Universität Stuttgart, Stuttgart 2000

[8] Tørseth, K.; Aas, W.; Breivik, K.; Fjæraa, A. M.; Fiebig, M.; Hjellbrekke, A. G.; Lund Myhre, C.; Solberg, S. & Yttri, K. E.: Introduction to the European Monitoring and Evaluation Programme (EMEP) and observed atmospheric composition change during 1972 – 2009. In: Atmos. Chem. Phys. (2012) 12, S. 5.447-5.481

[9] Bayerisches Landesamt für Umwelt: Umweltbericht Bayern 2023

[10] VDI 4280 Blatt 1:2014-10, Planung von Immissionsmessungen – Allgemeine Regeln für Untersuchungen der Luftbeschaffenheit

[11] Bobbink, R. & Hettelingh, J.-P. (Hrsg.): Review and revision of empirical critical loads and doseresponse relationships. Expertworkshop in Noordwijkerhout, 23.-25. Juni 2010; Proceedings (2011); RIVM report 680359002

[12] TA Luft: Neufassung der Ersten Allgemeinen Verwaltungsvorschrift zum Bundes-Immissionsschutzgesetz (Technische Anleitung zur Reinhaltung der Luft – TA Luft) vom 18. August 2021

[13] Bundes-Bodenschutz- und Altlastenverordnung vom 9. Juli 2021 (BGBl. I S. 2598, 2716)

[14] VDI 4320 Blatt 2:2012-01, Messung atmosphärischer Depositionen – Bestimmung des Staubniederschlags nach der Bergerhoff-Methode

[15] VDI 4320 Blatt 3:2017-01 Messung atmosphärischer Depositionen – Bestimmung der Deposition von wasserlöslichen Anionen und Kationen – Probenahme mit Bulk- und Wet-only-Sammlern

[16] DIN EN 15841:2010-04, Luftbeschaffenheit – Messverfahren zur Bestimmung von Arsen, Cadmium, Blei und Nickel in atmosphärischer Deposition; Deutsche Fassung EN 15841:2009

[17] DIN EN 15853:2010-11, Außenluftbeschaffenheit – Standardisiertes Verfahren zur Bestimmung der Quecksilberdeposition; Deutsche Fassung EN 15853:2010

[18] VDI 2267 Blatt 2:2019-02, Stoffbestimmung an Partikeln in der Außenluft - Messen von Al, As, Ba, Ca, Cd, Co, Cr, Cu, Fe, K, Mg, Mn, Na, Ni, Pb, Sb, Se, Sn, Tl, V und Zn als Bestandteil der atmosphärischen Deposition nach Probenahme mit Bulk- und Wet-only-Sammlern mittels GF-AAS, ICP-OES und ICP-MS

[19] VDI 2090 Blatt 2:2002-12, Messen von Immissionen – Bestimmung der Deposition von schwerflüchtigen organischen Substanzen – Bestimmung der PCDD/F-Deposition, Trichter-Adsorber-Probenahme und GC/HRMS-Analyse

[20] Bergerhoff, H.: Staubpegelzonen nach Sedimentationsmessungen der Landesanstalt für Bodennutzungsschutz des Landes Nordrhein-Westfalen. Bochum 1956

[21] DIN EN ISO 11885:2009-09, Wasserbeschaffenheit – Bestimmung von ausgewählten Elementen durch induktiv gekoppelte Plasma-Atom-Emissionsspektrometrie (ICP-OES) (ISO 11885:2007); Deutsche Fassung EN ISO 11885:2009

[22] DIN EN ISO 17294-2:2024-03, Wasserbeschaffenheit – Anwendung der induktiv gekoppelten Plasma-Massenspektrometrie (ICP-MS) – Teil 2: Bestimmung von ausgewählten Elementen einschließlich Uran-Isotope (ISO 17294-2:2023); Deutsche Fassung EN ISO 17294-2:2023

13 Probenahme von Kühlwasser

Dr. Gregor Braun, Christian Roger Fechner, Dipl.-Ing. Klaus-Dieter Selent[1]

13.1 Einleitung

Als Kühlmittel Wasser einzusetzen, ist in gewerblichen Betrieben wie der Industrie und der Energiewirtschaft in Anlagen unterschiedlichster Art erforderlich.

Aus der Vielzahl der zu kühlenden Stoffe, der vorliegenden Temperatur- und Strömungsverhältnisse und der je nach Verfahren verschiedenen Aggregate ergeben sich zwangsläufig Varianten der Kühlwasserüberwachung, die sehr unterschiedlich sein können.

Ein Ziel der analytischen Überwachung von Kühlsystemen ist es, kurzfristige Veränderungen des Kühlmediums, die zu Betriebsstörungen führen, frühzeitig zu erkennen, damit rechtzeitig Gegenmaßnahmen eingeleitet werden können. Langfristig liefert die Beobachtung des Kühlmediums ein Bild dessen, ob und inwieweit Korrosion und Ablagerungen an von Wasser berührten Werkstoffoberflächen eventuell das unvermeidliche Maß überschreiten. Schließlich lassen sich analytische Messungen auch zur Kontrolle der Funktionstüchtigkeit von Dosiereinrichtungen heranziehen.

Ein weiteres Ziel der analytischen Überwachung ist die Erfassung der Wasserinhaltsstoffe vor dem Hintergrund gesetzlicher Regelungen und behördlicher Auflagen.

Spätestens seit dem Legionellose-Ausbruch in Warstein (Kreis Soest) sind auch die Rückkühlwerke in den Fokus einer verstärkten Überwachung gerückt. Im August 2013 kam es mit 159 schwer verlaufenden Legionellose-Erkrankungen und zwei Todesfällen zum bislang größten Legionellose-Ausbruch in Deutschland. Die Ursache für die Erkrankungen konnte nicht eindeutig identifiziert werden. Als mögliche Quelle für die Legionellenverbreitung wurde unter anderem ein Rückkühlwerk identifiziert: Eine Überprüfung derartiger Anlagen in Warstein hatte ergeben, dass ihre Betreiber den Herstellerempfehlungen für einen hygienisch sicheren Betrieb oftmals nicht vollständig nachkamen [1]. Im Nachgang zum Legionellose-Ausbruch in Warstein sind zahlreiche behördliche Maßnahmen veranlasst worden, um den hygienegerechten Betrieb von Kühlanlagen zu gewährleisten (Überwachung) und eine verbesserte Informationslage zu schaffen (Datenbank KaVKa 42.BV[2]).

Dieses Kapitel beschäftigt sich mit der Probenahme von Kühlwasser. Die Technik der Probenahme muss zum Ziel haben, Verfälschungen der Kühlwasserqualitätsmerkmale durch die Entnahme zu vermeiden.

13

[1] unter Verwendung des Kapitels von H. Gudernatsch aus der 1. Auflage 1998 sowie von J. Diemer und J. Köhler aus der 2. Auflage 2018

[2] Kataster zur Erfassung von Verdunstungskühlanlagen 42. BImSchV

13.1.1 Definitionen und Begriffserklärungen

Die DIN ISO 6107-1 „Wörterbuch zur Wasserbeschaffenheit“ [2] definiert:

Kühlwasser	Wasser, das zur Aufnahme und Abführung von Wärme verwendet wird
Industrieabwasser	Wasser, das nach seiner Verwendung in einem industriellen Verfahren abgelassen wird, oder Wasser, das in einem industriellen Verfahren entsteht und für dieses Verfahren von keinem unmittelbaren Nutzen mehr ist

Für die Anwendung dieses Kapitels gelten zusätzlich noch die folgenden, in VDI-Richtlinie 2047 Blatt 2 [3] definierten Begriffe:

Abwasser	Wasser, das aus der Anlage abgeleitet wird. Beispiele: Absalzung, Abschlämmung
Aerosol	Gemisch (Dispersion) aus festen oder flüssigen Schwebeteilchen und einem Gas Anmerkung: Teilchen mit einem Durchmesser unter 5 µm sind lungengängig.
Biofilm	an Oberflächen anhaftende Mikroorganismen, die von einer Matrix aus selbst gebildeten extrazellulären polymeren Substanzen umgeben sind Anmerkung: Biofilme bestehen zu ungefähr 95 % aus Wasser. Der größte Teil der Trockensubstanz besteht aus extrazellulären polymeren Substanzen. Zusätzlich können Biofilme organische und anorganische Partikel enthalten. Etwa 90 % aller Bakterien in Wasser leben im Biofilm, da sie hierdurch Vorteile erlangen, z. B. die Anreicherung von Nährstoffen, die Bildung von Lebensgemeinschaften (Biodiversität, Symbiose) sowie den Schutz gegenüber Bioziden und anderen Umweltfaktoren.
Eindickung	Aufkonzentration von Wasserinhaltsstoffen im Nutzwasser durch Verdunstung Anmerkung: Die Quantifizierung der Eindickung erfolgt durch die Eindickungszahl
Nutzwasser (Kühlwasser)	Wasser, das in einer Verdunstungskühlanlage zum Zweck der Wärmeabfuhr umläuft und in Kontakt mit der Atmosphäre steht
Rohwasser	Wasser, das am Standort der Anlage zur Versorgung zur Verfügung steht Anmerkung: Je nach Beschaffenheit des Rohwassers ist eine Aufbereitung erforderlich, bevor dieses Wasser als Zusatzwasser verwendet werden kann.
Zusatzwasser	Wasser, das dem Nutzwasser zugesetzt wird, um Verluste, beispielsweise durch Verdunstung, auszugleichen und die Eindickung zu begrenzen

13.1.2 Industrielle Kühlverfahren

Die Auswahl der Kühlverfahren und der Betrieb der Kühlsysteme richten sich nach den örtlichen, technischen und wirtschaftlichen Gegebenheiten. Wegen der besseren Wärmeableitung und des damit erzielbaren günstigeren Anlagenwirkungsgrads werden, wenn möglich, nasse Kühlsysteme (Frischwasser oder offene Kreislaufkühlung) bevorzugt. Findet die Kühlung auf einem hohen Temperaturniveau statt, kann Luftkühlung zweckmäßig sein. In der Regel sind das zu kühlende Medium und das Kühlmedium selbst stofflich voneinander durch Wärmetauscher getrennt. Ausnahmen sind z. B. Mischkondensatoren oder die Direktkühlung an Walzstraßen.

Unter **Frischwasserkühlung** versteht man den Gebrauch von Kühlwasser ohne Rückführung, d. h. das erwärmte Kühlwasser wird entweder direkt oder nach Abkühlung mithilfe eines Kühlturms in ein Gewässer abgeleitet.

Unter **offener Kreislaufkühlung** versteht man eine Umlaufkühlung in einem zur Luft offenen Kühlkreislauf, wobei das zur Kühlung benutzte Wasser hauptsächlich durch Verdunstung abkühlt. Dabei werden nur die Verdunstungsverluste und die Abflutmenge durch Nutzwasser ersetzt.

Wird nur ein Teil des Kühlwassers im Kreislauf geführt (**Mischkühlung**) und dadurch eine Behandlung des zum Einsatz kommenden Kühlwassers erforderlich, so gilt das für offene Kreislaufkühlung Gesagte.

Ferner gibt es **geschlossene Kühlsysteme**, die grundsätzlich abwasserfrei betrieben werden. Solche Systeme werden u. a. bei der Kühlung von Anlagen eingesetzt, bei denen mit wassergefährdenden Stoffen umgegangen wird. Sie werden nur zu Revisionen und Reparaturen entleert. In geschlossenen Kühlsystemen sind teilweise Konditionierungsverfahren mit höheren Additivkonzentrationen als bei offenen Kühlkreisläufen üblich. Deshalb ist ein Auffangbehälter für die Konditionierungsmittel vorzusehen, in den der gesamte Inhalt zumindest des größten Teilsystems jederzeit entleert werden kann. Konditionierungsmittel aus dem Auffangbehälter können wieder zur Füllung des Systems benutzt werden.

Bei nassen Kühlverfahren sind zunächst durch konstruktive und betriebliche Maßnahmen wie

- zweckmäßige Kühlwasserbehandlung,
- Einhaltung optimaler Strömungsgeschwindigkeiten,
- Vermeidung von Totzonen in den Systemen,
- korrosionsfeste Werkstoffe,
- Schutzanstriche,
- Plattierung,
- Gummierung,
- Beschichtung und
- Schwammkugelreinigung

alle Möglichkeiten auszuschöpfen, um mit einem möglichst geringen Einsatz von Kühlwasseradditiven auszukommen. In diesem Sinne ist auch zu prüfen, ob durch eine größere Abwärmeeinleitung ins Gewässer, z. B. durch Kühlturmmischbetrieb, ein niedriger Chemikalieneinsatz erreicht werden kann.

13.2 Zweck der Untersuchung

Eine Probenahme zur analytischen Überwachung von Kühlwasser kann unter folgenden Gesichtspunkten notwendig sein zur:

- Kontrolle der Einhaltung von Anforderungen gemäß Anhang 31 der Abwasserverordnung [4]
- Ermittlung und Überprüfung der Einhaltung eines Referenzwertes gemäß 42. BImSchV [5]
- Kontrolle der chemischen Konditionierung
- Überwachung der Stabilität und Korrosivität [6]
- Überwachung der Bakterien-Konzentration und damit des mikrobiellen Bewuchses [5]
- Kontrolle von verfahrenstechnischen Einrichtungen

Wie bereits einleitend erwähnt, können Kühlwässer Quellen für luftgetragene Keime, insbesondere für Legionellen, sein. Daher gelten auch besondere Anforderungen an den Betrieb von Verdunstungskühlanlagen, Nassabscheidern sowie Kühltürmen. Dazu gehören betriebsinterne Überprüfungen und Laboruntersuchungen und bei Überschreitung von Prüf- bzw. Maßnahmenwerten die Einleitung entsprechender Maßnahmen. Der Betreiber steht in der Verantwortung, das Risiko aus dem Betrieb solcher Anlagen zu minimieren. Die Richtlinie VDI 2047 Blatt 2 [3] gibt dem Betreiber Hinweise zum hygienegerechten Betrieb. Für den Betrieb von großen Naturzugkühltürmen gibt es entsprechende Hinweise in der Richtlinie VDI 2047 Blatt 3 [7]. Diese Richtlinie gilt für bestehende und neu zu errichtende Kühltürme.

13.2.1 Grenz- und Richtwerte für Kühlwasser

Wasser aus Kühlsystemen von Kraftwerken und aus Systemen zur Kühlung von industriellen Prozessen fallen unter den Anwendungsbereich des Anhangs 31 der „Verordnung über das Einleiten von Abwasser in Gewässer“ [4], der dem Schutz der Gewässer dient. Anhang 31 enthält je nach Abwasserherkunftsbereich (Wasseraufbereitung, Kühlsysteme, Dampferzeugung) neben allgemeinen Anforderungen an den Einsatz von Betriebs- und Hilfsstoffen unterschiedliche Anforderungen an das Abwasser für die Einleitungsstelle, an das Abwasser vor Vermischung und an das Abwasser für den Ort des Anfalls. Je nach Abwasserart und zu überwachendem Abwasser(teil)strom sind unterschiedliche Überwachungsparameter festgelegt, wie abfiltrierbare Stoffe, CSB, Phosphorverbindungen, anorganischer Gesamtstickstoff, AOX, freies Chlor bzw. Chlordioxid, Hydrazin, Giftigkeit gegenüber Leuchtbakterien sowie die Metalle Zink, Chrom, Cadmium, Kupfer, Blei, Nickel, Vanadium.

Wasser in Verdunstungskühlanlagen, Kühltürmen und Nassabscheidern unterliegt den Anforderungen der 42. BImSchV zum Schutz gegen Legionellen. Anlage 1 der 42. BImSchV enthält je nach Art der Anlage (Verdunstungskühlanlage, Nassabscheider, Kühltürme) konkrete Prüf- und Maßnahmenwerte für die Legionellenkonzentration, angegeben als Koloniebildende Einheiten (KBE) *Legionella spp.* je 100 ml.

Weitere analytische Überwachung kann ggf. aus behördlichen Anforderungen, der kommunalen oder industriellen Abwasserbehandlung erforderlich sein.

13.2.2 Überwachung der Einhaltung von Grenzwerten

In wasserrechtlichen Bescheiden zur Einleitung von Abwässern (Kühlwässern) in Gewässer sind Auflagen, Bedingungen und Vorbehalte für den Betrieb, z. B. von Kühlwasseranlagen und die damit verbundenen Maßnahmen, zu beachten.

Zum Beispiel:

- Einsatz von Kühlwasserkonditionierungsmitteln hinsichtlich Art, Einsatz- und Einleitkonzentration
- Messungen zur Überwachung und zur Selbstkontrolle, insbesondere der Temperaturen des Kühlwassers an den Entnahme- und Einleitstellen, sowie des Sauerstoffgehalts des Kühlwassers oder Gewässers

Zur sicheren Einhaltung von chemischen Parametern und Grenzwerten sollte eine weitgehend konstante Wasserqualität angestrebt werden. Die eventuelle Zugabe von Kühlwasserzusatzmitteln sollte kontinuierlich erfolgen, sodass im Kühlwasser und damit beim Verlassen des Systems im Abwasser keine erheblichen Konzentrationsschwankungen auftreten können.

Die kontinuierliche Überwachung verschiedener Parameter (pH-Wert, Leitfähigkeit) kann als Anhaltspunkt für die Kontinuität der Kühlwasserqualität genommen werden.

Eine diskontinuierliche Behandlung (z. B. mit Dispergatoren) erfordert u. U. eine besondere Behandlung des Abwassers oder im Falle einer Kreislaufkühlung das vorübergehende Absperren der Abflut. Das Sperren der Abflut erlaubt das kurzfristige Überschreiten von Grenzwerten. Sollen regelmäßig Biozid-Stoßbehandlungen durchgeführt werden, kann die Dauer der Abflutsperrung anhand von repräsentativen Abklingkurven der kritischen Parameter ermittelt werden, um eine engmaschige Beprobung zu vermeiden.

13

13.2.3 Überwachung von Legionellen in Verdunstungskühlanlagen, Kühltürmen und Nassabscheidern

Rückkühlanlagen kommen in unterschiedlichen Ausführungen sowohl in Industriebetrieben als auch in Verbindung mit Klimaanlagen für große Gebäude, wie Krankenhäuser oder Hotels, zum Einsatz. In solchen Anlagen hat die Umgebungsluft direkten

Kontakt mit dem Kühlwasser. Sowohl Verdunstungskühlanlagen als auch Kühltürme und Nassabscheider können eine Quelle für legionellenhaltige Aerosole darstellen. Da das Kühlwasser in einem Kreislauf bleibt, können sich dort bei unzureichender Wartung Legionellen massenhaft vermehren und in die Umgebungsluft verteilt werden.

Um das Risiko einer gesundheitlichen Beeinträchtigung durch solche Anlagen zu minimieren, wurde durch die 42. BImSchV eine Melde- und Überwachungspflicht für solche Anlagen eingeführt. Neben technischen Anforderungen an die Anlagen wird eine regelmäßige Untersuchung des Kühl- bzw. Waschwassers u. a. auf Legionellen gefordert. Zur Sicherstellung, dass die Probenahmen und die Untersuchung auf Legionellen nach einheitlichen Vorgaben ablaufen und um eine Vergleichbarkeit der Ergebnisse zwischen unterschiedlichen Laboratorien zu gewährleisten, wurde vom Umweltbundesamt eine Empfehlung zur Probenahme und zum Nachweis von Legionellen in Verdunstungskühlanlagen, Kühltürmen und Nassabscheidern veröffentlicht [8]. Zur Harmonisierung der kulturellen Legionellenanalytik in Abwasser und Oberflächenwasser wurde seitens des LANUV NRW ein Arbeitsblatt mit Empfehlungen veröffentlicht, die dem Ziel einer einheitlichen Probenahme, Analytik, Auswertung und Ergebnisangabe dienen [9].

Gemäß 42. BImSchV hat der Betreiber die Laboruntersuchungen und die dafür erforderlichen Probenahmen jeweils von einem akkreditierten Prüflaboratorium durchführen zu lassen; die Probenahme und die Untersuchung zur Bestimmung der Legionellen sind nach genormten Verfahren, unter Berücksichtigung gegebenenfalls vorliegender Empfehlungen des Umweltbundesamts, durchzuführen. Der Betreiber hat dem Labor und dem Probenehmer den Zeitpunkt einer erfolgten Biozidzugabe sowie die Menge und die Art des Biozids mitzuteilen.

Gemäß UBA-Empfehlung [8] müssen die Probenehmer in das Qualitätsmanagementsystem nach DIN EN ISO/IEC 17025 [10] des Labors eingebunden sein. Sie müssen Kenntnisse sowohl hinsichtlich der mikrobiologischen Probenahme generell als auch hinsichtlich der spezifischen Anforderungen bei der Probenahme in Verdunstungskühlanlagen, Kühltürmen und Nassabscheidern verfügen. Von dieser Qualifikation kann ausgegangen werden, wenn sie erfolgreich an einer Probenehmerschulung für Trinkwasser teilgenommen haben sowie eine Qualifikation gemäß der Schulung nach VDI 2047 Blatt 2 besitzen. Spezielle Probenehmerschulungen für Verdunstungskühlanlagen, Kühltürme und Nassabscheider, zur Erlangung der gewünschten Qualifikation, können bei verschiedenen Bildungseinrichtungen absolviert werden.

13.2.4 Kontrolle der chemischen Konditionierung

An Kühlwasser, vor allem in offenen Rückkühlwerken, werden besondere Anforderungen an die Qualität gestellt. Es müssen Schäden im System weitgehendst vermieden werden. Hat man eine Wasserqualität zur Verfügung, bei der die Zugabe von Zusatzmitteln unverzichtbar ist, oder muss durch Aufbereitung eine Wasserqualität hergestellt werden, die auch ohne Zugabe von Chemikalien den Anforderungen entspricht, muss in festgelegten Abständen eine Kontrolle des Wassers erfolgen.

Das primäre Ziel einer Wasserbehandlung ist es, den Wirkungsgrad von Wärmeaustauschflächen aufrecht zu erhalten.

Eine Kühlwasserbehandlung muss den folgenden vier Problembereichen begegnen:

Steinbildung
Die Methoden, die zur Steininhibierung eingesetzt werden, leiten sich aus der Entstehung der Ablagerung ab. Entsprechend muss die Behandlung eingestellt und überwacht werden.

Korrosion
Vor Korrosion schützt man die Anlagen durch bauliche Maßnahmen, wie unter Kapitel 13.1.2 aufgeführt. Diesen Maßnahmen ist Priorität vor der Konditionierung des Kühlwassers einzuräumen. Bei einem Kühlkreislaufbetrieb kann aber in den wenigsten Fällen auf eine Zugabe von chemischen Inhibitoren, die auf eine gewünschte optimale Konzentration eingestellt und überwacht werden müssen, verzichtet werden.

Ablagerungen
Ablagerungen lassen sich durch zwei Methoden – mechanisch oder chemisch – weitgehendst verhindern. Mechanische Methoden wurden bereits unter dem vorausgegangenen Kapitel 13.1.2 aufgeführt. Unter chemischen Methoden versteht man die Zugabe von Dispergier- oder Flockungsmitteln.

Mikrobiologisches Wachstum
Das biologische Wachstum in einem Kühlwasserbetrieb muss durch Sichtkontrolle und Beprobungen gemäß 42. BImSchV ständig überwacht werden. Die zuvor genannten Störgrößen wie Korrosion und Ablagerung können auch durch mikrobiologisches Wachstum entstehen. Für den Einsatz von Mikrobioziden zur Bekämpfung des Wachstums sieht der Gesetzgeber zum Schutz der Gewässer besondere Überwachungsmaßnahmen vor [4, 5].

13.2.5 Überwachung der Stabilität und Korrosivität eines Kühlwassers

Ein Kühlwasser muss optimal eingestellt werden, um Korrosionen und Ablagerungen auf den Systemoberflächen so weit wie möglich zu vermeiden. Um dies zu erreichen, bedarf es einer analytischen Überwachung.

Ziel der analytischen Überwachung des Kühlmediums ist die Vermeidung von Betriebsstörungen, die als Folge einer Veränderung der Kühlwasserbeschaffenheit eventuell auftreten können. Sie dient weiterhin dazu, die unvermeidbare Korrosion im Kühlwasser beaufschlagten System zu beobachten.

Für die Analytik des Kühlwassers ist es erforderlich, die Probenahme nach einem Dauerbetrieb von mindestens zwei Stunden vorzunehmen, um eine repräsentative Wasserprobe zu erhalten.

Nachfolgend sind einige Parameter aufgeführt, die die Beschaffenheit des Kühlwassers charakterisieren:

Elektrische Leitfähigkeit	Bei Durchlauf- und offener Umlaufkühlung ergibt sie eine Information zum Gesamtsalzgehalt und zur Eindickung.
pH-Wert	Er ist eine bedeutungsvolle Messgröße für den Korrosionsangriff und dient zur Vermeidung von sauren Phasen im Kühlwasser.
Ungelöste Stoffe – organische – anorganische	Der Gehalt an ungelösten Stoffen ist eine Kenngröße für das Fouling, wobei der organische Anteil das Biofouling kennzeichnet und der anorganische Anteil (z. B. Sand) für die Erosionskorrosion Führungsgröße ist.
Dosierchemikalien	Die Bestimmung des Gehalts der zudosierten Chemikalien dient zur Überwachung der Konditionierungsmittelkonzentration und zur Wirksamkeitskontrolle.
$K_{S\,4.3}$-Wert	Die Säurekapazität ist die wichtigste Kenngröße zur Pufferkapazität des Kühlwassers.
Calzium und Magnesium	Die Härte des Kühlwassers gibt Auskunft über die Schutzschicht- und Steinbildung im Kühlsystem.
Chlorid	Der Chloridgehalt ist die Führungsgröße für die Eindickungszahl bei offener Umlaufkühlung und für die Wasserführung bei Durchlaufkühlung. Bei geschlossener Umlaufkühlung dient er zur Erkennung von Fremdsalzeinbrüchen.
Sulfat	Bei sulfatreichen Wässern ist die Sulfatkonzentration anstelle des oben genannten Chloridgehalts Führungsgröße. Sie gibt außerdem Auskunft über die Betonaggressivität des Kühlwassers.
Phosphat	Der Phosphatgehalt, ggf. getrennt als Gesamt- und ortho-Phosphat gemessen, ist im Falle der Härtestabilisierung für das Kühlwasser von Bedeutung.
Mikrobiologische Untersuchungen	Diese Untersuchungen geben wichtige Hinweise für temporäre Untersuchungen der biologischen Belastungen und den biologischen Grundzustand.
Kupfer, gelöst und ungelöst	Der Gehalt an gelöstem und ungelöstem Kupfer ist eine wichtige Information zur Korrosion von Kupferbasislegierungen.
Gesamteisen	Der Gesamteisengehalt gibt Auskunft zur Korrosion von Stahl und weist auf mögliche Eisenoxidablagerungen hin.
Redoxpotential	Dieses gibt Auskunft über die Effektivität oxidativer Biozide.

13.2.6 Kontrolle von verfahrenstechnischen Einrichtungen

Der zu kühlende Stoff darf nicht in das Kühlwasser gelangen (Ausnahme: Mischkühlung). Dieser Möglichkeit ist umso mehr vorzubeugen, je gefährdender der Stoff (nach Wassergefährdungsklasse) für das Kühlwasser und die Umgebung ist. Die Erfahrung zeigt, dass ein vollständiger Ausschluss einer Leckage nicht immer möglich ist. Das Kühlwasser muss deshalb an kritischen Stellen auf Stoffeintrag überwacht werden, um Schäden am System zu verhindern sowie unerlaubtes Einleiten von Stoffen in ein Gewässer zu unterbinden. Häufigkeit und Umfang der Beprobung richten sich nach dem Gefährdungspotenzial und nach dem zu kühlenden Stoff. In vielen Fällen empfiehlt es sich, kontinuierliche Messungen einzusetzen [6, 11].

13.3 Probenahmestrategie und Probenahmeplanung

13.3.1 Probenahmestrategie

Ziel der Probenahme ist es, für die vorgesehene Wasseruntersuchung auf Mikroorganismen oder chemisch-physikalische Parameter eine repräsentative Probe bezogen auf die Fragestellungen unter Abschnitt 13.2 zu erhalten.

Die Anforderungen an die Untersuchung ergeben sich aus den oben genannten Fragestellungen.

Anmerkung: Die Festlegung der Messstellen bei Genehmigung der Anlage obliegt dem Sachverständigen oder/und der genehmigenden Behörde.

13.3.2 Probenahmeplanung

Für die Planung der Probenahme ist DIN EN ISO 5667-1 [12] sowie die VDI-Richtlinie 4223 „Qualitätssicherung – Anforderungen an Prüflaboratorien und Inspektionsstellen (Typ A) im Bereich des Immissionsschutzes: Verdunstungskühlanlagen, Kühltürme und Nassabscheider" [20] zu berücksichtigen.

Der Koordination zwischen Probenahmeplanung, Prüflabor und Anlagenbetreiber kommt eine besondere Bedeutung zu. Während der Probenahme müssen Informationen zum Zeitpunkt des letzten und des nächsten Biozidzusatz sowie über die Art des Biozids vorliegen.

Die Veränderlichkeit in Zeit und Raum ist wahrscheinlich der wesentlichste Aspekt, der bei der Erstellung von Probenahmeplänen zu beachten ist. Die Veränderlichkeit bestimmt die Anzahl der Probenahmestellen, die Anzahl der Wiederholungsproben und die Häufigkeit der Probenahme.

Die Probenahmeplanung muss zeitliche Veränderungen (tägliche, wöchentliche, jahreszeitliche und ereignisbedingte Schwankungen), örtliche Veränderungen sowie Veränderungen von Betriebsbedingungen bzw. Witterungsverhältnisse berücksichtigen. Nähere Details siehe DIN 38402-11 „Probenahme von Abwasser" [13].

13.3.3 Häufigkeit, Dauer und Zeitpunkt der Probenahme

Das Kühlwasser ist so zu behandeln und zu konditionieren, dass insbesondere behördliche Anforderungen an die Kühlwasserqualität immer eingehalten werden können. Hierfür ist die Kenntnis der technischen ebenso wie der wasserchemischen Parameter und der Auswirkung betrieblicher Einflüsse erforderlich [11].

Häufigkeit, Dauer und Zeitpunkt der Probenahme sollten daher aufgrund betrieblicher Erfahrung möglichst unter Einbindung einer Fachfirma zur Wasserbehandlung festgelegt werden. Dies gilt insbesondere für Kühlsysteme, die eine chemische Konditionierung mit Kühlwasserzusatzmitteln benötigen wie z. B. offene Rückkühlwerke. Für die Häufigkeit können ausschlaggebend sein:

- Art und Herkunft des Nutz- oder Kühlwassers
- Schwankungen der Wasserinhaltsstoffe im eingesetzten Zusatzwasser
- Bakterienkonzentration und mikrobieller Bewuchs
- Zugabe von Konditionierungsmitteln und deren Art
- Zu kühlende Produkte
- Leckageüberwachung
- Grenzwertüberwachung

Für Kühlwässer, die der 42. BImSchV unterliegen, liegen behördlich vorgeschriebene Beprobungspläne vor.

Es muss generell darauf geachtet werden, dass der Zeitpunkt der Probenahme den Normalbetrieb der Anlagen widerspiegelt. Bei Anlagen, in denen Biozide eingesetzt werden, sollte die Probenahme zeitlich vor einer Biozidzugabe erfolgen. Bei regelmäßiger Biozidzugabe sollte das Zeitfenster zwischen Dosierung und Probenahme so groß wie möglich gehalten werden.

Bei Anlagen mit diskontinuierlicher Biozidzugabe sollte die Probenahme immer zeitlich vor einer Biozidzugabe erfolgen. Bei regelmäßiger Biozidzugabe sollte das Zeitfenster zwischen Zugabe und Probenahme so groß wie möglich gehalten werden. Es ist insbesondere zu vermeiden, eine Probe kurz nach einer erfolgten Bioziddosierung zu entnehmen [8]. Bei kontinuierlicher Biozidzugabe muss der Dosierzeitpunkt nicht weiter berücksichtigt werden. Bei Proben, die Biozide enthalten, muss das Biozid bei der Probenahme soweit möglich inaktiviert werden.

Zur Überwachung verfahrenstechnischer Einrichtungen und der Grenzwerte werden vielfach kontinuierliche Messungen (z. B. pH-Wert, Temperatur, elektrische Leitfähigkeit) vorgenommen. Diese Messungen sind im Rahmen der Probenahme durch eigene Messungen mit metrologisch rückgeführten Geräten zu überprüfen.

Für die analytische Überwachung von Kühlwasser stehen vielfältige Verfahren von hoher Empfindlichkeit und Genauigkeit zur Verfügung. Die meisten Analyseverfahren zur Erfassung chemischer Kühlwasserparameter lassen sich installieren als

- On-Line-Gerät im Durchfluss mit kontinuierlicher Messung oder
- On-Line-Gerät mit quasikontinuierlicher, d. h. automatischer, zeitgetakteter Beprobung und Messung.

Diese bieten die Möglichkeit einer automatischen Regelung und Dokumentation der wasserchemischen Prozessparameter. In allen Fällen ist es aber sinnvoll, die Automaten, auch wenn sie regelmäßig kalibriert werden, durch Laboruntersuchungen des Kühlwassers zu kontrollieren.

Für die Überwachung von Kühlwässern gemäß Anhang 31 der AbwV [4] sind parameterspezifisch Stichproben, qualifizierte Stichproben oder 2-Stunden-Mischproben zu entnehmen.

13.3.4 Personelle Voraussetzungen

Für die Probenahme im Rahmen der oben dargestellten Fragestellungen (Kapitel 13.2) gelten bezüglich der Personalqualifikation unterschiedliche Anforderungen je nach Rechtsbereich.

Die Probenehmer müssen über Kenntnisse sowohl hinsichtlich der mikrobiologischen als auch der chemisch-physikalischen Probenahme generell und auch hinsichtlich der spezifischen Anforderungen bei der Probenahme in Verdunstungskühlanlagen, Kühltürmen und Nassabscheidern sowie von Abwasser verfügen. Von dieser Qualifikation kann ausgegangen werden, wenn der Probenehmer erfolgreich an einer spezifischen Probenehmerschulung für die Beprobung von Verdunstungskühlanlagen, Kühltürmen und Nassabscheidern sowie Abwasser teilgenommen hat.

Die Kompetenzen der Probenehmer müssen regelmäßig von der Untersuchungsstelle überwacht werden und die Ergebnisse dieser Überwachungen müssen dokumentiert werden.

13.3.5 Vorbereitung der Probenahmen und Auswahl der Probenahmestellen

Das Beprobungsprogramm bestimmt, wozu, wann und wie eine Probe genommen werden muss.

In der Regel ist der repräsentative Zustand des Kühlwassers zu ermitteln, d. h. der Zustand im Dauerbetrieb ohne Störgrößen. Hierfür reicht in den meisten Fällen eine Einzelprobe, d. h. eine durch einmalige Entnahme gewonnene Probe.

Die Probenahmestellen sollten dem entsprechenden Kühlwassersystem eindeutig zugeordnet, gekennzeichnet und jederzeit zugänglich sein.

Die Anordnung der Probenahmestellen richtet sich nach dem Untersuchungsziel; für die meisten Wasseruntersuchungen bei der Durchlaufkühlung und am offenen Rückkühlwerk erfolgt die Probenahme vorzugsweise auf der Druckseite der Kühlwasserpumpe. Dies vereinfacht aufgrund des Vordrucks die Probenahmeinstallation.

Vielfach werden speziell für die Probenahme eingerichtete Rohre kleiner Nennweite, die entweder ständig mit Kühlwasser durchflossen (Bypass-Leitung) oder mit einer Absperreinrichtung (Entnahmeapparatur) versehen sind, benutzt. Am besten sind die Proben aus senkrechten Leitungen in turbulenter Strömung zu nehmen. Bei der Verlegung der Probenahmeleitungen sollten längere waagerechte Leitungsabschnitte vermieden werden. Die Länge der Probenahmeleitungen sollte, um eine Probenahme

13

im voll durchmischten Bereich sicherzustellen, mindestens das 5-fache des Rohrdurchmessers ab dem Krümmer betragen [13].

13.3.5.1 Durchlaufkühlung

Bei der Durchlaufkühlung wird Wasser aus einem Vorrat (Meer, See, Fluss, Uferfiltrat, Grundwasser) entnommen, über einen Wärmeaustauscher geleitet und einem Vorfluter einfach oder mehrfach genutzt zugeführt.

Falls die analytische Zusammensetzung des Wassers aus dem Vorrat hinreichend bekannt ist, ist eine Überwachung des Kühlwassers im Allgemeinen nicht erforderlich. Eine Untersuchung bei nicht hinreichend bekannter Wasserqualität des Vorrats kann mehreren Zwecken dienen: der Feststellung mechanischer Verunreinigungen, dem Aufspüren von Mikroorganismen, der Überwachung von Kühlwasserbehandlungsmittelzugabe (die sich aber auf einige Parameter beschränkt, z. B. Eisensulfat- und Chlordosierung) sowie zur Kontrolle von behördlichen Festlegungen zu Einleitungen in Gewässer. Bei organischer Belastung des Kühlwassers werden bei der Chlorung chlororganische Verbindungen gebildet. Die daraus resultierende AOX-Belastung ist festzustellen und zu überwachen [4].

Die Probenahmestellen können sich auf der Druckseite der Kühlwasserpumpe, sowohl vor als auch hinter den Wärmeaustauschern sowie im Ablauf in das Abwassersystem befinden (siehe **Bild 13.1**).

Eine Untersuchung des Kühlwassers wird in jedem Fall erforderlich, wenn ein zu kühlender Stoff wassergefährdend ist und die Gefahr besteht, dass durch Undichtigkeiten im System der Stoff in das Kühlwasser und damit in das Abwassersystem gelangt. Die

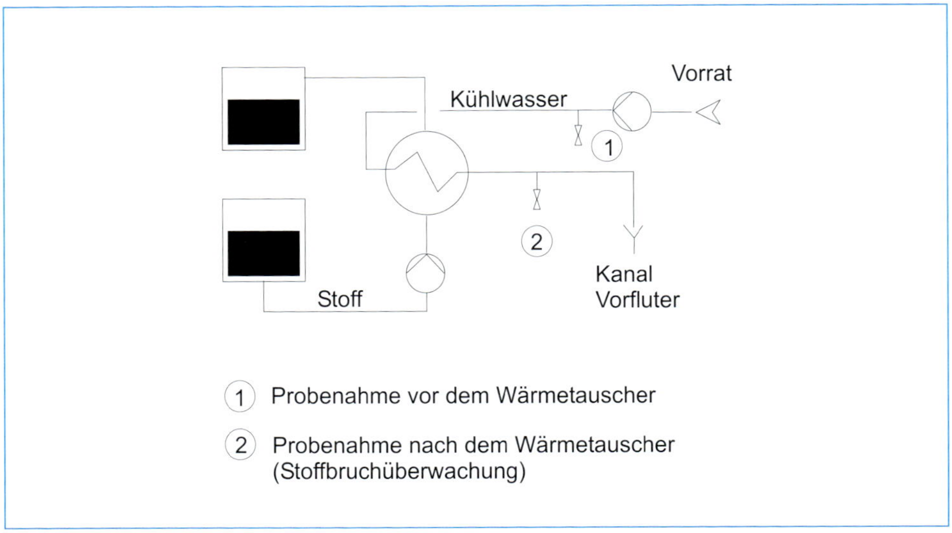

Bild 13.1: Durchlaufkühlung

analytische Überwachung sollte eine „On-Line-Messung“ sein, wobei es weniger auf die absolute Konzentration als auf das Aufspüren des Stoffs mit hinreichender Schnelligkeit ankommt.

13.3.5.2 Offene Rückkühlwerke (Nasskühlturm/Verdunstungskühlturm)

In vielen Fällen ist es aus wasserwirtschaftlichen Gründen notwendig, Kühlwasser im Kreislauf zu führen.

Infolge der Verdunstung wird bei der Kühlung mit offenen Rückkühlwerken der Salzgehalt des Kühlwassers eingedickt. Um Korrosionen und Ablagerungen zu verhindern, muss das Zusatzwasser in den meisten Fällen aufbereitet und das Nutzwasser konditioniert werden. Kühlturmzusatzwasser und Nutzwasser müssen teilweise parallel analysiert werden, um eine Korrelation herzustellen, die für die Ermittlung der Eindickung erforderlich ist. Da die Eindickung auch die Abwasserüberwachungsparameter in der Abflut wesentlich anhebt, kann eine Beprobung entsprechend notwendig sein.

Zu einem störungsfreien Kreislaufwasserbetrieb gehört eine ständige Überwachung, die folgende Parameter umfassen kann: Leitfähigkeit, pH-Wert, Wasserhärte, Cl, P, Cu, Fe, TOC, AOX, Höhe der Bakterienkonzentration, des Feststoffgehalts und die Giftigkeit gegenüber Leuchtbakterien (GL-Test) beim Einsatz von Bioziden.

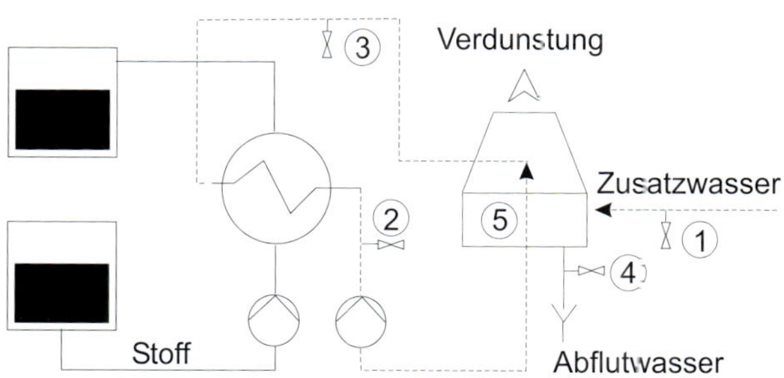

1 Probenahme des Zusatzwassers
2 Probenahme des Nutzwassers
3 Stoffbruchüberwachung
4 Abflutüberwachung
5 Schöpfprobe, Ersatz für 2, 3 und 4

Bild 13.2: Offenes Rückkühlwerk

Häufigkeit und Umfang der Beprobung richten sich nach der Herkunft des Zusatzwassers, der Zugabe der Konditionierungsmittel, der Pufferkapazität des Systems sowie, bei einer Leckageüberwachung, nach dem Wassergefährdungsgrad des zu kühlenden Stoffs.

Die Probenahmestellen bei offenen Rückkühlwerken sind in **Bild 13.2** dargestellt.

Zur Durchführung mikrobiologischer Untersuchungen müssen ebenfalls repräsentative Probenahmestellen definiert werden. Die Probe wird vorzugsweise aus dem Wasserkühlkreiskauf zwischen laufender Pumpe und Versprühung/Berieselung entnommen. An dieser Stelle ist eine Probenahmemöglichkeit (desinfizierbar, vorzugsweise abflammbare Entnahmearmatur und Wasserablauf) vorzusehen. Die Probenahmestelle muss in Strömungsrichtung vor der Bioziddosierstelle liegen. Ist eine Probenahme an dieser Stelle nicht möglich, so kann verrieseltes Nutzwasser oder eine Schöpfprobe aus der Nutzwasserwanne entnommen werden. Diese Möglichkeiten der Probenahme gelten aufgrund des dazu meist notwendigen Systemeingriffs nicht als erste Wahl [3, 8].

13.3.5.3 Geschlossene Rückkühlwerke

Bei der Kreislaufkühlung in geschlossenen Systemen fließt das Kühlwasser durch Rohre, die von außen durch Luft oder Wasser gekühlt werden. Bei geschlossenen Rückkühlwerken sollte die Beprobung so selten wie möglich erfolgen, da die entnommene Wassermenge nachgespeist werden muss, wodurch das System gestört werden kann. Überwachungen von pH-Wert, Leitfähigkeit etc. sollten, falls erforderlich, kontinuierlich (On-Line) erfolgen. Die Probenahmestelle befindet sich auf der Rücklaufseite des Kreislaufsystems (siehe **Bild 13.3**).

13.3.5.4 Sonderkühlsysteme

Sonderkühlsysteme finden Einsatz, wenn das zu kühlende Medium hohe Temperaturen aufweist (Abhitzeanlagen) und wenn sehr tiefe Temperaturen erforderlich sind (Solekühlung).

Für die Solekühlung gelten die in Kapitel 13.3.2.3 dargestellten Bedingungen für die Kühlung über geschlossene Rückkühlwerke.

Für Abhitzeanlagen gelten besondere Auflagen, da es sich hierbei in der Regel um Dampferzeuger handelt, deren Speisewasser eine besondere Qualität aufweisen muss und in der Regel aus vollentsalztem Wasser gewonnen wird. Diese Anlagen werden nicht primär zur Wärmeabfuhr an die Umgebung, sondern zur Weiterverwendung der Wärme auf hohem Temperaturniveau betrieben. Die Probenahmeeinrichtungen in diesen Systemen müssen den vgbe-Richtlinien [14] entsprechend ausgerüstet sein.

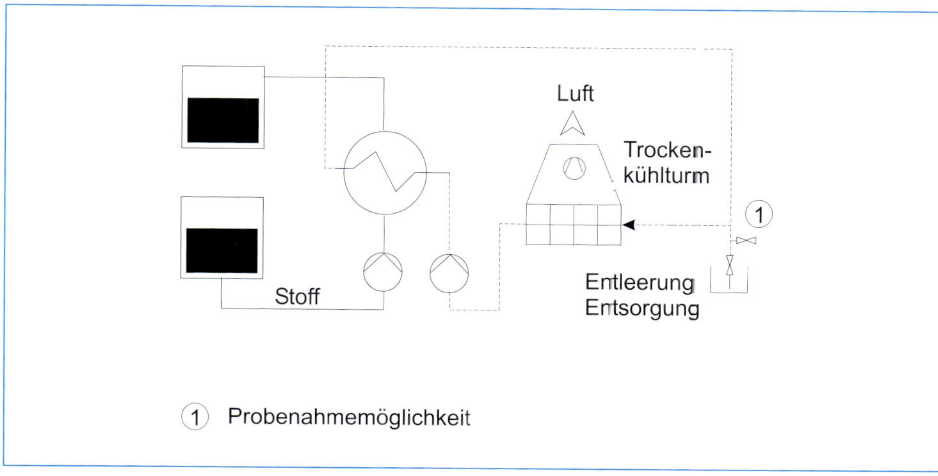

Bild 13.3: Geschlossenes Rückkühlwerk

13.4 Probenahmetechnik

Grundlage der Probenahmen sind die Normen DIN 38402-11; Probenahme von Abwasser [13] sowie DIN EN ISO 19458:2006-12; Probenahme für mikrobiologische Untersuchungen [15]. Bis zum Jahr 2009 gab es eine Norm DIN 38402-22:1991-06 „Probenahme von Kühlwasser für den industriellen Gebrauch“. Diese Norm wurde mit Überarbeitung der DIN 38402-11 zurückgezogen, weil die damals wenigen, für Kühlwasser spezifischen Inhalte darin integriert wurden, zumal Kühlwasser bei Ableitung in ein Gewässer auch Abwasser ist. Angesichts der aktuellen Legionellenproblematik aus Verdunstungskühlanlagen, Kühltürmen und Nassabscheidern erscheint es nun wieder sinnvoll, die zurückgezogene Norm DIN 38402-22 zu aktualisieren und darin sowohl die Anforderungen zur chemisch-physikalischen Überwachung der Kühlwässer (z. B. zur Prüfung der Einhaltung von Anforderungen gemäß Anhang 31 der AbwV) als auch die Besonderheiten der mikrobiologischen Probenahme von Kühlwasser unter Berücksichtigung der Empfehlungen des Umweltbundesamts, der VDI-Richtlinien und der 42. BImSchV zu beschreiben.

Die Probenahme und Probenvorbehandlung von Kühlwasser unterscheidet sich grundsätzlich nicht von der Probenahme von Abwasser. Deshalb sei an dieser Stelle auch auf die entsprechenden Kapitel in diesem Buch verwiesen. Nachfolgend werden insbesondere Hinweise zur mikrobiologischen Probenahme für die Untersuchung auf Legionellen gegeben.

13.4.1 Arbeitssicherheit am Ort der Probenahme

Grundsätzlich sind die im Abwasserbereich ohnehin bekannten und erforderlichen hygienischen Maßnahmen zu beachten. Generell sollten Einmalhandschuhe getragen, um das Infektionsrisiko für das Probenahmepersonal zu minimieren.

Atemschutz ist zu tragen, wenn die inhalative Aufnahme biologischer Arbeitsstoffe in Form von Spritzern und Aerosolen durch technische und organisatorische Maßnahmen nicht verhindert werden kann. Geeignet sind z. B. partikelfiltrierende Halbmasken (FFP3) mit Ausatemventil als Mindestanforderung. Bei Benutzung der Masken ist darauf zu achten, dass diese dicht abschließen. Partikelfiltrierende Halbmasken FFP3 sind nach der Benutzung zu verwerfen [16].

13.4.2 Probenahmegeräte und Probenbehälter

Die Probenbehälter sollten in Absprache mit dem Untersuchungslaboratorium gewählt werden. DIN EN ISO 5667-1 [12] und DIN EN ISO 5667-3 [17] enthalten detaillierte Informationen zur Wahl von Probenbehältern.

Das Probevolumen richtet sich nach Untersuchungsprogramm und -umfang und sollte für die Analyse aller zu untersuchenden Parameter ausreichend sein. Sind großvolumige Proben zu entnehmen, die auf unterschiedliche Parameter zu untersuchen sind, so ist die Probe, unter Berücksichtigung der entsprechenden Homogenisierungsvorschriften, auf mehrere Flaschen zu verteilen (siehe dazu auch Kapitel 3 „Probenvorbehandlung“).

Üblicherweise erfolgt die Probenahme von Kühlwässern nicht mit automatischen Probenahmegeräten sondern manuell. Die Ausrüstung für die manuelle Probenahme sollte aus einem chemisch inerten Material gefertigt sein, das die spätere Analyse nicht beeinflusst. Für die mikrobiologische Probenahme müssen alle benötigten Arbeitsgeräte steril sein. Das bedeutet, dass alle Arbeitsmaterialen so gewählt werden müssen, dass sie einer vorherigen Hitzesterilisation standhalten.

Für die Probenahme sind am Probenahmeort folgende Geräte bzw. Materialien erforderlich:

- Probenahmegerät (Schöpfer, Flaschenhalter)
- Messgeräte für die Vor-Ort-Parameter (pH-Wert, Temperatur, Leitfähigkeit, Sauerstoff, Freies Chlor)
- Transportbehälter für Probenbehälter
- Geeignete Probenbehälter, ggfs. inklusive Konservierungsmittel
- Inaktivierungsmittel für Biozide, sofern verfügbar
- Desinfektionsmöglichkeiten (z.B. Gaskartuschenbrenner)
- Kühlbox
- Persönliche Schutzausrüstung (Atemschutz (FFP3), Schutzbrille, Handschuhe, Desinfektionsmittel)
- Material für wasserfeste Probenkennzeichnung (Stift, Etiketten)
- Reinigungsmittel

Die Wahl der Geräte und Behälter, des Werkstoffs und die Art der Reinigung richten sich nach den zu analysierenden Parametern bzw. dem Untersuchungsprogramm.

Für die Probenahme sind inerte und bei mikrobiologischen Probenahmen sterile Gefäße zu verwenden. Als Werkstoffe werden vorzugsweise Glas, Kunststoff oder Edelstahl eingesetzt.

Als Probenbehälter werden Flaschen oder Behälter aus Glas, Borosilikatglas, geeigneten Metallen oder geeigneten Kunststoffen (siehe DIN EN ISO 5667-3) verwendet. Sind Veränderungen durch Diffusion zu befürchten, dürfen nur Glas- oder Borosilikatglasflaschen bzw. Metallbehälter eingesetzt werden.

Für die Bestimmung von Lösemitteln und anderen flüchtigen Bestandteilen in Wasserproben müssen Glasflaschen mit geschlossenem Glasschliffstopfen oder Vollglasschliffstopfen eingesetzt werden.

Bei Proben, die Biozide enthalten, muss das Biozid bei der Probenahme soweit möglich inaktiviert werden. Dies muss bereits bei der Planung der Probenahme berücksichtigt werden. Das Prüflaboratorium muss daher vor der Probenahme durch den Betreiber informiert werden, welche Biozidwirkstoffe in welcher Konzentration eingesetzt werden.

Oxidative Biozide wie Chlor/Hypochlorit, Chlordioxid oder Ozon können durch Natriumthiosulfat, Wasserstoffperoxid oder Katalase inaktiviert werden.

Daher muss eine Probe, die nichtoxidative Biozide enthält, am Tag der Probenahme schnellstmöglich untersucht werden, um eine weitere Inaktivierung der Legionellen und damit einen Minderbefund zu vermeiden. Auf das Problem der fehlenden Inaktivierung der Biozide ist im Prüfbericht hinzuweisen.

13.4.2.1 Sterilisation der Probenahmegeräte

Bei Verwendung von Teleskopstangen mit Edelstahl-Probenschöpfer oder Flaschenhalter ist darauf zu achten, dass, insbesondere bei Verwendung eines Schöpfers bzw. Halters für mehrere Probenahmen, ausschließlich saubere Gerätschaften ohne sichtbare Anhaftungen verwendet werden. Entsprechende Materialien zum Reinigen der Gerätschaften nach erfolgter Probenahme sind mitzuführen. Im optimalen Fall sollten für jede Probenahme frische, im Labor gereinigte Schöpfer/Halter verwendet werden.

Bei der Verwendung von Schöpfgefäßen ist nach mehrmaligem Gebrauch darauf zu achten, ob Veränderungen der Oberflächen der eingesetzten Materialien (z. B. Salzkorrosion an der Innenwandung von Edelstahlbechern, Porosität bzw. Aufrauhung der Innenwandung eines Kunststoffbechers) erfolgt sind. Derartige Becher sind auszutauschen bzw. derart zu behandeln, dass die Oberflächen korrosionsfrei sind, um das Kontaminationsrisiko zu verringern.

Teleskopstangen/Schöpfer/Halter werden unmittelbar vor der Probenahme auf die erforderliche Länge eingestellt und der Probenschöpfer innen und außen sowie das untere Ende der Teleskopstange (mindestens bis zur Eintauchtiefe) sterilisiert.

Hierfür gibt es zwei Varianten:

Thermische Desinfektion
Die thermische Desinfektion, vorzugsweise unter Verwendung eines Propan/Butan-Kartuschenbrenners möglichst mit Piezozündung, ist grundsätzlich zu bevorzugen, darf aber nicht in explosionsgefährdeten Bereichen erfolgen. Hier ist darauf zu achten, dass das Abflammen mit der heißesten Stelle der Flamme, d. h. direkt oberhalb des inneren Flammenkegels im Schmelzraum der Flamme für einen ausreichenden Zeitraum (min. 1 min) erfolgt. Die Kontrolle der Wirksamkeit erfolgt akustisch durch „Zischen“ beim Eintauchen in das zu beprobende Wasser. Hinweis: Die erste, mit dem noch heißen Gerät entnommene Probe muss verworfen werden.

Chemische Desinfektion
mit 70 %-igem Ethanol (v/v) oder iso-Propanol (v/v). Das Probenahmegerät ist in Ethanol bzw. Propanol einzutauchen und 2-3 min einwirken zu lassen. Alternativ kann die Desinfektion auch durch Wischen mit einem Reinigungstuch erfolgen oder durch Benetzen aller Oberflächen mittels Spritzen. Die praktikabelste Art der Desinfektion ist die Scheuer-Wischdesinfektion. Nach Benetzung der Oberflächen mit Desinfektionsmittel werden die Oberflächen zusätzlich manuell mittels Tuch gereinigt. Generell gilt folgende Reihenfolge bei der Wirksamkeit der jeweiligen Desinfektionsmethode:

Tauchen > Wischen > Spritzen.

Vor der Probenahme muss das Desinfektionsmittel vollständig verdunstet sein (ca. 2-3 min). Die chemische Variante ist zeitaufwendiger als die thermische Desinfektion. Insbesondere in Ex-geschützten Bereichen stellt sie jedoch eine Alternative zu dem hier untersagten Abflammen dar.

13.4.3 Durchführung der Probenahme

Es ist sicherzustellen, dass die entnommene Probe für das zu untersuchende Kühlwassersystem repräsentativ ist. Im Allgemeinen erfolgt die Probenahme direkt aus Entnahmeleitungen (Bypass-Leitungen oder Entnahmehähnen) oder mithilfe von Schöpfbechern.

Zur Durchführung der Probenahme für die chemischen Parameter siehe Kapitel 14 „Probenahme von Abwasser“.

Bei der mikrobiologischen Probenahme dürfen weder die Probenahmegeräte noch die Probenflaschen (Flaschenhals, der Rand und die Verschlussinnenseite) direkt mit der Hand oder mit anderen unsterilen Stellen in Berührung kommen. Bekanntermaßen stark belastete Probenahmestellen müssen während eines Probenahmeeinsatzes zuletzt beprobt werden, um das Kontaminationsrisiko zu minimieren.

Die Probenflaschen sind unmittelbar nach dem Befüllen zu verschließen und in einer Kühleinrichtung zu transportieren. Die Wasserprobe zur Untersuchung auf Legionellen darf keinesfalls zur Bestimmung der Temperatur oder irgendeines anderen vor Ort zu prüfenden Parameters benutzt werden.

Die Probenahmen sollten an den festgelegten Probenahmestellen erfolgen (siehe Kapitel 13.3.2). Für die mikrobiologische Probenahme sollten durch Abflammen sterilisierbare Probenahmearmaturen vorhanden sein, die vorzugsweise in Strömungsrichtung des Nutzwassers vor der Bioziddosierstelle liegen und in einem sauberen Zustand gehalten, deutlich beschriftet und ausschließlich zur Probenahme verwendet werden sollten.

Probenahmen an einer Entnahmearmatur können unterschiedlichen Zwecken dienen. Je nach Untersuchungsziel ist es entweder notwendig oder falsch, die angebrachten Vorrichtungen oder Einsätze zu entfernen, die Entnahmearmatur zu desinfizieren oder zu spülen. Die Durchführung der Probenahme erfolgt wie eine Probenahme aus Entnahmearmaturen nach DIN EN ISO 19458 Zweck a [15], d.h. nach Entfernen der angebrachten Vorrichtungen und Einsätze sowie nach Desinfektion und Spülung wie nachfolgend beschrieben (siehe auch **Bild 13.4**) Es ist auch eine Probenahme an Dauerläufern möglich.

Eine Desinfektion der Öffnung einer Entnahmearmatur ist sichergestellt, wenn die Temperatur dort durch intensives Abflammen mit einem Kartuschenbrenner mindestens

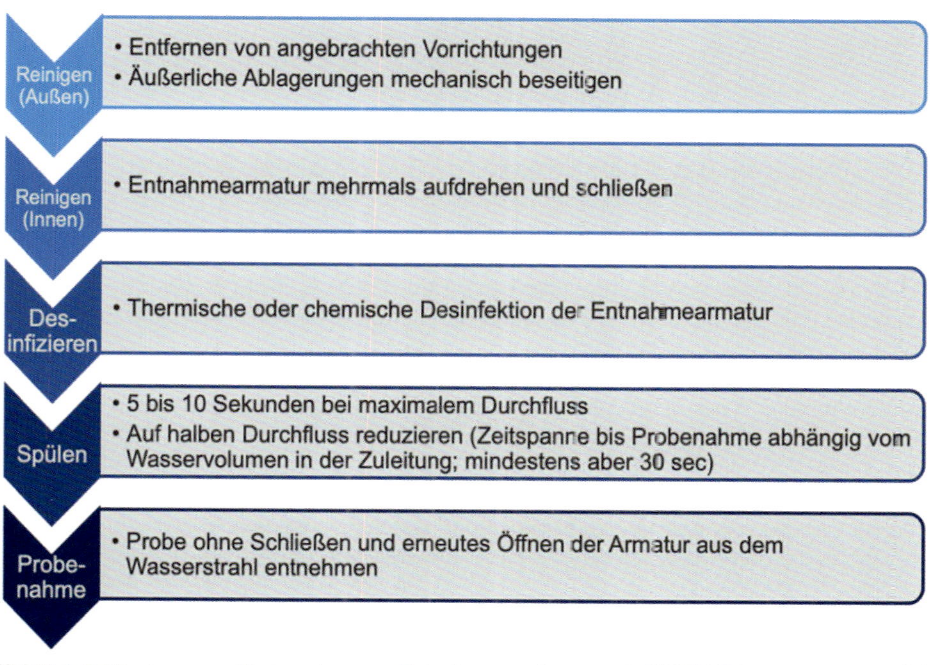

Bild 13.4: Fließschema zur Probenahme aus Entnahmearmaturen nach DIN EN ISO 19458 Zweck a [9]

80 °C erreicht. Dieses ist nicht der Fall, wenn Wasser im erhitzten Teil verbleibt. Abflammen mit einem Feuerzeug ist nur oberflächlich und nicht ausreichend.

In explosionsgefährdeten Bereichen muss alternativ mittels Desinfektionsmittel desinfiziert werden.

Vor dem Abflammen ist sicherzustellen, dass keine Verschmutzungen (Kalkablagerungen, Schleim etc.) in die Probe gelangen können und keine Entnahmehähne mit Gummidichtungen ausgewählt werden. Schmutz vor dem Abflammen und der eigentlichen Probenahme abkratzen und die Entnahmearmatur mehrmals voll aufdrehen und schließen, um Schmutz auszuspülen. Das in der Leitung befindliche Standwasser ist vor der Probenahme ausreichend lange ablaufen zu lassen. Anschließend die Entnahmearmatur soweit öffnen und das Wasser in einem etwa bleistiftstarkem Strahl abfließen lassen, bis die Temperatur konstant ist. Dann die offene Probenflasche in den Wasserstrahl halten und unter aseptischen Bedingungen füllen.

Sollte die Probenahme nicht über eine Entnahmearmatur erfolgen können, kann alternativ verrieseltes Nutzwasser oder eine Schöpfprobe aus der Kühlturmwanne entnommen werden. Zur Probenahme aus der Kühlturmwanne werden Behälter oder Schöpfbecher verwendet, die innen und außen steril sind. Bei der Probenahme ist darauf zu achten, dass keine Ablagerungen oder Biofilme in die Wasserprobe gelangen. Daher sollte die Probenahme mit einer Probenahmestange (d. h. nicht direkt am Rand der Wanne) 10-30 cm unterhalb der Wasseroberfläche erfolgen (siehe DIN EN ISO 19458 „Befüllung von Probebehältern"). Enthält der Probenahmebehälter Inaktivierungsmittel für Biozide muss darauf geachtet werden, dass dieses bei der Probenahme nicht ausgespült wird.

13.4.4 Vor-Ort-Messungen

Im Rahmen der Abwasserüberwachung ist die Bestimmung der Wassertemperatur bei Kühlwässern unbedingt erforderlich, weil die Abfluttemperatur i. d. R. wasserrechtlich begrenzt ist. Außerdem ist die Wassertemperatur zum Zeitpunkt der Probenahme für die Beurteilung der Legionellenbefunde erforderlich. Darüber hinaus sollten auch noch pH-Wert und elektrische Leitfähigkeit zur Plausibiltätsprüfung bestimmt werden. In besonderen Fällen ist auch die Messung der Redoxspannung, des Sauerstoffgehalts und/oder der Trübung von Interesse.

Gemäß Anhang 31 der AbwV ist bei bestimmten Kühlwässern auch die Bestimmung von Hydrazin, freiem Chlor oder Chlordioxid erforderlich, weil diese wasserrechtlich begrenzt sind. Diese Inhaltsstoffe müssen im Prinzip wegen ihrer leichten Flüchtigkeit auch vor Ort bestimmt werden. Dafür sind Feldmethoden mit mobilen Photometern und handelsüblichen, sofort verwendbaren Reagenzien (flüssige Reagenzien, Pulver und Tabletten) verfügbar, die den Analysenverfahren der AbwV entsprechen.

13.4.5 Vorbehandlung, Konservierung, Transport der Proben

Für die übrigen Analysen, deren Messung unmittelbar nach der Probenahme nicht möglich ist, müssen die zu bestimmenden Parameter durch geeignete Vorbehandlungs- oder Konservierungsmaßnahmen vor wesentlichen Veränderungen bewahrt werden.

Als Konservierungsmaßnahmen kommt im Regelfall Kühlung auf (3±2) °C – im Ausnahmefall Tiefkühlung oder bestimmte Chemikalienzusätze – in Frage. Die geringsten Veränderungen treten bei der Kühlung ein. Chemikalien sollen nur dann zugegeben werden, wenn kein anderes Konservierungsmittel angewandt werden kann und die zugegebenen Chemikalien bei der späteren Analyse nicht stören. Für Details zur Homogenisierung, Probenteilung, Filtration, Konservierung, Transport und Lagerung der Wasserproben siehe Kapitel 3.

13.4.5.1 Beispiel zur chemischen Probenkonservierung

Der Parameter AOX (Adsorbierbare Organische gebundene Halogene) ist sowohl wasserrechtlich als auch für die Erhebung der Abwasserabgabe von Bedeutung. In der Praxis der amtlichen Abwasserüberwachung in NRW kam es in der Vergangenheit häufig zu Diskussionen mit den Einleitern aufgrund von festgestellten Differenzen zwischen den vom LANUV und den im Rahmen der Selbstüberwachung durch den Einleiter ermittelten AOX-Werten. In einigen Fällen basierten die unterschiedlichen Ergebnisse auf unzureichender Probenvorbehandlung nach der Probenahme. Daher wird an dieser Stelle auf die entsprechenden Hinweise der AOX-Norm DIN EN ISO 9562 [19] hingewiesen:

Zur Probenahme werden Glas- oder Kunststoffgefäße mit geeignetem Verschluss, z. B. aus Polytetrafluorethen (PTFE) verwendet. Werden niedrige Konzentrationen an organischen Halogenverbindungen erwartet (AOX < 50 µg/l), werden bevorzugt Glasgeräte eingesetzt. Es ist sicherzustellen, dass Verluste an organischen Halogenverbindungen oder mögliche Verunreinigung vermieden werden.

Um zu vermeiden, dass durch oxidierende Stoffe, wie aktive Chlor-, Brom- und Jodverbindungen, erhöhte AOX-Werte hervorgerufen werden können, müssen unmittelbar nach der Probenahme diese Oxidationsmittel mit Natriumsulfit reduziert werden. Dazu erfolgt zunächst eine Prüfung mit Kaliumjodid-/Stärke-Papier auf oxidierende Substanzen; falls erforderlich Zugabe von Natriumsulfit und anschließendem Ansäuern mit Salpetersäure auf pH < 2. Die Probenflaschen sind blasenfrei und randvoll zu füllen und zu kühlen.

Die Wasserprobe so schnell wie möglich nach der Probenahme, oder im Fall der Anwesenheit lebender Zellen (z. B. Mikroorganismen oder Algen), 8 h nach der Probenahme analysieren. Ist ein solcher Analysenbeginn nicht möglich und ist Lagerung unumgänglich, die angesäuerte Probe bei 4 °C aufbewahren oder tiefgefrieren.

Proben mit flüchtigen organischen Halogenverbindungen, z. B. chlorierte Lösemittel, sollten innerhalb von 24 h nach der Probenahme analysiert werden. Eine höchstzulässige Lagerzeit wird nicht angegeben, da diese von den individuellen Umständen abhängt.

13.4.5.2 Inaktivierung von Desinfektionsmitteln

Bei einigen Kühlwässern werden im Nutzwasser zur Minimierung der mikrobiellen Vermehrung und Verminderung der Biofilmbildung durch Hemmung, Inaktivierung oder Abtötung der Mikroorganismen Biozide teils allein, teils in Kombination mit anderen Desinfektionsverfahren eingesetzt. Eine Übersicht gebräuchlicher Biozide sowie Desinfektionsverfahren enthält VDI 2047 Blatt 2. Hinsichtlich ihrer Wirkungsweise und der Auswirkungen auf Betrieb und Überwachung muss man grundsätzlich zwischen oxidierend wirkenden Bioziden und nicht oxidierend wirkenden Bioziden unterscheiden.

Vor der Probenahme ist zu klären, ob und welche Desinfektionsmaßnahmen vorgenommen wurden. Für etwaig vorhandene Desinfektionsmittel müssen entsprechende Inaktivierungsmaßnahmen durch Zugabe eines geeigneten inaktivierenden Agens im Überschuss zur Probe ergriffen werden, um Minderbefunde zu vermeiden.

Beispiel: Legionellen

Oxidative Biozide wie Chlor/Hypochlorit, Chlordioxid oder Ozon können durch Zusatz von Kaliumthiosulfat oder Natriumthiosulfat in den Probenbehälter inaktiviert werden. Alternativ können auch sterile Einweg-Gefäße mit werksseitig vorgelegtem Natriumthiosulfat verwendet werden. Wasserstoffperoxid kann durch Katalase inaktiviert werden. Für nicht oxidative Biozide geben DIN EN 13623 [18] im Anhang B und VDI 2047 Blatt 2 im Anhang A Hinweise zu empfohlenen Inaktivierungsmitteln. Zu anwendbaren Konzentrationen der Inaktivierungsmittel für Proben aus Verdunstungskühlanlagen, Kühltürmen und Nasswäschern gibt es bisher nur wenig Erfahrung aus der Praxis. Hier besteht noch Forschungsbedarf. Proben, die nicht oxidative Biozide enthalten und bei denen keine Inaktivierung durchgeführt wird, müssen am Tag der Probenahme möglichst zeitnah untersucht werden, um eine weitere Inaktivierung der Legionellen zu vermeiden. Auf das Problem der fehlenden Inaktivierung ist im Prüfbericht hinzuweisen [8].

13.4.5.3 Probentransport und -lagerung

Die Zeit zwischen der Probenahme und der Analyse im Labor ist so kurz wie möglich zu halten. Die Probenbehälter müssen geschützt, bruchsicher, verschlossen und kontaminationsfrei transportiert werden. Sofern in den speziellen Normen nicht anders festgelegt ist, müssen die Proben während des Transports zum Labor in einer Kühleinrichtung aufbewahrt werden, die zur Aufrechterhaltung einer Temperatur von (5±3) °C in der Lage ist [15, 17].

Die Proben zum Nachweis von Legionellen sollten vorzugsweise innerhalb von 24 h nach Probenahme im Labor angesetzt werden; jedoch nicht später als 48 h nach Probenahme. Es ist darauf zu achten, dass die Proben nicht gefroren und vor Sonnenlicht geschützt werden. Bei längeren Transportzeiten (> 8 h) muss die Temperatur überwacht und aufgezeichnet werden. Die Transportbedingungen müssen im Probenahmeprotokoll dokumentiert werden.

Datum und Zeitpunkt des Probeneingangs ins Labor muss ebenfalls dokumentiert werden.

Die Kühlbedingungen im Labor zur Lagerung der Proben müssen (3±2) °C betragen. Proben für mikrobiologische Analysen müssen bei (5±3) °C gelagert werden. Proben für die Elementanalyse, die mit Säure konserviert werden können bei Raumtemperatur aufbewahrt werden. Die Temperatur von zur Konservierung tiefgefrorenen Proben muss unter −18 °C gehalten werden, sofern nicht anders festgelegt [17].

13.4.6 Probenahmeprotokoll

Das Probenahmeprotokoll dient dem Probenehmer als Merkliste und ist am Ort der Probenahme vollständig auszufüllen. Der untersuchenden Stelle dient es als Dokument für spätere Auswertungen.

Laut UBA-Empfehlung [8] muss das Probenahmeprotokoll mindestens folgende Punkte enthalten:

- Name und Adresse des Auftraggebers
- Standort der Anlage mit vollständiger Anschrift und Anlagenbezeichnung
- Exakte Bezeichnung der Probenahmestellen
- Datum und Zeitpunkt der Probenahme
- Name und Unterschrift des Probenehmers
- Art der Probe (z. B. Kühlwasser, Waschflüssigkeit, Zusatzwasser)
- Probenahmetechnik (z. B. an Armatur oder Schöpfprobe, Art der Desinfektion)
- Vor-Ort-Parameter (mindestens Temperatur des Wassers bei der probenahme)
- Transportbedingungen (siehe Kapitel 13.4.5.3)
- Angaben über Konservierungsmaßnahmen
- Auffälligkeiten bei der Probenahme, die das Ergebnis beeinflussen könnten
- Hinweise über die Übergabe der Probe an die Untersuchungsstelle

13

Ein Beispiel eines Formulars für ein Probenahmeprotokoll, das diesen Anforderungen genügt, zeigt **Bild 13.5**.

Um eine einwandfreie Inaktivierung der eingesetzten Biozide nachvollziehen zu können, müssen auch folgende Angaben aufgenommen werden:

- Art des/der eingesetzten Biozidprodukte(s) mit Angabe des Wirkstoffs bzw. der Wirkstoffe

- Dosierkonzentration bzw. Dosiertechnik (z. B. manuell, automatische Dosiereinrichtung, nach Zeitintervallen, ereignisgesteuert) der in der Anlage eingesetzten Biozide
- Zeitpunkt der letzten Bioziddosierung
- Ggf. Art und Konzentration des verwendeten Inaktivierungsmittels

Falls eine der vorstehenden Informationen nicht vorliegt, ist dies im Probenahmeprotokoll und im Prüfbericht auszuweisen. Bei fehlender Inaktivierung der eingesetzten Biozide ist folgende Anmerkung aufzunehmen: „*Das Ergebnis steht unter dem Vorbehalt, dass eine Inaktivierung der eingesetzten Biozide nicht möglich war. Nicht inaktivierte Biozide können zu einem Minderbefund führen.*“

Die Kennzeichnung der Probenflaschen ist als wesentlichste Information der Zuordnung im Protokollbogen an erster Stelle genannt. Sie kann je nach Gepflogenheiten des untersuchenden Labors schon vor der Probenahme auf Flaschen und Protokollbogen vermerkt sein. Entsprechend kann auch schon die Bezeichnung der Probenahmestelle vermerkt sein, wodurch der Protokollbogen zum Arbeitsauftrag für den Probenehmer wird.

13.5 Qualitätssicherungs- und -kontrollmaßnahmen

Für Probenahmen und Laboruntersuchungen ist in der 42. BImSchV vorgeschrieben, dass diese von akkreditierten Prüflaboratorien durchzuführen sind. Die VDI 4223 konkretisiert als fachspezifische Untersetzung der DIN EN ISO/IEC 17025 [10] die Anforderungen an diese Stellen für Probenahmen und Laboruntersuchungen von Proben im Bereich von Verdunstungskühlanlagen, Kühltürmen und Nassabscheidern nach dem aktuellen Stand der Technik, die dem Kompetenznachweis in diesen Tätigkeitsfeldern dienen [20].

Durch die Einbindung der Probenehmer in ein Qualitätsmanagementsystem nach DIN EN ISO/IEC 17025 ist es u. a. erforderlich, dass die Probenehmer regelmäßig und in angemessenen Abständen zur Probenahme geschult werden. Diese Schulungsmaßnahmen werden geplant und dokumentiert.

Die Leistungsfähigkeit der Probenehmer muss auch regelmäßig überprüft werden. Ein geeignetes Mittel für eine solche Überprüfung ist ein internes Audit. Interne Audits werden ebenfalls geplant und dokumentiert.

Es sind regelmäßig Eignungsprüfungen für das Probenahmeverfahren durchzuführen. Eignungsprüfungen, i. d. R. Vergleichsprobenahmen, von externen unabhängigen Anbietern sind zu bevorzugen.

Sofern keine externen Eignungsprüfungen verfügbar sind, kann das Unternehmen auch eigene Vergleichsprobenahmen organisieren. Diese sind dann in geeigneter Weise zu dokumentieren und auszuwerten.

Name und Adresse der probenehmenden Stelle:

Name des Probenehmers (m/w/d):

Beginn der Probenahme: ____________________ (Datum und Uhrzeit)

Ende der Probenahme: ____________________ (Datum und Uhrzeit)

Name und Adresse des Auftraggebers:

Standort und Adresse der Anlage: ____________________

Art der Anlage: □ Verdunstungskühlanlage □ Nassabscheider □ Kühlturm □

Anlagenbezeichnung: ____________________

Exakte Bezeichnung der Probenahmestelle: ____________________

Messstellen-Nr.: ____________ Koordinaten: Nord: ________ Ost: ________

Art der Probe: □ Nutzwasser □ Waschwasser □ Zusatzwasser □ Rohwasser □

Angaben zum Biozidzusatz:

Biozidname (Wirkstoff):				
laut	□ Betreiberangabe	□ Sicherheitsdatenblatt	□ Behälteretikett	□
Dosier-konzentration:	________			
Dosiertechnik:	□ manuell	□ automatische Dosiereinrichtung	□ nach Zeitintervall	□ ereignisgesteuert
Zeitpunkt der letzten Biozidzugabe:	________ (Datum)	________ (Uhrzeit)		
Zeitpunkt der nächsten Biozidzugabe:	________ (Datum)	________ (Uhrzeit)		
Inaktivierungsmittel	□ ja □ nein	Art/Konzentration:		
Betriebszustand der Anlage:	□ Normalbetrieb	□ Wartung/Revision	□	

Angaben zur Probenahme:

Art der Probenahme: □ Einzelprobe □ sofort □ nach ______ Minuten □ nach ________ Liter

□ Mischprobe: □ zeitabhängig □ durchflussabhängig □ volumenabhängig

□ Intervall oder Abfluss zwischen Einzelproben: ____________ min oder m³

□ Beckenvolumen: ____ m³ □ Wasserfläche: ____ m² □ Volumenstrom: ______ m³/h

Bild 13.5: Beispiel für ein Protokoll der Probenahme von Kühlwasser aus Verdunstungskühlanlagen, Kühltürmen und Nassabscheidern

□ Volumen der Einzelproben: ______________________________ ml

Eingesetzte Geräte: □ Probenbehälter □ Probenschöpfer □ Eimer □ Pumpe □

Material: □ Glas □ PTFE □ PE □ Edelstahl □

Wahrnehmungen an der entnommenen Probe:

Farbe: ____________ Trübung: ____________ Bodensatz: ____________

Geruch: ____________ Sonstige: ____________

Messungen vor Ort:

Prüfung auf oxidierende Substanzen: □ nicht durchgeführt □ durchgeführt □ Natriumsulfit zugegeben

Parameter	Ergebnis	Einheit	Kommentar
Wassertemperatur			
pH-Wert			
Freies Chlor			
Elektrische Leitfähigkeit			
.....			

Konservierungsmaßnahmen:

Qualitätskontrollmaßnahmen:

Bemerkungen zur Probenahme:
(z.B. Zustand der Probenahmestelle, besondere Hinweise zur Arbeitssicherheit, sonstige Auffälligkeiten)

Probenübergabe:

Probenahme, Vorbehandlung und Transport erfolgten nach Arbeitsanweisung.

Probe am ________ um ________ Uhr in das Probenlager (Kühl-, Gefrierschrank) übergeben.

_____ ______________________________

Datum Unterschrift(en) Probenehmer/-in

Bild 13.5: (Fortsetzung)

Weitere Möglichkeiten der Qualitätskontrolle sind Doppelbestimmungen und die Entnahme von Blindproben. Bei Doppelbestimmungen werden von demselben Probenehmer unmittelbar hintereinander zwei Proben entnommen, die separat aufgearbeitet und untersucht werden. Die Untersuchung der Proben sollte in demselben Labor an den gleichen Geräten von demselben Personal durchgeführt werden, damit ein eventueller Fehler des Labors systematisch ist und somit minimiert werden kann.

Im Rahmen der Blindwertkontrolle ist auch der Transportblindwert zu kontrollieren.

Es sind Blindwertkontrollen der Behälter und der Geräte durchzuführen.

Aufgrund der hohen Begleitflora ist auf eine klare Trennung der Gerätschaften zur Probenahme, der Kühlboxen und Kühlakkus von Nutz- und Kühlwässern und anderer Matrizes (z. B. Trinkwasser) zu achten. Eine Vermeidung von Querkontaminationen ist bei allen Schritten der Probenahme, Transport/Lagerung und der Probenübergabe zu gewährleisten.

Literatur

[1] Abschlussbericht der Expertenkommission Legionellen im Auftrag des Ministeriums für Klimaschutz, Umwelt, Landwirtschaft, Natur- und Verbraucherschutz des Landes Nordrhein-Westfalen vom 22.05.2015. Verfügbar unter: www.umwelt.nrw.de/fileadmin/redaktion/PDFs/umwelt/legionellen_expertenkommission.pdf

[2] DIN ISO 6107-1:2017-11, Wasserbeschaffenheit – Wörterbuch – Teil 1 (ISO 6107-1:2004) – zurückgezogen

[3] VDI 2047 Blatt 2:2019-01, Rückkühlwerke – Sicherstellung des hygienegerechten Betriebs von Verdunstungskühlanlagen (VDI-Kühlturmregeln)

[4] AbwV: Verordnung über Anforderungen an das Einleiten von Abwasser in Gewässer (Abwasserverordnung AbwV); Anhang 31: Wasseraufbereitung, Kühlsysteme, Dampferzeugung. In: BGBl. I 2004, S. 1.147-1.150, die zuletzt durch Artikel 1 der Verordnung vom 17. April 2024 (BGBl. 2024 I Nr. 132) geändert worden ist

[5] BImSchV: Zweiundvierzigste Verordnung zur Durchführung des Bundes-Immissionsschutzgesetzes (Verordnung über Verdunstungskühlanlagen, Kühltürme und Nassabscheider 42. BImSchV) vom 12. Juli 2017; (BGBl. I 2017 S. 2.379; 2018 I S. 202)

[6] vgbe energy e.V. (Hrsg.): vgbe-Standard „Kühlwassersysteme und Kühlwasserbehandlung", VGBE-S-455-00-2022-12-DE (vormals VGB-R 455, ISBN 978-3-96284-296-3), 2022

[7] VDI 2047 Blatt 3:2018-04, Rückkühlwerke – Sicherstellung des hygienegerechten Betriebs von Verdunstungskühlanlagen – Naturzugkühltürme über 200 MW Kühlleistung (VDI-Kühlturmregeln)

[8] Empfehlung des Umweltbundesamtes zur Probenahme und zum Nachweis von Legionellen in Verdunstungskühlanlagen, Kühltürmen und Nassabscheidern vom 06. März 2020. Verfügbar unter: www.umweltbundesamt.de

[9] LANUV Arbeitsblatt 44: Legionellen in Abwasser und Oberflächenwasser – Empfehlungen zur Probenahme und zum Nachweis, Landesamt für Natur, Umwelt und Verbraucherschutz Nordrhein-Westfalen, Recklinghausen 2019

[10] DIN EN ISO/IEC 17025:2018-03, Allgemeine Anforderungen an die Kompetenz von Prüf- und Kalibrierlaboratorien (ISO/IEC DIS 17025:2017); Deutsche und Englische Fassung prEN ISO/IEC 17025:2017)

[11] Schnell, H. G.; Held, H. D.: Kühlwasser: Verfahren und Systeme der Aufbereitung, Behandlung und Kühlung von Wasser zur industriellen Nutzung. Vulkan-Verlag, Essen 2012

[12] DIN EN ISO 5667-1:2025-08, Wasserbeschaffenheit - Probenahme - Teil 1: Anleitung zur Erstellung von Probenahmeplänen und Probenahmetechniken (ISO 5667-1:2023); Deutsche Fassung EN ISO 5667-1:2023

[13] DIN 38402-11:2009-02, Deutsche Einheitsverfahren zur Wasser-, Abwasser- und Schlammuntersuchung – Allgemeine Angaben (Gruppe A) – Teil 11: Probenahme von Abwasser (A 11)

[14] vgbe energy e.V. (Hrsg.): vgbe-Standard „Speisewasser-, Kesselwasser- und Dampfqualität für Kraftwerke/Industriekraftwerke“ VGBE-S-010-00-2023-08-DE (vormals VGB-S-010-T-00;2011-12.DE), ISBN 978-3-96284-327-4, 2023

[15] DIN EN ISO 19458:2006-12, Wasserbeschaffenheit – Probenahme für mikrobiologische Untersuchungen (ISO 19458:2006); Deutsche Fassung EN ISO 19458:2006

[16] TRBA 220: Technische Regeln für Biologische Arbeitsstoffe. „Abwassertechnische Anlagen: Schutzmaßnahmen), Ausschuss für Biologische Arbeitsstoffe – ABAS. Verfügbar unter: www.baua.de/abas, zuletzt geändert im November 2024

[17] DIN EN ISO 5667-3:2024-09, Wasserbeschaffenheit – Probenahme – Teil 3: Konservierung und Handhabung von Wasserproben (ISO 5667-3:2012); Deutsche Fassung EN ISO 5667-3:2024

[18] DIN EN 13623:2020-12, Chemische Desinfektionsmittel und Antiseptika – Quantitativer Suspensionsversuch zur Bestimmung der bakteriziden Wirkung gegen Legionella von chemischen Desinfektionsmitteln für wasserführende Systeme – Prüfverfahren und Anforderungen (Phase 2, Stufe 1); Deutsche Fassung EN 13623:2020

[19] DIN EN ISO 9562:2005-02, Wasserbeschaffenheit – Bestimmung adsorbierbarer organisch gebundener Halogene (AOX) (ISO 9562:2004); Deutsche Fassung EN ISO 9562:2004

[20] VDI-Richtlinie 4223:2021-03, Qualitätssicherung – Anforderungen an Prüflaboratorien und Inspektionsstellen (Typ A) im Bereich des Immissionsschutzes: Verdunstungskühlanlagen, Kühltürme und Nassabscheider

14 Probenahme von Abwasser

Dipl.-Ing. Klaus-Dieter Selent und Dr. Gregor Braun[1]

14.1 Einleitung

In diesem Kapitel wird die Probenahme von Abwasser behandelt, und zwar sowohl unter Berücksichtigung der Vorgaben aus Normung und gesetzlichen Anforderungen als auch unter Berücksichtigung der Erfahrungen von Praktikern aus der chemischen Industrie und einer Überwachungsbehörde in NRW.

Bei der Darstellung der Probenahme von Abwasser darf natürlich nie das Ziel der Probenahme außer Acht gelassen werden, denn diese ist integraler Bestandteil z. B.

- eines behördlichen Abwasserüberwachungskonzepts zur Überwachung von kommunalen und industriellen Abwassereinleitungen zur Überwachung von ca. 2.000 Direkteinleitungen und ca. 1.500 Indirekteinleitungen in NRW.
- eines Abwassermanagementsystems in der chemischen Industrie von der Planung eines Probenahme- und Untersuchungsprogramms bis zur Bewertung und Entsorgung von komplexen Abwässern in Chemieparks.

14.2 Rechtliche Grundlagen der Überwachung von Abwassereinleitungen

Im deutschen Recht sind die gesetzlichen Grundlagen des Gewässerschutzes und der Wasserwirtschaft im Wasserhaushaltsgesetz (WHG) [1] und den Landeswassergesetzen geregelt. Gemäß §§ 8 und 9 WHG stellen Abwassereinleitungen erlaubnispflichtige Gewässerbenutzungen dar. Gemäß § 57 WHG ist für das Einleiten von Abwasser in Gewässer der Stand der Technik einzuhalten; entsprechende Mindestanforderungen an das Einleiten von Abwasser ergeben sich aus der Abwasserverordnung (AbwV) [2] mit ihren Anhängen für die verschiedenen Abwasserherkunftsbereiche. Das Einleiten von Abwasser in öffentliche Abwasseranlagen (Indirekteinleitungen) bedarf gemäß § 58 WHG der Genehmigung durch die zuständige Behörde, soweit an das Abwasser in der AbwV Anforderungen für den Ort des Anfalls oder vor seiner Vermischung festgelegt sind. Dem Einleiten von Abwasser in öffentliche Abwasseranlagen stehen Abwassereinleitungen Dritter in private Abwasseranlagen, die der Beseitigung von gewerblichem Abwasser dienen, gleich (§ 59 WHG).

Bei der Überwachung der Abwassereinleitungen sind neben den genannten nationalen Gesetzen auch noch u. a. die nachfolgenden Richtlinien, Gesetze und Verordnungen von Bedeutung:

14

[1] unter Verwendung des Kapitels von K.-D. Selent und A. Grupe aus der 1. Auflage 1998 sowie von A. Grupe, R. Hanke und K. Selent aus der 2. Auflage 2018

Abwasserabgabengesetz

Gemäß Abwasserabgabengesetz (AbwAG) [3] muss für das Einleiten von Abwasser in ein Gewässer entsprechend der im Abwasser enthaltenen Schadstoffe eine Abgabe gezahlt werden.

EU-Kommunalabwasserrichtlinie

Mit der Richtlinie des Rates vom 21. Mai 1991 über die Behandlung von kommunalem Abwasser (91/271/EWG) [4] haben die Mitgliedstaaten der Europäischen Union einheitliche Anforderungen zur Reinigung und Überwachung von kommunalem Abwasser festgelegt. Nach mehr als 30 Jahren wurde diese Richtlinie an den Stand der Technik angepasst und am 12.12.2024 im Amtsblatt der Europäischen Union als „Richtlinie (EU) 2024/3019 des Europäischen Parlaments und des Rates vom 27.11.2024 über die Behandlung von kommunalem Abwasser" [5] verkündet. Die EU-Kommunalabwasserrichtlinie (KARL), auf europäischer Ebene offiziell bekannt als Urban Wastewater Treatment Directive (UWWTD), umfasst 35 Artikel und acht Anhänge und bringt erhebliche Änderungen für kommunale und industrielle Abwassereinleiter.

Sie beschreibt die gestufte Einführung von strengeren Anforderungen für Nährstoffparameter, Ausbauziele für die Reduzierung von Mikroschadstoffen (vierte Reinigungsstufe) in Abhängigkeit der angeschlossenen EW, der Belastungssituation in Bezug auf Mikroschadstoffe und dem Risikopotenzial für Gesundheit und Umwelt. Weitere Schlagworte der neuen Richtlinie sind u. a. erweiterte Herstellerverantwortung für Arzneimittel und Körperpflegeprodukte, Energieneutralität sowie Änderungen in der Überwachung von kommunalem Abwasser (neue Untersuchungsparameter und Probenahmearten).

Nach Europäischem Recht muss die Richtlinie nach Verkündigung innerhalb von zwei Jahren in nationales Recht umgesetzt werden. In Deutschland ist die neue EU-Richtlinie grundsätzlich bis zum 31.07.2027 in deutsches Recht umzusetzen. Dafür werden auf Bundesebene Änderungen des Wasserhaushaltsgesetzes und der Abwasserverordnung erforderlich sein. Zahlreiche Pharmaunternehmen haben Klage beim Gericht der Europäischen Union gegen die EU-Kommunalabwasserrichtlinie eingereicht [6].

EU-Wasserrahmenrichtlinie

Die im Jahr 2000 erstmalig verabschiedete und inzwischen fortgeschriebene EU-Wasserrahmenrichtlinie (WRRL) [7] enthält weitreichende organisatorische und fachliche Vorgaben für die Bewirtschaftung der Gewässer und hat somit auch Auswirkungen auf die Anforderungen an Abwassereinleitungen.

Gewässerschutz-Richtlinie 2006/11 EG und zugehörige Tochterrichtlinien

Im Rahmen der emissionsbezogenen Gewässerschutz-Richtlinie 2006/11 EG [8] werden seit 1989 alle drei Jahre aus den Datenberichten der Länder aggregierte deutsche Berichte über die in den Einleitungserlaubnissen industrieller Einleiter genehmigten Stofffrachten erstellt. Ziel der Gewässerschutz-Richtlinie ist es, die Genehmigungspraxis der Mitgliedstaaten zu überwachen und die Emissionsentwicklung zu beobachten.

Schadstofffreisetzungs- und Transferregister (PRTR)

Gemäß dem PRTR (Pollutant Release and Transfer Register) [9] gibt es eine Berichtspflicht. Für das PRTR werden ab 2009 öffentlich zugängliche Daten zu Freisetzungen in Luft, Wasser und Boden sowie zu Verbringungen von Abfall zur Verfügung gestellt.

EU-Industrieemissions-Richtlinie

Die Industrieemissionsrichtlinie (IE-Richtline) ist EU-weit die wichtigste europäische Grundlage für die Genehmigung, den Betrieb, die Überwachung sowie die Stilllegung besonders umweltrelevanter Industrieanlagen. Sie wurde unter dem Namen „Richtlinie 2010/75/EU des Parlaments und des Rates vom 24.11.2010 über Industrieemissionen (integrierte Vermeidung und Verminderung der Umweltverschmutzung)" [10] veröffentlicht und 2024 in Form der Änderungsrichtlinie 2024/1785/EU revidiert.

Der deutsche Gesetzgeber hat die IE-Richtlinie mit dem Gesetz zur Umsetzung der Richtlinie über Industrieemissionen – IndEmissRLUG [11] mit Änderungen des Bundes-Immissionsschutzgesetzes (BImSchG), des Wasserhaushaltsgesetzes (WHG) und des Kreislaufwirtschaftsgesetzes (KrwG) und der entsprechenden untergesetzlichen Regelwerke in nationales Recht umgesetzt. Die Vorschriften sind seit dem 02.05.2013 in Kraft.

Ein zentrales Steuerungselement des Anlagenzulassungsrechts ist das bewährte Konzept der besten verfügbaren Techniken (BVT). Diese entsprechen dem in Deutschland traditionell verwendeten Begriff des Stands der Technik. Die besten verfügbaren Techniken werden für jede betroffene Branche in einem Informationsaustausch zwischen Mitgliedsstaaten, Industrie und Umweltverbänden erarbeitet und in BVT-Merkblättern festgelegt. In der Abwasserverordnung und den jeweils relevanten Anhängen werden ggf. neue bzw. überarbeitete Anforderungen festgelegt [12].

14.2.1 Überwachung von Direkteinleitungen

Nachfolgend werden am Beispiel des Landeswassergesetzes (LWG) Nordrhein-Westfalen [13] die gesetzlichen Grundlagen der Abwasserüberwachung in NRW dargestellt.

Gemäß § 94 LWG sind Abwassereinleitungen von im Jahresdurchschnitt mehr als ein Kubikmeter je zwei Stunden in der Weise zu überwachen, dass mehrmals im Jahr Proben zu entnehmen und zu untersuchen sind. Ausgenommen sind Einleitungen von Abwasser, das keiner Behandlung bedarf, und Abwassereinleitungen, von denen keine erhebliche Beeinträchtigung des Wasserhaushalts zu erwarten ist. Die zur Überwachung erforderlichen Probeentnahmen und Untersuchungen werden von den zuständigen Behörden oder von den von ihnen beauftragten Untersuchungsstellen durchgeführt. Es dürfen keine Untersuchungsstellen beauftragt werden, die für den Abwassereinleiter auf wasserwirtschaftlichem Gebiet gegen Entgelt bereits in anderer Weise, insbesondere als Gutachter oder im Rahmen der Selbstüberwachung, tätig sind.

Für die Probenahme und Untersuchung gemäß § 94 LWG sowie gegebenenfalls für die Beauftragung von Untersuchungsstellen ist gemäß Anhang 1 der Zuständigkeitsverordnung Umweltschutz [14] (ZustVU) das LANUV (Landesamt für Natur, Umwelt und Verbraucherschutz Nordrhein-Westfalen)[2] zuständig.

Die amtliche Überwachung gemäß § 94 LWG dient hauptsächlich der Kontrolle der Einhaltung der in den wasserrechtlichen Bescheiden festgelegten Begrenzungen, die aus der AbwV und ergänzenden Informationen abgeleitet sind. Gleichzeitig dienen die Untersuchungsergebnisse auch dem Vollzug der vorgenannten Gesetze, Richtlinien und Verordnungen. Deshalb sind in einem Untersuchungsauftrag alle Anforderungen zu bündeln, wobei die Qualität der Probenahme und der Analytik einer gerichtlichen Überprüfung standhalten muss.

14.2.2 Überwachung von Indirekteinleitungen

Für die Überwachung der Indirekteinleitungen aus gewerblichen oder industriellen Anlagen, die aufgrund ihrer Umweltrelevanz in der Anlage I der Zuständigkeitsverordnung genannt sind, sind in NRW die Bezirksregierungen als obere Umweltschutzbehörden im Rahmen der Gewässeraufsicht gemäß § 93 LWG zuständig, in allen anderen Fällen die unteren Umweltschutzbehörden der Kreise und kreisfreien Städte. Das LANUV führt seit Mitte 2012 die Probenahmen und Untersuchungen der Indirekteinleitungen im Zuständigkeitsbereich der Bezirksregierungen in deren Auftrag durch.

14.2.3 Selbstüberwachung

Gemäß § 59 LWG wird das für Umwelt zuständige Ministerium ermächtigt, für Einleitungen von Abwasser in ein Gewässer und in Abwasseranlagen durch Rechtsverordnung Regelungen zu treffen über

- die Ermittlung der Abwassermenge und der Abwasserzusammensetzung,
- Häufigkeit, Dauer sowie Art und Umfang der Probeentnahmen und
- die Behandlung und Untersuchung der entnommenen Proben insbesondere darüber, welche Merkmale und Inhaltsstoffe des Abwassers zu untersuchen sind, wie bei den Untersuchungen zu verfahren ist und in welcher Art und in welchem Umfang die Untersuchungsergebnisse aufzuzeichnen sind.

Wer genehmigungspflichtig Stoffe und Abwasser in eine Abwasseranlage einleitet, kann gemäß § 59 LWG von der zuständigen Behörde zur Selbstüberwachung insbesondere dazu verpflichtet werden, Betriebseinrichtungen und Abwasserbehandlungsanlagen nachzuweisen, Aufzeichnungen über Betriebsvorgänge und eingesetzte Stoffe zu fertigen und das Abwasser durch eine geeignete Stelle untersuchen zu lassen, ggf. auch Untersuchungen ganz oder teilweise selbst durchführen.

Durch die Selbstüberwachung soll der Einleiter selbst erkennen können, ob und wann er zusätzliche Maßnahmen im Rahmen der Produktion oder zur Vorbehandlung des Abwassers bzw. zur Abwasserreinigung in der Kläranlage zu treffen hat. Die Selbst-

[2] Seit 01.04.2025: LANUK (Landesamt für Natur, Umwelt und Klima Nordrhein-Westfalen)

überwachung hat keine unmittelbaren wasserrechtlichen und auch keine abgabenrechtlichen Folgen. Die Ergebnisse sollen jedoch von den Wasserbehörden und Fachdienststellen insbesondere zur Ursachenforschung bei Unregelmäßigkeiten oder Auffälligkeiten im Betrieb der Anlagen herangezogen werden.

Tabelle 14.1 zeigt eine Übersicht zum Stand der von den Bundesländern erlassenen Verordnungen zur Selbstüberwachung bzw. Eigenkontrolle von Abwasseranlagen und Abwassereinleitungen in Deutschland.

Tabelle 14.1: Selbstüberwachungs- bzw. Eigenkontrollverordnungen von Abwasseranlagen und Abwassereinleitungen (Stand: März 2025)

Bundesland	Verordnung
Baden-Württemberg	Verordnung des Umweltministeriums über die Eigenkontrolle von Abwasseranlagen (Eigenkontrollverordnung – EKVO) vom 20. Februar 2001, zuletzt geändert am 3. Dezember 2013 (GBl. S. 389, 444).
Bayern	Eigenüberwachungsverordnung (EÜV) vom 20. September 1995 (GVBl. S. 769, BayRS 753-1-12-U), zuletzt geändert am 25. Februar 2010 (GVBl. S. 66)
Berlin	Hinweisblatt 1a zur Antragstellung - Eigenüberwachung von Abwasseranlagen (Einleitungen in Oberflächengewässer) – SenMVKU II D 2 – Hinweisblatt 1a – Stand 01/2024
Brandenburg	Technische Regeln zur Selbstüberwachung von Abwasseranlagen (TRSüw) in der Fassung der Bekanntmachung vom 2. Januar 2018 (ABl./18, [Nr. 1], S.8).
Bremen	Verordnung über die Behandlung von kommunalem Abwasser (KomAbwV) vom 23. April 1997 (Brem.GBl. 1997, S. 172), zuletzt geändert am 29. Oktober 1996 (Brem.GBl. S. 317).
Hamburg	Hamburgisches Abwassergesetz (HmbAbwG) in der Fassung vom 24. Juli 2001 – § 17a Eigenüberwachung der Einleitung (HmbGVBl. 2001, 258)
Hessen	Abwassereigenkontrollverordnung (EKVO) vom 23. Juli 2010 (GVBl. I S. 257 in der Fassung vom 20.06.2023, gültig bis 31.12.2025.
Mecklenburg-Vorpommern	Verordnung über die Selbstüberwachung von Abwasseranlagen und Abwassereinleitungen (Selbstüberwachungsverordnung – SÜVO M-V) vom 20. Dezember 2006 (GVOBl. M-V 2007, 5), zuletzt geändert am 27. Mai 2016 (GVOBl. M-V S. 431, 441)
Niedersachsen	Verordnung über die Behandlung von kommunalem Abwasser (Abwasser-BehV,NI) vom 28. September 2000 (Nds. GVBl. S. 248).
Nordrhein-Westfalen	Verordnung über Art und Häufigkeit der Selbstüberwachung von kommunalen Abwasserbehandlungsanlagen und -einleitungen (Selbstüberwachungsverordnung kommunal – SüwV-kom) vom 25. Mai 2004 (GV. NRW. S. 254), zuletzt geändert am 29. Dezember 2017 (GV. NRW. 2018 S. 37),
Rheinland-Pfalz	Landesverordnung über die Selbstüberwachung von Abwasseranlagen (SÜVOA) vom 27. August 1999 (GVBl. 1999, 211), zuletzt geändert am 14.07.2015 (GVBl. S. 127).

Tabelle 14.1: (Fortsetzung)

Bundesland	Verordnung
Saarland	Verordnung über die Eigenkontrolle von Abwasserbehandlungsanlagen (Eigenkontrollverordnung – EKVO) vom 18. Februar 1994 (Amtsblatt 1994, 638), zuletzt geändert am 8. Dezember 2021 (Amtsbl. I S. 2629).
Sachsen	Verordnung des Sächsischen Staatsministeriums für Umwelt und Landesentwicklung über Art und Häufigkeit der Eigenkontrolle von Abwasseranlagen und Abwassereinleitungen (Eigenkontrollverordnung – Eigenkontroll-VO) vom 7. Oktober 1994 (SächsGVBl.1994 Nr. 58 S. 1592), zuletzt geändert am 12. Juli 2013 (SächsGVBl. S. 503, 555)
Sachsen-Anhalt	Verordnung über die Selbstüberwachung von Abwasseranlagen und Abwassereinleitungen (Selbstüberwachungsverordnung – SÜVO) vom 5. August 2021 (GVBl. LSA 2021, 457)
Schleswig-Holstein	Landesverordnung über die Selbstüberwachung von Abwasseranlagen und Abwassereinleitungen (Selbstüberwachungsverordnung – SüVO) vom 13. Mai 2024 (GVOBl. 2024, S 414)
Thüringen	Thüringer Verordnung über die Eigenkontrolle von Abwasseranlagen (Thüringer Abwassereigenkontrollverordnung – ThürAbwEKVO –) vom 23. August 2004 (GVBl. Nr. 16 vom 30.09.2004, S. 721), zuletzt geändert am 28.05.2019 S. 74).

14.2.4 Abwasserüberwachungskonzept NRW

Für die behördliche Überwachung von Abwassereinleitungen und Abwasseranlagen in NRW wurde 2010 ein landesweites „Konzept zur Überwachung von Abwassereinleitungen und Abwasseranlagen, insbesondere unter Berücksichtigung des Schutzes der öffentlichen Trinkwasserversorgung“ [15] per Erlass des Ministeriums für Klimaschutz, Umwelt, Landwirtschaft, Natur- und Verbraucherschutz (MKULNV) NRW eingeführt, das als Richtschnur für die Planung und die Durchführung der Überwachung von kommunalen Abwasseranlagen, Industrie- und Gewerbebetrieben einschließlich derer Abwasseranlagen sowie zur Überwachung von Abwassereinleitungen in Gewässer und/oder öffentlichen Abwasseranlagen anzuwenden ist. Dieses Abwasserüberwachungskonzept dient somit auch dem vorsorgenden Gewässer- und Verbraucherschutz des im Jahr 2008 im Land Nordrhein-Westfalen eingeführten Programms „Reine Ruhr“ [16] (siehe auch Kapitel 1).

Die Einführung der Kommunalabwasserrichtlinie macht eine Fortschreibung des Abwasserüberwachungskonzepts von 2010 erforderlich. Die Grundlagen, die 2010 zur Erstellung des Abwasserüberwachungskonzepts führten, werden durch weitergehende Anforderungen der neuen Kommunalabwasserrichtlinie ergänzt. Weiterhin steht der vorsorgende Gewässer- und Verbraucherschutz, neben dem Schutz der öffentlichen Trinkwasserversorgung im Mittelpunkt des Konzepts. Die Kommunalabwasserrichtlinie greift auf einen verbesserten Stand der Technik bei Abwasserreinigung und Abwasseranalytik zurück und beschreibt weitergehende Anforderungen, im Vergleich zu bisherigen Regelungen. Welche konkreten Handlungsmaßnahmen an die Abwasserüberwachung gestellt werden, ist zum Zeitpunkt der Überarbeitung dieses Kapitels noch nicht im Landesrecht konkretisiert.

Grundsätzlich gelten aber alle bisherigen Regelwerke von Probenahmeplanung bis zur Durchführung der Probenahme und der Analytik weiter, bzw. werden in den Normungsgremien fortgeschrieben.

Entsprechend dem Abwasserüberwachungskonzept gliedert sich die amtliche Überwachung von Abwasseranlagen und Abwassereinleitungen grundsätzlich in die drei Bereiche:

1. Regelüberwachung:
   - Grundüberwachung der Direkteinleiter (Vollzug AbwV, AbwAG, KomAbwV) sowie der Indirekteinleiter im Zuständigkeitsbereich der oberen Wasserbehörden
   - Überwachung aufgrund europäischer Vorgaben, Gewässerbewirtschaftung und Trinkwasserversorgung
   - Präventive Überwachung
2. Anlassüberwachung
3. Programmüberwachung

Obwohl die Überwachungsbereiche eng miteinander verzahnt sind, weisen sie sowohl in der Häufigkeit als auch in der Parameterauswahl deutliche Unterschiede auf.

Regelüberwachung

Die Regelüberwachung ist eine geplante, sich wiederholende und systematische Kontrolle einer Einleitung oder einer betrieblichen Anlage. Im Abwasserbereich ist die Regelüberwachung die häufigste Form der Überwachung. Die Grundüberwachung umfasst bei Direkteinleitern die Überwachung gemäß § 94 LWG und die Überwachung der Abwasseranlagen im Rahmen der Gewässeraufsicht (§ 93 LWG) in Bezug auf die Einhaltung der wasserrechtlichen Anforderungen und die Festsetzung der Abwasserabgabe.

Anlassüberwachung

Die Anlassüberwachung wird durch besondere Umstände zeitnah ausgelöst, z. B. aufgrund von Betriebsstörungen oder außergewöhnlichen Gewässerverunreinigungen (z. B. bei plötzlichem Fischsterben), die über Alarmmeldungen bekannt werden. Um den Verursacher ermitteln bzw. Sofortmaßnahmen einleiten zu können, ist ein dem Sachverhalt angepasstes Handeln notwendig. Anlassüberwachungen können sich sowohl auf Direkteinleitungen als auch auf Indirekteinleitungen erstrecken.

Im Idealfall ist die Anlassüberwachung die seltenste Form der Überwachung.

Sie kann jedoch eine hohe Priorität erhalten und durch Erweiterung des Parameter- und Probenahmeumfangs zu einem hohen Aufwand führen. Liegt z. B. eine komplexere Betriebsstörung oder eine Gewässerverunreinigung vor, bei der die gewässerverunreinigenden Stoffe zu identifizieren und zu bewerten sind, müssen in der Regel umfangreiche Untersuchungen des Gewässers sowie aller potenziellen Verursacher durchgeführt werden. Im Falle einer Betriebsstörung mit eindeutiger Ursache kann sich die Überwachung auf die Bestimmung einzelner Parameter sowie Folgeüberwachungen beschränken. Im Einzelfall kann sich jedoch hieraus ein Überwachungsprogramm ergeben.

Programmüberwachung

Die Programmüberwachung ist eine geplante Schwerpunktüberwachung. Sie ist eine konzeptionell vorbereitete Aktion und bezieht sich auf bestimmte Stoffe/Stoffgruppen, Branchen, Betriebe oder definierte Umweltaspekte. Ein Ziel der Programmüberwachung sollte nach Möglichkeit sein, grundlegende Zusammenhänge zu ermitteln und damit zur Unterstützung und möglicherweise Vereinfachung der Regelüberwachung beizutragen. Beispielsweise können bei kommunalen Abwasserbehandlungsanlagen mithilfe von Messprogrammen Einträge von gewässerrelevanten oder trinkwassergängigen Stoffen (z. B. Schwermetalle, Mikroverunreinigungen wie Arzneimittel, Pestizide oder PFAS) bei einer Auswahl von repräsentativen Anlagen ermittelt werden. Zur Programmüberwachung gehören auch speziell veranlasste Abwasser-Messprogramme für die WRRL.

14.3 Probenahmeplanung

Bevor ein Probenahmeprogramm erstellt wird, ist es wichtig, zunächst die Ziele festzulegen, da sie die wesentlichen Faktoren zur Bestimmung des Probenahmeorts, der Häufigkeit, der Dauer und des Zeitpunktes der Probenahme sowie der Vorgehensweise, der anschließenden Vorbehandlung und der Analytik enthalten. Anforderungen für die Aufstellung von Probenahmeplänen sind in DIN EN ISO 5667-1 [17] und in DIN 38402-11 [18] enthalten.

Ein Abwasser-Probenahmeprogramm kann unterschiedliche Untersuchungsziele haben. Die gängigsten davon sind:

- Bestimmung der Konzentration und/oder Fracht von Stoffen in einem Abwasserstrom
- Bereitstellung von Daten für den Betrieb einer Abwasserbehandlungsanlage
- Prüfung der Einhaltung festgesetzter Einleitungskonzentrationen und/oder Einleitungsfrachten
- Bereitstellung von Daten für die Abwasserabgabe, Gebühren, Beiträge usw.

Durch die Probenahme von Abwasser soll für die nachfolgende Untersuchung eine Probe repräsentativer Zusammensetzung gewonnen werden. Ziele der Probenahme sind im Allgemeinen die Bestimmung der Abwasserbeschaffenheit oder die Abwasserüberwachung, wie sie nachfolgend beschrieben sind [18]:

a) Bestimmung der Abwasserbeschaffenheit

Die Bestimmung der Abwasserbeschaffenheit dient der Ermittlung der Konzentration oder der Fracht von Stoffen in einem Abwasserstrom, in der Regel während einer längeren Zeitdauer. Beispiele sind:

- Überwachung der Einhaltung von Qualitätsanforderungen
- Untersuchung von Trends
- Bereitstellung von Daten über die Leistungsfähigkeit einer Abwasserbehandlungsanlage
- Überwachung der Bakteriendichte und des mikrobiellen Bewuchses in Kühlsystemen
- Bereitstellung von Daten für Planungs- und/oder Entwurfszwecke

b) Abwasserüberwachung

Ziele der Abwasserüberwachung können sein:

- Kurz- oder langfristige Kontrolle der Wirksamkeit von Abwasserbehandlungsanlagen (z. B. Überwachung des Wachstums von Belebtschlamm, anaeroben Abbauprozessen oder industriellen Abwasserbehandlungsanlagen, Ermittlung des Wirkungsgrads, Kontrolle der chemischen Konditionierung von Kühlsystemen und Überwachung der Stabilität gegenüber Ausfällungen von Wasserinhaltsstoffen)
- Schutz von Abwasserbehandlungsanlagen (z. B. der Schutz von kommunalen Abwasserbehandlungsanlagen vor schädlichen Einleitungen von Industrieabwasser, sowie die Ermittlung der Herkunft unerwünschter Industrieeinleitungen, Überwachung der Korrosivität und der verfahrenstechnischen Einrichtungen, wie z. B. Zusatzwasseraufbereitungen)
- Umweltüberwachung (z. B. Überwachung der Einhaltung von Grenzwerten, die Kontrolle von Entsorgungen an Land, auf See oder an Gewässern)

14.3.1 Häufigkeit der Probenahme

Je nach Untersuchungsziel der Probenahme können Häufigkeit, Dauer und Zeitpunkt der Probenahme unterschiedlich sein. Die Zusammensetzung der Abwässer unterliegt Schwankungen. Ob zufällige oder systematische Schwankungen vorliegen, kann an Einzelproben mit Hilfe der Statistik erkannt werden (siehe DIN EN ISO 5667-1 [17]).

Für die Festlegung der Probenahmehäufigkeiten sind die einschlägigen Vorschriften (z. B. EU-Richtlinie 91/271/EWG [4, 5] oder die Selbstüberwachungsverordnung [19]) zu beachten.

Für kommunales Abwasser sowie biologisch abbaubares Industrieabwasser, das von der Beschaffenheit her dem häuslichen Abwasser ähnlich ist, gilt die Überwachungshäufigkeit gemäß der KomAbwV NRW [20]. Im Anhang II der EU-Richtlinie sowie Anlage 2 der KomAbwV sind die betreffenden Industriebranchen aufgeführt. Die EU-Richtlinie fordert die in **Tabelle 14.2** aufgeführte Mindestanzahl jährlicher Probenahmen entsprechend der Größe der Abwasserbehandlungsanlage, wobei die Proben in regel-

Tabelle 14.2: Mindestanzahl jährlicher Probenahmen entsprechend der Größe der Abwasserbehandlungsanlagen gemäß Kommunalabwasserrichtlinien aus 1991 und 2024

Ausbaugröße	**Mindestanzahl jährlicher Probenahmen – n/a**	
	EU-Richtlinie 91/271/EWG [4] aus 1991 / KomAbwV NRW [19]	**Richtlinie (EU) 2024/3019 [5] aus 2024**
1.000 – 9.999 EW		1 Probe pro Monat
2.000 – 9.999 EW	12 Proben im ersten Jahr. 4 Proben in den darauffolgenden Jahren, wenn nachgewiesen werden kann, dass das Abwasser im ersten Jahr den Vorschriften der Richtlinie entspricht. Wenn eine der 4 Proben den Grenzwert überschreitet, sind im folgenden Jahr 12 Proben zu entnehmen.	
10.000 – 49.999 EW	12 Proben	2 Proben pro Monat
50.000 EW oder mehr	24 Proben	
50.000 – 149.999 EW		1 Probe pro Woche Bei Mikroschadstoffen 2 Proben pro Monat
> 150.000 EW		2 Proben pro Woche Bei Mikroschadstoffen 2 Proben pro Monat

mäßigen zeitlichen Abständen und zu unterschiedlichen Zeitpunkten, z. B. auch außerhalb der normalen Dienstzeit zu entnehmen sind. Die Kommunalabwasserrichtlinie 2024/3019 (KARL) sieht künftig andere Größenklassen mit wesentlich höherer Mindestanzahl von Probenahmen vor.

Für den Herkunftsbereich Häusliches und Kommunales Abwasser sowie für das biologisch abbaubare Industrieabwasser aus Betrieben der im Anhang III der EU-Richtlinie (Anhang IV in EU-RL KARL) aufgeführten Industriebranchen sind die oben angegebenen Vorschriften zur Festlegung der Überwachungshäufigkeit heranzuziehen.

Für die übrigen Herkunftsbereiche der Abwasserverordnung liegen bisher keine rechtsverbindlichen Regelungen zur Probenahmehäufigkeit vor. Deshalb wurde in NRW für den behördlichen Vollzug die nachfolgend erläuterten Vereinbarungen zur Festlegung der Probenahmehäufigkeiten im Rahmen der amtlichen Abwasserüberwachung in NRW gemäß Abwasserüberwachungskonzept [15] getroffen.

Die Programmüberwachung folgt der in den Messprogrammen festgelegten Probenahmehäufigkeit. Für die Regelüberwachung bemisst sich die Häufigkeit der Überwachung nach der Zuordnung der Messstelle zu einer Überwachungsstufe gemäß **Tabelle 14.3**; hierbei entspricht Stufe I der niedrigsten Überwachungshäufigkeit, wie sie noch mit der 4 aus 5-Regelung der AbwV vereinbar ist, und Stufe VI der höchsten als erforderlich angesehenen Überwachungshäufigkeit.

Tabelle 14.3: Stufen der jährlichen Überwachungshäufigkeit

Stufe	**I**	**II**	**III**	**IV**	**V**	**VI**
Häufigkeit n/a	2	4	6	12	18	24

Tabelle 14.4: Einstufung der Probenahmehäufigkeit gemäß der Abwasserverordnung [15]

Anhang	**Herkunftsbereich**		**Häufigkeit n/a**	**Stufe**
1	Häusliches und	50 EW bis 1.999 EW	4	II
	kommunales Abwasser	2.000 EW bis 9.999 EW	12* / 4*	IV/ II
		9.999 EW bis 49.999 EW	12*	IV
		> 50.000 EW	24*	VI
2	Braunkohle-Brikettfabrikation		4	II
3	Milchverarbeitung		analog KomAbwV	II-VI
4	Ölsaatenaufbereitung, Speisefett- und Speiseölraffination		4	II
5	Herstellung von Obst und Gemüseprodukten		analog KomAbwV	II-VI
6	Herstellung von Erfrischungsgetränken u. Getränkeabfüllung		analog KomAbwV	II-VI
7	Fischverarbeitung		analog KomAbwV	II-VI
8	Kartoffelverarbeitung		analog KomAbwV	II-VI
9	Herstellung von Beschichtungsstoffen und Lackharzen		24	VI
10	Fleischwirtschaft		analog KomAbwV	II-VI
11	Brauereien		analog KomAbwV	II-VI
12	Herstellung von Alkohol und alkoholischen Getränken		analog KomAbwV	II-VI
13	Holzfaserplatten		6	III
14	Trocknung pflanzlicher Produkte für die Futtermittelherstellung		analog KomAbwV	II-VI
15	Herstellung von Hautleim, Gelatine und Knochenleim		analog KomAbwV	II-VI
16	Steinkohlenaufbereitung		6	III
17	Herstellung keramischer Erzeugnisse		6	III
18	Zuckerherstellung		4	II

Tabelle 14.4: (Fortsetzung)

Anhang	Herkunftsbereich	Häufigkeit n/a	Stufe
19	Zellstofferzeugung	12	IV
20	Fleischmehlindustrie	analog KomAbwV	II-VI
21	Mälzereien	analog KomAbwV	II-VI
22	Chemische Industrie	6** – 24	III-VI
23	Anlagen zur biologischen Behandlung von Abfällen	6	III
24	Eisen-, Stahl-, und Tempergießerei	6	III
25	Lederherstellung, Pelzveredlung, Lederfaserstoffherstellung	6	III
26	Steine und Erden	6	III
27	Behandlung von Abfällen durch chemische und physikalische Verfahren (CP-Anlagen) sowie Altölaufarbeitung	12***/18	IV / V
28	Herstellung von Papier und Pappe	12	IV
29	Eisen- und Stahlerzeugung	12	IV
31	Wasseraufbereitung, Kühlsysteme, Dampferzeugung	2 – 6	I-III
32	Verarbeitung von Kautschuk und Latizes, Herstellung und Verarbeitung von Gummi	6	III
33	Wäsche von Abgasen aus der Verbrennung von Abfällen	12	IV
36	Herstellung von Kohlenwasserstoffen	6	III
37	Herstellung anorganischer Pigmente	6	III
38	Textilherstellung und Textilveredlung	6	III
39	Nichteisenmetallherstellung	6	III
40	Metallbearbeitung, Metallverarbeitung	12	IV
41	Herstellung und Verarbeitung von Glas und künstlichen Mineralfasern	6	III
42	Alkalichloridelektrolyse	6	III
43	Herstellung von Chemiefasern, Folien und Schwammtuch nach dem Viskoseverfahren sowie Celluloseacetatfasern	6	III
45	Erdölverarbeitung	6	III
46	Steinkohleverkokung	6	III
47	Wäsche von Rauchgasen auf Feuerungsanlagen	12	IV
48	Verwendung bestimmter gefährlicher Stoffe	24	VI
49	Mineralölhaltiges Abwasser	6****	III
50	Zahnbehandlung	6****	III

Tabelle 14.4: (Fortsetzung)

Anhang	Herkunftsbereich	Häufigkeit n/a	Stufe
51	Oberirdische Ablagerung von Abfällen	12	IV
52	Chemischreinigung	6****	III
53	Fotografische Prozesse (Silberhalogenid, Fotografie)	6****	III
54	Herstellung von Halbleiterbauelementen	6	III
55	Wäschereien	6****	III
56	Herstellung von Druckformen, Druckerzeugnissen und grafischen Erzeugnissen	6	III
57	Wollwäschereien	6****	III

* gemäß KomAbwV

** in nicht abgaberelevantem Teilstrom seltener

*** für Anlagen, die den Stand der Technik einhalten

**** falls nicht als Bauart zugelassen

***** gemäß AbwAbfverbrVO

Bei Indirekteinleitern, deren Anlagen nach Bauart zugelassen sind, kann sich der Überwachungsumfang auf die Kontrolle der Prüfberichte reduzieren.

Die Grundeinstufung zur Häufigkeit erfolgt entsprechend der stofflichen Beschaffenheit des Abwassers durch die Wasserbehörden; alle Änderungen werden dem LANUV mitgeteilt. Die entsprechenden Richtwerte zur amtlichen Überwachung liefert **Tabelle 14.4**, die die Einstufungen zur Überwachungshäufigkeit anhand der Herkunftsbereiche der AbwV in Überwachungsstufen beinhaltet. Die Basis für diese Tabelle ist die bisherige Überwachungspraxis von Direkteinleitungen. Ausgehend vom Richtwert in Tabelle 14.4 kann die jährliche Überwachungshäufigkeit im Einzelfall aus verschiedenen Gründen gemäß **Tabelle 14.5** stufenweise vermindert bzw. erhöht werden. Die Kriterien sind hier nicht abschließend aufgeführt. Die Behörden können im Einzelfall darüber hinaus weitere fachliche Kriterien heranziehen. Tabelle 14.5 liefert eine Beschreibung der Faktoren, die zu einer Änderung der Häufigkeit führen können. Führen mehrere Faktoren zu einer Erhöhung, sollte die Häufigkeit maximal um zwei Stufen erhöht werden. Bei mehreren vermindernden Faktoren sollte nur eine Minderung um eine Stufe erfolgen. Erhöhende und vermindernde Faktoren können sich gegenseitig aufheben. Eine Festlegung von mehr als 24 Überwachungen pro Jahr ist nicht sinnvoll. Durch aktuelle Ereignisse wie z. B. Betriebsstörungen kann jedoch eine kurzzeitige Erhöhung der Häufigkeit im Tageseinsatzplan insgesamt zu einer Häufigkeit von über 24-mal/a führen. Die regelmäßige Bewertung der Untersuchungsergebnisse in Hinblick auf Korrekturen in der Überwachungshäufigkeit geschieht vorrangig durch die Wasserbehörden.

Tabelle 14.5: Einflüsse auf die jährliche Überwachungshäufigkeit [15]

Einflüsse auf die Überwachungshäufigkeit	Verminderung*, **	Erhöhung
Stoffliche Beschaffenheit des Abwassers	verminderte stoffliche Belastung, bei Indirekteinleitern: gute Abbaubarkeit bzw. geringe Gewässerrelevanz	weitere relevante Stoffe liegen vor (bei Indirekteinleitern: die über Abschläge oder nach Behandlung in das Gewässer gelangen können)
technischer Stand der betrieblichen Anlagen und Abwasserbehandlungsanlage	technischer Stand liegt über Stand der Technik	veraltete Technik, Abwasserbehandlungsanlage ist nicht stabil
Sicherheit der Einhaltung der Überwachungswerte / erklärten Werte	Messwerte liegen unter Überwachungswerten / erklärten Werten mit deutlich fallender Tendenz oder liegen alle deutlich unter Überwachungswerten / erklärten Werten	Messwerte liegen im Bereich des Überwachungswerts / erklärten Werts oder darüber
Einleitungen in Gewässer, aus denen Trinkwasser gewonnen wird	Messwerte liegen unter Orientierungswerten (Bewertungsstrategie „Reine Ruhr")	Messwerte liegen im Bereich der Orientierungswerte oder darüber
Einstufung gemäß Wasserrahmenrichtlinie		Stoßbelastung oder Einleitungswassermenge größer 30 % des Abfluss des Gewässers
Art der Messstelle	Messstelle nicht abgaberelevant, Indirekteinleiter, Bauartzulassung***	
Ausreichende Datenbasis für Berichtspflichten supranationale Vorgaben bzw. Plausibilitätsprüfungen		Erhöhung für betroffene Parameter auch bei Indirekteinleitern

* Verminderung der Stufe außer bei Einleitungen, die der KomAbwV unterliegen

** Bei abgaberelevanten Abwassereinleitungen sind mindestens 5 Probenahmen in drei Jahren vorzunehmen (4 aus 5-Regelung).

*** Bei Anlagen, die nach Bauart zugelassen sind, kann sich der Überwachungsumfang auf die Kontrolle der Prüfberichte reduzieren.

Die gemäß AbwV ermittelte Überwachungsstufe kann durch folgende fachliche Kriterien vermindert bzw. erhöht werden:

Stoffliche Beschaffenheit des Abwassers

Ein möglicher Grund für eine Verminderung der Überwachungshäufigkeit liegt vor, wenn das Abwasser eine vergleichsweise einfache und niedrige stoffliche Belastung aufweist. Demgegenüber kann eine Erhöhung erforderlich werden, wenn das Abwasser zusätzlich gefährliche Stoffe gemäß den Anhängen der WRRL enthält oder andere langlebige Schadstoffe, die giftig, biologisch akkumulierbar oder trinkwassergängig sind bzw. die Trinkwasserqualität beeinträchtigen können. Hinweise auf das Vorkommen solcher Stoffe kann ein Screening-Verfahren z.B. Non-Target-Analyse mittels HRMS liefern. Zusätzliche Informationen über gefährliche Schadstoffbelastungen im Abwasser können sich auch aus einer Programmüberwachung sowie aus den Ergebnissen der Gewässer- und Rohwasserüberwachung ergeben. Bei Indirekteinleitungen kann die Überwachungshäufigkeit gemindert werden, wenn das Abwasser eine gute Abbaubarkeit aufweist und die Indirekteinleitung nicht wesentlich zur Belastung der kommunalen Kläranlage beiträgt.

Technischer Stand der innerbetrieblichen Anlagen/Abwasserbehandlungsanlagen

Im Rahmen der Gewässeraufsicht obliegt den zuständigen Wasserbehörden die Anlagenüberwachung gemäß § 93 LWG bzw. Überprüfungen zum Stand der Technik gemäß § 57 WHG. Hinzu kommen wasserseitige Kontrollen der BImSchG-Anlagen. Die hieraus resultierenden Erkenntnisse fließen in die Einstufung zur Häufigkeit der amtlichen Überwachung mit ein. Werden aufgrund der angewandten Techniken bzw. des Alters der Anlagen Risikofaktoren erkannt, erhöht sich die Überwachungshäufigkeit. Liegt die Ausstattung über dem Stand der Technik, kann eine Verminderung vertretbar sein.

Sicherheit der Einhaltung der Überwachungswerte / erklärten Werte

Zur Ersterhebung an einer neu zu überwachenden Messstelle ist ein Messprogramm notwendig, wenn nicht bereits vorliegende Messwerte herangezogen werden können. In der laufenden Überwachung sollte einmal jährlich eine Auswertung zu Streuung und Trend der amtlichen Messergebnisse zentral durchgeführt werden. Dabei werden die Messergebnisse mit den jeweiligen Überwachungswerten / erklärten Werten und früheren Messergebnissen verglichen. Liegen die Messwerte unter den Überwachungswerten / erklärten Werten und zeigen sie eine deutlich fallende Tendenz oder liegen die Messergebnisse alle deutlich unter den Überwachungswerten / erklärten Werten, so kann die Überwachungshäufigkeit vermindert werden. Liegen die Ergebnisse wieder näher an den Überwachungswerten / erklärten Werten wird die Häufigkeit wieder erhöht.

Einleitungen in Gewässer, die der Trinkwassergewinnung dienen und bei denen trinkwassergängige Stoffe zu untersuchen sind (auffällige Einleitungen)

Bei auffälligen Direkteinleitungen wird bei Überschreitung von Orientierungswerten gemäß Bewertungsstrategie „Reine Ruhr" wie bei Überschreitung von Überwachungswerten vorgegangen. Bei auffälligen Indirekteinleitungen, bei denen Stoffe die Orientierungswerte überschreiten (auffällige Einleitungen), sind diese Stoffe jährlich viermal zu untersuchen. Als auffällig eingestufte Einleitungen werden als unauffällig eingestuft, wenn sie in den letzten drei Jahren (bei mindestens vier Untersuchungsergebnissen immer, bei mehr als 13 Ergebnissen das 80-Perzentil) den Orientierungswert nicht überschreiten. Im Einzelfall kann eine davon abweichende oder gestufte Anpassung der Überwachungshäufigkeit erfolgen, z. B. in Abhängigkeit der durchgeführten Maßnahmen oder je nach Ursache, Schwankung und Dauer der vorausgegangenen Auffälligkeit.

Einstufung gemäß Wasserrahmenrichtlinie

Zur Beurteilung der hydraulischen Belastung der Gewässer wurde bei der Bestandsaufnahme für die WRRL eine Einstufung von industriellen Einleitungen nach Einleitungswassermenge und Verhältnis von mittlerem Niedrigwasserabfluss des Gewässers (MNQ) zum mittleren Abfluss Q_{mittel} an der Einleitungsstelle durchgeführt. Bei allen Einleitungen, bei denen das Verhältnis von Q/MNQ > 0,3 ist, ist zu prüfen, ob die Überwachungshäufigkeit grundsätzlich oder im Zusammenhang mit anderen Faktoren, wie zum Beispiel Bedeutung für die Trinkwassergewinnung, oder kurzfristig im Zusammenhang mit „extremer Hitze“ / Niedrigwasserabfluss zu erhöhen ist. Als Risikofaktor ist auch zu bewerten, wenn eine Abwassereinleitung zu einer Stoßbelastung des aufnehmenden Gewässers führt.

Art der Messstelle

Wichtig für die Häufigkeit der amtlichen Überwachung ist auch die Art der Messstelle. Die Überwachung ist von höherer Bedeutung bei Messstellen, die abgaberelevant sind und/oder relevant für Begrenzungen gemäß AbwV oder EU-Richtlinie; Letzteres gilt auch für Indirekteinleiter. Bei Anlagen, die nach Bauart zugelassen sind, kann sich der Überwachungsumfang auf die Kontrolle der Prüfberichte reduzieren.

Datenbasis für Berichtspflichten

Für die sich nach diesen Kriterien ergebende Überwachungshäufigkeit ist zu prüfen, ob eine ausreichende Datenbasis für die Bereiche Sonderüberwachungen aufgrund europäischer Vorgaben oder Bewirtschaftung von Gewässern erhalten wird. Bei relevanten Einleitern sollten im Bezugsjahr mindestens zwölf Messwerte für eine hinreichend genaue Frachtabschätzung bzw. mindestens vier Messwerte für die Plausibilitätsprüfung von Betreiberangaben vorliegen. Auch hier ist zu beachten, dass auch Indirekteinleiter gewissen Berichtspflichten, z. B. dem PRTR, unterliegen können.

Abgaberelevante Abwassereinleitungen

Bei abgaberelevanten Abwassereinleitungen sind mindestens fünf Probenahmen in drei Jahren vorzunehmen (4 aus 5-Regelung). Beim Indirekteinleiter können auf der Basis der Abwasserverordnung die gleichen Kriterien zur Häufigkeit der amtlichen Überwachung angesetzt werden. Die Tatsache, dass hier in der Regel eine geringere Wassermenge vorliegt als beim Direkteinleiter und eine weitere Abwasserbehandlung erfolgt, wirkt sich häufig vermindernd auf die Überwachungshäufigkeit aus, dies kann bis zu einem Aussetzen der Überwachung führen.

14.3.2 Dauer der Probenahme

Die beste technische Lösung zur Bestimmung der wahren Werte wäre der Einsatz automatischer Online-Analysengeräte, mit denen die interessierenden Bestimmungsgrößen kontinuierlich ermittelt werden können. Dieser Ansatz ist jedoch nicht immer anwendbar, weil entsprechende Analysengeräte für die Vor-Ort-Analytik oft ungeeignet, nicht erhältlich oder zu teuer sind. Aus diesem Grund sollten Abwasseranalysen auf Proben basieren, die in regelmäßigen Intervallen während eines bestimmten Zeitabschnitts entnommen werden. Sofern die nachfolgenden Bestimmungen der Untersuchungsparameter es nicht verbieten, sollten Mischproben entnommen werden.

Die Dauer der Probenahme ist unter anderem abhängig von der Prozessstabilität der Abwasserbehandlungsanlage, von der Art der zu treffenden Aussage (momentaner Zustand oder Durchschnittszustand) sowie von der Haltbarkeit der zu untersuchenden Parameter.

Zur Erfassung der Konzentrationsspitzen bei Abwässern mit sich schnell ändernder Zusammensetzung sind kurzzeitige Probenahmen mit hoher Häufigkeit durchzuführen. Zur Erfassung durchschnittlicher Belastungen über definierte Zeitabschnitte sind entsprechende Mischproben zu nehmen. Am besten geeignet ist in diesem Fall die durchflusskontinuierliche Probenahme. Bei diskontinuierlicher Probenahme sind die Intervalle zwischen den Einzelproben möglichst kurz zu wählen. Sie sollten bei der 2h-Mischprobe fünf Minuten und bei der 24h-Mischprobe 30 Minuten nicht überschreiten.

In **Bild 14.1** und **Bild 14.2** werden vergleichsweise Messwerte aus 2h-Mischproben zu denen der korrespondierenden Stichproben dargestellt, und zwar sowohl für einen Kläranlagenablauf mit langsamer Konzentrationsänderung als auch für einen mit schneller Änderung der Abwasserzusammensetzung.

Sowohl für die Selbstüberwachung als auch für die amtliche Überwachung ist die Dauer der Probenahme parameterabhängig in der wasserrechtlichen Einleitungserlaubnis festgelegt. Die Angaben zur Probenahmedauer (Stichprobe, Qualifizierte Stichprobe, 2h-Mischprobe, 24h-Mischprobe) basieren auf den Vorgaben der abwasserherkunftsbezogenen Anhänge zur Abwasserverordnung.

Änderungen sind möglicherweise künftig dort auch durch die Kommunalabwasserrichtlinie 2024/3019 (KARL) denkbar. Gemäß Anhang 1 dieser EU-RL sind am Ablauf und erforderlichenfalls am Zulauf der kommunalen Abwasserbehandlungsanlage an jeweils denselben genau festgelegten Stellen abflussproportionale oder zeitproportionale 24h-Proben zu entnehmen. Zur Überwachung von Mikroschadstoffen verwendete zeitproportionale Proben müssen jedoch 48h-Proben sein. Die Mitgliedsstaaten können aber auch andere Methoden anwenden, sofern mit ihnen nachweislich gleichwertige Ergebnisse erzielt werden.

Zur schnellen Recherche bei Betriebsstörungen sollten Rückstellproben entnommen werden. Zweckmäßigerweise können hierfür sogenannte selbstentleerende und selbstreinigende Probenahmegeräte eingesetzt werden [21], die an wichtigen Stellen fest

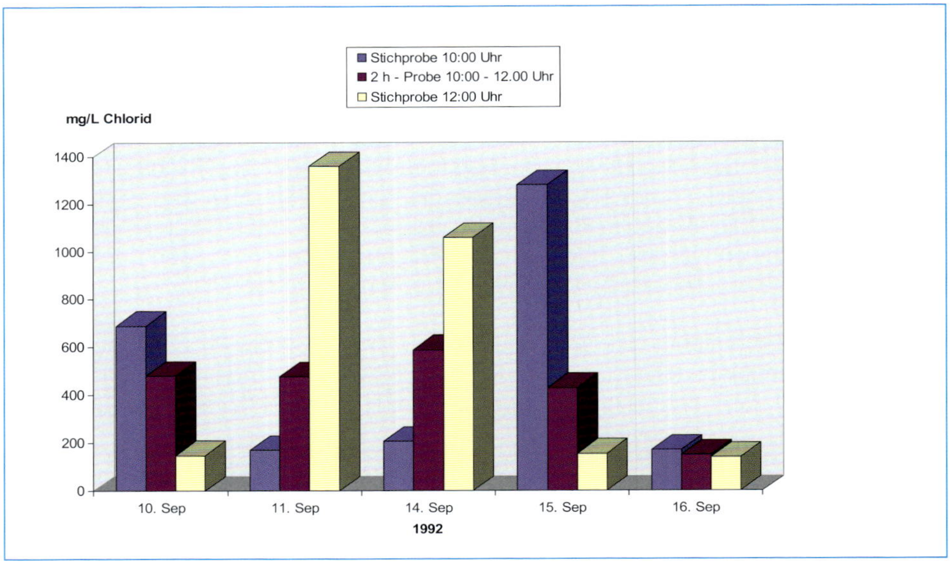

Bild 14.1: Vergleich der Messwerte der 2h-Mischprobe zu denen der Stichprobe bei schneller Änderung der Abwasserzusammensetzung (diskontinuierliche Abgabe)

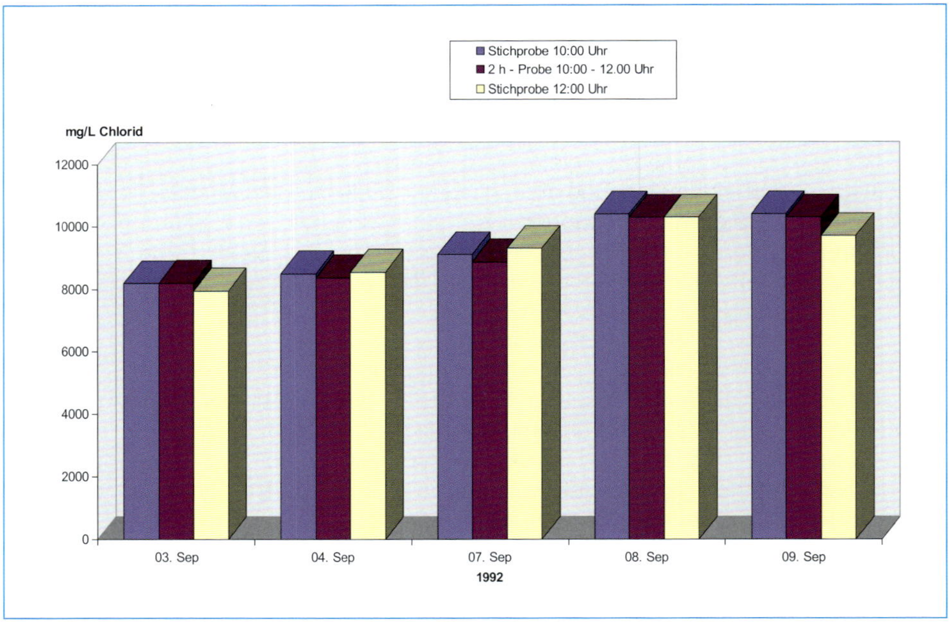

Bild 14.2: Vergleich der Messwerte der 2h-Mischprobe zu denen der Stichprobe bei langsamer Änderung der Abwasserzusammensetzung (Kläranlagenablauf)

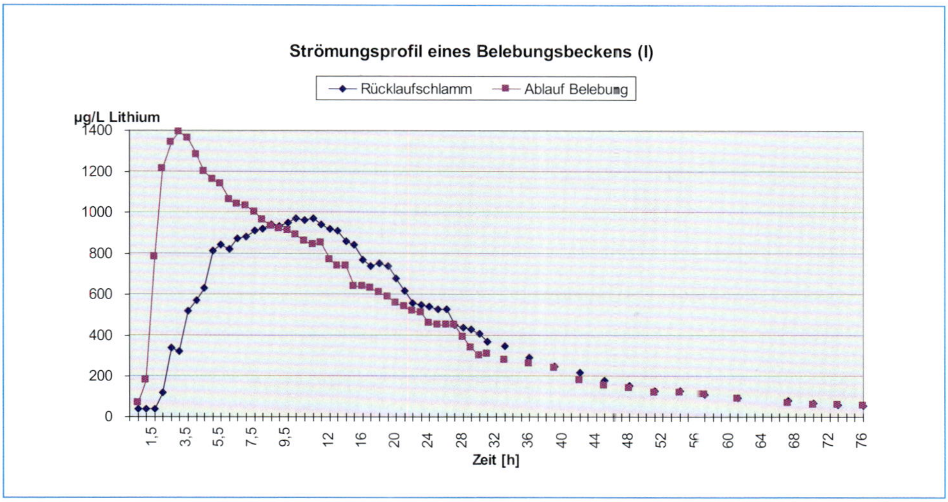

Bild 14.3: Zeitlicher Verlauf der Li+-Konzentration einer biologischen Kläranlage zur Bestimmung der Verweilzeit im Ablauf der Belebung und im Rücklaufschlamm nach einmaliger Dosierung im Zulauf der Belebung

installiert im Dauerbetrieb sind und z. B. mit 12 x 6h-Mischproben rückwirkend einen Zeitraum von drei Tagen abdecken.

Für systematische Untersuchungen, wie sie beispielsweise zur Ermittlung von Korrelationen und zur Aufstellung von Bilanzen notwendig sind, können zahlreiche Proben (unter Umständen bis zu mehreren Hundert) erforderlich sein (siehe **Bild 14.3**).

Zur Frachtermittlung kommt bei gleichbleibenden oder nur geringen Schwankungen der unterliegenden Volumenströme die zeitproportionale oder zeitkontinuierliche Probenahme in Frage, andernfalls muss die Probe durchfluss- oder volumenproportional genommen werden.

14.3.3 Zeitpunkt der Probenahme

Bei der Probenahme aus Abwässern und Ableitungen sind üblicherweise die folgenden Ursachen von Qualitätsschwankungen zu berücksichtigen:

- Schwankungen innerhalb eines Tags
- Schwankungen innerhalb der Wochentage
- Schwankungen innerhalb von Wochen
- Schwankungen zwischen Monaten und Jahreszeiten
- Trends

Falls es nur geringe oder keine tageszeitlichen Schwankungen oder Tag-zu-Tag-Veränderungen gibt, ist die spezielle Probenahmezeit innerhalb des Tags oder der Woche

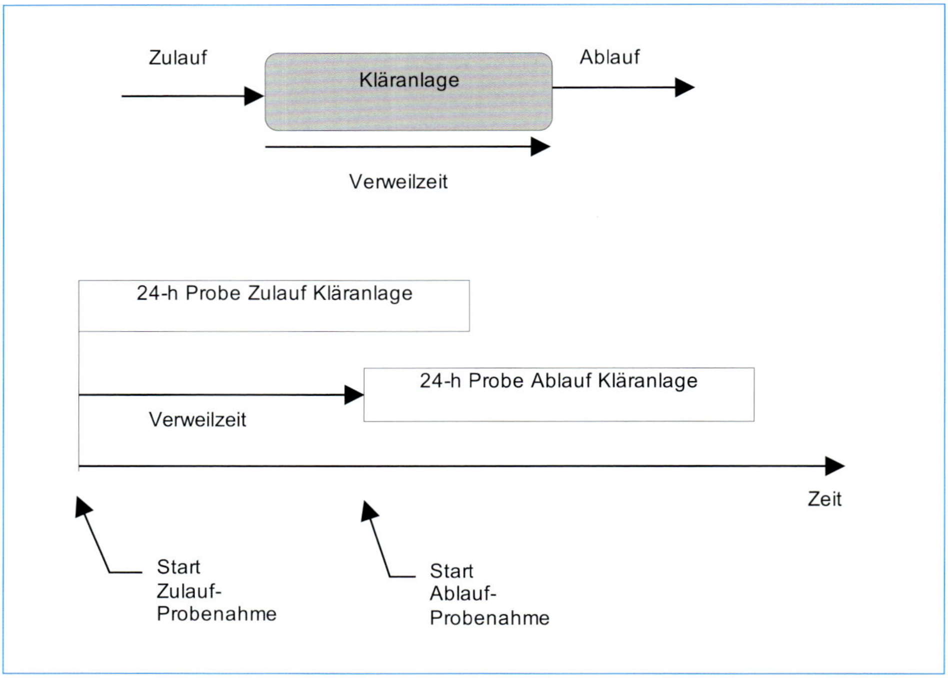

Bild 14.4: Zeitlicher Versatz der Probenahme bei der Ermittlung des Wirkungsgrads einer Kläranlage

relativ unwichtig. Die Proben werden dann während des ganzen Jahres zu irgendeiner Tageszeit an irgendeinem Wochentag genommen (diese können nach Belieben gewählt werden).

Ist die Ermittlung von Art und Größe einer Spitzenbelastung wichtig, sollte die Probenahme auf die Tageszeit, die Woche oder den Monat beschränkt werden, zu der/dem die Spitzenbelastung bekanntermaßen auftritt.

Der Bezug des Probenahmezeitpunkts zu dem zu überwachenden Prozess ist sehr wichtig, wenn industrielle Abwassereinleitungen berücksichtigt werden müssen, die entweder saisonal schwanken oder auf Batch-Prozessen beruhen. In beiden Fällen ist die Einleitung nicht kontinuierlich und das Probenahmeprogramm muss diese Tatsache berücksichtigen.

Probenahmen zur Ermittlung von Trends müssen sorgfältig geplant werden. Um zum Beispiel monatliche Trends festzustellen, sollten Proben immer am gleichen Tag der Woche genommen werden, um jede tägliche und wöchentliche Schwankung aus der gesamten Datenvariation zu eliminieren. Auf diese Weise können Trends besser erkannt werden.

Proben zur Überwachung von Grenzwerten sollen möglichst zufällig verteilt zu verschiedenen Zeiten und an verschiedenen Wochentagen entnommen werden [18].

Um das Einleiterverhalten möglichst repräsentativ zu erfassen, sollte der Zeitpunkt der Probenahme sowohl im Rahmen der amtlichen Überwachung von Abwassereinleitungen als auch zur Selbstüberwachung zufällig verteilt zu wechselnden Tageszeiten (auch nachts), an verschiedenen Wochentagen (auch am Wochenende) und zu verschiedenen Jahreszeiten durchgeführt werden. Voranmeldungen sind grundsätzlich zu unterlassen [22].

Bei der Ermittlung des Wirkungsgrads einer Abwasserbehandlungsanlage oder einer Reinigungsstufe sind Proben sowohl vom Zulauf als auch vom Ablauf zu entnehmen. In der Regel werden Mischproben über eine Zeitspanne von mehreren aufeinanderfolgenden Tagen bis zu einigen Wochen entnommen. Diese werden als 2h- bis 24h-Mischproben vom Zulauf und, der Aufenthaltsdauer entsprechend zeitlich versetzt, vom Ablauf entnommen (siehe **Bild 14.4**).

14.3.4 Probenahmestelle

Die Auswahl der Probenahmestelle ist ebenfalls abhängig vom Untersuchungsziel. Die Probenahmestelle ist so festzulegen, dass die zu entnehmende Probe weitgehend repräsentativ ist.

Je nach Aufgabenstellung können sowohl der Zulauf, der Gesamtablauf als auch Teilströme für die Beprobung in Frage kommen. In den Anhängen zur Abwasserverordnung werden die Bezugspunkte der Anforderungen jeweils definiert, z. B. die Stelle, an der das Abwasser in das Gewässer geleitet wird, auf den Ort des Anfalls des Abwassers oder den Ort vor seiner Vermischung. Der Einleitungsstelle steht der Ablauf der Abwasseranlage, in der das Abwasser letztmalig behandelt wird, gleich. Ort vor der Vermischung ist auch die Einleitungsstelle in eine öffentliche Abwasseranlage. Findet keine Vermischung des Abwassers mit anderem Abwasser statt, gelten Anforderungen, die sich auf den Ort vor seiner Vermischung beziehen, für die Einleitungsstelle in das Gewässer.

14.3.4.1 Allgemeine Anforderungen an die Einrichtung einer Probenahmestelle

Die Probenahmestelle ist zur Wiederauffindung eindeutig zu beschreiben und dauerhaft und leicht erkennbar zu kennzeichnen. Sie muss so gewählt werden, dass repräsentative Proben erhalten werden können und der Abwasserstrom (außer bei ortsfesten Probenahmeeinrichtungen) von der Arbeitsfläche gut einsehbar ist.

Hinweise zur Auswahl und Ausgestaltung der Probenahmestelle siehe DIN 38402-11 [18]. Darüber hinaus sollten folgende Einrichtungen vorhanden sein:

- Befestigte Zufahrt für Kraftfahrzeuge bis unmittelbar an die Probenahmestelle
- Waagerechte Stell- und Arbeitsfläche zum Aufbau von Probenahmegeräten
- Ausreichende Beleuchtung und Stromanschluss
- Frostsicherer Wasseranschluss zum Reinigen der Geräte nach der Probenahme
- Ausreichende Sicherheitsvorkehrungen (z. B. Gitter, Geländer)

- Einrichtung zur Messung des Abwasservolumenstroms an der Probenahmestelle
- Einrichtung zur Steuerung eines Probenahmegeräts, falls eine durchflussabhängige Probenahme durchzuführen ist

14.3.4.2 Hinweise zur Auswahl von Probenahmestellen

Die Definition einer Probenahmestelle ist gemäß [18] die exakte Position innerhalb eines Probenahmeorts, an der die Probe genommen wird.

Zur Festlegung einer Probenahmestelle bedarf es genauer Kenntnisse über die Ortsverhältnisse, Kenntnisse über die bautechnischen Ausführungen von Schächten, sowie deren Ausgestaltung von Abwasserrinnen und Kanälen. Der Verlauf von Abwasserleitungen muss bekannt sein.

Als Probenahmestelle sollte ein Ort mit starker turbulenter Strömung ausgewählt werden, um sicherzustellen, dass die Probe aus einem gut durchmischten Bereich entnommen werden kann. Im Folgenden werden Beispiele für geeignete Probenahmestellen aufgeführt [23].

Ablaufrinnen und Kanäle

In Kanälen, Ablaufrinnen oder offenen Abflussleitungen sollte im Allgemeinen die Probenahmestelle innerhalb des Wasserkörpers liegen, z. B. ca. 30 cm unterhalb der Wasseroberfläche des Abwasserstroms, um zu gewährleisten, dass weder aufschwimmende noch sedimentierte Stoffe miterfasst werden. Hierzu muss eine ausreichende Breite und Tiefe von baulicher Seite gegeben sein, die den Einsatz eines Schöpfbechers oder eines Eimers für eine von Hand geschöpfte Probe erlauben.

Sind Abflussmesseinrichtungen oder Wehre in den Kanälen vorhanden (siehe **Bild 14.5**), ist die Probenahmestelle immer stromabwärts festzulegen. Der Abstand sollte hierbei mindestens das Dreifache des Rohr-/Gerinnedurchmessers betragen.

Bei flachen Gerinnen oder Kanälen können Staubleche mit V-förmigem Einschnitt eingebracht werden (siehe **Bild 14.6**). Zu berücksichtigen ist hierbei, dass eine Sedimentation stromaufwärts durch das Blech vermieden wird. Die Probe wird am Überlauf entnommen, aus dem das Abwasser in freiem Fall austritt.

Besitzen Abwasserrinnen mit flacher Führung einen Absturz, kann die Probe am Überlauf entnommen werden. Bei geringer Wasserführung können Bleche an der Überlaufkante einen besseren freien Absturz zur Entnahme der Proben gewährleisten. Das Material der Stau- und Führungsbleche darf die Abwasserqualität nicht beeinflussen.

Probenahmeschächte

Bei Probenahmeschächten handelt es sich in der Regel um Kontrollschächte runder oder rechteckiger Bauart. Sie sollten über einen ausreichenden Querschnitt verfügen

Bild 14.5: Probenahmestelle nach der Abflussmesseinrichtung

Bild 14.6: Probenahmestelle am Überlauf-Staublech

Bild 14.7: Probenahmestelle an Einmündung

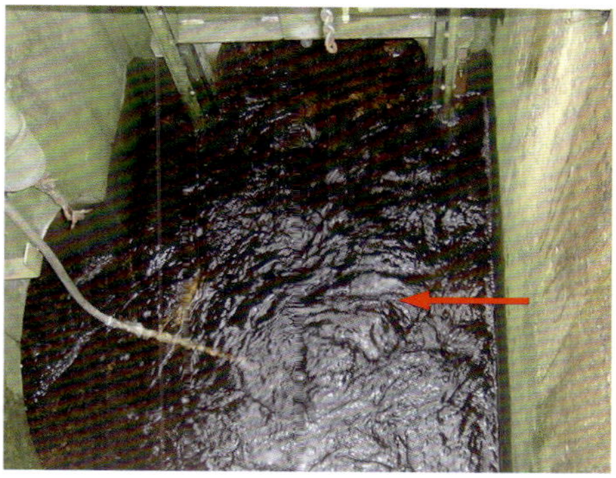

Bild 14.8: Probenahmestelle im durchflossenen Schacht

und möglichst nicht tiefer als 2,5 m sein, damit manuelle Schöpfproben entnommen werden können.

Geeignete Probenahmestellen im Kontrollschacht sind z. B. einmündende Abflussrohre (siehe **Bild 14.7**). Die Einmündung sollte hierbei mit kurzem Überstand erfolgen und mindestens 50 cm über der Kanalsohle liegen. Ein Schöpfgerät kann dadurch so problemlos unter dem Rohr platziert werden.

Wird der Kontrollschacht vom Abwasserstrom durchflossen, muss eine ausreichende Wasserführung und Wassertiefe vorhanden sein, um Proben unter der Wasseroberfläche entnehmen zu können (siehe **Bild 14.8**). Gegebenenfalls muss bei geringer Wasserführung ein Staublech mit V-Nut eingebracht werden. Die Probe ist dann am freien Überlauf zu entnehmen (siehe **Bild 14.9**).

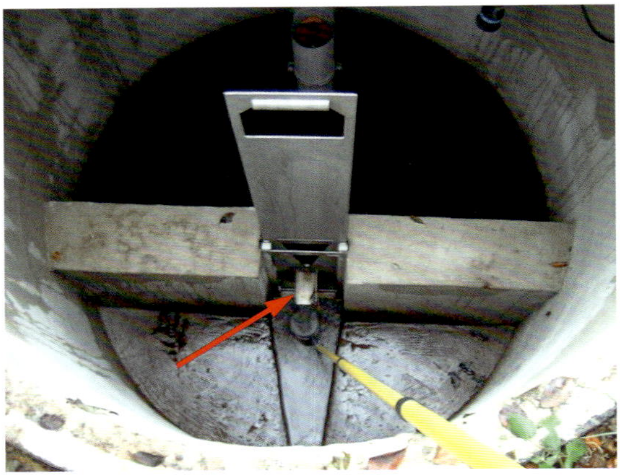

Bild 14.9: Probenahmestelle am Überlauf-Staublech

Geschlossene Ablaufleitungen

Häufig wird das Abwasser anlagentechnisch bedingt über geschlossene Rohrleitungen abgeführt. Die Rohrleitungen können dabei unter Druck stehen oder mit freiem Gefälle drucklos verlaufen. Probenahmen aus Rohrleitungen sind nur möglich, wenn das Abwasser in freiem Fall abfließt und ein Schöpfgerät unter die Rohröffnung platziert werden kann (siehe **Bild 14.10**).

Repräsentative Abwasserproben können auch direkt aus senkrecht verlaufenen Leitungen mit turbulenter Strömung erhalten werden (siehe **Bild 14.11**). Die Entnahmestelle sollte hierbei mittels Entnahmearmatur (Zapfstelle) unmittelbar an der Abflussleitung platziert sein. Das Material der Armatur darf die Abwasserqualität nicht verfälschen.

Bild 14.10: Probenahmestelle am Auslauf

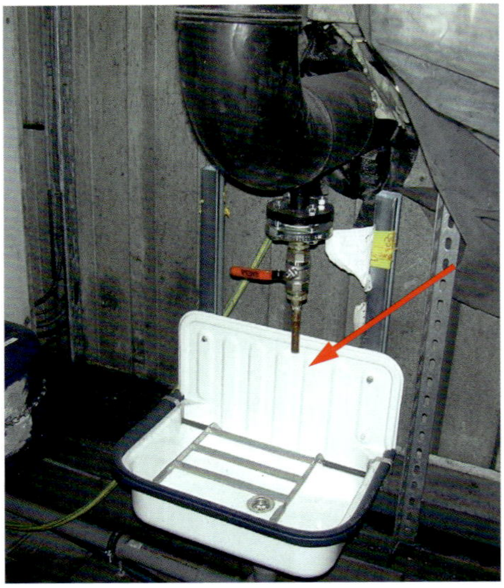

Bild 14.11: Zapfstelle an senkrechter Ablaufleitung

Ortsfeste Probenahmeeinrichtung an Bypassleitungen

Unter dem Begriff Bypass versteht man die künstliche Abführung eines ständig fließenden Teilstroms aus einem Hauptabwasserstrom und dessen Rückführung. Über eine Rohrleitung mit kleiner Nennweite wird ein repräsentativer Teilstrom aus dem Hauptabwasserstrom abgezweigt und zur Probenahmeeinrichtung geführt (siehe **Bild 14.12**). Der Abzweig aus dem Hauptstrom muss an einer Stelle erfolgen, an der eine gute Durchmischung gewährleistet ist. Bei drucklosen Abflussleitungen, z. B. aus Ablaufschächten, erfolgt die Entnahme des Teilstroms mittels Pumpe. Die Pumpe sollte strommittig platziert werden, um einen repräsentativen Teilstrom fördern zu können (siehe **Bild 14.13**). Die Rückführung des Teilstroms in den Hauptstrom muss unterhalb der Entnahmestelle liegen.

Für die Entnahme einer Probe aus der Bypassleitung, muss die Leitung ein senkrechtes Rohrstück besitzen, an dem der Teilstrom in freiem Fall austreten kann. Die Rohröffnung sollte hierbei mindestens 30 cm über einem Auffangtrichter liegen, um problemlos ein Schöpfgefäß unter die Rohröffnung halten zu können (siehe **Bild 14.14**).

Bei nicht ständig durchflossenen Leitungen ist das Standwasser mit etwaigen Ablagerungen vor der Probenahme ausreichend lange ablaufen zu lassen. Alle wasserführenden Teile müssen aus Materialien bestehen, die die Wasserqualität nicht beeinflussen können. Für evtl. erforderliche mikrobiologische Untersuchungen müssen die Entnahmearmaturen abflammbar sein.

Bei diskontinuierlich anfallenden Abwässern wird oftmals angeboten, das Abwasser direkt aus einem Behälter (z. B. pH-Endkontrolle – siehe **Bild 14.15** und **Bild 14.16**) zu

Bild 14.12: Probenahmestelle an Bypassleitung

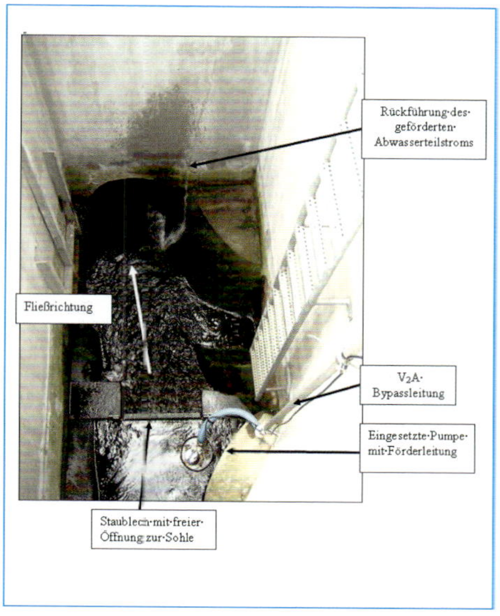

Bild 14.13: Bypasseinrichtung in Schächten

14

Bild 14.14: Probenahmestelle an Bypass-Leitung

Bild 14.15: Probenahme aus pH-Endkontrolle

Bild 14.16: Probenahme aus pH-Endkontrolle

nehmen. Das birgt die Gefahr der unzureichenden Durchmischung und unvollständiger Abwasserbehandlung (Neutralisation, Sedimentation) sowie unnötiger Streitigkeiten im Falle von etwaigen Grenzwertüberschreitungen nach Untersuchung solcher Proben aus dem Standwasser. Daher ist in diesen Fällen zu empfehlen, eine geeignete Probenahmestelle hinter der pH-Endkontrolle einzurichten, damit das vollständig behandelte, zum Zeitpunkt der Einleitung in die Kanalisation oder in das Gewässer abfließende Abwasser beprobt werden kann.

14.3.5 Untersuchungsparameter

Grundsätzlich richtet sich die Auswahl der Untersuchungsparameter nach dem Untersuchungsziel. Für die behördliche Überwachung oder Selbstüberwachung von Abwassereinleitungen definieren die in den einzelnen Anhängen der AbwV [2] als Mindestanforderung enthaltenen Überwachungsparameter allgemein den Stand der Technik einer Branche bzw. eines Herkunftsbereichs. Mit wenigen Ausnahmen handelt es sich hierbei um Summen-, Leit- und Wirkparameter.

Neben der Abwassermenge sind einige Untersuchungsparameter unmittelbar vor Ort zu bestimmen. Darüber hinaus werden die relevanten Summenparameter (z. B. CSB oder TOC, AOX oder EOX, absetzbare oder abfiltrierbare Stoffe), Einzelstoffe als Leitparameter (z. B. Schwermetalle, Stickstoffverbindungen, organische Einzelkomponenten) sowie biologische Wirkparameter (z. B. Giftigkeit gegenüber Fischeiern, Algen, Daphnien oder Leuchtbakterien) bestimmt. Die Bestimmungen werden in der Regel nach den in der Anlage 1 (zu § 4) der AbwV aufgeführten Analysen- und Messverfahren durchgeführt. In der wasserrechtlichen Zulassung können andere, gleichwertige Verfahren festgesetzt werden.

Die Kommunalabwasserrichtlinie 2024/3019 (KARL) verfolgt u. a. das Ziel, zum Schutz der öffentlichen Gesundheit beizutragen, beispielsweise wenn kommunales Abwasser in Badegewässer eingeleitet wird oder in Wasserkörper, die für die Trinkwassergewinnung genutzt werden, sowie in Fällen, in denen kommunales Abwasser als Indikator für Parameter dient, die für die öffentliche Gesundheit relevant sind. Aus diesem Grund sollen die Mitgliedsstaaten die relevanten Parameter für die öffentliche Gesundheit ermitteln, die zumindest im Zulauf kommunaler Abwasserbehandlungsanlagen zu überwachen sind: wie beispielsweise SARS-CoV-2-Virus und seine Varianten, Poliovirus, Influenzavirus, neu auftretende Krankheitserreger und sonstige Parameter für die öffentliche Gesundheit, die gegebenenfalls für relevant erachtet werden.

Aus bestimmten Gründen kann es erforderlich sein, den Untersuchungsumfang zu erweitern, um auch Einträge von organischen Einzelstoffen oder von in der AbwV nicht begrenzten anorganischen Stoffen, insbesondere im niedrigen Konzentrationsbereich, erkennen zu können. Für die Umsetzung der rechtlichen Regelungen zum Gewässer- und Trinkwasserschutz reicht der in der AbwV vorgegebene Parameterumfang in der Regel nicht aus. Zu beachten sind zusätzlich gewässerrelevante und trinkwassergängige Stoffe/Stoffgruppen, z. B. prioritäre Stoffgruppen oder bestimmte andere Schadstoffe gemäß OGewV [24], oder Stoffe/Stoffgruppen, für die bislang keine verbindlichen Anforderungen bestehen oder bestanden haben bzw. die aus Gründen der langfristigen Versorgungssicherheit bzw. zum Wohl der Allgemeinheit mit Orientierungs- und Zielwerten belegt werden müssen.

Daher fordert die Kommunalabwasserrichtlinie 2024/3019 (KARL) im Artikel 21 an den Zu- und Abläufen von kommunalen Abwasserbehandlungsanlagen die Konzentrationen und Frachten der folgenden Elemente im kommunalem Abwasser zu überwachen:

a) von voraussichtlich in kommunalem Abwasser vorkommenden Schadstoffen, die in verschiedenen EU-Vorschriften aufgeführt sind (das sind spezifische und synthetische Stoffe der Oberflächengewässer-, Grundwasser- und Klärschlammrichtlinien wie Metalle, Pestizide, Arzneimittel, Flammschutzmittel, Industriechemikalien, PCB, PAK)
b) von Parametern der Trinkwasserverordnung (u.a. Metalle, Pestizide, PAK, Organische Halogenverbindungen, Per- und Polyfluoralkylsubstanzen (PFAS), sofern das kommunale Abwasser in ein Einzugsgebiet von Entnahmestellen von Wasser für den menschlichen Gebrauch eingeleitet wird)
c) Parameter der Badegewässerrichtlinie, wie Intestinale Enterokokken und *Escherichia coli*, sofern direkte Einleitungen in Badegewässer während der Badesaison erfolgen
d) das Vorhandensein von Mikroplastik

Das Vorgehen bei der Probenahme wird sehr stark durch das anschließende Untersuchungsprogramm bestimmt. Sowohl das Volumen als auch die Art der Probenahme und Probenvorbehandlung sind abhängig von dem zu beurteilenden Untersuchungsparameter. So ist es z. B. nicht sinnvoll, Proben zur Untersuchung auf leichtflüchtige Chlorkohlenwasserstoffe aus einer Abfüllung der 24h-Mischprobe zu bestimmen [25]. Hier ist besser eine Einzelprobe vorzusehen.

14.4 Abwassermanagement in einem Chemiepark

Dieser Abschnitt beschreibt das Abwassermanagement in einem Chemiepark, von der Planung eines Programms zur Untersuchung von Abwässern über die Bewertung bis zur sachgerechten Entsorgung. Der heutige Chemieparkbetreiber ist in der Regel auch Inhaber der wasserrechtlichen Einleitungserlaubnis.

Die Abwassersituation von Industrieparks, speziell Chemieparks, ist in der Regel sehr komplex, da in den Betrieben unterschiedlicher Betreiber sehr viele verschiedene unbelastete Abwässer (z. B. Kühlwasser, Niederschlagswasser) oder belastete Abwässer anfallen, die entweder – gemäß einer Einleitungserlaubnis – direkt, nach evtl. Vorbehandlung im Produktionsbetrieb oder der finalen Klärung in einer biologischen Kläranlage in das Gewässer eingeleitet werden.

Bei großen Chemieparks, die ehemals zu einer Firma gehörten, sind in der Regel eigene Kläranlagen vorhanden, um das klärpflichtige Abwasser des gesamten Chemieparks zu reinigen. Der Betreiber des Chemieparks ist damit ebenfalls i. d. R. auch Besitzer der Einleitungserlaubnis.

14.4.1 Ziele des Abwassermanagements

Es ist vom Chemieparkbetreiber sicherzustellen, dass die Abwässer

- im Einklang mit Genehmigungen,
- nach dem Stand der Technik,
- entsprechend dem Aufkommen,
- mit stark wechselnden Frachten und Qualitäten sowie
- wirtschaftlich

entsorgt werden.

14.4.2 Gesetzliche Vorgaben

Der Betreiber der zentralen Abwasserbehandlungsanlagen (ZABA) ist damit verbunden auch Inhaber der Einleitungserlaubnis zum Einleiten von Abwasser in ein Gewässer gemäß §§ 8 und 9 Wasserhaushaltsgesetz (WHG) [1]. Die Einleitungserlaubnis umfasst jeweils den Ablauf aus der zentralen Abwasserbehandlungsanlage (ZABA) des Chemieparks sowie die Direktauslässe der nicht klärpflichtigen Abwässer in das Gewässer. Grundlage für die, in der Einleitungserlaubnis festgelegten, Überwachungswerte ist gemäß § 57 WHG der „Stand der Technik", der insbesondere in der Abwasserverordnung und ihren Anhängen geregelt ist. Der hier anzuwendende Anhang 22 „Chemische Industrie" der AbwV [2] fordert den Nachweis der Einhaltung der allgemeinen Anforderungen in einem betrieblichen Abwasserkataster des Chemieparks zu erbringen. Weiterhin gelten Anforderungen an das Abwasser für die Einleitungsstelle, an das Abwasser vor Vermischung sowie für den Ort des Anfalls. Für vorhandene Einleitungen lässt Anhang 22 bestimmte Abweichungen zu. Begrenzt sind die Einleitewerte (Überwachungswerte) für die Abwassermengen, die Konzentrationen bzw. Frachten (z. B. TOC, Phosphor-, Stickstoff-Parameter, AOX, Metalle, abfiltrierbare Stoffe, Einzelstoffe), und die biologischen Wirkungsgrößen (z. B. Giftigkeit gegenüber Fischeiern, Daphnien, Algen, Leuchtbakterien bzw. erbgutveränderndes Potenzial). Für Abwasser aus speziellen Herkunftsbereichen enthält Anhang 22 weitere Anforderungen.

Die Erstellung und regelmäßige Aktualisierung der Abwasserkataster ist eine wesentliche Voraussetzung zur behördlichen Erteilung der Einleitungserlaubnis.

Der Betreiber der zentralen Abwasserbehandlungsanlagen (ZABA) ist Direkteinleiter, während die Chemiepark-Partner mit ihren abwassererzeugenden Betrieben Einleiter privater Abwasseranlagen im Sinne des LWG NRW (z. B. § 58, vormals 59a) [13] sind. Der Gesetzgeber hat in der Novellierung des LWG NRW dieser Situation der Chemieparks Rechnung getragen: Genehmigungen gemäß § 58 LWG NRW (sog. Freistellung von der Genehmigungsbedürftigkeit) werden erleichtert bzw. können entfallen, wenn nachgewiesen wird, dass verbindliche Regelungen das Abwassermanagement mit Rahmenvereinbarung für betriebliches Abwässer und Freigabedokumente festlegen. Der Betreiber hat die Verpflichtung, entsprechend dem jeweils gültigen WHG bzw. LWG, den Verordnungen, den Erlassen und den BAT-Dokumenten Anforderungen an die einzelnen Abwasserteilströme zur Einhaltung der Einleitungserlaubnis gegenüber den Chemiepark-Partnern in übergeordneten Richtlinien und privatrechtlichen Vereinbarungen verbindlich festzulegen und das Gesamtsystem in diesem Sinne zu regeln:

- Klare Rollenverteilung der Beteiligten inklusive der beteiligten Umweltschutzabteilung/ Abwassermanagement
- Verantwortlichkeiten und deren Schnittstellen
- Beteiligung der Emittenten an der Infrastruktur
- Interaktionen zwischen den beteiligten Emittenten
- Regelungen zur Nutzung und Finanzierung der erforderlichen Infrastruktur
- Identifizierung und Minimierung der Risiken einer Produktion bzw. Emission im Hinblick auf den negativen Einfluss auf andere Produktionen oder die Entsorgungssicherheit des gesamten Standorts
- Geregelter Informationsfluss
- Gefahrenabwehrpläne zur Minimierung des Eintrages von Stoffen aus nicht bestimmungsgemäßem Betrieb wie Havarien, Leckagen, Löschwasser etc., die das etablierte Abwasserreinigungsverfahren negativ beeinflussen und bis zum Abfahren der Produktionen des Industrieparks führen können
- Eventuell Gestaltung der Regressforderungen

Beispielhaft werden weitere Verordnungen und Regelungen genannt, die derzeit im Rahmen von Genehmigungsvorgängen zur Anwendung kommen und wesentlichen Einfluss auf die Ausgestaltung des Abwassermanagements haben:

- Verordnung zum Schutz der Oberflächengewässer (Oberflächengewässerverordnung – OGewV [24]), insbesondere Anlagen 6 und 8, Tabellen 1 und 2, hier insbesondere Begrenzung von Spurenstoffen
- Best Available Techniques (BAT), Reference Document for Common Waste Water and Waste Gas Treatment/Management Systems in the Chemical Sector 2016 [26], (Teilübersetzung in Deutsch (12.2020) verfügbar unter [12])
- Verordnung zur Selbstüberwachung von Abwasseranlagen – Selbstüberwachungsverordnung Abwasser – SüwVO Abwasser – vom 17. Oktober 2013 [27]

Der Aufbau und die Unterhaltung des dazu erforderlichen Abwassermanagements ist Pflicht des Betreibers.

14.4.3 Definitionen

Im Chemiepark wird zwischen den folgenden Abwasserkategorien unterschieden (siehe **Bild 14.17**):

- Nicht klärpflichtiges Abwasser,
  z. B. Kühl- und Niederschlagswasser (direkte Einleitung in das Gewässer)

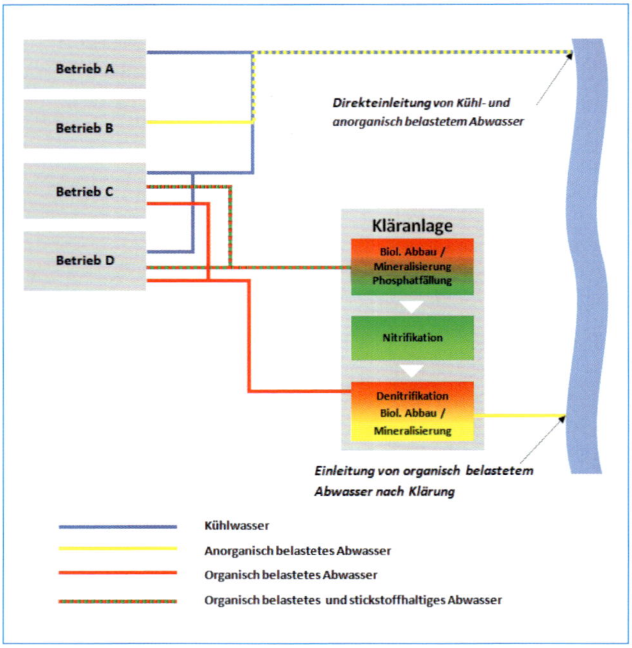

Bild 14.17: Schema der Abwasserführungen in einem Chemiepark mit Direkteinleitungen in das Gewässer und Einleitung in das Gewässer nach Reinigung in Biologie, Nitrifikation und Denitrifoikation

- Gering belastetes, nicht klärpflichtiges Abwasser,
  z. B. anorganisch belastetes Abwasser (direkte Einleitung in das Gewässer)

Diese nicht klärpflichtigen Abwässer werden über das Kanalnetz direkt in das Gewässer abgeleitet. Dabei werden zur Sicherstellung der Einhaltung der Einleitungserlaubnis und Erfüllung behördlicher Auflagen diese Abwasserströme ggf. mit On- und Offline-Analytik überwacht.

- Klärpflichtige Abwässer,
  z. B. organisch belastete Sanitär-, Produktions- und Oberflächenabwässer

Diese sind geeignet zur Behandlung in der biologischen Abwasserbehandlungsanlage, wobei grundsätzlich das etablierte Klärverfahren die „Leitplanken" für eine Biologiefähigkeit vorgibt.

- Sonderabwässer

Dies sind Abwässer, bei denen die Rahmenvereinbarung für betriebliche Abwässer bzw. Abwasserdeklarationen unter Umständen nicht eingehalten werden können wie z. B.:

- Abwässer aus Versuchsanlagen, Grubenabwässer
- Spül- und Reinigungswässer
- Abwässer bei Abweichungen des Produktionsprozesses
- Havarieabwässer/Löschwässer

Der Chemieparkbetreiber muss entsprechende Schadensfallabwehrpläne, betriebliche und strategische Instrumente sowie Auffangraumstrategien entwickeln, um die Auswirkungen zu reduzieren und diese regelmäßig den beteiligten Chemieparkpartnern zu kommunizieren.

Die Entsorgung/Reinigung von Havarieabwässern muss in jedem Falle durch die Obere/Untere Wasserbehörde genehmigt werden.

14.4.4 Regelungen zur Entsorgung von Abwasser

Für neue bzw. veränderte Abwasserteilströme wird die Klärfähigkeit durch Untersuchungen und Bewertung in Abwasserdeklarationen festgelegt, die für den Abwasser einleitenden Betrieb bindend sind (siehe **Bild 14.18**). Das Gesamtabwasser eines Betriebs ist in der Rahmenvereinbarung für betriebliche Abwässer geregelt; diese muss nach Erstellung von neuen Abwasserdeklarationen angepasst werden. Da alle neuen Abwässer u. U. Auswirkungen auf das Gesamtabwasser haben, müssen das Abwasserkataster und ggf. die Einleitungserlaubnis angepasst werden.

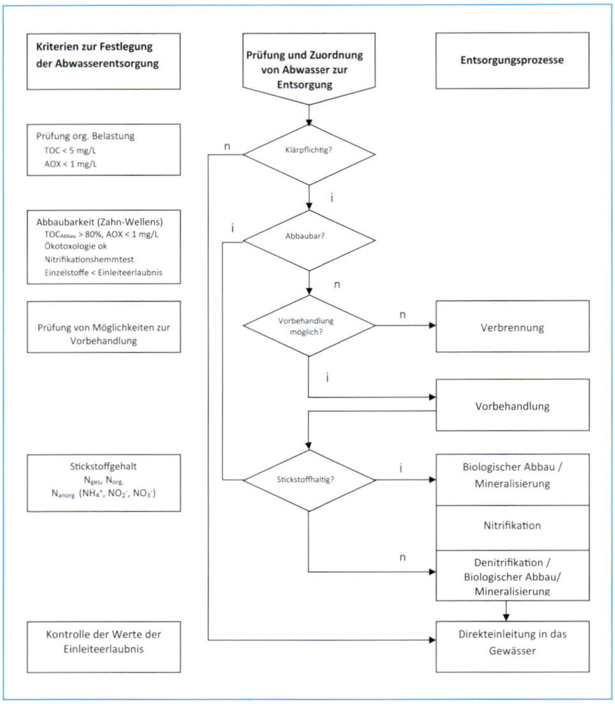

Bild 14.18: Schema zu Bewertung und Klassifizierung von Abwässern zur Entsorgung

14.4.4.1 Freigabeverfahren für neue oder veränderte Abwässer

Die Bewertung und Charakterisierung eines Abwasserteilstroms, die Zuordnung zu den Abwasserkategorien, Abgabekriterien sowie ggf. Restriktionen werden in einer Abwasserdeklaration dokumentiert; ohne Zulassung ist eine Einleitung nicht erlaubt.

Die Abwasserbewertung für die Zulassung zur Einleitung in das Abwassersystem umfasst neben den chemischen und biologischen Parametern auch eine Abschätzung des Einflusses auf die Infrastruktur, um rechtzeitig negative Einflüsse durch z. B. Alkalität/Acidität/Kanalchemie wie Ausfällung/Ausgasung erkennen zu können (Leichtflüchtige, Blausäurebildung etc.).

Abwasserdeklarationen enthalten u. a. Angaben zum Mengenstrom, zu relevanten Summenparametern (z. B. TOC, adsorbierbare organische Halogenverbindungen (AOX), Einzelstoff-Begrenzung, Abgabeort). Beabsichtigt der abwassererzeugende Betrieb die Einleitung von neuen bzw. veränderten Abwasserteilströmen in die zentrale Abwasserbehandlungsanlage bzw. in das Kanalsystem für nicht klärpflichtige Abwässer, so ist der Betrieb verpflichtet, diese Abwasserströme über das Abwassermanagement auf Klärfähigkeit bzw. Einleitfähigkeit prüfen zu lassen. Gleichermaßen sind zur Begrenzung des Eintrages von Spurenstoffen in das Gewässer entsprechende Untersuchungen auf Eliminierung bzw. Metabolisierung der Produkte und Edukte durchzuführen (OGewV, Reach, Risk Assessment).

14.4.4.2 Rahmenvereinbarung für das Gesamtabwasser eines Betriebs

Für alle Übergabestellen eines Produktionsbetriebs/Lagers in die Abwasserkanäle vereinbaren der Betreiber der Abwasserentsorgungsanlagen und der jeweilige Einleiter in einer betrieblichen Rahmenvereinbarung für betriebliche Abwässer die Bedingungen und Grenzen sowie deren Überwachung im bestimmungsgemäßen Betrieb, innerhalb derer der Einleiter Abwasser in das jeweilige Kanalnetz einleiten darf.

Zur Planung der erwarteten Lastfälle hat der Betrieb frühzeitig dem Abwassermanagement eine Produktionsplanung mit Angabe der aktuell zu erwartenden Schadstofffracht vorzulegen. Während des bestimmungsgemäßen Betriebs sind nur wenig Unregelmäßigkeiten zu erwarten, An- und Abfahrphasen sollten in enger Abstimmung und ggf. unter Vorhaltemaßnahmen mit dem Abwassermanagement erfolgen.

Die Rahmenvereinbarung für betriebliche Abwässer ist auf Basis der im Rahmen der betrieblichen Überwachung generierten Daten regelmäßig zu überprüfen bzw. im Bedarfsfall mit den Angaben des Abwasserkatasters abzugleichen. Die in der betrieblichen Genehmigung festgelegten Konzentrationen bzw. Frachten sind jederzeit einzuhalten.

Besteht die Gefahr, dass die Werte der Einleitungserlaubnis überschritten werden, kann es zu einer zeitlich beschränkten oder unbefristeten Beschränkung der in den Rahmenvereinbarung für betriebliche Abwässer genehmigten Abwassermengen bzw. -frachten kommen. Der Inhaber der Einleitungserlaubnis hat entsprechende Regelungen zu Sicherheits- und Notfallinstrumenten zu erstellen.

14.4.4.3 Anpassung von Abwasserkataster und Einleitungserlaubnis

Wird durch eine veränderte betriebliche oder standortbezogene Situation oder durch neue Abwasserströme das Gesamtabwasser des Standorts wesentlich verändert, muss das Abwasserkataster aktualisiert und ggf. die Einleitungserlaubnis angepasst werden.

Hierzu plant, erstellt und aktualisiert der Chemieparkbetreiber die Abwasserkataster in Zusammenarbeit mit den jeweiligen Betrieben der Chemiepark-Partner. Die Zusammenstellung der dazu notwendigen betriebstechnischen Daten liegt dabei im Verantwortungsbereich des Betriebs.

14

14.4.5 Selbstüberwachung der Abwässer im Chemiepark

Die Einhaltung der in den betrieblichen Genehmigungen bzw. in der Einleitungserlaubnis festgesetzten Konzentration und Frachten erfordern ein Konzept zur Überwachung

- der innerbetrieblichen Anlagen zur Abwasservorbehandlung,
- der betrieblichen Abwassereinleitungen am Übergabepunkt zum Werkskanalnetz,
- ggf. Unterpunkte im Kanalnetz des Industrieparks,
- zur Sicherstellung und Optimierung des etablierten Abwasserreinigungsverfahrens,

- zur Erfüllung der Selbstüberwachung gemäß § 59 (vormals §§ 60 und 60a) LWG und
- der Einleitung in das Gewässer gemäß § 94 (vormals § 120) LWG in Verbindung mit §§ 57 und 58 WHG.

Zur Überwachung der Einhaltung der o. g. Vorschriften wird eine Vielzahl von automatischen Geräten zur Probenahme, vornehmlich mit automatischen Probensammlern mit Kühlung, an definierten Probenahmestellen an allen zu überwachenden Betriebsabläufen, in den Sammelzuläufen der Kläranlage, Zwischenstufen und im Ablauf zum Gewässer benötigt. Gemäß Anhang 22 der AbwV hat der Betreiber die Pflicht, die in der wasserrechtlichen Zulassung begrenzten Parameter (wie z.B. TOC, AOX, Stickstoff, Phosphor, Metalle) an der Einleitungsstelle in das Gewässer in einer durchfluss- bzw. zeitproportionalen 24-Stunden-Mischprobe zu messen.

Auf Basis des Abwasserabgabengesetzes (AbwAG) und der gemäß § 94 LWG ermittelten Analysen werden weiterhin entsprechend den Schadstofffrachten die Abwasserabgabe für CSB, N_{anorg}, Phosphor, AOX, Metalle und Giftigkeit gegenüber Fischeiern errechnet.

Des Weiteren bilden die aus der Überwachung ermittelten Daten die Basis für das Schadstofffreisetzungs- und Transferregister (PRTR), an das regelmäßig berichtet werden muss. Diese Daten werden behördenseitig auf Basis der amtlichen Messungen auf Plausibilität geprüft.

Ziel des integrierten Überwachungskonzepts ist es insbesondere, Eintragsquellen von gewässerrelevanten oder trinkwassergängigen Verunreinigungen frühzeitig zu erkennen.

Für die Vorgehensweise/Häufigkeit der Probenahme, Auswahl der zu bestimmenden Stoffe/Parameter in Abhängigkeit von der potenziellen Gefährdung, die schnelle Bereitstellung der Überwachungsergebnisse sowohl der amtlichen Überwachung, der Selbst- als auch der Eigenüberwachung hat der Betreiber des Chemieparks ein Überwachungskonzept (Parameter/Überwachungshäufigkeit) zu erstellen:

- Ggf. prozessintegrierte Überwachung im Produktionsbetrieb bzw. vor Abgabe in den Abwassersammler initiieren:
  Definierte Leitparameter der In-Prozess-Kontrolle weisen ggf. auf Abweichungen der Abwasserzusammensetzung hin; desgleichen kann vor Abgabe in das Abwassernetz des Chemieparks das Abwasser innerbetrieblich zwischengepuffert, analysiert und bei Einhaltung der spezifizierten Frachten/Konzentrationen selbstständig abgegeben werden.

- Präventive Überwachung zu Erfassung des bestimmungsgemäßen Betriebs:
  Das Abgabeverhalten des Produktionsbetriebs im Regelbetrieb dient als Grundlage für alle weiteren Pflichten und Festlegung von Grenzwerten; die präventive Überwachung ist eine konzeptionell vorbereitete Aktion und bezieht sich auf bestimmte Parameter. Hierzu erstellt der Industrieparkbetreiber einen Probenahmeplan. Die Grundeinstufung zur Häufigkeit ergibt sich aus dem Abgabeverhalten des Betriebs, der Schwankungsbreite der ökotoxikologischen Relevanz im Anfahr-, Regel- und

Abfahrbetrieb, sowohl für das Klärverfahren als auch in Hinblick auf das aufnehmende Gewässer. Bei Kontiprozessen, aus denen gleichbleibende Abwasserqualitäten erwartet werden können, genügt i. d. R. eine monatliche Überwachung; Batchproduktionen und kritische Einsatzstoffe erfordern eine häufigere Probenahme (zwei- bis dreimal wöchentlich). Die ermittelten Daten werden i. d. R. zeitnah mit den spezifizierten Daten, den Daten aus dem betrieblichen Kataster und der betrieblichen Genehmigung abgeglichen und bei Abweichungen zeitnah kommuniziert; diese Daten dienen außerdem der verursachergerechten Abrechnung der Abwasserreinigungskosten für die einzelnen Betriebe.

- Anlassüberwachung zur zeitnahen Aufklärung von Stoffeinträgen:
  Um einen Verursacher einer Kontamination zu finden bzw. Sofortmaßnahmen einleiten zu können, ist ein angepasstes Handeln notwendig; für die Aufklärung von Unregelmäßigkeiten in der Zusammensetzung des Kläranlagenzulaufes bzw. des Ablaufs zum Gewässer sind entsprechende Probenahme-Szenarien zu erstellen, um einen Verursacher zu finden und Sofortmaßnahmen einleiten zu können; ein Stoffkataster der Edukte und Produkte bzw. die genaue Kenntnis der Abwassermatrix erleichtert die Aufklärung. Die entsprechende Probenahme und Analytik ergeben sich aus der Situation.

14.5 Technische Vorbereitung der Probenahme

Neben der Auswahl von Zeitpunkt, Dauer, Ort und anzuwendender Probenahmetechnik sind weitere organisatorische Maßnahmen erforderlich. Insbesondere ist darauf zu achten, dass rechtzeitig die geeigneten Behältnisse, Geräte und sonstigen Hilfsmittel in ausreichender Anzahl zur Durchführung der Probenahme vorbereitet und bereitgestellt sind. Ebenso muss ein reibungsloser Übergang zwischen Probenahme, Probentransport und Analytik gewährleistet sein.

14.5.1 Arbeitsanweisungen

Für die Probenahme sind die allgemeinen Anforderungen an die Kompetenz von Prüf- und Kalibrierlaboratorien (DIN EN ISO/ICE 17025 [28]) anzuwenden.

Gemäß LAWA AQS-Merkblatt [22] sind Standardarbeitsanweisungen für folgende Bereiche zu erstellen:

- Probenahme (matrixbezogen)
- Vor-Ort-Untersuchungen
- Probenvorbereitung
- Probenkonservierung (parameterbezogen)
- Probeneingang
- Probenverteilung
- Probenlagerung
- Probenentsorgung

Darüber hinaus müssen klare Arbeitsanweisungen vorhanden sein, wie die Probenahmegeräte und -behälter zu reinigen sind.

14.5.2 Probenahmeauftrag/Probenahmeakte

Das Probenahmepersonal sollte bei wiederkehrenden Probenahmen über vollständige und aktuelle Probenahmeakten verfügen (Messstellendokumentation). Darin sollten mindestens folgende Angaben enthalten sein:

- Ortsbeschreibung (Anfahrtskizze, Namen von Ansprechpartnern)
- Angaben zur Art des Abwassers, der Abwasserbehandlung, Zeiten des Abwasseranfalls
- Dokumentation der Probenahmestelle (Fotos, Lagepläne, Systemskizzen)
- Liste der Vor-Ort-Untersuchungen vorangegangener Probenahmen
- Hinweise auf Besonderheiten der Probenahmestelle, z. B.
  - diskontinuierlicher Abwasseranfall,
  - schwer zugängliche Probenahmestellen,
  - spezielle Sicherheitsmaßnahmen.

Darüber hinaus muss das Probenahmepersonal einen klaren und eindeutig formulierten Probenahmeauftrag erhalten mit folgenden Angaben:

- Exakte Beschreibung der Probenahmestelle inklusive Messstellen-Nr.
- Art der durchzuführenden Probenahme
- Anzuwendende Probenahmetechnik
- Angabe der zu entnehmenden Teilproben inklusive Flaschenmaterial und Volumen
- Durchzuführende Probenvorbehandlungsmaßnahmen
- Durchzuführende Konservierungsmaßnahmen
- Durchzuführende Vor-Ort-Messungen

Der Probenahmeauftrag besteht vielfach in einem aus einem Labordateninformations- und -managementsystem (LIMS) erzeugten und mit vorgenannten Informationen vorausgefüllten Probenahmeprotokoll.

14.5.3 Vorbereitung der Probenahmeausrüstung

Das Probenahmepersonal hat ebenfalls vor der eigentlichen Probenahme einiges vorzubereiten. Während die vorgenannten Dokumente i. d. R. vom Auftraggeber zur Verfügung gestellt werden, liegt es im Verantwortungsbereich des Probenahmepersonals, dass das erforderliche Probenahmezubehör vollständig und funktionstüchtig zur Probenahme vorhanden ist, dazu gehören insbesondere:

- Probenahmeprotokollvordrucke
- Gereinigte Probenahmegerätschaften
- Gereinigte Probenbehälter in ausreichender Anzahl entsprechend der zu untersuchenden Parameter

- Material zur Kennzeichnung der Probenbehälter
- Chemikalien und Vorschriften zur Konservierung
- Kühltaschen und dazugehörige Kühlelemente
- Geräte für die vor-Ort-Untersuchungen
- Weitere Geräte zur Probenvorbehandlung
- Sicherheitsgerätschaften
- Leitungswasser für Reinigungszwecke
- Entionisiertes Wasser zum Reinigen der Elektroden

14.6 Durchführung der Probenahme

Die Abwasserprobenahme nimmt unter allen Probenahmen eine besondere Stellung ein, da die Untersuchungsergebnisse im Bereich der Einleiterüberwachung wegen der zum Teil erheblichen Konsequenzen (Abwasserabgabe, Strafen gemäß § 324 StGB) vor Gericht Bestand haben müssen.

In diesem Kapitel wird nur die Probenahme von Abwasser auf der Grundlage der DIN 38402 Teil 11 [18] beschrieben. Ergänzende Hinweise zur Durchführung der Abwasserprobenahme finden sich im LAWA AQS-Merkblatt P-8/1 [22]. Die in diesem Zusammenhang auch wichtige Betrachtung der anfallenden Schlämme bleibt hier unberücksichtigt; dafür sei auf DIN EN ISO 5667-13 „Probenahme von Schlämmen" [29] verwiesen.

Die Erläuterungen zur Durchführung einer sach- und fachgerechten Abwasserprobenahme dürfen sich nicht nur auf die Beschreibung der reinen Probenahmetechnik mittels Schöpfgeräten oder automatischen Probenahmegeräten beschränken. Eine ordnungsgemäße Probenahme beginnt mit einigen Vorarbeiten vor Ort, der korrekten Auswahl von Probenahmegeräten, über die eigentliche sachgerechte Probenahmetechnik, die Durchführung von Vor-Ort-Messungen, der Probenteilung und -vorbehandlung im Hinblick auf die nachfolgende Analytik, insbesondere der Homogenisierung und Teilung mit anschließender Probenkonservierung, sowie einer entsprechenden Dokumentation der Probenahme bis hin zur ordnungsgemäßen Übergabe der Proben ins Labor. Vielfach vernachlässigt wird ein ebenfalls wichtiger Bestandteil der Probenahme: die Reinigung aller eingesetzten Geräte.

14.6.1 Vorarbeiten vor Ort und allgemeine Verhaltensregeln

Bei fast jeder Abwasserprobenahme sind bestimmte Vorarbeiten „Vor-Ort" zu erledigen. In vielen Fällen hat sich das Probenahmepersonal zunächst beim Betreiber der Abwasserbehandlungsanlage anzumelden. Die Probenahmestelle ist dann unverzüglich aufzusuchen. Um Verwechslungen auszuschließen, sollte die Probenahmestelle stets anhand der in der Probenahmeakte vorhandenen Fotos, Lagepläne und Beschreibungen überprüft werden. Häufig muss die Probenahmestelle, insbesondere im öffentlichen Verkehrsraum, ausreichend gesichert werden, um Unfälle zu vermeiden (z. B. durch Pylone oder Absperrgitter). Der Betreiber der Abwasseranlage hat das Gelände soweit zu sichern, dass zu jeder Tageszeit (auch nachts) ohne Gefährdung Proben entnommen werden können. Das Probenahmepersonal ist verpflichtet, die entsprechenden Sicherheits- und Unfallverhütungsvorschriften zu beachten.

Welche Probenahmearten jeweils zur Anwendung kommen und mit welchen Geräten diese Proben entnommen werden, sollte eindeutig als Probenahmeauftrag formuliert sein. Von diesen Vorgaben darf nur in begründeten Fällen abgewichen werden.

Alle Handhabungen vor Ort sind „analytisch sauber" durchzuführen. Es ist zu verhindern, dass Geräte und Behältnisse mit „bloßen Fingern" von innen berührt werden. Ferner können Kontaminationen der Proben unter anderem entstehen durch:

- Lösungsmittelhaltige Filzschreiber
- Chemikalien für die Probenkonservierung

Alle Arbeiten, die in der Nähe der Probenahmestelle vom Betreiber durchgeführt werden und ggf. die Probe beeinflussen können (wie z. B. Reinigungsarbeiten, Anstricharbeiten), sind vom Probenahmepersonal zu dokumentieren.

14.6.2 Arbeitsschutz und Arbeitssicherheit

Der Umgang mit Abwasser birgt immer ein gewisses Gefahrenpotenzial in sich, deshalb muss das Probenahmepersonal über die möglichen Gefahren unterrichtet werden. In Deutschland muss der Arbeitgeber die notwendigen Schutzmaßnahmen auf Grundlage einer Gefährdungsbeurteilung festlegen (Arbeitsschutzgesetz). Das Probenahmepersonal ist verpflichtet, die entsprechenden Sicherheits- und Unfallverhütungsvorschriften zu beachten.

Da die konkreten Gefährdungssituationen für die diversen Probenahmen völlig unterschiedlich sein können, kann hier keine allgemein verbindliche Empfehlung zu Präventionsmaßnahmen und individuellen Schutzmaßnahmen gegeben werden.

Für die Probenahmen sind neben dem Arbeitsschutzgesetz auch die untergesetzlichen Regelwerke, wie u. a. Biostoffverordnung, Gefahrstoffverordnung sowie die Unfallverhütungsvorschriften, zu beachten und entsprechende Betriebsanweisungen für die Probenahme zu erstellen.

Die Unfallverhütungsvorschriften und Regeln werden von dem Spitzenverband der gewerblichen Berufsgenossenschaften und der Unfallversicherungsträger der öffentlichen Hand (DGUV) erlassen und publiziert [30].

Nachfolgend sind beispielhaft einige für die Probenahme relevante Vorschriften und Regeln aufgeführt:

- DGUV-Vorschrift 1 (bisher GUV-V A 1): Grundsätze der Prävention
- DGUV-Vorschrift 21 (bisher GUV-V C 5): Abwassertechnische Anlagen
- DGUV-Vorschrift 70 (bisher BGV-D 29): Fahrzeuge

- DGUV-Regel 103-004 (bisher GUV-R 126): Arbeiten in umschlossenen Räumen von abwassertechnischen Anlagen
- DGUV-Regel 114-005 (bisher GUV-R 127): Deponien

Zur persönlichen Arbeits- und Schutzausrüstung des Probenehmers gehören z. B.:

- Rutschfeste Sicherheitsschuhe
- Overall oder Kittel
- Regenbekleidung
- Winterbekleidung
- Schutzbrille
- Wasserundurchlässige Schutzhandschuhe
- Gummistiefel
- Atemschutz (z. B. FFP 3)
- Schutzhelm

Darüber hinaus sind auf den Probenahmefahrzeugen die folgenden Schutzausrüstungen mitzuführen:

- Warnweste
- Desinfektions- und Reinigungsmittel
- Hautschutz- und Pflegecreme
- Augendusche
- Verbandskasten
- Warndreieck, Pylone
- Fehlerstromschutzschalter
- Feuerlöscher
- Handlampe (Ex-geschützt)
- Mobiltelefon
- Betriebsanweisungen

Kanalschächte sind nach dem Entfernen des Deckels sofort zu sichern. Bei bestimmten Probenahmen (z. B. beim Einsteigen in Kanäle von mehr als 1 m Tiefe) müssen entsprechende Maßnahmen getroffen werden, u. a. muss eine zweite Person anwesend sein, die Rettungsmaßnahmen durchführen oder veranlassen kann.

Die Probenahmegeräte und elektrischen Verbindungen sind regelmäßig auf erkennbare Schäden zu überprüfen und nötigenfalls vom Fachpersonal reparieren zu lassen.

Defekte Glasgeräte dürfen nicht verwendet werden und sind sofort auszutauschen. Beim Transport sind alle Geräte und Ausrüstungsgegenstände im Fahrzeug gegen Verrutschen zu sichern. Insbesondere Glasgefäße und Konservierungsmittel sind im Fahrzeug so zu verstauen, dass sie gegen Glasbruch und Auslaufen geschützt sind.

Um den Kontakt mit dem Abwassermedium möglichst zu vermeiden, sind während der gesamten Probenahme geeignete Schutzhandschuhe zu benutzen. Beim Umgang mit Chemikalien ist unbedingt eine Schutzbrille sowie entsprechende Schutzkleidung zu tragen.

Bei Arbeiten im Abwasserbereich besteht über Hautkontakt oder Aerosole die Gefahr von Infektionen. Deshalb sind bei bestimmten Tätigkeiten mit Kontakt zu Abwasser entsprechende Präventionsmaßnahmen (arbeitsmedizinische Untersuchungen, Schutzmaßnahmen und Schutzimpfungen (z. B. gegen Hepatitis-A-Viren) erforderlich [31].

Atemschutz ist zu tragen, wenn die inhalative Aufnahme biologischer Arbeitsstoffe in Form von Spritzern und Aerosolen durch technische und organisatorische Maßnahmen nicht verhindert werden kann. Geeignet sind z. B. partikelfiltrierende Halbmasken (FFP 3) mit Ausatemventil als Mindestanforderung.

Als bester Schutz vor einer Infektion erweisen sich gründliche Hygienemaßnahmen. Auch kleinste Hautwunden müssen sofort mit aseptischen Mitteln desinfiziert und anschließend verbunden werden. Prinzipiell sind Desinfektions- und Hautschutzmittel zu verwenden. Das Tragen geeigneter Arbeitskleidung sollte selbstverständlich sein. Die Arbeitskleidung ist regelmäßig zu wechseln. Essen, Trinken und Rauchen ist während der Probenahme nicht erlaubt.

14.6.3 Messungen vor Ort

Da einige physikalische Messgrößen nicht fixiert werden können, sind diese ebenso wie andere nicht konservierbare Messgrößen vor Ort zu bestimmen. Hierbei handelt es sich im Wesentlichen um pH-Wert, elektrische Leitfähigkeit, Temperatur, freies Chlor und den Sauerstoffgehalt. Auch die absetzbaren Stoffe müssen unverzüglich vor Ort aus einer Stichprobe bestimmt werden, da durch längeres Stehen der Wasserprobe Veränderungen im Verhältnis von gelösten zu ungelösten Stoffen eintreten können. Bei biologisch aktiven Abwässern ist empfehlenswert, die Bestimmung von Nitrit, Nitrat und Ammonium direkt vor Ort auszuführen.

Darüber hinaus ist für viele Fragestellungen die zum Zeitpunkt der Probenahme abgeflossene Abwassermenge wichtig. Falls bauseitig eine Abflussmesseinrichtung vorhanden ist, kann die Abwassermenge entweder als Momentanabfluss oder integriert über einen beliebigen Zeitpunkt leicht abgelesen werden. Ansonsten sind auch mobile Durchflussmessgeräte für verschiedene Gerinne, Wehre, Rohre und offene Kanäle – auch in Verbindung mit Probenahmegeräten zur durchflussabhängigen Probenahme verfügbar.

14.6.4 Probenahmearten

Tabelle 14.6 enthält die Definitionen der Probenahmearten der aktuellen DIN 38402-11 „Probenahme von Abwasser" [18]. Leider wurden seitens des Gesetzgebers diese Definitionen nicht vollständig in die Abwasserverordnung [2] übernommen, obwohl die Norm 38402-11 (Ausgabe Februar 2009) als anzuwendendes Verfahren zur Probenahme von Abwasser in der Anlage 1 der AbwV aufgeführt ist. Abweichend von der Norm ist im Sinne der AbwV (§ 2 „Begriffsbestimmungen") die „Stichprobe eine einmalige Probenahme aus einem Abwasserstrom". Die Mischprobe und qualifizierte Stichprobe sind identisch definiert.

Tabelle 14.6: Definitionen der Probenahmearten nach DIN 38402-11 [18]

Einzelprobe	eine zufällig (in Bezug auf Zeit und/oder Ort) durch einmalige Entnahme (meist durch Schöpfen) aus einem Wasserkörper gewonnene Probe
Stichprobe	eine oder mehrere unmittelbar nacheinander entnommene und vereinigte Einzelproben zur Beurteilung eines momentanen Zustands
Mischprobe	zwei oder mehrere einzeln oder kontinuierlich entnommene Proben, die in geeignetem, bekanntem Verhältnis vermischt wurden, um aus der Mischung den Durchschnittswert eines gewünschten Merkmals zu bestimmen ANMERKUNG: Die Mischungsverhältnisse basieren üblicherweise auf Zeit- oder Durchflussmessungen.
Qualifizierte Stichprobe	Sonderform einer Mischprobe, bestehend aus mindestens fünf Stichproben, die in einem Zeitraum von höchstens 2 h im Abstand von nicht weniger als 2 min entnommen und gemischt werden

Durch unterschiedliche Definitionen der „Stichprobe" können sich in der Praxis durchaus andere Verfahrensweisen zur Entnahme, z. B. der qualifizierten Stichprobe, ergeben. Daher ist eine begriffliche Harmonisierung der AbwV und der Norm wünschenswert.

14.6.5 Probenahmetechnik

Die Proben können je nach Art (Einzelprobe, manuelle Mischprobe oder automatisch entnommene Mischprobe) durch Einsatz von Schöpfern oder Pumpen entnommen werden. Vielfach erfolgt eine Abwasserprobenahme als Kombination von manueller Entnahme und Einsatz von automatischen Probenahmesystemen.

Schöpfproben sind immer dann zu entnehmen, wenn in besonderem Maße eine kurzfristige Veränderung der Konzentration der zu bestimmenden Inhaltsstoffe in der Probe zu erwarten ist. Gründe hierfür können starke Ausgasung, schneller Abbau, Adsorptionen oder Kontaminationen sein. Durch die geringe Manipulation der Probe bei der Entnahme mittels geeigneter Schöpfgeräte werden die vorgenannten Effekte weitestgehend ausgeschlossen.

Die Probe soll möglichst unterhalb der Wasseroberfläche entnommen werden, um aufschwimmende Stoffe, die nicht repräsentativ beprobt werden können, nicht mit zu erfassen. Handhabungen (wie z. B. Umfüllen, Schütteln usw.) der Proben sind auf ein Minimum zu beschränken, da hierdurch Veränderungen eintreten können. Das Probevolumen richtet sich nach dem Untersuchungsprogramm und -umfang und kann in weiten Grenzen von wenigen ml bis zu vielen Litern schwanken.

Eine annähernd repräsentative Erfassung der ungelösten Stoffe ist nur möglich, wenn vor der Probenahmestelle eine ausreichende Mischstrecke mit turbulenter Strömung vorhanden ist. Andernfalls muss eine Mischprobe über den gesamten Fließquerschnitt gezogen werden.

Schwimmstoffe und schnell sedimentierende Substanzen lassen sich strömendem Wasser nicht durchflussabhängig entnehmen; zur Identifizierung werden sie zweckmäßigerweise in einer gesonderten Probe erfasst. Eine Quantifizierung ist zwar möglich, aber nicht unbedingt sinnvoll.

Bei Ableitungen in ein Gewässer ist auf einen möglichen Rückstau oder auf eine Gegenströmung aus dem Gewässer zu achten, damit keine verfälschte Probe entnommen wird.

Manuelle Probenahmen

Die einfachste Ausrüstung zur Abwasserprobenahme besteht aus einem Eimer, Schöpfer oder einer Probenflasche, die an einer Stange mit geeigneter Länge befestigt ist. Manuelle Probenahmen werden in der Regel mit teleskopierbaren Schöpfbechern mit Volumina von 0,5 bis 2 l durchgeführt; sie sind geeignet zur Probenahme aus oberflächennahen Wasserschichten. Manuelle Probenahmen können auch mit Schöpfapparaten – durch Klappen oder Ventile verschließbare Hohlkörper – aus definierten Tiefen genommen werden. Werden manuelle Proben für die Vorbereitung von Mischproben entnommen, sollte das Volumen der einzelnen Stichproben um nicht mehr als 5 % vom gewünschten Volumen abweichen.

Bei der Probenahme mittels Schöpfbechern aus Gerinnen ist darauf zu achten, dass der Schöpfer in Fließrichtung unter der Wasseroberfläche mit einer der Strömung angepassten Geschwindigkeit bewegt wird. Die Öffnung des Schöpfbechers weist hierbei in Strömungsrichtung. Zur Vermeidung von Verunreinigungen der Probe ist darauf zu achten, dass der Schöpfbecher beim Hineinbringen oder Herausführen weder die Wand des Probenahmeschachts noch den Gerinneboden berührt. Aus dem gleichen Grund darf der Schöpfer zwischen den einzelnen Schöpfvorgängen auch nicht auf dem Boden abgestellt werden.

Wird nur ein geringes Probevolumen benötigt, kann die Probenahme auch unmittelbar mit der Probenflasche durchgeführt werden. Hierdurch entfällt ein Umfüllvorgang und die damit verbundene Kontaminations- und Ausgasungsgefahr.

Automatische Probenahme

Automatische Probenahmegeräte werden für zeit- und durchflussabhängige Probenahmen eingesetzt. Sie bestehen aus Förderaggregat, Steuereinrichtung, Dosiereinrichtung, Probenteiler und Probenaufbewahrungsteil. Als Fördereinrichtung sollten möglichst druckseitig wirkende Pumpen (Tauchmotorpumpen) eingesetzt werden, um eine Ausgasung von leichtflüchtigen Stoffen zu minimieren. Die Pumpen sollten selbstschmierend sein, um den Austritt des Schmiermittels in den Abwasserstrom oder in die Probe zu verhindern. Die Steuereinrichtung regelt in Verbindung mit der Dosiereinrichtung die Probendauer, die Probenahmeintervalle bzw. die Probenvolumina. Zur Durchführung durchflussabhängiger Probenahmen muss ein Anschluss für eine entsprechende Steuervorrichtung vorhanden sein. Der Aufbewahrungsteil für die Probensammelgefäße sollte für Proben, die sich aufgrund biologischer Vorgänge verändern können, auf etwa 1 bis 5 °C kühlbar sein.

Wenn eine hohe Konzentration leichtentzündlicher Inhaltsstoffe zu erwarten ist (z. B. Raffinerien, chemische Industrie, manche Deponiesickerwässer), dürfen nur explosionsgeschützte Geräte eingesetzt werden.

Alle mit dem Probengut in Berührung kommenden Teile der Pumpe, der dazugehörigen Schläuche oder Rohre und des eingesetzten Probenahmegeräts sollten aus einem Material bestehen, das die Probe bezüglich der zu bestimmenden Inhaltsstoffe nicht verändert (Adsorption, Kontamination). Bei der automatischen Probenahme ist darauf zu achten, dass in allen wasserdurchströmten Geräteteilen die lichte Rohrweite mindestens 9 mm betragen und eine ausreichende Strömungsgeschwindigkeit von mindestens 0,5 m/s vorliegen muss, um auch ungelöste Stoffe weitgehend repräsentativ erfassen zu können. Lange und waagerechte Leitungsabschnitte sind zu vermeiden. Alle Schlauchverbindungen sind möglichst kurz zu halten. Die Schläuche sollten aus undurchsichtigem Material sein, um das Wachsen von Algen und Mikroorganismen möglichst gering zu halten. Die Schläuche sind regelmäßig auf Verunreinigungen zu untersuchen.

Die Pumpe wird unter der Wasseroberfläche eingesetzt und darf dabei weder Wand noch Boden des Gerinnes berühren, um Kontaminationen durch sich lösende Teilchen auszuschließen. Der Ablaufschlauch des Probenahmegeräts ist derart zu verlegen, dass das überschüssige Wasser unterhalb der Pumpe in den Abwasserkanal eingeleitet wird, da ansonsten durch Aufwirbelungen von sedimentierten Feststoffen im Kanal durchaus Mehrbefunde resultieren könnten. Auf einen einwandfreien Ablauf aus dem Probenahmegerät ist zu achten, um Fehlfunktionen zu vermeiden.

Bei Probenahmen in engen Gerinnen mit geringer Wasserführung sind zweckmäßigerweise Schlauchpumpen einzusetzen. Es ist jedoch darauf zu achten, dass die Pumpen mit ausreichender Drehzahl und mit einer automatischen Rückspüleinrichtung ausgerüstet sind, damit keine Sedimentation von Feststoffen in den Schläuchen auftritt. Durch Ausgasungs- und Adsorptionseffekte kann es insbesondere beim Einsatz von Schlauchpumpen zu Minderbefunden in der Probe kommen.

Als Probenteiler sollten Wasserweichen oder Schöpfeinrichtungen zur Anwendung kommen. Hierbei sollte die Probe nicht über Verteilereinrichtungen laufen, sondern möglichst direkt in das Probenbehältnis abgefüllt werden. Bei Einsatz von Schöpfeinrichtungen ist auf genaue Justage zu achten, um mögliche Sedimentationseffekte zu vermeiden. Die Anwendung von Vakuumsystemen kann bei Anwesenheit leichtflüchtiger oder absetzbarer Stoffe zu Minderbefunden führen.

Alle eingesetzten Systeme, mit Ausnahme der Probenflaschen, sind vor der Probenahme mindestens fünf Minuten mit dem Abwasser zu spülen.

Die unterschiedlichen Funktionsweisen der gängigsten, auf dem Markt erhältlichen Probenahmesysteme zeigt **Bild 14.19**.

Mit automatischen Probenahmegeräten können entweder zeit- oder durchflussgesteuert sowohl diskontinuierlich als auch kontinuierlich Mischproben gewonnen werden. Die von vielen Firmen angebotenen und eingesetzten Probenahmegeräte ermöglichen eine

Schöpfwerk

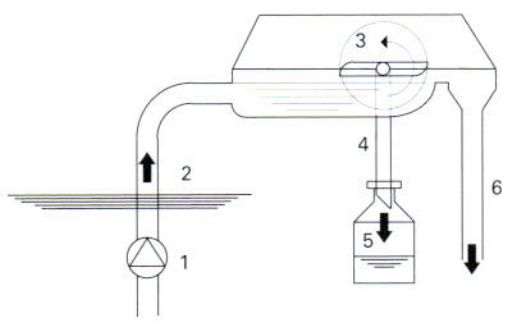

1 Pumpe
2 Druckleitung
3 Schöpfer
4 Probenablauf
5 Sammelgefäß
6 Ablauf

Vakuumförderung

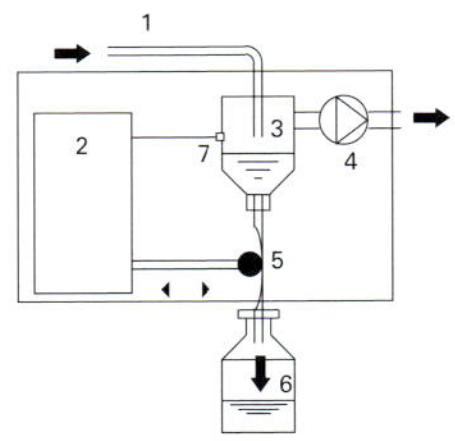

1 Ansaugleitung
2 Steuerung
3 Dosiergefäß
4 Vakuumpumpe
5 Quetschventil
6 Sammelgefäß
7 Füllstandsmelder

Schlauchpumpe

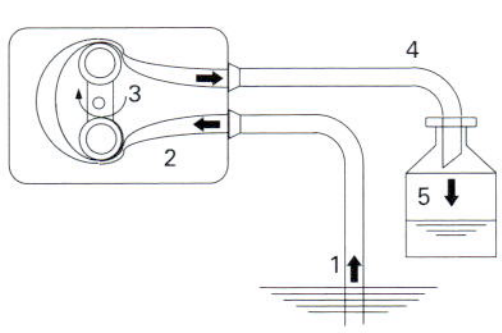

1 Ansaugleitung
2 Pumpengehäuse
3 Pumpenrad
4 Ablauf
5 Sammelgefäß

Wasserweiche

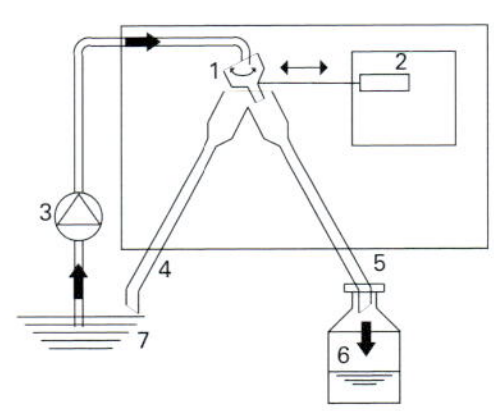

1 Weiche
2 Weichensteuerung
3 Pumpe
4 Ablauf
5 Probenablauf
6 Sammelgefäß
7 Abwasser

Druckluftförderung

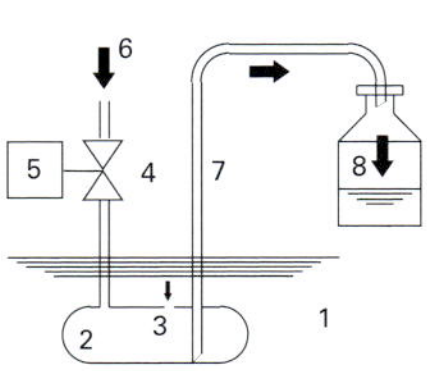

1 Abwasser
2 Sammelgefäß
3 Einströmöffnung
4 Druckluftventil
5 Steuergerät
6 Druckluft
7 Steigrohr
8 Sammelgefäß

Aufzug

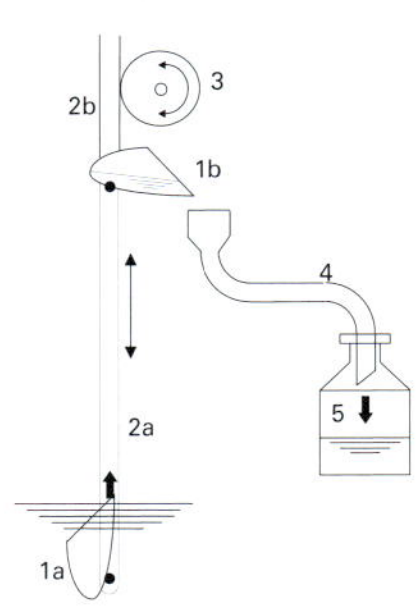

1 Schöpfbecher a) beim Schöpfen
b) beim Kippen
2 Zahnstange a) in Schöpfposition
b) in Kippposition
3 Antriebsmotor
4 Auslauftrichter
5 Sammelgefäß

Bild 14.19: Schematische Darstellung verschiedener Probenahmesysteme

Bild 14.20: Darstellung des zeitlichen Verlaufs des Volumenstroms und der Probenahmearten

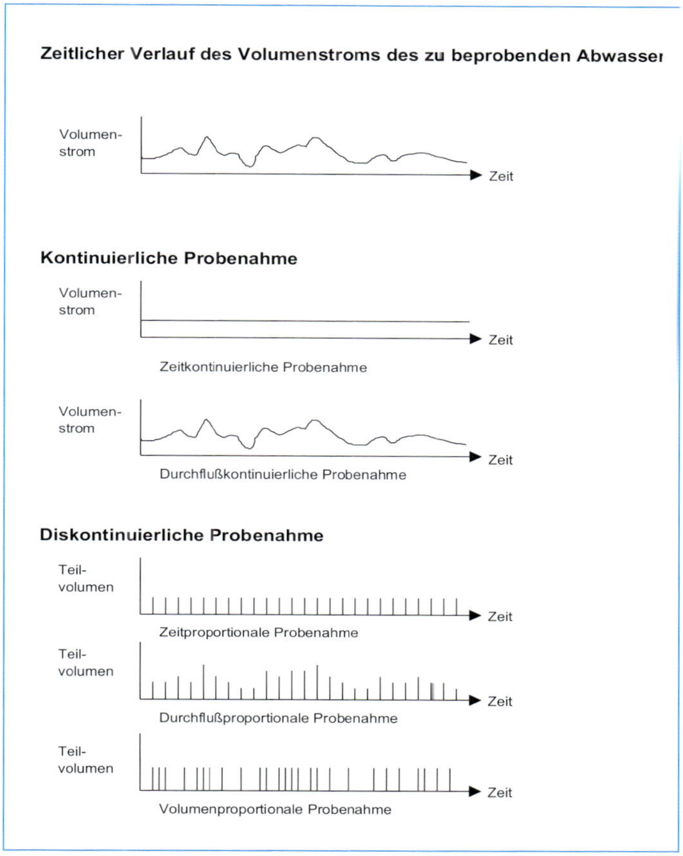

diskontinuierliche Probenahme. Wenn die Entnahmeintervalle nicht zu lang gewählt werden, ergeben die gesammelten Mischproben ein reales Bild der durchschnittlichen Zusammensetzung des Wasserkörpers, aus dem die Proben stammen.

Wenn der Durchfluss während der Probenahme keinen oder nur geringen Schwankungen unterliegt, kann ein Gerät mit einer zeitabhängigen Steuerung eingesetzt werden. Treten aber Schwankungen auf, ergeben nur durchflussabhängig gesteuerte Probenahmegeräte eine den realen Verhältnissen angepasste Mischprobe. **Bild 14.20** verdeutlicht die unterschiedliche Erfassung der Mischprobe. Die oberste Grafik gibt eine häufig anzutreffende Aufzeichnung einer Abflussmessung einer Kläranlage wieder. Wie man deutlich erkennen kann, liefert in diesem Fall keine der beiden zeitabhängigen Probenahmen eine dem Abfluss entsprechende Mischprobe; dies ist nur mit der durchflussproportionalen oder volumenproportionalen Probenahme möglich [32].

Allgemeine Anforderungen, Leistungsanforderungen und Verfahrensweisen für die Konformitätsprüfung von automatischen Probenahmegeräten für Wasser und Abwasser sind in DIN EN 16479 [33] festgelegt, und zwar für:

- Probenahme von Wasser und Abwasser aus drucklosen (d. h. nach oben geöffneten) Gerinnen oder Becken
- Probenahme über einen längeren Zeitraum zum Sammeln von Einzelproben oder Mischproben beruhend auf der zeit-, ereignis- oder durchflussproportionalen Probenahme

Es sind spezifische Anforderungen zur Probenintegrität für Probenahmegeräte definiert, die zum Sammeln von Proben an der Ablauf- oder der Zulaufstelle verwendet werden, um die Leistung von Abwasserbehandlungsarbeiten zu überwachen, wie in der Kommunalen Abwasserrichtlinie [20] gefordert. Probenahmegeräte, die für industrielle Zwecke verwendet werden, müssen nicht im Hinblick auf diese spezifischen Anforderungen zur Probenintegrität beurteilt werden.

14.6.6 Probenvorbehandlung vor Ort

Abwässer, besonders Rohabwässer sind vielfach „biologisch aktiv", unterliegen in unterschiedlichem Maße Veränderungen aufgrund physikalischer, chemischer oder biologischer Vorgänge. Bei weit vom Labor entfernten Stellen empfiehlt sich direkt eine Probenvorbehandlung und -teilung vor Ort, um eine Veränderung der Proben bezüglich der interessierenden Parameter während des Transports zu verhindern. Die unmittelbar nach der Probenahme vor Ort durchzuführenden Probenvorbehandlungsschritte beschränken sich im Wesentlichen auf die Homogenisierung, Probenteilung und Konservierung. In besonderen Fällen sind die Abwasserproben vor Ort zu filtrieren bzw. zu sedimentieren. Die Vorgehensweise ist stark abhängig vom Untersuchungsparameter.

Grundsätzlich gilt, dass die Probe in fest verschlossenen Behältern kühl und dunkel so schnell wie möglich dem untersuchenden Labor zuzustellen ist, wo sie sofort bearbeitet werden sollte. Ist eine solche Analyse kurze Zeit nach der Probenahme nicht möglich, müssen entsprechend anfällige Parameter durch geeignete Maßnahmen vor wesentlichen Veränderungen bewahrt werden.

Bei unterschiedlichen Untersuchungswegen und Homogenisierungs- und Konservierungsmaßnahmen müssen vor Ort verschiedene Probenbehälter gefüllt werden.

Genauere Angaben zur Homogenisierung, Probenteilung, Filtration, Probenkonservierung, Transport und Lagerung gibt Kapitel 3.

14.6.6.1 Homogenisierung und Teilung (Abfüllung)

Großvolumige Proben für mehrere Untersuchungen müssen an Ort und Stelle entsprechend den späteren Untersuchungszwecken auf geeignete Probenbehälter aufgeteilt werden. Bei der Erstellung von Mischproben (z. B. einer qualifizierten Stichprobe) ist die Homogenisierung heterogener Wasserproben (der einzelnen Stichproben) von besonderer Bedeutung. Zur Vorbehandlung, Homogenisierung und Teilung heterogener Wasserproben ist DIN 38402-30 [34] zu beachten. Das Prozedere ist detailliert in Kapitel 3 beschrieben.

Die Vorreinigung der Probenbehälter ist mit dem Untersuchungslabor abzustimmen. Wenn man davon ausgeht, dass die Probenbehälter sauber sind, dann dürfen die Probenbehälter in keinem Fall vorher mit dem abzufüllenden Abwasser ausgespült werden, da hierdurch eventuell Feststoffe, Fette oder Öle in dem Behälter angereichert werden können.

Das Abfüllen über den Ablasshahn des Homogenisiergefäßes sollte zur Vermeidung von Querkontaminationen in folgender Reihenfolge geschehen:

1. Abfüllen der nicht zu konservierenden Proben
2. Abfüllen der mit Chemikalien zu konservierenden Proben

Dabei ist zu beachten, dass die einzufrierenden Probenbehälter nicht vollständig gefüllt werden.

Bei der behördlichen Abwasserüberwachung sollte dem Abwassereinleiter auf Anfrage, soweit dies technisch und apparativ mit vertretbarem Aufwand möglich ist, eine Teilprobe zur Verfügung gestellt werden.

14.6.6.2 Probenkonservierung, Transport und Lagerung

Inhaltsstoffe von Wasserproben können sich verschieden schnell ändern, deshalb ist es notwendig, die Proben zu konservieren, wenn sie nicht direkt im Anschluss an die Probenahme analysiert werden können. Die Wahl der Konservierung richtet sich nach der nachfolgenden Analytik.

Sofern nicht anders festgelegt, ist DIN EN ISO 5667-3 [35] zu Konservierung, Transport und zur Lagerung von Wasserproben zu beachten (siehe Abschnitt 3.6).

Proben lassen sich durch Kühlung auf etwa (3 ± 2) °C, Einfrieren auf unter -18 °C oder durch Zugabe von Chemikalien konservieren. Die geringsten durch die Konservierung bedingten Veränderungen treten bei der Kühlung auf; beim Einfrieren ist mit irreversiblen Ausflockungen nach dem Auftauen zu rechnen. Nach dem Auftauen muss für eine ausreichende Homogenisierung gesorgt werden. Chemikalien dürfen nur dann zugegeben werden, wenn kein anderes Konservierungsverfahren angewandt werden kann und die zugegebenen Chemikalien die nachfolgenden Untersuchungen nicht stören.

Bei der Entnahme von Mischproben über längere Zeiträume sollte die Konservierung integraler Bestandteil der Probenahme sein. Es kann notwendig sein, mehr als ein Probenahmegerät einzusetzen, um sowohl konservierte als auch nicht konservierte Proben zu nehmen.

Das verantwortliche Untersuchungslabor sollte in Hinblick auf die Auswahl des Konservierungsverfahrens, den nachfolgenden Transport und die Lagerung zu Rate gezogen werden.

14.6.7 Probenahmeprotokoll

Das Probenahmeprotokoll dient dem Probenehmer als Merkliste und der untersuchenden Stelle als Dokument für spätere Auswertungen.

Manchmal ist es erforderlich, das Probenahmeprotokoll zur Klärung von Unstimmigkeiten, z. B. im Rahmen von Widerspruchs- und Gerichtsverfahren, im Original vorzulegen. Im Sinne der Gerichtsverwertbarkeit stellt das Probenahmeprotokoll eine „öffentliche Urkunde" dar.

Probenahme für kommunales und industrielles Abwasser

Ort(e):

Kurzbezeichnung(en):

Probenahmeart: Einzelprobe: ....

Mischprobe, zeitabhängig: ....

Mischprobe, durchflussabhängig: ....

Eingesetzte Geräte: ....

Intervall oder Abfluss zwischen Einzelproben: .... min oder m^3

Volumen der Einzelproben: .... ml

Beginn der Probenahme: .... (Datum und Uhrzeit)

Ende der Probenahme: .... (Datum und Uhrzeit)

Konservierungsverfahren:

Vor-Ort-Messungen

Parameter	Ergebnis	Einheit	Uhrzeit

Qualitätskontroll-Maßnahmen:

Bemerkungen zur Probenahme:

Name, Datum und Unterschrift:

Bild 14.21: Beispiel eines Formulars für ein Probenahmeprotokoll für Abwasser

Ein Probenahmeprotokoll soll folgende Angaben enthalten:

Probenkennzeichnung, Anlass der Probenahme, Entnahmeort, Datum, Uhrzeit, Art der Probenahme, örtliche Beobachtungen (z. B. Wetterverhältnisse). Ferner müssen Angaben über Messungen an Ort und Stelle, über Probenvorbereitung und Konservierungsmaßnahmen, über die Probenahme ausführenden Personen und die Übergabe der Proben an die Untersuchungsstelle gemacht werden.

Vom verantwortlichen Untersucher ist der Umfang des Messprogramms, das Probenvolumen und die eindeutige Bezeichnung der Probe anzugeben.

In besonderen Fällen ist das Probenahmeprotokoll um eine Lageskizze zu ergänzen, aus der wesentliche Angaben wie Kanalsysteme, Verkehrswege, Gebäude usw. hervorgehen. Unter Bemerkungen sind vor allem Abweichungen, z. B. Einsatz eines nicht üblicherweise verwendeten Probenahmegeräts oder mehr als übliches Umfüllen der Probe, anzuführen.

Weiterhin sollen Auffälligkeiten beim Kläranlagenbetrieb, wie z. B. Reinigungs- oder Baumaßnahmen, vermerkt werden. Desgleichen sind bei der Probenahme zur Ermittlung einer produktbezogenen Fracht unbedingt die Produktionsverhältnisse für die betreffende Zeitspanne zu erfassen.

Ebenfalls sollten Angaben über Lagerbedingungen der Wasserprobe bis zur Übergabe an das Labor, über die Entnahme von Gegenproben oder über Beobachtungen nachträglicher Veränderungen der Abwasserprobe gemacht werden.

Das Probenahmeprotokoll ist von der ausführenden Person zu unterschreiben.

Ein Beispiel eines Formulars für ein Probenahmeprotokoll, das diesen Anforderungen genügt, zeigt **Bild 14.21**.

14.6.8 Reinigung der Probenahmegeräte

Die Reinigung aller zur Probenahme eingesetzten Geräte erfolgt möglichst bereits vor Ort, unmittelbar nach der Probenahme.

Das gesamte Probenahmesystem (Pumpe, Schläuche, Probenahmegerät) wird hierzu mindestens fünf Minuten mit Trinkwasser durchspült. Ist diese Reinigung nicht unmittelbar nach der Probenahme möglich, darf dieses System erst nach gründlicher Reinigung im Labor zu weiteren Probenahmen eingesetzt werden. Wichtig ist in jedem Fall ein ausreichendes Nachspülen mit Leitungswasser, insbesondere nach Verwendung von (phosphat- und tensidhaltigen) Reinigungsmitteln, Laugen, Säuren oder anderen Lösemitteln. Sichtbare Verschmutzungen, z. B. des Probenteilers, sind mit einer entsprechenden Bürste zu beseitigen. Schläuche können mit Schwammkugeln, wie sie z. B. auch zur Reinigung von Bierleitungen in Gaststätten benutzt werden, gut gespült werden.

In bestimmten zeitlichen Abständen ist das komplette System auf Kontaminationen zu überprüfen. Ist das System kontaminiert, so muss die Reinigung erheblich intensiviert werden (z. B. Einsatz von mechanischen und chemischen Reinigungsmitteln oder Austausch von Verbrauchsteilen). In einigen Fällen muss mitunter mehrere Stunden mit Leitungswasser bzw. Reinigungsmitteln gespült werden. In besonderen Fällen dürfen die Geräte nur noch für Probenahmen derselben Einleitungen verwendet werden oder müssen sogar ausgesondert werden [36].

Zur Reinigung der Probenbehälter siehe Kapitel 3.

14.7 Spezifische Qualitätssicherungs- und -kontrollmaßnahmen

Die Probenahme ist ein wesentlicher Teilschritt bei der Analyse von Wasser. Besonders bei inhomogenen Wässern (z. B. Abwässern) ist eine Qualitätssicherung notwendig, um verlässliche, repräsentative Ergebnisse zu erhalten. Die Qualitätssicherung dient der Vermeidung von Fehlern (Beherrschen aller Unsicherheitsquellen) und der Überwachung und Quantifizierung der Qualität (Genauigkeit, Zuverlässigkeit) der Ergebnisse.

Für Einzelheiten sind DIN EN ISO 5667-14 [37], die einschlägigen Analysenverfahren sowie das LAWA-AQS-Merkblatt P-8/1 [22] zu beachten. Details sind in Kapitel 2 beschrieben.

Literatur

[1] WHG (2009): Gesetz zur Ordnung des Wasserhaushalts (Wasserhaushaltsgesetz – WHG) vom 31. Juli 2009 (BGBl. I S. 2585), zuletzt geändert durch Artikel 7 des Gesetzes vom 22. Dezember 2023 (BGBl. 2023 I Nr. 409)

[2] AbwV (2004): Verordnung über Anforderungen an das Einleiten von Abwasser in Gewässer (Abwasserverordnung – AbwV) in der Fassung der Bekanntmachung vom 17. Juni 2004 (BGBl. I S. 1108, 2625), zuletzt geändert durch Artikel 1 der Verordnung vom 17. April 2024 (BGBl. 2024 I Nr. 132)

[3] AbwAG (2005): Gesetz über Abgaben für das Einleiten von Abwasser in Gewässer (Abwasserabgabengesetz – AbwAG) in der Fassung der Bekanntmachung vom 18. Januar 2005 (BGBl. I S. 114), zuletzt geändert durch Artikel 2 der Verordnung vom 22. August 2018 (BGBl. I S. 1327)

[4] Richtlinie 91/271/EWG des Rates vom 21. Mai 1991 über die Behandlung von kommunalem Abwasser. In: Amtsblatt der Europäischen Gemeinschaften Nr. L 135/40 vom 30.05.1991

[5] Richtlinie (EU) 2024/3019 des Europäischen Parlaments und des Rates vom 27. November 2024 über die Behandlung von kommunalem Abwasser. In: Amtsblatt der Europäischen Gemeinschaften Nr. L 2024/3019 vom 12.12.2024

[6] EUWID Wasser und Abwasser; https://www.euwid-wasser.de/news/politik/pharma-deutschland-unterstuetzt-klage-von-sechs-mitgliedsunternehmen-gegen-karl-140325/ (erschienen in Ausgabe 13/2025)

[7] Richtlinie 2000/60/EG des Europäischen Parlaments und des Rates vom 23. Oktober 2000 zur Schaffung eines Ordnungsrahmens für Maßnahmen der Gemeinschaft im Bereich der Wasserpolitik. In: Amtsblatt der Europäischen Gemeinschaften Nr. L 327 vom 22.12.2000: S. 1

[8] Richtlinie 2006/11/EG des Europäischen Parlaments und des Rates vom 15. Februar 2006 betreffend die Verschmutzung infolge der Ableitung bestimmter gefährlicher Stoffe in die Gewässer der Gemeinschaft

[9] Verordnung Nr. 166/2006 des Europäischen Parlaments und des Rates vom 18. Januar 2006 über die Schaffung eines Europäischen Schadstofffreisetzungs- und -verbringungsregisters und zur Änderung der Richtlinien 91/689/EWG und 96/61/EG des Rates. In: Amtsblatt der Europäischen Union Nr. L 33/1 vom 04.02.2006, zuletzt geändert durch Durchführungsbeschluss (EU) 2019/1741/ EU der Kommission vom 23.09.2019

[10] Richtlinie 2010/75/EU des Europäischen Parlaments und des Rates vom 24. November 2010 über Industrieemissionen (integrierte Vermeidung und Verminderung der Umweltverschmutzung). In: Amtsblatt der Europäischen Union Nr. L 334/52 vom 17.12.2010, geändert durch Richtlinie (EU) 2024/1785 des Europäischen Parlaments und des Rates vom 24.04.2024

[11] Gesetz zur Umsetzung der Richtlinie über Industrieemissionen (IndEmissRLUG) vom 08.04.2013. In: BGBl. I: S. 734, 3753

[12] Beste verfügbare Techniken, BVT-Merkblätter und Durchführungsbeschlüsse: www.umweltbundesamt.de

[13] LWG (2016): Wassergesetz für das Land Nordrhein-Westfalen – Landeswassergesetz – LWG vom 08. Juli 2016. In: GV. NRW. S. 618 / SGV. NRW. 77

[14] Zuständigkeitsverordnung Umweltschutz (ZustVU) vom 3. Februar 2015, geändert durch Verordnung vom 8. November 2016 (GV. NRW. S. 978), in Kraft getreten am 1. Dezember 2016

[15] LANUV NRW (2010): Abwasserüberwachungskonzept: Konzept zur Überwachung von Abwassereinleitungen und Abwasseranlagen, insbesondere unter Berücksichtigung des Schutzes der öffentlichen Trinkwasserversorgung; eingeführt per MKULNV-Erlass IV-7-316 000 2001 vom 17.06.2010

[16] Ministerium für Klimaschutz, Umwelt, Landwirtschaft, Natur- und Verbraucherschutz des Landes Nordrhein-Westfalen (MKULNV) (2014): Programm Reine Ruhr zur Strategie einer nachhaltigen Verbesserung der Gewässer- und Trinkwasserqualität in Nordrhein-Westfalen, Düsseldorf, www.umwelt.nrw.de

[17] DIN EN ISO 5667-1:2025-08, Wasserbeschaffenheit – Probenahme – Teil 1: Anleitung zur Erstellung von Probenahmeplänen und Probenahmetechniken (ISO 5667-1:2023); Deutsche Fassung EN ISO 5667-1:2023

[18] DIN 38402-11:2009-02, Deutsche Einheitsverfahren zur Wasser-, Abwasser- und Schlammuntersuchung – Allgemeine Angaben (Gruppe A) – Teil 11: Probenahme von Abwasser

[19] SüwV-kom (2004): Verordnung über Art und Häufigkeit der Selbstüberwachung von kommunalen Abwasserbehandlungsanlagen und -einleitungen (Selbstüberwachungsverordnung kommunal – SüwVkom) vom 25. Mai 2004

[20] KomAbwV (1997): Verordnung zur Umsetzung der Richtlinie 91/271/EWG des Rates vom 21. Mai 1991 über die Behandlung von kommunalem Abwasser (Kommunalabwasserverordnung – KomAbwV) vom 30. September 1997

[21] Stock, H.-D.; Grubert, G.; te Heesen, D.; Selent, K.: Der selbstentleerende Rückstellprobenehmer – neue Chancen der Abwasserüberwachung, 14. Aachener Seminar. In: GWA-Band 118 (1990), S. 285-294

[22] LAWA AQS-Merkblatt P-8/1: Probenahme von Abwasser (September 2009)

[23] Buch, H.; Selent, K.: Allgemeine Hinweise, Kriterien und Beispiele zur Auswahl von Probenahmestellen für die manuelle Probenahme von Abwasser bei Direkt- und Indirekteinleitungen; LANUV 2011

[24] OGewV (2016): Verordnung zum Schutz der Oberflächengewässer (Oberflächengewässerverordnung – OGewV) vom 20.06.2016. In: BGBl. I, S. 1373

[25] Görtz, W. & Grubert, G.: Probleme bei der Entnahme von Mischproben für die Untersuchung von Wasser und Abwasser, 9. Aachener Werkstattgespräch. In: GWA-Band 86 (1985), S. 21-37

[26] Best Available Techniques (BAT), Reference Document for Common Waste Water and Waste Gas Treatment/Management Systems in the Chemical Sector. Industrial Emissions Directive 2010/75/EU (Integrated Pollution Prevention and Control); ISBN: 978-92-79-61996-0, Publications Office of the European Union, 2016, http://publications.jrc.ec.europa.eu/repository/handle/JRC103096 Vollversion auf Deutsch (Teilübersetzung, Dezember 2020) „Abwasser- und Abgasbehandlung/-management in der chemischen Industrie" verfügbar unter: www.umweltbundesamt.de

[27] SüwVO (2013): Verordnung zur Selbstüberwachung von Abwasseranlagen – Selbstüberwachungsverordnung Abwasser – SüwVO Abw vom 17. Oktober 2013. In: GV. NRW. Nr. 33, S. 601-612

[28] DIN EN ISO/IEC 17025:2018-03, Allgemeine Anforderungen an die Kompetenz von Prüf- und Kalibrierlaboratorien (ISO/IEC 17025:2017); Deutsche und Englische Fassung EN ISO/IEC 17025:2017

[29] DIN EN ISO 5667-13:2011-08, Wasserbeschaffenheit – Probenahme – Teil 13: Anleitung zur Probenahme von Schlämmen (ISO 5667-13:2011); Deutsche Fassung EN ISO 5667-13:2011

[30] www.dguv.de/publikationen

[31] DGUV-Information 250-002 (bisher BGI 586) (2007); Empfehlungen zur Hepatitis-A-Prophylaxe bei Tätigkeiten mit Kontakt zu Abwasser

[32] Gudernatsch, H.: Die Probenahme als wesentlicher Bestandteil der Wasser- und Abwasseranalytik. In: Vom Wasser 60 (1983): S. 95-105

[33] DIN EN 16479:2014-09, Wasserbeschaffenheit – Leistungsanforderungen und Konformitätsprüfungen für Geräte zum Wassermonitoring – Automatische Probenahmegeräte für Wasser und Abwasser; Deutsche Fassung EN 16479:2014

[34] DIN 38402-30:1998-07, Deutsche Einheitsverfahren zur Wasser-, Abwasser- und Schlammuntersuchung – Allgemeine Angaben (Gruppe A) – Teil 30: Vorbehandlung, Homogenisierung und Teilung heterogener Wasserproben (A 30)

[35] DIN EN ISO 5667-3:2024-09, Wasserbeschaffenheit – Probenahme – Teil 3: Konservierung und Handhabung von Wasserproben (ISO 5667-3:2024); Deutsche Fassung EN ISO 5667-3:2024

[36] Hein, D.: Untersuchungen zur Problematik der 2-Stunden-Mischprobe bei der Abwasserüberwachung. In: Vom Wasser 70 (1988), S. 51-57

[37] DIN EN ISO 5667-14:2016-12, Wasserbeschaffenheit – Probenahme – Teil 14: Anleitung zur Qualitätssicherung und Qualitätskontrolle bei der Entnahme und Handhabung von Wasserproben (ISO 5667-14:2014); Deutsche Fassung EN ISO 5667-14:2016

15 Probenahme von Partikeln und Fasern aus Wasser

Philipp Lau, M.Sc.

15.1 Einleitung

Partikuläre Stoffe treten im Wasser in einem breiten Spektrum physikalischer Formen und Größen auf. Abhängig von ihrer Dichte, Morphologie und den Wechselwirkungen mit dem umgebenden Medium können sie sedimentieren, in Schwebe gehalten oder an der Oberfläche transportiert werden. Fasern bilden dabei eine spezifische Untergruppe, die sich durch ein ausgeprägtes Längen-Durchmesser-Verhältnis und daraus resultierend ein eigenes Transport- und Sedimentationsverhalten auszeichnet. Partikuläre Bestandteile können dabei nicht nur als Träger für Schadstoffe fungieren, sondern selbst relevante Umweltparameter darstellen. Neben mineralischen und organischen Feststoffen sind es vor allem synthetische Polymere, die zunehmend in den Fokus der Umweltanalytik rücken – insbesondere Mikroplastik, das exemplarisch für eine Vielzahl anthropogener Feststoffeinträge steht.

Die wissenschaftliche Auseinandersetzung mit Mikroplastik begann zu Beginn der 2000er Jahre und wurde durch Beiträge aus verschiedenen Disziplinen geprägt – von der Ozeanografie über die Abwassertechnik bis zur Lebensmitteltechnologie und analytischen Chemie. Infolge dieser multidisziplinären Herangehensweise hat sich eine große Bandbreite an methodischen Konzepten etabliert, die sich auf die Probenahme, Extraktion und Analyse von Mikroplastik beziehen. Diese Vielfalt eröffnet wertvolle Perspektiven, erschwert jedoch gleichzeitig eine systematische und vergleichbare Bewertung von Untersuchungsergebnissen. Eine stärkere Harmonisierung bestehender Verfahren erscheint daher notwendig, um die Übertragbarkeit und Kohärenz der Datenbasis zu verbessern.

Zentrale Voraussetzung für eine belastbare Bewertung partikulärer Parameter ist die repräsentative Erfassung. Partikel und Fasern sind innerhalb einer Wassersäule nicht homogen verteilt, sondern unterliegen dynamischen Veränderungen in Raum und Zeit. Ihre Präsenz in der Wasserphase – sei es als Schwimm-, Schweb- oder sedimentierbare Stoffe – wird sowohl durch die Eigenschaften des Wasserkörpers (Strömungsverhältnisse, Temperatur) als auch durch die physikalischen Merkmale der Partikel bestimmt. Die Probenahme muss daher so gestaltet werden, dass die gewonnene Teilmenge die stoffliche Zusammensetzung der untersuchten Matrix möglichst zuverlässig widerspiegelt.

Vor dem Hintergrund der bestehenden Methodenvielfalt wird deutlich, dass an die feststoffbezogene Probenahme und Analyse spezifische Qualitätsanforderungen zu stellen sind, die durch bestehende normative Grundlagen, wie die ISO-Reihe 5667, bisher nicht vollständig abgedeckt werden. Verfahren sollten reproduzierbare Ergebnisse liefern – also unter vergleichbaren Bedingungen zu ähnlichen Befunden führen –, kohärent aufgebaut sein, das heißt, eine nachvollziehbare und methodisch geschlossene Logik aufweisen, und konsistente Resultate ermöglichen, die über verschiedene Anwendungsfälle hinweg vergleichbar bleiben.

15

Diese Anforderungen bilden die Grundlage für valide, belastbare und übertragbare Aussagen in der Umweltanalytik. In der Praxis steht die wissenschaftliche Anspruchshaltung bezüglich der Repräsentativität häufig in einem Zielkonflikt mit der der technischen Machbarkeit im Feld. Große Probenahmevolumina, aufwendige Aufbereitungsverfahren oder schwierige Standortbedingungen schränken die Umsetzung repräsentativer Strategien erheblich ein. Die Probenahme wird somit zum kritischen Faktor in der analytischen Kette. Ein selektiver Ausschluss von Partikeln und Fasern bei der Probenahme führt zwangsläufig zu einer systematischen Verzerrung, die auch durch anschließende Analyseschritte nicht mehr korrigiert werden können. Umso notwendiger sind harmonisierte Probenahmeprotokolle und standardisierte Verfahren.

Ziel dieses Kapitels ist es daher, die Probenahme von Partikeln und Fasern aus Wasser (Trink- und Brauchwasser, Oberflächen- und Meerwasser, behandeltes und unbehandeltes Abwasser) systematisch darzustellen und die besonderen Anforderungen an eine hinsichtlich Repräsentativität und Anwendbarkeit belastbare Erfassung partikulärer Stoffe aufzuzeigen. Der Parameter Mikroplastik wird dabei exemplarisch herangezogen, um methodische Herausforderungen und Entwicklungen greifbar zu machen. Die Probenahme von Biota sowie weiterführende Verfahren der Probenaufbereitung und analytischen Detektion werden nicht behandelt. Ergänzend berücksichtigt das Kapitel systematische Untersuchungen zur quantitativen Bewertung der Messunsicherheit, wie sie im Zusammenhang mit der Probenahme partikulärer Stoffe auftreten können und bei der Interpretation der Daten berücksichtigt werden müssen.

15.2 Definition und Begriffserklärungen

15.2.1 Partikel

Der Begriff Partikel wird in der Umweltanalytik als fester, nicht gelöster Stoffbestandteil verstanden, das sich durch physikalische Eigenschaften wie Form, Größe und Dichte charakterisieren lässt. Partikel können eine Vielzahl von Formen annehmen, einschließlich kugelförmiger, unregelmäßiger oder fragmentierter Strukturen. Eine wichtige Untergruppe stellen Fasern dar, die sich durch ein Längen-Durchmesser-Verhältnis (L/D) von größer als drei auszeichnen und infolge ihrer Morphologie spezifische Transport- und Sedimentationsverhalten zeigen. Maßgebend für die Praxis ist dabei die technische Unterscheidung zwischen gelösten und nicht gelösten Stoffen, die operationell bei einer Trenngrenze von 0,45 µm erfolgt (ISO 5667-3) [1].

Die systematische Betrachtung von Partikeln ist für die Wasseranalytik insofern von Bedeutung, als sie wesentliche Transport- und Speicherphasen für Schadstoffe darstellen können und häufig selbst als Umweltindikatoren herangezogen werden, wie z. B. als abfiltrierbare Stoffe DIN 38409-2 [2] oder suspendierte Stoffe DIN EN 872 [3].

Spezifischere Definitionen im Kontext der Wasseranalytik liefert die ISO 5667-27 [4], in der partikuläre Feststoffe als feste, wasserunlösliche Materialien definiert werden, die oberhalb dieser Trennlinie liegen und durch ihre physikalischen Eigenschaften eine

Verteilung im Wasser in Form von Schwebstoffen, Schwimmstoffen oder sedimentierbaren Stoffen eingehen können.

15.2.2 Mikroplastik

Der Begriff Mikroplastik ist bislang nicht einheitlich definiert und umfasst eine Vielzahl unterschiedlicher Substanzen. Die jeweiligen Partikel können verschiedenen Werkstoffklassen zugeordnet werden, insbesondere thermoplastischen Kunststoffen wie Polyethylen (PE), Polypropylen (PP), Polyethylenterephthalat (PET) oder Polystyrol (PS) sowie duroplastischen Kunststoffen wie Epoxidharzen oder Phenolharzen. Darüber hinaus zählen auch aus synthetischen Polymeren aufgebaute Elastomere – wie etwa Styrol-Butadien-Kautschuk (SBR), der häufig als Marker für Reifenabrieb verwendet wird – zu den möglichen Ausgangsmaterialien. Mikroplastik stellt somit einen Sammelbegriff für eine chemisch wie physikalisch heterogene Stoffgruppe dar, deren Erscheinungsform stark durch Polymerzusammensetzung, Herstellungsverfahren und Alterungszustand geprägt ist. Mikroplastik ist damit als Sammelbegriff für eine heterogene Stoffgruppe zu verstehen, die sich durch verschiedene chemische Zusammensetzungen, physikalische Eigenschaften und Alterungszustände auszeichnet.

Im Zuge der zunehmenden wissenschaftlichen und öffentlichen Aufmerksamkeit wurde auf internationaler Ebene vielfach gefordert, die Auswirkungen von Mikroplastik auf Umwelt und Gesundheit systematisch zu untersuchen und geeignete Maßnahmen zur Reduktion zu entwickeln. Organisationen wie die Vereinten Nationen (UN), die Weltgesundheitsorganisation (WHO) und die Organisation für wirtschaftliche Zusammenarbeit und Entwicklung (OECD) haben entsprechende Aufrufe zum Handeln veröffentlicht. Auch auf europäischer Ebene wurden im Rahmen politischer Initiativen wie dem Green Deal, der Kunststoffstrategie sowie regulatorischer Maßnahmen wie der Überarbeitung der Trinkwasserrichtlinie (Recast-DWD) und der REACH-Verordnung erste Schritte eingeleitet.

Vor diesem Hintergrund wurde der Bedarf an einer normativ verankerten Definition von Mikroplastik deutlich. Verschiedene internationale Normen enthalten mittlerweile Definitionen, die sich jedoch in Details unterscheiden:

Die ISO 5667-27 [4] definiert Mikroplastik als „fester Kunststoff- oder synthetischer Polymerpartikel, unlöslich in Wasser, mit einer größten Ausdehnung zwischen 1 µm und 5 mm". Kunststoff wiederum wird im Sinne dieser Definition als „Material beschrieben, das als wesentlichen Bestandteil ein Hochpolymer enthält und das auf einer bestimmten Stufe seiner Verarbeitung in Fertigerzeugnisse durch Fließen geformt werden kann". Diese Definition schließt verschiedene Formen ein und stützt sich auf die Unterscheidung von kleinem und großem Mikroplastik gemäß ISO/TR 21960 [5].

Die ISO 24187 [6] beschreibt Mikrokunststoff als „jedes feste, wasserunlösliche Kunststoffpartikel mit einer Größe zwischen 1 µm und 1.000 µm (= 1 mm)". Ergänzend wird ausgeführt, dass Mikrokunststoffpartikel sowohl gezielt Produkten wie Kosmetika, Beschichtungen oder Farben zugesetzt werden können, als auch durch Fragmentierungsprozesse entstehen. Die Partikel können dabei regelmäßige oder unregelmäßige Formen aufweisen (vgl. ISO 9276-6 [7]).

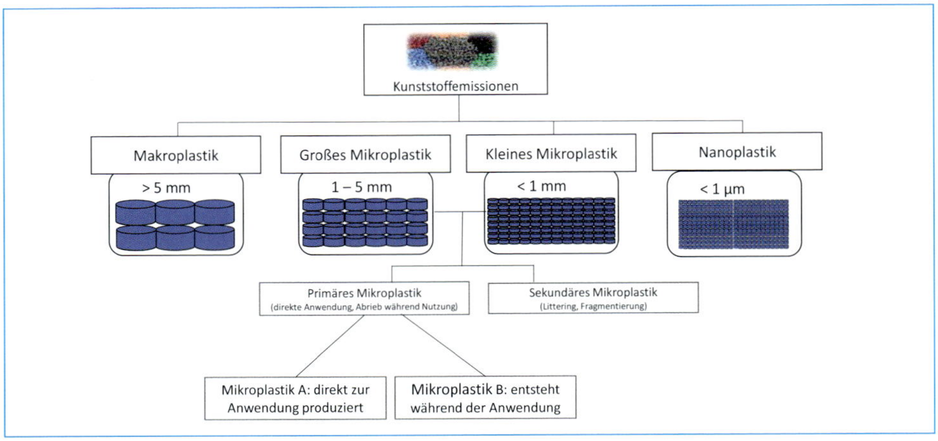

Bild 15.1: Größenbasierte Einteilung der Kunststoffemissionen

Neben dieser klassisch größenbasierten Kategorisierung existieren auch alternative Einteilungen, etwa anhand des Entstehungshintergrunds. Dabei wird zwischen primärem Mikroplastik, das gezielt in mikroskopischer Größe hergestellt wird (z. B. in Form von Mikroperlen in Kosmetika), und sekundärem Mikroplastik, das durch Zersetzung größerer Kunststoffprodukte (z. B. Verpackungen, Textilien oder Reifenabrieb) entsteht, unterschieden.

In der Praxis erfolgt die Einteilung von Mikroplastikpartikeln (siehe **Bild 15.1**) überwiegend anhand der folgenden Größenklassifikation, dabei bezieht sich die angegebene Größe auf die größte Länge des Partikels:

- Nanoplastik: Partikel < 1 µm
- Mikroplastik: Partikel von 1 bis 1.000 µm (1 mm)
- Großes Mikroplastik: Partikel von 1 bis 5 mm
- Makroplastik: Partikel > 5 mm

Die gegenwärtigen Klassifikationsansätze sind noch nicht vollständig aufeinander abgestimmt. Eine abschließende Harmonisierung der Begriffsbestimmungen, auch in Hinblick zu einer Abgrenzung von Nanopartikeln, ist erforderlich, um eine konsistente Erfassung, Bewertung und vergleichende Analyse von Mikroplastikbelastungen in Wasserproben zu ermöglichen.

15.3 Planung der Probenahme

Die Probenahmestrategie umfasst die Festlegung des Untersuchungsgebiets, die Auswahl des Probenahmeverfahrens, die Bestimmung von Lage und Anzahl der Probenahmestellen sowie die Berücksichtigung von Saisonalität und/oder tages- bzw. jahreszeitlichen Schwankungen.

Im Probenahmeplan sind zudem Aspekte wie das Verfahren zur Probenkennzeichnung, die genaue Anzahl der Probenahmepunkte und Proben je Standort zu definieren. Notwendige Anpassungen im Feld müssen nachvollziehbar im Probenahmeprotokoll dokumentiert werden.

Für eine möglichst belastbare Datenerhebung sollten bei der Planung auch die Art der hydrologischen Gegebenheiten, potenzielle Eintragsquellen sowie – sofern verfügbar – Erkenntnisse aus früheren Untersuchungen berücksichtigt werden. Weiterführende Hinweise zur Ausgestaltung von Probenahmeprogrammen finden sich in den Normen ISO 5667-1 [8], ISO 5667-4 [9], ISO 5667-6 [10] sowie ISO 5667-9 [11].

15.3.1 Probenahmestellen

Die Wahl der Probenahmepunkte sollte so erfolgen, dass die Proben die untersuchte Umwelt oder das jeweilige Gewässer möglichst repräsentativ abbilden. Wenn Eintragspfade identifiziert werden sollen, müssen die Probenahmestellen in geeigneter Relation zur vermuteten Emissionsquelle liegen. Bei der Auswahl der Probenahmestellen sind auch praktische Aspekte zu berücksichtigen, wie die Zugänglichkeit, die sichere Platzierung der Probenahmeausrüstung sowie der Schutz vor Vandalismus oder Diebstahl. Die Positionen der Probenahmestellen sollten mittels geografischer Koordinaten (Breiten- und Längengrad) dokumentiert werden. Zusätzlich kann eine Kartierung im Maßstab 1:5.000 bzw. 1:25.000 sowie eine textliche Beschreibung der Anfahrtswege erfolgen. Weitere Hinweise finden sich in ISO 5667-17 [12], Abschnitt 4.4.

15.3.2 Verteilung und Transport von Partikeln in Wasser

Die Verteilung und der Transport von Partikeln im Wasser werden maßgeblich durch die physikalischen Eigenschaften des Trägermediums sowie durch die Charakteristika der Partikel selbst bestimmt. Wasser als Transportmedium bildet zusammen mit suspendierten Feststoffen ein Zweiphasensystem, dessen Verhalten sowohl von hydrostatischen als auch von hydrodynamischen Kräften beeinflusst wird.

In der Hydrostatik, dem Spezialfall der ruhenden Flüssigkeit, wirken vor allem Gewichtskraft und Auftriebskraft auf Partikel im Wasser. Das statische Kräftegleichgewicht resultiert in drei möglichen Zuständen:

- Ist die Dichte des Partikels größer als die Dichte des Wassers ($\rho_{\text{Partikel}} > \rho_{\text{Wasser}}$), sinkt der Partikel ab.
- Ist die Dichte des Partikels kleiner als die Dichte des Wassers ($\rho_{\text{Partikel}} < \rho_{\text{Wasser}}$), steigt der Partikel zur Wasseroberfläche auf.
- Sind die Dichten gleich ($\rho_{\text{Partikel}} = \rho_{\text{Wasser}}$), verbleibt der Partikel in Schwebe.

Dieses Verhalten erklärt die grundsätzliche vertikale Verteilung von Feststoffen in ruhenden Systemen. Partikel treten in ruhenden Systemen nur in den seltensten Fällen einzeln auf, üblicherweise liegen sie in Flüssigkeiten in Form von Partikelschwärmen vor. Im Falle eines sedimentierenden Schwarms können aufwärts gerichtete Feststoffe in Flüssigkeit durch den erhöhten Impulstransport des Schwarms absinken. In natürlichen, strömenden Gewässern kommen zusätzliche dynamische Effekte hinzu, die eine Differenzierung der Transportmechanismen erforderlich machen.

Der Feststofftransport in offenen Gerinnen wird klassischerweise in zwei Hauptformen unterteilt:

- **Geschiebetransport:** Partikel bewegen sich rollend, gleitend oder springend entlang der Gewässersohle.
- **Schwebstofftransport:** Partikel werden durch Turbulenzen in der Wassersäule in Schwebe gehalten.

Die Art des Transports hängt wesentlich von der Sinkgeschwindigkeit der Partikel, der Strömungsgeschwindigkeit sowie dem Turbulenzgrad ab. Je größer die Strömungsgeschwindigkeit und je ausgeprägter die Turbulenz, desto eher werden Partikel in der Schwebe gehalten und homogen im Wasserkörper verteilt. Bei nachlassender Strömungsgeschwindigkeit dominiert der Geschiebetransport entlang der Gewässersohle.

Eine schematische Übersicht über sämtlicher Transportvorgange gibt **Bild 15.2**.

Die Art der Strömung stellt einen weiteren entscheidenden Einflussfaktor dar. Zur Charakterisierung wird häufig die Reynoldszahl (Re) herangezogen, eine dimensions-

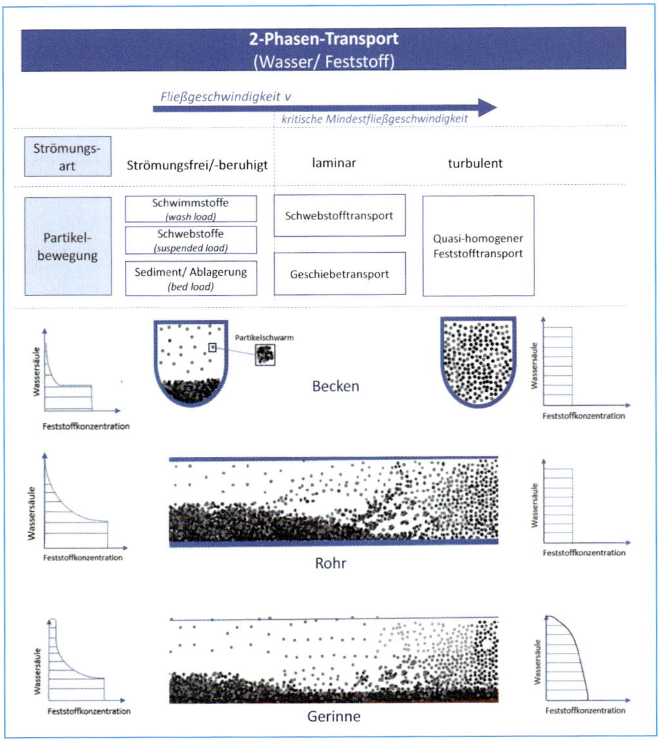

Bild 15.2: Übersicht der Partikelbewegung und schematische Darstellung des Feststofftransports in Abhängigkeit der Strömungsart in geschlossenen ruhenden Systemen (z. B. Becken oder Behälter), in Rohren und offenen Gerinnen

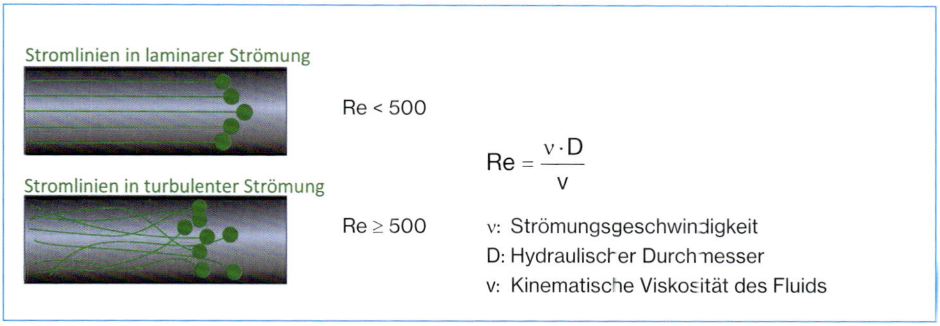

Bild 15.3: Charakterisierung der Art der Strömung anhand der Reynoldszahl

lose Kennzahl, die sich aus der Strömungsgeschwindigkeit, einer charakteristischen Länge und der kinematischen Viskosität ergibt.

Bei niedrigen Reynoldszahlen dominieren viskose Kräfte, und es entsteht eine laminare Strömung, die eine Schichtung der Phasen begünstigt. Hohe Reynoldszahlen führen zur Ausbildung turbulenter Strömungsverhältnisse, die einen effizienten Quertransport und eine nachhaltige Durchmischung der Feststoffe bewirken (siehe **Bild 15.3**).

Die Strömungsgeschwindigkeit stellt damit den zentralen Steuerungsparameter für den Transport und die Verteilung der Partikel dar. In Bereichen hoher Turbulenz erfolgt ein effizienter Quertransport der Partikel, wodurch eine homogenere Verteilung innerhalb der Wassersäule erreicht wird. Niedrige Fließgeschwindigkeiten begünstigen hingegen die Sedimentation und eine inhomogene Verteilung der Partikel.

Die Geometrie des Fließquerschnitts beeinflusst zusätzlich die Ausbildung der Strömungsstruktur. In kompakten Gerinnen, z. B. Rohrleitungen oder schmale Kanäle, entstehen durch Wandreibung nahezu zwangsläufig turbulente Strömungsverhältnisse. Hier kann die Entnahme von Einzelproben unter Beachtung der Volumenver-

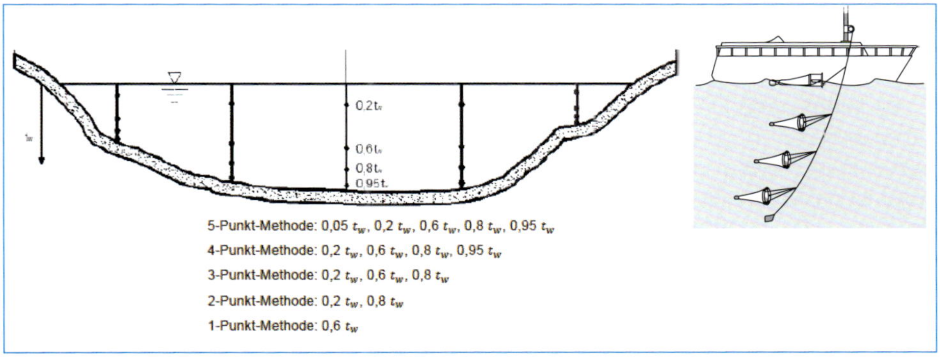

Bild 15.4: Prinzip der Mehrpunktprobenahme durch Einzelentnahmen an mehreren räumlich getrennten Punkten – hier dargestellt die Mehrpunktprobenahme nach [14] (links) und schematischer Aufbau für die dynamische Beprobung aus ISO 5667-27 [4] (rechts)

15

Tabelle 15.1: Übersicht über empfohlene Probenahmestrategien in Abhängigkeit von Strömungsbedingungen und Querschnitt

Strömungsbedingung	Gewässer- oder Systemtyp	Empfehlung für die Probenahme
Turbulente Strömung, kompakter Querschnitt	Rohre, schmale Kanäle, technische Anlagen	Einzelproben an Stellen hoher Durchmischung
Turbulente Strömung, weiter Querschnitt	Breite Flüsse, roße offene Kanäle	Mehrpunktproben in unterschiedlichen Tiefenbereichen
Laminare oder schichtende Strömung	Weite Gerinne bei geringer Fließgeschwindigkeit	Mehrpunktprobenahme in unterschiedlichen Tiefenbereichen
Geringe Strömungsgeschwindigkeit	Stehende oder langsam fließende Gewässer	Ergänzende Entnahme von Sedimentproben

teilung als hinreichend repräsentativ angesehen werden, sofern eine kritische Mindestfließgeschwindigkeit nicht unterschritten wird. Die kritische Geschwindigkeit kennzeichnet jene Transportgeschwindigkeit, bei der kein stabiler Partikeltransport mehr möglich ist und die Bildung einer stationären Feststoffablagerung beginnt. Das DWA-Arbeitsblatt A-120 [13] gibt zur Vermeidung von Ablagerungen in vertikalen Leitungen unabhängig vom Durchmesser eine Mindestfließgeschwindigkeit von 1,1 m/s an. Bei Unterschreiten dieser Geschwindigkeit sollten Sedimentproben ergänzend berücksichtigt werden.

In weiten Querschnitten (z. B. breite Flüsse, offene Gerinne) kann es dagegen zur Ausbildung von Schichtströmungen kommen. Um die vertikale Inhomogenität der Partikelverteilung zu erfassen, empfiehlt sich eine Mehrpunktprobenahme in unterschiedlichen Tiefenbereichen.

Um die Auswahl geeigneter Probenahmestrategien systematisch an die jeweiligen hydraulischen Rahmenbedingungen anzupassen, gibt **Tabelle 15.1** eine Übersicht über empfohlene Vorgehensweisen in Abhängigkeit von Strömungstyp und Querschnittscharakteristik.

Zusammenfassend lässt sich festhalten, dass die Geschwindigkeit und Struktur der Strömung die entscheidenden Parameter für den Transport und die Verteilung von Partikeln im Wasser darstellen. Für eine repräsentative Probenahme sind turbulente Strömungsverhältnisse anzustreben, da sie eine möglichst homogene Durchmischung der Feststoffe innerhalb der Wassersäule gewährleisten.

Grundsätzlich verändert jeder eingebrachte Körper sowie jede Änderung im Profil den natürlichen Strömungsvorgang und damit das Verteilungsmuster der Partikel. Eine sorgfältige Analyse der hydraulischen Rahmenbedingungen ist daher Voraussetzung für die Auswahl geeigneter Probenahmestrategien und ist dementsprechend zu dokumentieren.

15.3.3 Häufigkeit und Zeitpunkt der Probenahme

Die Probenahme ist so zu gestalten, dass sie sowohl die zeitliche als auch die räumliche Variabilität des untersuchten Systems abbildet. Ziel ist die Gewinnung einer Teilmenge, die eine möglichst zuverlässige Annäherung an die tatsächliche Belastung im Gesamtstrom erlaubt.

Nach ISO 5667-27 [4] und dem JRC Guidance Report [15] werden zwei grundlegende Probenahmestrategien unterschieden:

- **Diskontinuierliche Probenahme**, bei der Einzelproben zu definierten Zeitpunkten entnommen werden. Dieses Vorgehen eignet sich insbesondere für Screening-Untersuchungen oder die Abschätzung punktueller Belastungssituationen.
- **Kontinuierliche, durchflussproportionale Probenahme**, bei der die Entnahmerate an den Wasserdurchfluss gekoppelt ist. Diese Methode wird von beiden Quellen als bevorzugt empfohlen, da sie zeitliche Schwankungen im System erfasst und eine belastbarere Charakterisierung der Belastung ermöglicht.

Eine durchflussproportionale Probenahme gilt insbesondere bei dynamischen Systemen – etwa Fließgewässern oder Abwassereinleitungen – als Standardstrategie.

Auch der Zeitpunkt der Probenahme beeinflusst die Aussagekraft der Ergebnisse erheblich. Belastungssituationen lassen sich nicht zu jedem Zeitpunkt zuverlässig erfassen, sondern nur unter bestimmten systemtypischen Bedingungen – etwa bei Abflussereignissen, saisonalen Schwankungen oder definierten Betriebszuständen. Die Wahl des Entnahmezeitpunkts sollte daher stets im Einklang mit dem Untersuchungsziel sowie dem erwarteten Systemverhalten erfolgen. Um Über- oder Unterschätzungen der Frachten zu vermeiden, sollten solche Effekte bei der Planung der Probenahme systematisch mitgedacht werden.

15.4 Durchführung der Probenahme von Partikeln und Fasern

15.4.1 Zweck der Untersuchung

Die Probenahme von Partikeln und Fasern aus Wasser ist eng an den Zweck und die Zielsetzung der jeweiligen Untersuchung zu koppeln. Art und Umfang der Probenahme richten sich dabei nach der geplanten analytischen Strategie und den verfügbaren Detektionsmöglichkeiten. Eine belastbare Untersuchung setzt ein konsistentes Messkonzept voraus, das die Auswahl geeigneter Detektionsverfahren, die Vorgehensweise der Probenahme sowie die Aufbereitung der Proben methodisch aufeinander abstimmt.

Im speziellen Fall der Erfassung von Mikroplastik in Umweltproben erfordert es eine besonders sorgfältige Planung der Probenahmestrategie. Abhängig von der jeweiligen Fragestellung sind bei der Untersuchung von Mikroplastik grundsätzlich zwei Messgrößen zu unterscheiden:

15

- Die **Partikelanzahl** wird entweder flächenbezogen (z. B. Partikel pro Quadratmeter oder Quadratkilometer) oder volumenbezogen (z. B. Partikel pro Kubikmeter) angegeben. Sie wird überwiegend mittels spektroskopischer Verfahren bestimmt und eignet sich insbesondere für die ökotoxikologische Bewertung.
- Die **Massengehalte** werden als Konzentrationen (z. B. mg/l oder µg/l) angegeben und durch thermoanalytische Verfahren bestimmt. Diese Messgröße wird insbesondere bei der quantitativen Beschreibung der Abwasserzusammensetzung oder im Rahmen von Stoffstromanalysen herangezogen.

Die Auswahl der Zielgröße hat unmittelbare Auswirkungen auf die Gestaltung der Probenahmestrategie sowie auf die nachfolgenden Aufbereitungsschritte und die Art der Detektion.

Die enge Orientierung der Probenahmestrategie an der Zielsetzung sowie die Differenzierung zwischen Partikelanzahl und Massengehalt als zentrale Messgrößen werden auch in den aktuellen Normen (ISO 24187 [6], ISO 5667-27 [4]) als grundlegende Anforderungen für die Untersuchung von Mikroplastik in Wasserproben hervorgehoben.

Das methodische Vorgehen zur Erfassung von Wasserproben umfasst fünf zentrale Arbeitsschritte:

1. Probenahme
2. Probenaufbereitung im Feld zur Erstellung einer Laborprobe
3. Probenaufbereitung im Labor zur Erstellung einer Analyseprobe
4. Detektion
5. Auswertung

Die eigentliche Durchführung der Probenahme zielt auf die Gewinnung einer Feldprobe, also einer repräsentativen Teilmenge aus der zu untersuchenden (Umwelt-)Matrix. Die Auswahl und Umsetzung der Entnahmestrategie stellen dabei einen zentralen Schritt im analytischen Ablauf dar, da sie über die Qualität und Übertragbarkeit der Untersuchungsergebnisse entscheidet. Nur durch die konsequente Abstimmung dieser Schritte auf die jeweilige Fragestellung können reproduzierbare und vergleichbare Ergebnisse erzielt werden.

15.4.2 Art der Probenahme

Die Art der Probenahme stellt einen grundlegenden Aspekt in der Untersuchung partikulärer Belastungen dar und beeinflusst maßgeblich die Aussagekraft der Ergebnisse. Gemäß ISO 5667-27 [4] sowie dem JRC Guidance Report [15] lassen sich zwei Arten der Probenahme unterscheiden:

- Wasserprobenahmen, die eine Entnahme von Rohwasser mit anschließender Aufbereitung ermöglichen. Hierunter fallen:
  - Volumenreduzierte Laborproben mittels Onlinefilterung (z. B. an Entnahmestellen mit integrierter Filtration), dabei kommen Siebe oder Filter aus Edelstahl mit Maschenweiten zwischen 1 µm und 5 mm zum Einsatz

   – Schöpfproben (Grab Samples), bei denen definierte Wassermengen direkt entnommen werden, beispielsweise durch Schöpfgefäße an Teleskopstangen oder verschließbare Eintauchzylinder (z. B. Ruttner)
- Netzprobenahmen, bei denen große Wasservolumina über Netze mit definierter Maschenweite filtriert werden. Eingesetzt werden beispielsweise Manta-(Netzrahmen: 45-100 cm Kantenlänge), Neustonnetze (Netzbreite: 60-100 cm, Höhe: 15-40 cm) oder Planktonnetze. Netzprobenahmen ermöglichen eine effiziente Erfassung von Partikeln größer als die Netzmaschenweite, wobei die typische untere Nachweisgrenze durch die Porengröße begrenzt wird.

Die Auswahl der Probenahmeart ist nach ISO 24187 [6] an die Zielgröße der Untersuchung anzupassen (Partikelanzahl oder Massengehalt) und muss die erwartete Partikelgrößenverteilung berücksichtigen. Direkte Wasserprobenahmen können entweder manuell z. B. durch Schöpfprobenehmer, mithilfe von Fördersystemen wie mobilen oder stationären Pumpen oder automatischer Probenehmer erfolgen. Schöpfproben erfassen Partikel ohne untere Trenngrenze, können jedoch aufgrund der kleinen Probenahmevolumen zu einer höheren Variabilität zwischen den Proben führen. Bei den automatisierten Fördersystemen eignen sich besonders magnetgetriebene Tauchpumpen, da keine Gefahr des Eintrags von Schmier- oder Kühlmitteln besteht. Alternativ können Peristaltik- oder Vakuumpumpen verwendet werden, die außerhalb des Wassers betrieben werden und durch geringe mechanische Belastung das Risiko einer Fragmentierung der Partikel verringern. Die Wasserzufuhr ist gegebenenfalls über Stellventile (Kugel-

Handprobenahme		**Netzprobenahmen**	
a) Schöpfprobenehmer	b) Wasserprobenehmer nach RUTTNER	a) Manta-/Neustennetz	b) Planktonnetz
			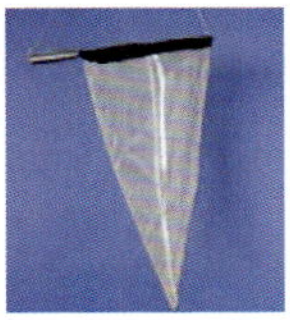
Automatische Probenahmegeräte		**Automatisierte Fördersysteme**	
a) mobil	b) stationär	a) Tauchpumpe	b) Schlauchpumpe

Bild 15.5: Beispielhafte Auswahl verschiedener Probenahmegeräte in Abhängigkeit der Probenahmeart (© oben, v.l.n.r.: behr Labor-Technik GmbH, Casco Antiguo S.A., Isabella Schrank, Netze – Petr Dobeš; © unten, v.l.n.r: 2x ORI Abwassertechnik GmbH & Co., EBARA Pumps Europe S.p.A., Lau)

oder Schraubventil) auf eine konstante Förderrate von mindestens 1 l/min einzustellen und zu dokumentieren. **Bild 15.5** zeigt eine Auswahl verschiedener Probenahmegeräte in Abhängigkeit der Probenahmeart.

Die Auswahl des Entnahmeverfahrens orientiert sich an den örtlichen Gegebenheiten, der Verfügbarkeit technischer Infrastruktur sowie dem vorgesehenen Probenahmevolumen. Bei der Verwendung saugseitig angeschlossener Fördersysteme ist stets auf eine ausreichende Ansauggeschwindigkeit (≥ 0,5 m/s) zu achten, um einen kontinuierlichen und partikelgerechten Probentransport sicherzustellen. Zudem sind strömungsmechanische Verluste zu berücksichtigen, die sich insbesondere durch Höhenunterschiede zwischen Entnahmestelle und Fördersystem ergeben können. Solche potenzialbedingten Druckverluste (z. B. durch hydrostatische Druckdifferenzen oder Förderwiderstände) können zu einem selektiven Zurückhalten größerer oder dichterer Partikel führen und damit die Repräsentativität der entnommenen Probe beeinträchtigen. Spülstöße während und vor allem am Ende der Entnahme empfehlen sich, um abgelagerte Partikel in den Leitungssystemen mit zu erfassen.

Netzproben ermöglichen die Verarbeitung großer Volumina, sind jedoch aufgrund der technischen Beschränkung der Maschenweiten (< 300 µm) weniger geeignet für den Nachweis kleiner Mikroplastikpartikel. Die Netzprobenahme erfolgt entweder an der Oberfläche oder über gestaffelt angebrachte Netze im Tiefenprofil. Für die dynamische Probenahme werden Netze von einem geeigneten Wasserfahrzeug geschleppt, dabei werden die Netze während der Fahrt seitlich am Boot montiert. Aufgrund der Wasserverdrängung sind die Netze mit Auslegern möglichst weit entfernt vom Bootskörper zu positionieren – eine konstante Geschwindigkeit von etwa 1 m/s (± 0,5 m/s), entsprechend 1 bis 3 Knoten, gegen die Strömung sind aufrechtzuerhalten. Bei stationären Einsätzen an Flussufern können die Netze mittels Spannseilen an stabilen Punkten (z. B. Brücken, Bäumen, Pfosten) befestigt werden. Für schematische Versuchsaufbauten wird an dieser Stelle auf Abschnitt 6.3 der ISO 5667-27 [4] verwiesen.

15.4.3 Probenahmevolumen/Probenvolumen

Vorbemerkung: Die Bezeichnung „Probenahmevolumen" beschreibt das Entnahmevolumen bei der Probenahme, das anschließend durch Volumenreduzierung zur Herstellung einer (Labor-)Probe mit dem entsprechend verringertem Probenvolumen für die weitere Untersuchung benötigt wird.

Das Volumen der Probenahme richtet sich nach dem Anspruch auf Repräsentativität und beeinflusst die statistische Aussagekraft und Belastbarkeit der Untersuchungsergebnisse maßgeblich. Grundsätzlich ist das Probenahmevolumen so zu wählen, dass eine hinreichende Erfassungswahrscheinlichkeit aller im Medium enthaltener Feststoffe erreicht wird. Der Feststoffgehalt des untersuchten Wassers und die Anforderungen an die Nachweisempfindlichkeit der Analyse bestimmen das erforderliche Probevolumen im Einzelfall.

Spektroskopische Verfahren kommen mit geringeren Feststoffmengen aus, wohingegen thermoanalytische Verfahren größere Materialmengen voraussetzen. Bei hohen Fest-

Tabelle 15.2: Empfohlene Probenahmevolumina für die thermoanalytische Bestimmung von Mikroplastik in Abhängigkeit vom Feststoffgehalt des Wassers

Art des Wassers	Typischer Probenahmeumfang [l]
Wasser mit hohem Feststoffgehalt (≥ 50 mg/l)	1-25
Wasser mit niedrigem Feststoffgehalt	500-5.000

stofffrachten können dabei bereits geringe Wassermengen ausreichend sein, wohingegen die Erfassung feiner oder nur in sehr geringen Konzentrationen vorliegender Partikel deutlich größere Volumina erfordern.

Gemäß den Empfehlungen der ISO 5667-27 [4] sowie des JRC Guidence Report [15] sollte das Volumen der entnommenen Probe möglichst groß gewählt werden, um eine repräsentative Erfassung der Partikelverteilung innerhalb des Gewässers zu gewährleisten. Größere Probenahmevolumina tragen zudem dazu bei den relativen Einfluss potenzieller Hintergrundkontaminationen zu verringern, da die absolute Zahl detektierter Partikel im Verhältnis zu extern eingetragenen Kontaminationen ansteigt.

Die in **Tabelle 15.2** dargestellten Orientierungswerte bieten eine praxisnahe Einordnung empfohlener Probenahmevolumina in Abhängigkeit vom Feststoffgehalt der untersuchten Matrix.

Für flächenhafte Probenahmen in offenen Gewässern wie Flüssen, Seen und Meeresgebieten erfolgt die Entnahme häufig mittels Netze. Im marinen Bereich kommen vor allem Manta-Trawls und Neustonnetze zum Einsatz, diese werden bevorzugt mit Maschenweiten von ca. 330 µm ausgestattet, was eine effiziente Durchsatzleistung ermöglicht. Planktonnetze mit Maschenweiten von 50 bis 100 µm eignen sich insbesondere für stehende Gewässer oder Fließgewässer mit geringer Tiefe und Strömung. Aufgrund der niedrigen Konzentrationen größerer Mikroplastikpartikel wird in der Literatur [16-18] ein Probenahmevolumen von mindestens 200 bis 500 m^3 empfohlen, was einer beprobten Fläche von etwa 1.000 m^2 entspricht.

Die Ableitung feststehender Probenahmevolumina ist in Bezug auf die vorigen Ausführungen jedoch für die unterschiedlichen Anforderungen nicht generalisiert möglich.

15.4.4 Feldprobenaufbereitung

Um große Probenahmevolumina in ein laborübliches Maß zu überführen, müssen die in der Probe enthaltenden Feststoffe aufkonzentriert werden.

15

Ein in der Praxis bewährtes Prinzip ist die Feststoffseparation mittels Filtration bzw. Siebung. Den publizierten Messergebnissen zur Mikroplastikbestimmung liegen unterschiedliche Sieb- und Filtergrößen zugrunde, was die Vergleichbarkeit der Ergebnisse erschwert, insbesondere dann, wenn Angaben zur verwendeten Fraktionierung komplett fehlen. Die Auswahl der Poren- bzw. Maschenweite bestimmt wesentlich, welche Partikelgrößen erfasst werden. Ein auftretendes Problem bei der Anwendung von Sieben ist die Bildung eines Filterkuchens, der die Maschen des Siebs verblockt und den Probendurchsatz vermindert. Insbesondere bei feststoffreichen Wässern kann es zweckmäßig sein, eine Siebkaskade zu nutzen, um das Risiko der Verblockung zu minimieren. Eine Orientierung bieten die in ISO 5667-27 [4] genannten Fraktionierungsstufen bei 10, 50, 100, 500 und 1.000 µm. Die kleinste Maschenweite definiert dabei die untere Nachweisgrenze hinsichtlich der erfassten Partikelgröße. Es empfiehlt sich zusätzlich Teilmengen des Filtrats als Probe zu gewinnen und die restliche Menge der Feststoffe unterhalb der angewendeten Trenngrenze zu bestimmen. Eine weitergehende in situ-Fraktionierung im Sinne einer schichtweisen Trennung der Partikel innerhalb der Probe ist allerdings nicht praktikabel, da es aufgrund der Filterkuchenbildung regelmäßig zu einer Verschiebung der Partikelverteilung kommt. Der Wasserzufluss sollte reguliert werden, um ein kontrolliertes Durchströmen der Filtereinheiten zu gewährleisten.

Die auf den Sieben oder Filtern zurückgehaltenen Feststoffe werden in Glas-Petrischalen oder Glasgefäße überführt und mit passenden Deckeln bzw. Versiegelungen verschlossen. Zum Transfer der Partikel kann bei Bedarf gefiltertes Reinstwasser (inertes Filtermaterial mit einer Porenweite < 1 µm) oder eine milde, ebenfalls vorgefilterte Detergenslösung (Porengröße < 1 µm) verwendet werden. Zur Unterstützung kann ein Pinsel mit Natur- oder nichtplastischen Borsten verwendet werden. Auch eine Ultraschallbehandlung in Reinstwasser ist zur Ab- und Rücklösung der Partikel von den Filtermedien geeignet, wobei eine mögliche Zerkleinerung von Partikeln durch Ultraschall insbesondere im Hinblick auf spektroskopische Analysen und für nachfolgende Filtrationsschritte zu beachten ist.

Das gesamte Probenmaterial, das sich bei Netzprobenahmen im Sammelsack (cod end) des Netzes gesammelt hat, wird in ein vorbereitetes Probengefäß überführt. Alternativ kann der Inhalt über ein Sieb mit entsprechender Maschenweite abfiltriert und das Sieb anschließend in Aluminiumfolie eingeschlagen oder in einem geeigneten Behälter aufbewahrt werden.

15.5 Probentransport und -übergabe

Die gesamte Filtereinheit bzw. die aufkonzentrierten Laborproben sind anschließend möglichst zeitnah in ein Labor zu transportieren. Für die Lagerung von Mikroplastikproben nach der Entnahme sollten ausschließlich Probengefäße mit dicht schließenden Deckeln verwendet werden, die aus Edelstahl oder anderen Materialien bestehen, die definitionsgemäß nicht Teil der Untersuchung sind. Dies dient der Vermeidung nachträglicher Kontamination und der Sicherstellung der Integrität der Proben bis zur Analyse. Sofern Kunststoffdeckel verwendet werden, empfiehlt sich zusätzlich eine Aluminiumfolie als Barriere zwischen Deckel und Gefäß.

Alle Behälter sind eindeutig zu beschriften – mindestens mit Angabe der Probenahmestelle sowie verwendete Maschenweite und des aufgenommenen Volumens. Um lichtinduzierte Veränderungen der Partikelzusammensetzung zu vermeiden, sollten Glasgefäße mit Aluminiumfolie oder lichtundurchlässigem Material abgedeckt werden.

Die Kühlung von Proben (auf max. 4 °C) unter Lichtausschluss wird empfohlen, um mikrobiologisches Wachstum und die langsame Degradierung von Proben durch Bakterien zu vermeiden und die Lagerzeit zu verlängern.

15.6 Probenahmeausrüstung und Qualitätssicherung

Die Qualität der Probenahme partikulärer Parameter hängt wesentlich von der verwendeten Ausrüstung sowie den getroffenen Maßnahmen zur Vermeidung externer Einflüsse ab. Ziel ist die Gewinnung unverfälschter Proben, deren Zusammensetzung die tatsächliche Belastung der untersuchten Matrix möglichst zuverlässig abbildet.

Insbesondere bei der Bestimmung von Mikroplastik erfordert die ubiquitäre Verbreitung der Partikel eine erhöhte Sorgfalt. Bereits geringfügige Einträge aus der Umgebung oder aus den verwendeten Arbeitsmaterialien können das Messergebnis beeinflussen. Die Normen ISO 24187 [6] und ISO 5667-27 [4] benennen hierfür zentrale Anforderungen, die auf eine Minimierung solcher Einflüsse abzielen.

Empfohlen wird der Einsatz möglichst kunststofffreier Materialien, etwa aus Glas oder Metall. Kommt polymerbasiertes Material zum Einsatz, ist dessen Eignung vorab zu prüfen und zu dokumentieren. Dabei sind nicht nur direkt mediumberührende Komponenten, sondern auch potenzielle Eintragsquellen wie Dichtungen, Gefäßdeckel oder persönliche Schutzausrüstung zu berücksichtigen.

Zur Entnahme von Wasser aus Oberflächen- und Tiefenbereichen können verschiedene Geräte eingesetzt werden, darunter Teleskopstangen, mechanisch oder manuell betriebene Pumpen, Tauchzylinder oder nichtplastische Tauchflaschen (z. B. Niskin-Flaschen aus Edelstahl oder Glas).

Verwendete Schläuche und Leitungen sollten möglichst frei von Kunststoffen sein oder aus Materialien bestehen, die entweder in der Umwelt kaum verbreitet sind oder nicht mit dem Untersuchungskonzept interferieren, etwa silikonummantelte oder EPDM (Ethylen-Propylen-Dien-Kautschuk)-Schläuche. Es wird empfohlen, hierfür stets neue Schläuche zu verwenden, um Verunreinigungen auszuschließen.

Zusätzlich können Edelstahltauchstangen zur submersen Probenahme eingesetzt werden. Auch Schöpfgeräte an Teleskopstangen sowie Eintauchzylinder sollten, wenn möglich, aus Edelstahl oder anderen kunststofffreien Materialien bestehen.

Netzmaterialien sollten möglichst nicht aus den Zielstoffen bestehen oder zumindest klar dokumentiert sein, um analytische Interferenzen durch Abrieb zu vermeiden. Die Maschengröße und deren Selektivität bestimmen die minimale detektierbare Partikelgröße – sie muss daher stets explizit angegeben werden.

Zur Kontrolle möglicher Hintergrundbelastungen fordern die Normen die Durchführung begleitender Blindproben. Die Blindproben im Feld und im Labor sind verbindlich einzuplanen, um externe Einträge identifizieren und bewerten zu können. Ergänzend ist eine vollständige Dokumentation der verwendeten Materialien, der potenziellen Kontaminationsquellen sowie der angewandten Vorsorgemaßnahmen vorzusehen.

Eine Qualitätssicherung, die diese Aspekte systematisch integriert, ist Voraussetzung für belastbare und vergleichbare Ergebnisse in der Mikroplastikanalytik.

15.7 Messungen vor Ort

Zur Dokumentation und Qualitätssicherung wird die tatsächlich erreichte Durchflussrate während der Probenahme mithilfe eines Durchflussmessers vor oder hinter dem Filtersystem erfasst. Das eingesetzte Gerät sollte eine Messgenauigkeit von mindestens ±5 % aufweisen, um eine belastbare Volumenbestimmung sicherzustellen. Nach Abschluss der vorgesehenen Sammelzeit ist der Probenfluss zu stoppen und das insgesamt durchgesetzte Wasservolumen zu dokumentieren. Unterbrechungsphasen während der Probenahme dürfen bei der Volumenbestimmung nicht berücksichtigt werden.

15.8 Probenahmeprotokoll

Für die Nachvollziehbarkeit und Qualitätssicherung von Mikroplastikproben ist eine sorgfältige Dokumentation sämtlicher relevanter Informationen in Abhängigkeit der Probenahmeart im Rahmen eines standardisierten Probenahmeberichts erforderlich. In der Norm ISO 5667-27 sind Beispiele für Probenahmeprotokolle in den Tabellen 2 und 3 dargestellt.

Für Wasserprobenahmen, sowohl für Schöpf- als auch volumenreduzierte Probenahmen, sind mindestens folgende Angaben im Probenahmeprotokoll festzuhalten:

- Beschreibung der angewandten Probenahmemethode (Entnahme und Feldprobenaufbereitung) inklusive Normverweis
- Eindeutige Probenkennung und Bezeichnung (Proben-ID)
- Datum und Zeitpunkt der Probenahme (Start bzw. Ende)
- Probenahmestelle inklusive GPS-Koordinaten (Dezimal- oder Sexagesimalnotation), Start- und Endpunkte
- Entnahmetiefe bzw. Angaben der Tiefenstaffelung bei Mehrpunktprobenahmen
- Eingesetzte Probenahmegeräte (Hersteller und Modell der Pumpenmodule), insbesondere Verweis auf Kunststoffbestandteile
- Verwendete Filter (Maschenweite und Form der Maschen, Hersteller, Modell)
- Fließrate, Dauer und gefiltertes Gesamtvolumen
- Dokumentation der Feldblindproben
- Fließ- und Strömungsbedingungen des beprobten Mediums
- Wetterbedingungen zum Zeitpunkt bzw. vor der Probenahme
- Zustand eventuell treibender Oberflächenstoffe (z. B. Algen, Abfälle)
- Beobachtete Besonderheiten und ggf. Abweichungen vom Standardverfahren

Bei dynamischer Netzprobenahme (z. B. in marinen Systemen) sind zusätzlich zu den o. g. Punkten weitere Angaben zu erfassen:

- Netztyp (Hersteller, Modell, Länge) und Maschenweite
- Abgeschleppte Strecke und berechnete Fläche (Sweep Area)
- Volumen des gefilterten Wassers, Tauchdauer, Geschwindigkeit des Schleppvorgangs
- Position und Abstand des Netzes zum Boot
- Eintauchtiefe (inkl. Variationen) bzw. Angaben der Tiefenstaffelung bei Mehrpunktprobenahmen
- Schlepp- und Windrichtung, Windstärke (Beaufort), Schiffsbewegung (Heave, Pitch, Roll)
- Meerestemperatur, Salzgehalt, Wellengang, Treibgut
- Ggf. besondere Beobachtungen oder Abweichungen vom Standardverfahren

Für stationäre Netzprobenahmen (z. B. in Fließgewässern) sind im Protokoll folgende Angaben mit zu erfassen:

- Methode inklusive Normverweis
- Eindeutige Probenbezeichnung, Datum, Uhrzeit
- Wetter, Wasserstand, Tide (bei Gezeitengewässern)
- Netzparameter (Maschenweite, Breite, Höhe, Länge)
- Gefiltertes Volumen, Fließrate
- Eintauchtiefe
- Verwendete Gerätschaften inklusive Kunststoffanteilen
- Ergebnis von Feldblanks, Zustand der Wasseroberfläche
- Besondere Vorkommnisse oder abweichende Handlungen

Diese systematische Erfassung gewährleistet die Rückverfolgbarkeit und Vergleichbarkeit der Probenahmeergebnisse und ist somit ein zentrales Element der Qualitätssicherung.

15.9 Messunsicherheit

Ein Messergebnis stellt stets einen Schätzwert einer Messgröße dar, der mit Unsicherheiten aus dem gesamten Messprozess behaftet ist. Diese Unsicherheiten führen zu einer Abweichung zwischen dem gemessenen und dem tatsächlichen Wert einer Messgröße, die als Messunsicherheit bezeichnet wird DIN 1319-1 [19]. Sie liefert ein quantitatives Maß für die Qualität einer Messung und ist als ein dem Messergebnis zugeordneter Parameter definiert.

Die Messabweichung setzt sich grundsätzlich aus zufälligen und systematischen Komponenten zusammen. Zufällige Messabweichungen entstehen durch unkontrollierte, nicht reproduzierbare Einflüsse und führen zu einer statistischen Streuung der Messergebnisse. Systematische Abweichungen hingegen verschieben den Erwartungswert vom tatsächlichen Wert und sind auf persistente Einflüsse innerhalb des Messsystems zurückzuführen.

Bild 15.6 zeigt die schematische Darstellung der Verteilung einer idealisierten Messreihe. Auf der x-Achse ist die Messgröße dargestellt, auf der y-Achse die Häufigkeit der gemessenen Werte bei Wiederholungsmessungen. Die Differenz zwischen dem wahren Wert und dem Erwartungswert veranschaulicht den systematischen Fehler (Bias), während die Breite der Verteilung die zufällige Streuung beschreibt.

Zur Abschätzung der Messunsicherheit stehen verschiedene normierte Verfahren zur Verfügung, die sowohl zufällige als auch systematische Unsicherheitskomponenten berücksichtigen. Grundlage bilden dabei die internationalen Leitlinien gemäß GUM [20], der Eurachem/CITAC Guide [21] sowie für die Wasseranalytik spezifisch die ISO 11352 [22]. Die ISO 11352 [22] beschreibt ein methodisches Vorgehen zur Abschätzung der Messunsicherheit auf Basis von Validierungsdaten und qualitätskontrollierten Messreihen in der Wasseranalytik. Hierbei wird zwischen zufälliger Streuung (innerhalb der Wiederholungen) und systematischem Verfahrensbias unterschieden. Eine Möglichkeit zur Bestimmung der Richtigkeit einer Methode sind unter anderem Wiederfindungsexperimente nach Zusatz bekannter Menge an Analyt (Prüfstoff). Die Wiederfindungsrate ergibt sich aus dem Verhältnis der analytisch bestimmten zur ursprünglich eingesetzten Prüfstoffmenge und erlaubt Rückschlüsse auf die Erfassungsleistung des gewählten Verfahrens. Zur praxisnahen Bewertung der Messunsicherheit bei der Probenahme partikulärer Parameter wurden im Rahmen einer Dissertationsarbeit an der TU Berlin gezielte Versuchsreihen unter kontrollierten Laborbedingungen durchgeführt. Ziel war es, die Richtigkeit und Präzision unterschiedlicher Probenahmeverfahren anhand experimentell bestimmter Wiederfindungsraten vergleichend zu bewerten. Die dabei verwendeten Prüfstoffe wurden systematisch in unterschiedlichen Konzentrationsniveaus und unter variierenden Strömungsbedingungen eingesetzt. Die Auswahl erfolgte mit:

- Methylorange ($C_{14}H_{14}N_3NaO_3S$), ein Säurefarbstoff mit einer Dichte von 1,28 g/cm³ diente zur Abbildung der gelösten Stoffe, die Analyse erfolgte hier mittels Photometrie
- Polyethylenpulver (PE) mit einer mittleren Partikelgröße von d_{50} = 145 µm und einer Dichte von ρ = 0,98 g/cm³ diente zur Abbildung von Schwimmstoffen

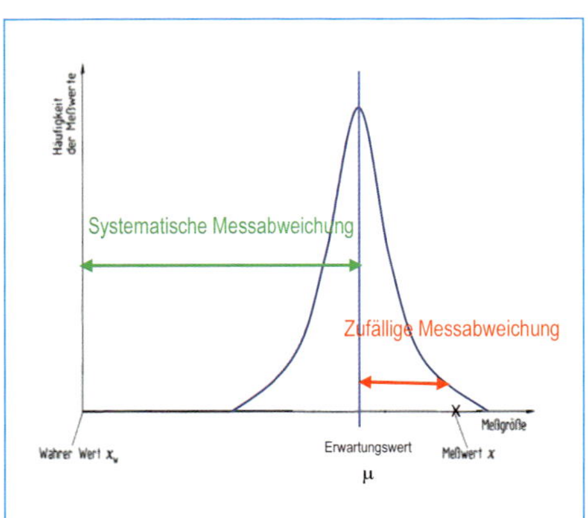

Bild 15.6: Schematische Darstellung der Verteilung einer idealisierten Wiederholungsmessung, mit systematischer Messabweichung eines Erwartungswerts vom wahren Wert und der zufälligen Messabweichung als Standardabweichung einer Messgröße

- Polystyrolpulver (PS) mit d_{50} = 298 µm und ρ = 1,05 g/cm³ wurde für Schwebstoffe eingesetzt,
- Gummifeinmehl (K002) mit d_{50} = 125 µm und $\rho \approx$ 1,17 g/cm³ und Milisil (W4) mit d_{50} = 100 µm und $\rho \approx$ 2,5 g/cm³ repräsentierte sedimentierbare Partikel

So konnten die drei wesentlichen Partikelfraktionen – Schwimmstoffe, Schwebstoffe und sedimentierbare Feststoffe abgebildet und differenziert betrachtet werden. Die Partikel wurden mit Benetzungsmittel (Tween 80) versetzt, um eine stabile und homogene Verteilung im Wasser zu gewährleisten und in definierten Mengen in eine Prüfsuspension (Kunststoff-Wasser-Gemisch) eingebracht. Bei allen Experimenten wurden acht Wiederholungsmessungen durchgeführt. Die Analyse erfolgte über eine gravimetrische Bestimmung der enthaltenen Feststofffracht in den Proben. Unsicherheiten bei der Einstellung der Sollkonzentrationen sowie der Dosierung der Prüfstoffe wurden berücksichtigt und flossen als analytische Unsicherheitskomponenten bei der Auswertung mit ein. Die Abschätzung der Messunsicherheit erfolgt über die Berechnung der kombinierten Standardunsicherheit durch die quadratische Addition der einzelnen Unsicherheitskomponenten der identifizierten Einflussgrößen nach folgender Formel:

$$u_c = \sqrt{u_r^2 + u_b^2} \tag{15.1}$$

u_c: Kombinierte Standardunsicherheit (ohne Erweiterungsfaktor, k = 1)
u_r: Standardunsicherheit aufgrund der Wiederholpräzision
u_b: Standardunsicherhit aufgrund der Richtigkeit (Abweichung von den Sollwerten in den Wiederfindungsexperimenten)

Die Wiederfindungsrate bzw. die Differenz zu 100 % kann als systematischer Unsicherheitsbeitrag (Bias) berücksichtigt werden. Die Streuung der Messung wird über die Standardabweichung aus den jeweiligen Wiederholungsexperimenten abgeschätzt und kombiniert mit dem Bias als kombinierte Messunsicherheit wiedergegeben. Die empirische bestimmten Messunsicherheiten für die einzelnen Einflussgrößen bzw. -klassen wurden durch Mittelwertbildung kombiniert und sind in **Tabelle 15.3** als kombinierte Standardunsicherheit (ohne Erweiterungsfaktor, k = 1) angegebenen.

Die experimentellen Untersuchungen zur Bestimmung der Messunsicherheit bei der Probenahme partikulärer Stoffe zeigen deutlich, dass erhebliche systematische Messabweichungen auftreten können. In den durchgeführten Versuchsreihen wurde für verschiedene Probenahmesysteme ein einseitig gerichteter, negativer Messfehler festgestellt, der je nach Probenahmeart zwischen 48 % (Handprobenahme) und 53 % (Schlauchpumpe) lag. Sofern der Ansaugstutzen bei der automatischen Probenahme mit einem Siebkorb versehen ist, erhöht sich der Fehler sogar auf 61 %. Im Vergleich dazu steht eine Messungenauigkeit von gemittelt 8 % (Schwimmstoffe: 9 %, Schwebstoffe: 10 %, sedimentierbare Stoffe: 6 %) für die Probenahme aus einem ideal durchmischten Behälter mit einer quasi-homogenen Verteilung der Partikel. Eine Vollstrombeprobung mithilfe eines Siebes (10 µm) am Rohr-Teststand ergab eine Messunsicherheit von 2 %. Diese Unterbefunde sind Ausdruck einer systematischen Unterschätzung der tatsächlichen Feststoffbelastung und beruhen auf dem Eingriff der

Tabelle 15.3: Darstellung der über Wiederfindungsexperimente bestimmten Messunsicherheiten bei der Probenahme im Rohr und Gerinne in Abhängigkeit der Strömungsart für Schwimm-, Schweb-, sedimentierbare und gelöste Stoffe

	Rohr-Teststand (Werte in %)				**Gerinne-Teststand** (Werte in %)					**Gesamtergebnisse** (in %)
	Gelöste Stoffe	**Schwebstoffe**	**Sedimentierbare Stoffe**	**Teilergebnis**	**Gelöste Stoffe**	**Schwimmstoffe**	**Schwebstoffe**	**Sedimentierbare Stoffe**	**Teilergebnis**	
Handprobenahme	41	78	29	49		49	42	50	47	48
Laminar	35	83	26	45		39	34	49	40	42
Turbulent	44	74	31	53		69	58	53	60	56
Schlauchpumpe	27	75	26	43		64	44	50	53	53
Laminar	12	76	15	29	3	62	43	46	37	36
Turbulent	31	74	36	48		70	50	63	61	53
Schlauchpumpe mit Siebkorb		86	46	66		71	56	49	58	61
Laminar		78	57	67		70	52	44	55	58
Turbulent		94	35	65		72	65	58	65	65

Probenahmesysteme in das Strömungsgeschehen. Die Veränderung der hydraulischen Bedingungen während der Entnahme beeinflusst das Verhalten der partikulären Phase und führt zu einer selektiven Erfassung. Die Validierungsversuche wurden unter kontrollierten Bedingungen mit definierten Prüfstoffzusätzen durchgeführt, die jeweils charakteristische Partikelfraktionen – Schwimm-, Schweb- und sedimentierbare Stoffe – abbildeten. Die Ergebnisse belegen, dass die Messunsicherheit bei der Probenahme nicht nur von der Wahl des Probenahmeverfahrens, sondern auch von der Art der Partikel und den Strömungsbedingungen abhängig ist. Die systematischen Unterbefunde weisen darauf hin, dass ohne geeignete Korrekturmechanismen ein erheblicher Anteil der tatsächlichen Belastung nicht erfasst wird.

Auch wenn jede Probenahme individuell, an bestimmte Vor-Ort-Bedingungen geknüpft und zu unterschiedlichen Zwecken durchgeführt wird, belegen die labortechnisch durchgeführten Prüfungen, dass die Probenahme anhand der Kriterien Richtigkeit und Präzision bewertet werden kann – und damit auch Anforderungen an die Repräsentativität erfüllt werden müssen. Zur konsistenten Beurteilung und Vergleichbarkeit bedarf es in Abhängigkeit der Anwendungsbereiche eines einheitlichen Prüfprogramms, das als Grundlage für die Bewertung des methodischen Standards in der Probenahmetechnik dient.

Die Untersuchungen verdeutlichen die allgemeingültige Relevanz dieses Effekts und lassen sich auch auf andere partikuläre Umweltparameter wie abfiltrierbare Stoffe (AFS) oder AFS63 übertragen. Sie machen deutlich, dass die Probenahme als eigenständiger Unsicherheitsfaktor in der Umweltanalytik zu betrachten ist. Eine differenzierte Bewertung von Messergebnissen erfordert daher die explizite Berücksichtigung dieser Unsicherheiten. Die Ergebnisse unterstreichen zugleich die Notwendigkeit, standardisierte Prüfprogramme zur Bewertung der Repräsentativität und Genauigkeit von Probenahmesystemen zu entwickeln und anzuwenden.

Literatur

[1] DIN EN ISO 5667-3:2024-09, Wasserbeschaffenheit – Probenahme – Teil 3: Konservierung und Handhabung von Wasserproben (ISO 5667-3:2024); Deutsche Fassung EN ISO 56673:2024

[2] DIN 38409-2:1987-03, Deutsche Einheitsverfahren zur Wasser-, Abwasser- und Schlammuntersuchung; Summarische Wirkungs- und Stoffkenngrößen (Gruppe H); Bestimmung der abfiltrierbaren Stoffe und des Glührückstandes (H 2)

[3] DIN EN 872:2005-04, Wasserbeschaffenheit – Bestimmung suspendierter Stoffe – Verfahren durch Abtrennung mittels Glasfaserfilter; Deutsche Fassung EN 872:2005

[4] ISO 5667-27:2025, Water quality – Sampling – Part 27: Guidance on sampling for microplastics in water

[5] ISO/TR 21960:2020, Plastics – Environmental aspects – State of knowledge and methodologies

[6] DIN EN ISO 24187:2024-04, Grundsätze für die Analyse von Mikroplastik in der Umwelt (ISO 24187:2023); Deutsche Fassung EN ISO 24187:2023

[7] DIN ISO 9276-6:2012-01, Darstellung der Ergebnisse von Partikelgrößenanalysen – Teil 6: Deskriptive und quantitative Darstellung der Form und Morphologie von Partikeln, Deutsche Fassung ISO 9276-6:2008

[8] DIN EN ISO 5667-1:2025-08, Wasserbeschaffenheit – Probenahme – Teil 1: Anleitung zur Erstellung von Probenahmeplänen und Probenahmetechniken (ISO 5667-1:2023); Deutsche Fassung EN ISO 5667-1:2023

[9] ISO 5667-4:2016-06 – Wasserbeschaffenheit – Probenahme – Teil 4: Anleitung für die Probenahme aus natürlichen und künstlichen Seen, Deutsche Fassung EN ISO 24187:2023

[10] DIN EN ISO 5667-6:2016, Wasserbeschaffenheit – Probenahme – Teil 6: Anleitung zur Probenahme aus Fließgewässern (ISO 5667-6:2014); Deutsche Fassung EN ISO 5667-6:2016

[11] ISO 5667-9:1992, Wasserbeschaffenheit – Probenahme – Teil 9: Hinweise zur Probenahme von Meerwasser

[12] ISO 5667-17:2008-10 – Wasserbeschaffenheit – Probenahme – Teil 17: Anleitung zur Probenahme suspendierter Stoffe

[13] Deutsche Vereinigung für Wasserwirtschaft, Abwasser und Abfall e.V. (DWA), Arbeitsblatt A 120-2 – Pumpsysteme außerhalb von Gebäuden – Teil 2: Pumpstationen und Drucksysteme, Dezember 2022

[14] Habersack, H.; Haimann, M.; Kerschbaumsteiner, W.; Lalk, P.: Schwebstoffe im Fließgewässer. Leitfaden zur Erfassung des Schwebstofftransportes 2. Auflage, Wien 2017. Verfügbar unter: www.bmluk.gv.at/dam/jcr:479ff2f0-b143-4560-a9a9-36c464c25125/Leitfaden_Schwebstoffmessung_2te-Auflage.pdf

[15] Belz, S.; Cella, C.; Geiss, O.; Gilliland, D.; La Spina, R.; Sokull-Kluettgen, B.: Analytical methods to measure microplastics in drinking water, Joint Research Centre (JRC) Guidance Report (2023)

– European Commission – Publications Office of the European Union, Luxembourg 2024. Verfügbar unter: https://data.europa.eu/doi/10.2760/109944, JRC136859

[16] Michida, Y. et al.: Guidelines for Harmonizing Ocean Surface Microplastic Monitoring Methods. Version 1.1. Tokyo, Japan, Ministry of the Environment Japan, 71 pp. Juni 2020

[17] Campanale, C. et al.: A Practical Overview of Methodologies for Sampling and Analysis of Microplastics in Riverine Environments. Sustainability, 2020. 12 (17), S. 6755

[18] Koelmans, A. A. et al.: Microplastics in freshwaters and drinking water. Critical review and assessment of data quality. Water Research (2019). 155, S. 410-422

[19] DIN 1319-1:1995-01 – Grundlagen der Meßtechnik – Teil 1: Grundbegriffe

[20] Evaluation of measurement data – Guide to the expression of uncertainty in measurement (GUM), produced by Joint Committee for Guides in Metrology (JCGM), 1. Auflage 2008, überarbeitete Version 2010 (in Englisch)

[21] Ramsey, M. H.; Ellison, S. L. R.; Rostron, P. – Eurachem/ EUROLAB/ CITAC/ Nordtest/ AMC Guide: Measuremnet uncertainty arising from sampling: a guide to methods and approaches, 2. Auflage, Eurachem (2019), ISBN: 978-0-948926-35-8

[22] DIN ISO 11352:2013-03, Wasserbeschaffenheit – Abschätzung der Messunsicherheit beruhend auf Validierungs- und Kontrolldaten, Deutsche Fassung ISO 11352:2012

16 Probenahme von Schwebstoffen

Dipl.-Ing. Klaus-Dieter Selent

16.1 Einleitung

In diesem Kapitel wird die Probenahme von Schwebstoffen insbesondere aus fließenden Gewässern für nachfolgende chemische und physikalische Untersuchungen auf der Grundlage der DIN 38402-24 „Anleitung zur Probenahme von Schwebstoffen“ [1] und dem LAWA-AQS-Merkblatt P-8/4 „ Probenahme von Schwebstoffen und Sedimenten“ [2] behandelt. Einige Textpassagen und Bilder wurden einem unveröffentlichten Leitfaden zur Schwebstoffgewinnung mittels Durchlaufzentrifuge entnommen, der bereits im Jahr 2004 in Zusammenarbeit der Dezernenten „Probenahmedienst“ der Staatlichen Umweltämter in NRW, dem Landesumweltamt NRW und dem Ruhrverband Essen erarbeitet wurde [3].

Die Untersuchung der Schwebstoffe ist von besonderem Interesse, da diese bevorzugte Anreicherungsstellen für eine Vielzahl von Schadstoffen insbesondere mit lipophilem Charakter sind, die in der Wasserphase kaum oder nur unzureichend nachweisbar sind. So kann beispielsweise die Belastung der Gewässer mit Schwermetallen oder mit akkumulierbaren und biologisch kaum abbaubaren organischen Chlorverbindungen (z. B. PCB), wenn die analytischen Nachweisgrenzen für wässrige Medien zu hoch liegen, nur in Schwebstoffen zuverlässig erfasst werden.

Durch die Verordnung zum Schutz von Oberflächengewässern (Oberflächengewässerverordnung – OGewV) vom 20.06.2016 [4] werden Anforderungen an die Überwachung, Bewertung und Trendermittlung von sediment- bzw. schwebstoffgebundenen Schadstoffen gestellt. Mit den analytischen Ergebnissen werden wesentliche Zustandsbewertungen und Bestandsaufnahmen von Gewässern durchgeführt. Es werden langfristige Trends ermittelt und Frachten für schwebstoffgebundene Schadstoffe abgeschätzt [5].

Obwohl Untersuchungen von Schwebstoffproben schon seit einigen Jahrzehnten durchgeführt werden, gibt es bis heute keine standardisierte Methode zur Probenahme von Schwebstoffen für die Bestimmung der Wasserqualität. Im Gegensatz zur Beurteilung von Sedimentfrachten gibt es auch keine einheitliche Theorie über den Transport von Schwebstoffen, die als Grundlage für die Entwicklung einer normierten Methodik dienen kann.

Die vorliegenden Vorschriften zur Probenahme von Schwebstoffen beinhalten eine Auswahl unterschiedlicher Probenahmetechniken. Im Sinne einer Vergleichbarkeit der erzielten Untersuchungsergebnisse ist es daher unbedingt notwendig, für langfristige Untersuchungsprogramme stets die gleiche Probenahmetechnik einzusetzen.

16.1.1 Normen und Vorschriften

Die Norm DIN 38402-24 [1] gibt eine Anleitung für die Probenahme suspendierter Feststoffe mit dem Ziel, die Wasserbeschaffenheit, vor allem von Fließgewässern, hinsichtlich ihres Gehalts und Art der suspendierten Feststoffe zu ermitteln bzw. zu überwachen. Teile der Norm sind auch auf Süßwasserseen, Speicherbecken und Wasser aus Stauanlagen anwendbar, wegen der unterschiedlichen Anforderung an die Probenahmeprogramme werden diese jedoch darin nicht berücksichtigt.

Die deutsche Norm 38402-24 diente bereits vor der Veröffentlichung im Mai 2007 als Vorlage zur Überarbeitung der internationalen Norm ISO 5667-17 „Guidance on sampling of bulk suspended solids“ [6], die im Oktober 2008 veröffentlich wurde. Eine Übernahme als DIN EN ISO 5667-17 wurde vom Normenausschuss für nicht erforderlich gehalten, da sich die deutsche und internationale Norm nicht wesentlich unterscheiden. Das AQS-Merkblatt P-8/4 [2] enthält relevante Hinweise insbesondere unter Qualitätssicherungsaspekten zur Planung und Durchführung bei der Probenahme von Schwebstoffen und Sedimenten.

DIN EN ISO 5667-15 [7] gibt eine Anleitung zu Verfahren für die Konservierung, Handhabung und Lagerung von Proben von Klärschlämmen, Schlämmen aus Wasserwerken, Schwebstoffen, Salz- und Süßwassersedimenten, bis chemische, physikalische, radiochemische und/oder biologische Untersuchungen im Labor durchgeführt werden können. Die darin aufgeführten Verfahren sind aber nur für feuchte Proben von Schlamm, Sediment und Schwebstoffen geeignet. Anmerkung: Die Norm wird zum Zeitpunkt der Bearbeitung dieses Textes überarbeitet und liegt als Entwurf DIN EN ISO 5667-15:2025-08 „Anleitung zur Konservierung und Handhabung von Schlamm-, Sediment- und Schwebstoffproben (ISO/DIS 5667-15:2025)“ vor.

Das LAWA-AQS-Merkblatt P-15 [5] befasst sich mit der Qualitätssicherung bei der Probenvorbereitung von Schwebstoffen und Sedimenten und enthält praktische Anleitungen zu Transport, Lagerung, Homogenisierung und Trocknung sowie zur Gewinnung der Kornfraktion von Schwebstoffen und Sedimenten. Es schließt damit an das Merkblatt P-8/4 „Probenahme von Schwebstoffen und Sedimenten“ [2] an.

16.1.2 Herkunft und Charakterisierung der Schwebstoffe

Der Feststofftransport lässt sich nach DIN 4049 Teil 3 [8] in drei Kategorien unterteilen: Schwimmstoffe, Sinkstoffe und Schwebstoffe.

Schwimmstoffe sind meist organischer Natur und daher leichter als Wasser. Sie bewegen sich schwimmend an der Gewässeroberfläche.

Sinkstoffe sind solche Feststoffe, die vor dem Absinken geschwebt haben, wobei ihre Dichte signifikant größer als die von Wasser ist. Bewegen sich Sinkstoffe rollend, gleitend und hüpfend an der Gewässersohle, spricht man von Geschiebe. Bei sehr feinkörnigem Material (< 10 µm) prägen interpartikuläre Kräfte das Verhalten dieser Partikel im Wasser zu einem großen Teil. Schwebstoffe sind nach DIN 4049 Teil 3

[8] „Feststoffe, die durch das Gleichgewicht der Vertikalkräfte in Schwebe gehalten werden“. Im Allgemeinen sind etwa 80 % des von einem Fluss insgesamt transportierten Feststoffmaterials Schwebstoffe.

Die im Wasser mitgeführten Schwebstoffe – erkennbar an der zumeist sichtbaren Trübung – weisen in den verschiedenen Fließgewässertypen eine unterschiedliche Herkunft auf [9, 10]:

Grundsätzlich enthalten fließende Gewässer Erosionsmaterial des Gewässerbetts, dessen Menge und Zusammensetzung in erster Linie von der geologischen Formation des Einzugsgebiets bestimmt wird. Im Verlauf seines Transports kann dieses Material durch Adsorption zusätzlicher anthropogen ins Gewässer eingetragene gelöste Schadstoffe binden und anreichern. Die Abrasion führt darüber hinaus zu einer Verschiebung des Korngrößenspektrums zu kleineren Körnern.

Aus dem Uferbereich und der Fläche des Einzugsgebiets werden Feststoffe durch Abschwemmung und Erosion bei Starkregen- und Hochwasserereignissen ebenfalls partikulär in die Gewässer eingetragen. Hierbei kann die Zusammensetzung neben der Korngrößenverteilung – in Abhängigkeit von Bodenbelastung, Bodennutzung und Urbanisierungsgrad – bereits stark durch anthropogene Einflüsse vorgeprägt sein.

Die Feststoffe, die über Trennkanalisationen und Mischwasserabschläge ins Gewässer gelangen, nehmen eine Mittelstellung zwischen anthropogener und geogener Herkunft ein.

Die Charakteristik und Zusammensetzung der Schwebstoffe sind von Gewässer zu Gewässer verschieden und bestehen zu unterschiedlichen Anteilen aus mineralischen und biogenen Bestandteilen. Die Zusammensetzung einer Schwebstoffflocke kann recht heterogen sein; zu den in kristalliner und amorpher Form vorliegenden Einzelkomponenten gehören sowohl geogene als auch biogene Anteile wie Tonminerale, Metallverbindungen, Kieselalgenschalen sowie organische Substanz (Detritus) und zusammenkittende Schleime (Ausscheidungsprodukte von Bakterien und Algen) [10].

Letztlich stellt auch die in der Wasserphase schwebende oder an Schwebstoffen adsorbierte Biomasse, bestehend aus Phytoplankton, Kieselalgen, Pilzen und Bakterien, einen nach Jahreszeit wechselnden nicht zu vernachlässigenden Anteil am Schwebstoffgehalt. In planktondominierten Fließgewässern folgt der TOC-, N- und P-Gehalt des Schwebstoffs dem Jahresgang der Algenblüten.

Es gibt reichlich Fachliteratur, in der die starke Verschmelzung von vielen chemischen Komponenten mit der partikulären Phase während des Transports in aquatischen Systemen beschrieben ist, z. B. für Phosphor, Metalle, chlorierte organische Verbindungen (PCB, Dioxine, Organochlor-Pestizide, PAKs etc.). Die Bindungen des Phosphors und der Metalle an die suspendierten Feststoffe sind variabel und hängen von vielen Faktoren ab, wie z. B. vom Typ des Sediments, pH-Wert, Redoxpotential. Es ist nachgewiesen worden, dass für diese Kenngrößen die Schwebstoffe die bevorzugte Form des Transports darstellen [11]. Studien in Nordamerika und Europa zeigen, dass mehr als 90 % des gesamten Phosphortransports in Flüssen den Schwebstoffen zuzuordnen ist. Die Gehalte von Phosphor- und Metallverbindungen können in Abhängigkeit von der Beschaffenheit des Schwebstoffs stark variieren und sind abhängig von den physikalisch-chemischen Faktoren, wie z. B. Korngröße, Oberfläche, Dichte, Ladung, Adsorption, Fällung, Organo-Metall-Verbindungen, Kationenaustausch, Inkorporation von kristallinen Mineralien, interstitielles Wasser, und der Anwesenheit von Karbonaten, Tonmineralien, Eisen- und Manganhydroxiden, Oxiden, Sulfiden und Silikaten [12].

16.2 Strategien und Ziele der Probenahme von Schwebstoffen

Die Schwebstoffgehalte (und deren spezifische Schadstoffbelastung) sind nicht homogen im Gewässerquerschnitt verteilt; Untersuchungen z. B. im Quer- und Tiefenprofil des Rheins an der niederländischen Grenze haben gezeigt, dass der Schwebstoffgehalt generell mit steigendem Uferabstand und zunehmender Entnahmetiefe ansteigt [10]. Untersuchungen der Bundesanstalt für Gewässerkunde zeigten aufgrund der inhomogenen Schwebstoffverteilung am Beispiel der Elbe, dass es ausschlaggebend ist, ob eine Probenahme am Ufer, im Stromstrich, im Einflussbereich von einmündenden Nebengewässern oder Einleitern erfolgte und in welcher Gewässertiefe und zu welchem Zeitpunkt [13].

Die Probenahmestrategie schließt die Festlegung des Untersuchungsgebiets, die Wahl des Verfahrens und des Untersuchungstyps und die Wahl und Anzahl der Probenahmestellen ein. Diese werden in ein Probenahmeprogramm integriert, das zeitliche Anforderungen, wie Saisonalität, Einleitungsmuster usw., berücksichtigt.

Grundsätzlich sind bei der Schwebstoffgewinnung die folgenden Faktoren zu berücksichtigen [11]:

- Horizontale und vertikale Verteilung der suspendierten Schwebstoffe und deren Kontaminanten
- Verteilung der suspendierten Schwebstoffe unter Berücksichtigung der Abflussmenge
- Variationen der suspendierten Schwebstoffe und deren Kontaminanten, durch unterschiedliche Probenahmestrategien oder -methoden
- Probenmenge, um Fehler bei ungleichmäßiger Verteilung von Schwebstoffen im Gewässer zu minimieren sowie analytischen Anforderungen zu entsprechen
- Probenahmestelle

Im Folgenden sind beispielhaft Messprogramme aufgeführt, die eine Probenahme von Schwebstoffen erfordern:

- Bestimmung, Beurteilung oder Kontrolle der Wasserbeschaffenheit hinsichtlich der vorzugsweise an Partikeln adsorbierten Wasserinhaltsstoffe
- Immissionsüberwachung in Fließgewässern zur Überwachung der Auswirkungen von Einleitungen, besonders für chemische und toxikologische Kenngrößen
- Untersuchungen der Wasserbeschaffenheit einschließlich der physikalisch-chemischen Vorgänge zur Ermittlung der Eintragspfade, des Verbleibs und der Auswirkungen von Schwebstoffen mit ihren Nährstoffen und chemischen Schadstoffen

- Gewinnung von Schwebstoffen für physikalische Bestimmungen inklusive Korngröße sowie der Sediment-Geochemie
- Sammlung von Schwebstoffproben zum Zweck der Langzeitarchivierung [14]

16.2.1 Probenahmeprogramm und -plan

Die Entwicklung eines geeigneten Probenahmeplans ist einer der wichtigsten Schritte bei den Überwachungs- und Bewertungsuntersuchungen. Daher ist der Probenahmeplan in Übereinstimmung mit den einzelnen Untersuchungszielen und den spezifischen Anforderungen an die Qualität der Daten zu erstellen.

Die erforderliche Genauigkeit der Ergebnisse, lokale Substrattypen, topografische und hydrografische Bedingungen im Untersuchungsgebiet, Informationen über lokale Kontaminationsquellen und die Kenntnis aus vorherigen Untersuchungen (sofern vorhanden) sollten berücksichtigt werden. Die Anzahl der Probenahmestellen, ihre Position und die Anzahl der an jeder Stelle zu entnehmenden Proben sollten vor Beginn der Untersuchung festgelegt werden. Geeignete Anpassungen können vor Ort vorgenommen werden, müssen dann aber nachvollziehbar dokumentiert werden.

16.2.2 Abhängigkeit des Schwebstoffgehalts vom Abfluss

Der Schwebstoffgehalt eines Fließgewässers wird in erster Linie durch die Fließgeschwindigkeit und damit in dem jeweiligen Gewässer durch den Abfluss bestimmt. Je größer die Fließgeschwindigkeit ist, umso größer ist auch die Erosionskraft und das Verharren der Feststoffpartikel in der Schwebe. Daraus folgt auch die große Dynamik des Schwebstofftransports: In fließberuhigten Gewässerabschnitten – z. B. in Staubereichen und Häfen – sedimentieren Schwebstoffe, um bei steigender Wasserführung gegebenenfalls wieder weitertransportiert zu werden [15].

Eine sorgfältige Interpretation von Schwebstoffuntersuchungen setzt folglich die Kenntnis des jeweiligen Abflusses und eine Berücksichtigung der Herkunft (Probenahmestelle) voraus.

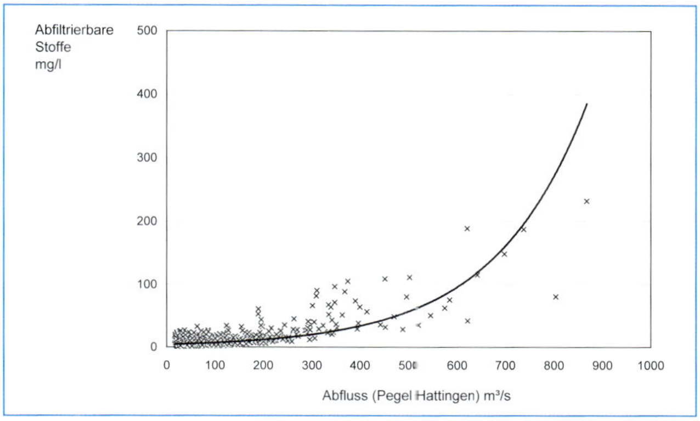

Bild 16.1: Gehalt an abfiltrierbaren Stoffen in Abhängigkeit vom Abfluss, Ruhr bei Essen 1997 bis 2002 [15]

16

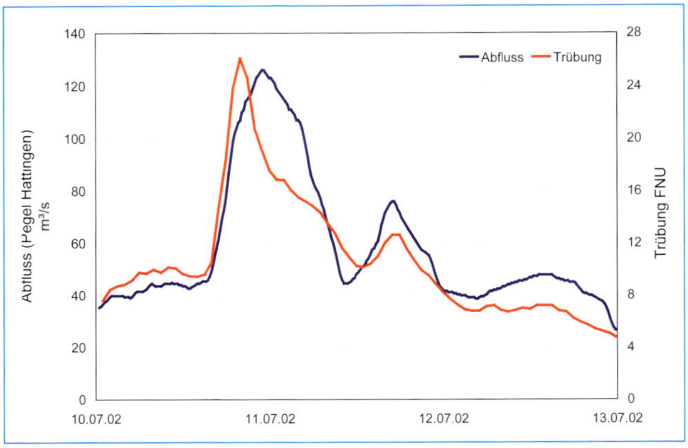

Bild 16.2: Zeitlicher Versatz zwischen Trübungsspitze und Hochwasserscheitel, Ruhr bei Hattingen im Juli 2002 [15]

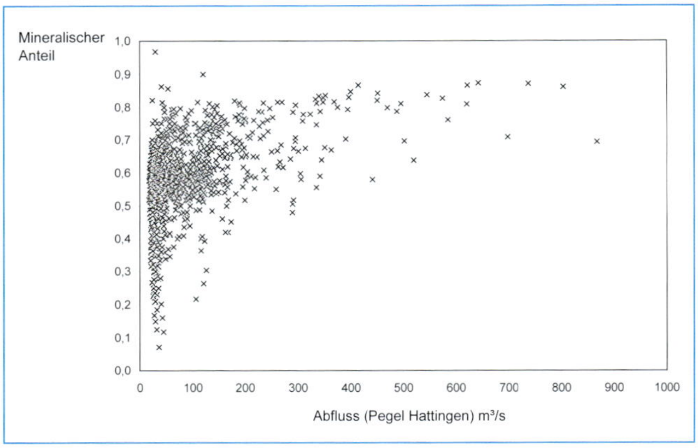

Bild 16.3: Mineralischer Anteil der Schwebstoffe in Abhängigkeit vom Abfluss, Ruhr bei Essen 1997 bis 2002 [15]

Mit zunehmendem Abfluss steigen die Schwebstoffgehalte oft exponentiell an, sodass wesentliche Anteile der Schwebstofffracht bei Hochwässern transportiert werden. Am Beispiel einer Untersuchung an der Ruhr wird dieser Zusammenhang deutlich. In **Bild 16.1** ist der Schwebstoffgehalt in Abhängigkeit vom Abfluss dargestellt, repräsentiert durch den Gehalt an abfiltrierbaren Stoffen bei entsprechenden Transportraten.

Bemerkenswert ist, dass bei auflaufenden Hochwässern die höchsten Schwebstoffkonzentrationen auch vor Durchlaufen des Hochwasserscheitels auftreten. **Bild 16.2** zeigt dies an einem Beispiel aus der Ruhr bei Hattingen, wo im Juli 2002 ein zeitlicher Versatz der beiden Maxima von mehr als drei Stunden zu verzeichnen war.

Die verstärkte Erosion und der erhöhte Eintrag von abgeschwemmten Partikeln durch starke Regenereignisse äußern sich u. a. in der Zusammensetzung der Schwebstoffe. **Bild 16.3** zeigt, dass der mineralische Anteil, hier aus dem Glührückstand ermittelt, mit steigenden Abflüssen zunimmt.

Während bei Niedrigwasserverhältnissen beide Anteile im Mittel (bei allerdings großer Bandbreite) etwa in einem Verhältnis von 50:50 vertreten sind, ändert sich die Relation mit zunehmenden Abflüssen bis auf etwa 80:20 zugunsten der mineralischen Inhaltsstoffe. Bei geringen Abflüssen findet einerseits eine gesteigerte Primärproduktion in den Stauhaltungen und andererseits eine verstärkte Sedimentation der mineralischen Partikel aufgrund ihrer im Vergleich zum Plankton höheren Dichte statt. Bei steigenden Abflüssen kehrt sich dieses Verhältnis in der Weise um, dass einerseits das spezifisch leichtere Plankton rasch fortgespült und andererseits sedimentierte mineralische Partikel resuspendiert werden.

Aus der heterogenen Zusammensetzung der Schwebstoffe folgt auch, dass eine Normierung von Schadstoffbelastungen auf spezielle Korngrößenfraktionen und/oder auf den organischen Kohlenstoffgehalt zur Beurteilung der Ergebnisse notwendig sein kann [10]. In der Praxis werden sowohl Schwebstoff-Gesamtfraktionen als auch für spezielle Fragestellungen definierte Korngrößenfraktionen untersucht.

Für die Untersuchung von partikulärem Material werden europäisch harmonisierte Vorgaben zu den Korngrößenfraktionen für die nachfolgende Untersuchung von anorganischen und organischen Spurenstoffen gemacht (Anlage 6, Fußnote 3 der OGewV). Der vergleichbaren Gewinnung der bestimmten Korngrößen (< 63 µm-Fraktion für die anorganischen Parameter und < 2 mm-Fraktion für organische Parameter) kommt damit eine erhöhte Bedeutung zu [7].

16.2.3 Korngrößenverteilung und Zusammensetzung

Bei Untersuchungen definierter Korngrößenfraktionen wurde festgestellt, dass beispielsweise der Gehalt der Einzelfraktionen an Schwermetallen mit abnehmender Korngröße deutlich zunimmt. Eine wesentliche Ursache dafür ist der dabei zunehmende Anteil an Tonpartikeln, die aufgrund ihrer hohen spezifischen Oberfläche und ihrer Oberflächenladung in Wechselwirkung mit Wasserinhaltsstoffen treten können. Diese Adsorptionsfähigkeit nimmt in der Regel mit zunehmender Korngröße ab. **Bild 16.4** und

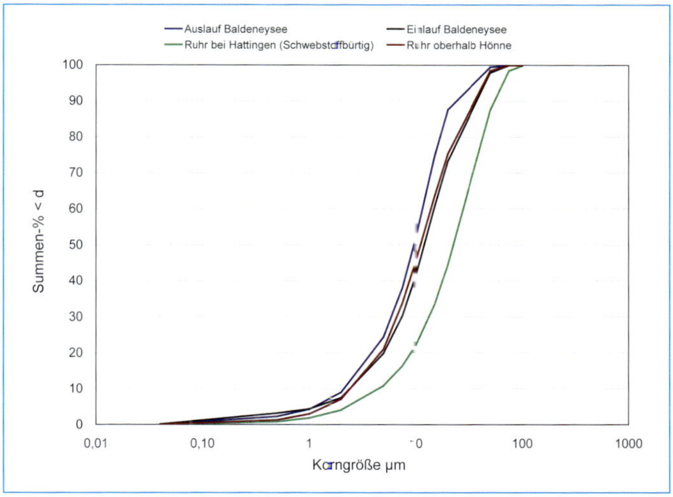

Bild 16.4: Durchschnittliche Korngrößenverteilung von Schwebstoffen aus der Ruhr, Abflussjahr 2002 [15]

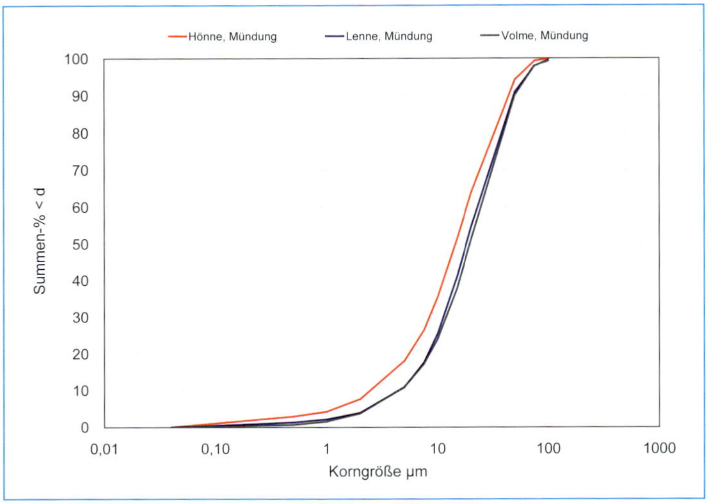

Bild 16.5: Durchschnittliche Korngrößenverteilung von Schwebstoffen aus Nebengewässern der Ruhr, Abflussjahr 2002 [15]

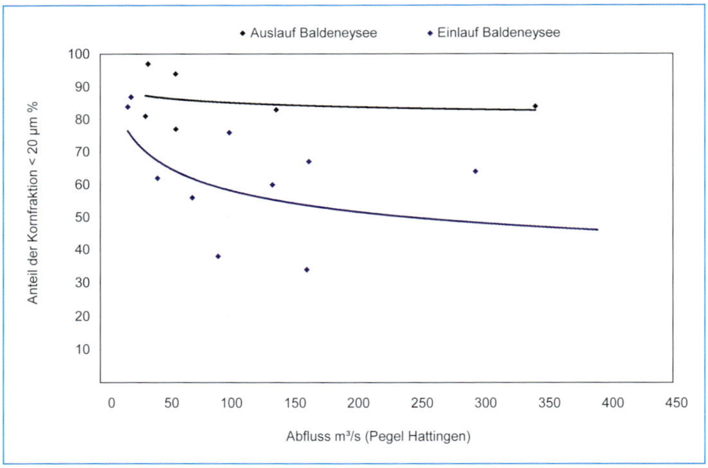

Bild 16.6: Einfluss des Baldeneysees auf den Anteil der Kornfraktion < 20 µm in Abhängigkeit vom Abfluss [15]

Bild 16.5 zeigen die durchschnittlichen Korngrößenverteilungen der aus der Ruhr und einigen Nebenflüssen (Hönne, Lenne, Volme) gewonnenen Schwebstoffe.

Aus den Kurven ist ersichtlich, dass an der unterst gelegenen Probenahmestelle im Auslauf des Baldeneysees die meisten Feinanteile vertreten sind. Hier wirkt sich im Wesentlichen die verminderte Fließgeschwindigkeit durch den See auf das Sedimentationsverhalten der Partikel aus. Dieser Effekt wird besonders bei der Fraktion von 20 µm deutlich, wo die Bandbreite an der Stauwurzel des Sees von etwa 60 bis 85 % auf 77 bis 97 % im Auslauf ansteigt. Wie **Bild 16.6** zeigt, wird dieser Einfluss bei steigenden Abflüssen noch deutlicher. Das Kornspektrum der drei untersuchten Nebengewässer Hönne, Lenne und Volme ist im Vergleich zur Ruhr insgesamt etwas zum gröberen Bereich verschoben.

Ein Sonderfall stellt die Korngrößenverteilung der Proben aus Hattingen dar, wo der Schwebstoff nicht mittels Zentrifuge sondern durch das Absetzverfahren als schwebstoffbürtiges Sediment gewonnen wird. In diesen Proben beträgt der Tonanteil mit rund 4 % weniger als die Hälfte der anderen Proben. Ein ähnliches Verhältnis ergibt sich auch bei der Fraktion von 20 µm, wo nur etwa 45 % gegenüber sonst 75 bis fast 90 % gemessen werden.

16.2.4 Häufigkeit, Dauer und Zeitpunkt der Probenahme

Die Häufigkeit, Dauer und der Zeitpunkt der Probenahme sind insbesondere vom jeweiligen Untersuchungsziel abhängig.

Das Untersuchungsziel zur Überwachung der Oberflächengewässer gemäß OGewV [4] ist u. a. abhängig von der Gewässerkategorie (Flüsse, Seen, Ästuare, Küstengewässer) und von der Überwachungsart (überblicksweise Überwachung, operative Überwachung, Überwachung zu Ermittlungszwecken).

Je nach Fragestellung kann bereits eine Untersuchung ausreichen, während für die Abschätzung von Frachten oder die Ableitung von langfristigen Trendaussagen, besonders bei Messgrößen mit höheren Gehaltsschwankungen, auch monatliche oder wöchentliche Untersuchungen für eine ausreichend abgesicherte Aussage erforderlich sein können. Ob zufällige Schwankungen (z.B. normalverteilt) oder systematische Schwankungen (Trends, zyklische Schwankungen) vorliegen, kann mithilfe der Statistik erkannt werden (siehe DIN EN ISO 5667-1).

Bei der Festlegung von Beprobungshäufigkeiten und Zeitpunkten sind gemäß „Rahmenkonzeption zur Aufstellung von Monitoringprogrammen und zur Bewertung des Zustands von Oberflächengewässern (RaKon A)" der LAWA [16] Aufwand/Nutzen-Relationen und organisatorische Randbedingungen zu berücksichtigen. Die in der OGewV [4] aufgeführten Untersuchungsfrequenzen und -intervalle stellen das Mindestmaß der Untersuchungen dar, sofern die zuständige Behörde aufgrund des aktuellen Wissensstands nichts anderes festlegt bzw. wenn nicht in begründeten Fällen davon abgewichen werden kann. Das Überwachungsintervall nach der OGewV beträgt für die überblicksweise Überwachung mindestens einmal in sechs Jahren (gemäß RaKon A jährlich bei Bedarf), für die operative Überwachung mindestens einmal in drei Jahren. Im Rahmen der operativen Überwachung empfiehlt RaKon A eine jährliche Überwachung der Schadstoffe, die die Belastung kennzeichnenden Parameter der empfindlichsten Qualitätskomponente darstellen.

Beispielsweise sind in NRW die Untersuchungsfrequenzen und -zeiträume in der Überwachung von Fließgewässern für monitoringrelevante Stoffe in Schwebstoffen in einem „Leitfaden Monitoring Oberflächengewässer" [17] mit viermal pro Jahr festgelegt, wobei die Probenahmen kontinuierlich bzw. äquidistant erfolgen sollen, es sei denn, dass es sich um saisonal eingetragene Stoffe handelt, bei denen die Anwendungszeiten berücksichtigt werden sollen.

Im Rahmen eines Forschungsvorhabens wurden von der Bundesanstalt für Gewässerkunde an der Messstelle Koblenz/Rhein wöchentlich Schwebstoffproben mithilfe einer

Durchflusszentrifuge (Einzelproben über drei Stunden) gewonnen und u. a. auf schwerflüchtige chlororganische Schadstoffe untersucht. Um zu prüfen, ob 13 Einzelproben pro Jahr für Trendaussagen ausreichend sind, wurden zunächst auf Basis der wöchentlichen Probenahmen (52 Proben pro Jahr) für HCB die Jahresmittelwerte von Konzentration und Fracht ermittelt. Danach wurde das gesamte Datenkontingent in zwei (entsprechend einer 14-täglichen Probenahme) und vier Kontingente (entsprechend einer 28-täglichen Probenahme) aufgeteilt und die Jahresmittelwerte berechnet. Der Vergleich zum Ergebnis der wöchentlichen Probenahme verdeutlicht, dass für Trendaussagen bezüglich HCB-Belastung der Schwebstoffe mindestens 26 Proben pro Jahr notwendig sind. Mit nur 13 Proben treten in Abhängigkeit von den Probenahmeterminen und damit den zufälligen hydrologischen Bedingungen Abweichungen von über 50 % vom „wahren" Wert auf. Für andere Schadstoffe, wie z. B. die polychlorierten Biphenyle, wurden in den Rheinschwebstoffen bei Koblenz deutlich geringere Konzentrationen und Spannweiten gefunden [18].

Die Dauer der Schwebstoffgewinnung wird im Wesentlichen durch den Schwebstoffanteil im Gewässer und der für die Analytik erforderlichen Schwebstoffmasse bestimmt. Je nach Probenahmeverfahren kann die Dauer der Schwebstoffgewinnung von einigen Stunden bis zu mehreren Wochen variieren. Sie sollte unter normalen Abflussbedingungen bei einem Zentrifugen-Durchsatz von ca. 1.000 l/h mehrere Stunden betragen, um eine zeitliche Repräsentativität zu gewährleisten.

Die im Gewässer transportierte Schwebstoffmenge ist in erster Linie eine Funktion der Wasserführung (Abflussverhältnis) des Fließgewässers und damit von der Tageszeit in der Regel unabhängig. Besondere hydraulische Ereignisse wie Hoch- und Niedrigwasser gehören als solche auch zur repräsentativen Probenahme und sollten in die Routine einbezogen werden [19].

16.2.5 Probenahmestellen

Bei der Auswahl der Probenahmestellen wird in der Regel die Repräsentativität für einen größeren Gewässerabschnitt ausschlaggebend sein. Dabei ist das vorhandene Messnetz zur Probenahme von Wasserproben mit heranzuziehen, um korrespondierende und ergänzende Ergebnisse für beide Kompartimente zu erzielen.

Bei der Ermittlung von Belastungsursachen sind dagegen Probenahmestellen örtlich den zu überprüfenden Emissionsquellen anzupassen. Vielfach müssen auch praktische Gründe wie die Zugänglichkeit des Gewässers, die Erreichbarkeit der Probenahmestelle, geeigneter Standort für den Hänger der mobilen Zentrifuge und der Schutz der Probenahmeeinrichtung vor Vandalismus etc., berücksichtigt werden.

Vor der Festlegung der Lage von Dauermessstellen z. B. für die Ermittlung von Zeitreihen ist in Voruntersuchungen an einer großen Anzahl von Messstellen zu ermitteln, für welchen Bereich und für welche Merkmale der Entnahmeort repräsentativ ist.

Die Probenahmestelle wird beschrieben durch die Lagekoordinaten (Rechts- und Hochwert) und die genaue Lage des jeweiligen Messpunkts (z. B. Rhein, Bad Honnef, km

640,0, rechtes Ufer, in Höhe Parkplatz Stadtgarten, Entnahmetiefe = 50 cm, 3 m vom Ufer). Zusätzlich wird die Stelle in Karten im Maßstab 1:5.000 und 1:25.000 und mit Fotos dokumentiert sowie der Anfahrtsweg beschrieben, um z. B. beim Wechsel des Probenahmepersonals die Identität der Probenahmestelle sicherzustellen. Falls möglich, ist die Probenahmestelle vor Ort zu kennzeichnen (z. B. Markierung durch Bojen).

Geeignete Probenahmestellen finden sich vielfach im Bereich von Brücken oder Pegelhäusern, da sie im Gelände leicht wieder zu finden sind. In der Regel ist dort die Zugänglichkeit des Gewässers auch bei höheren Wasserständen gegeben. An Gewässerpegeln können korrespondierende Abflüsse ermittelt werden.

16.3 Verfahren zur Schwebstoffgewinnung

Zur Schwebstoffgewinnung können folgende Verfahren eingesetzt werden:

- Zentrifugationsverfahren (z. B. Durchlaufzentrifugen)
- Absetzverfahren (Sedimentationsbecken, -kästen, schwimmende Sammler)
- Filtrationsverfahren (Normal-, Druck-, Vakuumfiltration)

Für einige der oben aufgeführten Gewinnungsverfahren ist der Einsatz von Pumpen erforderlich. Deshalb werden zunächst die Anforderungen an Pumpen und Schlauchmaterial und nachfolgend die gebräuchlichsten Gewinnungsverfahren mit ihren Vor- und Nachteilen ausführlicher beschrieben.

16.3.1 Erforderliche Probenmenge für die Laboruntersuchungen

An die Schwebstoffausbeute (Feststoffmenge in g) werden in der Praxis hohe Anforderungen gestellt. Um das derzeitige Spektrum von partikelgebundenen anorganischen und organischen Schadstoffen (Schwermetalle, PAK, Chlorkohlenwasserstoffe) im Rahmen des Grundmessprogramms des Deutschen Untersuchungsprogramms Rhein (Deutsche Kommission zur Reinhaltung des Rheins) chemisch untersuchen zu können, werden ca. 30 bis 40 g Probenmenge benötigt. Bei einer mittleren Schwebstoffkonzentration in Bundeswasserstraßen von ca. 25 mg/l und einer angenommenen vollständigen Abscheidung ist demzufolge eine Verarbeitung eines Flusswasservolumens von 1.200 bis 1.600 l notwendig. Bei Hochwasser und entsprechend höheren Schwebstoffkonzentrationen von >75 mg/l ist die erzielbare Schwebstoffausbeute schneller erreichbar [22]. Dabei ist zu berücksichtigen, dass es sich bei den oben angegebenen Probenmengen um feuchte Masse handelt. Je nach Untersuchungsspektrum und Probenvorbereitung können noch deutlich größere Probenmengen erforderlich sein. Deshalb ist die Schwebstoffprobenahme sehr zeitaufwendig und kostenintensiv, vor allem bei Gewässern mit geringem Schwebstoffgehalt und wenn größere Mengen an Probenmaterial für die Analytik benötigt werden.

16.3.2 Anforderungen an Pumpen und Schlauchmaterial

Bei den meisten Sammel-Probenehmern wird das Wasser-/Sediment-Gemisch aus einer definierten Zone des Gewässers in den Sammel-Probenehmer oder in einen Vorlagebehälter gepumpt. Es gibt zahlreiche Pumpentypen, wie Tauchpumpen oder peristaltische Pumpen, die für die Probenahme zur Wasserbeschaffenheitsuntersuchung geeignet sind. Die Beschaffenheit der Pumpenteile (Kunststoff, Metall, Polytetrafluorethen (PTFE) usw.), die mit dem Wasser in Kontakt kommen, und der Schläuche, in denen das Wasser zum Probenahmegerät gefördert wird, darf nicht zu Kontamination und Veränderung der Schwebstoffe führen. Aus den Tauchpumpen dürfen keine Schmier- und Kühlmittel aus dem Gehäuse des Elektromotors in das Flügelrad-Gehäuse (und damit in die Probe) gelangen.

Für Probenahmen in Gewässern können grundsätzlich alle Pumpen eingesetzt werden, sofern keine isokinetische Probenahme gefordert ist. Nur sehr wenige Pumpen sind für eine isokinetische Probenahme geeignet. Im Allgemeinen ist dies jedoch in der Praxis auch nicht erforderlich, da die Gewässerschwebstoffe in vielen Flüssen aus Schluff- und Tonpartikeln bestehen, die wiederum den für die Chemie der Schwebstoffe relevanten Korngrößenbereich darstellen. Feine Partikel liegen im Gewässer meist als Konglomerate vor, die durch den Pumpvorgang zerstört werden. Die nicht isokinetischen Verhältnisse an der Öffnung des Entnahmeschlauchs im Wasserkörper können die Größe der entnommenen Partikel beeinflussen. Die Schlauchdicke ist allerdings so zu wählen, dass die Fließgeschwindigkeit im Schlauch der mittleren Fließgeschwindigkeit des Fließgewässers (etwa 1 m/s) entspricht. Die vorgenannten Veränderungen sind für die chemische Zusammensetzung der Feststoffe in der Regel nicht von Bedeutung. Allerdings sind sie auszuschließen, wenn das Ziel die Untersuchung der natürlich im Wasserkörper vorkommenden Partikelgröße ist.

Bei einer tiefenintegrierenden Probenahme ist der Einsatz von Pumpen oftmals problematisch. Wenn das zu beprobende Gewässer einen signifikanten Anteil an gröberen Partikeln (> 63 µm) mit sich führt, kann bei der Probenahme mit Pumpen diese Fraktion unterrepräsentiert sein (Sand wird bei geringen Fließgeschwindigkeiten hauptsächlich nahe der Sohle transportiert). Für umweltchemische Untersuchungen ist dies oft nicht von Bedeutung, da die chemische Anreicherung von Feststoffen hauptsächlich in der Schluff-Ton-Fraktion (< 63 µm) erfolgt.

16.3.3 Einsatz der Pumpen

Zur Probenahme wird vielfach eine Tauchpumpe verwendet, die zum Schutz vor Treibgut ggf. in einem Schwimmkorb arretiert ist. Die Pumpe ist so zu dimensionieren, dass ein Durchfluss von etwa 900 bis 1.000 l/h gewährleistet ist. Die Förderleistung wird über ein manuelles Stellventil geregelt.

In kleineren Fließgewässern (Breite < 10 m) sollte die Pumpe möglichst in der Mitte oder in der Zone der größten Fließgeschwindigkeit positioniert werden. Die Eintauchtiefe sollte ungefähr einen halben Meter unterhalb der Wasseroberfläche oder bei geringen Tiefen in halber Gewässerhöhe liegen. Dabei wird davon ausgegangen, dass der inte-

Bild 16.7: Fixierung der Pumpe in der Mitte eines Fließgewässers (zwei Beispiele)

ressierende Feinkornanteil (< 63 µm) vertikal gleichmäßig verteilt ist, obwohl dies im Querprofil nicht sein muss. Häufig kann die Pumpe an Brücken befestigt oder mittels Halteseile von beiden Uferseiten aus gehalten werden (siehe **Bild 16.7**).

Sollte eine Fixierung der Pumpe nicht in der Mitte des Fließgewässers möglich sein, so wird die Pumpe bzw. der Schwimmkorb vor Beginn der Probenahme mittels einer Distanzstange (Mindestlänge 3 m) vom Ufer in das Gewässer gedrückt und durch ein Halteseil am Ufer befestigt (siehe **Bild 16.8**).

Die Pumpe darf nicht auf dem Boden des Gewässers aufsitzen, da die Pumpe ansonsten Sediment aufwirbelt und die Schwebstoffzusammensetzung verändert. In flachen Gewässern wird eine nicht rostende Metallplatte untergelegt, die Aufwirbelungen verhindert.

Bei größeren Flüssen sollten mehrere Pumpen in gleichen Abständen quer über den Fluss in den oben genannten Tiefen installiert werden. Das gepumpte Wasser sollte zu einer Mischprobe vereinigt werden (entweder in einem Container, in einem Schlauch oder in einer Mischarmatur vereinigt zum Beschicken des Probenahmegeräts). Bei sehr großen Flüssen dürfen die Pumpen zeitlich der Reihe nach in einzelnen Abschnitten eingesetzt werden.

Bild 16.8: Fixierung der Pumpe im Fließgewässer mittels Distanzstange (zwei Beispiele)

Transportable Stromerzeuger sollten in Windrichtung unterhalb der Probenahmegeräte aufgestellt werden, um Kontaminationen der Ausrüstung und der Probe durch Abgase zu vermeiden.

Unnötig lange Schlauchlängen sind zu vermeiden, besonders bei hohen Außentemperaturen. Ansteigende Temperatur in den Schläuchen, besonders bei langen Transportzeiten zwischen dem Gewässer und dem Probenahmegerät, kann das Verteilungsgleichgewicht zwischen Schwebstoff und Wasser beeinflussen.

16.3.4 Zentrifugationsverfahren

Probenahmegeräte auf der Basis von Zentrifugationsverfahren werden auch als Klärgeräte, Separatoren oder gebräuchlicher als Zentrifuge bezeichnet. Diese Gerätetypen arbeiten mit konstantem Durchfluss bis zu 1.500 l/h, wobei das Wasser kontinuierlich durch das Zentrifugal-Kraftfeld gepumpt wird, in dem die Feststoffe aus dem wässrigen Medium an der Innenwand des Separators, der mit einer Teflonfolie ausgekleidet ist, abgeschieden und so von der wässrigen Phase getrennt werden. Alle Komponenten, die eine längere Kontaktzeit mit dem Wasser-/Schwebstoff-Gemisch haben, sollten aus rostfreiem Edelstahl oder einer PTFE-Auskleidung bestehen, um eine Kontamination der Probe zu vermeiden.

Durchlaufzentrifugen werden von mehreren (Landes)Umweltämtern sowohl stationär in Gewässerkontrollstationen als auch mobil in Probenahmefahrzeugen bzw. auf Anhängern montiert betrieben. **Bild 16.9** zeigt einen für die Schwebstoffprobenahme aus-

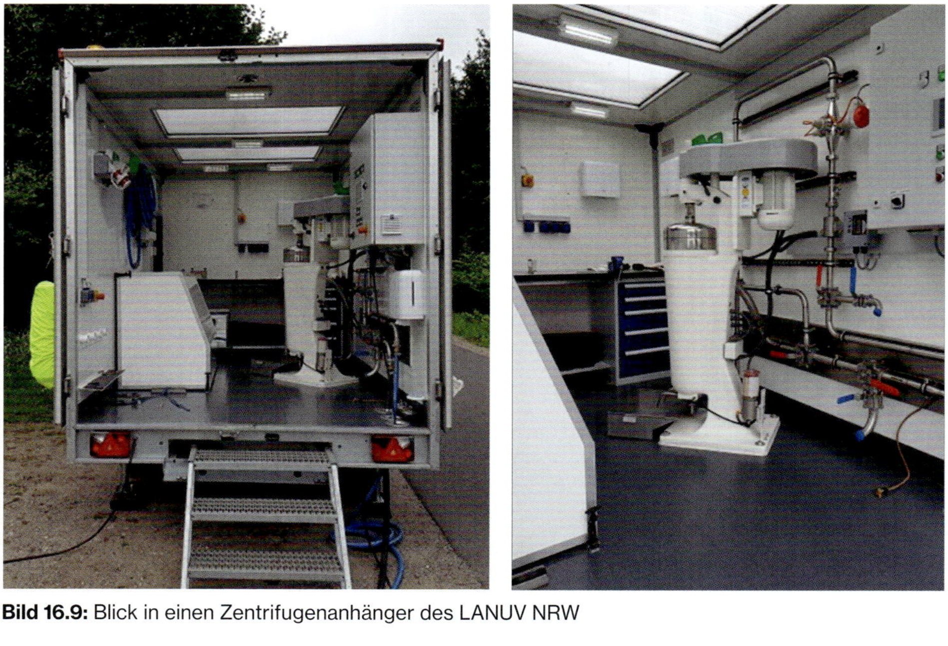

Bild 16.9: Blick in einen Zentrifugenanhänger des LANUV NRW

Bild 16.10: Schematische Darstellung einer Durchlaufzentrifuge

1 Motor
2 Gehäuse
3 Zulauf
4 Separator
5 Ablauf

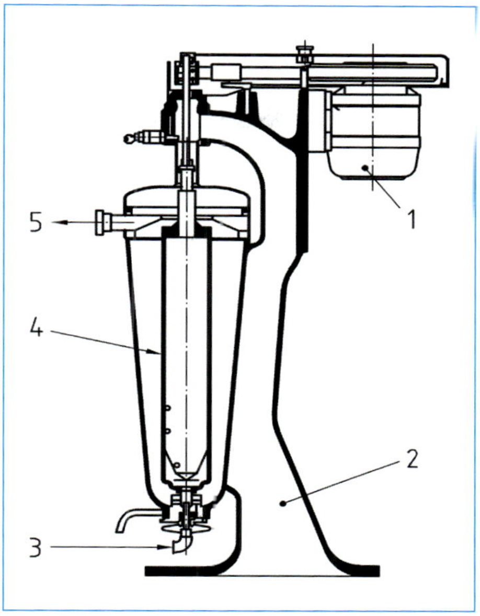

gebauten Anhänger des LANUV NRW. Neben den mobilen Geräten betreibt das LANUV NRW noch Zentrifugen in den Gewässerkontrollstationen am Rhein und auf dem Probenahme- und Laborschiff „Max Prüss", mit denen in der Regel Probenahmen rund um die Uhr erfolgen.

In **Bild 16.10** ist die Durchlaufzentrifuge der Baureihe Z 61 der Fa. Carl Padberg Zentrifugenbau/Lahr in einer Schnittzeichnung dargestellt. Das Wasser wird mit einer Pumpe direkt aus dem Gewässer durch einen Schlauch der Zentrifuge durch den Zulauf am unteren Teil zugeführt, durchströmt den Separator (Klärzylinder) und verlässt die Zentrifuge durch den Ablauf. Grundsätzlich sollte man bestrebt sein, die Fließgeschwindigkeit des Wassers im Zulaufschlauch der Fließgeschwindigkeit des Flusses anzunähern. Prinzipiell herrschen in den Zulaufschläuchen turbulente Strömungen [19].

Tabelle 16.1 zeigt die Vor- und Nachteile zur Beschaffung und zum Einsatz von Zentrifugationsverfahren.

16.3.4.1 Schwebstoffprobenahme mittels Durchlaufzentrifuge

Für den Betrieb der Durchlaufzentrifuge sind entsprechende Sicherheitsvorschriften zu beachten, eine Betriebsanleitung und eine Standardarbeitsanweisung zu erstellen. Die Zentrifuge ist gemäß Unfallverhütungsvorschrift der Berufsgenossenschaften mit geeigneten Sicherheitseinrichtungen (Durchflussüberwachung, Unwuchtkontrolle) auszustatten, die die Zentrifuge ggf. automatisch abschalten. Außerdem ist ein Not-Aus-Schalter zu installieren, sodass bei Störungen die Zentrifuge außer Betrieb genommen werden kann. Die entsprechenden Sicherheitsvorschriften,

Tabelle 16.1: Vor- und Nachteile von Zentrifugationsverfahren

Vorteile	Nachteile
– Zeitnahe und räumliche Auflösung besonderer Ereignisse (z. B. Hochwasser-, Schadstoffwellen, Probenahme von Einleitungen) – Variable Probenahmegestaltung in Abhängigkeit der Schwebstoffführung möglich – Erlaubt die Sammlung größerer Schwebstoffmassen innerhalb weniger Stunden – Sehr gute Effizienz (91 bis 98 % Schwebstoffabscheideraten) – Frachtabschätzung von überwiegend schwebstoffgebundenen Stoffen möglich – Gewässerkundliche Bewertung der Schwebstoffbelastung durch direkten Bezug zum Abfluss möglich – Probe verändert sich nach der Gewinnung nicht mehr (wird sofort gekühlt bzw. tiefgefroren) – Beprobung mehrerer Probenahmestellen je nach geografischer Lage in wenigen Tagen möglich – Möglichkeit einer Quer- und Tiefenprofilbeprobung bei Schiffseinsatz	– Hohe Beschaffungskosten – Hohe Ersatzteilkosten – Hoher Wartungsaufwand bei Dauerbetrieb – Personalintensiv bei mobilem Einsatz – Lange Zentrifugationszeiten bei geringen Schwebstoffgehalten des Gewässers – Hat keinen integrierenden Charakter, sondern kann nur Momentaufnahme sein – Gewässer ist bei unzugänglichem Gelände nicht überall erreichbar – Bei Frost keine Probenahme am Gewässer möglich

Betreiberpflichten vor der ersten Inbetriebenahme und laufenden Kontrollen siehe Abschnitt 16.8 Sicherheitsmaßnahmen.

16.3.4.2 Abschätzung der Laufzeit zur Gewinnung ausreichender Probenmenge

Die Abschätzung einer ausreichend langen sinnvollen Laufzeit erfolgt entweder durch Bestimmung der abfiltrierbaren Stoffe vor Ort oder empirisch anhand von z. B. Trübungsmessungen mittels handelsüblichen Trübungsmessgeräten.

Beispiel:
Berechnung der ungefähren Laufzeit anhand der abfiltrierbaren Stoffe aus einer Stichprobe
z.B.: Abfiltrierbare Stoffe = 10 mg/l = 0,01 g/l
Gewünschte Masse Schwebstoffe = 50 g (Nassgewicht)
also: 50 g = 5 h Laufzeit bei einem Durchfluss von 1.000 l/h

So ergibt sich eine Laufzeit von 5 h, die man sicherheitshalber etwas erhöhen muss, da aufgrund einer realen Abscheiderate von 91 bis 98 % [19] sowie mit Verlusten beim Überführen der Probe von der Teflonfolie in das Probenglas zu rechnen ist.

Untersuchungen [20] haben gezeigt, dass zwischen Schwebstoffgehalt und Trübungsmessungen relativ gute Korrelationen bestehen, die jedoch von der Kornzusammen-

Bild 16.11: Beziehung zwischen Trübung und dem Gehalt an abfiltrierbaren Stoffen, Ruhr bei Essen 1997 bis 2002 [15]

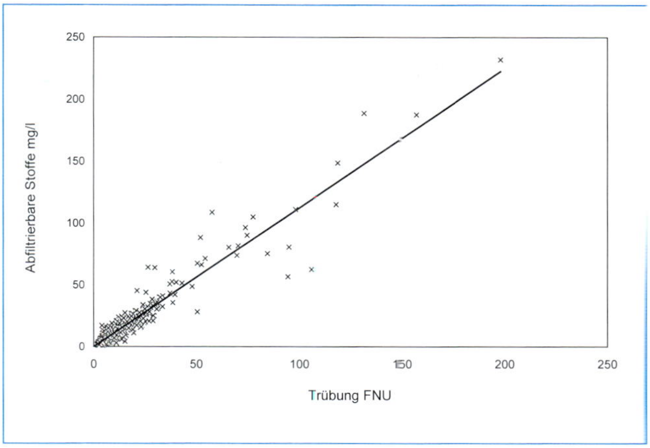

setzung abhängig sind. Die Kalibrierkurven für jede Korngrößengruppe zeigten Korrelationsfaktoren zwischen 0,98 und 1,0 und somit eine enge Beziehung zwischen der Trübung und dem Schwebstoffgehalt. Allerdings liegen erhebliche Differenzen der einzelnen Korngrößen untereinander vor und bestätigen eindeutig den Einfluss der Kornzusammensetzung auf die Kalibrierfunktion.

Je nach Zusammensetzung der suspendierten Stoffe eines Gewässers in Abhängigkeit vom Abfluss, den Einleitungen und der Jahreszeit ermöglicht die Messung der Trübung eine sofortige Einschätzung der relativen Menge der suspendierten Feststoffe. Anhand von Laboruntersuchungen des Schwebstoffgehalts sind an spezifischen Messstellen gute Korrelationen möglich und ergeben gewässerspezifische Bezugskurven unterschiedlicher Genauigkeit, die für die Berechnung von Schwebstofffrachten, Betrachtung von kurzfristigen Schwebstoffspitzen und Aufnahme der räumlichen Schwebstoffverteilung herangezogen werden können.

Zur Abschätzung der erforderlichen Betriebsdauer bzw. des zu fördernden Wassers reicht aber auch die Kenntnis der Trübung des Wassers, die mit dem Gehalt an abfiltrierbaren Stoffen und somit den Schwebstoffen korreliert (siehe **Bild 16.11**) aus.

Auf der Basis dieses für die Ruhr ermittelten Zusammenhangs und unter Berücksichtigung weiterer Randbedingungen, wie z. B. dem Abscheidegrad und technisch bedingtem Probenverlust, kann der zur Gewinnung einer bestimmten Feststoffmasse erforderliche Durchsatz Q in Abhängigkeit zur Trübung (FNU) mittels Kreuzkorrelation ermittelt werden. Diese Beziehung ist zur überschlägigen Ermittlung von Q in **Bild 16.12** als Nomogramm dargestellt.

Anwendungsbeispiel zu Bild 16.12:
Werden 50 g Trockensubstanz benötigt, so müssen bei einer Trübung von 5 FNU demnach etwa 7.000 l zentrifugiert werden, bei einer Trübung von 20 FNU reduziert sich das Volumen auf ca. 4.000 l, d. h. bei einem Durchsatz von 1000 l/h müssen sieben bzw. vier Stunden zentrifugiert werden.

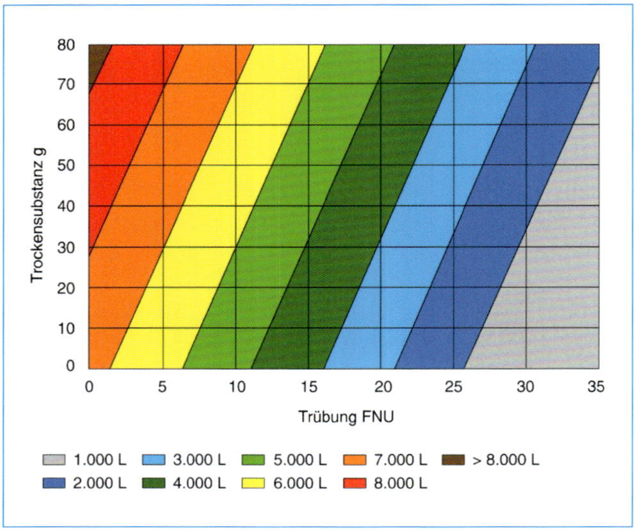

Bild 16.12: Nomogramm zur überschlägigen Ermittlung des erforderlichen Wasserdurchsatzes in Abhängigkeit von der Trübung [15]

Unter Umständen muss über einen noch längeren Zeitraum gepumpt werden. Falls die an einem Tag gewonnene Probenmenge nicht ausreicht, kann auch nach einer Unterbrechung über Nacht am nächsten Tag weitergearbeitet werden. Dabei sollten sich die Abflussverhältnisse jedoch nicht wesentlich geändert haben.

16.3.4.3 Variation verschiedener Betriebsparameter

Um den Einfluss verschiedener Betriebsparameter auf die Gewinnung und die Zusammensetzung von Schwebstoffen zu prüfen, wurden an einer Messstelle an der Saar mehrere Probenahmen mit unterschiedlichen Einstellungen der Zentrifuge durchgeführt [19]. Dabei wurden sowohl der Durchfluss der Pumpe, die Drehzahl der Zentrifuge sowie die Dauer der Probenahme variiert, und zwar während einer stabilen Trockenwetterperiode mit nahezu konstanten Abflüssen und konstanter Trübung, d. h. konstanter Schwebstoffführung im Gewässer:

Die Durchlaufzentrifuge Z 61 erlaubt einen maximalen Durchfluss von 1,5 m^3/h. Der optimale Arbeitsbereich hinsichtlich des Durchflusses und der Abscheiderate (also der Aufenthaltszeit in dem Klärzylinder) liegt, nach Angaben des Herstellers, bei etwa zwei Dritteln des Maximaldurchflusses. Der Durchfluss wurde um 15 % erhöht (1.150 l/h) bzw. um 25 % erniedrigt (750 l/h). Zur Beurteilung der gewonnenen Schwebstoffproben wurden die Schwebstoffmenge bzw. -gehalt, die Korngrößenverteilung, TOC, 13 PCB-Einzelverbindungen bestimmt bzw. berechnet. Des Weiteren wurde bei vergleichbarem Durchfluss die Drehzahl von 15.500 U/min (Maximalwert) auf 12.000 U/min gedrosselt.

Die erzielten Resultate zeigen, dass bei Variation des Durchsatzes und der Drehzahl für den errechneten Schwebstoffgehalt, den TOC-Gehalt der Schwebstoffe sowie die untersuchten PCB-Einzelverbindungen keine bzw. nur geringe Unterschiede auftreten. Die Schwebstoffgewinnung mittels Durchlaufzentrifuge ist demnach als robuste und empfehlenswerte Methode zu bezeichnen, bei der Schwankungen der Betriebsdaten, seien sie technisch (z.B. Stromversorgung) oder personell (Betriebsvariationen) bedingt, keinen Einfluss auf die Zusammensetzung des gewonnenen Schwebstoffs haben [19].

Der Zentrifuge sind drei Einspritzdüsen mit unterschiedlichen Durchmessern beigelegt. Die zu verwendende Düse richtet sich nach der gewünschten Durchsatzleistung. Bei geringerer Durchsatzmenge ist eine kleine Düse zu wählen, bei großer Durchsatzmenge eine entsprechend größere. Üblicherweise wird bei den Flusswasser-Probenahmen und den zurzeit verwendeten Pumpen nur mit der größten Düse gearbeitet.

16.3.4.4 Abscheiderate der Zentrifuge

Die Abscheiderate ist u. a. abhängig von der Zentrifugalkraft und der Zusammensetzung des Schwebstoffs. Sie gilt als charakteristisches Maß für die Effektivität der Probenahmeart und kann auch als Qualitätskriterium für die Reproduzierbarkeit von Untersuchungen herangezogen werden. Die Kenntnis der Abscheiderate der Zentrifuge ist wichtig, um die genauen Schwebstoffkonzentrationen an der Entnahmestelle zu ermitteln. Mit dieser Angabe und den gemessenen spezifischen Schwermetall- und/oder organischen Schadstoffkonzentrationen können Frachtabschätzungen durchgeführt werden.

Die Bestimmung des Schwebstoffgehalts im Zu- und Ablauf der Zentrifuge mittels Filtration (0,45 µm) liefert die sichersten Daten zur Berechnung der Abscheiderate. Untersuchungen an der Messstelle Koblenz/Rhein zeigten, dass die Durchlaufzentrifuge (Z 41) eine Abscheiderate zwischen 91 und 98 % aufweist und gute Korrelation zu den berechneten, d. h. von der Zentrifuge abgeschiedenen Schwebstoffen aufweist. Die Abscheiderate lässt allerdings bei Mittelwasserbedingungen keine Abhängigkeit zum Schwebstoffgehalt erkennen. Die Untersuchungen wurden durchgeführt bei Schwebstoffgehalten von 15 bis 50 mg/l. Inwieweit kolloidale Gewässerbestandteile, Zusammensetzung des Schwebstoffs und hohe Schwebstoffführungen (z. B. bei besonderen Ereignissen wie extreme Wasserführungen, anlaufendes Hochwasser) die Abscheiderate beeinflussen, muss noch intensiver untersucht werden [19].

16.3.4.5 Einlegen der Teflonfolie

Sollten neben organischen Schadstoffen auch Schwermetalle untersucht werden, so muss der Klärzylinder zur Vermeidung von Kontaminationen der Probe durch Metallabrieb mit einer Teflonfolie ausgekleidet werden (siehe **Bild 16.13**). Dabei ist das richtige Einlegen der Folie in den Separator zu beachten. Die Folie ist unbedingt vorschriftsgemäß in den Separator einzulegen, damit das einlaufende Wasser diese nicht anheben kann. Bei unsachgemäß eingelegter Folie kann eine Unwucht entstehen, die einen Schaden an der Lagerung sowie am Separator verursachen kann. Außerdem ist es möglich, dass Teile der Probe auf der Innenseite des Separators abgeschieden werden, sodass die Probe verworfen werden muss. Beim Zusammenbau und Auseinander-

Bild 16.13: Einlegen der Teflonfolie

schrauben des Separators ist darauf zu achten, dass kein Dichtfett vom Innengewinde des Separators die Probe kontaminiert.

16.3.4.6 Begleitende Vor-Ort-Messungen

Zur Einschätzung der Repräsentativität von Schwebstoffprobenahmen und zur Frachtermittlung sind neben der Kenntnis des Abflusses begleitende Untersuchungen zum Schwebstoffgehalt im Wasser erforderlich.

Der Schwebstoffgehalt in mg/l zum Zeitpunkt der Probenahmen wird im Allgemeinen aus der Menge an gewonnenem Schwebstoff und der durchgeflossenen Wassermenge berechnet.

Anstelle von regelmäßigen und häufigen Bestimmungen des Gehalts an abfiltrierbaren Stoffen im Wasser bietet sich alternativ die unaufwendigere Trübungsmessung zur Abschätzung des suspendierten Feststoffgehalts an. Um ausreichendes Datenmaterial für die noch zu erstellenden Vergleichstabellen zur Ermittlung der optimalen Probenahmedauer zu erlangen, sollten zu jeder Probenahme vor Ort die folgenden Daten erhoben werden:

- Durchfluss der Zentrifuge
- Durchmesser der gewählten Düse
- Laufzeit der Pumpe
- Gepumptes Volumen
- Bestimmung der abfiltrierbaren Stoffe im Ablauf der Zentrifuge (Stichprobe)
- Bestimmung der abfiltrierbaren Stoffe im Fließgewässer (Stichprobe)
- Trübungsmessung im Ablauf der Zentrifuge (Stichprobe)
- Trübungsmessung im Fließgewässer (Stichprobe)
- Auswaage feuchte Masse der Schwebstoffprobe
- Abfluss im Gewässer (zugeordneter Pegel)

16.3.4.7 Probenahme für die Bestimmung der Korngrößenverteilung

Die Bestimmung der Korngrößenverteilung ist eine wichtige Größe zur Beurteilung der Schadstoffbelastung der Schwebstoffe. Beispielsweise können bei anlaufendem Hochwasser in der Schwebstoffprobe größere Anteile von Sand enthalten sein, die in der Regel geogenen Ursprungs und unbelastet sind. Dies führt durch „Verdünnung" zu einer scheinbar geringeren Schadstoffbelastung des Gesamtschwebstoffs. Darüber hinaus ist die Korngrößenverteilung auch ein wichtiges Qualitätskriterium für die Probenahme, ungleiche Korngrößenverteilung und eine (zu) grobe Fraktion weisen auf mögliche Fehler bei der Probenahme hin.

Die Korngrößenverteilung der Schwebstoffe ist ebenfalls von der Fließgeschwindigkeit abhängig. Bei Geschwindigkeiten um 1 m/s sind im oberflächennahen Bereich überwiegend Korngrößen bis 63 µm nachweisbar. Laserbeugungsspektrometrische Untersuchungen zur Korngrößenverteilung zeigen flussgebietsspezifisch wechselnde Anteile in der Tonfraktion (< 2 µm) und den Schlufffraktionen (2 bis < 63 µm).

Zur Bestimmung der Korngrößenverteilung wird mittels Spatel entweder eine Spur der Gesamtprobe parallel zur Längsrichtung über die Gesamtlänge der Folie genommen und separat abgefüllt oder alternativ wird die Gesamtprobe vor Ort manuell homogenisiert und vollständig in eine Braunglasflasche gefüllt. Daraus wird später im Labor nach Homogenisierung eine Teilprobe für die Bestimmung der Korngrößenverteilung abgefüllt. Das weitere Vorgehen siehe LAWA-AQS-Merkblatt P 15 [5].

16.3.4.8 Vergleichsuntersuchung Zentrifugationsverfahren vs. Absetzverfahren

Ein besonderes Problem bei dieser Probenahmetechnik stellen die langen Zentrifugationszeiten bei geringen Schwebstoffgehalten in vielen Gewässern dar, um die für die Analytik erforderliche Schwebstoffmenge zu erhalten.

Daher wurde im LANUV NRW im Zeitraum zwischen 2015 und 2021 ein Projekt [21] mit dem Ziel durchgeführt, die möglichen Gewinnungsverfahren für die Probenahme von Schwebstoffen aus Gewässern zu vergleichen und ein Alternativverfahren für den Einsatz der mobilen Zentrifuge zu ermitteln und zu testen an Messstellen, deren Schwebstofffracht so gering ist, dass der Einsatz einer Zentrifuge zeitlich und/oder entfernungstechnisch nicht mehr sinnvoll ist. Zusätzlich wurde das Zielvereinbarungsprojekt erweitert, um alternative Techniken zur Zentrifuge für die Überwachung von PCB in Grubenwasser zu erproben (siehe Kapitel 16.4).

Die Ermittlung der mittleren Laufzeiten zur Erlangung von 150 g feuchter Masse für die vollständige Analytik an den 45 zu überwachenden Überblicksmessstellen bei einem Durchfluss der Schwebstoffzentrifuge von rund 1.000 l/h bestätigte die bereits erkannten Zeitprobleme bei den Schwebstoffprobenahmen. Unter Berücksichtigung der Zeitaufwendungen für Anfahrt, Aufbau, Abbau und Abfahrt sind binnen eines Arbeitstags (bis zu acht Stunden Zentrifugen-Laufzeit) nur drei von 45 Messstellen zu beproben. Bei 13 Messstellen lagen die Zentrifugen-Laufzeiten bei acht bis 16 Stunden, bei zwölf Messstellen 16 bis 24 Stunden und bei 17 Messstellen mehr als 24 Stunden. Üblicherweise fanden die Probenahmen mit den mobilen Zentrifugenanhängern immer nur während eines Arbeitstags statt, was dazu führte, dass stets zu wenig Probenmaterial im Labor ankam und somit zu Ärger zwischen den verschiedenen Akteuren (Auftraggeber, Probenahme, Labor) führte. Dieses Problem musste entweder organisatorisch und/oder technisch gelöst werden.

Nach Literaturrecherche kristallisierte sich der Schwebstoffsedimentationskasten (siehe Kapitel 16.3.5.2) als Alternative heraus. Die Auswahl der Oberflächengewässermessstellen für die Erprobung der alternativen Techniken erfolgte u. a. in Abhängigkeit von der bisherigen Probenahmedauer mit der Zentrifuge (> 1 Arbeitstag), der Entfernung vom Zentrifugenstandort (lange Anfahrt), der Zugänglichkeit im Gewässer, Aufstellungsmöglichkeit in Messstation oder Gewässer, Kosten etc. Zur praktischen Erprobung wurden sechs Messstellen ausgewählt, und zwar an denen jeweils ein Sedimentationskasten in situ in Fließgewässern (Diemel, Dhünn und Möhne) und jeweils ein Sedimentationskasten in einer ortsfesten Gewässerkontrollstation (Rheine/Ems und Opladen/Wupper) und einer mobilen Messstation auf einer Kläranlage (Eder) eingesetzt wurde.

Die Handhabung und der Betrieb der Sedimentationskästen stellte eine deutliche Vereinfachung gegenüber der bisher eingesetzten Probenahmetechnik mittels Zentrifuge Z61 dar. Der Vorteil in der Anwendung liegt in der Erzielung größerer Probenmengen bei geringerem Personal- und Kostenaufwand.

Die Messergebnisse der Sedimentationskästen wurden mit denen der Zentrifuge in Hinblick auf die gewonnene Schwebstoffmasse, die Korngrößenverteilung, die Analyse der Metalle und Analyse organischer Parameter verglichen.

Die Auswertung der gewinnbaren Schwebstoffmassen zeigt, dass der Sedimentationskasten auch an schwierigen Messstellen genügend Schwebstoff sammelt. Deutlich erkennbar sind Hoch- und Niedrigwasserereignisse. Die Korngrößenanalyse ergab, dass die gewonnenen Korngrößenfraktionen mit den durch die Zentrifuge Erzielten vergleichbar sind. Der Korngrößenanteil < 63 µm lag bei jeder Probe zwischen 75 und 100 %. Der Sedimentationskasten hat somit die Anforderungen der Oberflächengewässerverordnung in Bezug auf die Korngrößen erfüllt.

Die Ergebnisse der Elementanalysen und der organischen Parameter (PCB, PBDE) zeigen eine sehr homogene Zusammensetzung mit vergleichbarer Streuung der Messwerte gegenüber der Durchlaufzentrifuge CEPA Z61. Es ist auch kein Unterschied zwischen Sedimentationskästen mit direkter Gewässeraufstellung und an Pumpen betriebenen feststellbar.

Die vorhandenen Daten und Auswertungen der Sedimentationskästen in den Oberflächengewässern belegen die Verwendbarkeit von Sedimentationskästen als geeignete Technik zur Schwebstoffprobenahme in Oberflächengewässern in Nordrhein-Westfalen.

Der einmalige Installationsaufwand, insbesondere unter Wahrung einer arbeitssicherheitstechnischen dauerhaften Zugänglichkeit, erzeugt zwar einmalig höhere Kosten pro Messstelle, die die Jahreskosten des Zentrifugeneinsatzes u. U. übersteigen, jedoch liegen die jährlichen Betriebskosten deutlich unterhalb des Zentrifugeneinsatzes, sodass sich die Installationskosten in der Regel nach zwei bis vier Jahren amortisiert haben. Rechnet man den Anschaffungspreis der Zentrifugen und die laufenden Wartungkosten mit ein, liegt man schon im ersten Jahr weit unterhalb der Kosten für den Zentrifugeneinsatz.

Nach einem positiven Ergebnis des Zielvereinbarungsprojektes zur Erprobung von alternativen Schwebstoffgewinnungstechniken zur Durchlaufzentrifuge Padberg Z61 wird schrittweise die Überführung in die Praxis vollzogen.

16.3.5 Absetzverfahren

Als Absetzen wird das Absinken von Schwebstoffen in strömungsberuhigten Zonen geeigneter Sammelsysteme aufgrund der auf sie wirkenden Schwerkraft bezeichnet, ähnlich wie es in Hafenbecken und Buhnenfeldern geschieht. Freischwebende und schwimmende Teilchen mit einer Dichte von annähernd oder kleiner als 1 g/cm^3 werden durch dieses Verfahren deswegen nicht miterfasst. Das so gesammelte Material wird als frisches, schwebstoffbürtiges Sediment bezeichnet.

Die Absetzverfahren unterteilen sich in stationär, stets an eine Messstation gebundene und mobil einsetzbare Systeme, die ortsunabhängig verwendbar sind.

Aufgrund der einfachen Handhabung der einzusetzenden Geräte lässt sich relativ leicht ausreichend Probenmaterial von frischen, schwebstoffbürtigen Sedimenten für die nachfolgende Untersuchung von mehreren Kenngrößen sammeln. Die Untersuchungsergebnisse der gewonnenen, mehrwöchigen Mischprobe spiegeln die mittlere Belastung über eine größere Zeitspanne wider. Beim Einsatz von Sedimentationsbecken in Messstationen können Belastungen über das gesamte Jahr lückenlos überwacht werden.

In erster Linie dienen die gewonnenen Daten einer Prüfung von Zielvorgaben und der Einstufung der jeweiligen Gewässerabschnitte in ein Klassifizierungsschema. Neben Aussagen zu aktuellen Belastungszuständen lassen sich zusätzlich Trendermittlungen durchführen, insbesondere dann, wenn eine lückenlose Probenahme über Jahre gegeben ist.

16.3.5.1 Stationäre Absetzverfahren (Sedimentationsbecken)

Sedimentationsbecken werden meist in Gewässerkontrollstationen betrieben und setzen eine Förderpumpe für die Versorgung mit Flusswasser voraus. Die Norm 38402-24 [1] enthält im Anhang eine Beschreibung und schematische Darstellung eines stationären Sedimentationsbeckens nach dem Muster der Wassergütestelle Elbe. Die Becken bestehen üblicherweise aus Acrylglas, um die Sedimentationsvorgänge und insbesondere das Abziehen des überstehenden Wassers und die Gewinnung des Probengutes beobachten zu können (siehe **Bild 16.14a**). Hierbei ist zu berücksichtigen, dass bei diesem Material insbesondere bei organischen Inhaltsstoffen Wechselwirkungen mit dem Schwebstoff auftreten und das Analysenergebnis beeinflussen können. Aus diesem Grunde sollten

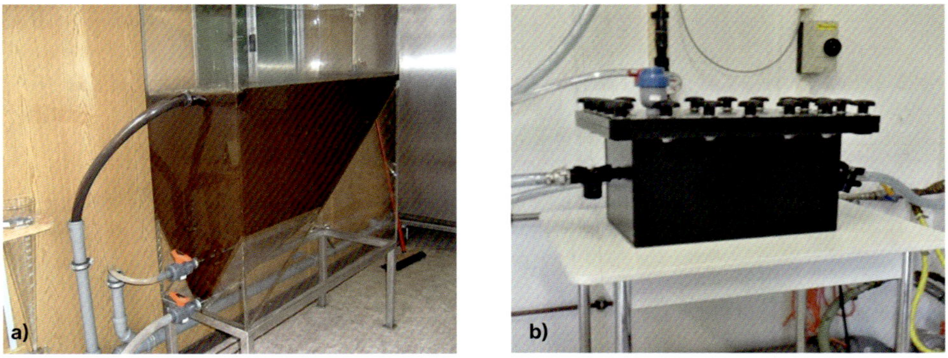

Bild 16.14: Sedimentationsbecken (a) und Sedimentationskasten (b) in Gewässerkontrollstationen

die Wandungen nach dem Ablassen des Überstandswassers nicht abgewischt werden. Somit wird vermieden, dass die Kontaktschicht in die Analysenprobe gelangt.

Ein Teilstrom des in die Messstation geförderten Wassers wird über den Wasserzulauf durch das Sedimentationsbecken geleitet, wobei durch Drosselung des Zulaufs die Strömungsgeschwindigkeit im Becken auf etwa 0,01 m/s reduziert wird, sodass auf der 1 m langen Fließstrecke ein Teil der Schwebstoffe sedimentieren kann.

Üblicherweise wird über eine Probenahmezeitspanne von etwa einem Monat Feuchtsubstanz gesammelt. Feinstschwebstoffe mit geringer Dichte (kleiner als 1 g/cm^3) und frei schwebende Planktonorganismen passieren das Becken. Der Wirkungsgrad von Sedimentationsbecken liegt in Abhängigkeit vom Schwebstoffangebot zwischen 20 und 40 % [1]. In Stationen mit natürlichem Lichteinfall werden die Becken wegen der dadurch intensiveren Bildung von Bewuchsorganismen mit einer lichtundurchlässigen Folie gänzlich abgedeckt.

Tabelle 16.2: Vor- und Nachteile von stationären Absetzverfahren (Sedimentationsbecken)

Vorteile	Nachteile
– Wartungsfreier und wenig personalintensiver Betrieb. Wartung: Abfüllen der Proben und Reinigung Zulauf und Becken – Geringe Anschaffungs- und Betriebskosten – I.d.R. ausreichendes Probenvolumen für umfassende Untersuchungen – Lückenlose, kontinuierliche Überwachung ganzjährig möglich – Absetzverhalten ist vergleichbar wie in Hafenbecken und Buhnenfeldern	– Erfassung nur eines geringen Teils der Schwebstoffe (20 % bis 40 %) – Für Frachtbetrachtungen zusätzliche tägliche Untersuchungen der Schwebstoffkonzentrationen und/oder der Trübung des Abflusses notwendig – Mögliche Alterung der Schwebstoffe und Veränderung der Inhaltsstoffe während der Probenahme bei Raumtemperatur – Kleine Partikel werden nicht vollständig erfasst

Bild 16.14b zeigt einen im LANUV NRW konzipierten 3-Kammer-Sedimentationskasten, der auch in Druckleitungen einsetzbar ist.

Tabelle 16.2 zeigt die Vor- und Nachteile zur Beschaffung und zum Einsatz von stationären Absetzverfahren (Sedimentationsbecken).

16.3.5.2 Mobile Absetzverfahren (Sedimentationskästen)

Sedimentationskästen werden zur Schwebstoffgewinnung direkt in das Gewässer ausgebracht und zum Beispiel an einer Boje oder landseitig verankert. Die Norm 38402-24 [1] enthält im Anhang eine Beschreibung und schematische Darstellung eines in situ Sedimentationskastens.

Grundsätzlich können Sedimentationskästen an jedem Ort im Gewässer eingesetzt werden, jedoch sehr stark abhängig von den örtlichen Gegebenheiten wie z. B. Breite und Tiefe des Gewässers, Fließgeschwindigkeit und deren Verteilung im Querschnitt Wasserstandschwankungen, Zugänglichkeit, Arbeitssicherheit. Die Fließgeschwindigkeit des Gewässers sollte nicht über 1 m/s liegen. Bei zu erwartenden höheren Fließgeschwindigkeiten kann es zu Störungen bzw. Ausfällen von Proben kommen, da die Sammelleistung abnimmt [2]. In diesen Fällen ist eine Anpassung der Sammeltechnik, zum Beispiel durch den Einsatz von 3-Kammer-Sedimentationskästen, an die höheren Strömungsgeschwindigkeiten zu leisten [14]. **Bild 16.15** und **Bild 16.16** zeigen einen sowohl in Gewässern als auch in Messstationen eingesetzten 3-Kammer-Sedimentationskasten mit den Abmessungen von etwa 50 x 30 x 30 cm. Um den Sedimentationskasten sicher und höhenverstellbar im Gewässer zu verankern, werden vier Haltestengen von etwa 0,5 bis 1,0 m in den Flussgrund gerammt und der Sedimentationskasten auf die vier Stangen gefädelt. Die Höhenverstellung erfolgt mittels Ketten.

Die Probenahmezeitspanne ist variabel zwischen ein bis vier Wochen je nach Schwebstoffangebot. Danach werden die gewonnenen Schwebstoffproben aus den im Sedimentationskasten eingehängten Körben entnommen. In modifizierter Bauweise

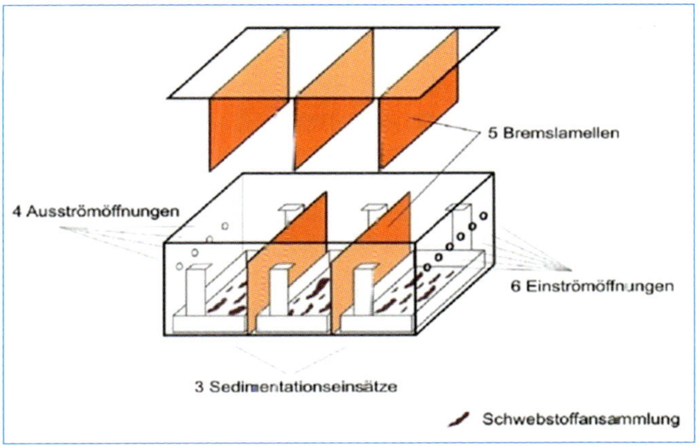

Bild 16.15: Schematischer Aufbau eines 3-Kammer-Sedimentationskastens [14]

16

Bild 16.16: Sedimentationskasten an Haltestangen zur Verankerung im Gewässer

Tabelle 16.3: Vor- und Nachteile von mobilen Absetzverfahren (Sedimentationskästen)

Vorteile	Nachteile
– Geringer Personalaufwand – Leichte Handhabung der Geräte – Relativ niedrige Anschaffungskosten – In fast allen Fließgewässern anwendbar – Hohe Kapazität (50–1.000 g / 14 d)	– Unvollständige Erfassung der Schwebstoffe (20 bis 40 %) – Mögliche Alterung der Schwebstoffe während der Probenahme – Schlechte Ausbeute bei Fließgeschwindigkeiten im Gewässer von über 1 m/s – Anzahl der Einsätze durch Verschleiß der Geräte begrenzt – Möglicher Verlust durch Vandalismus sowie bei Hochwasser – Sicherung vor Schifffahrt notwendig – Eingeschränkte Einsatzmöglichkeit, z. B. bei Frost

(Anschluss für Zu- und Ablaufschlauch oder -leitung) kann der Sedimentationskasten auch in Messstationen eingesetzt werden (siehe Bild 16.14b).

Tabelle 16.3 zeigt die Vor- und Nachteile zur Beschaffung und zum Einsatz von mobilen Absetzverfahren (Sedimentationskästen)

16.3.5.3 Schwimmende Sammler

Schwimmende Sammler wurden zum Einsatz direkt im Gewässer konzipiert. Die Norm 38402-24 [1] enthält im Anhang eine Beschreibung und schematische Darstellung eines schwimmenden Sammlers (BiSam). Die schwimmenden Schwebsoffsammler werden an eine Trägerboje gehängt und direkt in das Gewässer ausgebracht. Durch die Einlaufdüse, über die der Zufluss variiert werden kann, strömt das Wasser in den trichterförmigen Innenraum, der als Sedimentationsbecken dient. Durch die Umlenkung der horizontalen in eine kreisförmige Fließbewegung wird die Verweil- und Aufenthaltsdauer zum Absetzen der Schwebstoffe erhöht. Die Schwebstoffe fallen in die Probenahmeflaschen, die als Auffangbehälter dienen. Je nach Schwebstoffangebot liegt die

Tabelle 16.4: Vor- und Nachteile von schwimmenden Sammlern

Vorteile	Nachteile
– Geringer Personalaufwand – Einfache Handhabung – Relativ geringe Anschaffungskosten – Einsatzmöglichkeit des Geräts in verschiedenen Messtiefen	– Erfassung nur eines geringen Teils der Schwebstoffe – Durchsatz und Abscheidegrad sind nicht genau definiert – Möglicher Verlust durch Vandalismus sowie bei Hochwasser – Zum Auswechseln der Probenbehälter häufig Schiffseinsatz erforderlich – Sicherung vor Schifffahrt notwendig – Eingeschränkte Einsatzmöglichkeit, z. B. bei Eisgang – Zulauföffnung (15 mm) kann durch Biomasse verstopfen

Probenahmezeitspanne zwischen zwei und vier Wochen. Der entnommene Schwebstoff wird im Labor mittels Zentrifugation aus dem Wasser-/Schwebstoff-Gemisch abgetrennt. Der BiSam wird von der Bundesanstalt für Gewässerkunde (BfG) seit Jahren eingesetzt und hat sich als Entnahmegerät für Schwebstoffe bewährt [22].

Darüber hinaus nutzt die BfG im Routinebetrieb derzeit Durchflusszentrifugen (stationär und mobil) für die Entnahme von Stichproben, den Binnen- und Seesammler „BiSam“ sowie Sedimentationskästen für die Gewinnung von Sammelproben. In einem FuE-Projekt der BfG [23] wurden unterschiedliche Geräte (BfG-Binnensammler, Rohrsammler, Hydrozyklon, Durchflusszentrifuge) zur Gewinnung von Schwebstoffen in Oberflächengewässern für die Schadstoffanalyse weiterentwickelt und hinsichtlich Reproduzierbarkeit und Vergleichbarkeit der erzielten physikalischen und chemischen Daten zur Schwebstoffgüte, der praktischen Anwendbarkeit und Wirtschaftlichkeit der Entnahmeverfahren geprüft und beurteilt. Interessenten finden in der Veröffentlichung auch konkrete Bauanleitungen für den Rohrsammler und den Hydrozyklon.

Tabelle 16.4 zeigt die Vor- und Nachteile zum Einsatz von schwimmenden Sammlern.

16.3.6 Filtrationsverfahren

Eine weitere Möglichkeit zur Schwebstoffprobengewinnung stellt das Filtrationsverfahren dar. Voraussetzung für das Filtrieren ist stets ein Druckunterschied zwischen Zu- und Ablauf des Filtersystems, sodass in der Praxis entweder Überdruck- oder Vakuumfiltrationsgefäße eingesetzt werden. In der Wasserchemie werden üblicherweise Filter einer Porenweite von 0,45 µm verwendet.

Die mittels einer Stichprobe (oder aus mehreren Stichproben erstellten Mischprobe) entnommene Wasserprobe muss möglichst rasch filtriert werden, um eine Veränderung des Gleichgewichts zwischen den gelöst und partikulär gebunden vorliegenden Untersuchungsanteilen zu minimieren (eventuelle Nachfällungen usw.).

Es ist darauf zu achten, dass

- die entnommene Wasserprobe unmittelbar vor dem Füllen des Filtrationsgeräts homogenisiert wird;
- die verwendeten Membranfilter (z. B. Celluloseacetat) gereinigt (vorgespült) und gewogen sind;
- das Material des Filtrationsgefäßes so gewählt wird, dass die Analysenbefunde nicht beeinflusst werden (Kontamination vermeiden, deshalb z. B. Glas, PTFE verwenden);
- der Filtrationsvorgang nicht zu lange dauert. Das Volumen der zu filtrierenden Wasserprobe wird so gewählt, dass der Filtrationsvorgang in wenigen Stunden bewältigt werden kann, weil es sonst zu Nachfällungen kommen kann.
- bei Anwendung der Druckfiltration das zur Druckerzeugung eingesetzte Gas blindwertfrei ist.

Sofern auch das Filtrat untersucht werden soll, ist darauf zu achten, dass

- von der Charge der verwendeten Membranfilter regelmäßig Blindwerte ermittelt werden, da sie vom Gesamtanalysenwert subtrahiert werden müssen;
- die verwendeten Membranfilter einen nicht zu großen Durchmesser (bis etwa 100 mg bei 49 mm Filterdurchmesser) aufweisen, da sonst gegebenenfalls der Blindwert – im Vergleich zum Analysenwert – relativ hoch wäre;
- die Schwebstoffprobe mit entionisiertem Wasser vorsichtig nachgewaschen, getrocknet und gewogen werden. Bis zur Analyse sind die Filterrückstände luftdicht verschlossen aufzubewahren (z. B. Polyethen-Beutel mit Verschluss).

Da dem Filtrationsvorgang die Entnahme von Wasserproben vorausgeht, ist der Einsatzbereich vielfältig. Es können innerhalb eines Gewässers Querprofile aufgenommen werden, wobei die Entnahmetiefe – bei Verwendung entsprechender Wasserschöpfer – leicht variiert werden kann. Eine Probenahme ist sowohl von Land, Schiffen als auch

Tabelle 16.5: Vor- und Nachteile von Filtrationsverfahren

Vorteile	Nachteile
– Gute zeitliche Auflösung Momentaufnahme – Aufwand ist relativ gering – Gute Auftrennung Schwebstoff/Wasser – Umfasst einen definierten Korngrößenbereich > 0,45 mm – Relativ preisgünstig – Für Frachtberechnung vorteilhaft, da bei der Filtration auch der gelöste Anteil bestimmt werden kann – Entnahme der Wasserproben kann sehr variabel gestaltet werden (z. B. Aufnahme von Quer- und Längsprofilen).	– Filter kann schnell verstopfen – Gewonnene Schwebstoffmasse ist sehr gering, dadurch relativ großer analytischer Fehler – Filtration dauert evtl. sehr lange, dadurch Verschiebungen des ursprünglichen Gleichgewichts möglich von gelöst zu partikulär gebunden – System ist hinsichtlich Kontamination (Filter, Trocknung) relativ anfällig, schon geringe von außen eingetragene Verunreinigungen können das Ergebnis stark beeinflussen

von Hubschraubern aus möglich, sodass dieses Verfahren auch hinsichtlich der Aufnahme von Längs- und Querprofilen eingesetzt werden kann. Zudem können die Wasserproben auch in Messstationen entnommen werden.

Die Analysenbefunde lassen bei ausreichend hoher Probenahmefrequenz die Prüfung von Zielvorgaben zu, geben den aktuellen Stand der Belastung wieder und sind für Frachtbilanzierungen verwendbar. Da die Wasserproben in der Regel als Stichproben entnommen werden, sind die Schwebstoffbefunde einem sehr kurzen Zeitintervall zuzuordnen. Bei einer entsprechend häufigen Untersuchung können die bei Schwebstoffen beobachteten starken Schwankungen innerhalb z. B. eines Untersuchungsjahres (Hochwasser usw.) aufgrund der guten zeitlichen Auflösung erfasst werden (Extremwerte).

Tabelle 16.5 zeigt die Vor- und Nachteile zum Einsatz von Filtrationsverfahren.

16.4 Verschiedene Probenahmeverfahren zur Überwachung von PCB in Grubenwasser

Im Rahmen eines begleitenden Untersuchungsprogramms „Belastungen von Oberflächengewässern und von aktiven Grubenwassereinleitungen mit bergbaubürtigen PCB (und PCB-Ersatzstoffen)" [24] wurde das LANUV NRW im Jahr 2014 vom zuständigen Umwelt-Ministerium (MKULNV NRW) beauftragt,

- die verschiedenen Untersuchungsmethoden (Probenahme- und Analysentechniken), die derzeit von der „Zentralen Umweltanalytik" des LANUV, von der Bezirksregierung Arnsberg und von der Ruhrkohle AG (RAG) bzw. von den durch sie beauftragten Laboren eingesetzt werden, miteinander zu vergleichen;
- ein intensiviertes Grubenwassermonitoring zur Beschreibung der PCB-Belastung der aktuell gehobenen Grubenwässer durchzuführen und die Untersuchungen der Oberflächengewässer fortzusetzen;
- die vorhandene und die langfristig zu erwartende Belastung der „Vorfluter" mit PCB zu beschreiben bzw. zu prognostizieren.

PCB reichern sich aufgrund ihrer Beschaffenheit an Feststoffpartikeln an. Diese Feststoffpartikel wiederum lagern sich bei Einleitung von zum Beispiel Grubenwasser am Gewässerboden ab; sie bilden einen Teil des Flusssediments. Die schadstoffhaltigen Partikel im Flusssediment können zum Beispiel bei Hochwasser aufgewirbelt und weiter flussabwärts transportiert werden; sie sind im Übrigen für die am Gewässerboden lebenden Organismen von Bedeutung und können von einigen Organismen aufgenommen werden. Deshalb und aus analysetechnischen Gründen ist es notwendig, die Konzentration der PCB in den Feststoffpartikeln – und nicht aus der gesamten Wasserprobe – zu bestimmen.

Das LANUV und der Ruhrverband setzen zur Gewinnung des im Grubenwasser bzw. in den Oberflächengewässern enthaltenen Feststoffs Zentrifugen ein, während die seitens der Bezirksregierung Arnsberg und der RAG jeweils beauftragten akkreditierten Labore zur Gewinnung des Probengutes in der Regel zehn Liter Wasser filtrieren.

Die im Rahmen der Aufgabenstellung relevanten Unterschiede der beiden Methoden werden nachfolgend kurz skizziert und bewertet:

- Das Zentrifugenverfahren ist nach DIN 38402-24:2007-05 – Anleitung zur Probenahme von Schwebstoffen (A 24) für die Probenahme aus Fließgewässern genormt; die von den im Auftrag der Bezirksregierung Arnsberg und der RAG tätigen Labore zur Analyse der Grubenwässer eingesetzte Filtration ist nach Abschnitt 6.4 dieser Norm – neben den Zentrifugations- und Absetzverfahren – eine weitere ausdrücklich zugelassene Möglichkeit der Schwebstoffgewinnung. Die weitere Behandlung der Probe wird durch die DIN 38414-S 20[1] beschrieben. Für diese Methode wird eine Mindestmenge an Schwebstoffen benötigt; diese kann mit der 10 Liter-Methode nicht immer gewonnen werden.
- Beide Probenahmetechniken liefern jeweils nur eine Momentaufnahme der Grubenwassersituation. Da die Zentrifugentechnik über viele Stunden mehrere 1.000 Liter Wasser durchsetzt, wirken sich kurzfristige Schwankungen in der Zusammensetzung des Grubenwassers nicht so stark auf das Messergebnis aus wie dies bei der Filtration von zehn Litern Wasser der Fall ist. Schwankungen, die durch betriebstechnische Änderungen in größerem Abstand bedingt sind, können nur durch entsprechend häufige Probenahmen erkannt werden.
- Die Grubenwässer enthalten im Vergleich zu Flüssen sehr wenige Schwebstoffe. Die über die Filtration von zehn Litern gewonnene Menge Schwebstoff erfordert deshalb eine gegenüber der DIN 38414-S 20 angepasste Probenaufarbeitung für die Messung der PCB.
- Grubenwässer enthalten oft gelöstes Eisen in großen Mengen. Dieses fällt bei Kontakt mit Sauerstoff an den Einleitstellen und bei der Probenahme teilweise aus und führt zu einer sogenannten „Verockerung". Durch diesen chemischen Prozess kann die Feststoffzusammensetzung einer unter Luftkontakt gewonnenen Grubenwasserprobe eine andere sein, als die Feststoffzusammensetzung einer ohne Luftkontakt zum Beispiel unter Tage gezogenen Probe. Der frisch gefällte „Eisenocker" stellt auch eine besondere Herausforderung bei der Probenaufbereitung und bei der Bewertung der Ergebnisse dar.

Zum „Herausholen" der Feststoffpartikel aus einer Wasserprobe wurden 2015 verschiedene Techniken eingesetzt: die Filtration (durch RAG und Bezirksregierung Arnsberg) und die Zentrifugation (LANUV und Ruhrverband). Die Filtration von zehn Liter Wasserprobe hat sich nicht bewährt, geringe absolute PCB-Mengen im Filterkuchen und schnell verstopfende Filter führten zu schwankenden, nicht reproduzierbaren Ergebnissen. Das Zentrifugenverfahren nach DIN 38402-24 scheidet bei aktiv betriebenen Gruben innerhalb eines Tages genug Schwebstoff ab, um die für die PCB-Analytik nach DIN 38414-S 20 vorgeschlagene Menge Probenmaterial zu erhalten. Aus dem Grubenwasser stillgelegter Gruben sind mit der Zentrifuge nur geringe Mengen zu gewinnen.

Für die Gewinnung von Schwebstoffen aus Grubenwasser sind Zentrifugen nach den Erfahrungen aus dem Messprogramm 2015 nur bedingt geeignet:

---

[1] DIN 38414-S20: 1996-01 – Schlamm und Sedimente: Bestimmung von 6 polychlorierten Biphenylen (PCB)

- Die Schwebstoffgehalte sind im Grubenwasser stillgelegter Zechen sehr viel geringer als in Oberflächengewässern.
- Die Schwebstoffgehalte schwanken bei Schaltvorgängen an untertägigen Pumpen.
- Eisenhydroxid fällt bei Luftkontakt des gehobenen Grubenwassers aus und beeinflusst stark die Menge des gewonnenen Feststoffs und damit die Bezugsgröße für die Konzentrationsangabe in µg PCB/kg Feststoff.
- Die Zentrifugen werden durch auskristallisierende Salze aus den Grubenwässern, ausfallenden Eisenocker und Bariumsulfat stark in Mitleidenschaft gezogen, sodass ein Dauerbetrieb nicht möglich ist.

Deshalb wurden im Folgenden alternative Probenahmeverfahren für PCB in Grubenwasser erprobt [25]. Parallel zur Erprobung von Schwebstoffsammelkästen für die Überwachung von Grubenwässern wurde der Einsatz von Passivsammlern geprüft. Die Sammelkästen wurden direkt in den Grubenwasserstrom installiert, ggf. mit einem technischen Bauwerk.

Die Passivsammler wurden in die Grubenwasserfahne im aufnehmenden Gewässer eingebracht. Die Untersuchungen im Gewässer wurden von der Bundesanstalt für Gewässerkunde, BfG, Koblenz, durchgeführt. Passivsammler besitzen eine Sammelphase, z. B. ein Polymer, das Schadstoffe anreichert, wenn es in der Umwelt exponiert wird. Die Art der Sammelphase bestimmt, welche Stoffgruppen bevorzugt angereichert werden. Bei der Anwendung von Passivsammlern in der Wasserphase nach DIN EN ISO 5667-23:2011-06 werden also gelöste Stoffe angereichert. Details zu Anwendung von Passivsammlern in Überwachungsprogrammen gemäß WRRL siehe Forschungsbericht „AnPassa" des Umweltbundesamts [26]. Ergebnisse zu den PCB in Gruben- und Oberflächengewässern und deren Auswirkungen auf die Gewässerqualität siehe [25] und [27].

Ziel der 2016 begonnenen Untersuchungen war es, zu ermitteln, ob sich Schwebstoffsammelkästen für eine dauerhafte Überwachung von Grubenwassereinleitungen auf PCB eignen. Folgende Umstände bei der Grubenwasserförderung erschweren den Einsatz von Schwebstoffzentrifugen:

- Extrem hohe Salzgehalte, die bei der Probenahme auskristallisieren
- Anoxische (sauerstofffreie) Zustände in Verbindung mit gelöstem, zweiwertigen Eisen, das bei Sauerstoffkontakt als stark voluminöses Eisen(III)-hydroxid (Eisenocker) ausfällt
- Sehr geringe Gehalte an Schwebstoff
- Teilweise hohe und schwankende Druckverhältnisse in den Förderleitungen (8 bar und mehr mit Druckstößen bei Schaltvorgängen an den Pumpen)

Diese Umstände machten auch für den Einsatz der Schwebstoffsammelkästen technische Anpassungen gegenüber dem Einsatz in Gewässern nötig. Der hohe Salzgehalt bewirkt keine Korrosion an den Sammelkästen, die im Gegensatz zur Zentrifuge ganz aus Kunststoff bestehen. Die Anlagenteile im Umfeld sind jedoch entsprechend zu gestalten. Anoxische Grubenwässer kommen bis nach der Durchleitung durch die Kästen nicht mit Luftsauerstoff in Kontakt, sodass wenig Eisenfällung stattfindet. Der geringe Schwebstoffgehalt lässt sich bei der Probenahme mittels Schwebstoffsammelkasten

Tabelle 16.6: Menge der gesammelten Schwebstoffe an verschiedenen Grubenwassereinleitungen und mit unterschiedlichen Techniken (exemplarisch)

	Einheit	Zentrifuge Prosper	Kasten Prosper	Zentrifuge Ibbenbüren	Kasten Ibbenbüren	Zentrifuge Haus Aden	Kasten Haus Aden
Probenahmezeit		11.03.2015	19.12.2016 – 23.01.2017	23.11.2016	20.12.2016 – 07.02.2017	28.08.2015	20.01.2017 – 13.02.2017
Durchfluss Wasser	m^3	7,2	269	6	349	7,4	247
Laufzeit	h	2	843	5	1.175	6,5	577
Masse Schwebstoff	g feucht	360	1.277	114	58,1	41	78,5
Masse Schwebstoff	g trocken	210	839	30,6	16,3	5,2	30,5
Schwebstoffgehalt (berechnet)	mg/l	29,1	3,1	5,1	0,05	0,7	0,1

durch eine etwas größere Auslegung des Kastens (drei statt zwei Kammern) und eine Verlängerung der Sammelzeit gut kompensieren. Druckminderungssysteme ermöglichen den Langzeitbetrieb unabhängig von der Ansteuerung der Grubenwasserpumpen. Während bei den Zentrifugenprobenahmen die Pumpensteuerung nicht verändert werden durfte, ermöglichen die Kästen, die möglicherweise höhere Schwebstofffracht beim Anfahren von Pumpen mitzuerfassen.

Erwartungsgemäß scheidet ein Schwebstoffsammelkasten nicht mit der gleichen Effizienz Schwebstoffe ab wie eine Zentrifuge. Dies lässt sich durch längere Laufzeiten mehr als kompensieren. **Tabelle 16.6** zeigt exemplarisch die mit unterschiedlichen Techniken und Laufzeiten gewonnenen Mengen an Schwebstoff aus verschiedenen Zechen. Bei einer Zeche mit untertägigem Betrieb (Prosper) lässt sich mit beiden Verfahren ausreichend Schwebstoff für eine Analytik gewinnen; die Effektivität des Kastens ist dabei erwartungsgemäß niedriger als die Abscheideleistung der Zentrifuge. Gleiches gilt für Grubenwässer aus stillgelegten Zechen, hier am Beispiel Haus Aden. Werden die Grubenwässer eines aktiven Bergwerks zunächst durch Absetzteiche geleitet (Ibbenbüren), ist die Effektivität des Kastens nochmals geringer. Über die langen Laufzeiten kann jedoch auch hier eine für die Analytik ausreichende Menge Schwebstoff gewonnen werden.

Sowohl mit der Zentrifuge als auch mit dem Sammelkasten werden aus dem Grubenwasser Schwebstoffe mit einer Korngröße kleiner 63 µm gewonnen (siehe **Bild 16.17**). Damit erhält man für beide Techniken die Feinstfraktion, in der die maximale Anreiche-

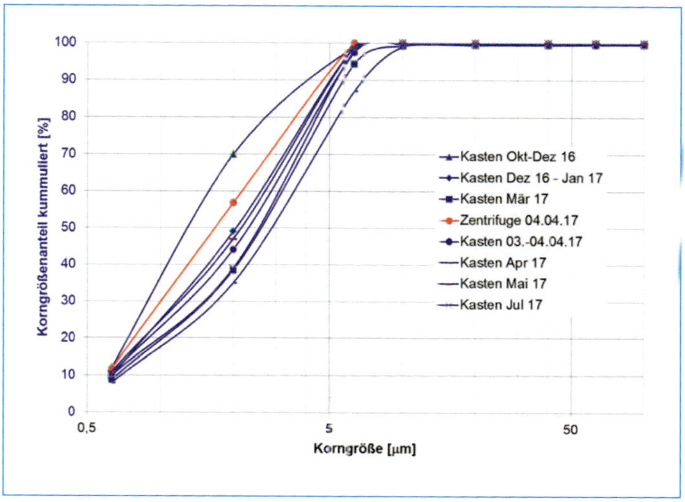

Bild 16.17: Korngrößenverteilung der abgeschiedenen Schwebstoffe im Vergleich von Schwebstoffsammelkasten und Zentrifuge (exemplarisch)

rung organischer, nicht polarer Stoffe stattfindet. Die Korngrößengrenze 63 µm ist die konventionelle Siebmaschenweite bei der Aufarbeitung von Sedimenten.

Fazit des Vergleichs der getesteten Probenahmeverfahren zur Überwachung von PCB in Grubenwasser:

Schwebstoffsammelkästen können mit relativ wenig Aufwand auch geringe Schwebstoffmengen aus dem Grubenwasser stillgelegter Bergwerke sammeln. Probenahmen über Wochen bis Monate ermöglichen integrative Betrachtungen. Sie eignen sich daher gut für ein Langzeitmonitoring des PCB-Gehalts in Schwebstoffen an den verbleibenden Standorten für eine Grubenwassereinleitung für die nächsten Jahrzehnte.

Schwebstoffsammelkästen können nicht allein die Datengrundlage für eine Frachtbetrachtung liefern, dazu wäre eine nahezu vollständige Abscheidung der Schwebstoffe nötig. Ergänzend sind hierzu Messwerte der abfiltrierbaren Stoffe aus der bestehenden Überwachung der wässrigen Phase nötig.

Zentrifugen können die Schwebstoffmenge aus einigen tausend Litern Wasser nahezu vollständig abtrennen und ermöglichen damit die Berechnung einer PCB-Fracht am Schwebstoff. Sie eignen sich für die „schnelle“ Probenahme, sofern das Grubenwasser genug Schwebstoff enthält, um in der Laufzeit der Zentrifuge die für die Analyse benötigte Menge zu gewinnen.

Zentrifugen können nicht im Dauerbetrieb Grubenwasser beproben. Die Salzfracht und das gelöste Eisen beeinträchtigen die Technik wesentlich. Ein zuverlässiger Betrieb ist nicht gewährleistet.

16.5 Probenbehälter, Probenkonservierung, Transport und Lagerung

Die Probenbehälter müssen aus einem geeignetem Material sein, das keine Kontamination der Probe verursacht, keine zu bestimmenden Bestandteile adsorbiert und nicht mit den Probenbestandteilen reagiert. Außerdem sollten sie gut zu reinigen/dekontaminieren oder umweltfreundlich zu entsorgen sein. Je nach Untersuchungsparameter werden Behälter aus PTFE, Glas oder Polyethylen verwendet. Bei der Untersuchung von organischen Kontaminationen sind Braunglasflaschen mit Glasschliffstopfen oder PTFE-beschichtetem Verschluss zu verwenden.

Mit einem PTFE-Schaber wird die Schwebstoffprobe von der Folie (Zentrifuge) bzw. aus dem Absetzbehälter (nach vorsichtigem Dekantieren der Wasserphase) in ein mindestens 250 ml fassendes Glasgefäß überführt (siehe **Bild 16.18**).

Schwebstoffproben enthalten natürlicherweise Mikroorganismen (z. B. Bakterien, Pilze), deren Wachstum und Vermehrung temperaturabhängig ist. Ohne Kühlung erhöht sich die Biomasse in der Probe, die Verstoffwechselung und der mikrobielle Abbau nehmen zu, wodurch sich die Zusammensetzung der Proben verändern kann. Die genannten Probenmatrices müssen daher direkt nach Probenahme bei (5 ± 3) °C gekühlt, lichtgeschützt und zeitnah in das Analyse-Labor zur darauffolgenden Probenvorbereitung überbracht werden. Die Probenvorbereitung muss innerhalb von 48 Stunden nach der Probenahme begonnen werden. Anderenfalls ist die Probe im Labor oder vor Ort einzufrieren. Nach Probenaufbereitung (Gefriertrocknung) wird die mikrobiologische Aktivität, aufgrund des dann nicht mehr vorhandenen Wasseranteils, deutlich reduziert [5].

Für die üblichen zu untersuchenden Kenngrößen empfiehlt sich gemäß DIN EN ISO 5667-15 [7] die in **Tabelle 16.7** dargestellte Probenvorbehandlung und -konservierung. Es ist jedoch darauf zu achten, dass die in der Norm für Schlämme und Sedimente angegebene Lagerungsdauer für Schwebstoffe nicht zutreffend ist, da durch die hohe biologische

Bild 16.18: Entnahme der Schwebstoffprobe von der Folie

Tabelle 16.7: Probenvorbehandlung und -konservierung von Schlamm- und Sedimentproben gemäß DIN EN ISO 5667-15 [7]

Zu untersuchender Analyt	Behälter[a)]	Mindestmasse der Probe[b)] in g	Konservierung und Lagerungsbedingungen	Maximale Lagerdauer[c)]
Adsorbierbare organisch gebundene Halogene (AOX)	P oder G	50	1-5 °C, dunkel und luftdicht	7 Tage
Flüchtige organische Stoffe	G mit PTFE-beschichtetem Verschluss	50	1-5 °C, dunkel und luftdicht	4 Tage
			Extrahieren mit Methanol und lagern bei 1-5 °C, dunkel und luftdicht	1 Monat
			Extrahieren mit Methanol und lagern bei < - 18 °C, dunkel und luftdicht	6 Monate
Kohlenstoff, gesamt, organisch (TOC) Kohlenstoff, anorganisch (IC)	G mit PTFE-beschichtetem Verschluss	25	1-5 °C, dunkel und luftdicht	1 Monat
			< - 18 °C, dunkel und luftdicht	6 Monate
Korngrößenverteilung	P oder G	100	1-5 °C, dunkel und luftdicht	1 Monat
Metalle	P oder G	50	1-5 °C, dunkel und luftdicht	1 Monat
			< - 18 °C, dunkel und luftdicht	6 Monate
	P oder G		bei etwa 60 °C trocknen und bei Umgebungstemperatur lagern, dunkel und luftdicht	6 Monate
Organostickstoff-, Organophosphor-Pestizide	G mit PTFE-beschichtetem Verschluss	50 je Gruppe	Extrahieren und bei 1-5 °C lagern, dunkel und luftdicht	1 Monat
PCB, PAK, Chlorpestizide	G mit PTFE-beschichtetem Verschluss	50 je Gruppe	1-5 °C, dunkel und luftdicht	1 Monat
Quecksilber (nicht flüchtig)	P oder G	50	1-5 °C, dunkel und luftdicht	1 Monat
			< - 18 °C, dunkel und luftdicht	1 Monat

Tabelle 16.7: (Fortsetzung)

Zu untersuchender Analyt	Behälter[a)]	Mindestmasse der Probe[b)] in g	Konservierung und Lagerungsbedingungen	Maximale Lagerdauer[c)]
Quecksilber (flüchtig)	P oder G	50	1-5 °C, dunkel und luftdicht	4 Tage
Schwer- und nichtflüchtige organische Bestandteile	G mit PTFE-beschichtetem Verschluss	50 je Gruppe	Extrahieren und bei 1-5 °C lagern, dunkel und luftdicht	1 Monat
			Extrahieren und bei < −18 °C lagern, dunkel und luftdicht	6 Monate
Trockenrückstand (Trockenmassenanteil)	P oder G	50	1-5 °C, luftdicht	7 Tage
Zinnorganische Verbindungen	G	50	1-5°C, dunkel und luftdicht	7 Tage
			< - 18 °C, dunkel und luftdicht	6 Monate

a) P = Kunststoff, z. B. PE (Polyethylen), PTFE (Polytetrafluorethylen), PVC (Polyvinylchlorid), PET (Polyethylenterephthalat)
G = Glas
BG = Borosilicat-Glas

b) Mindestmasse der Feldprobe für die Bestimmung der spezifischen Analyten, bezogen auf feuchtes Material. Falls mehr als ein Analyt aus derselben Feldprobe analysiert wird, kann eine Probemasse weniger als die Summe der Massen aus den entsprechenden Einzelproben ausreichend sein.

c) Einschließlich der Transportdauer

Aktivität auch bei Kühlung zwischen 1 und 5 °C bereits nach wenigen Tagen ein erheblicher Schimmelbefall festzustellen ist. Aus diesem Grund ist eine nicht unterbrochene Kühlkette und die schnelle Aufarbeitung der Proben im Labor unbedingt notwendig.

16.6 Probenahmeprotokoll

Für jede Probenahme ist ein Probenahmeprotokoll zur Dokumentation der Daten bei der Probenahme anzufertigen. Dem Untersuchungslabor und dem Auftraggeber werden damit Informationen über die Beschaffenheit der Probe, den Probenahmeort, Tätigkeiten und Messungen während der Probenahme, sowie Informationen, die für die Analytik und spätere Auswertung von Bedeutung sind, übermittelt.

Sowohl die Norm 38402-24 [1] als auch das LAWA-AQS-Merkblatt P-8/4 [2] enthalten jeweils im Anhang ein Muster für ein Protokoll für Schwebstoffprobenahme. Alle

Beobachtungen sind unmittelbar vor Ort im Protokoll zu dokumentieren. Randbedingungen und Auffälligkeiten, die bedeutend sind für die spätere Interpretation und zu treffenden Güteaussagen, wie z. B. Abweichungen von der Vor-Ort-Situation mit den Informationen des Auftraggebers, Einleitungen, Baggerarbeiten, außergewöhnliche Abflussverhältnisse, sind ebenfalls zu dokumentieren. Außerdem sind weitere Angaben zur Messstelle, Datum, Probenahme-Auftragsnummer, Tara des Probenahmegefäßes (zur Trockenmassebestimmung nach Trocknung), Feuchtmasse, Durchfluss und Dauer der Probenahme (Wassermenge während der Probenahme) zu vermerken.

Zur Identifikation der Probe muss die Kennzeichnung der Probe mit den Angaben des dazugehörigen Probenahmeprotokolls übereinstimmen. Der Probenehmer trägt die Verantwortung für die von ihm durchgeführte Probenahme und damit für die Angaben auf dem Protokoll und bestätigt diese mit seiner Unterschrift.

16.7 Qualitätssicherung

Als präventive Maßnahme der Qualitätssicherung ist eine Standardarbeitsanweisung des Probenahmeverfahrens zu erstellen und zu aktualisieren. Die konsequente Einhaltung der darin beschriebenen Arbeitsschritte sind regelmäßig (z. B. durch jährliche interne Audits) zu überprüfen.

Mit Sammelprobenahmegeräten entnommene Proben sollten der folgenden Anleitung entsprechen [1]:

- Präzision: Je Untersuchungstag sollte eine Probe geteilt und doppelt untersucht werden. Aus dieser Doppelbestimmung die Spannweite berechnen. Die relative Spannweite sollte nicht mehr als 10 % überschreiten. Diese Proben sollten nicht hintereinander analysiert werden, um Beeinflussungen durch ihre Position beim Analysenlauf zu begrenzen.
- Richtigkeit: Die Richtigkeit ergibt sich aus der Analyse von Standard-Referenzmaterial im Labor und kann nicht aus Daten der Felduntersuchung gewonnen werden
- Blindwertermittlung: Nullwert- bzw. Blindwertmessungen, wie sie bei Wasseruntersuchungen üblich sind, sind hier nicht durchführbar. Es ist weder praktikabel noch realistisch, genügend Nullwasser mit einer Zentrifuge zu behandeln, um die Feld-Kontamination oder potenzielle Kontaminationen durch Metalle aus nicht rostendem Stahl (oder anderen) metallischen Geräten zu ermitteln. Daher ist es besonders wichtig, die Sauberkeit der Geräte und Schlauchverbindungen sicherzustellen.

Für die Schwebstoffgewinnung mittels Durchlaufzentrifugen existieren keine standardisierten Qualitätssicherungsprogramme.

Eine Qualitätskontrollmaßnahme zur Beurteilung der internen Kontamination der Proben durch Kontakt mit Metallen oder nichtmetallischen Teilen, Öl oder Fetten kann beispielsweise das Pumpen einer Tonsuspension bekannter chemischer Zusammensetzung in die Zentrifuge (einschließlich aller Schläuche, Pumpen und anderer Geräte, die zur

Feldausstattung der Zentrifuge gehören) mit anschließender Analyse des gesammelten Feststoffs zum Vergleich mit der Originalsubstanz sein. Diese aufwendige Prozedur ist nicht einfach und nur bei einem konkreten Verdacht, dass eine Kontamination durch das Probenahmesystem selbst verursacht wurde, angemessen.

Es ist unbedingt erforderlich, dass die gesamte Apparatur einschließlich der Schläuche nach dem Gebrauch gereinigt werden, um sicherzustellen, dass eine Verschleppung von Ölen, Fetten oder anderen Schadstoffen in andere Proben hinein verhindert wird. Es wird empfohlen, vor der Inbetriebnahme der Zentrifuge die Zulaufleitung (aber nicht die Zentrifuge) für 15 min mit dem Probengut zu spülen, um Querkontaminationen zu vermeiden. Falls mehrere Proben an einem Tag entnommen werden müssen, so ist die Durchflusszentrifuge zuerst an der vermutlich am geringsten belastete Probenahmestelle, nacheinander folgend an den vermutlich stärker belasteten Stellen, einzusetzen.

Sinnvoll sind regelmäßige Vergleichsuntersuchungen mit anderen Betreibern von mobilen Durchlaufzentrifugen im Rahmen von „Ringtests“. Dabei müssen an der gleichen Probenahmestelle bei gleicher Laufzeit Schwebstoffproben mit den mobilen Zentrifugen der Untersuchungsstellen unter den sonst üblichen Praxisbedingungen entnommen werden. Die gewonnenen Schwebstoffproben werden anschließend in einem Untersuchungslabor auf die relevanten Inhaltstoffe untersucht.

Weiterhin sind regelmäßige Schulungen bzw. Erfahrungsaustausche der mit der Thematik der Schwebstoffprobenahme direkt befassten Personen durchzuführen, um einen qualitätsgesicherten Umgang mit der komplexen und teuren Technik sicherzustellen.

Solche Vergleichsuntersuchungen wurden in NRW erstmalig 1998 mit den Zentrifugen der damaligen staatlichen Umweltämter durchgeführt. Seit 2011 wurden mehrfach Fortbildungsveranstaltungen „Probenahme von Schwebstoffen und Sedimenten“ des LANUV im BEW Essen für Beschäftigte der kommunalen und staatlichen technischen Umweltverwaltung und der Wasserverbände organisiert, an denen sich auch andere Bundesländer mit ihren mobilen Zentrifugen beteiligten. **Tabelle 16.8** zeigt die Ergebnisse der Vergleichsuntersuchung der Veranstaltung im Jahr 2018. Am Praxistag wurden die mitgebrachten mobilen Zentrifugen der Bundesländer Baden-Württemberg, Hamburg, Hessen und Nordrhein-Westfalen zeitgleich für die Dauer von drei Stunden an der Ruhr in Mülheim betrieben. Die Untersuchung der gewonnenen Schwebstoffproben erfolgte anschließend im Labor des LANUV NRW. Die Ergebnisse der Elementuntersuchung ergab keine signifikanten Unterschiede.

Tabelle 16.8: Ergebnisse der Vergleichsuntersuchung der Schwebstoffzentrifugen 2018

Prüfmerkmal	Einheit	Zentrifuge 1	Zentrifuge 2	Zentrifuge 3	Zentrifuge 4	Zentrifuge 5
Durchfluss Wasser Zentrifuge gesamt	l	7.500	5.048	4.598	5.400	3.920
Masse Schwebstoff feucht	g	82,0	81,0	57,0	51,0	167
Förderleistung Wasser Zentrifuge	l/h	1.500	1.003	905	1.200	784
Pumpdauer Zentrifuge	min	300	302	305	270	300
Trockenmasse Schwebstoff	Gew%	25,6	24,0	22,8	21,9	34,8
Antimon	mg/kg	2,1	2,0	2,0	1,9	2,3
Selen	mg/kg	3,3	3,2	3,5	3,6	2,8
Zinn	mg/kg	12	11	11	11	15
Tellur	mg/kg	<0,10	<0,10	<0,10	<0,10	<0,10
Thallium	mg/kg	0,40	0,39	0,42	0,41	0,52
Uran	mg/kg	0,48	0,49	0,44	0,46	0,67
Aluminium	mg/kg	15.000	15.000	15.000	15.000	16.000
Arsen	mg/kg	11	10	11	11	12
Beryllium	mg/kg	<0,50	<0,50	<0,50	<0,50	<0,50
Cadmium	mg/kg	3,4	3,3	3,1	3,0	4,4
Kobalt	mg/kg	20	19	19	19	20
Chrom	mg/kg	63	72	58	56	75
Kupfer	mg/kg	120	130	100	99	160
Eisen	mg/kg	31.000	28.000	28.000	27.000	36.000
Mangan	mg/kg	8.200	7.900	8.800	8.600	5.700
Nickel	mg/kg	69	72	64	64	79
Blei	mg/kg	140	130	130	120	160
Vanadium	mg/kg	27	26	26	25	29
Zink	mg/kg	1.000	1.100	950	940	1.200
Elnwaage nass	g	78,4	77,5	50,8	46,6	160,0

16.8 Sicherheitsmaßnahmen

Für die Probenahme aus Fließgewässern stehen üblicherweise keine speziellen, den Anforderungen von Arbeitssicherheit und Unfallschutz gerecht werdenden Einrichtungen zur Verfügung. Daher ist man i. d. R. auf die Probenahme vom Ufer, vom Boot oder von Brücken aus angewiesen. Die sich hierdurch ergebenden Unfallgefahren und die geltenden Unfallverhütungsvorschriften sind zu beachten. Falls die Gefahr des Ertrinkens durch höhere Wasserstände und/oder durch schnellere Fließgeschwindigkeiten besteht, sind auf jeden Fall Schwimmwesten zu tragen.

Zentrifugen und elektrische Pumpen werden mit Elektrokabeln und transportablen Stromerzeugern – häufig auch bei feuchten Witterungsbedingungen – betrieben. Bei diesem Gebrauch der elektrischen Geräte ist besondere Vorsicht geboten, um die Gefahr von Stromschlägen zu verhindern. Die elektrische Anlage muss über einen Fehlerstromschutzschalter verfügen und mit einem Erdungsspieß geerdet werden. Es ist zwingend notwendig, die Zentrifuge, den Stromerzeuger und die Pumpe stets entsprechend den Betriebsanweisungen der Hersteller zu betreiben, weil ansonsten die Gefahr von schlimmen Verletzungen oder sogar der Tod des Personals zu befürchten ist.

Für den Betrieb der Durchlaufzentrifuge sind entsprechende Sicherheitsvorschriften zu beachten, eine Betriebsanleitung und eine Standardarbeitsanweisung zu erstellen. Zentrifugen sind Arbeitsmittel im Anwendungsbereich der Betriebssicherheitsverordnung (BetrSichV) [28]. Nach BetrSichV § 3 Gefährdungsbeurteilung, Absatz 6 hat der Unternehmer oder die Unternehmerin Art, Umfang und Fristen erforderlicher Prüfungen zu ermitteln. Bei diesen Prüfungen sollen sicherheitstechnische Mängel systematisch erkannt und abgestellt werden.

In der 2004 außer Kraft gesetzten Unfallverhütungsvorschrift „Zentrifugen" (VBG 7z) wurden aufgrund umfangreicher Erfahrungen und Schadensereignisse im Zusammenhang mit Zentrifugen hinsichtlich Prüfungen konkrete Aussagen getroffen. Diese wurden vorübergehend in den Abschnitt 3.5 des Teil 3 der BG-Regel „Betreiben von Arbeitsmitteln" (BGR 500) übernommen und jetzt in der DGUV-Schrift FBRCI-025 „Zentrifugen – Begriffe, Gefährdungen, Prüfungen" [29] zusammengefasst.

Die Zentrifuge ist mit geeigneten Sicherheitseinrichtungen (Durchflussüberwachung, Unwuchtkontrolle) auszustatten, die die Zentrifuge ggf. automatisch abschalten. Außerdem ist ein Not-Aus-Schalter zu installieren, sodass bei Störungen die Zentrifuge außer Betrieb genommen werden kann. Der Betreiber hat dafür zu sorgen, dass die Zentrifuge vor der ersten Inbetriebnahme auf ordnungsgemäße Aufstellung, Ausrüstung und Betriebsbereitschaft durch einen Sachkundigen geprüft wird. Die Zentrifuge muss jährlich im Betriebszustand und im zerlegten Zustand mindestens alle drei Jahre durch einen Sachkundigen auf ihre Arbeitssicherheit geprüft werden. Die Prüfung selbst muss durch eine fachkundige Person erfolgen, die durch ihre Berufsausbildung, ihre Berufserfahrung und ihre zeitnahe berufliche Tätigkeit über die erforderlichen Kenntnisse zur ordnungsgemäßen Durchführung der Prüfungen verfügt (zur Prüfung befähigte Person gemäß BetrSichV). Bei Störungen und Schäden ist die Zentrifuge sofort still zusetzen.

Schwebstoffproben können je nach Herkunft auch Krankheitserreger enthalten. Bakterielle und parasitäre Infektionen können durch versehentliche Aufnahme mit der Nahrung oder durch Hand-zu-Mund-Kontakt (Rauchen) vorkommen oder über ungeschützte Haut und Schleimhäute erfolgen. Diese Risiken können durch strikte Befolgung der Regeln für persönliche Hygiene, das Tragen von Handschuhen und Schutzkleidung (z. B. „Einmalkittel", Schutzbrille) sowie Rauchverbot minimiert werden.

Literatur

[1] DIN 38402-24:2007-05, Deutsche Einheitsverfahren zur Wasser-, Abwasser- und Schlammuntersuchung – Allgemeine Angaben (Gruppe A) - Teil 24: Anleitung zur Probenahme von Schwebstoffen (A 24)

[2] LAWA-AQS-Merkblatt P-8/4; Probenahme von Schwebstoffen und Sedimenten (Mai 2002)

[3] Leitfaden zur Schwebstoffgewinnung mittels Durchlaufzentrifuge (unveröffentlicht), 5. Entwurf, Stand März 2004; der in Zusammenarbeit der Dezernenten „Probenahmedienst" der Staatlichen Umweltämter in NRW, dem Landesumweltamt NRW und dem Ruhrverband Essen erarbeitet wurde

[4] Verordnung zum Schutz der Oberflächengewässer (Oberflächengewässerverordnung – OGewV) vom 20.06.2016 (BGBl. I S. 1373), die zuletzt durch Artikel 2 Absatz 4 des Gesetzes vom 9. Dezember 2020 (BGBl. I S. 2873) geändert worden ist

[5] LAWA-AQS-Merkblatt P-15: Schwebstoff- und Sedimentuntersuchung (Januar 2023)

[6] ISO 5667-17:2008-10, Water quality – Sampling – Part 17: Guidance on sampling of bulk suspended solids

[7] DIN EN ISO 5667-15:2010-01, Wasserbeschaffenheit – Probenahme – Teil 15: Anleitung zur Konservierung und Handhabung von Schlamm- und Sedimentproben (ISO 5667-15:2009); Deutsche Fassung EN ISO 5667-15:2009

[8] DIN 4049 Teil 3:1994-10, Hydrologie – Teil 3: Begriffe zur quantitativen Hydrologie

[9] Hellmann, H.: Analytik der Oberflächengewässer, G. Thieme-Verlag, Stuttgart 1986

[10] Länderarbeitsgemeinschaft Wasser (LAWA): Fließgewässer der Bundesrepublik Deutschland – Schwebstoffuntersuchungen – Bestandsaufnahme Stand 1996, Empfehlungen (April 1999), ISBN: 3-88961-226-1

[11] Ongley, E. D.; Bynoe, M. C.; Percival, J. B.: Physical and geochemical characteristics of suspended solids, Wiltion Creek, Ontario. Canadian Journal of Earth Sciences (1981) 18, S. 1.365-1.379

[12] Horowitz, A. J.: A primer on sediment-trace element chemistry. 2. Auflage. Lewis, Chelsea, MI. 136 S.

[13] BfG-Bundesanstalt für Gewässerkunde: Bedeutung der Nebenflüsse für den Feststoffhaushalt der Elbe, Abschlussbericht Bd. 1, Koblenz, April 2003.

[14] Ricking, M.; Keller, M.; Heininger, P.; Körner, A.: Richtlinie zur Probenahme und Probenbearbeitung – Schwebstoffe; Verfahrensrichtlinien für Probenahme, Transport, Lagerung und chemische Charakterisierung von Umwelt- und Humanproben (Umweltprobenbank des Bundes) (Stand: Februar 2017, V 4.0.3)

[15] Ruhrverband: Untersuchung von Schwebstoffen, Ruhrgütebericht, Essen 2003, S. 55ff

[16] Bund/Länderarbeitsgemeinschaft Wasser: RaKon Teil A – Rahmenkonzeption zur Aufstellung von Monitoringprogrammen und zur Bewertung des Zustands von Oberflächengewässern, Stand: 17. Oktober 2017

16

[17] Ministerium für Umwelt und Naturschutz, Landwirtschaft und Verbraucherschutz des Landes Nordrhein-Westfalen: Leitfaden Monitoring Oberflächengewässer – Integriertes Monitoringkonzept ab dem 4. Monitoringzyklus für den dritten Bewirtschaftungsplan, einschließlich landesspezifischer, nationaler und internationaler Messprogramme (Teil A – Konzeption von Messprogrammen, Teil B - Probenahme, Untersuchung, Bewertung), Düsseldorf 2020, verfügbar unter: https://www.flussgebiete.nrw.de/system/files/atoms/files/lanuv_monitoring-leitfaden_ofg_2020_.pdf

[18] Keller, M.: HCB in Rheinschwebstoffproben – Probenahmefrequenz, Jahresbericht 1992 der Bundesanstalt für Gewässerkunde, Koblenz 1992

[19] Breitung, V.: Probenahme mit einer Durchflußzentrifuge zur Gewinnung von Schwebstoffen für die Schadstoffanalyse aus fließenden Gewässern, Deutsche Gewässerkundliche Mitteilungen (1997) 41, S. 113-117

[20] Reinemann, L.; Schemmer, H.; Tippner, M.: Trübungsmessungen zur Bestimmung des Schwebstoffgehaltes, Deutsche Gewässerkundliche Mitteilungen 26.1982, H. 6, S. 167-174

[21] Obschernicat, C.; Dittmar, M.: Abschlussbericht zum Zielvereinbarungsprojekt des LANUV NRW „Optimierung der Schwebstoffprobenahme und alternative Schwebstoffprobenahmeverfahren zur Durchlaufschnellzentrifuge CEPA Z61 (unveröffentlicht), Entwurf Stand: 22.09.2021

[22] Reinemann, L.; Schemmer, H.: Neuartige Schwebstoffsammler zur Gewinnung von Schwebstoffen aus fließenden Gewässern, Deutsche Gewässerkundliche Mitteilungen (1994) 38, S. 22-25.

[23] Bierl, R.; Breitung, V.; Keßler, S.; Pohlert, T.: Vergleich neuartiger Geräte zur Schwebstoffgewinnung für das chemische Gewässermonitoring – SCHWEBSAM. Koblenz 2015. Bundesanstalt für Gewässerkunde. 80 S. In: Mitteilungen Nr. 32. ISBN 978-3-940247-12-4. Verfügbar unter: http://doi.bafg.de/BfG/2015/BfG_Mitteilungen_32.2015.pdf

[24] Rahm, H.; Schweden, U.; Selent, K.; Düwel, U.: Belastungen von Oberflächengewässern und von aktiven Grubenwassereinleitungen mit bergbaubürtigen PCB (und PCB-Ersatzstoffen) – Ergebnisse des LANUV-Sondermessprogramms 2015. Verfügbar unter: https://www.lanuv.nrw.de/fileadmin/lanuv/wasser/pdf/2015-12-10_Grubenwasser-Sondermessprogramm_2015.pdf

[25] Rahm, H.; Obschernicat, C.; Rosenbaum-Mertens, J.; Selent, K.: Belastungen von Oberflächengewässern und von aktiven Grubenwassereinleitungen mit bergbaubürtigen PCB (und PCB-Ersatzstoffen) – Ergebnisse des LANUV-Sondermessprogramms – 1. Folgebericht, Recklinghausen 2018. Verfügbar unter: https://www.lanuv.nrw.de/fileadmin/lanuv/wasser/pdf/2018-12-05_Bericht_LANUV_PCB_Grubenwasser.pdf

[26] Umweltforschungsplan des Bundesministeriums für Umwelt, Naturschutz und Reaktorsicherheit (Forschungskennzahl 3713 22 230): Anwendung von Passivsammlern in Überwachungsprogrammen gemäß WRRL und MSRL – Identifizierung von Kontaminationsschwerpunkten, Referenzstandorten und neuen Schadstoffen (AnPassa), Juni 2020, ISSN 1862-4804: www.umweltbundesamt.de

[27] Rahm, H.; Plantikow, K.; Spira, D.; Reifferscheid, G.; Schäfer, S.: Neues Leben ohne Grubenwasser? Auswirkungen der Beendigung des Steinkohlebergbaus auf die Gewässerqualität in NRW, Mitteilungen der GDCh-Fachgruppe Umweltchemie und Ökotoxikologie, September 2019, ISSN 1618-3258

[28] Verordnung über Sicherheit und Gesundheitsschutz bei der Verwendung von Arbeitsmitteln (Betriebssicherheitsverordnung – BetrSichV) vom 3. Februar 2015 (BGBl. I S. 49), die zuletzt durch Artikel 7 des Gesetzes vom 27. Juli 2021 (BGBl. I S. 3146) geändert worden ist.

[29] DGUV-Fachbereich Rohstoffe und Chemische Industrie – FBRCI-025 „Zentrifugen – Begriffe, Gefährdungen, Prüfungen" vom 07.11.2023. Verfügbar unter: https://publikationen.dguv.de/DguvWebcode/index/query/p022462

17 Analytik im Rahmen der Probenahme

Dr. Klaus Furtmann und Dipl.-Ing. (FH) Markus Donder*

17.1 Einleitung

Die Probenahme von Wasser wird in der Regel durch die Ermittlung von Vor-Ort-Messgrößen wie pH-Wert, Leitfähigkeit, Sauerstoffgehalt, Temperatur etc. flankiert. Die Erfassung der Vor-Ort-Messgrößen muss zwingend bei der Probenahme erfolgen, da es sich um solche Messgrößen handelt, die bereits unmittelbar nach der Probenahme einem Veränderungsprozess unterliegen. Daneben liefern die Vor-Ort-Messgrößen auch wichtige erste Informationen, die helfen, die Probe zu charakterisieren und die Relevanz der gezogenen Probe einzuschätzen. Die Untersuchung weiterer chemischer und mikrobiologischer Messgrößen erfolgt dann nach dem Transport ins Labor, da die klassischen Methoden der Umweltüberwachung auf Laborverfahren basieren, die bei sehr hoher analytischer Qualität und großer Zuverlässigkeit in der Regel technisch anspruchsvoll sind und viel Zeit in Anspruch nehmen.

Zeitnahe Entscheidungen, ggf. auf der Basis orientierender Ergebnisse, sind mittels dieser Verfahren in der Regel nicht möglich.

Sind daher aufgrund der aktuellen Fragestellung bereits im Rahmen der Probenahme weitere Messungen durchzuführen, um daraus Entscheidungen ableiten zu können, wird Analytik in Form sogenannter Feld- oder Betriebsmethoden eingesetzt. Diese Verfahren basieren analytisch meistens auf den genormten Laborverfahren und sie sind lediglich miniaturisiert bzw. in der Handhabung vereinfacht. Während die Laborverfahren so aufgebaut sind, dass möglichst alle denkbaren Störungen durch weitere Inhaltsstoffe einer Probe berücksichtigt werden, fällt dies bei der Vor-Ort-Analytik häufig der Vereinfachung zum Opfer. Daher erlauben die Feldmethoden zunächst nur orientierende, d. h. qualitative oder halbquantitative Aussagen. Unter Berücksichtigung entsprechender analytischer Qualitätssicherung lässt sich mit manchen Methoden auch quantitative Analytik durchführen. Dies gilt insbesondere für die Betriebsmethoden, die vor allem für die Analytik auf Abwasserbehandlungsanlagen konzipiert worden sind.

17.1.1 Definitionen

Referenzmethoden

Dabei handelt es sich in der Regel um genormte Analysenmethoden, die in rechtlichen Regelwerken referenziert werden.

* unter Verwendung des Kapitels von K. Furtmann und M. Donder aus der 2. Auflage 2018

Vor-Ort-Methoden

Dies sind physikalische Methoden, die aufgrund der geringen Stabilität beziehungsweise Temperaturabhängigkeit der zu untersuchenden Messgrößen im Rahmen der Probenahme eingesetzt werden müssen.

Dabei handelt es sich um Messgrößen wie z. B. Temperatur, pH-Wert, elektrische Leitfähigkeit, Sauerstoffgehalt, Redoxpotential.

Betriebsmethoden

Dies sind vereinfachte Analysenmethoden, die von Personal mit analytisch-chemischen Grundkenntnissen angewandt werden können und die im vorgesehenen Betriebseinsatz Messergebnisse mit einer analytischen Qualität liefern, die den Ergebnissen aus Referenzverfahren gleichgestellt werden können.

Betriebsmethoden wurden entwickelt, um dem Personal von Abwasserbehandlungsanlagen verlässliche Methoden an die Hand zu geben, die es ihnen erlauben, das Abwasser vor Ort zeitnah zu charakterisieren. Der Einsatz von Betriebsmethoden auf Abwasserbehandlungsanlagen ist in einen Qualitätsmanagementrahmen eingebettet, der im DWA-Arbeitsblatt A 704 [1] beschrieben ist. Die als Betriebsmethoden häufig eingesetzten Küvettentests eignen sich auch im Falle anderer Fragestellungen als Feldmethoden.

Feldmethoden

Hier handelt es sich um Analysenmethoden, die gebrauchsfertig vorkonfektioniert und mobil einsetzbar sind und zu deren Anwendung kein Labor erforderlich ist.

17.1.2 Methodenspektrum

Es lassen sich sieben Gruppen von verschiedenen analytisch-technischen Prinzipien unterscheiden, die Ergebnisse unterschiedlicher Qualität liefern.

Organoleptik

Die Analytik wird mit den Sinnesorganen durchgeführt und ist daher von subjektiven Erfahrungen des Prüfers abhängig. Sie ist somit sensorisch beurteilbar und gibt einen ersten Hinweis auf die Qualität der Probe, z. B. bei der Bestimmung von:

- Färbung
- Geruch
- Trübung

Aufgrund des Gesundheitsschutzes und der Arbeitssicherheit sollte auf Geschmacksproben grundsätzlich verzichtet werden. Bei Geruchsproben ist – insbesondere im Falle von Abwasser – mit Vorsicht zu verfahren.

Physikalische und elektrochemische Methoden

Die elektrochemischen bzw. physikalischen Methoden entsprechen in der Regel den genormten Labormethoden. Sie sind im Labor wie auch vor Ort rasch und präzise einsetzbar.

Die physikalischen und elektrochemischen Methoden finden beispielsweise Verwendung bei der Bestimmung folgender Messgrößen:

- Temperatur
- pH-Wert
- Redoxspannung
- Elektrische Leitfähigkeit
- Sauerstoffgehalt

Teststäbchen

Teststäbchen (siehe **Bild 17.1**) stellen die einfachste Form der Vor-Ort-Analytik dar. Visuell auszuwertende (d. h. mit dem bloßen Auge ablesbare) Teststäbchen liefern qualitative Ergebnisse – im besten Fall sind orientierende Konzentrationsangaben ableitbar, während reflektometrisch auszuwertende auch quantitative Aussagen zulassen. Bei reflektometrischen Tests werden die Farbveränderungen des Teststreifens mit einem Messgerät ausgewertet (siehe **Bild 17.2**). Dadurch kann eine differenziertere Betrachtung erfolgen als mit dem bloßen Auge. Während die visuelle Auswertung in einem Anwendungsbereich von z. B. 5-100 mg/l Informationen in Konzentrationsstufen von ca. 20 mg/l liefert, können mittels Reflektometrie im gleichen Anwendungsbereich Ergebnisse in Stufen von 1 mg/l erzielt werden. Ergebnisse lassen sich mit beiden Techniken bereits innerhalb von 1-15 min erzielen. Eine weitere Vereinfachung des Teststäbchens stellt das Testpapier dar, das wie z. B. beim Lackmuspapier lediglich eine qualitative Aussage erlaubt.

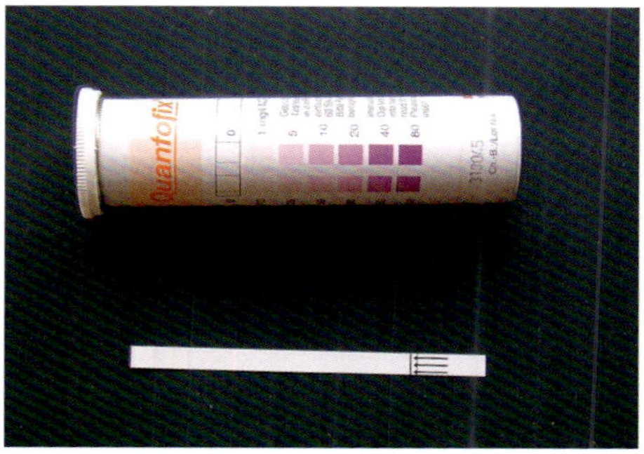

Bild 17.1: Beispiel für Teststäbchen

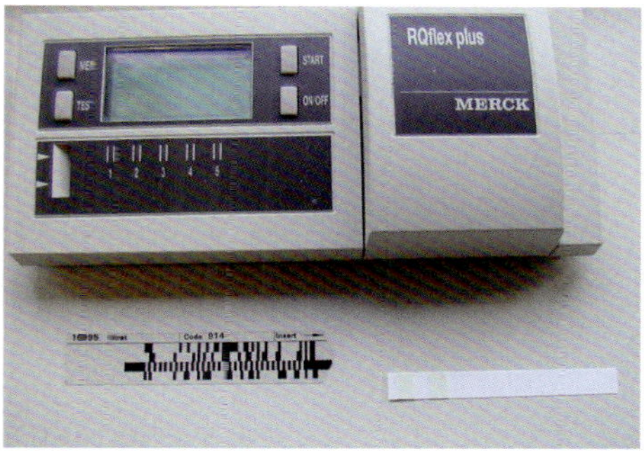

Bild 17.2: Beispiel für Reflektometer

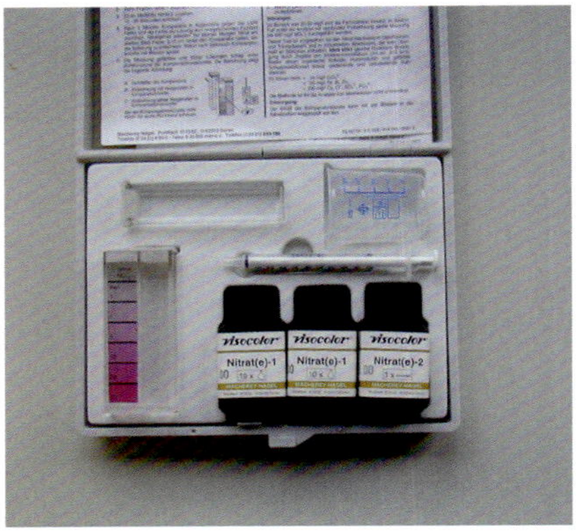

Bild 17.3: Beispiel für Komparatoren

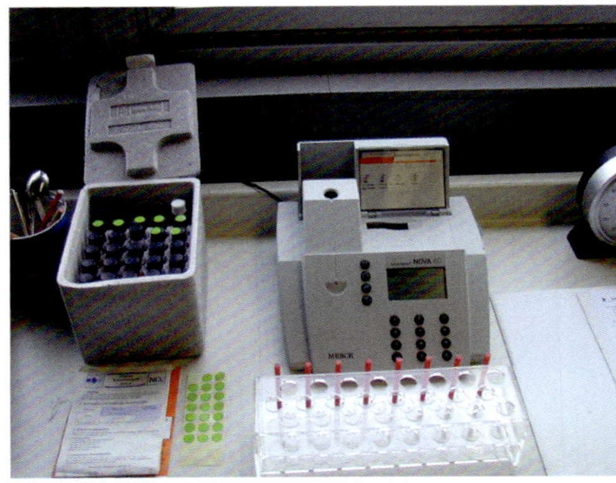

Bild 17.4: Beispiel für Küvettentests

Komparatoren

Bei Verwendung von Komparatoren (siehe **Bild 17.3**) wird die Probe in einer Küvette mit Reagenzien versetzt und dann in Durchsicht durch die Küvette mit einer Farbskala verglichen (comparare, lat. vergleichen). Komparatoren liefern damit ebenfalls wie bei den Teststäbchen Konzentrationsbereiche als Ergebnis, sind dabei aber weit empfindlicher als Teststäbchen. Die Empfindlichkeit der Methode steigt mit der Schichtdicke der eingesetzten Küvette (Lambert-Beersches Gesetz). Ergebnisse lassen sich in 10-20 min erzielen.

Prüfröhrchen und Prüfplaketten

Prüfröhrchen und Prüfplaketten eignen sich nur für die Untersuchung von Stoffen, die in der Gasphase enthalten sind oder aus der festen oder flüssigen Phase durch einen Gasstrom mobilisiert werden können. Sie finden überwiegend im Bereich der Luftuntersuchungen Anwendung. Die Untersuchungen dauern wenige Minuten.

Fotometrische Methoden

Bei der Anwendung fotometrischer Methoden wird zwischen Küvettentests mit und ohne integrierte Reagenzien, Pipettier- und Reagenzientests, direkter Ermittlung der Absorption (Tauchsonden etc.), Mikrotiterplattenfotometer und Immunoassays unterschieden.

Fotometrische Methoden stellen die zuverlässigsten und genauesten der gebräuchlichen Vor-Ort-Analysenmethoden dar. Die weitaus gebräuchlichsten fotometrischen Tests sind die häufig vorkonfektionierten Küvettentests (siehe **Bild 17.4**). Die Probe und die vorbereiteten Reagenzien werden in der Küvette zusammengeführt und ggf. erhitzt. Anschließend erfolgt die Auswertung in einem Fotometer, dem die Kenndaten der Untersuchung mittels Barcode oder vergleichbarer Technik übermittelt werden. Bei entsprechender Qualitätssicherung werden dabei quantitative und mit dem Referenzverfahren vergleichbare Ergebnisse erzielt. Die Ergebnisse lassen sich üblicherweise binnen 10-20 min erzielen.

Biologische Verfahren, Wirkungstests (z. B. BSB, Toxizität)

Inzwischen ist eine Anzahl verschiedener biologischer Testverfahren auf dem Markt zu beziehen. Wirkungstests geben keine Auskunft über Gehalte von Schadstoffen, sondern darüber, ob eine Matrix auf den Testorganismus toxische Wirkungen zeigt. Sie lassen daher ohne begleitende Analytik keine Aussagen über Inhaltsstoffe zu.

17.2 Grundlagen zur Bestimmung ausgewählter Vor-Ort-Messgrößen

17.2.1 Temperatur

Zu jeder Wasseruntersuchung gehört die Angabe der Temperatur des Wassers am Ort der Probenahme und oft auch die Temperatur der umgebenden Luft, weil u. a. die Löslichkeit von Gasen in Wasser und die Geschwindigkeit von Reaktionen temperaturabhängige Größen sind (vgl. DIN 38404-4 [2]).

Die Temperatur wird mit einem Temperaturmessgerät (Thermometer) gemessen, das aus einem Temperatursensor und einer Anzeige besteht.

Zur Messung sollte ein kalibriertes Thermometer oder ein Thermometer, das auf ein kalibriertes Thermometer zurückgeführt wurde, eingesetzt werden.

Wassertemperatur

Die Wassertemperatur beeinflusst nahezu alle physikalischen, chemischen und biologischen Vorgänge in einem Gewässer.

Die Wassertemperatur wird unmittelbar in der Probe (in situ oder in einem 1 l-Becherglas) gemessen und in °C auf eine Dezimalstelle gerundet angegeben. Generell ist auf die Konstanz des Messwerts zu achten. Während der Messung sollte die Einwirkung anderer Temperatureinflüsse wie direkte Sonneneinstrahlung oder Schneefall verhindert werden.

Lufttemperatur

Die Messung der Lufttemperatur wird in etwa 1 m Höhe über dem Wasser oder dem Boden gemessen. Wichtig ist, dass das Thermometer bzw. der Temperatursensor trocken ist und die Lufttemperatur im Schatten gemessen wird.

Die Lufttemperatur wird ebenfalls in °C angegeben, allerdings auf +/– 0,5 °C gerundet.

17.2.2 Färbung

Die Farbe kann Aufschluss über die Belastung des Wassers (z. B. Algenwachstum, Jauche, Gülleeinträge, sowie Chemikalieneinwirkungen) geben.

Für ihre Beurteilung sind in DIN EN ISO 7887 [3] vier Verfahren festgelegt.

Visuelle Untersuchung der scheinbaren Färbung

Bei der visuellen Untersuchung wird die scheinbare Färbung durch Betrachtung der Wasserprobe in einer Flasche ermittelt.

Die unfiltrierte Probe wird hierzu in eine gereinigte farblose Flasche gefüllt und geschüttelt, um nach Möglichkeit alle löslichen Stoffe in Lösung zu bringen. Enthält die Probe Schwebstoffe, sollen sich diese vor der Untersuchung absetzen. Die Probe wird in diffusem Licht gegen einen weißen Untergrund auf Intensität der Färbung und auf den Farbton untersucht.

Ist beispielsweise aufgrund der Lichtverhältnisse eine direkte Untersuchung vor Ort nicht möglich, kann die Probe auch in einer Flasche luftblasenfrei abgefüllt und im Dunkeln bei (4 ± 2) °C bis zu fünf Tagen aufbewahrt werden.

In der Praxis kann die Färbung der Probe auch im Schöpfbecher aus Glas in diffusem Licht gegen einen weißen Untergrund oder Hintergrund erfolgen. Hierbei ist allerdings auch darauf zu achten, dass gegebenenfalls durch Rühren alle löslichen Stoffe möglichst in Lösung gehen.

Die Intensität der Färbung (farblos, schwach, hell oder dunkel) und der Farbton (z. B. gelb, gelblich-braun) sind anzugeben.

Bestimmung der wahren Färbung mit optischen Geräten

Zur Bestimmung der wahren Färbung eines Roh-, Trinkwassers oder eines schwach gefärbten Industrieabwassers wird die Absorption des Lichts einer filtrierten Wasserprobe mithilfe eines Spektralfotometers oder eines Filterfotometers bei unterschiedlichen Wellenlängen gemessen.

Es wird der Absorptionskoeffizienten in 1/m und die Wellenlänge des einfallenden Lichts angegeben.

Bestimmung der Extinktion bei der Wellenlänge λ = 410 nm

Mithilfe eines optischen Geräts wird die wahre Färbung einer filtrierten Wasserprobe durch Vergleich mit einer Hexachloroplatinat-Konzentration bei der Wellenlänge λ = 410 nm bestimmt. Die Färbung ist in mg/l Pt anzugeben.

Visuelle Bestimmung der Färbung in natürlichen Wässern

Ein weiteres Verfahren zur Bestimmung der Färbung nutzt den visuellen Vergleich mit Hexachloroplatinat-Standardlösungen. Es kann auf Roh- und Trinkwasser angewendet werden.

Die Probe wird in einen Standard-Beobachtungszylinder gefüllt und mit einer Reihe von mit den Farbvergleichslösungen unterschiedlicher Farbintensitäten gefüllten Standard-Beobachtungszylindern verglichen.

Alternativ kann auch ein Komparator mit den Farb-Glasstandards verglichen werden.

Der Wert der nächstgelegenen Vergleichslösung wird in mg/l Pt angeben.

17.2.3 Elektrische Leitfähigkeit

Die Leitfähigkeitsmessung wird zur Überwachung oberirdischer Gewässer (z. B. Ermittlung des Streusalzeintrags im Winter), Betriebswasser (wie beispielsweise bei der Überwachung des Eindickungsgrades im Kühlwasser), in Wasserversorgungs- und Wasseraufbereitungsanlagen, sowie in Abwasseranlagen genutzt.

Die Leitfähigkeit ist ein Maß für den elektrischen Strom, den im Wasser anwesende Ionen leiten, und ist von der Ionenkonzentration, der Ionenart, der Temperatur und der Viskosität abhängig. Viele Ionen im Wasser erhöhen den Stromfluss und somit auch die Leitfähigkeit (z. B. im Meerwasser). Sind wenige Salze im Wasser gelöst, wie beispielsweise beim destillierten Wasser, wird wenig Strom geleitet und eine geringe Leitfähigkeit ist messbar.

Die Messung erfolgt bestenfalls mit einem elektronischen Messgerät (auch Voltmeter) in situ (z. B. in einer Grundwassermessstrecke) oder unmittelbar nach der Probenahme im Schöpfbecher/Becherglas. Laborproben können aus einer randvoll gefüllten Polyethylenflasche analysiert werden (vgl. DIN EN 27888 [4]), sollten aber auch zeitnah geprüft werden, wenn ein Gasaustausch oder eine biologische Aktivität anzunehmen ist.

Die elektrische Leitfähigkeit wird vom Messgerät abgelesen und auf 25 °C bezogen in Millisiemens pro Meter (mS/m) oder in einer anderen Einheit (z. B. µS/cm) angegeben. In einigen Fällen kann eine Umrechnung erforderlich sein (z. B. 147 µS/cm, das entspricht 14,7 mS/m).

17.2.4 pH-Wert

Der pH-Wert ist ebenfalls eine wichtige Kenngröße zur Beurteilung der Wasserqualität. Da beispielsweise zu hohe oder zu niedrige pH-Werte für aquatische Organismen schädlich sein können, kann es erforderlich sein, pH-Bereiche bei der Abwassereinleitung zu begrenzen. Außerdem dient die pH-Wert-Bestimmung unter anderem zur Kontrolle von Flockungs-/Fällungsreaktionen in der Wasseraufbereitung.

Die Bestimmung des pH-Werts kann mit folgenden Verfahren erfolgen:

- Farbindikation (Teststreifen)
- Titration (Säure-/Basereaktion)
- Potentiometrie (elektrometrisch mit pH-Messketten)

Bei den elektrometrischen Verfahren wird die Kettenspannung einer elektrochemischen Zelle, bei der eine der beiden Halbzellen eine Messelektrode, die zweite eine Bezugselektrode ist, gemessen. Das Potenzial der Messelektrode ist eine Funktion des pH-Werts der Messlösung (DIN EN ISO 10523 [5]).

Im Wasser ist der pH-Wert das Maß für die Aktivität der Wasserstoff-Ionen und gibt an, ob das Wasser neutralen, sauren oder basischen Charakter hat. Aufgrund von Dissoziationsgleichgewichten ist er von der Temperatur abhängig.

Da es im elektrometrischen Messsystem zu Messabweichungen kommen kann, ist die Auswahl der für den Einsatzbereich geeigneten Messkette, dessen Handhabung bzw. Kalibrierung und Justierung von großer Bedeutung.

Chemische, physikalische oder biologische Vorgänge können in der Wasserprobe schnell den pH-Wert verändern. Deshalb sollte er möglichst sofort in situ bzw. an der Probenahmestelle gemessen werden.

Sollte dies nicht möglich sein, wird eine Probenahmeflasche möglichst vollständig und blasenfrei (ggf. mit einem bis zum Boden reichenden Probenahmeschlauch) abgefüllt, um einen Gasaustausch zwischen Probe und Umgebungsluft zu vermeiden.

Der pH-Wert wird mit Erfassung der Messtemperatur generell auf eine Dezimalstelle gerundet angegeben.

17.2.5 Sauerstoffgehalt

Der Sauerstoffgehalt eines natürlichen Gewässers ist ein Kriterium zur Beurteilung der ökologischen Situation und wird in der Abwassertechnik zur Regelung der Behandlungsanlagen benötigt.

Zur Bestimmung stehen folgende gängige Verfahrensarten zur Verfügung:

- Elektrochemisch (z. B. Clark'sche Elektrode (Gold/Silber) oder mit der galvanischen Elektrode (Silber/Blei))
- Optisch (Sensor auf Basis der Fluoreszenzlösung)
- Iodometrisch (Winkler-Methode)

Beim elektrochemischen Verfahren enthält die elektrochemische Zelle einen Elektrolyten und mindestens zwei Metallelektroden und ist von der Wasserprobe durch eine selektive Membran getrennt (vgl. DIN EN ISO 5814 [6]). Es muss auf eine ausreichende Anströmungsgeschwindigkeit geachtet werden.

Optische Sensoren bestehen aus einer Sensorkappe, die einen Luminophor oder eine Fluoreszenzfarbe enthält und eine Lichtquelle sowie einen Fotodetektor. Das Licht bewirkt die Anregung des Leuchtstoffs. Der Fotodetektor wandelt die resultierende Lichtemission in ein elektrisches Signal um, aus der die Konzentration des gelösten Sauerstoffs berechnet wird (vgl. DIN ISO 17289 [7]).

Die Messsonde bzw. der Sensor wird in das Wasser eingetaucht (in situ beispielsweise im Gewässer), in einer gasdicht abgeschlossenen Durchflussmesszelle eingebaut (Grundwasserprobenahme) oder in einen vorsichtig befüllten Probenbehälter eingetaucht. Dabei ist darauf zu achten, dass möglichst kein Sauerstoff eingetragen wird oder entweicht.

Das Ergebnis der Messung der Massenkonzentration an gelöstem Sauerstoff wird in Milligramm je Liter und auf eine Nachkommastelle gerundet angegeben bzw. die relative Sättigung in Prozent wird auf die nächste ganze Zahl gerundet.

17.3 Einsatz von Feld- und Betriebsmethoden im geregelten Bereich

Im Falle der klassischen Umweltüberwachung definiert die gesetzliche Regelung unter Verwendung von Normen das Vorgehen meist punktgenau. Probenahme, Probenkonservierung, -transport und -lagerung, Probenvorbereitung und Analytik sind in einschlägigen Normen beschrieben. Es kommen also in der Regel Referenzverfahren zum Einsatz.

Im Falle des Vor-Ort-Einsatzes kann aufgrund der Vielfältigkeit der Fragestellungen und der verfügbaren Möglichkeiten keine derartige starre Regelung funktionieren. Aus diesem Grunde sind für die verschiedenen Einsatzbereiche inzwischen Richtlinien und Normen verfügbar, die den Anwendungsrahmen für Vor-Ort-Analytik im geregelten Bereich beschreiben.

17.3.1 Untersuchung von Abwasser

Für die Untersuchung von Abwasser ist im Rahmen der Selbstüberwachung neben den Referenzverfahren der Einsatz von Betriebsanalytik (Prozessanalytik und Betriebsmethoden) etabliert. Um einen Anwendungs- und Qualitätsrahmen für die Anwendung der Betriebsanalytik zu beschreiben ist das DWA-Arbeitsblatt A 704 „Betriebsmethoden für die Abwasseranalytik“ [1] erarbeitet worden. Das Arbeitsblatt macht Vorgaben zum Einsatz von Betriebsmethoden und stellt Hilfsmittel zur Dokumentation der Qualitätssicherungsmaßnahmen zur Verfügung.

17.3.2 Untersuchung von Wasser (Oberflächenwasser, Grundwasser, ...)

Für Randbedingungen zur Anwendung der Vor-Ort-Analytik in der Matrix Wasser ist eine ISO-Norm erarbeitet worden, die Hinweise zur Auswahl und zur Anwendung gibt.

Die ISO 17381 „Anleitung zur Auswahl und Einsatz von Fertigtest-Verfahren in der Wasseranalytik" [8] greift die Themenbereiche Klassifizierung, Anwendungsbereiche, Auswahl(verfahren), Qualitätsziele, Anforderungen an Hersteller, Anwender und Produkt, Qualitätssicherungsmaßnahmen, Dokumentation auf.

17.4 Fragestellungsbezogene Auswahl von analytischen Methoden

Der wichtigste Aspekt zur Lösung einer analytischen Aufgabe ist die Wahl der richtigen, also der angemessenen Methode. Es ist sicher nicht sinnvoll, jede analytische Fragestellung mit maximalem Aufwand zu bearbeiten. Kriterien wie Eilbedürftigkeit, Mobilität und Wirtschaftlichkeit sind von wachsender Bedeutung, sodass der Analytiker jeweils entscheiden muss, welche Methode diejenige der Wahl ist. Neben genormten Analysenmethoden gibt es inzwischen eine Vielzahl von Alternativmethoden, die dem Anwender in Hinsicht auf die genannten Kriterien entgegenkommen, oftmals bei reduzierter analytischer Qualität.

Da die erforderliche analytische Qualität durch die Fragestellung definiert wird, ist dies nicht grundsätzlich ein Nachteil. Häufig werden Alternativverfahren auch für schlechter gehalten als sie tatsächlich sind.

Für Untersuchungsaufgaben in der Umweltanalytik bestehen prinzipiell drei wesentliche Fragestellungenn (siehe **Tabelle 17.1**):

Tabelle 17.1: Auswahl geeigneter Methoden

	Überwachung eines Prüfwerts	Qualitätskontrolle (Konzentrationsbereich)	Feststellung einer Konzentration
Qualitativer Nachweis			(x)
Halbquantitativer Nachweis (Größenordnung)	(x)	x	(x)
Richtigkeitsorientierter quantitativer Nachweis	x	x	x
Konventionsorientierter quantitativer Nachweis	x	x	x
(x): nur eingeschränkt oder unterstützend einsetzbar			

- Überwachung eines Prüfwerts
- Qualitätskontrolle (Konzentrationsbereich)
- Feststellung einer Konzentration

17.4.1 Überwachung eines Prüfwerts

Beim Prüfwert kann es sich um einen Grenzwert, eine gesetzlich definierte Mindestanforderung, ein Qualitätsziel oder eine Umweltqualitätsnorm handeln.

Bei der Überwachung eines Prüfwerts ist zunächst sicherzustellen, dass das Verfahren in der Größenordnung dieses Werts Ergebnisse hoher Qualität liefert.

Für diese Aufgabe kommen in erster Linie richtigkeits- oder konventionsorientierte (Vollzug) quantitative Verfahren in Betracht. Dabei handelt es sich überwiegend um genormte Methoden und Betriebsmethoden.

Anwendungsbeispiel: behördliche Überwachung.

17.4.2 Qualitätskontrolle (Konzentrationsbereich)

Ein weiterer Bereich der Analytik ist die Kontrolle der Qualität einer Matrix, wobei nicht ein fester Wert sondern ein Konzentrationsbereich das Qualitätsziel beschreibt. Hierbei ist die exakte Konzentration nicht wichtig, sondern die Konzentration muss in einem bestimmten Bereich liegen.

Verfahren für diese Aufgabe müssen den gefragten Konzentrationsbereich abdecken und sollten keine falschnegativen oder falschpositiven Ergebnisse aus diesem Bereich heraus aufweisen.

Eine Vielzahl marktverfügbarer Feldmethoden erweist sich für diese Fragestellung als geeignet.

Anwendungsbeispiele:

- Betriebsparameter
- Aquarium
- Schwimmbadwasser
- Produkte
- Trinkwasser
- Orientierende Feststellung von Prüfwertunterschreitungen
- Vorbereitende Analysen zur Vereinfachung von Prüfwertüberwachungen

17.4.3 Feststellung einer Konzentration

Bei dieser Frage muss zwischen zwei Anforderungen unterschieden werden:

- Einfache Ja/Nein-Entscheidung
- Quantifizierung einer unbekannten Konzentration

Im ersten Fall lässt sich die Frage vor allem bei wässrigen Medien mithilfe von einfachen Testpapieren oder Teststäbchen beantworten. Einsatzgebiet hierfür sind Unfälle, Störungen oder Voruntersuchungen zu unbekannten Proben.

Im zweiten Fall würde zunächst mithilfe einer orientierenden Methode die Größenordnung ermittelt und anschließend mit einem präzisen Verfahren die Konzentration bestimmt.

Nachdem man sich für die der Fragestellung angemessen erscheinende Analytik entschieden hat, ist bei der Auswertung bzw. Bewertung der Ergebnisse zu beachten, dass die Qualität der Methode in die Überlegungen einbezogen wird.

Grundsätzlich sollte auch Qualitätssicherung in ebenfalls angemessenem Umfang erfolgen.

17.5 Praktisches Vorgehen bei der Auswahl geeigneter Methoden

Auf dem Markt sind Tausende von Produkten verfügbar, die sich potenziell für die Vor-Ort-Analytik eignen. Um aus dieser Vielzahl das für die individuelle Fragestellung am besten geeignete Produkt (unter Würdigung von Kriterien wie Schnelligkeit, Mobilität, Übereinstimmung mit dem Referenzverfahren, Kosten, erforderliche Qualifikation etc.) auszuwählen, bedarf es einer Entscheidungshilfe.

17.5.1 Vorgehen

Das Vorgehen beim Einsatz der Vor-Ort-Analytik ist stark von den örtlichen Gegebenheiten abhängig. Während man für Zwecke wie die Einleiterselbstüberwachung recht schematische Vorgaben machen kann, ist im Falle eines Unfalls oder einer Ursachenermittlung ein sehr viel flexibleres System erforderlich.

Zudem muss entschieden werden, an welcher Stelle die Analytik stattfinden soll. Sollte eine Bestimmung im Medium (in situ) selbst nicht möglich sein, muss eine repräsentative Probe entnommen und möglichst sofort analysiert werden.

17.5.2 Auswahlkriterien

Die oben dargestellten Normen und Richtlinien beinhalten eine Anzahl sinnvoller Auswahlkriterien, die bei der Entscheidung über ein geeignetes Vor-Ort-Verfahren heranzuziehen sind:

Die erste Frage, die geklärt werden muss, ist immer die nach dem Ziel der Untersuchung. Eine möglichst exakte Fragestellung ist die Voraussetzung eines qualifizierten Vorgehens. Dazu gehört auch eine Parameterdefinition (z. B. Untersuchung auf Eisen gesamt oder bestimmte Oxidationsstufen (Fe^{2+}, Fe^{3+}); Chromat oder Chrom etc.) sowie die Definition des Qualitätsziels (notwendige Aussagegenauigkeit). Weiterhin ist der Anwendungsbereich der Methode mit der Fragestellung abzugleichen. Das Verfahren der Wahl muss für die zu untersuchende Matrix geeignet sein. Dabei sind auch mögliche Interferenzen zu berücksichtigen. Eine weitere Überlegung muss dem Messbereich gelten: Weder ein nicht ausreichend empfindliches noch ein viel zu empfindliches Verfahren sind zielführend.

Die Entscheidung für ein Vor-Ort-Verfahren wird oft deshalb getroffen, weil Schnelligkeit und Mobilität wichtige Anforderungen darstellen.

Weitere Kriterien, die bei der Auswahl eine Rolle spielen, sind Kosten, vorgesehene Einsatzhäufigkeit (dauernd oder einmalig), Qualifikation des Personals und Verfügbarkeit.

Existieren für die Fragestellung gesetzliche Vorgaben, haben diese gegenüber den weiteren angestellten Überlegungen Priorität.

17.6 Qualitätssicherung

Da der Vor-Ort-Analytik grundsätzlich der Verdacht mangelnder Validität anhängt, ist die analytische Qualitätssicherung eine wichtige vertrauensbildende Maßnahme.

Zunächst ist jede Analytik ohne Qualitätssicherung unabhängig von der Fragestellung sinnlose Geldverschwendung. Für die klassische Laboranalytik existieren sehr ausgefeilte Qualitätssicherungssysteme (z. B. DIN EN ISO/IEC 17025 [9], LAWA-AQS-Merkblätter [10]). Diese auf die Vor-Ort-Analytik 1:1 zu übertragen, würde jedoch alle durch die Vor-Ort-Analytik erzielten Vorteile wieder in Frage stellen. Daher sind auch für diesen Zweck maßgeschneiderte QS-Konzepte erforderlich.

Hinweise hierzu geben Normen und Arbeitsblätter:

- ISO 17381 Wasserbeschaffenheit – Anleitung zur Auswahl und zum Einsatz von Fertigtest-Verfahren in der Wasseranalytik [8]
- DIN EN ISO 12404 Boden und Abfall – Anleitung für die Auswahl und Anwendung von Screening-Verfahren [11],
- DWA-Arbeitsblatt A-704 Betriebsanalytik für Abwasseranlagen [1]

17.6.1 Dokumentation des Entscheidungsprozesses

Zur Dokumentation des Entscheidungsprozesses, der zur Auswahl eines geeigneten Verfahrens führt, ist in der DIN EN ISO 12404 [11] eine Dokumentationshilfe hinterlegt. Mit dieser Dokumentationshilfe kann der Entscheidungsprozess transparent dokumentiert werden und es ist weitestgehend sichergestellt, dass keine Prüfpunkte vergessen wurden.

In **Bild 17.5** findet sich ein Beispiel für eine Dokumentationshilfe nach DIN EN ISO 12404 [11].

Kurzbeschreibung der analytischen Zielsetzung:

Festlegung des Qualitätsziels:

Auswahlkriterien

Festlegung der Parameter

Bitte ankreuzen, falls relevant	Aspekt	Eignung für das Verfahren der Auswahl
☐	Festgelegter Analyt:	☐
☐	Gruppen- oder Summenparameter:	☐

Anwendungsbereich

☐	Entscheidungswert:	☐
☐	Konzentrationsbereich:	☐
☐	Matrix:	☐
☐	Erwartete Störungen:	☐
☐	Verfahrensgrenzen:	☐

Probenahme, Vorbehandlung der Probe

☐	Direkte Messung:	☐
☐	Probenahme erforderlich:	☐
☐	Vorbehandlung der Probe erforderlich:	☐
☐	Eluat/Extrakt erforderlich:	☐

Bild 17.5: Beispiel für eine Dokumentationshilfe nach DIN EN ISO 12404

17.6.2 Ermittlung der Gleichwertigkeit

Machen gesetzliche Vorgaben oder andere Anforderungen die Ermittlung der Gleichwertigkeit von Analysenverfahren erforderlich, kann hierzu die DIN 38402-71 [12] herangezogen werden. Die Norm unterscheidet die Ermittlung der generellen Gleichwertigkeit, die in einem recht aufwendigen Verfahren die Untersuchung von mindestens 30 Parallelproben (matrixtypisch und gleichverteilt über den vorgesehenen Anwendungsbereich) erfordert, von der Ermittlung der fallbezogenen individuellen Gleichwertigkeit, die lediglich die Sechsfachbestimmung einer typischen Probe mit beiden Verfahren vorsieht.

Literatur

[1] Arbeitsblatt DWA-A 704:2024-03, Betriebsanalytik für Abwasseranlagen, DWA Deutsche Vereinigung für Wasserwirtschaft, Abwasser und Abfall e. V., Hennef

[2] DIN 38404-4:1976-12, Deutsche Einheitsverfahren zur Wasser-, Abwasser- und Schlammuntersuchung: Physikalische und physikalisch-chemische Kenngrößen (Gruppe C): Bestimmung der Temperatur (C 4)

[3] DIN EN ISO 7887:2012-04, Wasserbeschaffenheit – Untersuchung und Bestimmung der Färbung (ISO 7887:2011); Deutsche Fassung EN ISO 7887:2011

[4] DIN EN 27888:1993-11, Wasserbeschaffenheit - Bestimmung der elektrischen Leitfähigkeit (ISO 7888:1985); Deutsche Fassung EN 27888:1993

[5] DIN EN ISO 10523:2012-04, Wasserbeschaffenheit – Bestimmung des pH-Werts (ISO 10523:2008); Deutsche Fassung EN ISO 10523:2012

[6] DIN EN ISO 5814:2013-02, Wasserbeschaffenheit – Bestimmung des gelösten Sauerstoffs – Elektrochemisches Verfahren (ISO 5814:2012); Deutsche Fassung EN ISO 5814:2012

[7] DIN ISO 17289:2014-12, Wasserbeschaffenheit – Bestimmung des gelösten Sauerstoffs – Optisches Sensorverfahren (ISO 17289:2014)

[8] ISO 17381:2003-12, Water quality – Selection and application of ready-to-use test kit methods in water analysis

[9] DIN EN ISO/IEC 17025:2018-03, Allgemeine Anforderungen an die Kompetenz von Prüf- und Kalibrierlaboratorien (ISO/IEC 17025:2017); Deutsche und Englische Fassung EN ISO/IEC 17025:2017

[10] AQS-Merkblätter für die Wasser-, Abwasser- und Schlammuntersuchung, Ergänzbare Sammlung von Merkblättern zu den AQS-Rahmenempfehlungen der Bund/Länder-Arbeitsgemeinschaft Wasser (LAWA), herausgegeben von der Bund/Länder- Arbeitsgemeinschaft Wasser (LAWA). Verfügbar unter: https://www.lawa.de/Publikationen-363-AQS-Merkblaetter.html

[11] DIN EN ISO 12404:2021-09, Boden und Abfall – Anleitung für die Auswahl und Anwendung von Screening-Verfahren (ISO 12404:2021); Deutsche Fassung EN ISO 12404:2021

[12] DIN 38402-71:2020-10, Deutsche Einheitsverfahren zur Wasser-, Abwasser- und Schlammuntersuchung – Allgemeine Angaben (Gruppe A) – Teil 71: Gleichwertigkeit von zwei Analysenverfahren aufgrund des Vergleichs von Analysenergebnissen (A 71)